2019—2020

中國建築藝術年鑑

冯其庸題

中国艺术研究院建筑与公共艺术研究所　编

文化藝術出版社
Culture and Art Publishing House

图书在版编目（CIP）数据

2019—2020中国建筑艺术年鉴 / 中国艺术研究院建筑与公共艺术研究所编
.—北京：文化艺术出版社，2021.12
ISBN 978-7-5039-7038-2

Ⅰ.①2… Ⅱ.①中… Ⅲ.①建筑设计—中国—2019-2020—年鉴
Ⅳ.①TU206-54

中国版本图书馆CIP数据核字（2020）第258889号

2019—2020 中国建筑艺术年鉴

编　　者　中国艺术研究院建筑与公共艺术研究所
主　　编　杨莽华
副 主 编　黄　续　赵玉春
特约编辑　程　霏　黄　续　赵玉春　吴士新
责任编辑　刘锐桢
责任校对　董　斌　邓　运
书籍设计　楚燕平
出版发行　文化藝術出版社
地　　址　北京市东城区东四八条52号（100700）
网　　址　www.caaph.com
电子邮箱　s@caaph.com
电　　话　（010）84057666（总编室）　84057667（办公室）
　　　　　84057696—84057699（发行部）
传　　真　（010）84057660（总编室）　84057670（办公室）
　　　　　84057690（发行部）
经　　销　新华书店
印　　刷　河北京平诚乾印刷有限公司
版　　次　2022年9月第1版
印　　次　2022年9月第1次印刷
开　　本　880毫米×1230毫米　1/16
印　　张　22.25
字　　数　700千字
书　　号　ISBN 978-7-5039-7038-2
定　　价　360.00元

《中国建筑艺术年鉴》顾问 / 编辑委员会

目 录

特　载

传统聚落古今观——纪念中国营造学社成立90周年

常　青

摘　要：追溯中国传统聚落的城乡同构特征及成因，从史地维度讨论了其演化脉络，分析其地域分布格局，及其与环境气候的因应关系。文中考察了传统聚落遗产保护与再生的模式，对其在管理、社会、安全、技术和资金方面的棘手问题做了梳理，提出了应对的建设性策略和实施途径。最后，论文建议按风土谱系保存、利用传统聚落的经典标本，再顺应文化地景演进方式，对大量传统聚落进行景观式保护与更新。

关键词：传统聚落；城乡同构；风土谱系；标本；景观；保护；对策

基　金：国家自然科学基金项目（51738008）

自1929年朱启钤先生发起成立中国营造学社以来，在梁思成和刘敦桢两位学科巨擘的引领下，我国对乡土民居的研究成就斐然，形成了传统建筑研究的学术分支。但如何使这些研究更多地影响城乡改造的进程，对整个建筑学领域都是一个很大的挑战。

中国的城乡改造次序是先大后小、先城后乡，城与乡的改造时差大约为一个甲子。75年前梁思成先生就曾感叹道："主要城市今日已拆改逾半，芜杂可哂，充满非艺术之建筑。纯中国式之秀美或壮伟的旧市容，或破坏无遗，或仅余大略，市民毫不觉可惜。雄峙已数百年的古建筑，充沛艺术特殊趣味的街市，为一民族文化之显著表现者，亦常在'改善'的旗帜之下完全牺牲。"[①]而这一城市聚落的改造过程恰好从百年之前就已经开始了。

1919年胡适先生振聋发聩的4句名言"研究问题，输入学理，整理国故，再造文明"[②]，吹响了五四运动的文化号角，对建筑界而言重在后两句。"整理"有取有舍，要去渣留粹，古为今用；"再造"有破有立，今天叫"改造""更新""重建""再生"或"复兴"。25年后，梁思成先生阐述了二者间之于建筑学的相互关系。他说："如果有复兴国家民族的决心，对我国历代文物，加以认真整理及保护时，我们便不能忽略中国建筑的研究……建筑师增加了本国的学识及趣味，他们的创造力量自然会在不自觉中雄厚起来。这便是研究中国建筑的最大意义。"[①]

由此可知，从胡适到梁思成，先贤们大都主张为了未来而研究过去，为了创造而保护遗产。从40年前的改革开放起，大规模的乡村聚落改造已然开始，借着当下乡村振兴的东风，新一波的改造浪潮正奔涌到来。在这样的氛围中，纪念中国营造学社成立90周年，反思中国传统聚落的历史演化，探讨其发展趋向，对于走出乡土的农耕语境、延续风土的场所精神、留住乡愁的历史记忆、再造生态的文化地景、促成城乡一体的共生具有格外特殊的意义。

1 中国传统聚落的源与流

1.1 "匝居"与城乡同构

中国传统聚落营造的信史可追溯到商周时期的聚落遗址。其中有关"营造"的最早文字记载见于《诗・大雅・灵台》："经始灵台，经之营之。庶民攻之，不日成之。"这里的"经"，是策划、管控，而"营"，原意即"匝居"，是围而造之的意思，举如"营窟"、"营市"（阛阓）、"营垒"、"营国"等一系列聚落营造范畴的词汇。因此古代聚落即以"匝居"的围合方式，形成血缘和地缘的乡村聚落和城邑聚落，以至作为国家统治中心的都邑聚落——都城，也可称之为"中心聚落"。这些华夏聚落以宗庙祠堂为宗法等级和空间秩序的中心，以城垣壕堑为防卫体系和空间领域的边界，虽秩序有尊卑之分，功用有大小之别，但从深层看则完全同构，而且都保持和发展着"匝居"的聚落营造方式。这些城乡同构现象与"城乡无差别的统一""大城市不过是王公的营垒"等关于"亚细亚生产方式"的特征描述，基本上是相合的。[③]因为一方面，许多乡村聚落拥有城垣、堡楼、街坊、庙宇等要素，俨如一座座城邑，如从汉代的"坞堡"到明清的土楼、圩堡、庄寨均是如此（图1、图2）；另一方面，城邑甚至都邑虽然看上去坚固伟岸，实质上依然是政治权力和经

图1 福建华安沙建镇上坪村，明万历十八年(1590)建齐云楼，为早期土楼的典型

图2 福建尤溪书京村瑞庆堡

济活动高度集中、等级制度极为森然、壕堑防卫更加严密、水平向扩展尺度更大的巨型堡寨而已，是乡村聚落的放大升级版。对此，19世纪后半叶来华的英人辛普森(W. Simpson)就曾尖刻地评价道："北京城不过是一座墙垣残破，街道肮脏的膨胀村落。"而这也只是对中国都邑聚落的负面掠影。④

1.2 聚落原型与变换

从"匝居"的外在方式到聚落的内在构成，可以看到中国传统聚落源于商周宗法制度的空间概念及其原型意象——"井"字形的所谓"井田制"，即以王室收取贡赋为目的的土地经营制度和划分方式。如周代王室拥公田，公卿以下据私田，遗有周代理想的营国制度，以百亩为夫、九夫为井、九井为国(都

图3 敦煌壁画(晚唐第85窟)"莲花藏世界"的唐代里坊

邑)。据此宗法制度，田野的纵横阡陌就演变为了聚落内经纬交错的街衢，并围合成闾、里等空间尺度及单位。后世的里坊、厢坊、街坊，以及后来的胡同、街巷和弄堂等都是这样演变来的。(图3)但这一"井"状网格空间原型的聚落并非处处趋同，而是因地制宜、异彩纷呈，依循了"因天材，就地利，故城郭不必中规矩，道路不必中准绳"(《管子·乘马》)的变通法则，适应地理环境和地貌条件的差异而发生空间的"拓扑变换"，即保持宗法秩序关系的空间构成变化。这就犹如某种语言的地理分布，尽管"方言"各异，但"句法"和"语义"相通。或许以这样的解读，方可辨异认同、知恒通变，把握住中国传统聚落的深层结构及其演变方向。

1.3 水系与聚落分布

中国传统聚落源于近水的邑居，据《史记·五帝本纪》，"禹耕历山……一年而所居成聚，二年成邑，三年成都"，其中对水畔、雷泽、河滨等的劳作场所描述，均寓意了聚落是伴水而生的文化地景。甲骨文中的"邑"字右边旁加三撇表示傍水，即"邕"字的金文由来，同样表示聚落即水畔的邑居。(图4)除了统治与防卫上的考虑，古代聚落选址的首要地理条件，是必须依傍满足生活和漕运需要、方便物资供给的水系。因此自远古以来，聚落选址一般都会傍水，又以大河支流的二阶台地为多。

图4　江苏常州春秋淹城遗址（已知最早的三重都城实例）1

图7　江苏常州春秋淹城遗址（已知最早的三重都城实例）2

图5　陕西韩城党家村

图8　重庆市江津区塘河古镇

图6　山西介休张壁村（堡）

在物流以漕运为主的古代，这些水系可以说是聚落生存的命脉，对于都城而言尤甚，如长安、洛阳、汴梁（开封）沿黄河及其支流东西走向一字排开，建康（南京）、江都（扬州）濒临长江，北京（涿郡）和临安（杭州）则处于大运河的南北两端。实际上历代中心聚落——都城在空间上的移动，均因应了文化地理的条件和漕运线路的兴衰，并与社会动荡、族际战争和人口迁徙相伴随。

1.4 地域风土聚落

在中国古代，与城邑聚落不同的是，乡村聚落社会是按血缘关系和经济共同体为纽带所形成的聚居系统，聚族而居的社会秩序和居住形式是由宗法关系维系的。特别是自宋以来，程朱理学倡导“敬宗收族”，形成了以祠堂、族田和族谱为核心的宗族组织及其聚居制度，宗法的社会结构更加趋于自组织化。由于特定地域下的自然环境（如气候、地貌、水土、材料等）和人文环境（如宗法、宗教、数术、仪式等）的差异，聚落中的宗法秩序和空间布局亦有着同中有异的呈现方式，营造活动很少有统一法式的约束，较之城邑营造更加因地制宜、灵活多变，因而在与自然地景融为一体的有机生长中，保留了淳朴的古风和浓郁的地方性，可以说是千姿百态、谱系纷呈，表现了与西

方的“场所精神”相类似的地方特质。（图5—图8）

我们近几年一直在对中国传统聚落的地理分布、风土区系和匠作谱系进行系统研究。[⑤]如按地理纬度和等降水量线等环境气候条件，可将中国传统聚落所在各地域在空间上划分为4个区段：（1）400mm等降水量线以北区段的半干旱北方地区的聚落及建筑；（2）400—800mm等降水量线之间区段的半湿润北方地区的聚落及建筑；（3）800—1600mm等降水量线之间区段的湿润南方地区（江淮和江南）的聚落及建筑；（4）大部处于1600mm等降水量线及以上区段的高湿多雨华南地区的聚落及建筑。

总体而言，延续至今的乡村传统聚落基本上都是明清以来的遗存，说明经过南北朝开始的由北而南为主流的历次民族、民系大迁徙，明清时期各地乡村建筑相对稳定的地域分布格局已基本形成，这些从民间流传的营造匠书和聚落族谱中可以得到印证。如元明之际的《鲁般营造正式》、明万历年间的《鲁班经匠家镜》和清末民初的《营造法原》等，对江南地方的民间建筑影响尤其广泛，也佐证了风土建筑谱系的分布。

至于少数民族地区的乡村传统聚落，因源于不同的文化传统，其构成及相互关系比较复杂，与汉民族聚落也存在交融现象。比如明清两代逐渐推进“改土归流”，在南方的少数民族地区以“流官”管理制取代“土司”世袭制，推进了汉族与少数民族的异质文化交融和政治统合，但后者的“熟化”（或“汉化”）程度大大超过了前者的“夷化”。

2 城乡改造与传统聚落

2.1 消亡中的乡愁载体

自19世纪末以来，直到改革开放之前，传统中国逐渐从农耕文明走向了工业文明，演变进程相对缓慢曲折。据中外学者的研究，民国时期的城镇化水平不过10%左右，新中国直到改革开放前也只达到17%左右（图9）。[⑥]20世纪70年代末改革开放以来，城镇化开始飞速地发展，城镇化率2018年已达

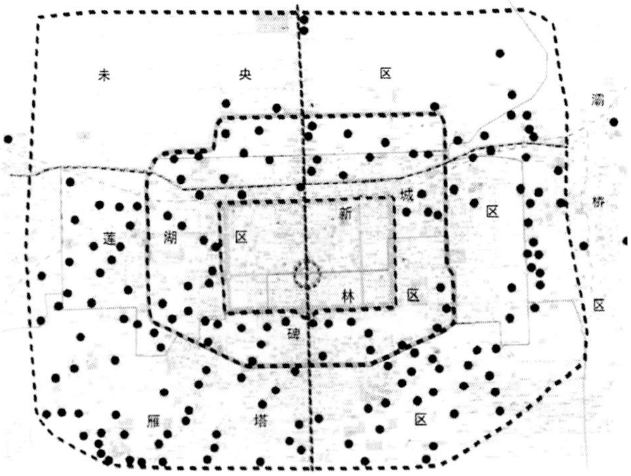

图9　西安高速城镇化初期的城乡空间分布（内圈矩形为城墙围合的西安老城，黑点为城中村位置）

59.58%，其中城镇户籍人口42.35%（包括拥有宅基地的部分城镇人口和城中村人口），与欧美75%—85%及日本93%的城镇化率相比仍差距明显。截至2016年，我国乡村自然村仍有244.9万个，基层自治管理单位“村民委员会”52.6万个，乡村户籍人口7.63亿，常住人口5.6亿，在本地和外地谋生的农民工约2.88亿。2017年全国城乡人均收入倍差2.72，一些山区和边远地区农村人均收入与全国城乡平均收入倍差则远高于这个数字，这些地方的衰败或空村化现象更加严重（数据来源：2017/2018年国家统计局公布的数据）。

2.2 风土建成遗产

“风土”一词的“风”指风习、风俗、风气，“土”指水土、土地、地方，接近英文的vernacular词义，而且语境延伸，也与拉丁语的genius loci暗合。[⑦]在中国传统聚落的话语体系中，“民居”是对功能类型而言，“乡土”是对乡村聚落而言，而“风土”是对城乡聚落及其文化地理背景而言，三者均属同一范畴。[⑧]实际上，英语vernacular一词在国内一般都翻译成“乡土”，这对于以宗法制度为基础的中国乡民社会而言是合适的，但主要指乡村聚落，近代以来的城乡二元结构更是扩大了城乡社会和空间的差别。而且这个词在语境上并不对应于西方的传统聚落，

因为那里并不存在东方意义上的乡民社会基础。

风土聚落呈现了各个地域环境、气候和民族、民系背景下异彩纷呈的风土特质，因而是传统文化最重要的载体。西方的风土建筑研究可以追溯到法国18世纪新古典主义理论家德·昆西（Quatremère de Quincy），他最早指出了建筑语言的风土（vernacular）和习语（idiom）属性。到了当代，英国建筑理论家兼乡村爵士乐作曲家鲍尔·奥利弗（Paul Oliver），集风土建筑研究大成，在1997年出版了覆盖全球的《世界风土建筑百科全书》（*Encyclopedia of Vernacular Architecture of the World*）[9]，他认为研究风土建筑不只是为了记录过往，对未来的文化和经济可持续发展也是不可或缺的。随后布伦斯基尔（R.W.Brunskill）在2000年出版《风土建筑：一部图解的历史》[10]，把20世纪以前定义为“风土建筑时代”，以大量的插图详解了数百年来英国风土建筑在农耕和工业化早期的形态特征。

“建成遗产”是经由营造活动所形成的建筑、聚落、景观等文化遗产本体的总称。1999年，国际古迹遗址理事会（ICOMOS）在《风土建成遗产宪章》（*Charter on the Built Vernacular Heritage*）中，首次提出了“风土建成遗产”的概念，即特定风俗和土地上所建造的文化遗产，其保护价值今已成为全球共识。本文将乡村风土建成遗产简称“乡遗”，可分为三个保护层级。第一个是“传统聚落”，展现乡村历史环境中的栖居场所，也是民族—民系身份认同和乡愁记忆的空间载体，携带着可识别的地域传统文化基因。第二个是“文化地景”（cultural landscape），呈现传统聚落的环境因应和嵌入地貌方式，是人工与天工相交融的大地景观，也是乡遗的另一种呈现形式，如云南哈尼梯田与村落、黄土高原上的地坑窑（院）村落等。第三个是“营造技艺”，蕴含着乡遗的工巧智慧及精华积淀，是对其进行保护、传承和再生的意匠源泉，只有将这些营造技艺真正传承下去，乡遗才能长存永续，保护才是可持续的。

从某种意义上，融入文化地景的乡遗也可看作是“地文”的一部分，韩国建筑师承孝相为了表达地景建筑的创意，生造了“landscript”（地文）一词，本意是强调人的活动在土地上留下的印记，就如在大地上的书写，我们所理解的“地文”保护和续写，就是要将聚落及其与地貌融为一体的文化地景，作为大地景观整体进行保护与重塑。至于像日本岐阜县白川乡的“合掌造”民居，及中国徽州潜口的明清民宅博物馆那样的乡遗标本易地保护经验及案例，则需要在合情、合理、合法的前提下进行探索。

2.3 国家级乡遗

根据住建部和国家文物局颁布的最新保护名录，乡村传统聚落列入国家保护名录的有三大类，均可看作乡遗的组成部分。其一为119处“国家重点文物保护单位”；其二为国家“历史文化名城、名镇、名村”，包括129座“名城”（每座至少含有两个以上的“历史文化街区”）、312个“名镇”和487个“名村”；其三为6819个部分由国家财政资助保护的“传统村落”。除此之外，皖南古村落西递—宏村、福建土楼、开平碉楼与村落，以及红河哈尼梯田文化景观等4项乡村传统聚落及景观被收入世界文化遗产名录。

这其中“传统村落”数量最为庞大，部分还同时具有国家级历史文化名村及重点文物保护单位的身份。其分布特点为：南方约占全国总量的78%，远远多于北方；山区多于平原、盆地，如晋、湘、滇、黔、闽的山区占比超过全国总量的1/2；方言区多于官话区，如晋系方言区约占北方各官话区总和的40%左右；工业化、城镇化起步较晚的地区多于起步较早的地区，如西北地区多于东北地区；城乡人均收入倍差相对较高的地区多于发展水平相近的倍差较低地区，如贵州、云南处于全国传统村落数量排名前列。

上述的三大类乡遗保护系列中的前两类，有着相应的国家保护法律、法规及实施细则，生存问题相对无虞。而第三类“传统村落”量大面广，且没有直接对应的保护法规作保障，其保护和活化也很难持续依赖国家财政资助，实际状况整体上不容乐观。

3 传统聚落的保护与活化

3.1 活化模式

对乡村风土建成遗产的专项保护，比较典型的首推北欧斯堪的纳维亚半岛的挪威和瑞典，这里在二战前最早以民俗博物馆的方式保护和展示当地的风土建筑，这种方式随后风靡欧洲大陆和英国。1952年英国“古迹委员会”将18世纪以前的风土建筑均纳入了保护名录。特别值得注意的是，英国在20世纪末又推出“乡村特色计划”（The Countryside Character Programme），将乡村地区划为120个自然区和181个景观特色区[11]，这是可以借鉴的乡村文化地景谱系保护策略。日本20世纪70年代兴起的“造町运动”，通过农业升级改造、乡村特色塑造和技术培训投入，提振乡村经济社会活力和磁力，最终使乡村聚落得到活化和再生。[12]聚落遗产保护和传承是其中的一个部分，如长野县的妻笼宿和岐阜县的马笼宿，其风土建成遗产在存真、修缮、翻建、活化等方面皆有坚定的价值坚守和丰富的保护经验，可供中国乡村风土建成遗产保护和再生实践学习借鉴。[13]

我国城乡风土建成遗产保护与活化前后已历20载左右，经验和教训并存，其中数量占大多数的乡遗保护与活化主要有三种模式，并有各自一定程度的互含与渗透。第一种为国家文博体系和大型国企主导的乡村博物馆模式，如山西的丁村、陕西的党家村、湖南的张谷英村、福建的田螺坑土楼群及玉井坊郑氏大厝等，经费、法规、导则等条件较为完善，部分村民通过村委会组织参与经营活动受益。第二种为社会企业主导的风土观光综合体模式，乡村聚落遗产由企业与当地政府、村自治体—合作社以契约形式合作及分成，如安徽黟县宏村、浙江松阳村落、山西沁水湘峪村、福建连江杜棠古村三落厝等。第三种为村自治体主导的风土生态体验区模式，由村自治体所属企业掌控风土观光资源进行乡村传统聚落开发，村民参与其中的相对较多，受益也相对大一些，如安徽黟县西递村、山西平遥横坡村、陕西礼泉袁家村、山西晋城皇城村、福建屏南北村和龙潭村（图10）等。

图10　福建屏南龙潭村

3.2 棘手难题

不可忽视的是，乡遗在保护和活化中存在一些带有普遍性的问题和挑战：一是大多没有以乡村经济、社会的改造升级为根本前提，而是过多地依赖于旅游资源的消耗；二是管理政出多门，既条块分割，又一事多管，造成一些村落一村多名，准入标准和处置方式交错低效；三是进入流转状态的原住民生活资料——集体土地、宅基地和房屋——所有权和使用权分离，但土地与房屋租金普遍过于低廉，收益分配不成比例，原住民的公平共享诉求难以兑现，存在着大量的权益矛盾和法律纠纷，潜在的社会风险已然存在；四是维修和民宿化改造等多为村民自发行为，存在严重的安全隐患，如结构安全意识薄弱，涉及公众安全的强制性技术规范和安全施工监管缺位，消防间距、人身防护不合规范的状况随处可见（图11），声、光、热等室内环境控制指标大都达不到基本使用要求；五是宅基地内滥建低质楼监管缺失，低质翻建率常在一半以上，严重的达70%—80%，使村落风貌完全失控，而招揽观光的利益驱动导致拆真造假现象也随处可见（图12）；六是薪火相传趋于中断，大部分营造技艺面临失传，由于种种原因，“非遗传承人”名誉并未起到明显的弥补作用，受重视程度与日本的“人间国宝”地位相比

图11 福建某进入"传统村落"保护名录的案例

图12 云南大理喜洲镇周城村落稠密肌理

还有较大差距[14]，直接影响到传统意匠及技艺存续与再生，而新旧修复材料融合手段薄弱等问题也普遍存在；七是同质化严重，社会资金普遍投入乡村聚落保护与再生项目的可能性不大，而传统村落依赖国家财政扶持也很有限，且不可持续。

3.3 管控对策

一是优化管理机制，理顺保护和活化各相关管理机构的协同工作机制，对其中互含或重复的部分进行必要的归口调整，以实现管理机制有序、集约、高效的实施目标。二是保存重点乡遗，从国家重点乡遗保存层面，界明身份，就高归口，提高乡村文物保护单位和历史文化名村保存投入力度；永续遗产，将匠技及名匠作为乡遗保护与传承的第一要素。三是保护文化地景，从乡村文化地景保护层面，推出国家"乡村景观条例"，将文物保护单位和历史文化名村之外的传统村落作为大地景观组成部分，对其进行适应性保护与更新。四是创建信托制度，借鉴西方遗产保护的国家信托制度及其运作经验，创立适合国情的社会化乡遗信托制度及民间遗产"领养"途径，以减轻国家财政负担，提升乡村民生底线，将乡遗保护与活化纳入可持续的经济社会发展的总体格局。五是出台技术规范，参考国家建筑法和强制性规范，出台覆盖乡遗修缮及翻建工程的综合技术规程，以设定结构加固和环境控制的标准底线，以及人身安全和防灾减灾的基本要求。

3.4 实施途径

总体看来，乡遗的保护与活化，兹事体大，关及国家和地方历史身份和文化传承的根基，但主要不是建筑学问题，而是经济学和社会学问题。保护什么，如何保护，怎样活化，与经济、社会的可持续发展背景息息相关。从物种标本保存的长远眼光看，对传统聚落遗产标本的体系化保存和研究已刻不容缓。这些被定格在某个历史时期或文化样态下的少量聚落遗产，比如平遥、丽江古城及各地名镇、名村一类进入各种遗产名录者，受到了法律和法规的严格保护，但这些经典标本只是其中极小的一部分。因此，需要将乡遗划分为重点保存与修复的遗产标本和大量性保护与再生的文化地景两大类。二者的共同点是，均要保障原住民产权，提供信托服务，扶持村落业态，提升民生水平，活化乡遗空间，促进乡村复兴。前者属国家文物保护法或"历史文化名城、名镇、名村保护条例"所涉保存对象，应依风土建成遗产谱系统一甄别、筛选和认定其身份，再以地景修复、聚落修补和技艺传承为基础，将之纳入再生过程（图13）。而后者是大量性的乡村传统聚落，也是乡村文化地景的组成部分，属演进中的大地景观保护对象，总体上面临着景

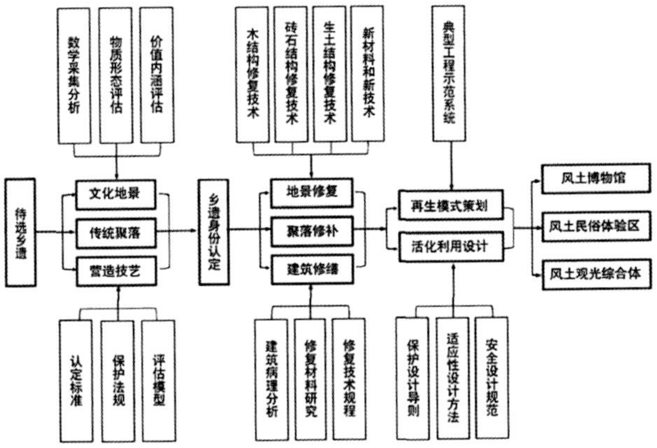

图13　乡村风土建成遗产保护与再生系统

突厥语族区建筑 定居区 游牧区	其他语族区建筑	蒙古语族区建筑 定居区 游牧区	其他语族区建筑	通古斯语族区建筑 定居区 渔猎区	其他语族区建筑
北方官话区西部建筑 河西 关中		晋语方言区建筑 北部 中部 东南部		北方官话区东部建筑 京畿 胶辽 东北	
西南官话区建筑 滇 黔 川 鄂		北方官话区中部建筑 豫 鲁		江淮官话区建筑 淮 扬	
藏缅语族区建筑 藏区 羌区 彝区 其他		湘语方言区建筑 湘西 湘中 湘东	赣语方言区建筑 豫章 临川 庐陵 邵武	徽语方言区建筑 歙县 婺源 建德	吴语方言区建筑 苏州 东阳 台州
壮侗语族区建筑 壮区 侗区 其他		客家方言区建筑 西部 中部 东部		闽语方言区建筑 闽中 闽东	
苗瑶语族区建筑 其他语族区建筑		粤语方言区建筑 桂南 粤西 广府		闽语方言区建筑（闽南） 潮汕 南海 台湾	

图14　我国民族、民系风土建成遗产谱系分布示意（图中二级名称为重要谱系的匠作中心所在地）

象劣化、原有建筑被大量低质改建、乡村经济和民生有待振兴的境况，因此需要将有机更新和文化地景再造作为大量乡村聚落未来发展的主要方向。具体策略思考如下。

其一，对于标本类乡遗的保存、修复与利用，应依据上述两个国家法律、法规文件，加大资金投入力度，提高保存登录标准。为此，似应按民族、民系的语族区或方言区全覆盖，对我国乡村风土建成遗产谱系进行系统梳理，形成完整的标本体系，并确保各谱系均有典型标本被保护法规和评价系统所充分认定和实施落地。（图14）

其二，对于文化地景类乡遗的保护与再生，可借鉴日本以《景观法》保护“景观重要建筑物”的经验，以国家《乡村景观条例》作为法规依据，保护此类乡遗的整体尺度、肌理和环境关系，防止以改造更新名义使其发生结构性、实质性改变和破坏。同时本着保护即管控变化而非阻止进化的原则，引进社会资金，盘活观光资源，改良和提升空间和地景品质，显著提高居者的生活舒适度。

总之，乡村传统聚落的遗产管理系统和遗产归口的合理化，遗产运作的信托化，遗产基金、社会“领养”和活化途径的模式化，营造技艺传承的制度化，以及保护技术的系列化等，都应作为传统聚落保护与再生的改进方面加以关注和实施。[15]

（原载《建筑学报》2019年第12期）

注释

① 梁思成：《为什么研究中国建筑》，《中国营造学社汇刊》1944年第1期。

② 胡适：《新思潮的意义》，《新青年》1919年第1期。

③ 盛邦和：《亚细亚生产方式理论与中国》，《中州学刊》2006年第2期。

④ Yetts W., Perceval Yetts, *Writings on Chinese Architecture*, Reprinted from the Burlington Magazine,《中国营造学社汇刊（一）》，国际文化出版公司1997年版。

⑤ 参见常青《我国风土建筑的谱系构成及传承前景概观》，《建筑学报》2016年第10期。

⑥ 参见高路《民国以来20世纪前半叶中国城市化水平研究回顾》，《江汉大学学报（社会科学版）》2014年第6期。

⑦ 参见常青《从风土观看地方传统在城乡改造中的延承——风土建筑谱系研究纲领》，载李翔宁主编《当代中国建筑读本》，中国建筑工业出版社2017年版，第271—273页。

⑧ 参见常青《探索我国风土建筑的地域谱系保护与再生之路》，《南方建筑》2014年第5期。

⑨ Oliver Paul, *Encyclopedia of Vernacular Architecture of the World*,

London: Cambridge University Press, 1997.

⑩ Brunskill R.W., *Vernacular Architecture: An Illustrated Handbook*, 4th ed., London: Faber & Faber, 2000.

⑪ Brooke D.,"A Countryside Character Programme in Mapping Landscapes", *Landscape Research*, Vol. 19, No. 3, 1994, pp. 128－132.

⑫ 参见陈磊、曲文俏《解读日本的造村运动》,《当代亚太》2006年第6期。

⑬ 参见日本观光资源保护财团编《历史文化城镇保护》，西山夘三监修，路秉杰译，郭博校，中国建筑工业出版社1991年版，第223－226页；潘玥《对日本妻笼宿保存与再生计划的思考》,《建筑遗产》2017年第2期。

⑭ 参见宋斌、赵行易《"人间国宝"——日本非物质文化遗产保护》,《国际人才交流》2014年第7期。

⑮ 参见同济大学城乡历史环境再生研究中心《乡村振兴中的风土建成遗产活化问题及对策》,《中国科学院技术科学部专项咨询报告》，2019年。

图片来源

图3: 萧默:《中国建筑艺术史》，中国建筑工业出版社2017年版。

图4: www.sohu.com。

图9: 原西安市建设委员会。

其余图片均为作者率团队（常青研究室成员）现场拍摄。

作者简介

常青，中国科学院院士，同济大学建筑与城市规划学院教授。

疫情提醒我们要思考什么

崔　愷

2003年“非典”北京空城的情景还记忆犹新，2020年初，一场更严重的疫情又让我们所有人猝不及防。一只看不见的魔爪趁着过年喜庆的回乡洪流四处伸展，在不知不觉中迅速传播，让每个人都成了惊弓之鸟，这种人人自危的状态一度使各地陷入了混乱和恐慌。但中国特色的强大国家体制在这时又一次发挥了关键作用，一系列应急的决策、一道道严控的命令、一拨拨迅速投入的人力物力，让我们心中对国家的治理能力充满信心；虽然其中不免有些不足，但大疫当前国家动用一切手段控制疫情的发展，表现出对国人和国际卫生安全的担当，我们有目共睹！我本人对奋战在一线的医护人员和应急医院的建设者、城市服务和管理一线的千千万万的工作者们表示由衷的敬佩和感谢！

作为从事人居环境建设的专业人士，我们在疫情面前也在冷静地观察和思考，我们的人居环境中有哪些薄弱的环节要完善？有哪些技术路线要调整？有什么发展方向要研究？比如我们在国土空间规划的新视角下如何更好地保护自然环境和野生动物栖息地，让人和自然生物之间保持宽松的距离和友善的关系，而不是一味地占有和侵扰；比如我们在大力推动城市化时应避免以往过度集中、功能区划和“摊大饼”式的规划模式，而更应发展组团式、混合功能、更有韧性的簇群结构；比如在城市更新中更关注城市开放空间的嵌入，更关注社区环境的提升以及体育、卫生和医疗设施的配套水平，在城市治理中更关注各类临时应急设施的配备和预案规划……

我们应该去设计更友善的户外空间，让人们更多地在阳光下活动；应该去设计更开放和卫生的室内空间，让人们重建彼此的信任并担负起维护公共利益的意识和责任；我们要设计更漂亮、干净的菜市场，以及超市、公共厕所和垃圾站，彻底清除藏污纳垢的死角；我们要有更多自然通风的办公和生活环境，而不要都依赖空调；我们要让更多的阳光和庭院深入地下空间，让封闭黑暗的空间变得更安全、更明亮；我们要在建筑上开辟出更多的屋顶花园，让人们在绿色的平台上健身休憩；我们要建更多的低层建筑，以代替那些封闭的、脆弱的超高层塔楼；我们还要研究那些应对疫情和其他自然灾害的临时性设施，如何装得更快、质量更好、功能更强大，还可以循环再利用……

想起来我们建筑界还有这么多关注思考不够尽力、不够到位的人居环境问题，它不仅是建设领域自身发展不平衡的问题，从某种程度上说，也是在大灾大疫面前造成准备不足、疲于应对、代价巨大的原因之一，是我们应当承担的责任。十分希望在疫情退去之后，关于人居环境安全健康的讨论和研究能够形成一批成果，推广实施，为不可预知的下一次灾情做好准备。

（原载《建筑学报》2020年第Z1期）

作者简介

崔愷，中国工程院院士，中国建筑设计研究院有限公司名誉院长、总建筑师，国家工程设计大师。

2019—2020年中国建筑艺术聚焦

黄 续　杨苏华　程 霏

2020年受社会发展和疫情的影响，人们对人居环境以及生活品质提出了更高的要求，提供高品质、健康的生活工作环境成为当前建筑和空间规划设计的新挑战和新契机。2020年建筑学界围绕“城市有机更新与高品质发展”“健康城市”“乡村振兴”“智慧城市”“数字化设计”“绿色生态建筑”“中国建筑的本土化”“建筑历史与遗产保护”等主题，对当前城市化背景下中国建筑和城市出现的问题和发展策略进行了讨论和研究。中国当代建筑师在进行建筑创作的同时，也在进行着建筑设计理论的不断探寻和富有创意的建筑设计实践。本文关注2019—2020年中国建筑艺术发展领域的热点与焦点问题，探讨年度建筑艺术的主要特点和发展趋向，以期为今后的学术研究与创作实践提供借鉴。

1 城市有机更新与健康城市

近年来，中国新型城镇化进程在广度和深度上不断扩展，2020年常住人口城镇化率已经超过60%，人口结构逐渐发生改变，需求更加多元化。城市存量更新和城乡双向融合成为当前城镇化发展的主流，城市规划和建设的理念也逐渐向健康城市、生态发展、文化引领、品质生活等方向演进。

城市更新强调以人为本，通过优化资源配置、改善人居环境、保护文化遗产等策略，提升城市整体形象，实现土地资源的集约利用，促使城市朝可持续方向健康发展。雄安新区、长三角生态绿色一体化发展示范区成为2020年国家战略实践的重要空间载体，致力于探索人与自然和谐共生、全域功能与风景共融的发展之路。住房和城乡建设部总经济师杨保军在论文《山水人文智慧引领下的历史城市保护更新研究》中为中国历史城市的保护更新提供了有益的借鉴，以典型山水小城——江西永新为例，通过挖掘传统营城法则，以古鉴今、因地制宜地制定古城山水格局修复、空间网络修补与功能活力提升的系统策略。清华大学副教授陈宇琳等学者以北京“新清河实验”公共空间治理实践为基础，研究了社区规划中公共参与问题，构建“参与动机—参与过程—参与结果”框架进行评估，利用在线地图互动平台探索了将组织化、个体化和自组织相结合的参与式规划模式及其实施路径。中国城市规划设计研究院上海分院在杭州城西科创大走廊的规划实践，聚焦物质空间环境塑造，重点探讨创新地区的公共空间设计方法与要点，提出品牌显示度、创新浓度、空间渗透性、交通可达性、设施智慧度等创新地区空间营造的关键特质，颇具启发性。浙江大学建筑设计研究院的枫桥古镇更新项目则是小城镇有机更新的成功案例，建筑师提出了“泛建筑”的概念，从多元的决策机制、互动的工作流程、多维的技术方法、场所精神等方面探讨将社会基层治理思想与小城镇更新实践相融合，构建多元决策、公众互动、多维技术与乡愁情感并重的实践机制，为浙江乃至全国的小城镇更新工作提供创新思路。上海社会科学院研究员邓智团《创新街区的场所营造研究》强调“场所营造”的重要性，认为创新街区在场所的环境、结构、功能、氛围和意象等场所营造领域具有广泛的共同性，提出创新街区场所营造的“iFACE”概念化分析模型，具有一定的参考价值。

文化创意产业、装置艺术等正通过文化、艺术、时尚、购物等新元素反哺城市更新，激活着城市的历史文脉底蕴，试验着城市更新产业化的探索。都市实践主持的南头古城保护与更新项目是比较成功的文化引领旧城改造的案例，获得了“世界未来城市计划（IUPA）特别奖”。建筑师尊重和保护历史原真性，以“城市策展”的方式介入城市更新，提出了以介入实施为导向、由点及面渐进式激活、以文化活动促进古城复兴的发展模式。都市实践的另一项近期完成的北京东城区雨儿胡同16、18、20号院改造项目，探讨了针对大杂院更新所应采取的以“空间正义”为理论基础的设计策略。在当前胡同片区的风貌保护过分偏向于形式视角的前提下，提出从社会视角出发，设计师在面临复杂和矛盾的场地现状时，要有地理的直觉、场所的直觉、礼序的直觉、领域的直觉、建构的直觉、邻里的直觉等在直观中的综合判断，而构筑这些直觉的思想基础是以日常生活为本体的社会学信仰和以日常物品为素材的建筑学语言，它们构成了一种胡同微更新的朴素观念和方法。[①]同济大学徐磊教授组织的408研究小组着眼于小、微的空间格局设计，重点是社会空间的修复实践，如上海浦东金浦小区入口广场（塘桥社区公共空间）改造。

2 乡村振兴与乡土营建实践

2020年12月28日，习近平总书记在中央农村工作会议上强调，"脱贫攻坚取得胜利后，要全面推进乡村振兴，这是'三农'工作重心的历史性转移"。实施乡村振兴战略的要义是全面振兴，要从产业兴旺、生态宜居、乡风文明、治理有效、生活富裕五大方面共同发力。学术界就乡村振兴问题进行了多方面的研究。杨景胜、王鲁峰、叶树澎、冷亮的专著《城镇微更新与乡村振兴的探索与实践》讨论了城市微更新和乡村振兴战略的政策与实践，具有一定的实践价值。中国科学院地理科学与资源研究所刘彦随的论文《中国乡村振兴规划的基础理论与方法论》[②]基于乡村地域多体系统理论，构建了乡村振兴规划理论模式，提出了"三主三分"乡村振兴规划方法，即进行地域系统主体功能分区、主导类型分类、主要用途分级，确立乡村振兴规划空间体系及其优化调整方案，是对创建中国乡村振兴规划体系的有益尝试。针对特色乡村，目前已建立起了相对完善的设计框架及技术方法，东南大学建筑学院教授杨俊宴的论文《自然营法：一种由内而外的乡村朴素设计探索——以陈庄为例》探讨了基于自然营法的传统农业型乡村规划设计方法和理论，通过陈庄的空间设计实践，提出应该注重自然格局、自然微水系、自然街巷、自然农业、自然运营五个维度的演进叠加的规划设计方法，为广大传统农业型乡村的空间营造与振兴提供新的思路与方法。[③]

近十多年来，国家政策对于乡村地区建设和发展进行不断的引导与支持，由此中国乡村建设迎来新一轮的建筑实践。建筑学界关于当代乡土营建的话题讨论和关注日益增加，越来越多的当代建筑师从事乡土营建实践活动并摸索建筑设计策略和方法，促进了一系列反映时代背景、乡土特征及社会价值的建筑实践作品的落地。2020年9月6日，《建筑学报》在松阳陈家铺村举办研讨会，专门就乡村复兴的"松阳路径"进行了深入探讨。松阳的古村落保护表现出与建筑师及其设计结合更紧密，更注重县域文化整体效应，也更强调村民主体地位的特点。罗德胤回顾和总结了松阳自2012年以来在村落保护和乡村振兴上的发展历程，并将其归纳为古村战略、山地战略和文化高地战略。徐甜甜是松阳"建筑针灸法"的建筑师代表，她的松阳系列作品数量众多并已经得到相当广泛的国际关注，其主张可概括为通过改造或建设小体量的公共建筑来带动乡村的观念转变以及自我康养，并形成县域范围内的文化经济社会循环系统。王维仁则从"身体空间看山观水"的角度出发，深入分析了他在松阳的3组作品，探讨3组"身体空间看山观水"的路径，阐述了一种由室内开间到建筑院落，再到村落与山水的环境营造经验。这是一种难能可贵的从传统文化中探寻现代设计意义的努力。张雷的两个作品都在陈家铺村，对场地的深度回应是这两个作品的共同特点，尽管它们各自所需要应对的场地挑战大为不同。由此可见，中国当代的建筑师或艺术家的建造实践，不仅仅是做一个建筑设计作品，而是参与营建乡村环境，参与当地农民的生活，已经成为乡村建设的重要推动力。同济大学教授袁烽近年来在四川成都崇州竹艺村的建设实践，以及上海市奉贤区新强村的村民参与设计案例——通过数字化设计过程建立村民参与性的项目操作互动设计方法，建立共同建造的设计与营建方法与流程，试验与示范了面向定制化设计的乡村建筑新基建与微基建乡村建筑产业化，形成了村民认可、城里人喜爱的新型共同建造乡村实践发展方向。

3 智慧城市与数字化设计

《国家新型城镇化规划（2014—2020年）》明确强调将智慧城市作为提高城市可持续发展能力的重要手段和途径，智慧城市将成为中国新型城镇化的重要战略方向。2020年初开始的新冠肺炎疫情在一定程度上对建筑行业产生了冲击，但是建筑行业整体还是保持了稳步增长，同时也驱使了建筑行业的转型和升级。1月23日，国家决定设计建造专门收治新冠肺炎病人的武汉火神山医院，5小时内出方案，24小时出施工图，10天投入使用，让世界惊叹于“中国速度”，显示出中国建筑设计和建造的实力。在这个过程中，BIM技术、模块化设计、装配式技术发挥了巨大的作用，因此2020年建筑业仍会逐渐向数字化转型，深化BIM应用，加强建筑产品质量，大力发展装配式建筑和绿色建筑。

在政府部门的引导下，智慧城市相关的规划与实践已在全国各地不断推进。丁烈云院士的《数字建造》丛书分为导论、设计卷、施工卷、运营维护卷和实践卷，系统阐述了数字建造框架体系以及建筑产业变革的趋势，全面探讨了数字化设计、数字化施工和智能化运维等关键技术及应用，还介绍了北京大兴国际机场、凤凰中心、上海中心大厦和上海主题乐园四个工程实践，展示了数字建造技术在工程建设项目中的具体应用过程和效果。东南大学建筑学院教授杨俊宴的论文《从数字设计到数字管控：第四代城市设计范型的威海探索》[4]以威海为研究样本，通过数字化城市设计范型的理论与方法研究，建构城市设计数字化管控平台，探索城市三维空间形态科学布局和有效管控之道，为营造精致城市提供途径，具有一定的参考价值。第八届深港城市\建筑双城双年展从2019年12月延续到2020年3月，以“城市交互”为主题，把城市空间和技术创新结合起来，探讨城市化数字革命背后的问题。展览包含“城市之眼”和“城市升维”两个部分，分别从不同角度探讨城市空间与科技创新之间不断发展的关系，尤其是研究机器学习、人工智能和自动化等新技术对社区和城市空间产生的不可避免的影响，探索城市化和建筑的影响如何超越物质的边界。

2020年新基建的发展促使智慧城市的建设不断深化。4月20日，国家发改委首次明确了新基建的范围，即信息基础设施、融合基础设施、创新基础设施三个方面，同时提出“研究出台推动新型基础设施发展的有关指导意见”。新基建涵盖范围较广，主要包含5G基建、特高压、城际高速铁路和城际轨道交通、新能源汽车充电桩、大数据中心、人工智能、工业互联网等多个领域，是智慧城市建设的基础，促使智慧城市进一步发展。11月，第十届全球智慧城市大会运用线上+线下的形式，设立巴塞罗那、上海、纽约三地会场，通过数字化手段进行智慧城市领域交流。上海分会场召开了以“共筑城市智能体，提升综合竞争力”为主题的智慧城市峰会，上海获得“世界智慧城市大奖”，深圳获得“全球使能技术大奖”。其中深圳通过建设公共服务、公共安全、城市治理、智慧产业、大数据服务及感知网络六大体系，初步构建从平台、应用到智慧大脑的新型智慧城市一体化建设新格局，全面提升了城市治理、公共服务、产业发展等领域的发展能级。

在全球化、数字化大背景下，数字技术赋予建筑师更多的创作空间，各种“数字化”思路与手段已成为设计界发展的趋势之一。当前，工程建造正在迈进数字建造乃至智能建造的新发展阶段。丁烈云院士在2020年中国建筑学会学术年会上发表“智能技术重塑建筑未来”的主题演讲，他认为智能技术与传统建造深度融合将催生新的建造模式——智能建造，推动建筑行业进行一系列深刻变革，具体表现为产品形态数字化、建造方式工业化、经营理念服务化、市场形态平台化，以及行业治理现代化。智能建造是促进建筑行业转型升级，实现高质量发展的重要支撑。同济大学袁烽主持设计的乌镇“互联网之光”博览中心，展馆自南向北划分为四个展厅，每个展厅将主张弦梁布置于展厅中部，利用张弦梁进行起拱，配合顶部采光实现中高外低的空间需求。主张弦梁之间采用“悬链梁”的结构形式进行连接，形成“张弦梁+跨间悬链梁”的结构系统。在建造过程中采用了动态模数系统和预制装配技术，形成了别具一格的空间体验和建筑语言，工程进展快速。展馆东侧为线性公园，设计“水月红云”智能建造亭集群，在满足环境空间意境的同时，展示了建筑机器人实验生产的具体工艺内容。《建筑学报》2020年8月特集为“数字化时代建筑学范式的转型”，呈现了乌镇“互联网之光”博览中心的研究和探讨。袁烽在论文《生形、模拟、优化、建造——乌镇“互联网之光”博览中心的人机协作数字建构实践》总结了设计的过程——重点围绕从生形、模拟、优化到建造的设计过程控制，形成数字建造的一体化方法；通过多项复合化的数字建造与建筑机器人工艺应用示范，论述了后人文建构思想的落地案例。著名学者李翔宁教授认为袁烽发起了一场有关数字建造与建筑本体关联的革命，即如何赋予建筑学面向未来的全新创作方式。乌镇“互联网之光”博览中心是一次后人文时代技术理性的尝试，它借助数字设计方法呈现出形式和结构的关联，并借用了青瓦和檐廊的隐喻，创造了一种建筑机制背后的文化内涵与隐喻。

4 建筑的本土化探索与新技术实践

2020年中国建筑师从本土出发，继续探索建筑与环境、地域、文脉的关系，关注建筑的本体议题，从空间、结构、材料，甚至建造来呈现中国本土建筑的特点，寻找一种它既在当地是现实可行、自然恰当的，又能够真实地接近当代的建筑美学理想。

2020年9月，建筑师李兴钢举办了名为“胜景几何——李兴钢工作室作品微展”的建筑个展，目的是要探索“与自然交互的建筑”，追求一种“人类现实理想生活空间”。展览主题“胜景几何”既是李兴钢工作室逐渐明晰的建筑实践内容和方向，也是对当下现实诗性缺失的深刻省问。“几何”，是建筑本体结构、空间、形式等密切互动的基础；“胜景”，则指向一种跟自然紧密相关的空间诗性。微展以模型和影像的方式，呈现一系列以建筑本体营造空间诗性的实践。它们由多样地域、城市中的自然因素入手和引发，表述对传统的敬意，对现实的改变，对一种文化及生活理想的回归。李兴钢近两年设计的安徽绩溪博物馆是他在地域历史文化和现代技艺之间的思索和尝试。

2020年12月，首届“自然建造 · Architecture China Award”在上海颁奖揭晓，王澍担任评委会主席。对于“自然建造”这一主题，王澍解释道：“通过寻找建造诗意重返自然之道，探寻中国本土当代建筑中的相似及相关理念。”评委李翔宁认为自然建造应该是一种符合逻辑和常识、顺应时代、顺势而为的建造态度。会上，刘家琨获实践成就奖，罗宇杰获技术探索奖，佚人营造王灏、旭可建筑（刘可南、张旭）和有声建筑（刘畅、高勤、孔德钟）获得青年探索奖。刘家琨的设计关注地方文化和自然，关注低技策略，他设计的鹿野苑石刻博物馆在建筑构思上经常会从一些字面或画面上的“意向”出发，不是将其转化为具体的建筑符号，而是找到其直接对应的建筑材料，从而保证他的设计绝大部分是在材质、建造、体量、空间、气氛和意境等抽象层面上展开。罗宇杰认为，他的作品骆驼湾村廊架体现了他“自然而然的去思考建造”的观点，材料来自拆除房屋的废木料，通过搭建的位置编排控制技术形成变化的空间形体，与山体大环境自然相契合。王灏的前童润舍以大量木构件来搭建现代建筑，营造了一种具有差异性的丰富的空间体验。这次有关“自然建造”主题的评奖反映了当前建筑界对中国建筑本体化的思考。

崔愷提出“本土设计”的观点，认为建筑应该植根于本土文化中，本土设计应该与地方材料、适用技术相结合，尤其要注重绿色科技的发展，让建筑回归自然，运用理性主义设计原则，把建筑语汇和具有场地代表性的代码结合起来，从而形成建筑特色。从早期的敦煌市博物馆项目到近年来的世界园艺博览会中国馆、中车成都工业遗址改造项目都体现出崔愷不断趋于成熟的本土设计策略。朱锫认为自然是一种态度，建筑应该回应自然，而不是模仿自然。景德镇御窑博物馆以废弃的窑砖打造东方拱券，窑砖的时间与温度的记忆，塑造出窑、瓷、人的血缘同构关系。

在中国建筑本土化探索实践中，也有不少建筑师在设计中更加关注建筑与环境的联系，探讨建筑与文化之间的关系，认为建筑设计尤其需要尊重历史文化，尊重城市环境。如建筑师华黎设计的先锋厦地水田书店，基于对场地历史以及村落整体景观的尊重，新建部分基本隐匿于老墙之内，从外面看似乎什么也没有发生。残存的老墙被视为容器，包裹了混凝土和钢结构建造的新建筑，形成当代与传统的对话。Gmp 建筑事务所设计的西安丝路国际会展中心采用方正对称的屋面、均衡的水平向立面比例、理性规整的柱式，对中国古典建筑特征进行转译和传承。非常建筑设计的吉首美术馆也是深入研究环境和城市肌理、诠释文化与传统的佳作，获得2020年的AIA 建筑奖。整个建筑以桥上桥的形式构成，下层的钢桥是开放的桁架结构，上层的现浇混凝土拱桥内部设有画廊。两桥之间是一个由玻璃幕墙和筒瓦遮阳系统围合而成的大展厅，用于举办临时展览。设计中把美术馆设计和传统廊桥文化结合起来，在保持传统廊桥的交通与歇脚功能的同时引入新的艺术内容，并将风雨桥的形式语言加以现代化，是对传统廊桥建筑当代诠释的一次成功尝试。

5 建筑遗产保护与国家文化公园建设

2020年是文化遗产保护具有重要意义的一年，习近平总书记关于文物工作发表系列重要论述和多项重要指示批示，先后考察云冈石窟、岳麓书院、潮州古城、大运河扬州段、西安交大西迁博物馆、合肥渡江战役纪念馆、中国人民革命军事博物馆等9省18处文物博物馆场所，强调要坚持保护第一，加强研究阐释，坚持守正创新，为文物事业发展提供了指导方向。2020年，夏文化研究（2020—2024）等7个“考古中国”重大项目启动实施，浙江井头山遗址、河南二里头遗址等考古发掘取得重要成果，石窟寺保护利用不断加强。同时，国家文化公园建设也在逐步推进。2019年12月5日，中共中央办公厅、国务院办公厅印发《长城、大运河、长征国家文化公园建设方案》。2020年10月29日，中国共产党第十九届中央委员会第五次全体会议通过《中共中央关于制定国民经济和社会发展第十四个五年规划和二〇三五年远景目标的建议》，提出建设长城、大运河、长征、黄河等国家文化公园。2020年11月，国家文化公园建设工作领导小组办公室发布《国家文化公园形象标志征集公告》，面向社会公开征集国家文化公园形象标志设计方案。

2020年12月，中国艺术研究院建筑与公共艺术研究所举办了“文旅融合背景下文化遗产保护与开放利用模式创新研讨会”，重新审视了文化遗产的管理机制、保护利用方式、开放程度评估、开放绩效分析等环节，讨论构建文旅融合背景下中国文化遗产保护利用方法论体系，推动社会效益与经济效益的协同发展。

2020年关于传统建筑、村落保护等方面的研究成果丰厚。住建部组织的《中国传统建筑解析与传承》丛书2020年出版了第三批成果，包括北京、西藏、黑龙江、海南、河南、吉林、河北、宁夏共八卷，书中系统解析了各地区传统建筑在聚落、建筑、细部等层面的特征，探讨了在当代建筑创作中传承优秀建筑传统的途径和手段。天津大学建筑学院教授张玉坤等学者的《长城·聚落丛书》2020年出版了《明长城宣大山西三镇军事防御聚落体系宏观系统关系研究》，研究发现军事防御聚落和长城墙体通过分形自组织结构耦合形成复杂的协同系统，实现了资源的高效配置、军队的快速调动及系统的协同防御等功能。11月6日，第25届中国民居建筑学术年会开幕式在成都举行。此次中国民居建筑学术年会主题为“当代视野下的民居传承与聚落保护”，包括八个主题报告和传统民居与聚落、现代技术与民居营造、乡村规划与传统村落、民族地区传统民居与聚落四个分议题，是2020年民居建筑和聚落保护的重要总结和交流。

建筑遗产保护实践也有了深入的发展。比如筑境设计的北京首钢西十冬奥广场是一个成功的旧工业建筑绿色再生案例。项目改造中应用多项节能减排技术，采用光伏发电、无负压供水技术、一体化污水处理技术、雨水收集再利用技术等多项最新减排技术。一些建筑小品和材料由原有设备和旧材料改造重新利用，景观道路硬铺装用砖由园区拆除建筑垃圾制成，是“城市矿产”资源利用的有益尝试。张雷设计的景德镇丙丁柴窑则把文化遗产保护与非物质文化结合起来，塑造了整个建筑的空间的仪式感。建筑以窑炉为核心，窑房采用与窑炉砖拱结构类似的混凝土拱作为空间母题，强化以窑炉为中心的东西轴向对称序列。顶面光带、墙面条窗、地面竖缝均指向窑炉中轴。

细长的天光自屋顶中央洒落，随时间在窑炉表面移动。由内及外浮光掠影，炉火星空天人合一。1800 m^2 的窑房全用清水混凝土砌筑，没有使用一颗穿墙螺栓，而是在混凝土墙外侧通过钢结构支撑模板，体现了追求极致的工匠精神。

面对当前城市建设向存量变化的新趋势，当前中国建筑的各个领域逐渐深入发展，各种类型的建筑和技术层出不穷。我们可以看出城市建设继续关注城市的有机更新和活力营造，新基建的大力发展为智慧城市注入了新的活力，同时乡村振兴与田园综合体也得到蓬勃发展。建筑创作整体上还呈现多元发展的局面，中国当代建筑师在建筑实践中不断地探索地域化、本土化等内容，采用数字化等新设计工具，遵从环境文脉、场所精神以及文化性、生态多样性等原则，逐渐成为国际上不可忽视的设计力量。

注释

① 参见王辉《空间正义视角下的设计直觉——一种朴素的胡同更新实践观》，《建筑学报》2020年第10期。

② 刘彦随：《中国乡村振兴规划的基础理论与方法论》，《地理学报》2020年第6期。

③ 参见杨俊宴、朱骁、陈雯《自然营法：一种由内而外的乡村朴素设计探索——以陈庄为例》，《城市规划》2020年第4期。

④ 杨俊宴：《从数字设计到数字管控：第四代城市设计范型的威海探索》，《城市规划学刊》2020年第2期。

作者简介

黄续，中国艺术研究院建筑与公共艺术研究所副研究员。

杨莽华，中国艺术研究院建筑与公共艺术研究所副研究员。

程霏，中国艺术研究院建筑与公共艺术研究所副研究员。

优秀建筑作品

优秀建筑作品目录

上海油罐艺术中心

建筑 + 室内设计：OPEN 建筑事务所

主持建筑师：李虎、黄文菁

设计团队：叶青、罗韧、Victor Quiros、周亭婷、陈修远、李振涛、赵耀、卢笛、贾瀚、张译文、史程昱、周小晨、黄中汉、陈逸岚、崔雨柔、杨骐、戈灿、高琪、Stephanie Lee、金波安、张浩、王莽原、闫迪华、张畅、Tomas Kowalsky、蒋思敏

合作设计院：同济大学建筑设计研究院

合作设计院团队：孙道阑、张馨培、佘翔（建筑），余金鑫、于发杨（结构），唐振中、武攀、孙晓峰、周东（机电）

景观设计：OPEN 建筑事务所 + 北京易地斯埃东方环境景观设计研究院有限公司

照明顾问：上海明驰建筑工程设计有限公司

建设方：上海西岸开发（集团）有限公司 + 上海油罐艺术中心

功能：艺术展览空间、活动空间、餐厅、咖啡厅、音乐表演空间，美术馆办公室及艺术品仓库等

项目地点：上海市徐汇区龙腾大道2380号

设计时间：2013—2019年

建筑面积：10845 m^2

占地面积：47448 m^2

上海油罐艺术中心是全球为数不多的油罐空间改造案例之一。曾服务于上海龙华机场的一组废弃航油罐，经6年的改造而重获新生，成为一个综合性的艺术中心。其所在的上海西岸本身是近年来相当活跃的文化艺术聚合区，油罐艺术中心自开幕以来，更是以其独特的魅力吸引了无数参观者，成了上海新晋文化地标和世界当代艺术图谱上的热门目的地。

油罐艺术中心室外是向公众开放的公园，室内则是丰富的展览和活动空间。新建建筑低调地消隐于地景和公园之中，这不仅是对工业遗存的尊重，也是对都市人渴求自然的回应，更是对建立一种新型艺术机构的探索。

整个项目谦逊而包容，吸引人们来此亲近自然、感受艺术。不设围墙的空间随时欢迎任何人的进入和体验，不管是散步、慢跑、遛狗，还是拍照打卡或是草地野餐。这种设计也激发出一种全新的运营模式——对外开放以来，除了举办高规格的艺术展览，油罐还成了艺术节、书展、时装周、人工智能大会等各式各样活动的举办场所，不拘一格、丰富多彩，为周边社区及城市带来蓬勃的生命力。

营造一个可生长的“大地艺术”正是设计的核心。在这件占地将近5 hm^2的大型作品中，大地是被绿意涂抹的画布，建筑如珠玉点缀其间。五个油罐由覆土绿化的新地形——“超级地面”（super-surface）串联起来。临近公路的1、2号罐相对独立，全部位于超级地面之上；3、4、5号罐则有一半位于超级地面之下，

总平面图

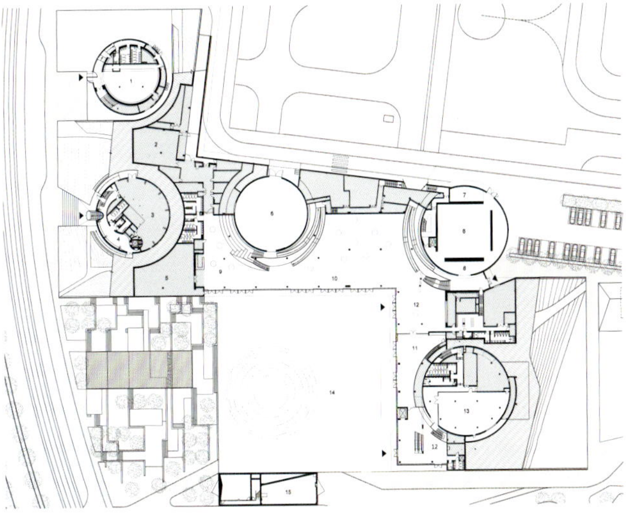

首层平面图

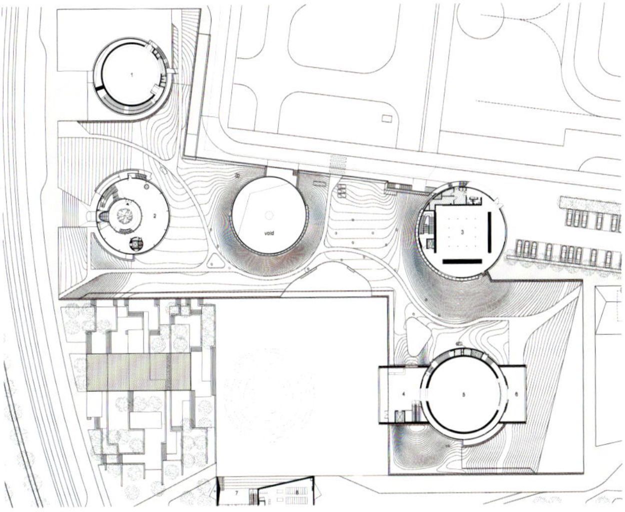

二层平面图

三个罐之间形成开阔的半地下公共空间，包含艺术中心门厅、展览空间、报告厅、咖啡厅和艺术商店等，隔着通透的落地玻璃面向下沉式广场。公共空间吊顶的大量天窗则引入来自“超级地面”之上的自然光，那里，一个高低起伏的公园呈现着四时不同的景观。

从西侧的龙腾大道到东侧的黄浦江边，室外公园的参观路径是多样的，邀请人们自由地漫步其间。如果沿着逐层下降的“阶梯水景”，人们将进入“城市广场”，凉爽的喷雾使得它成为夏季最受欢迎的乐园，而喷雾的平面形态呼应着被拆除的一个油罐。贯穿基地南侧的是一大片“都市森林”，在城市中引入自然的回归；东侧为一片开阔的“草坪广场”，它提供给人们奔跑、休憩的空间，也可以成为室外音乐节等大型活动的观众席。

独特的油罐艺术中心定义了新时代的都市艺术机构，它将城市公园与艺术展览、大地景观与建筑空间、工业遗存与创新

面向城市广场的休憩平台

鸟瞰图

都市森林、草坪广场等空间鸟瞰图

“超级地面”（Super-surface）

都市森林

局部空间鸟瞰图

未来都天衣无缝地融合起来，并以开放友善、谦逊包容的姿态融入城市生活中，深受公众的喜爱。一个无边界的美术馆发挥着它的无限可能，同时潜移默化地塑造着一种平等、共享的人文精神。

罐体细部

“超级地面”之上起伏的公园

3号罐护坡

3号罐室内

4号罐二层展览空间

4号罐入口

结合座椅的台阶

门厅及4号罐护坡

面向黄浦江的开洞

艺术中心主入口

油罐护坡细部

“超级地面”之下的公共空间

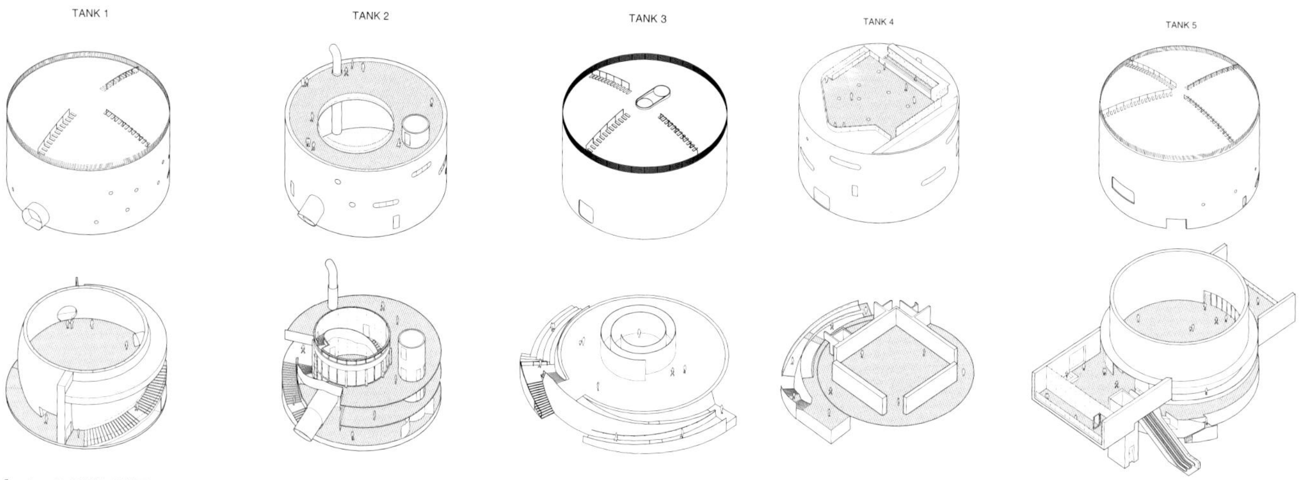

1—5号罐轴测图

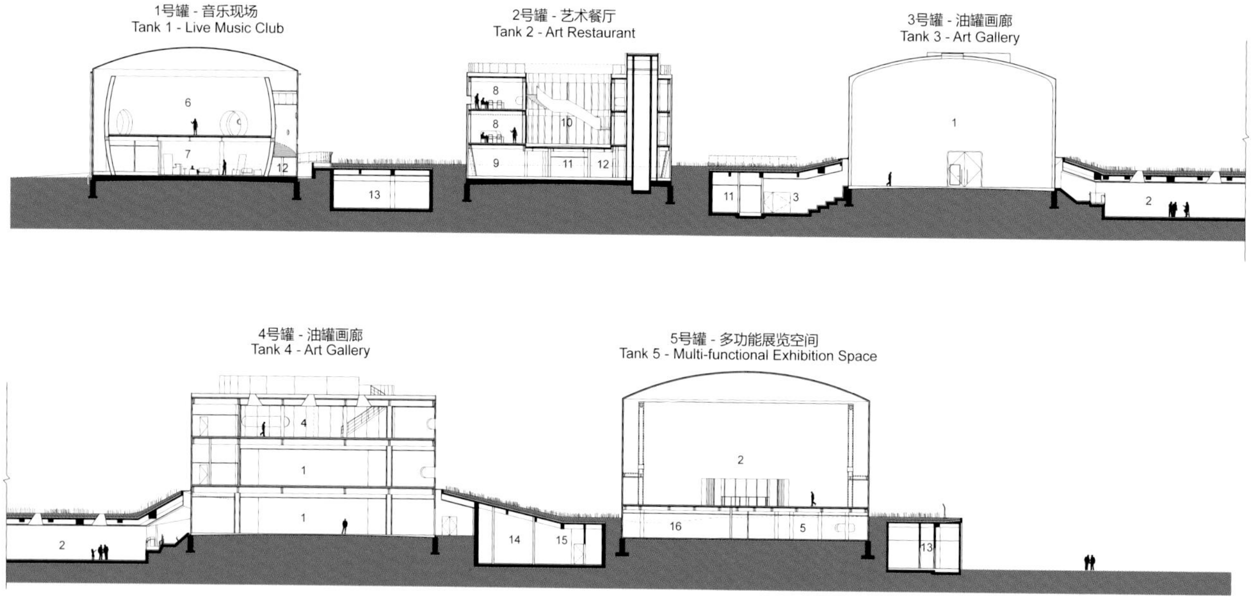

整体剖面图 A-A

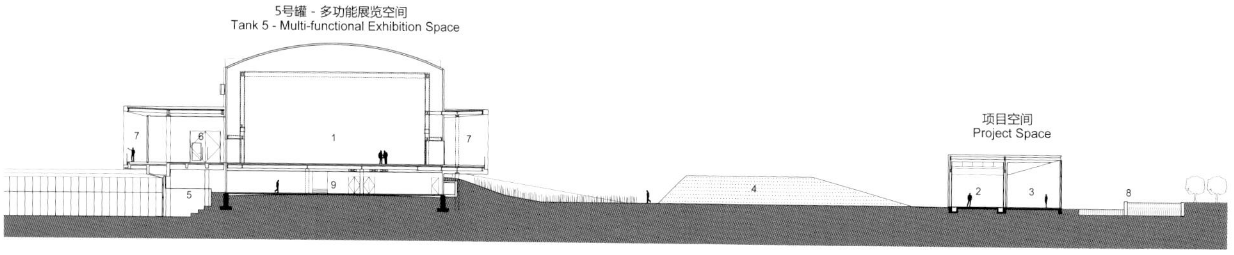

整体剖面图 B-B

大寨博物馆

主要设计人：张男、张晓远、常润泽、谢金容、李孟森

设计单位：上海中森建筑与工程设计顾问有限公司

项目建设地点：山西省晋中市昔阳县

设计时间：2019年12月

建筑面积：11000 m²

占地面积：37600 m²

总平面图

我们一直希望做“从场地来，又回到场地”的房子，大寨博物馆便是此想法的一次积极尝试。

任务很简单：在大寨村前三岔路口的坡地上造一座高度不限、位置不限（红线范围很大）、面积10000 m²左右的博物馆，用来整理大寨的历史，强化大寨的记忆，诠释大寨奋斗精神在新时代的意义。

乍听之下这是一个强调政治性的“红色项目”；是一曲盘旋在高声部的洪亮旋律。

可当我们实地考察了大寨村，我们冷静下来：历史与当下、英雄与凡人、集体与个体……我们试图擦掉蒙在“大寨”这个名字上的时代灰尘，用朴素、理性、沉稳的建造去彰显它的地域特征：既呈现荣光，也表达困境；既讲述宏大，也尊重日常；既迸发人工力量，也织补自然。

半鸟瞰图

灰空间

前广场

人视图

新时代塔

序厅

展厅 1

展厅 2

首层平面图

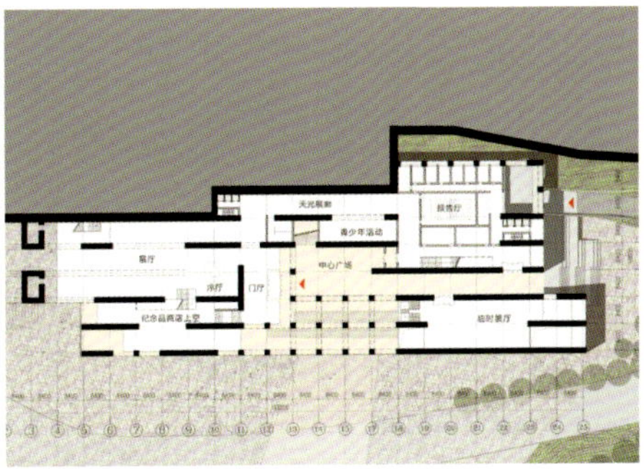

二层平面图

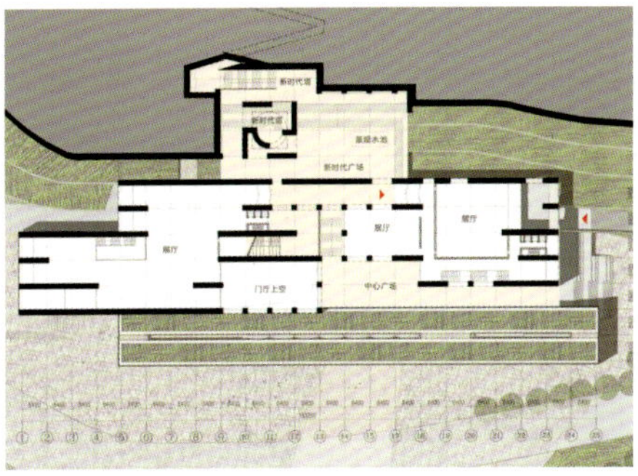

三层平面图

剖面图1－1

剖面图2－2

东立面图

南立面图

西立面图

北立面图

最终我们以大寨代表性的“排屋”为原型，从“窑洞”提取单元拱空间为建造母题，以“敞坪”“梯田”为室外广场及景观意向，以当地常见的米色块石为建筑材料，以村内颇具特色的门窗组合为幕墙分割方式，合力构筑起一座内外漫游、融入环境，除了博物馆更是村民穿行停聚的活动中心——一座“亲切的大房子”。设想从印着“农业学大寨”的巨型红旗开始，走进这座房子，层层走上去，穿过石拱，穿过广场，在屋顶远眺村址后转身走上梯田，穿过丰硕的庄稼，沿着田埂一直走上山顶，最终在往来的轻风和树叶的哗响中，完成一条从红色奋斗历史向当代绿色生态演进的道路。

我们避开高声部，在纷杂的声音中努力寻找一段平和亲切的旋律。因为我们相信安静中自有力量，相信能让人下雨时躲进去来两盘棋的房子，一定错不了。

香山革命纪念馆

项目主持：庄惟敏

项目顾问：郭黛姮

设计团队：庄惟敏、唐鸿骏、李匡、张翼、朱育帆、盛文革、刘建华、徐华、刘玖琳、许腾飞、陈蓉子、周易、张涛、李晓玉、杨莉、梁雪梅、李爱莲、汤小京、孙姗、王昕明、廉大启

项目地点：北京市海淀区

设计时间：2018年7—11月

竣工时间：2019年9月

建筑面积：17800 m^2

占地面积：64000 m^2

摄影：存在建筑、曹百强

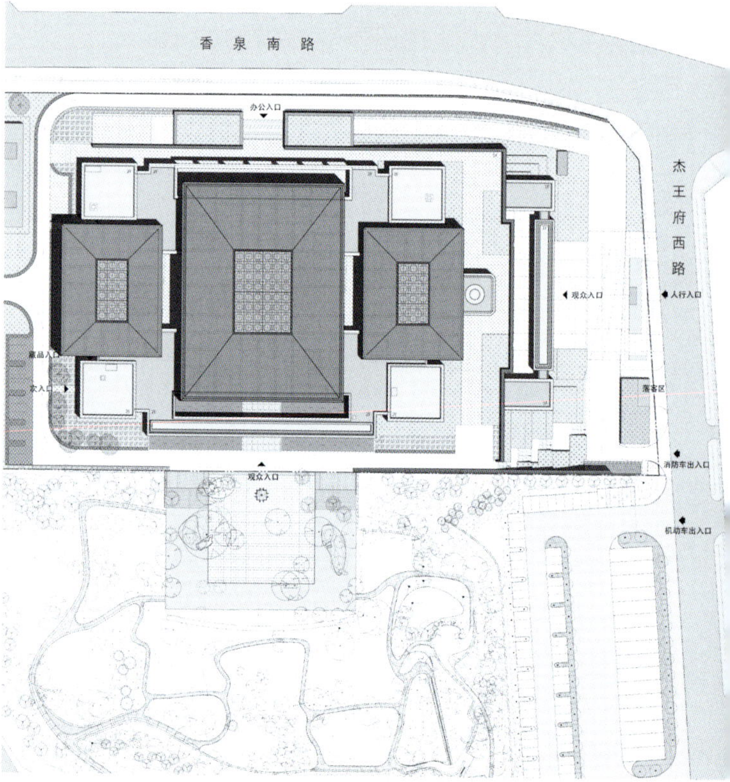

总平面图

纪念馆南侧航拍实景

纪念馆南广场航拍实景

纪念馆南侧广场

纪念馆南侧夜景

纪念馆入口水院

建筑细部

1 项目背景

为了更好地再现中共中央在香山时期的革命历史，中共中央决策开展中共中央北京香山革命纪念地保护传承利用工作，修缮革命旧址，新建香山革命纪念馆。

2 设计理念

2.1 尊重环境，保护生态

纪念馆坐落于生态环境较好、历史遗迹众多的三山五园地区，设计充分尊重并合理利用场地原有环境，减少人工干预。在保留现状古树的同时，运用建筑的手法，设计两个内院，为一层的报告厅及办公研究用房提供自然采光和通风，实现与自然生态的结合。

2.2 依山就势，融入环境

设计充分尊重原有地形地貌，采用消隐手法，利用地形高差，在建筑首层布置辅助功能空间，随地势嵌入场地。主展厅位于二层，与南侧高台形成的广场衔接。通过错落的处理手法，以三个坡屋顶分解第五立面。消减建筑体量，在营造纪念性环境的同时，注重对历史文化环境的传承，使纪念性空间自然融

景观节点 —— “漱林流”

景观节点 —— “谈笑间”

景观节点 —— “竹外桃花”

南广场

入香山大环境。

2.3 布局序列，庄重得体

纪念馆在布局上兼顾纪念建筑南北向中轴对称及香山地区“依山面城”的东西向轴线对称布局的特点，采用十字轴线院落式布局。建筑主轴顺应香山地区主要建筑背靠香山、面向北京城的特点，总体布局沿东西向轴线展开，营造富有纵深的空间层次和庄重大气的场所精神，串联起革命旧址建筑群与香山革命纪念馆的关系，在香山与城市之间形成良好的轴线对应关系。南北向轴线则作为礼仪性轴线，从南侧广场直接进入南侧主展厅，强化了纪念性建筑的仪式感，既呼应了北京城市中轴线，符合传统空间格局，又满足了展陈的实际使用需求。

2.4 自然和谐，开放亲民

香山革命纪念馆的设计既突出其纪念属性，又重视与人的互动。将纪念馆及周边广场定位为具有公共性和开放性的人民公园，向公众免费开放，使纪念性功能与市民生活融为一体。场地周边环境景观以自然浪漫主义的设计形式体现，在保留原有植被的基础上进行补植，丰富绿化层次，营造自然舒缓的步行体验环境，同时也提升了纪念馆整体的生态品质、香山文脉延续下的文化品质，以及服务于人的环境品质。

3 建筑设计

纪念馆采用中国传统的院落式布局，坐北朝南，中轴对称，庄重大气、舒展起伏，与远山形成良好的呼应。造型突出中国特色，主体建筑采用传统的四坡顶形式，形成一主两副三个坡屋顶，相互衬托。檐口设计借鉴中式建筑的斗拱、梁柱等细节，既传统又现代。

建筑南侧主展厅入口设计柱廊空间，共28根圆柱，象征着中国共产党从1921年建党到1949年新中国成立28年的奋斗历程，强化入口空间，彰显文化自信。

入口过渡空间采用中国园林建筑的构图方式，设计水院，静谧深邃，增加了空间上的纵深感，让人怀着崇敬的心情步入展厅。

4 建筑选材

建筑选材遵守适度恰当的原则，在造价的控制下，全部选用国产材料。设计过程中在现场搭建了包含斗拱、檐口、瓦等全效果样板墙。最终屋面选用深灰色陶瓦，外墙面选用有细微的颜色变化的福建黄锈石，外墙装饰构件采用铝板仿铜，藻井

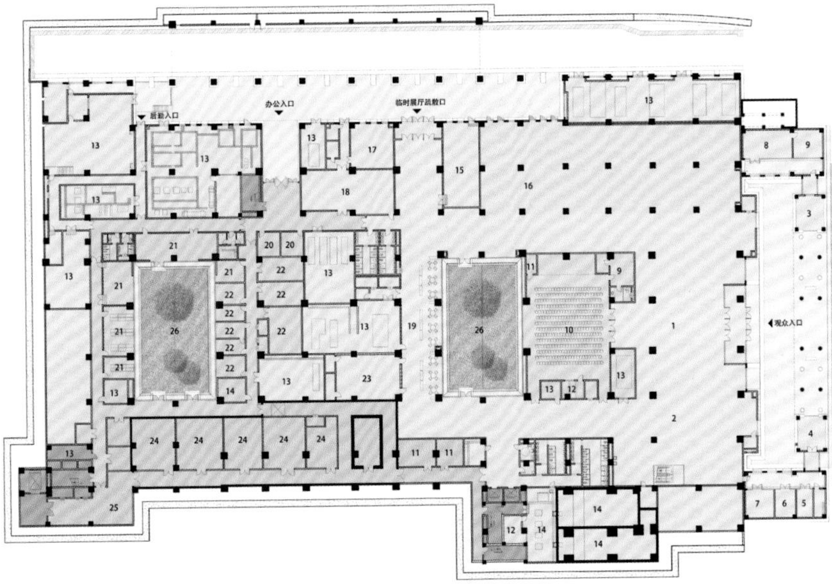

首层平面图

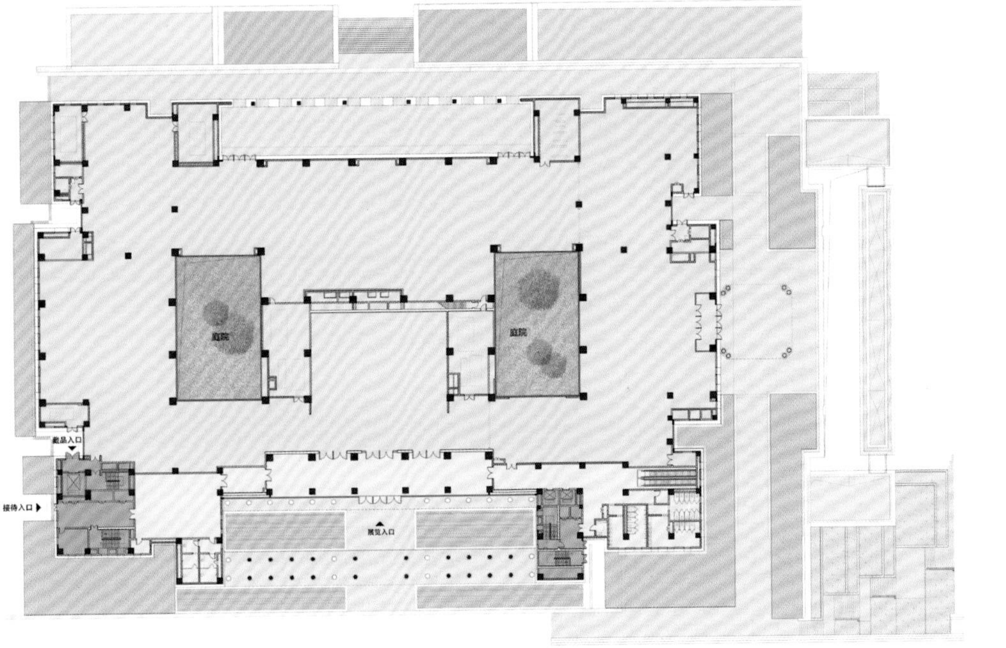

二层平面图

和穹顶采用不锈钢腐蚀做旧仿铜，尽管材料价格较低，我们力求在做法和效果上做到精工细琢。对柱子的整体效果、纹样处理，石材本身拼贴和分段，柱础的高度、纹样等方面也做了多方案的比较和研究。斗拱是最重要的文化符号，我们并未完全遵循传统斗拱的实际搭建方法，而是把它变成具有表情的构成元素，采用铝板仿铜的效果，在斗拱的端部做了东西南北篆字抽象镂空的纹样。

5 实施的效果及意义

我们结合场地现状条件，以谦逊的设计态度，通过建筑与自然环境和人文环境的融合创新，运用传统与现代相结合的手法，本着文化自信的原则，力求打造体现“中国的、北京的、现代的、人民的”革命历史博物馆。

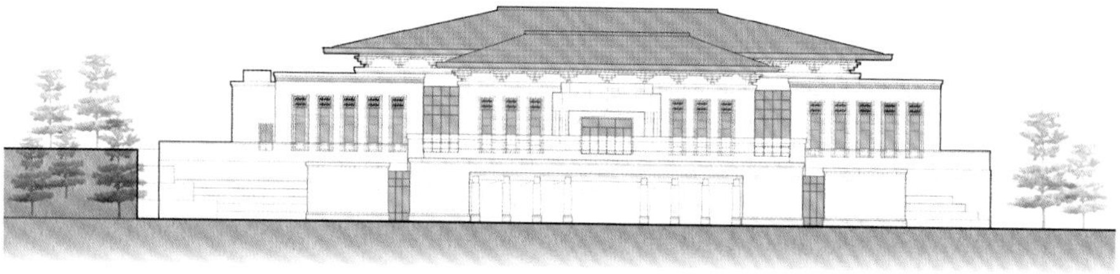

东立面图

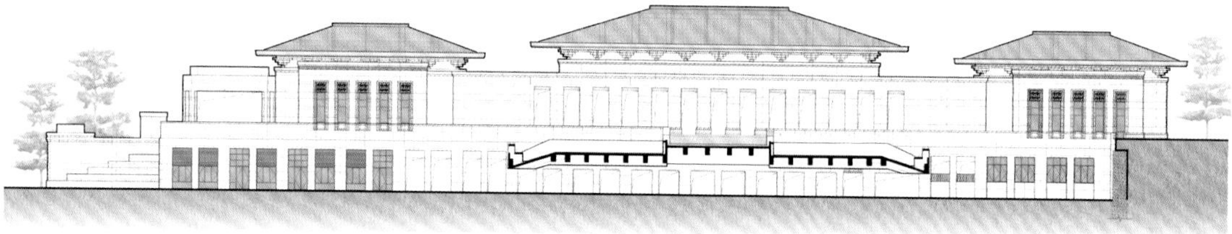

北立面图

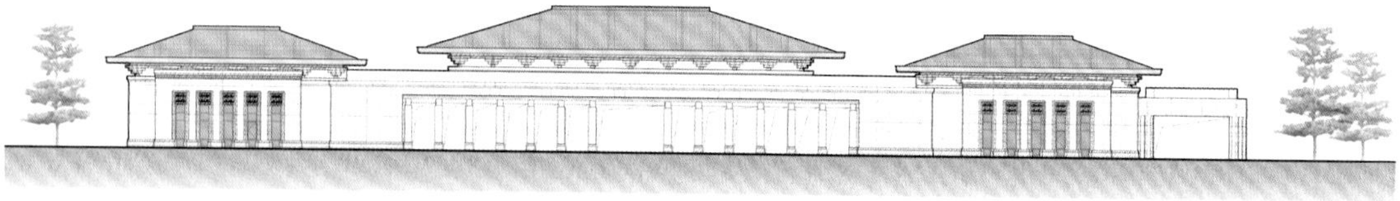

南立面图

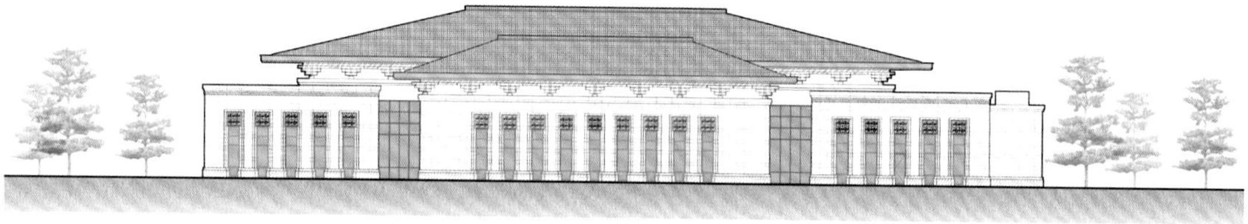

西立面图

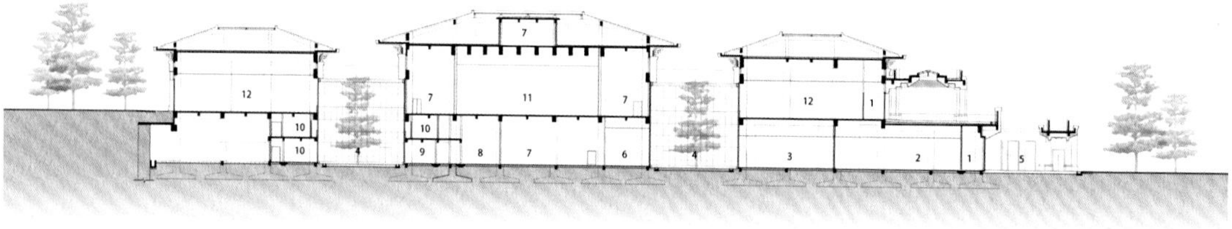

剖面图1-1

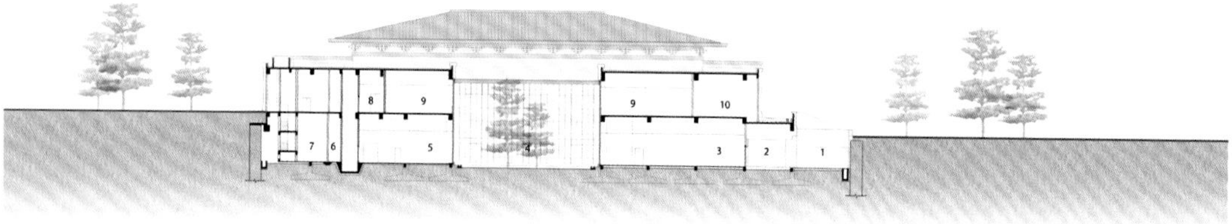

剖面图3-3

江苏白马农业国际博览中心

主要设计人：王畅、王亮、毛浩浩、芮铖、吴晓天、陶冶、陆蕾、张旭、向雷、张俊、陈靖、朱杰

设计单位：南京长江都市建筑设计股份有限公司

项目地点：江苏省南京市溧水区

设计时间：2019年4月

竣工时间：2020年4月

建筑面积：44956.36 m^2

占地面积：23201.08 m^2

摄影：侯博文

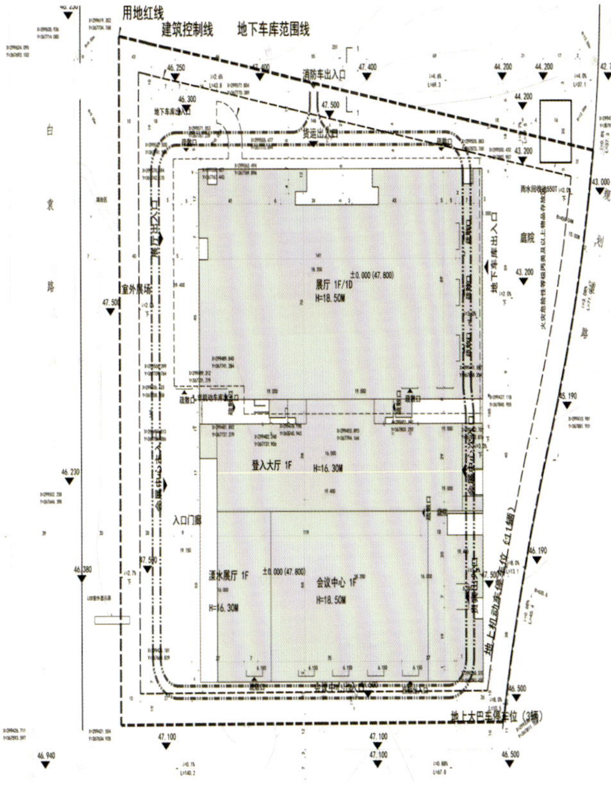

总平面图

人视图1

人视图2

人视图3

人视图4

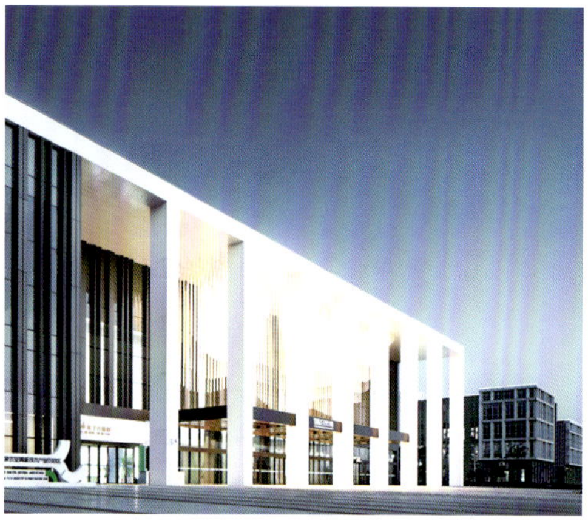

夜景

主要建筑立面

建筑细部1

建筑细部2

建筑细部3

建筑细部4

1 项目背景及概况

为保证 2019 年 10 月“双新双创”博览会的顺利召开，溧水区政府决定在溧水区白马园区内建设白马农业会展中心，承担“双新双创”博览会主论坛与展示功用，其作为园区宣传交流的窗口，具有重要的对外展示作用。

项目位于南京市溧水区东南角，地块属于文化设施用地。用地北侧为商务用地及园地，西侧为科研用地，南侧有商务用地、商业用地、科研设计用地，东侧为郊野公园，紧邻白马湖，位置优越，有良好的景观朝向。

2 规划解析

1. 城市界面处理：项目南侧建筑科创中心布局方正规整，造型简约现代。为保持建筑风格的延续性和沿街立面的完整性，白马会展中心的沿街展示面亦设计为规则的方形，建筑底边与道路红线保持平行。

2. 室外广场：建筑西侧为主广场，迎合主要人流来向，兼做室外展场；东侧下沉广场为景观广场，面向东侧白马湖，提供良好的室外环境；南侧为次广场，增强白马农业国际博览中心与南侧科创中心的联系，为其共享配套服务设施提供条件。

一层平面图

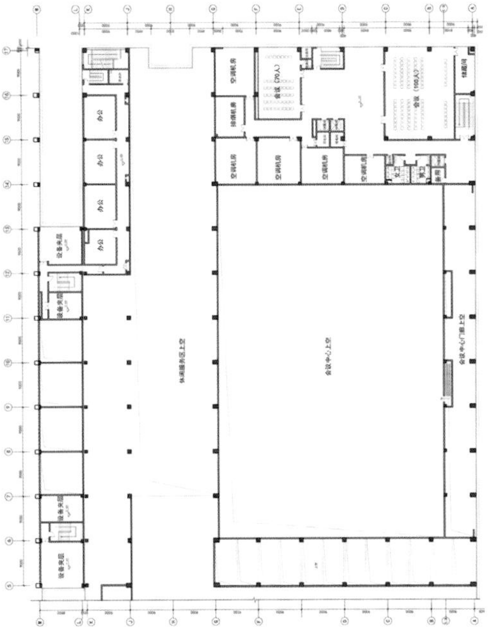

三层平面图

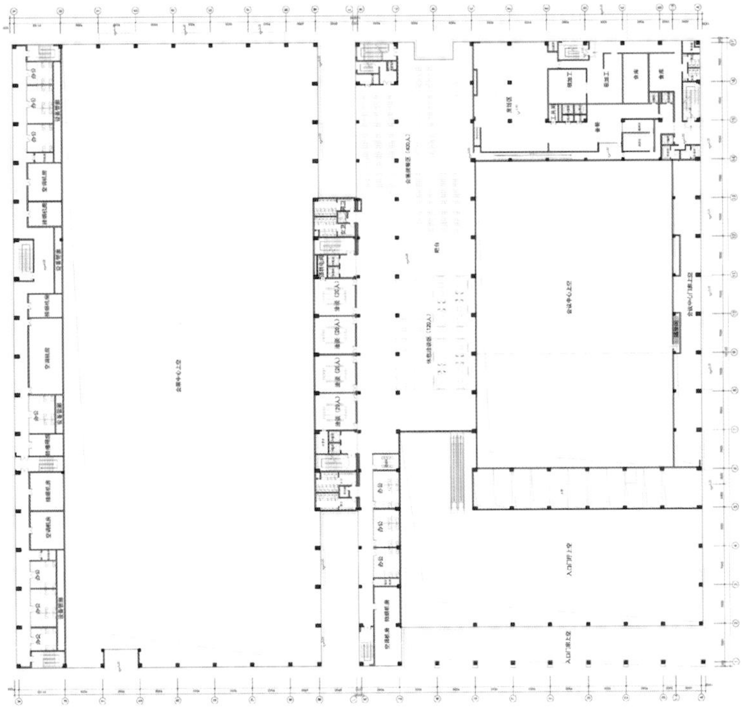

二层平面图

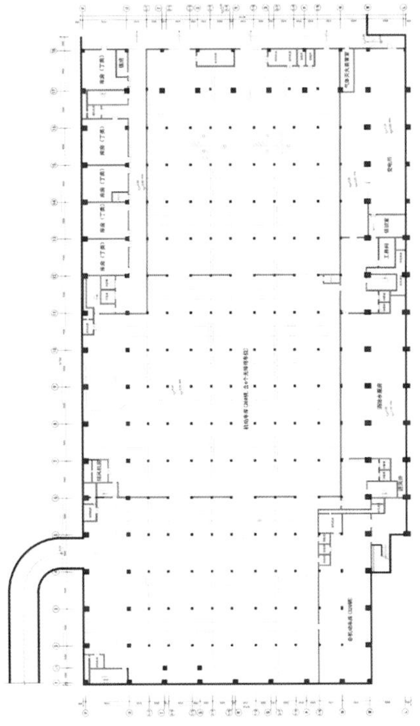

地下一层平面图

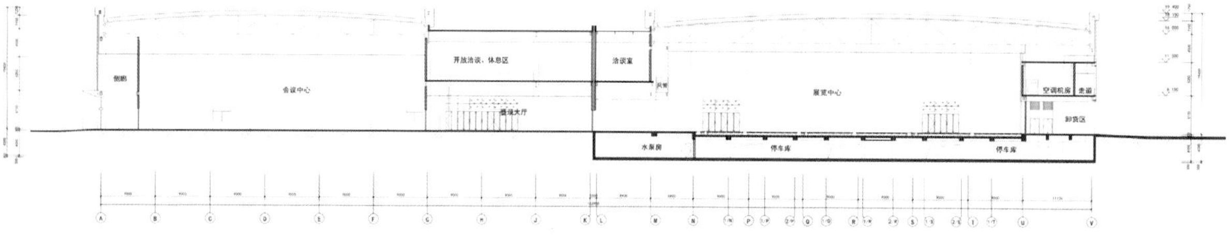

剖面图1-1

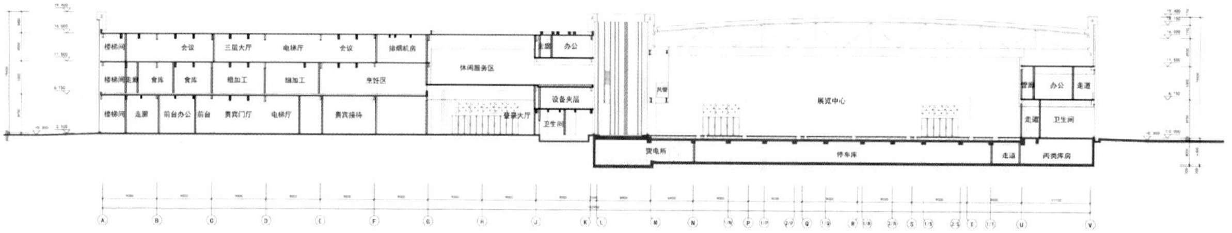

剖面图2-2

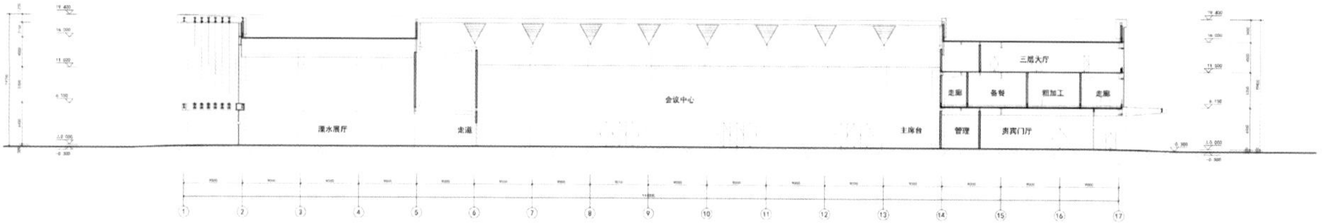

剖面图3-3

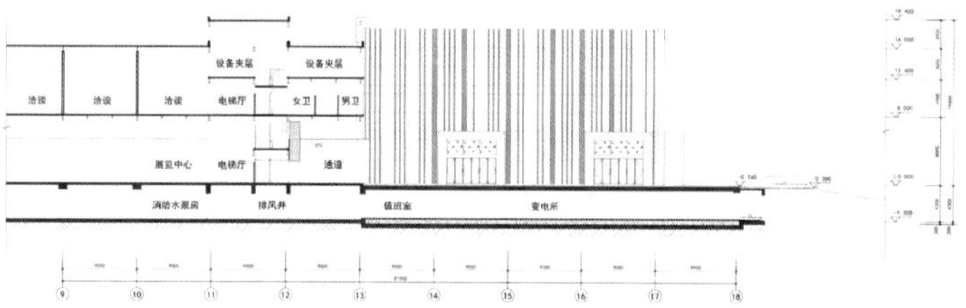

剖面图4-4

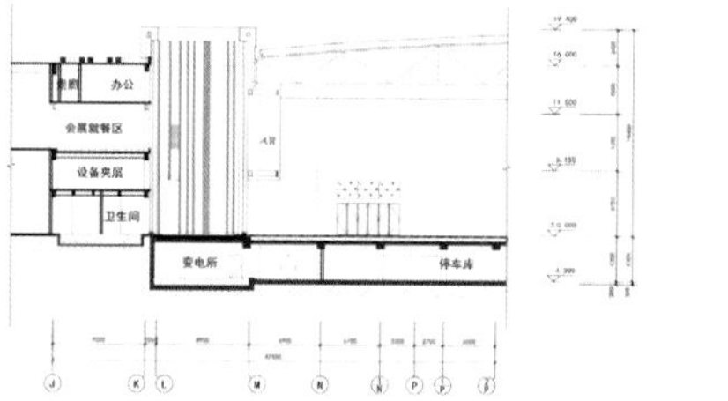

剖面图5-5

3.场地流线：场地设置两个机动车出入口和三个非机动车出入口，北部主要供车行和货运使用，东北角设地上停车场。

3 功能解析

建筑分成会展中心、会议中心、接待大厅三大体块，呈东西向轴线布局，北侧为展示大厅，南侧为会议中心，并以玻璃通廊连接起来。其中展厅净展面积10000 m²，共有标准展位444个，可满足举办较大农业会展的需求。会议中心可容纳3000人参会，大跨通高空间，净高达到16.2 m，面积约为3880 m²，可根据需要分割为三种规格的独立会议厅。公共配套部分，主入口门厅和登录大厅、临时展厅结合布置，面积约3500 m²，净高达到12 m，建筑空间开敞通透，作为沟通建筑内部各个功能区的中枢结点，起到集中疏导人流的作用。

4 建造技术

1.结构选型：建筑主体展厅和会议部分采用钢桁架结构，北端和东南端的办公辅助用房部分为钢筋混凝土结构，屋面采用铝镁锰合金板直立锁边系统。

2.装配式：建筑实现装配式标准化、模块化，尽量减少构件种类。规整的构配件统一生产工厂化、现场施工机械化、组织管理科学化。内墙采用装配式轻质复核节能墙板和页岩多孔砖，楼板采用预制叠合板及现浇混凝土板。

3.新材料的应用：立面采用干挂孔洞规则变化的金属面板，每个面板呈菱形，由麦粒的形象抽象提炼而成，大面积面板的拼合呈现出宛若传统竹篾工艺的外观形象，表达了对传统农业生产的敬意。

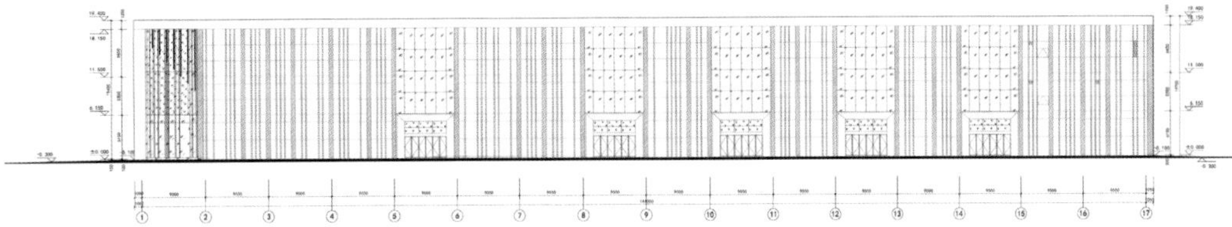

① - ⑰轴立面图

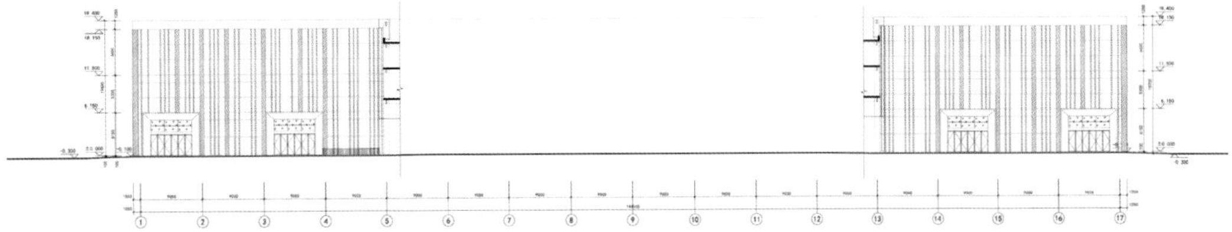

① - ⑰轴剖面图

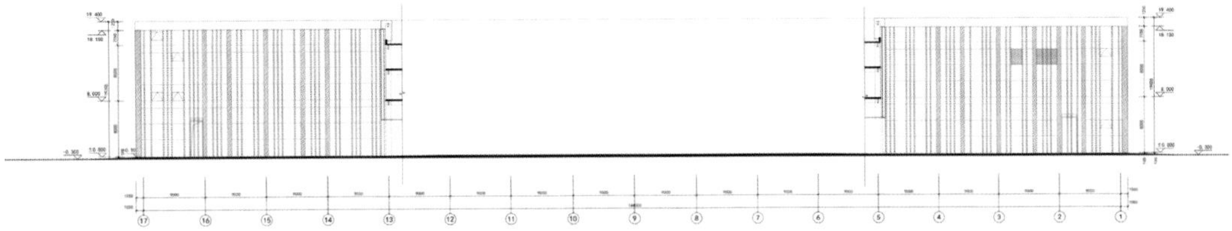

⑰ - ①轴剖面图

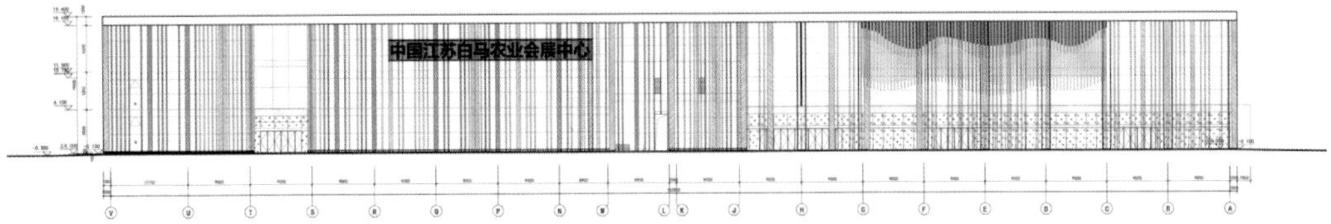

Ⓥ - Ⓐ轴立面图

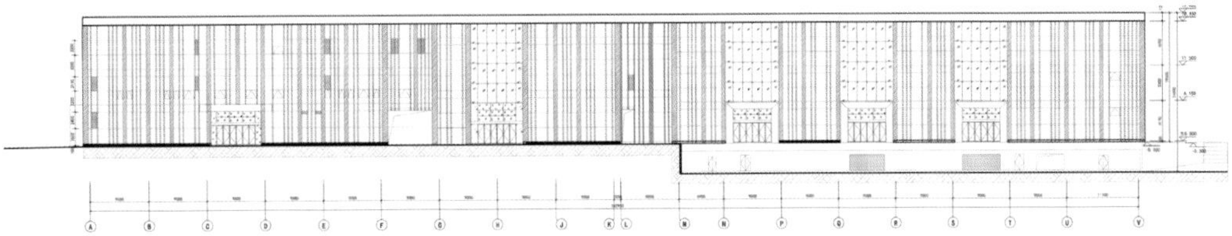

Ⓐ - Ⓥ轴立面图

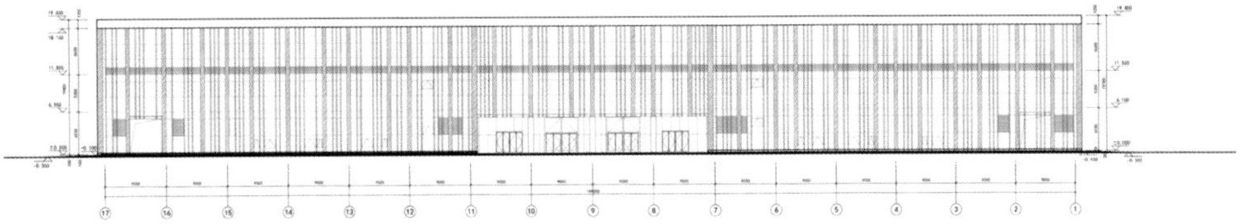

⑰ - ①轴立面图

南京乌江林散之书院

主要设计人：刘捷、倪大江、吕骥超

设计单位：东南大学建筑学院

项目地点：江苏省南京市浦口区

设计时间：2016—2017年

竣工时间：2019年2月

建筑面积：2857 m^2

占地面积：3950 m^2

摄影：刘捷

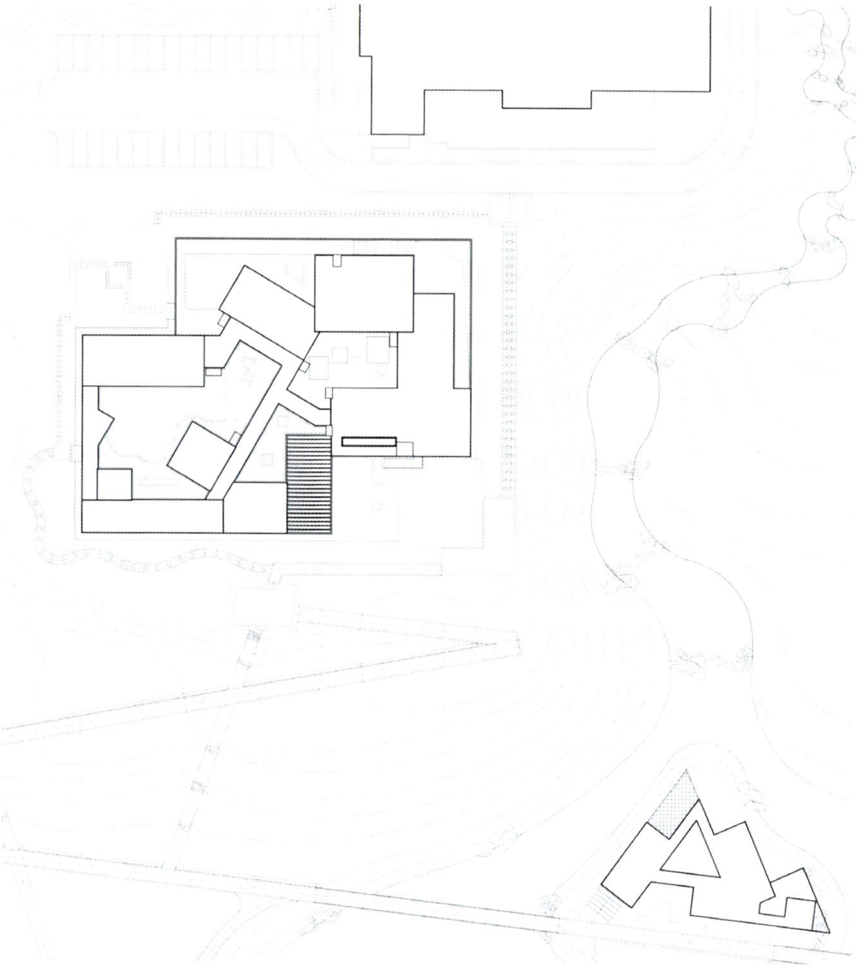

总平面图

书院折廊

图书室前院

地下展厅效果图

书院金属条屏外景

书院西北角近景

外墙面金属条屏

1 项目概况

林散之先生是著名的书法家，林散之书院是南京市浦口区为了纪念林散之先生而设，书院功能包括若干个大小不同的讲堂、一个小型图书室、永久展览厅和临时展览及一些辅助设施。

书院位于南京市浦口区乌江镇一个缓缓的草坡上，北面为一长条形的村落，其他三面为开阔的坡地，附近的林散之先生故居是一个独立的院落，院内草木葱茏，院外有一口池塘，书院远远坐落在池塘的对面。

折廊侧面小庭院

主庭院水池

图书馆室内

图书室挑高空间

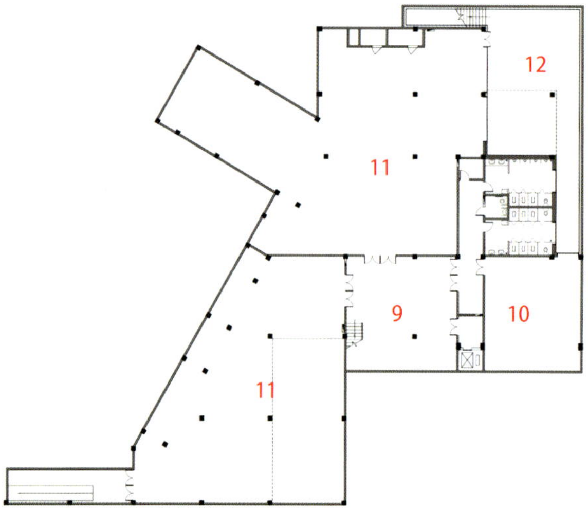

地下室平面图

一层平面图

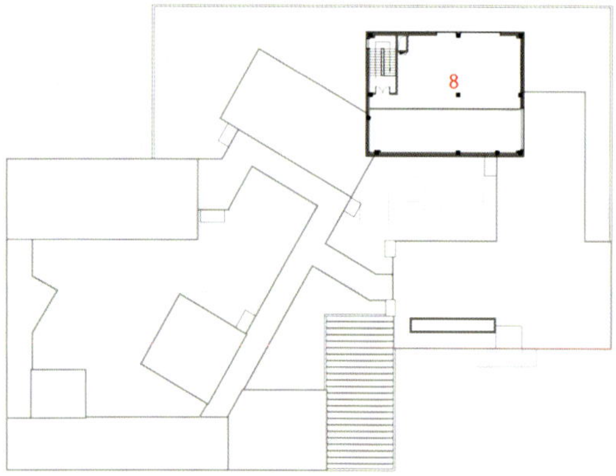

二层平面图

2 设计特点

书法用最简单的笔墨，形成了千变万化的艺术形式，反映了一种高度节制、内在丰富的美学价值。为了把书法艺术的艺术特点，如布局、韵律、气质等在建筑中体现出来，我们在设计过程中考虑了如下几点：

1. 在设计之前，我们仔细地研究了历史上各种书院的形制，在参照林散之故居之后，决定采用院落布局，这种布局外部工整、内部丰富，和汉字结构异曲同工。因为展厅面积较大，把永久展厅和临时展厅放在地下，其他功能放在地上，由讲堂群和图书馆、门厅等围合成多个院落。

2. 书法是一种表现运动的艺术，书院外方内折，在内部游走，常常有延绵不尽之感，从室内向外看，建筑的转折变化充分明显。书院的长廊和坡道表达了动，而讲堂与图书馆表达了静，大讲堂前后都面对着庭院，是整个建筑的中心。书院的空间有高低之分，图书馆以及地下室的展厅部分有通高的两层空间，在动态的流线中，营造了垂直节点，增加了体验的多样性。

3. 对应书法的纯粹，我们在设计中尽量简洁，表现空间自身的魅力。在庭院的设计中，把水面和植物减到最少，外墙面的肌理来自宣纸的启发，在墙面的设计中我们比较了各种石材贴面的排列，最后选定了竖向的石材排列法，因为这样能够减

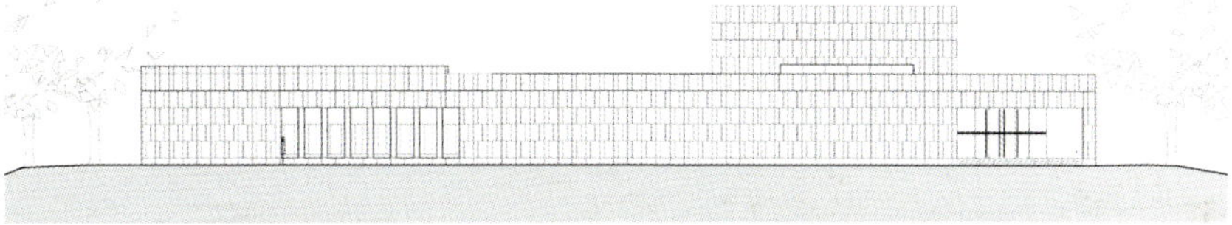

南立面图

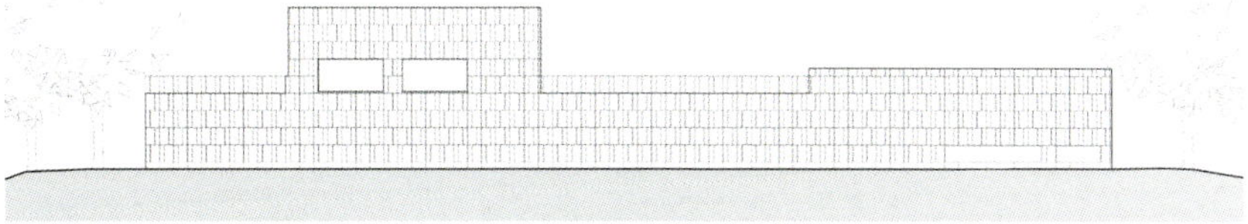

北立面图

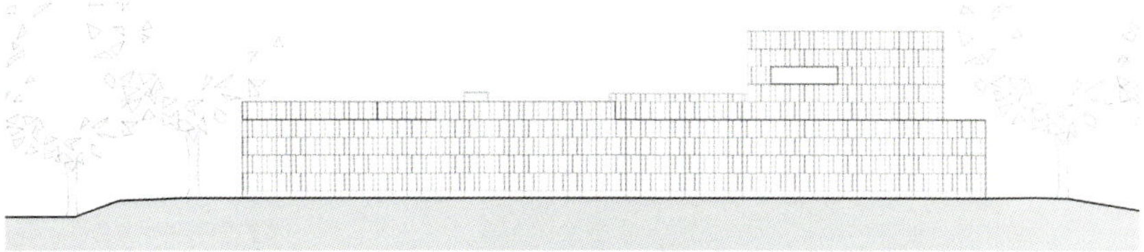

东立面图

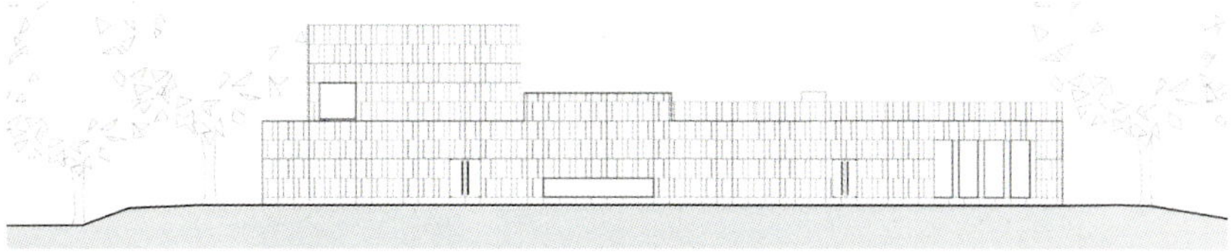

西立面图

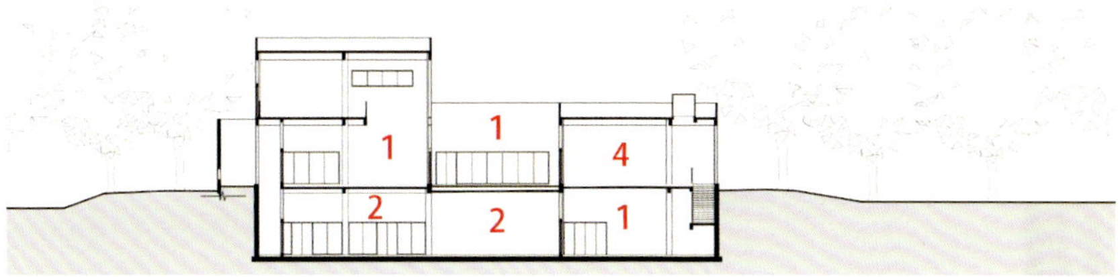

1－1剖面图

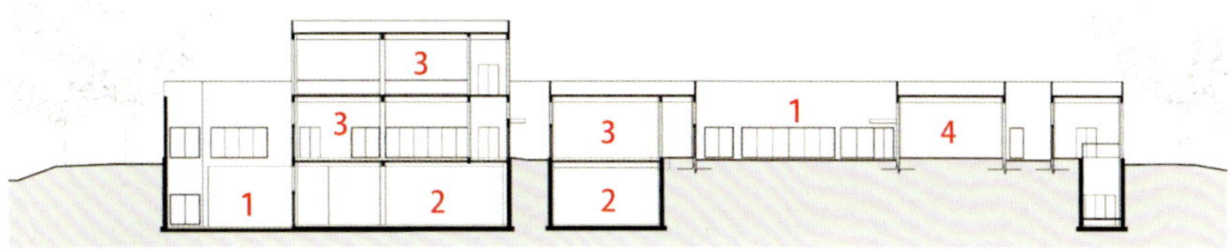

2－2剖面图

少石材的重量感。

4. 书院的设计有几个气质特点。一是干净，除了界面的变化以外，其他的建筑要素最少化，让建筑素净。二是雅致，从容不迫，形成舒缓的氛围，窗户基本都呈水平状，平缓宁静，采用清新素雅的色调，带有文人气质和书卷气息。三是灵动，工整中求变化，在走廊里穿越时，常常有出人意料的景色呈现，一路开阖变化。四是静谧，大讲堂里面的水平长窗像是一幅展开的风景画。

3 结语

立足自己，继承创新，是建筑设计中的重要课题。在书院的设计过程中，我们感到中国建筑艺术和书法艺术在哲学思想和审美观念上是相通的，书法艺术规律具有普遍性，可在当代建筑设计上普遍运用。

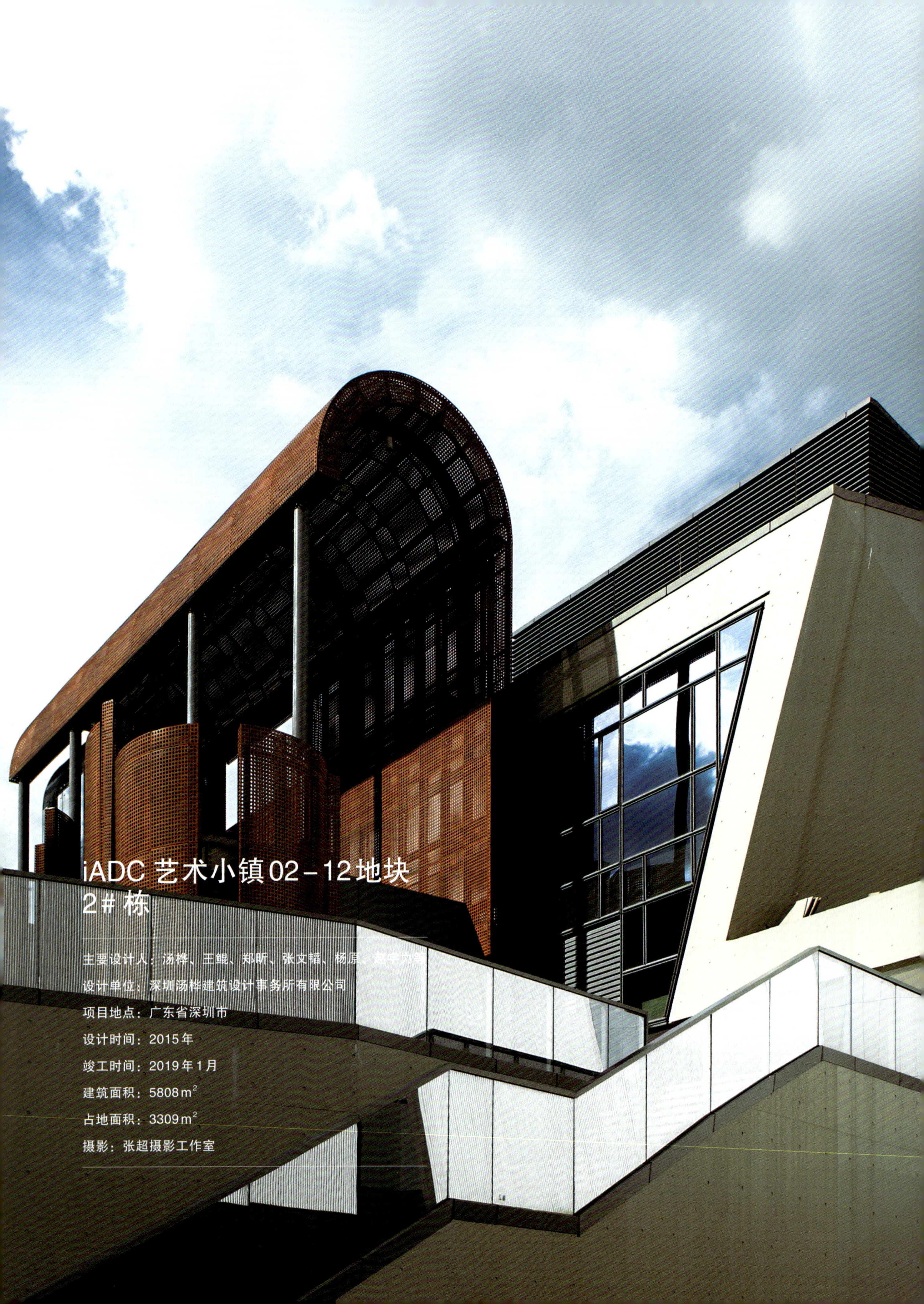

iADC 艺术小镇 02-12 地块 2# 栋

主要设计人：汤桦、王鲲、郑昕、张文韬、杨原、赵宇力等

设计单位：深圳汤桦建筑设计事务所有限公司

项目地点：广东省深圳市

设计时间：2015 年

竣工时间：2019 年 1 月

建筑面积：5808 m^2

占地面积：3309 m^2

摄影：张超摄影工作室

向契里柯致敬的建筑表达

“杜尚的楼梯”

杜尚《下楼梯的裸女》

二层广场

南侧街景

从“杜尚的楼梯”向外望

深圳国际艺展中心（iADC）艺术小镇02-12地块2#栋的设计受满京华集团和许李严建筑师事务所的邀请，是艺术小镇集群设计的一部分。集群设计作为开展建筑设计工作的一种组织方式被广泛使用，参与者怎样在集群设计中保持整体气氛和个人风格的协调，挑战着建筑师对“分寸感”的敏锐把握，尤其是在与严迅奇先生这样的建筑前辈进行面对面的交谈的时候。我们在此项目的建筑实践中，希望能够较好地尝试这种问题的解决之道。

在整个艺术小镇中，蜿蜒的中央步行街道由南至北串联了三个步行街区，空间收放有度、张弛自如、构图严谨。我们希望为这条街道增加一缕神秘甚至忧郁的气质。正如意大利画家乔治·德·契里柯（Giorgio de Chirico）的作品那样，阳光斜洒、明暗对峙、街道空寂，小女孩儿的孤独衣裙闪过，转弯处人影绰约，而街角蹲伏着不可思议的神秘物品。

西侧街巷

鸟瞰图

立面细部

体量上的转折 A

中庭交错的光影

方案设计由此“臆想”而来，在限定的体量内部构建独具一格的建筑语言。外围硬朗的界面和内部半透明的浮空盒子形成对峙，它们之间的空中街道眺望着南侧的美术馆，隐藏在建筑阴影中的锈红的圆拱打量着过往的路人，南端出挑的“发光体”成为街角昏黄的墨绿搪瓷路灯，下边聚集着悠闲的街坊。而空中街道的下方还隐藏了一处竹影婆娑的“池塘”，幽幽瑟瑟的嗓音撩拨着听众的耳膜……

建筑底层通过四横二纵的街巷为整个地块带来四通八达的步行交通：四横强调通达与效率，尺度较小；二纵强调体验与惊喜，在内部围合形成一个狭长的楔形内院，向下沉至地库，形成绿植庭院，向上沟通各层。

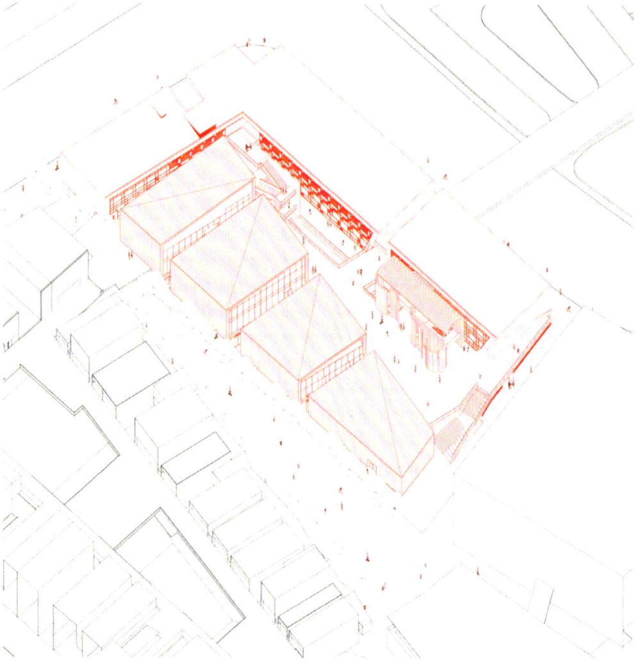

轴测图

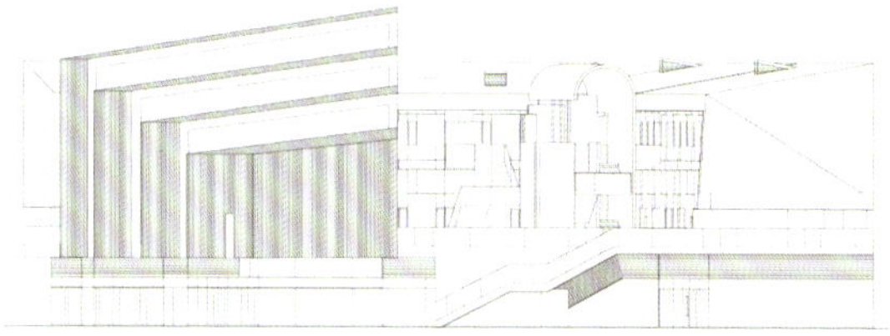

南立面图

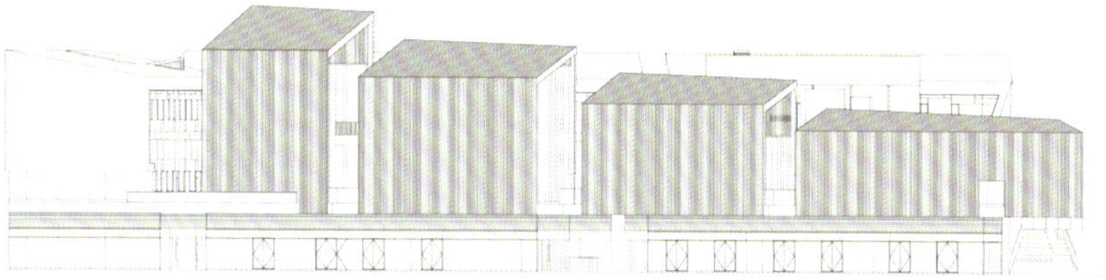

西立面图

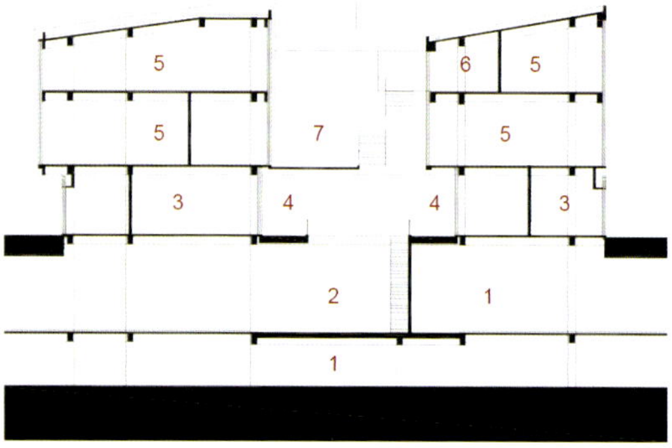

剖面图 A-A

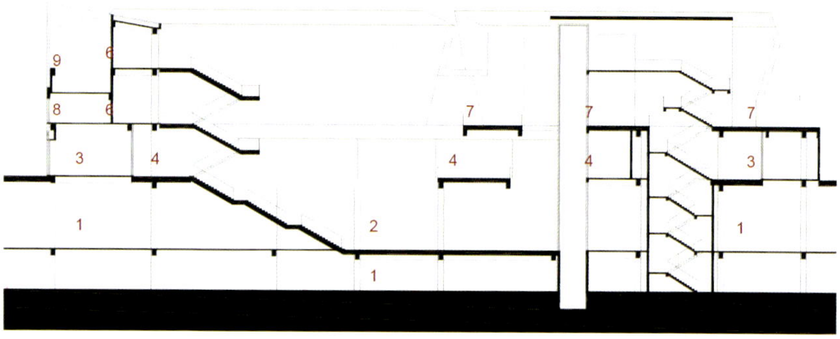

剖面图 B-B

1. 商业 Retail
2. 中庭 Open-air Atrium
3. 产业生产用房 Production Room
4. 不上人屋面 Roof
5. 走廊 Corridor

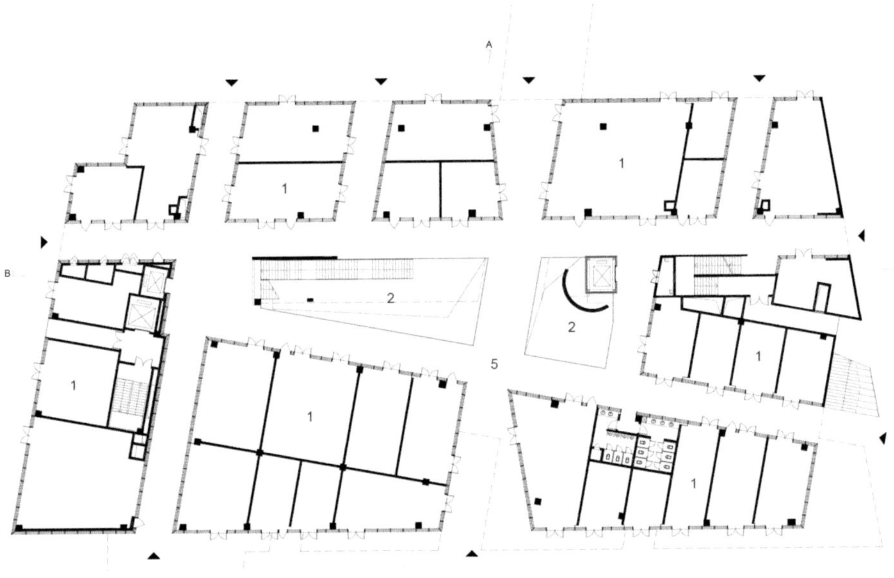

一层平面图

二层平面图

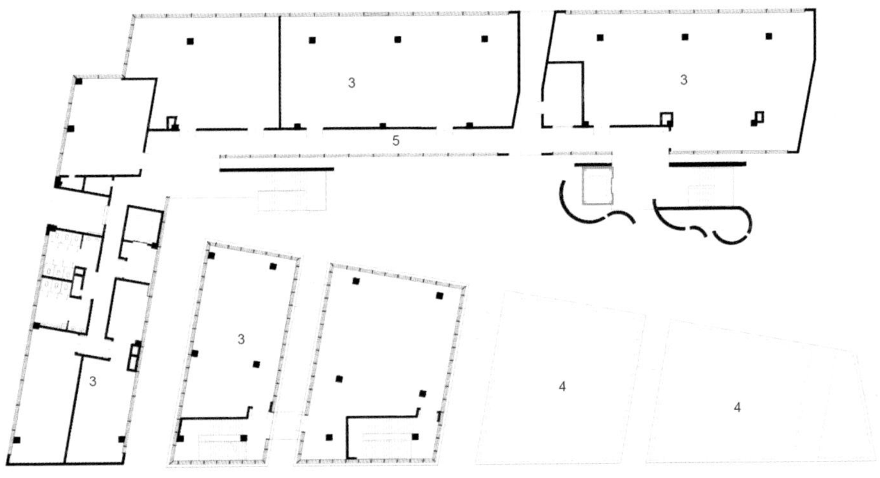

三层平面图

荔波县智慧旅游集散中心

主要设计人：姚建伟、严克宇、徐金荣、严鹏飞、孙旭东、严宏

设计单位：中外建工程设计与顾问有限公司深圳分公司

项目地点：贵州省荔波县

设计时间：2016年1月

竣工时间：2019年5月

建筑面积：32510.87m^2

占地面积：35800.39m^2

摄影：深圳市思康摄影有限公司

1 项目概况

该项目位于贵州省荔波县，地处黔南边陲，以独特的喀斯特地貌、原始森林和湖泊等自然山水文化闻名。基地西、南紧邻漳江，东面与体育馆相邻，周边山水景观资源丰富。

由于当地旅游业发展迅速，造成城市交通秩序混乱以及当地精品建筑形象的缺失，改造升级迫在眉睫。

2 创作构思与功能组成

“北冥有鱼，其名为鲲，鲲之大，不知几千里也；化而为鸟，其名为鹏，鹏之背，不知几千里也……”

经几千年的演化，荔波县海岸线东移、地面上升，原溶洞和地下河等被抬出地表形成干谷和石林。

设计灵感源于“鲲鹏”，运用仿生设计抽象提炼“鲲鹏”一飞冲天的形态，象征宏伟的气势与蓬勃向上的进取精神。

游客集散中心由客运站、游客中心、展示中心和数据中心组成，特定功能有巨幕飞翔影院、四维展厅、办公管理、主题商业、一级客运站、旅游集散区。建成后将与各景区集散中心、机场、高铁站等交通枢纽形成全面的立体全域网，通过大数据和实时路况进行科学的引导，从而改善城市交通，让游客享受智能交通带来的全新旅游模式。

集散中心半鸟瞰实景

集散中心实景

集散中心和商业街鸟瞰图

集散中心大厅实景

商业街实景 1

商业街实景 2

集散中心夜景鸟瞰图

集散中心正立面图

集散中心和商业街透视图

集散中心大厅透视图

集散中心和商业街透视图

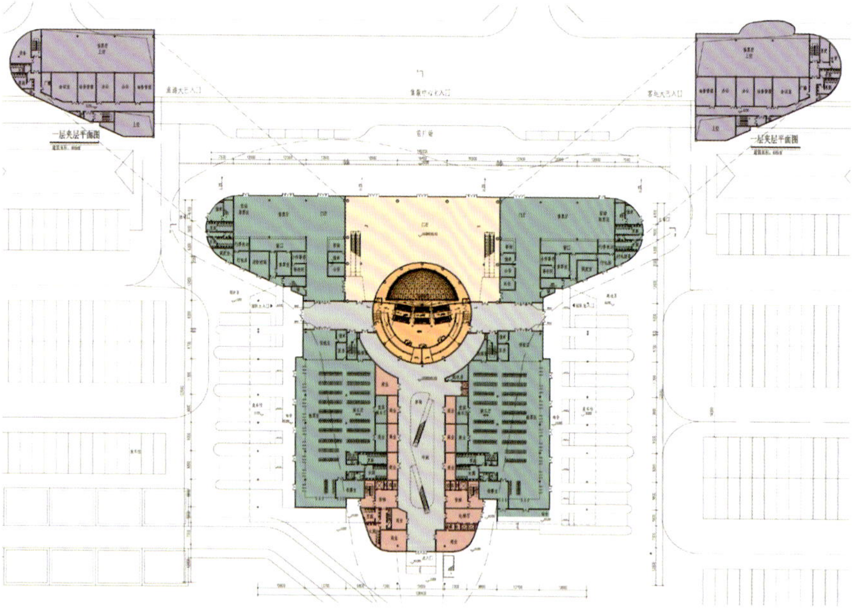

一层平面图

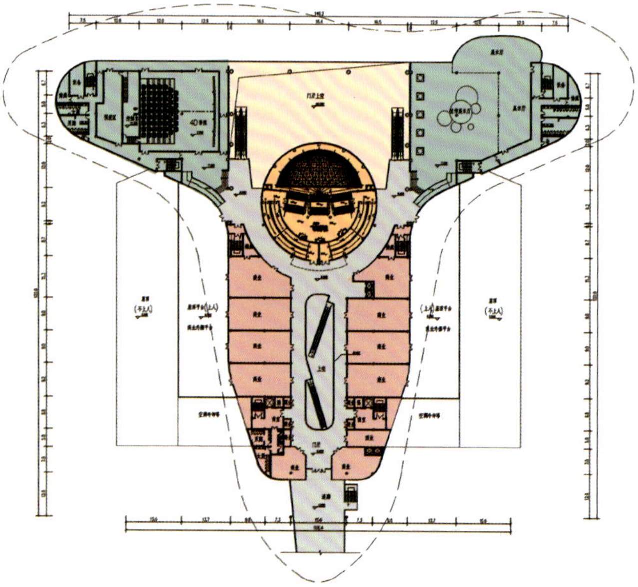

二层平面图

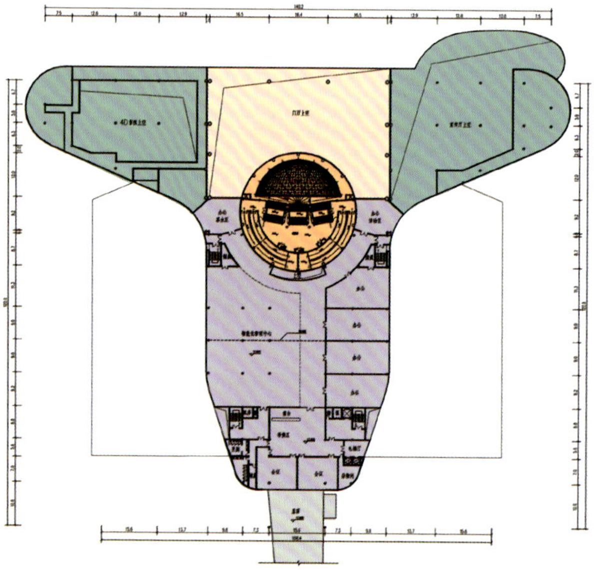

三层平面图

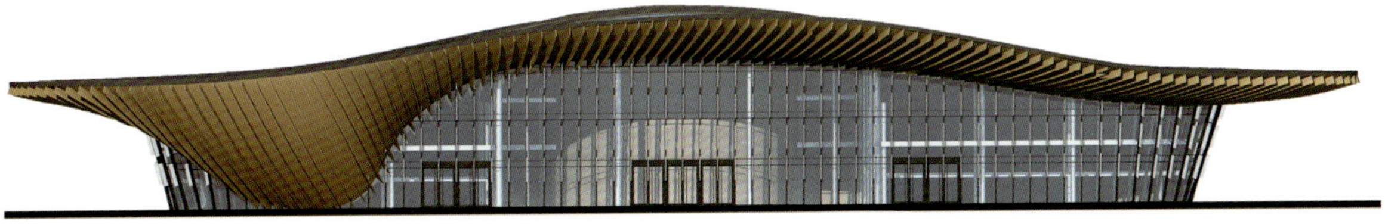

西立面图

东立面图

北立面图

南立面图

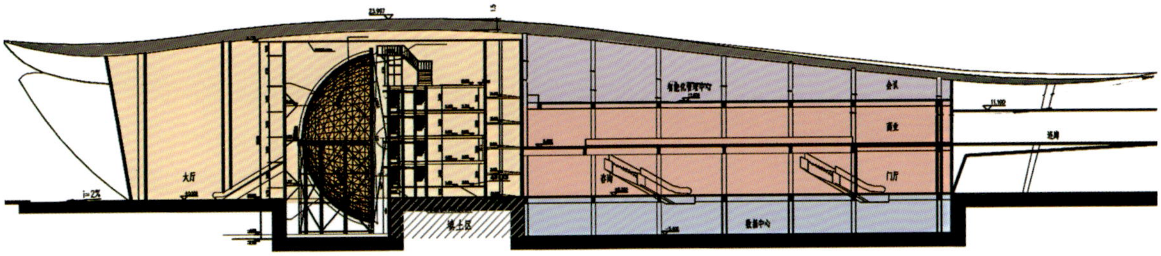

1-1剖立面图

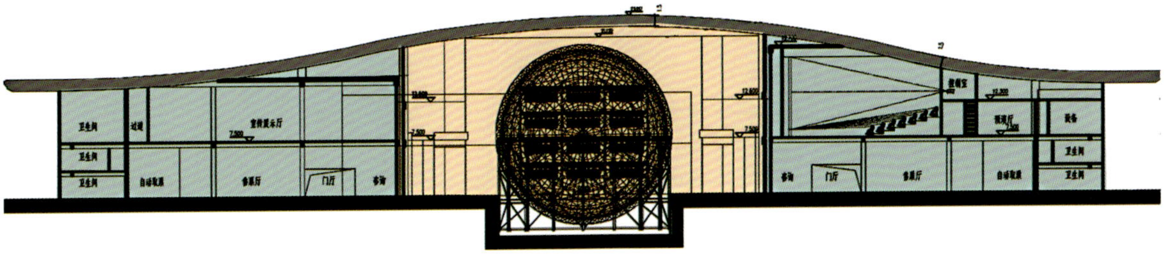

2-2剖立面图

坪山大剧院

设计单位：OPEN 建筑事务所

主要建筑师：李虎、黄文菁

设计团队：叶青（项目建筑师）、周亭婷（项目建筑师）、张汉仰、韩如意、邢舒、罗韧、Andrea Antonucci、孙心莹、张畅、贾瀚、吴南芃、张浩、崔雨柔、Angela Nodari

合作设计院：深圳欧博工程设计顾问有限公司（项目负责人：丁荣、刘振锋）

幕墙顾问：上海旭密林幕墙有限公司

剧场及声学顾问：黄展春剧场建筑设计顾问（北京）有限公司

舞台机械顾问：浙江大丰建筑装饰工程有限公司

照明顾问：北京优雅士照明设计有限公司

项目地点：深圳市坪山区

设计时间：2013—2019年

建筑面积：23542 m^2

占地面积：14302 m^2

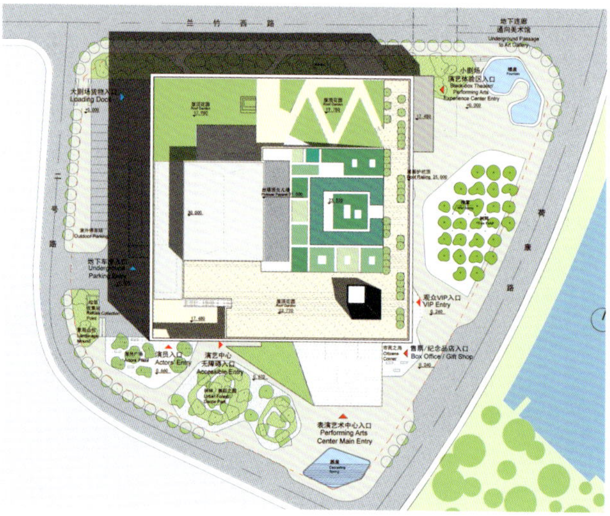

总平面图

城市广场的市民活动

城市广场

从室外公共步道至屋顶花园

从周围城市看公共步道

主入口

坪山大剧院远景鸟瞰

东立面

南侧主入口

大剧场 1

大剧场边楼座

大剧场观众席 1

大剧场 2

近十年来，伴随着经济的腾飞与高速城市化，剧场如雨后春笋般在中国遍地开花。多数剧场外表夸张、功能单一，且远离大众而无法真正融入城市生活，形成一种公共资源上的极大浪费。我们希望通过这个机会批判地去研究和看待中国剧院的发展历程，并由此出发探索演艺建筑的一种新的可能。

在甲方的鼎力支持下，我们“重新设计”了任务书，把原本功能单一的大剧院改成了一个复合的表演艺术中心，让这栋建筑对当地居民而言更“实用”。一系列丰富的功能，如舞蹈教室、音乐培训等与演艺相关的市民文化教育空间，以及餐厅、咖啡厅等都被纳入了剧院之中。通过打破孤立的“地标”式的剧院建筑类型，我们希望这个项目不仅在运营上更可持续，而且能成为真正的公共文化建筑，以包容和开放的姿态为所有人提供一个有吸引力的城市空间，而不仅仅是服务于买票看演出的人群。

大剧场观众席 2

黑匣子剧场外的休息厅

剧场门厅

室外小剧场

舞蹈教室 1

舞蹈教室 2

室外悬挑为城市广场提供遮阳

屋顶花园

“戏剧方盒”的核心是一个1200座的专业歌舞剧院，它的空间被红褐色木板包裹，与周围以白色为主的空间形成了对比。剧场内的墙壁和座椅采用深蓝色，顶棚和楼座则镶着竹板。大剧场内的墙选用了深沉又带有点神秘感的蓝色，和顶棚及座椅背部竹板的暖黄色相映成趣。深圳是一个靠近大海的亚热带大都市，选用蓝色是对海洋的致敬，也是当地客家文化有代表性的蓝衫和蓝染的颜色。黑盒子小剧场外是一个蓝色的休息厅，其凸出建筑主体的室外悬挑，为地面的广场提供了一片遮阳。

围绕着剧场核心，一个蜿蜒的公共步道系统（public promenade）将“戏剧方盒”切开一道裂缝，引导市民游走于一系列丰富的公共空间序列里，其中既有专业的黑盒子小剧场、排练厅，也有面向公众的演艺培训空间、室外小剧场、咖啡厅及各层的室外花园。剧场顶部有一座向公众开放的屋顶花园。沿着公共步道，即使在没有演出的时候，人们也可以从地面的

西北角的室外小剧场

演艺体验区楼梯

音乐庭院

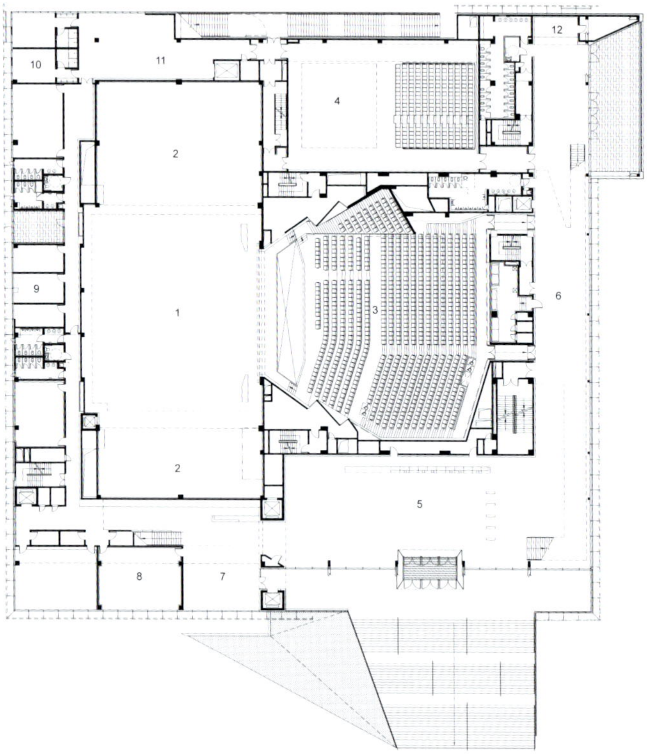

二层平面图

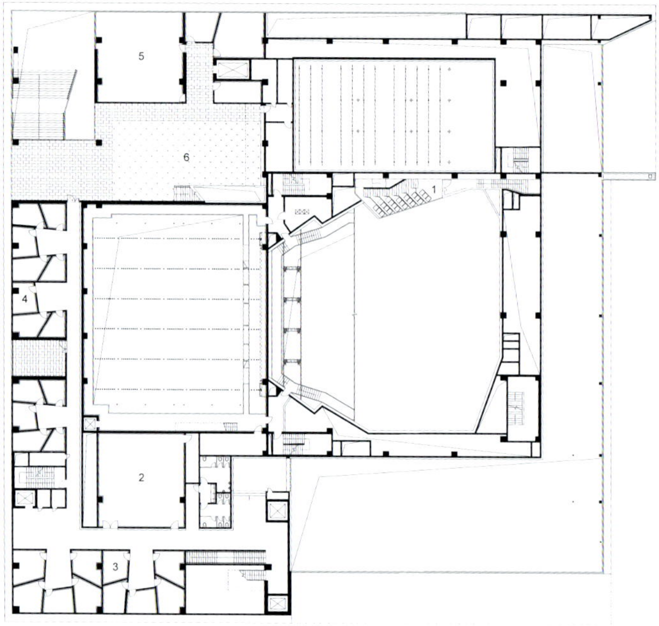

四层平面图

广场沿建筑外侧的楼梯一直漫步到开阔的屋顶花园。

这栋建筑也是一个疏松多孔的盒子，深入在建筑不同高度上的户外花园与平台，引入丰富的植物，创造宜人的室内外环境。绿化屋顶大量减少了热负荷；建筑表皮是为深圳气候条件而设计的一种双层复合生态表皮，外层的V形剖面单元的穿孔铝板，有效地遮挡夏日的阳光，并保持着足够的视觉通透性与自然通风。结合一系列节能环保措施，我们也希望突破剧院建筑作为高能耗建筑类型的固有思维。

我们希望这个作品能够代表一座城市文化建筑应有的态度，它不该仅仅通过外观形式让人感到震撼和敬畏，而是要为所有人提供一处舒适的灵魂的庇护所。

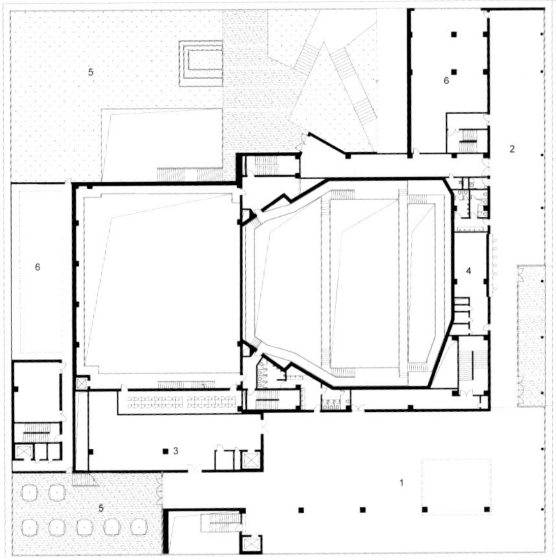

五层平面图

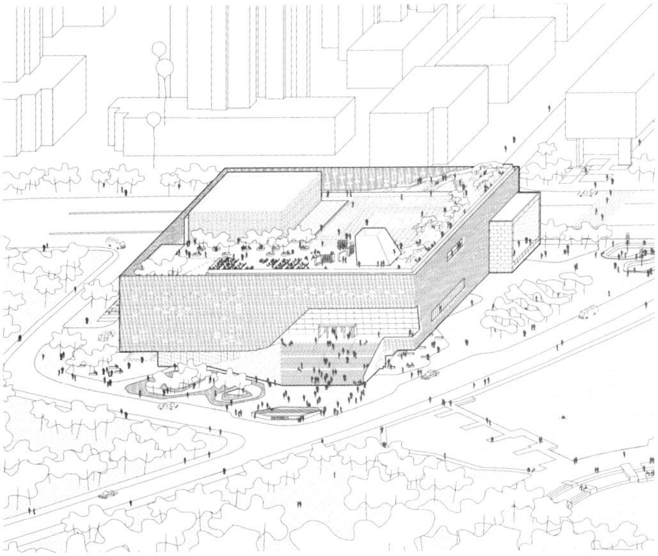

轴测图

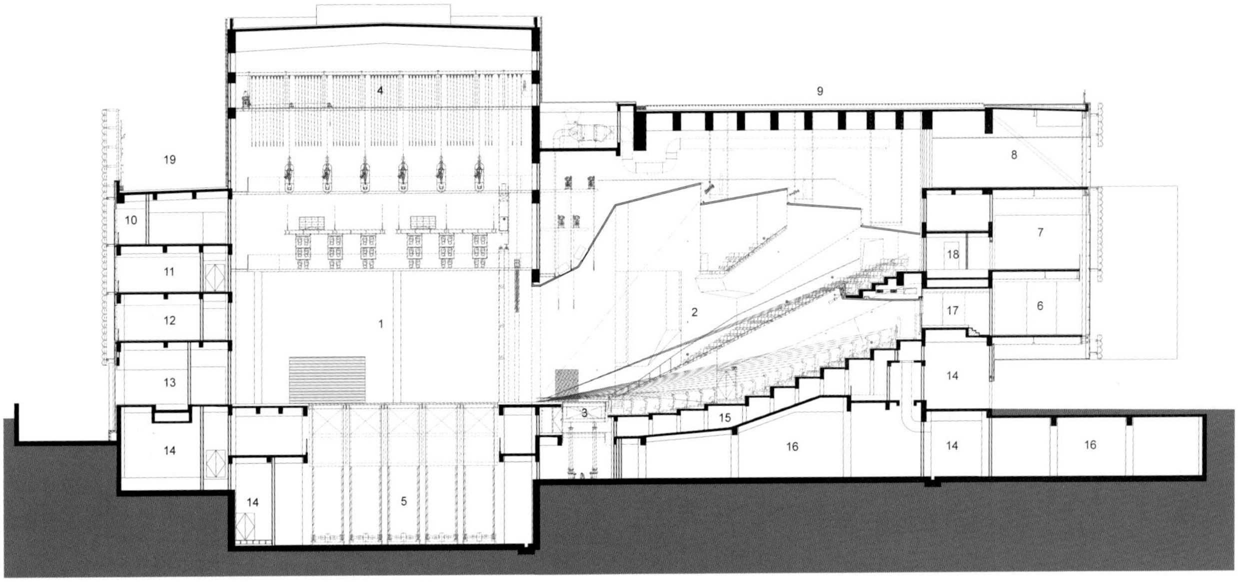

剖面图

809兵工厂遗址改造（酒店部分）

建筑及室内设计：三文建筑

主创建筑师：何崴、陈龙

设计团队：赵卓然、李强、宋珂、张天偃、李星露、桑婉晨、吴前铖、黄士林、周奇、李婉

结构顾问：潘从建

照明设计：清华大学建筑学院张昕工作室

照明设计团队：张昕、韩晓伟、赵晓波、王丹、宋柏宜、陶龙军

建筑施工图：北京华巨建筑设计院有限公司

室内施工图：北京鸿尚国际设计有限公司

项目地点：湖北省宜昌市

设计时间：2017年

竣工时间：2020年4月

建筑面积：12900 m^2（总体）、8300 m^2（酒店部分）

占地面积：30000 m^2

摄影：宋金戈

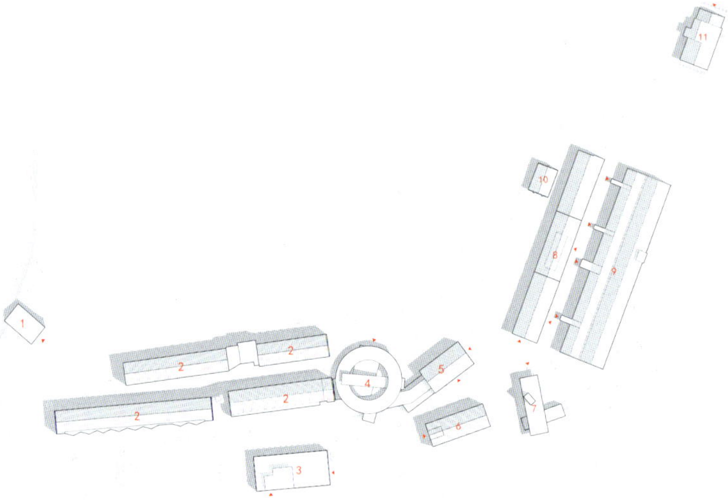

总平面图

场地原貌

大堂施工过程

新建大堂

新建大堂插入老建筑和环境中

斜向楼梯体块如同堆积木一般穿过圆环

1 背景和原貌：废弃多时，但潜力巨大

809兵工厂位于湖北省宜昌市郊的下牢溪大峡谷，距离市区约30分钟车程，曾经是老三线兵工厂，20世纪90年代逐渐停产并废弃。项目占地面积约30000 m^2，建筑面积约13000 m^2，新功能为度假酒店和亲子活动中心。项目旨在通过对这个废弃工厂的改造和再利用，在保护和展现建筑原始面貌的同时，形成新的使用功能，使废弃工业设施复活，进入当代生活。

809兵工厂原址为喀斯特地貌，场地高差大，地质条件复杂。下牢溪大峡谷环境优美、舒适，是宜昌市民夏季避暑的首选地之一。峡谷中有溪流，常年有水，且水质优良，适合游泳和休闲。改造前，该区域已经有大量的农家乐和小型度假游乐场。809兵工厂位于下牢溪中段，与溪流关系紧密，具备很好的自然环境和产业基础。

809兵工厂曾是西部地区重要的兵工厂，以生产防毒面具为主。改造前，工厂已经停产多时，其间也曾出租给民营企业。厂房中的机械已经全部被移除，整个厂区只留下建筑本体。调研中，建筑师发现现存建筑主要分为三类：空间跨度大的厂房，中等尺度的设备用房，如锅炉房等，以及空间尺度小的宿舍和办公建筑。原建筑建设时期跨越20世纪50—70年代，主要为砖混预制楼板结构形式，建造工艺包括毛石砌筑、砖墙砌筑、预制混凝土楼板，大多数已经不符合当下的建筑法规，需要进行结构加固和再处理。但另一方面，正是这些不同时期的建造痕迹产生了极大的文化价值，反映了那个时期老三线兵工厂的历史记忆和建筑文化。设计需要保留原有建筑的大部分外立面，同时又要满足新的使用和法规要求，这给设计带来了很大的困难。

2 设计原则和思路

设计希望通过对老三线兵工厂遗址的改造，赋予空间新的生命，使之从废弃状态重新复活。在新的功能业态及新空间的双重作用下，业主和建筑师希望重构一个新809厂。改造后，它将成为宜昌人短期度假的首选，并为城市提供一处具有品位

由原宿舍改造的客房

客房保留了原始的红砖立面

客房与大堂的新旧对比

西侧客房，新加的阳台和小院

青年旅社外观

西侧客房与新架设的走廊

通向屋顶的大楼梯，表皮上的开孔形成丰富的光影效果

保留原有山墙，中间增加新的交通

和调性的精致生活场所。

设计从场地规划开始，将建筑、室内、景观、照明一体化考虑，最大限度地保留原建筑的工业特征和历史信息，并进行改造再利用。设计首先对工业遗产进行保护，通过结构加固等措施，保留建筑外观原貌。之后，选择性地利用原建筑空间植入新功能，如原宿舍改为酒店客房，原锅炉房改为礼堂，原办公楼和设备用房改为餐厅、接待中心等。在此基础上，在场地重要节点位置设置新公共建筑，形成空间和视觉上的锚点，如酒店大堂、区域入口处的书吧、崖顶的茶吧等。新建筑与老建筑在形式和材料上刻意进行了区分，形成戏剧性的对话关系，也清晰地表明了两个不同历史阶段的空间特点和建筑语言。

场地中的主要树木被保留，新建筑避让树木建设，与树木形成共生关系。夜晚的灯光处理延续了建筑设计的思路，总体营造宁静的氛围，在建筑节点处重点处理。客房区域采用3000 K暖白光，公共区域采用4000 K左右的中性白光。

3 客房：梳理交通，重组空间

客房由原工厂的员工宿舍改造而成。原宿舍共四栋，呈南北向平行排布，它们的建设年代并不完全一致，这给改造带来了极大的不确定性。首先，在结构上四栋建筑并不一样，墙体有二四砖墙、空头砖墙、碎石填充墙几种，楼板则是预制槽板；其次，房间的空间布局也多达十几种。如何在充分利用原有物理空间的基础上，满足酒店客房的使用需要，满足现行规范，满足安全等要求是此部分设计工作的难度和痛点。

对于东侧靠近山坡的两栋宿舍，设计首先保留了原有的交通组织方式，即位于建筑中部的垂直交通和建筑西侧的外走廊；之后，在两栋建筑的连接部分，拆除部分宿舍房间，新增垂直楼梯和电梯及公共空间。南侧的宿舍楼被改造为青年旅社，北侧的宿舍楼则被改造为标间。这样的处理一方面基于客房数的考虑，另一方面也由于这两栋建筑并不具备开阔的视野，因此定位为平价房间。

西侧的两栋宿舍向西视野开阔，能看到溪流和峡谷对面的山峰，具有较高的市场价值。但原建筑的水平交通位于西侧，与未来客房的观景面矛盾，建筑师将新的交通调整到建筑东侧，新设楼梯、电梯和外走廊。原走廊被拆除，新建阳台，增加室内面积的同时，为顾客提供更舒适的观景体验。北侧客房为标准间，阳台呈不对称的梯形，两两成组，形成富有韵律感的外立面；南侧客房则是套间，阳台交替分布，改变了原来宿舍建筑刻板的外立面。新建筑部分为白色，与原建筑红砖和毛石的外墙形成对比，显示了不同时期的特征。

客房室内首先进行了结构加固，并增设洗手间，满足酒店的安全和基本功能需求。为了体现老三线兵工厂的历史信息，部分房间的屋顶保留了原始的槽板，墙面也在特定位置暴露部分原始墙面。因为酒店的总体定位不属于奢华型酒店，在装修和家具选择上较为朴素，并有意选择了工业风格的产品，与整个区域的主题呼应。

从中餐厅入口位置看大堂和展厅

从篮球场看新建大堂、环形展厅和橙色酒廊

与老建筑相连的新建大堂

橙色酒廊

大堂使用不同的材料和色彩

建筑体块穿插形成奇特空间感受

4 大堂：利用体块穿插，营造区域标志

酒店大堂是新建的，它位于四栋客房建筑与西餐厅中间，起到了公共区域与私密区域分隔和过渡的作用。建筑分为两层，由四个建筑体块互相穿插构成。首层为酒店大堂，包含前台、休息等待区等功能，通过橙色的酒廊，大堂空间与西餐厅的三层相连。二层则是环形展厅，可以举办活动和展览。从一层到二层除了可以走室内楼梯，也可以使用室外的大阶梯。

在建筑师看来，新建大堂应该成为新809的地标。它需要从远处被清晰地捕捉到，并吸引客人进入新809区域。为了达到这个目的，建筑被刻意设计得具有视觉张力：超尺度的几何体块相互穿插，不同材料和强烈颜色的对撞，形成了不同于日常生活的视觉与感官体验。一层大堂不规则的形式既与场地地形有关，又避让了空间中原有的树木。二层的环形展厅采用全玻璃幕墙，它“飞架”在一层之上，为使用者提供了360°的观景面。弯折的酒廊，南侧插入西餐厅建筑体块中，北侧挑出于混凝土陡坎之上，形成强烈动势，其标高与西餐厅三楼的早餐厅一致，起到了连接大堂及早餐厅的交通功能。酒廊外皮由橙色的金属网覆盖，室内也同样被橙色覆盖，强调了建筑体块的同时也颠覆着使用者的感官。斜向的室外大楼梯被深褐色的金属表皮包裹，成为一个斜插向天空的方筒，表皮上的圆孔让内部形成丰富的光影效果，营造了一种“不真实”感。这一切都与原809兵工厂的老三线风格不一样，新老建筑形成了强烈的视觉对冲，但正是因为这种对冲，新809才显得旧者更旧、新者更新。

为了实现大堂建筑特殊的形态，建筑师与结构工程师付出了巨大的努力。建筑整体采用钢结构。为了得到一个尽量通透的环形展廊，并保证一层建筑室内的舒适性，环形展厅由三组巨型钢柱支撑，它们呈120°排布，分别隐藏在大堂的服务型空间和酒廊空间内，从室外无法察觉。环形展厅由九组钢柱支撑，它如同一个环形“盒子”放置在一层结构上。斜向的大阶梯及包裹它的筒则如同一根巨大的方柱斜插于圆环中，起到了不同高程的交通联系。四个建筑体块看似相互倚靠堆叠，实则结构相互独立，自成系统，这样的处理保证了建筑结构的安全性。场地复杂的高差、不确定的地质条件（喀斯特地貌）、毗邻的老建筑基础的避让和场地内原始树木的保留等问题都给项目实施过程带来了巨大的挑战，建筑师、结构工程师及施工单位一一解决这些问题，最终完成了建筑复杂形体的建造及表达。

5 餐厅及多功能厅：因势利导，甘当配角

除了由宿舍改造的客房，新建的大堂和展厅、酒店的中餐厅和多功能厅也由原809兵工厂的既有空间改造而成。秉承区域设计的总原则，即在保留原有老三线兵工厂建筑外观信息的情况下，改造建筑内部空间，使之具有新功能。中餐厅和多功能厅都尽量利用原有建筑，形成新与旧的对话。

西餐厅 / 早餐厅位于大堂一侧，原址上有一座三层的办公楼。新建筑建于老建筑的基址上，建筑外观保留了老建筑的主

从环形展厅看斜向的大阶梯方筒

环形展厅室内

环形展厅与窗外绵延的山景

改造后的中餐厅外观

西餐厅三楼室内

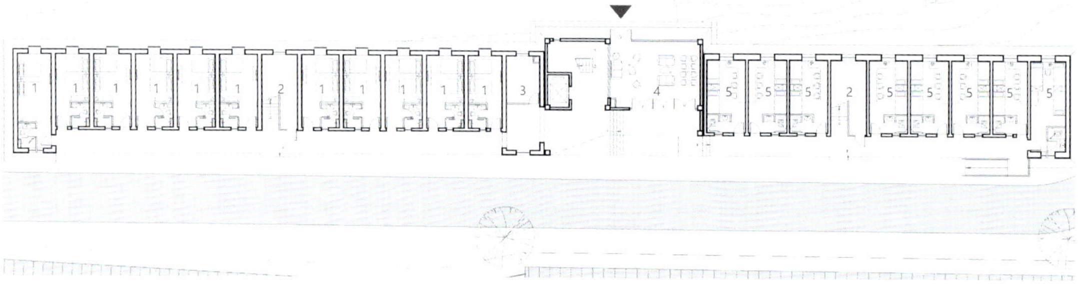

东侧客房首层平面图

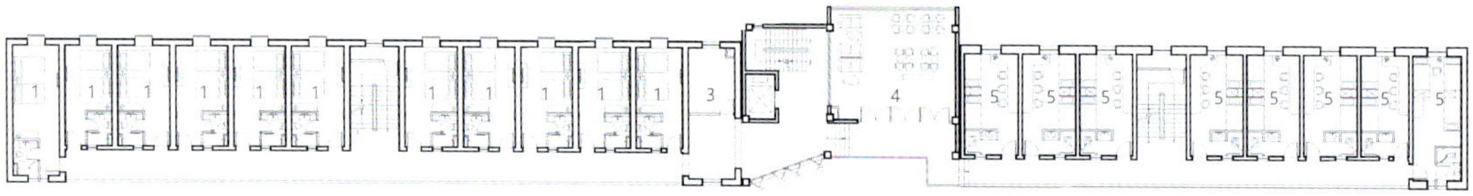

东侧客房二层平面图

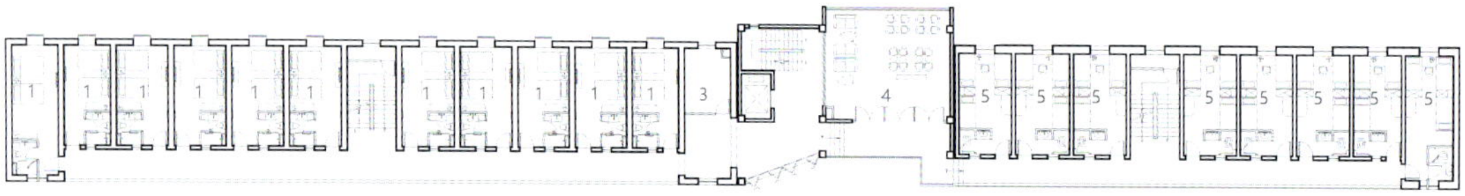

东侧客房三层平面图

西侧客房负一层平面图

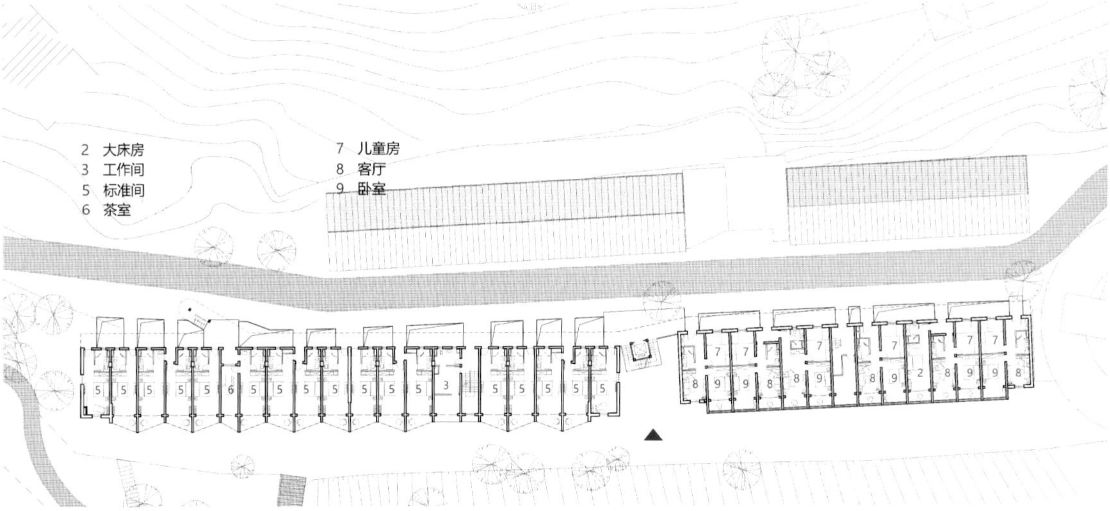

西侧客房一层平面图

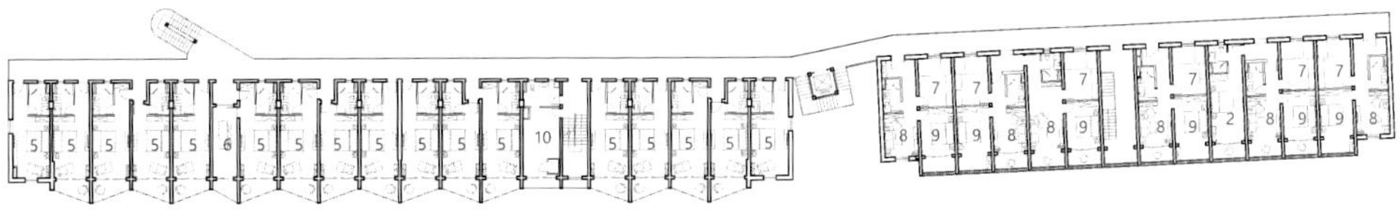

西侧客房二层平面图

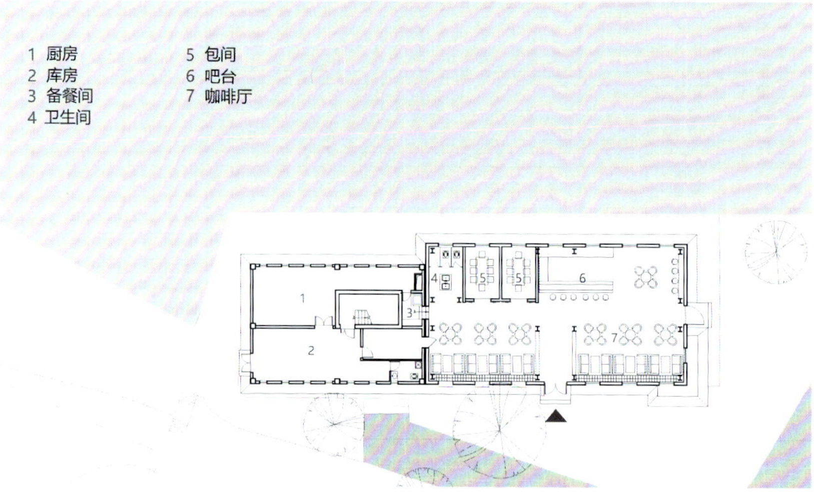

西餐厅首层平面图

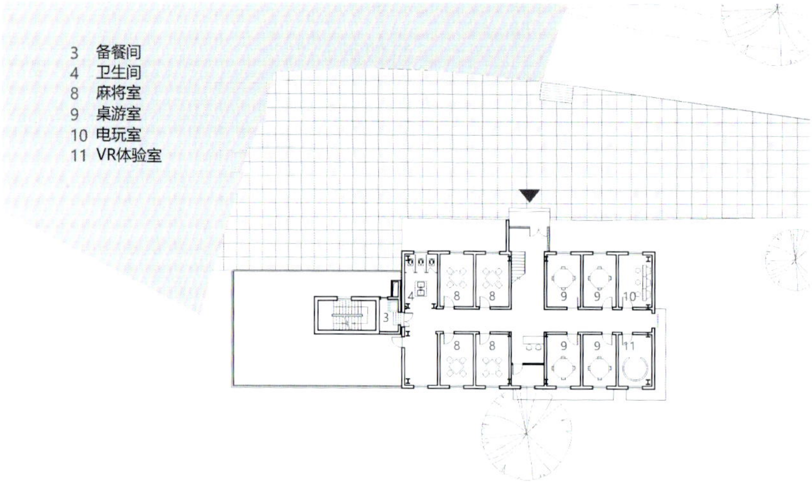

西餐厅二层平面图

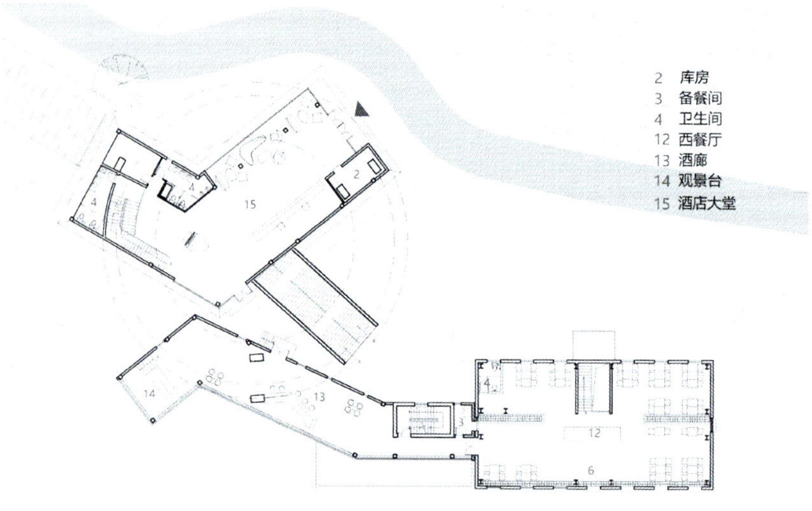

西餐厅三层平面图 / 大堂一层平面图

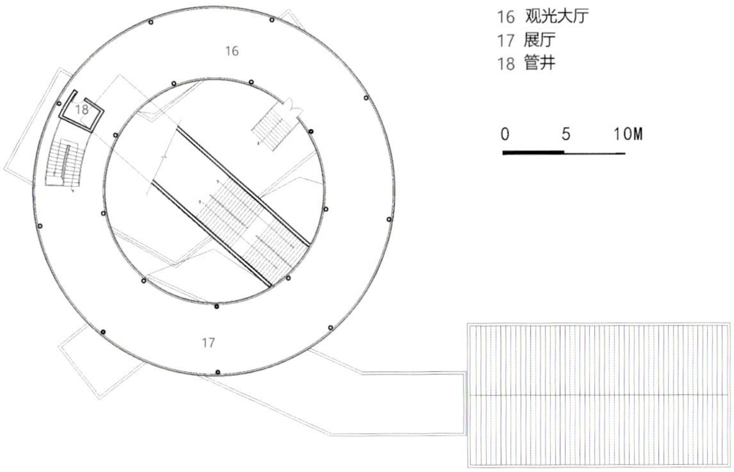

大堂二层平面图

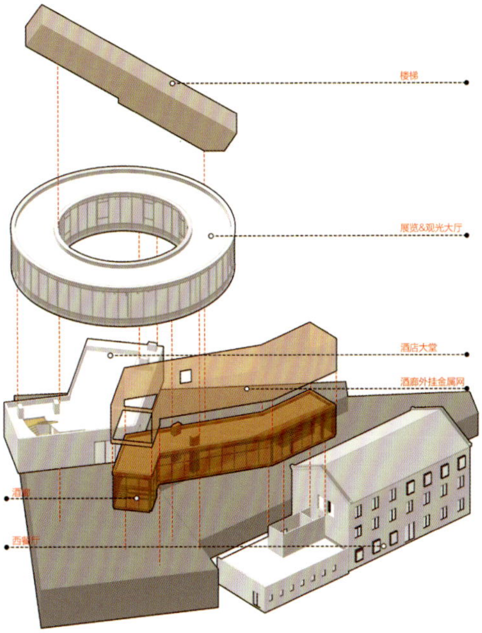

轴测图

要特征，在门窗和细节的处理上融入了现代表达。室内空间根据新的使用功能布置，一层为咖啡厅，二层为棋牌室，三层为西餐厅 / 早餐厅。

总体上，几个餐厅和多功能厅在外观上都相对低调：不求张扬，甘当配角。它们与客房一起形成围绕大堂主体建筑的“基底”，共同服务于新809区域。

6 结语

809兵工厂是中国西部地区老三线兵工厂的一个缩影。20世纪50—60年代，中国西部兴建了大量的兵工厂，他们多为砖石结构，具有特定时代中国西部地区工业建筑的特点。随着90年代中国经济发展、产业转型，大部分此类兵工厂都已经停产、废弃，但建筑作为一种历史记录仍然具有文化价值。本案是在保护历史信息基础上，最大限度激活此类工业遗存的一种尝试。

中国以往的工业遗存改造后，功能以文化产业园、艺术园区为主，这类功能对于西部地区非城市区域的工业遗存并不适用。本案改造后的新功能为酒店，是近年来中国工厂改造中较特殊的一个，在对中国西部工业遗存的再利用方面具有创新意义。

809兵工厂遗址改造（崖顶茶吧）

建筑及室内设计：三文建筑

主创建筑师：何崴、陈龙

设计团队：赵卓然、李强、宋珂、张天偃、李星露、桑婉晨、吴前铖、黄士林、周奇、李婉

结构顾问：潘从建

照明设计：清华大学建筑学院张昕工作室

照明设计团队：张昕、韩晓伟、赵晓波、王丹、宋柏宜、陶龙军

合作单位：北京华巨建筑设计院有限公司、北京鸿尚国际设计有限公司

项目地点：湖北省宜昌市

设计时间：2017年

竣工时间：2020年4月

建筑面积：120 m²

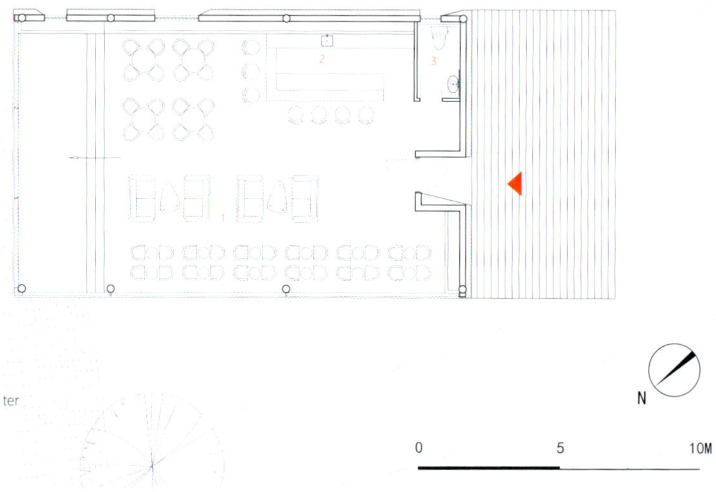

总平面图

场地原貌

施工过程

园区总图鸟瞰

鸟瞰

扭曲的屋面

1 背景和场地：废弃兵工厂内的绝美之地

崖顶茶吧的选址位于809厂区西南的山坡上，一侧为平缓的坡地连接厂区内的酒店建筑群，另一侧则由于山体被河流侵蚀，形成了喀斯特地貌特有的陡峭的悬崖。此处自然环境优美，站在崖口向西眺望下牢溪上游，具有绝佳的风景，是厂区内难得的一处自然风光的“绝美之地”。更令设计团队印象深刻的是，站在山崖下的溪边，溪水、石崖和山顶的植被组成了一幅极具美感的画面。

场地选址位于半山腰，属于厂区内活动流线的端头，具有很强的私密性，从客房方向来到选址地，需要向上爬一段山路，这段向上的步行道路，加强了场地的神秘感。建筑的具体选址，既要尽可能靠近崖边以提供更好的视野，又要保证安全，这给设计团队及施工团队带来了极大的困难。经过严格的灾害排查和地质勘测，建筑被选址于山崖岩石边缘内退3m，刨去表面土层，地基是坚硬的石灰岩层，具有良好的承载力。

2 建筑设计：轻盈与灵动

2016年，业主曾经在项目规划时提出在厂区内创造50个“吸引眼球的拍照点”的想法，而崖顶茶吧则被视为这些点中的重中之重。设计团队希望通过崖顶建筑的设计，改变旧工厂的沉闷氛围，从而激发老厂区的生命力。建筑的功能被定义为休闲茶吧，供入住及参观的旅客休闲、饮茶、观景。落成后，它将成为厂区内相对私密、幽静的休闲空间，同时具有整个厂区内最好的自然环境资源和景观观景面，为整个厂区提供一处具有品位和调性的精致生活场所。

设计的出发点是对“繁与简”“轻与重”两对变量的思考。建筑的体量设计从最简单的长方体出发，长方体长边垂直于悬崖边缘，整体向悬崖外挑出约3m，方体底部由钢柱支撑架空，形成了悬浮于悬崖之上的视觉效果。根据建筑4个观景面的景观效果好坏，设计团队将方体顶面西南角及东北角的顶点高度进行提升，西北及东南角的顶点高度进行降低，此举使建筑体块的原有的4个长方形立面转变成为了4个不同的梯形立面，西、南两面较大，东、北两面较小。由顶面不同斜度的四边放样形成一个扭转曲面，也使得原本简单的建筑体块变得灵

从山坡上看建筑

入口人视角

夜景

穿孔立面

动。建筑体块的推敲从“简单”出发，以“简单”的设计手法产生“复杂和生动”的视觉效果，令建筑与周边环境达到既整体又生动的动态平衡。

为了表达建筑在环境中“轻”的状态，设计团队选择了玻璃及白色铝板作为建筑外观材料。东侧、北侧立面及屋顶使用了白色铝板，视觉上对建筑体块形成包裹，西侧及南侧立面则选择了大面积的玻璃幕墙，为室内空间提供了连续的观景面。建筑整体由8根钢柱支撑，西侧和南侧都有巨大的悬挑，再加以建筑底部灌木的遮挡，建筑达到了仿若悬浮于空中的效果。建筑照明以内透光为主，仅在铝板穿孔部分后设置光源，在夜晚形成独特的图案。

3 室内空间：简约清新，平中有奇

设计团队认为在这样的自然环境中，建筑室内空间应该是平静且简约的，不应该因为过于繁复影响人们观赏窗外的自然美景。崖顶茶吧的室内采用了白色和木色作为主基调，墙面和顶面均为简单的白色，地面采用浅木色地板，舒适且温馨，阳光透过巨大的玻璃幕墙洒下，将美景引入室内空间。

建筑室内功能分别为茶厅、吧台区、卫生间、杂物间。茶厅部分在靠近西侧设置了高差，形成了向西观景的阶梯，也划分出相对独立的区域，给空间带来变化。空间内的家具也选择了相对舒适的布艺沙发和单人座椅，辅以少量的重点照明，烘托了空间的清新宁静的休闲氛围。

室内屋顶的结构暴露，充分展示了空间与结构一体化设计的魅力。Z形分布的钢板梁随着屋面的扭动而变化，形成三维曲面的效果，成为空间唯一的主角。在设计屋顶的过程中，设计团队采用了巧妙的构思方法：虽然顶面最终的效果是扭曲曲面，但是由直线旋转放样而成，依据此逻辑进行结构设计，得出每一根梁都是直线，只是通过调整水平角度的变化产生曲面效果。这种设计逻辑不仅直接有效，在工程施工过程中也具有极强的可操作性和集约性。室内空间中，钢梁依据一定间距布置，形成具有秩序的节奏感，同时兼具装饰性。正是这种结构和构造美学让设计团队决定将屋顶的结构完全暴露。

室内1

室内2

室内3

立面图

4 建构过程：集合设计，多专业协同

崖顶茶吧为钢结构建筑，复杂的地质环境、底板大跨度外挑、梁托柱转换，以及扭动的异型屋面等都成为结构设计的难点。其中扭动的屋面设计与实现既是工程中的难点与亮点，也是建筑专业和结构专业深度配合的结果。在兼顾施工空间秩序感、施工可行性的条件下，设计团队将建筑屋顶按照1.5m模数进行等分，每等分按照对角线再分割为2个相对的三角形，通过对三角面准确的定制加工，拼接形成了异形的扭动曲面。室内屋顶的支撑并未采用传统的工字钢梁或箱形梁结构，而是采用了定制异形钢板梁作支撑，屋顶轴线及对角线均设40cm高钢板梁，既保证了屋面三角钢板的焊接附着点，又呈现出钢板梁随着屋面扭动变化的独特节奏及韵律。屋顶外部材料也采用了直的铝单板型材屋面进行装饰，进一步暗示、体现屋顶的建构思路。

由于室内空间需要结构暴露，顶棚的灯具管线均需要在屋面顶浇筑之前提前定位布置好，这也考验了多专业之间的设计与施工配合默契程度。

5 结语：建筑与自然、历史与当代

崖顶茶吧是三文建筑设计的第二个和悬崖有关的项目，也延续了设计团队长久以来对建筑与自然环境的关系的思考：设计应该从建筑所在地的地理、自然条件和场所性出发，关注人工物与自然之间的对话关系，既尊重自然，又适当地表达建筑的存在性。建筑应该与周边环境达成一种共生关系。周边自然环境为建筑提供背景、条件和基地，而建筑的出现为环境增添了人的因素，成为环境与人之间的连接点。

从另一个方面来看，崖顶茶吧位于历史厚重的809厂区内，如此当代的设计语言使其在整个项目中显得尤为突出。而这种反差也代表了设计团队处理类似问题的一贯思路：厚重的文化和历史需要保护，但是更需要适当的创新和激活，设计师应该在对立和冲突中寻找平衡，让旧者更旧，新者更新。

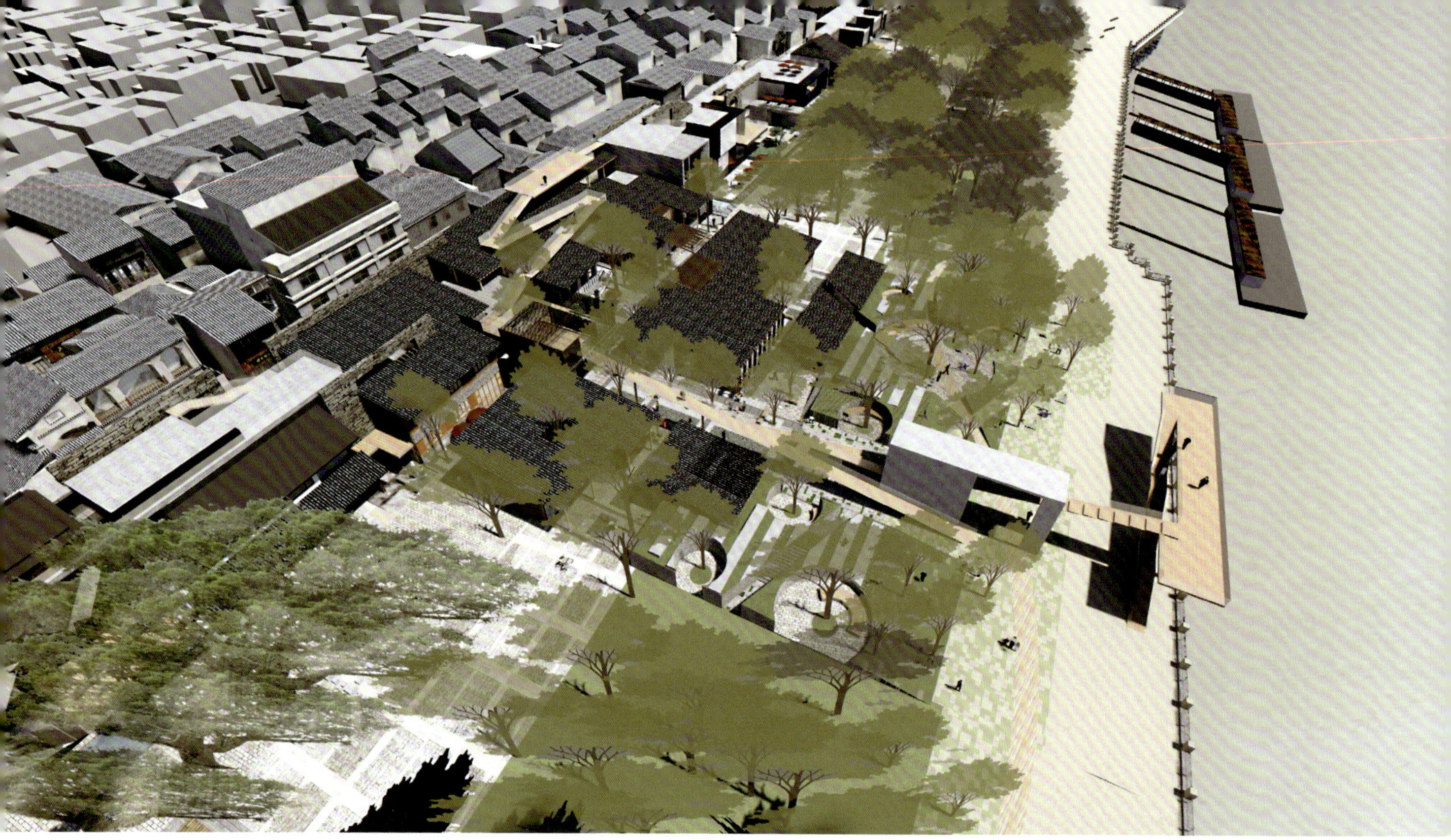

温州鹿城区望江路朔门街江埠段改造提升

主创设计师：张男、欧仁伟

设计单位：上海中森建筑与工程设计顾问有限公司

项目地点：浙江省温州市鹿城区

设计时间：2020年4月

建筑面积：7800 m^2

占地面积：4800 m^2

总平面图

浙南闽北一带，因特有的山海地貌形成独特的地理概念，滨海沉积的平原称为“垟”，山间狭窄平地称为“岙”，温州古城恰在一片相对开阔的“岙”内，直至20世纪末，城市格局绵延更替，未有大变，至今温州朔门区北部依然留存古城街巷肌理和空间尺度。

但象征传统城市的那座古城墙消失了，沿瓯江的自由岸线和埠头也已不见，这几乎是中国现代城市扩张中无法避免的现象。

所以当我们研究场地，发现离此很近就是温州古城墙曾经所在地时，几乎下意识就决定了要筑一道“墙”。这不仅是为身后整个古老街巷提供“身份的边界”，更是为使生长在此的市民获得“集体记忆的延续”。“墙”的真实功能是一条商业街，我们在保证整体连贯的基础上，化整为零，组织起各异的灵活空间和自由漫步并最终上至“墙顶”、远眺瓯江的穿行路径。“墙”的中段，一片巨大斜坡直插瓯江之中，隐喻山海地貌，同时唤起市民对原有江岸埠头的记忆，斜坡置入大量源自温州古民居的院落空间，并覆盖商业、景观、市政道路等功能设施，同时利用多层级景观元素衔接“墙”“坡”内外直至江边，合力塑造望江路段的鲜明特征，又使其融入城市整体。一横（“筑墙”）一纵（“大斜坡”），远观清晰有力，各呈破立之势；走入其中却发现亲切丰富，市民游客提笼遛狗、跑步闲坐、吃茶对弈、购物自拍，无所不能。

历史、记忆、情感需要凭依，唯其有所附，才可续可读；而现代生活和不断开放的城市需要自由空间，以满足其创新发展。“筑一道墙，再打破它”是我们对两种需要的回应，也是当代城市更新的一种积极探索。

鸟瞰图

人视整体形象 1

人视整体形象 2

商业街效果图 1

商业街效果图 2

商业街效果图 3

望江

新水门人视图

首层平面图

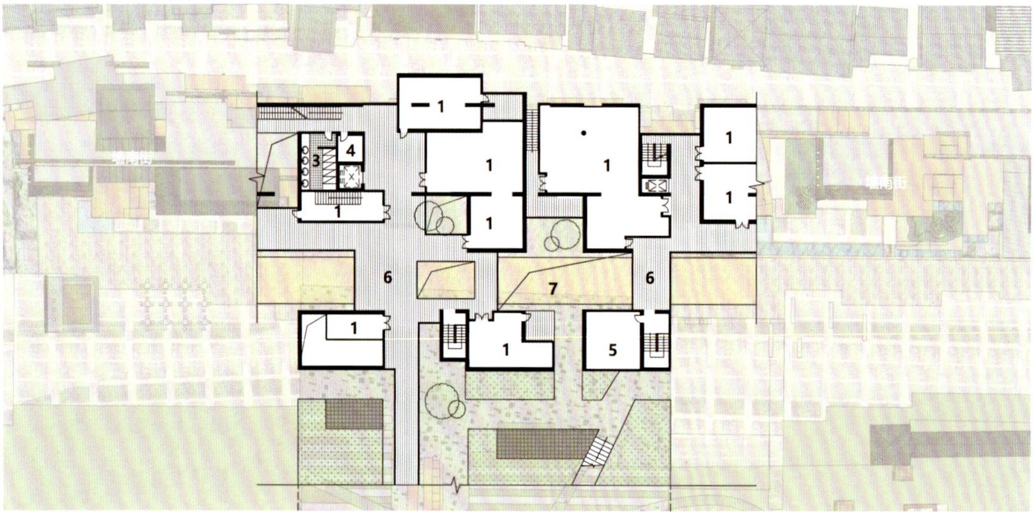

二层平面图

三层平面图

伦教珠宝产业园

主创设计师：姚建伟、徐金荣、严鹏飞、孙旭东、严宏

设计单位：中外建工程设计与顾问有限公司深圳分公司

项目地点：广东省佛山市顺德区伦教街道

设计时间：2017年1月

竣工时间：2019年9月

建筑面积：301112.97m²

占地面积：100370.99m²

摄影：深圳市思康摄影有限公司

1 项目概况

项目用地位于佛山市顺德区伦教世龙工业区佛山一环南延线以东、伦教大涌以南，场地有高差，西高东低。

随着我国经济发展的需要，产业园区项目逐渐被重视，新兴产业园区成为区域经济发展重要的助推器。

2 创作构思

本项目通过对场地高差的利用，形成东西两个高差不同的立体庭院景观。

建筑上利用模块化的组合模式，适应市场的不同需求，方便使用及管理，降低企业运营成本。

园区的流线组织实行人车分流，在建筑外围满足所有的货物进出，园区内部以人行为主，与车行流线各自独立、互不干扰。

我们通过对建筑形体的消减、穿插、组合构建出不同层次的"灰空间"，结合立体的生态庭院景观，创造共享的休闲、交流及学习空间，打造一个健康、环保、绿色低碳的新型产业园区。

厂房建筑实景图1

厂房建筑实景图2

厂房建筑实景图3

厂房建筑实景图4

主庭院半鸟瞰图

主庭院透视图

厂房卸货区实景图5

主入口实景图

次入口庭院实景图

鸟瞰图

半鸟瞰图

沿河透视图

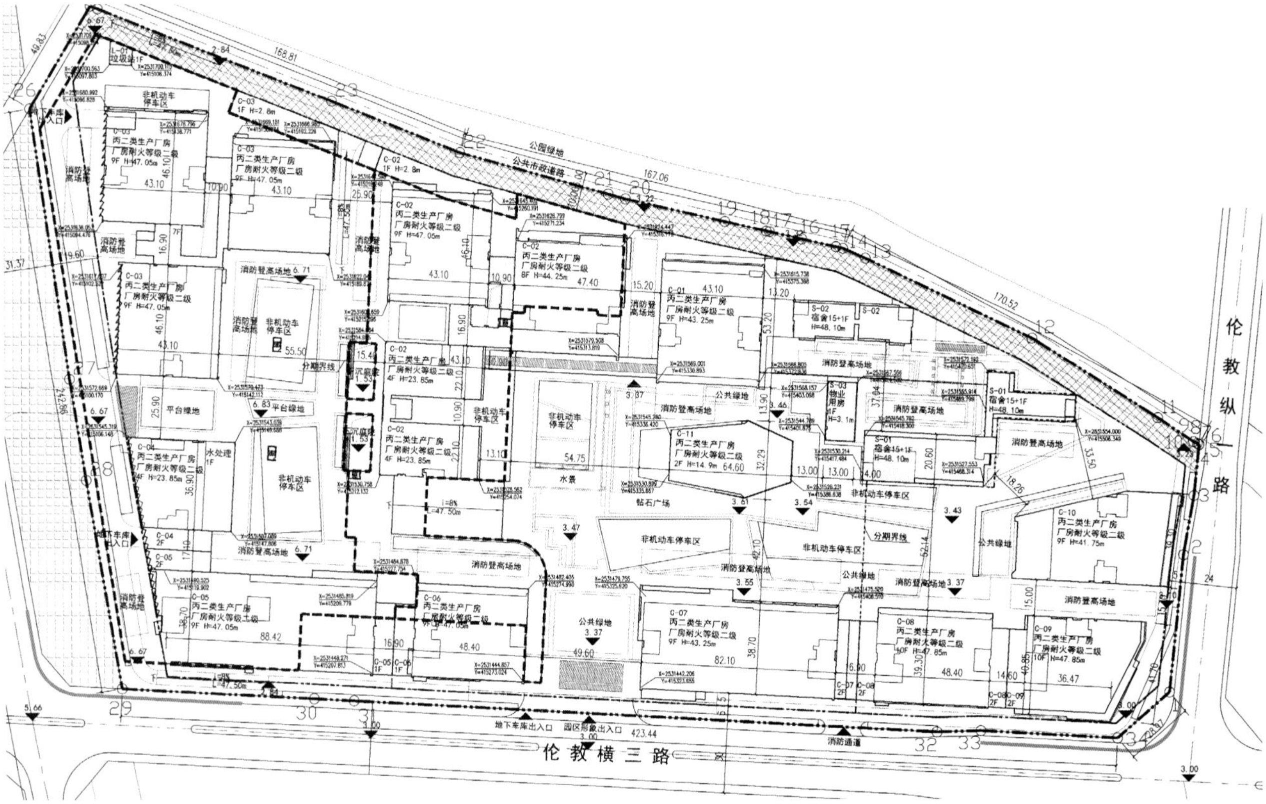

规划总平面图

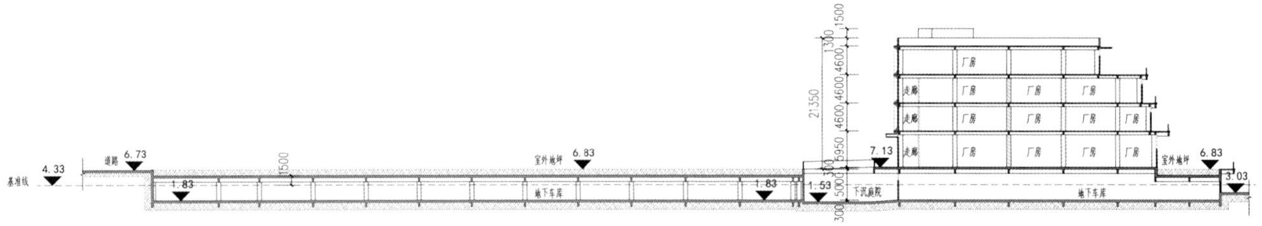

剖面图 A-A

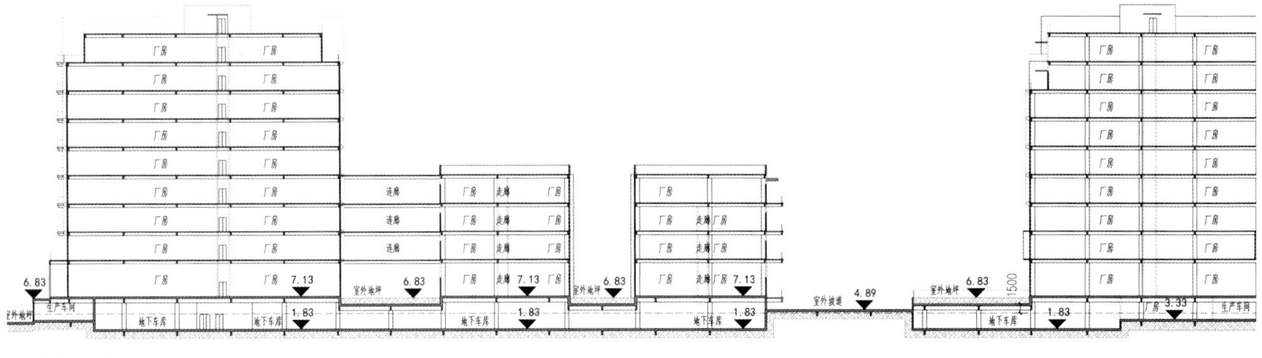

剖面图 B-B

轴立面分色图⑩－①

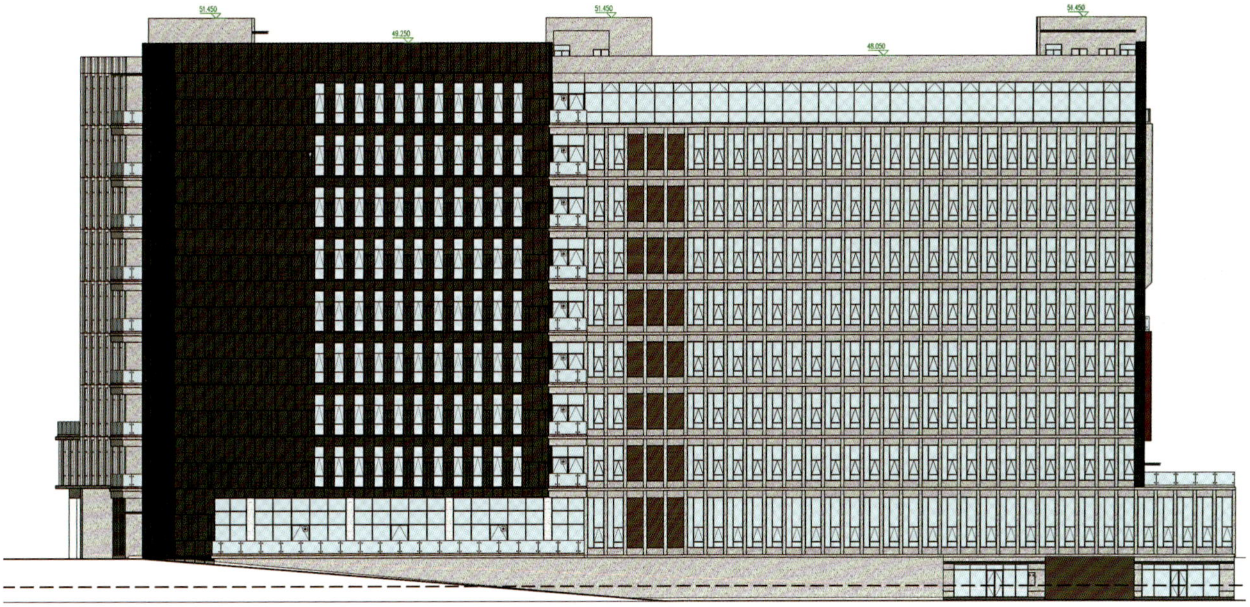

轴立面分色图①－⑯

青海海北州中藏医康复中心

项目负责人：刘玉龙

建筑设计：刘玉龙、姚红梅、胡珀、祝远、王灏霖、李炎、于晓苏、朱丽

结构设计：任晓勇、刘梦娇、黄靖文、李果

给排水专业：刘福利、张琪、徐青、刘玖玲

暖通专业：于丽华、韩佳宝、贾昭凯

电气专业：崔晓刚、徐慧影、贾启超、潘敏

设计单位：清华大学建筑设计研究院有限公司

项目地点：青海省海北藏族自治州

设计时间：2016—2017 年

竣工时间：2020 年

建筑面积：30000 m^2

占地面积：75700 m^2

摄影：孙博怡

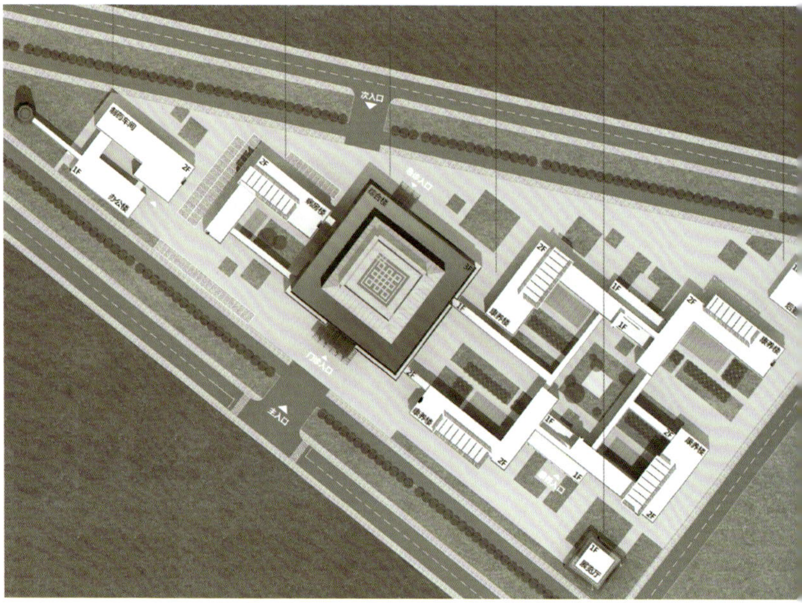

总平面图

1 项目概况

海晏县中藏医康复中心是集医疗、康复、养老于一体的医疗平台，建设等级为二级甲等医院。占地面积75700 m^2，建筑面积30000 m^2，按照300床规模进行设计。康复中心依托当地藏医特色和气候条件，采用旅游加康养模式，除解决当地的医疗需要外，还将与当地旅游资源挂钩发展具有藏医特色的康复养老产业。

2 设计理念

当下，医疗功能日益复杂，而人们长期忽视医院空间对人的精神影响作用，医院建筑被认为正面临逐渐丧失其自身建筑学价值的威胁。海晏县中藏医康复中心的设计，以批判性地域主义的方式，营造了一个植根并得益于当地条件，旨在使人们的身体和精神都得到治疗和康复的公共空间。

回应海北藏族自治州当地气候和地方文化，借鉴传统藏式建筑原型，康复中心的各个功能子项（门诊和医技、住院部、

康复部和行政办公）被安排在一系列或有封闭屋顶或完全开敞的庭院中，保证了中心功能的合理划分和有效联系，形成沿水平方向延展生长的建筑形式，为城市提供了一个兼具地域性和当代感的标志性建筑组群，并力求反思和避免当地现有建筑常见的简陋的功能主义或肤浅的符号化手法。

建筑师志在将医院进行重新定义，将其定位为一个社会事业机构，不再仅仅局限于医疗流程本身，而使其成为吸引人群、以自身空间品质关照人们的情绪和精神、从而为人们提供人文关怀的市民公共场所。凭借其宜人的园林化环境和室内近乎纪念性、精神性的天光中庭，康复中心将作为一件真正的建筑作品，而非只是房屋或功能容器，在疗愈人们身体的同时给予他们的精神以慰藉。

与兴建集中性、大体量的单体建筑不同，方案采取了分散的庭院式总图布局和单体尺度更小、建筑进深更加紧凑的单体方案，并遵循低技、可持续的设计策略，应用了包括被动式降温与通风、低辐射镀膜（Low-E）玻璃、生态型透水地面和雨水回渗利用系统等在内的适宜技术手段，以使康复中心成为一个低碳、环保的项目。

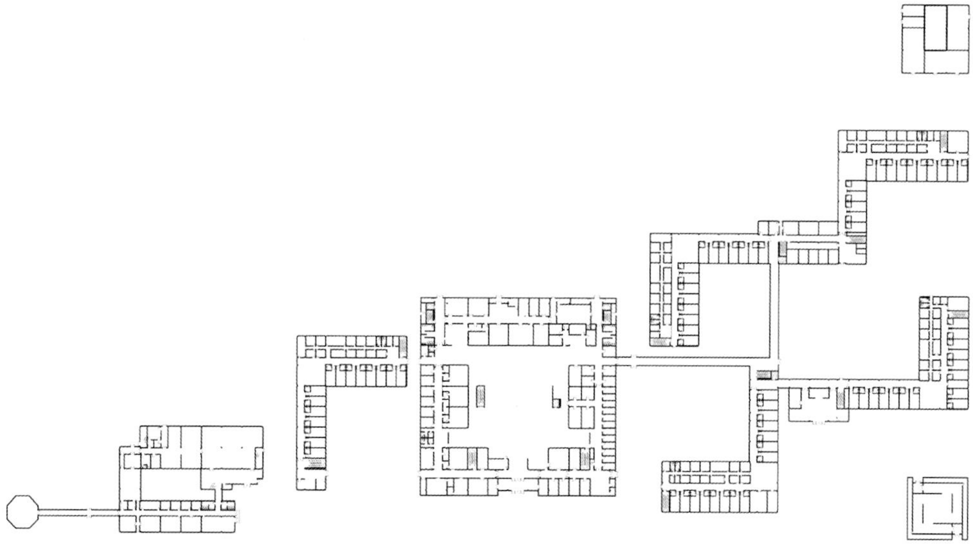

首层平面图

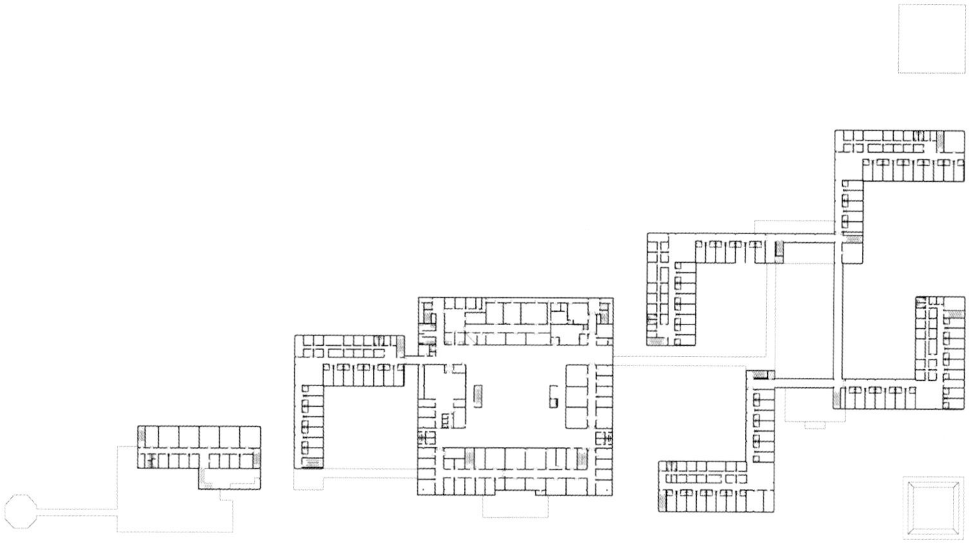

二层平面图

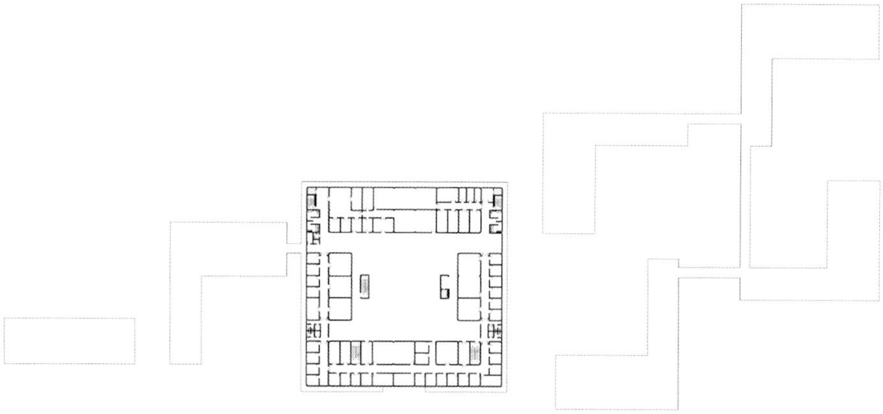

三层平面图

中国石化科学技术研究中心 1号科研楼

项目主持：田心、李玲、侯冬临、吴林林

建筑专业：张成轲、闫淑信、高丹、赵宇

结构专业：李婷、贺阳、黄中杰、陈栋

设备专业：张杰、柏婧、张成、鲁冬阳、樊华

电气专业：逄京、陆东、宋立立

设计单位：北京市建筑设计研究院有限公司

项目地点：北京市昌平区沙河镇

设计时间：2015年5月

竣工时间：2020年12月

建筑面积：110762 m^2

占地面积：7733 m^2

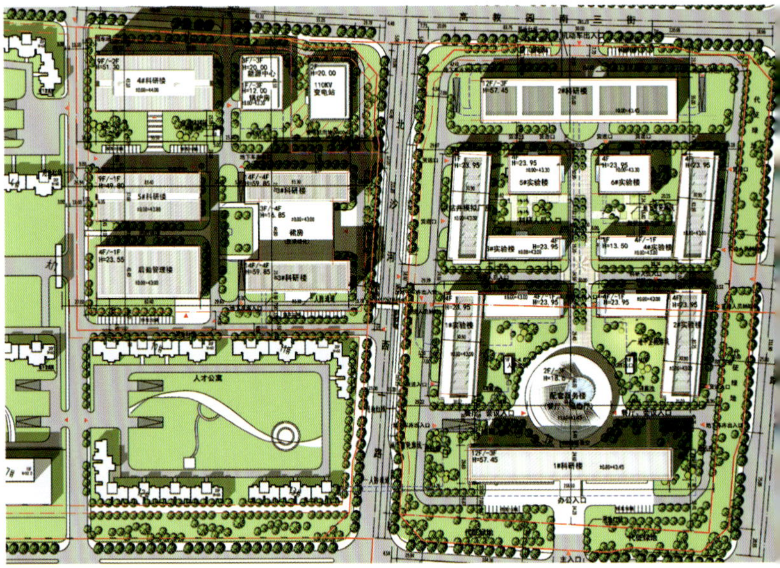

总平面图

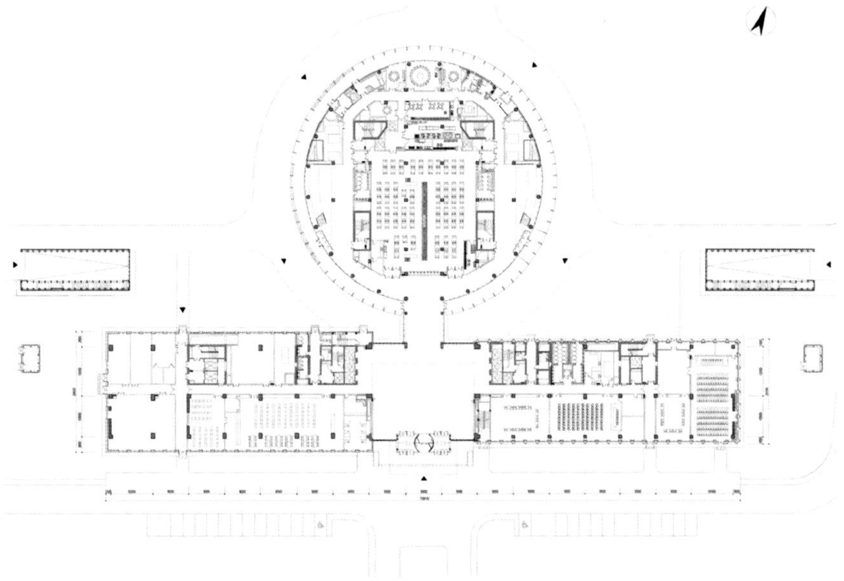

首层平面图

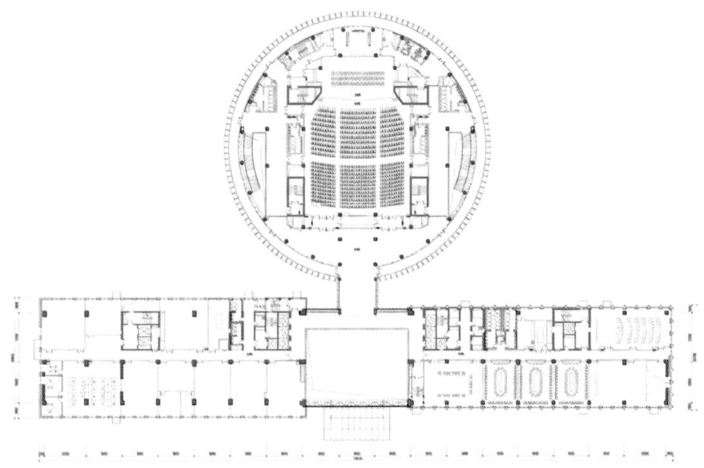

二层平面图

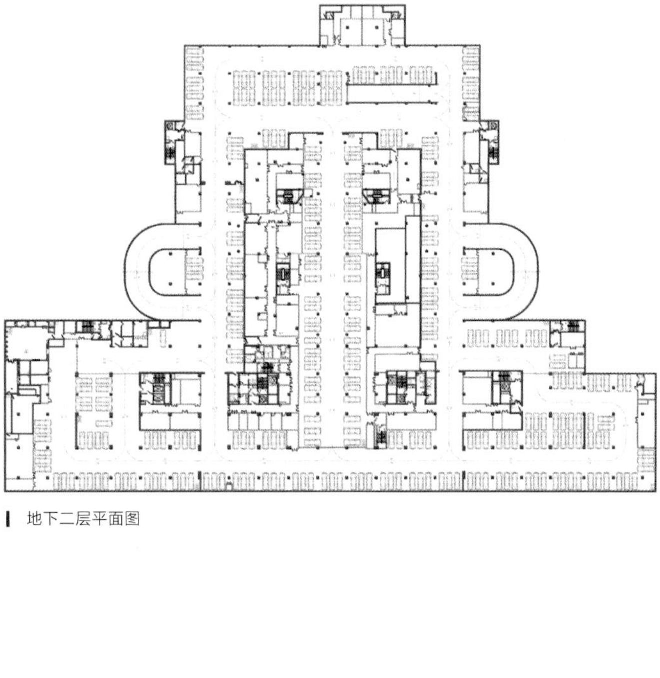

地下二层平面图

1# 科研楼裙楼

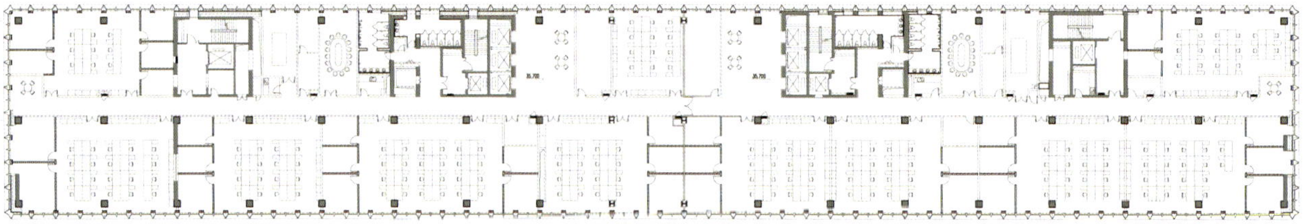

8-12层平面图

中国石化科学技术研究中心是中国石化“围绕主业发展，整合科技资源，加大科技投入，构筑技术平台”的重大举措。项目位于北京市昌平区沙河镇，北邻大学高教园区，整个科学技术研究中心总建筑面积约45000 m²，统筹规划分期建设，力争打造为充分展示世界500强企业科学技术研究中心地位，应用先进技术与理念，建设和谐人文、绿色环保的创新科研园区。

1号科研楼位于整个园区中轴线南端，因航空限高60 m，考虑到中国石化大气稳重的央企形象，将科研、会议、档案及配套设施等多种功能统筹整合，设计为长150 m、高58 m的主楼和高18 m的裙楼，突出建筑从城市主干道视角的标识性。建筑整体形象从功能出发，虚实结合：西侧一层至七层为档案馆，不需采光，以实为主；其他部分为科研用房，需要良好的采光，设计为玻璃幕墙。以虚为主的玻璃幕墙科研建筑从东侧横跨以实为主的石材幕墙档案馆，中间用通高的中庭作为过渡，将不同功能的建筑完美地结合在了一起，体现了形式与内容的融合统一。裙楼功能为员工餐厅和报告厅，以圆形嵌合在园区的中心环境中，并将各栋建筑联系起来，体现了统筹共享的理念。一、二层设室外环廊，可供人们休息交流，一览园区景色。裙楼地下一层设计为厨房、员工餐厅、物业等辅助用房，其他部分为配套设备机房和车库。

外立面科研部分采用了单元式玻璃幕墙体系。三角形铝型材装饰构件由于受光面不同，使建筑立面在不同角度光线下呈现出丰富立体的变化。档案馆部分通过错动的竖向条窗，既满足了使用功能，又为厚重的石材立面带来了一丝灵动，与玻璃幕墙的竖向元素进行呼应，将整个立面设计统一在规则的模数之下，极具几何雕塑感。中庭采用钢结构桁架形成完整的无柱空间，拉索玻璃幕墙晶莹通透，将远近景色和光影引入室内，为整个建筑带来生气，成为令人瞩目的焦点。圆形裙楼环廊外侧的竖向金属遮阳板形成有节奏的韵律感，增强了建筑的光影变化，丰富了回廊的空间体验。整个建筑设计不但体现了科研建筑理性、有序的美学观，也代表了中国石化迈向未来、开放发展的新时代企业形象。

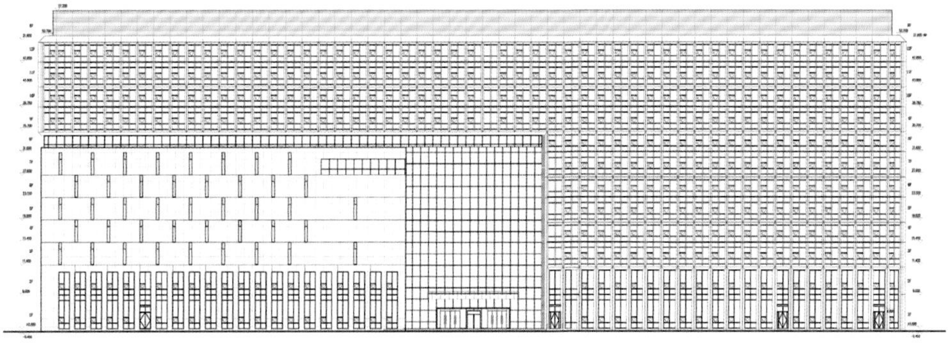

❙ 南立面图

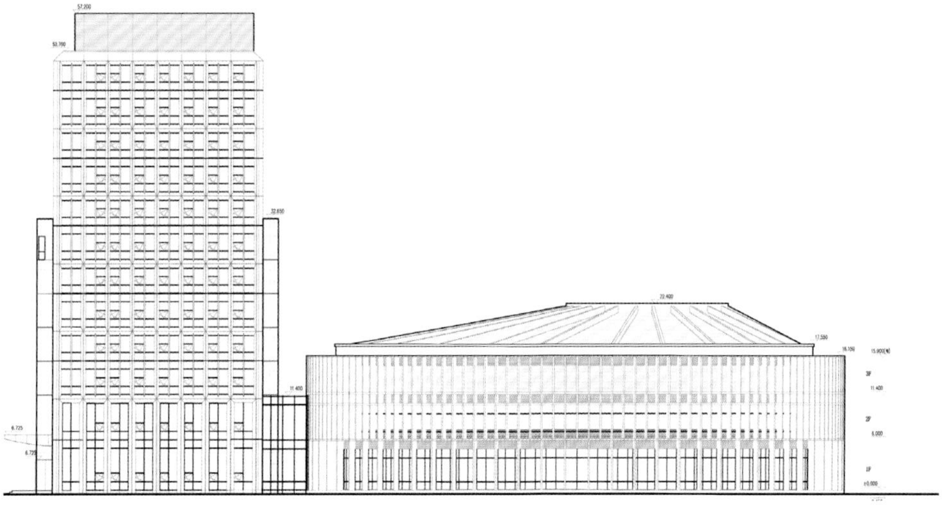

❙ 东立面图

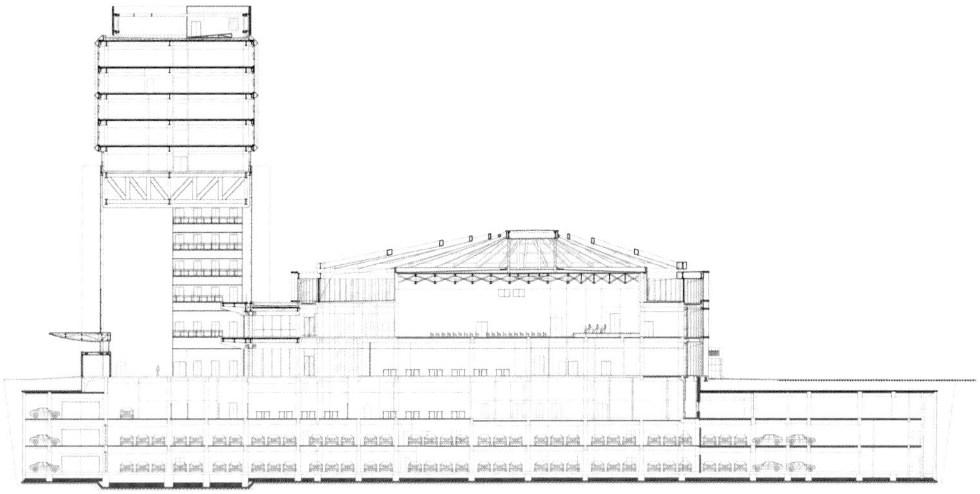

❙ 剖面图

沈阳综保区联检服务中心（三期）

主创设计师：杨晔、郝建军、孙博勇、沈力源、王达

设计单位：一禾建筑设计咨询（沈阳）有限公司

项目地点：辽宁省沈阳市浑南区

设计时间：2020年1月

建筑面积：23432.5m^2

占地面积：63995.43m^2

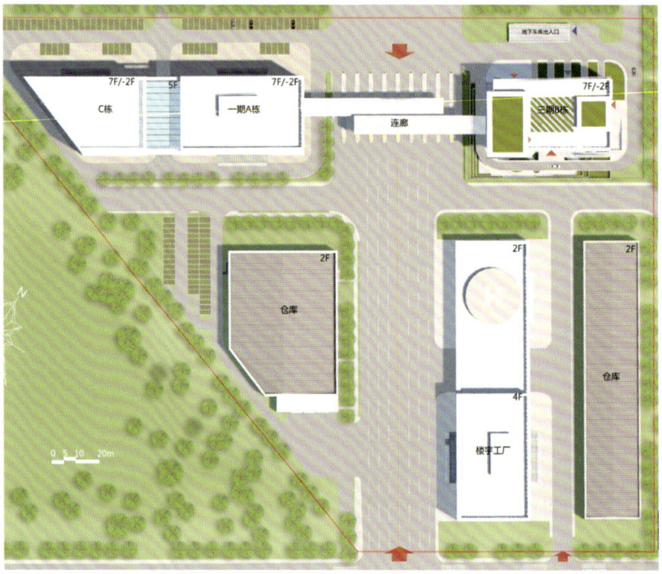

总平面图

沈阳综保区联检服务中心（三期）项目位于沈阳市浑南区创新二路39号。建筑为入区企业提供优质的展示、交易、办公、会议、交流及生活服务功能。总建筑面积为23432.5m^2，地上七层，面积为15466.46m^2，地下二层，面积为7966.04m^2。建筑高度为37.35m。

由于建筑朝向的特殊性（南偏东约45°），建筑创造性地在东南侧设置下沉庭院。地下一层结合室外下沉庭院，充分利用自然日照和绿植创造丰富而又趣味盎然的室外空间景观。屋顶设置观景平台，增加绿植，打造屋顶花园；同时设有光伏板，创造节能环保的新型绿色建筑。

建筑北立面通过可翻转百叶（LED），在满足建筑使用功能要求的同时，打造新型媒体墙，充分发挥建筑的商业宣传作用，其现代主义造型既与一期办公楼协调，亦有自身特质。建筑外观设计通过玻璃体块的穿插咬合，结合室外下沉广场、局部架空等现代建筑元素，营造出简洁而不简单、精致而不浮夸的办公空间。

建筑室内利用通高共享空间、开敞多功能大台阶、旋转楼梯等元素，创造现代化开放式的展示及办公场所。

综保区 B 座单体鸟瞰图（西南向）

综保区 B 座单体鸟瞰图（东北向）

综保区 B 座单体透视图（西北向）

综保区 B 座单体透视图（东南向）

透视图 1

透视图 2

透视图 3

局部表现图 1

局部表现图2

局部表现图3

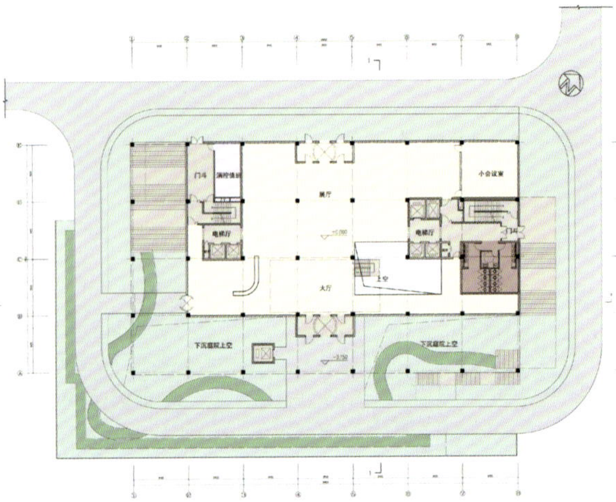

一层平面图

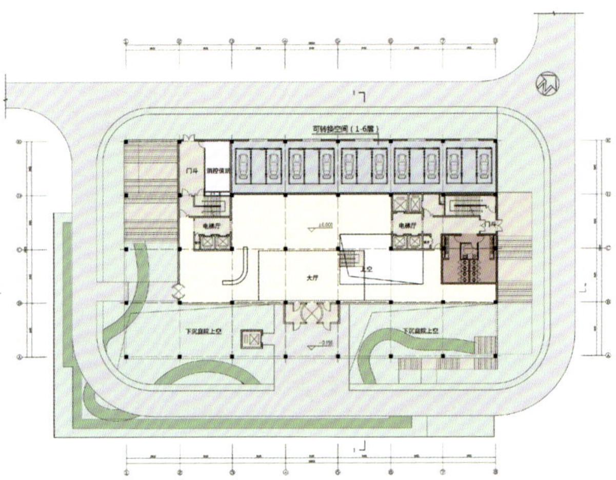

一层平面图（带车库）

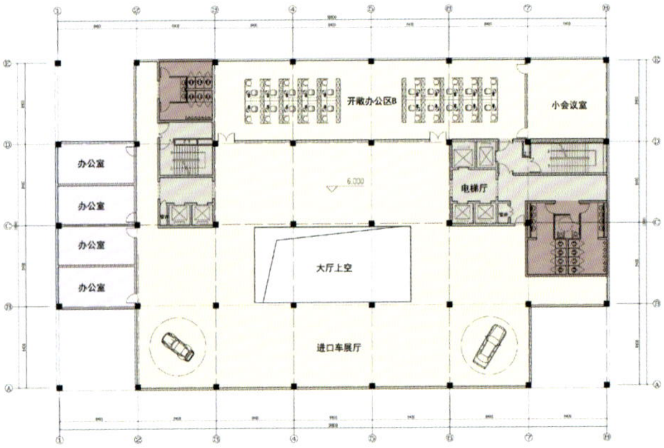

二层平面图

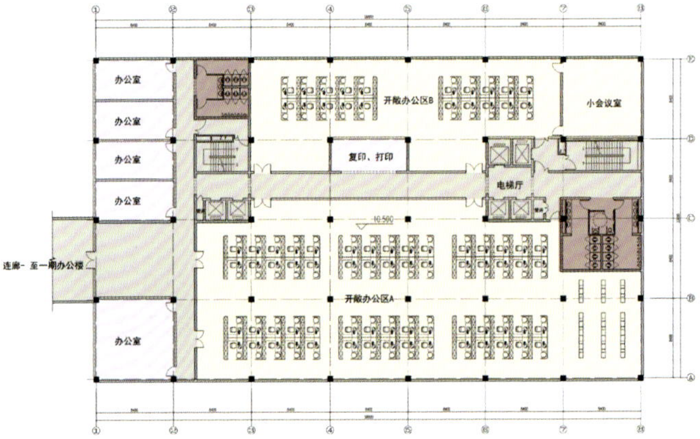

三层平面图

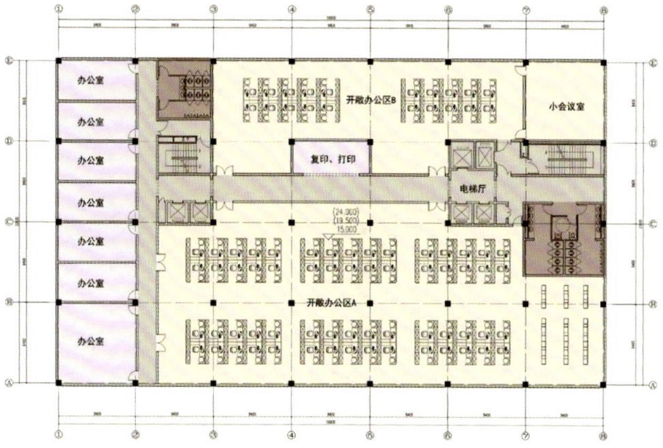

四至六层平面图

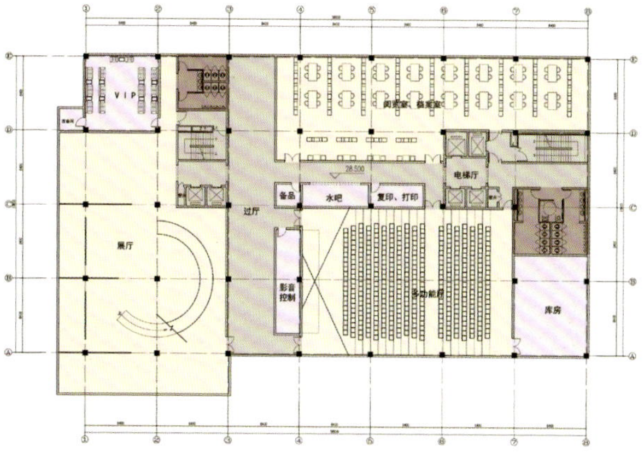

七层平面图

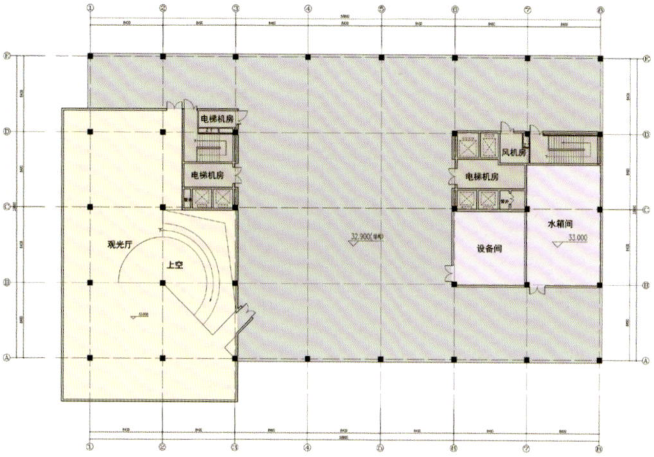

顶层平面图

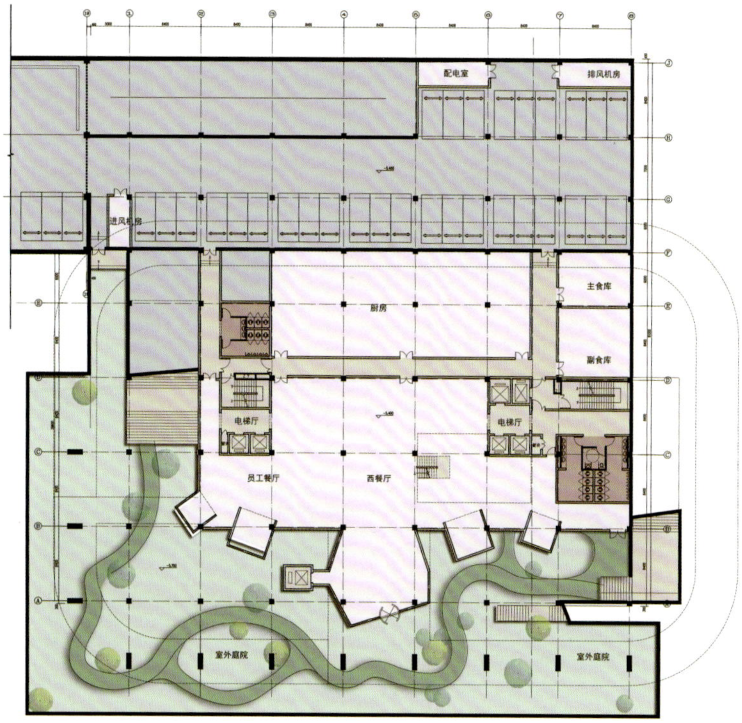

地下一层平面图

深圳市莲塘口岸

主创设计师：田晓秋、张胜强、李伟、李祥柱、拓畅、熊健、孙鼎原、韩沛书、赵海明

设计单位：深圳市华阳国际工程设计股份有限公司

项目地点：广东省深圳市罗湖区

设计时间：2014年

竣工时间：2019年

建筑面积：131101.84m^2

占地面积：177475m^2

摄影作者：邵峰

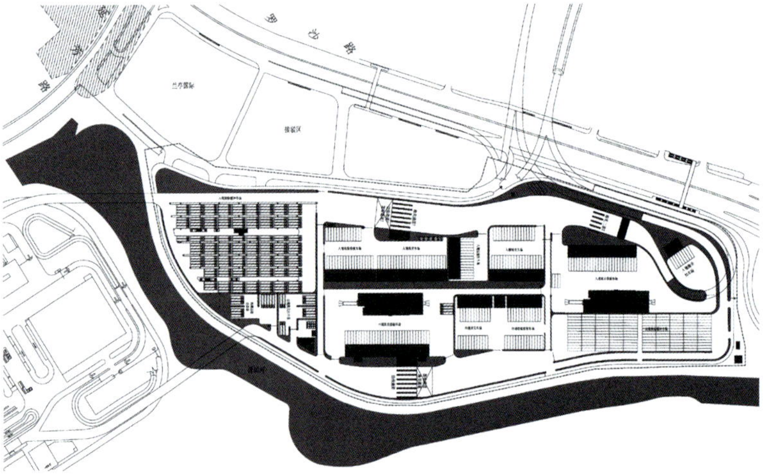

总平面图

莲塘口岸位于深圳东部罗湖区莲塘街道，是深圳市规划建设的第七座跨境陆路综合口岸，是构筑深港跨境交通“东进东出、西进西出”重大格局的东部重要口岸。

不同于其他类别的交通枢纽，莲塘口岸是首个采用“客、货一站式通关”及“人车直达措施”的口岸建筑，既要满足两地区通关需求，又要满足高效规划查验单位对人流、车流的层层管控检疫与特殊设备对场地布局的要求。因此在规划上将货检区设置于一层，将旅检区设置于二层高架平台，从而实现旅检、货检在竖向上的分离。并通过对外部交通进行梳理和调整，以多个匝道桥与人/车行桥连接周边环境，改善项目所处地段外部交通疏导能力。

莲塘口岸是深圳市政府主导的、提供全专业全流程BIM成

果的示范项目。为实现双曲面与大跨度下的设计创意，华阳国际BIM团队在方案阶段就开始搭建BIM平台，在施工图设计阶段通过BIM平台可视化设计及三维协同工作，实现自动化的数据流转和统计分析，突破性地为建筑设计行业BIM应用规范的建立及各平台的协同优化积累了极具价值的经验。

该项目曾荣获2015年香港国际BIM大奖的“最佳BIM应用奖”、第五届“创新杯”建筑信息模型（BIM）应用设计大赛“最佳BIM普及应用奖”、2015年度广东省优秀工程勘察设计奖BIM专项一等奖等多个奖项。

设计从关注人的秩序感为出发点，通过“双倾斜流线性曲面形体”塑造独具韵律感的立面光影变化，在时间与空间转换中，呈现建筑的场所个性与时代气质。

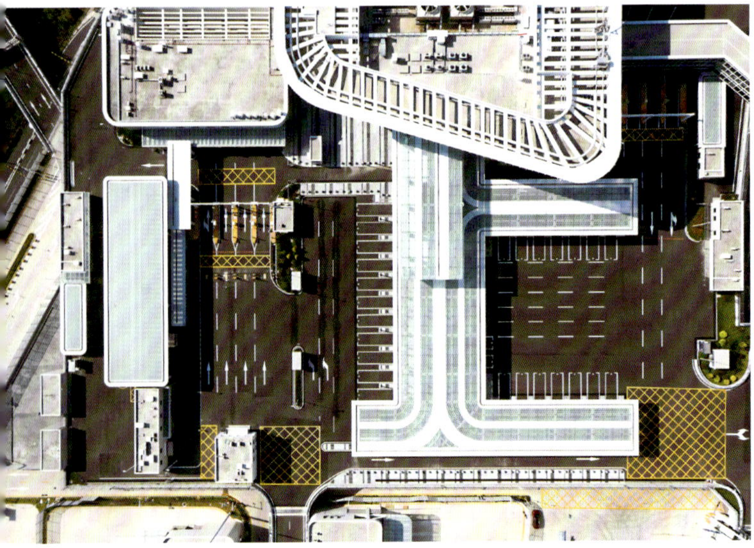

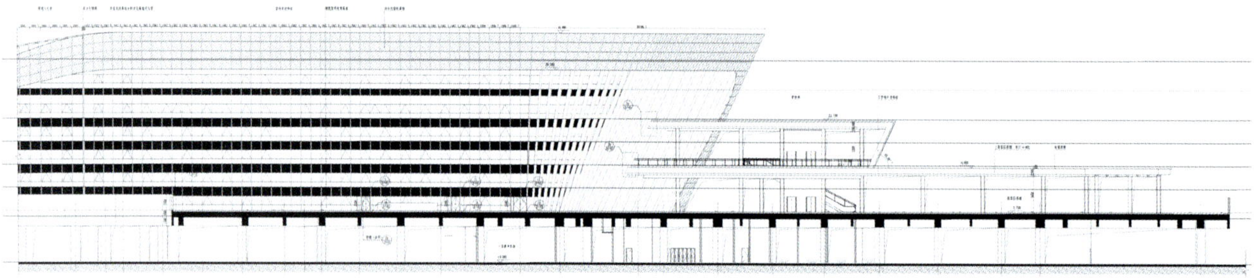

立面图

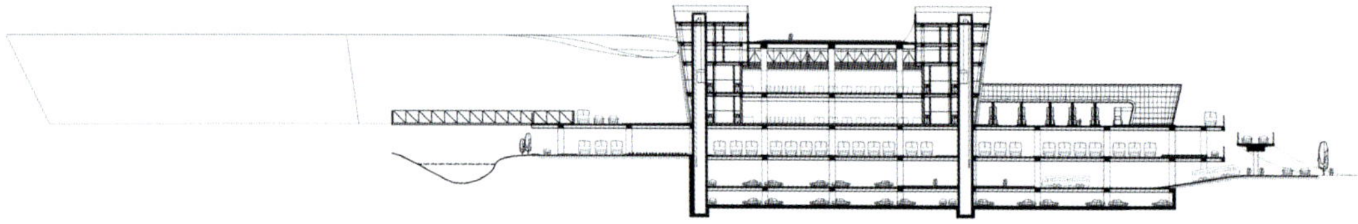

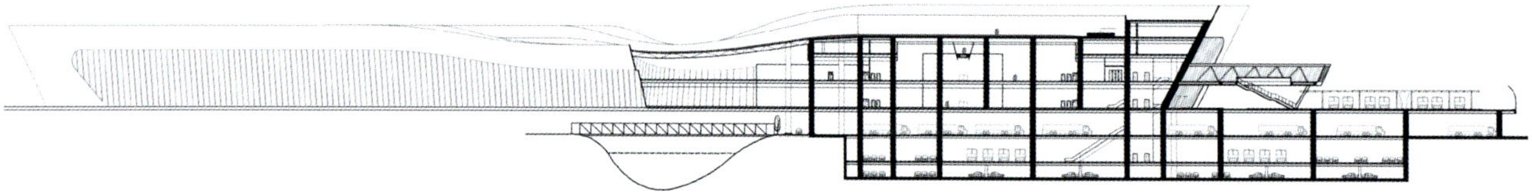

剖面图

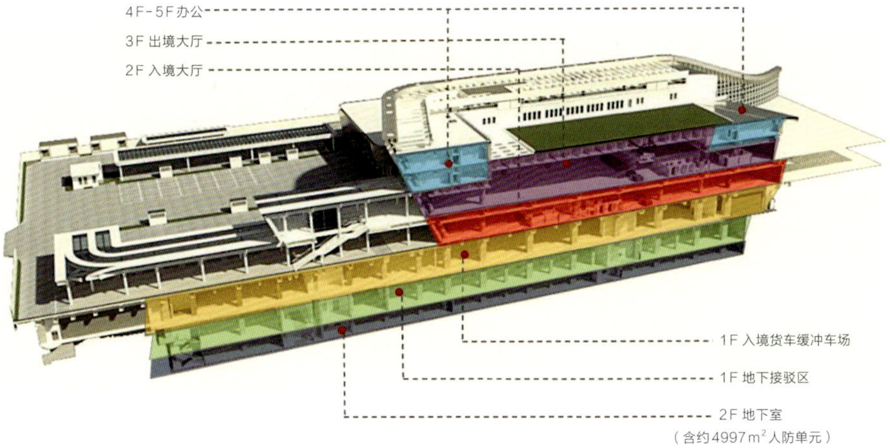

分析图

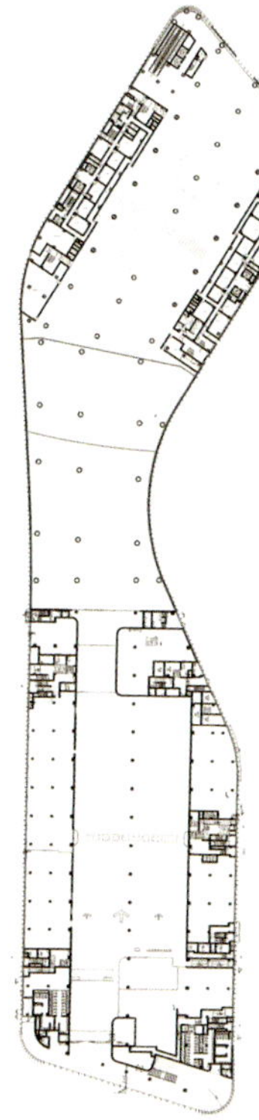

首层平面图

① 建立体量

② 建立体量楼层

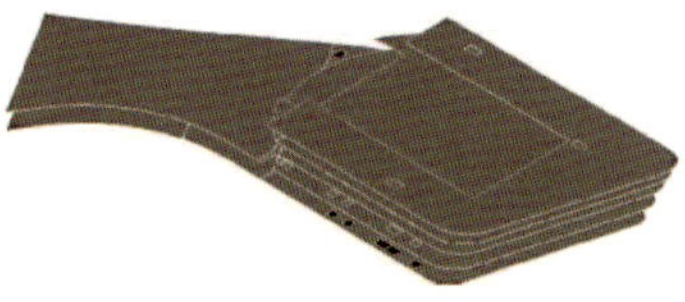

③ 建立楼板

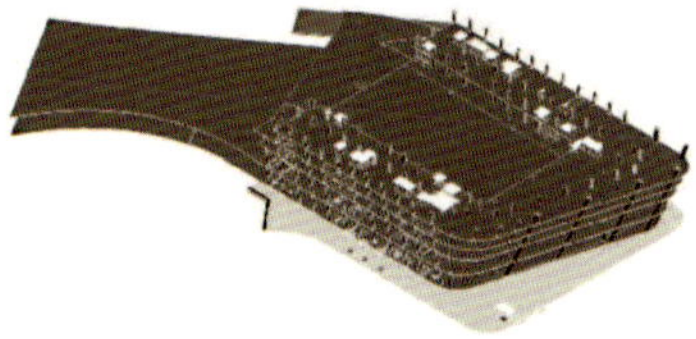

④ 建立柱子

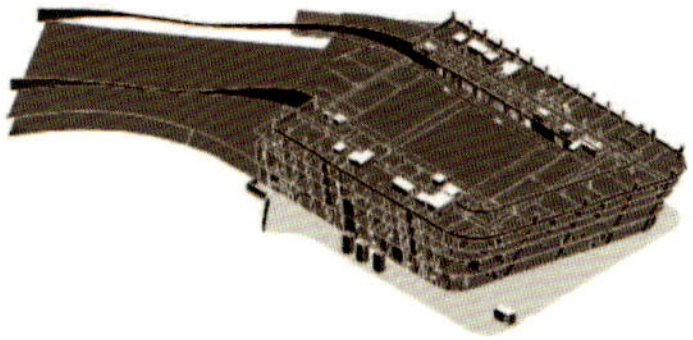

⑤ 建立墙体

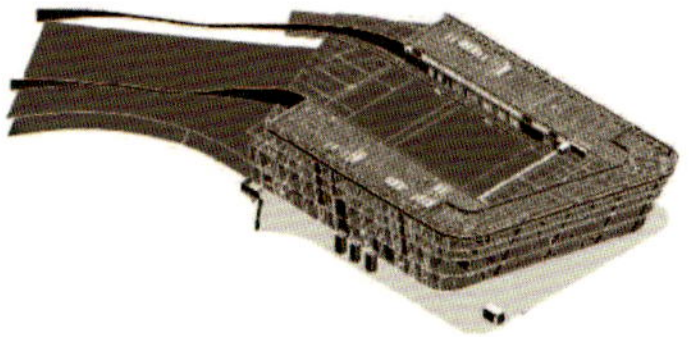

⑥ 建立框架

⑦ 建立幕墙

⑧ 建立机电

⑨ 整合模型

BIM 技术

京东云数据中心（京东云小镇）

主创设计师：章晓宇

设计单位：中国建设科技集团华森设计

项目地点：江苏省宿迁市湖滨新区

设计时间：2018 年 3 月

竣工时间：2019 年 10 月

建筑面积：312322 m^2

占地面积：48867 m^2

摄影：章晓宇

总平面图

1 基本情况

该项目用地北接玉兰路，南临天和北路，西隔迎春大道临江苏“四大湖泊”之一的骆马湖，东临迎宾大道，四面都是城市道路，自然条件较好。

项目主要功能为云平台、研发中心、双创服务、京东培训、京东金融科技等。

2 项目定位

该项目定位为京东云产业全球化的根据地、宿迁市湖滨新区乃至全国最具特色及影响力的复合产业综合体、宿迁及周边地区最重要的创业孵化基地。

3 规划设计理念

1. 结合宿迁市历史文脉与京东企业文化脉络，整体规划呼应骆马湖景观带，拥抱城市绿轴，辐射周边区域。

2. 私密性与功能性结合的中式合院空间：利用合院理念，营造私密空间。

3. 以人为本的尺度空间：

建筑空间 —— 人性化的尺度打造退台空间、挑台空间、复式空间、中庭空间、架空空间、私密空间、交通空间等。

城市空间 —— 舒适宜人的广场空间、庭院空间、商业配套空间、入口空间、休闲空间、运动空间等。

4. 舒适而健康的办公及生活环境：使用节约资源，污染物产生、排放较少，可回收利用的产品。

5. 节能环保设计与绿色建筑：利用新的建筑设计技术，节省开发成本，缩短开发周期，减少施工污染，提升使用感受。

4 设计目标

功能布局合理性 —— 整合资源，发挥优势。

交通组织安全性 —— 人车分流，安全方便。

景观环境优越性 —— 灵活绿带，均好视野。

办公方式创新性 —— 开放园区，融入城市。

5 总平面布局

5.1 建筑布局说明

总体布局采用中心对称的形式，对外统一，对内呈现自由式的布局。将研发中心和京东金融中心放于中心位置，将主要

功能建筑如云平台、双创平台、配套设施等沿中心景观绿轴两侧布置，利用建筑之间的围合、咬接，形成大小不同的院落空间，打造园林式的办公生活环境。同时，周围用合院布局方式，每个院落自有天地，强调私密性和功能性相结合。同时与相对较高的中心位置形成良好的天际线。以人为本，形成尺度适宜的室内外空间，项目功能齐全、分区明确，动静分区合理，交通布局安全流畅。

5.2 出入口设计说明

场地的出入口总共有4处，分别在场地的4个方向，车流量过大的迎春大道仅设置临时出入口，保证市政交通的流畅与安全。

5.3 车行流线说明

车辆进入基地后，可从外环车道进入地库内，也可通过内环路到达地面停车场，整个园区是一个畅通的绿色工作生活环境。

6 建筑风格

建筑立面拥有楚汉门阙风格的造型。建筑屋顶的造型吸取了传统中式建筑飞檐翘角的特点，形成上扬的建筑曲面，增加建筑体量感的同时不失轻盈。立面造型富有现代感和科技感，体现科技公司的理念。

建筑整体风格融入中式元素，在建筑工艺与建筑材料上体现出现代感与科技感。

7 景观设计

1. 中央设置主要景观轴线，内布置多处景观节点。中央为通视的中央广场，为整个园区的核心景观带，各个组团功能区自成体系，有中心庭院，体现庭院的私密性，趣味性。最外层

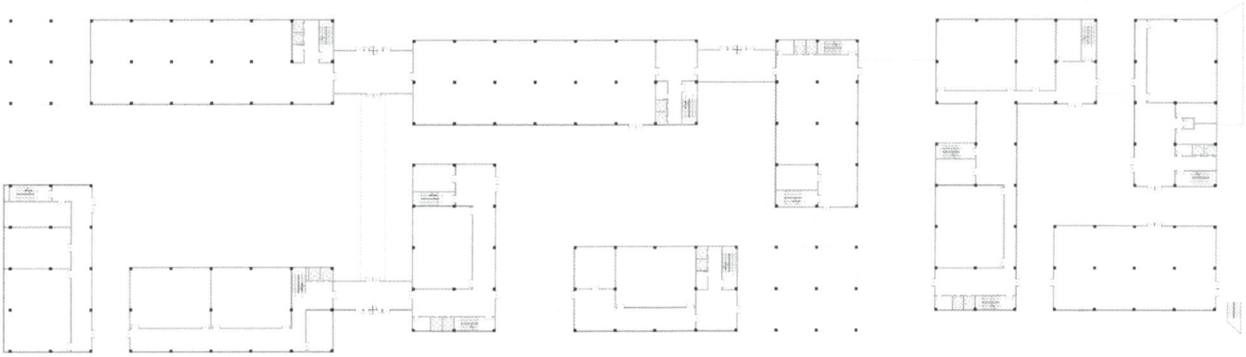

一层平面图

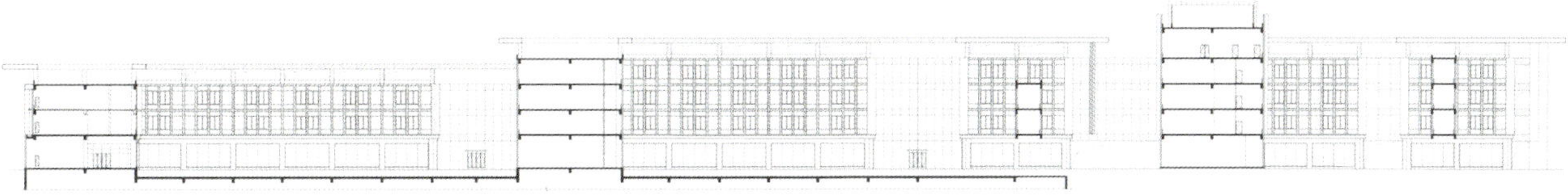

剖面图

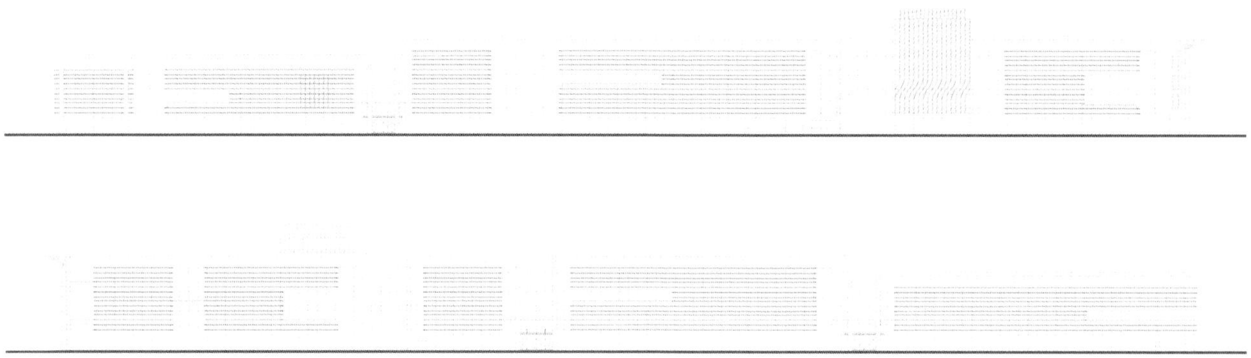

南、北立面图

的一圈景观带将园区与城市道路相隔绝，营造良好的园区环境。

2. 丰富、多元化的艺术景观：

景观建筑 —— 通过汲取地域文化元素，融入时尚艺术性而设计出极具观赏价值的景观建筑。

艺术景观桥 —— 造型各异且极具观赏性的艺术景观桥（步行专用和人车综合使用）。

主题广场 —— 艺术雕塑广场、公共活动广场、京东云科技广场、绿植广场。

3. 结合景观绿化的园林式架空体系，丰富景观空间，提升环境感受，增加人际交流。

雪松总部大楼

主创设计师：许迪、李敏浩

设计单位：广州瀚华建筑设计有限公司

项目地点：广东省广州市黄埔区

设计时间：2018年10月

竣工时间：2020年1月

建筑面积：105420.2m^2

占地面积：22110.4m^2

摄影：战长恒

1 项目概况

本项目位于广州市黄埔区萝岗开发区科学城内。地块用地面积为22110.4m^2，总建筑面积为105420.2m^2，计容面积为66330m^2，容积率为3.0，绿地率为35%。项目整体分为两部分，地块西侧主体建筑裙楼3层、塔楼17层，其中1至3层为商业功能，4至17层为办公功能。地块东侧主体建筑裙楼2层、塔楼7层，其中1至2层为商业功能，3至7层为办公功能。最东侧地面设一层智能车厅，地下设5层智能机械车库。整个地块设2层地下室，地下1层为汽车库、非机动车车库和设备用房，地下2层兼做人防地下室，平时用作汽车库，战时用作人员掩蔽所。

2 设计构思

本项目结合地块条件及客户的需求进行深入分析，考虑其所处地理位置及限高要求，最优化实现所有功能，打造集办公、商业、文化及社区生态等多重功能于一体的新时代建筑。在建筑造型上，将尺寸和形状不一的“盒子”进行堆叠搭构，使盒子表现出优雅的流动感，再配以竖向构件的不同韵律，巧妙表现建筑垂直的动感，亦赋予建筑独特的标识性。两栋主楼高度一致，通过“盒子”的重新堆叠和不同间隔的百叶，保持了同一维度内的视觉统一。整体墨绿色的玻璃幕墙，旨在与周边城市绿化协调统一，融入自然。在建筑功能上，有效协调多种功能需求，高效利用空间，流线合理，增加了其实用性及协调性。两栋主楼及附楼之间，设置宽敞的景观下沉广场，设置大量的休闲区域、绿化、水景及广告小品，而人行、车行出入口则融入景观中，高效利用地块的同时使整个项目协调统一。

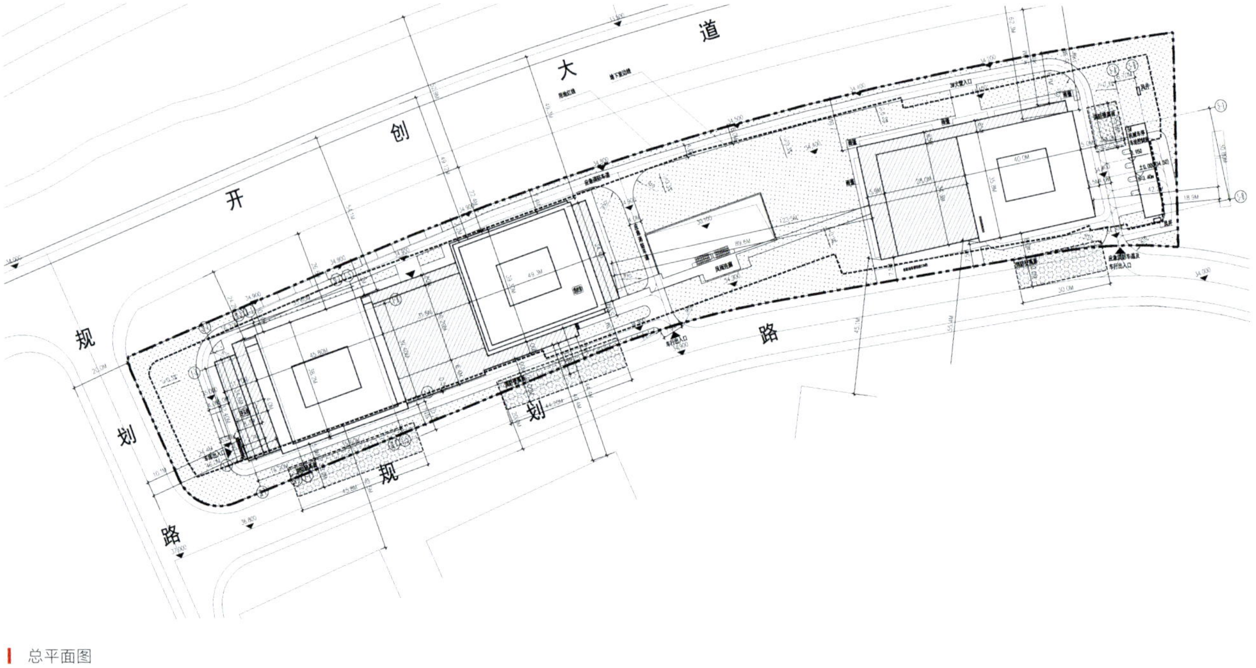

总平面图

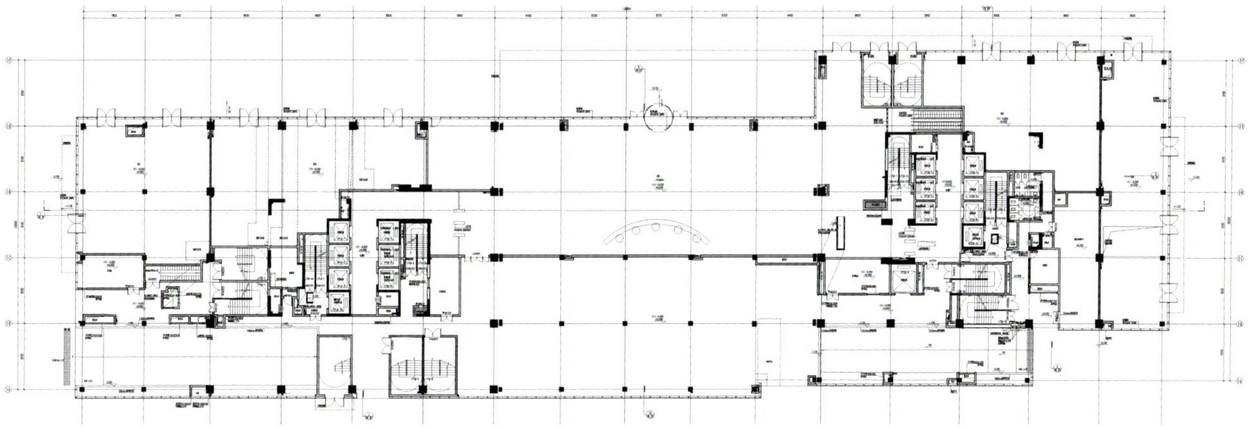

1#、2#、4#首层平面图

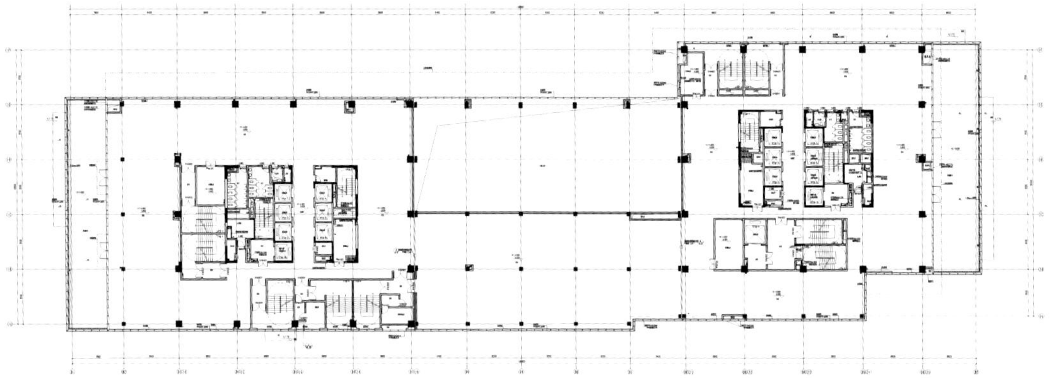

1#、2#、4#二层平面图

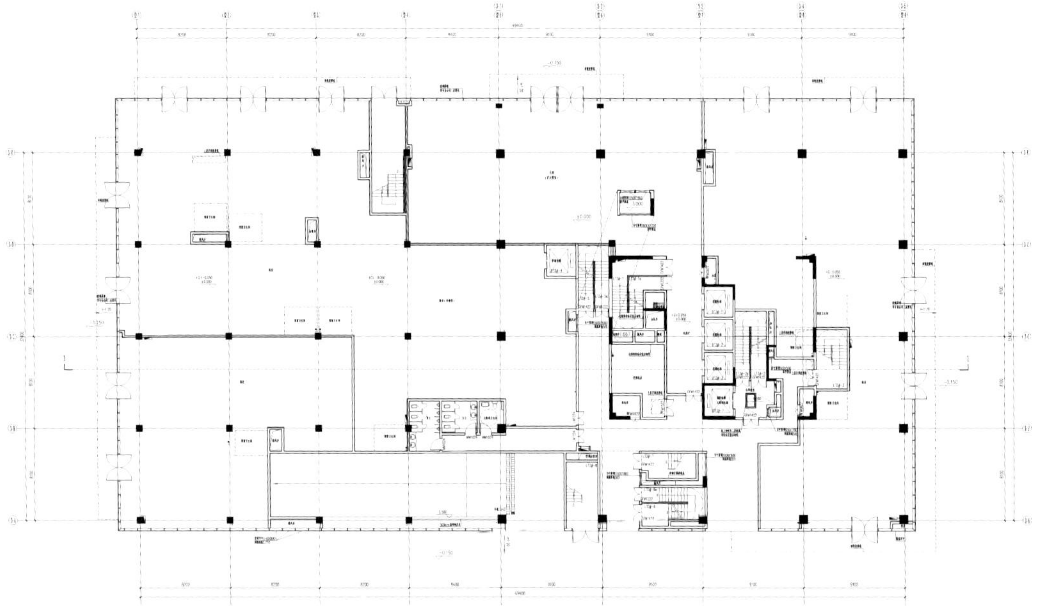

3#首层平面图

3#二层平面图

清华大学深圳研究生院创新基地建设工程(二期)

主创设计师:李伟、田晓秋、余东霖、孙鼎原、吴昱、李文渊、曾德晓、陈倩蓉、邓珂、卫可沁、梁桐玮

设计单位:深圳市华阳国际工程设计股份有限公司

项目地点:广东省深圳市南山区

设计时间:2015年

竣工时间:2019年

建筑面积:51485.43m²

占地面积:3551.5m²

摄影:邵峰

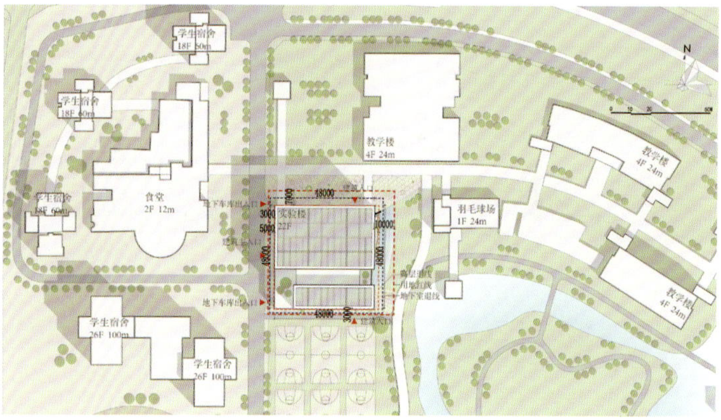

总平面图

项目位于深圳南山西丽大学城主轴线西侧,身处南山高新科技发展轴上,是校园新科研试验区的起点。建筑集教育、研究、产学研结合及国际交流等功能于一身,是BIM与装配式两大新兴技术完美结合应用的典范,致力于打造开放活跃、鼓励学科交流共享的第三代实验室建筑。

在产品研究的指引下,建筑切分为办公与实验两大功能形体,既不打破现有空间尺度,又合理划分平面功能。塔楼进一步高低分区,低区临近湖滨景观,高区90°旋转将景观面面向

南侧，以获得开阔视野。东南与西北角的两处退让设计，削弱了高层建筑带来的压迫感，让建筑更好融入校园。

在空间设置上，简约有序、开放多元的设计体系贯穿始终。设计引入中部共享空间系统，贯穿起所有科研空间，每三层一单元被赋予不同主题，形成最具活力的社交场所。此外，简洁形体中，立面元素巧妙提取自清华大学百年来的红砖白墙，又与南方气候相适应，具有标识性的建筑语言成为学子记忆。

为满足科研工作的多变性需求，实现建筑的高度灵活性，

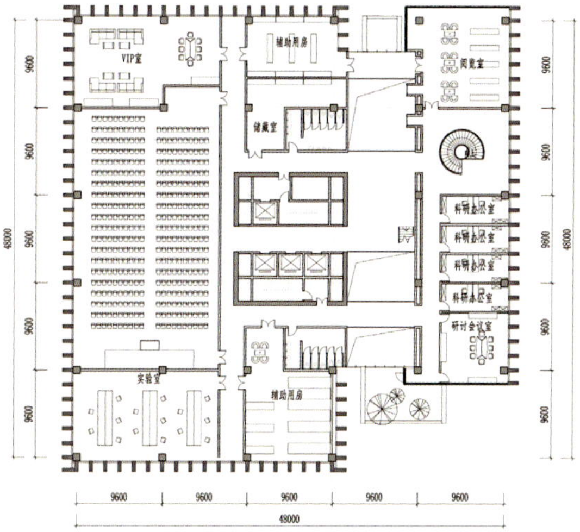

2层平面图

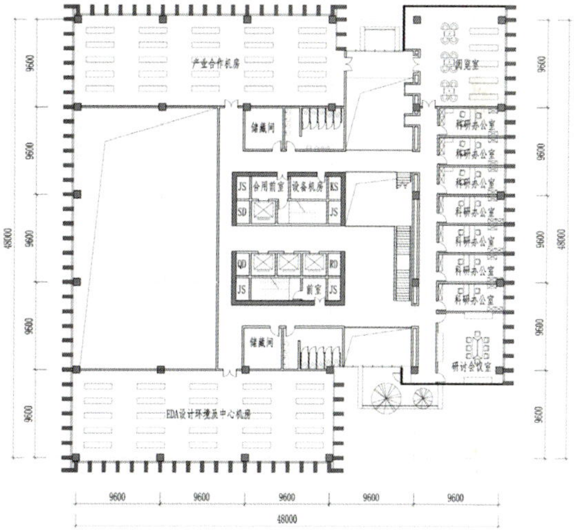

3层平面图

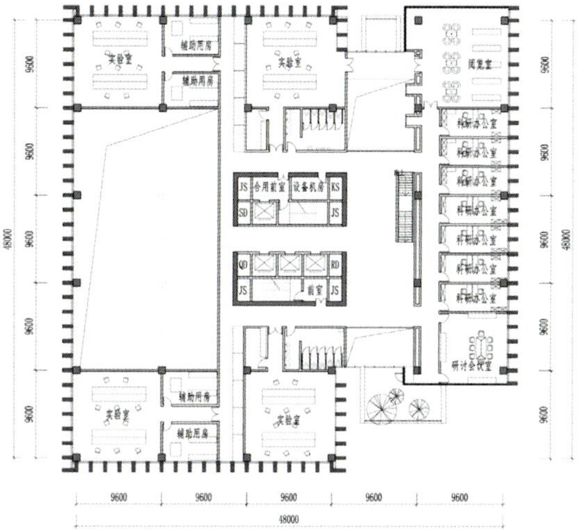

4层平面图

设计自方案阶段便结合建造效果一并思考，引入模数化设计体系与全新装配式技术。零标准层，54个预制构件连接点，构件设计图5倍于常规项目，无数次模型预演、材料甄选、施工现场沟通，每一处细节的执着打磨，都致力于重塑秩序之美。

建筑探索性地借助BIM正向设计，实现结构体系、机电系统与建筑的一体化创新设计，尽可能满足科研空间的需求，最终实现高品质建造下，功能与美感的完美相逢，成就深圳首个应用PC技术的实验室建筑。这也是第一个实现全生命周期BIM设计与应用的高层教育建筑。

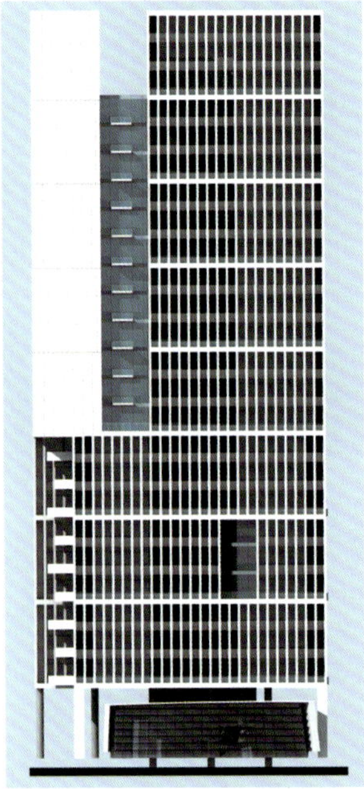

东立面图

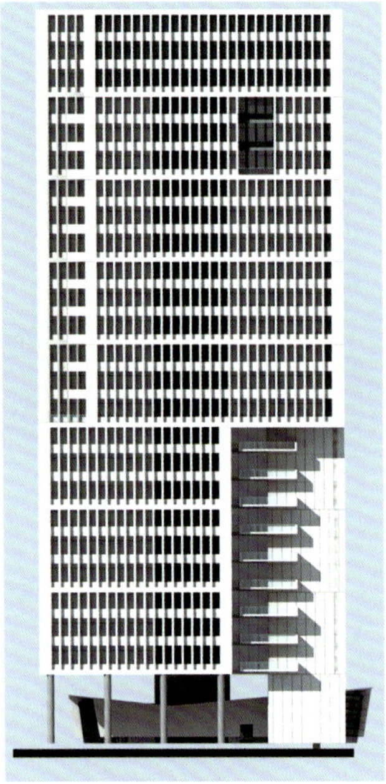

南立面图

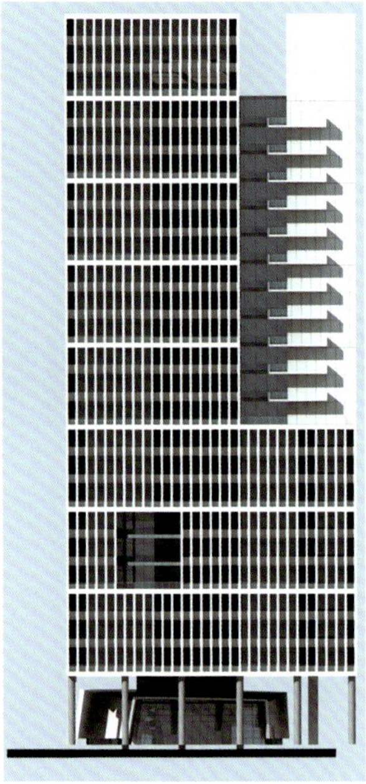

西立面图

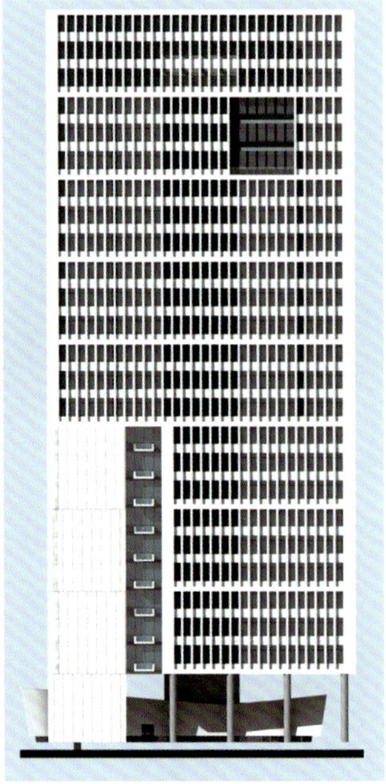

北立面图

底层架空打造科学广场

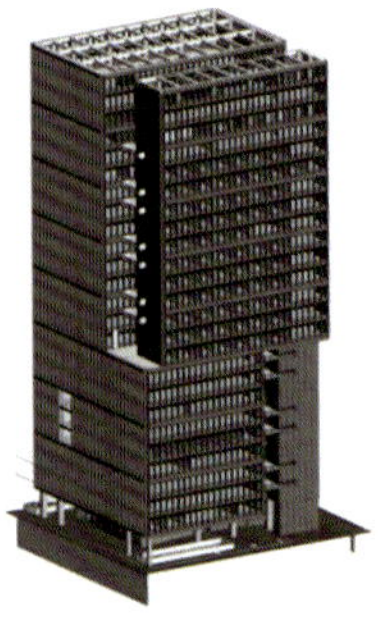

建筑模型

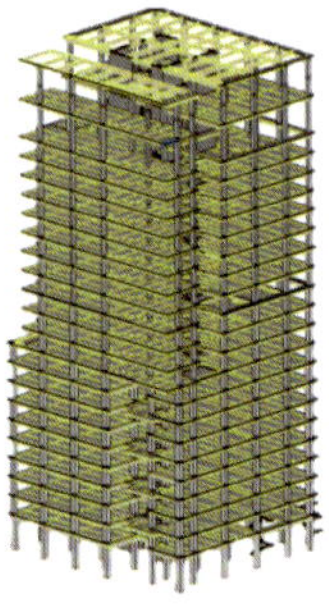

结构模型

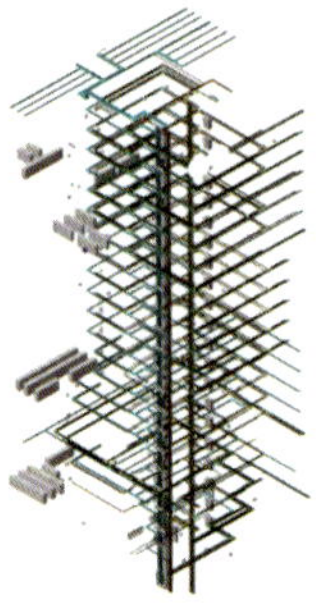

电气模型

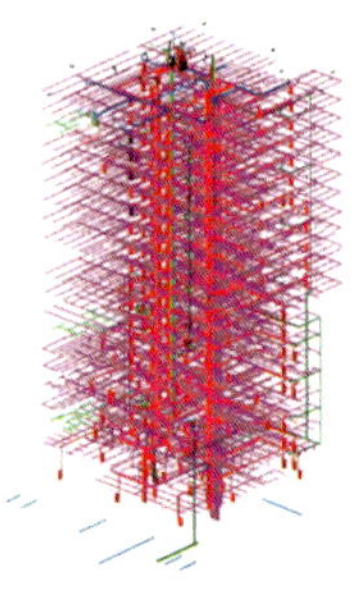

给排水模型

暖通模型

BIM 全专业模型

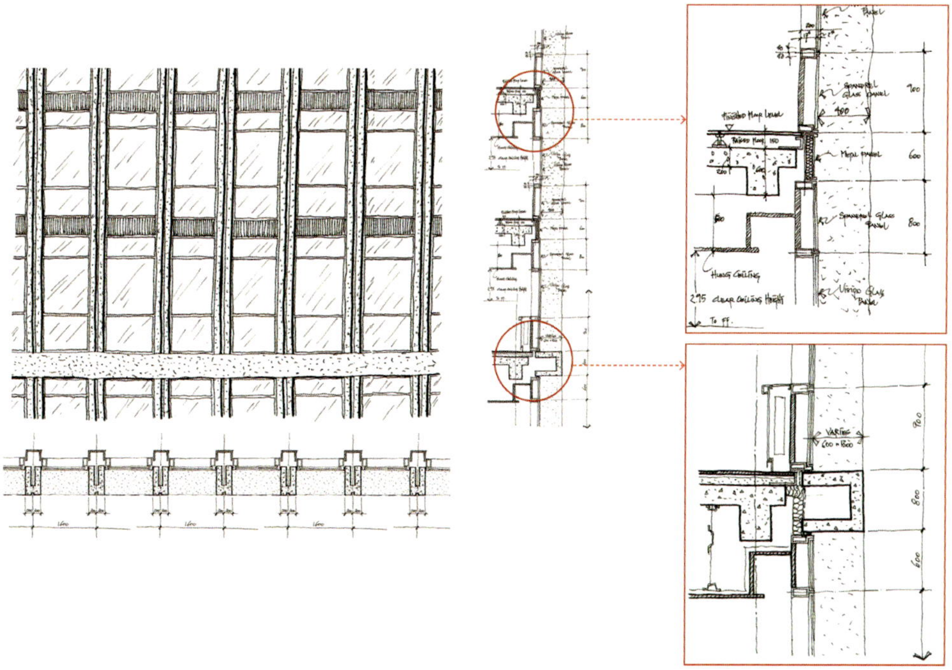

模数化

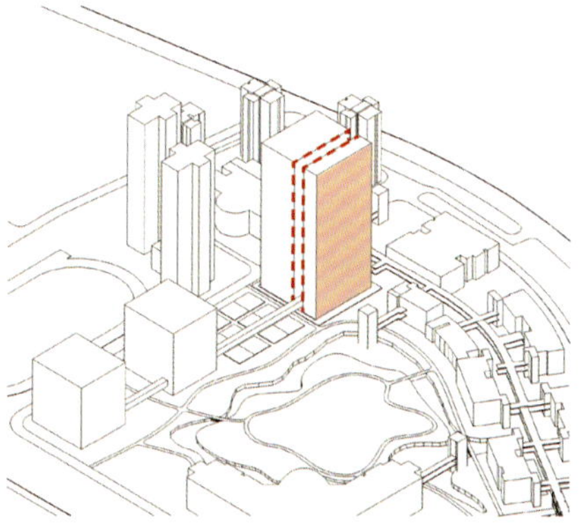

切　建筑体量巨大，依据产品研究比例切分为实验辅助和研究两个功能形体

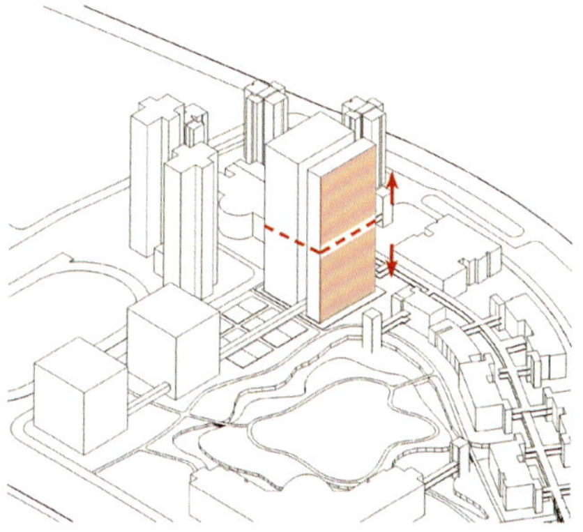

分　我们将塔楼分为高低两个区域，低区临近湖滨景观，高区拥有广阔的视野

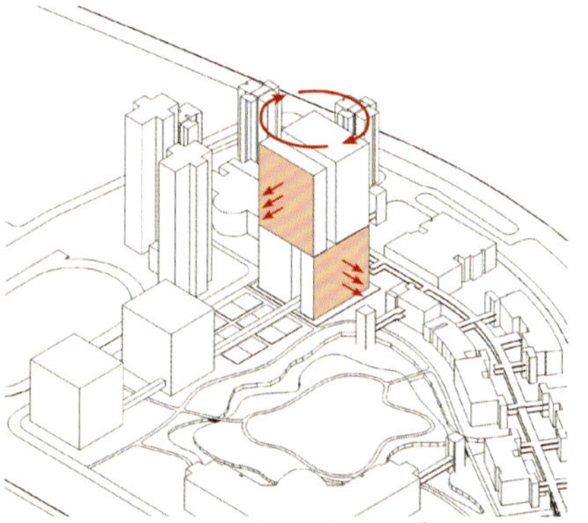

转　高区顺时针旋转 90°，将景观面面向南侧，获取更好的日照条件

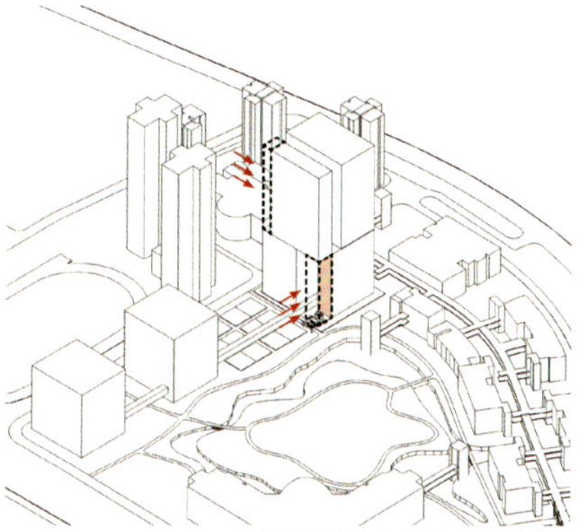

退　高区拉开与宿舍区的间距，避免视线干扰；低区退让原有景观形成小广场

设计概念 1

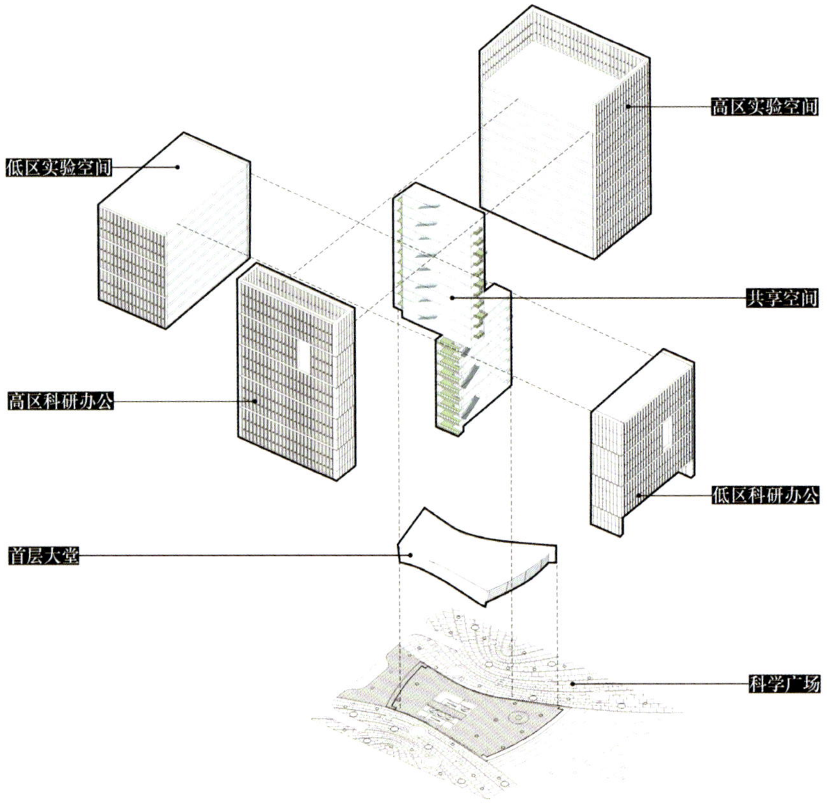

设计概念2

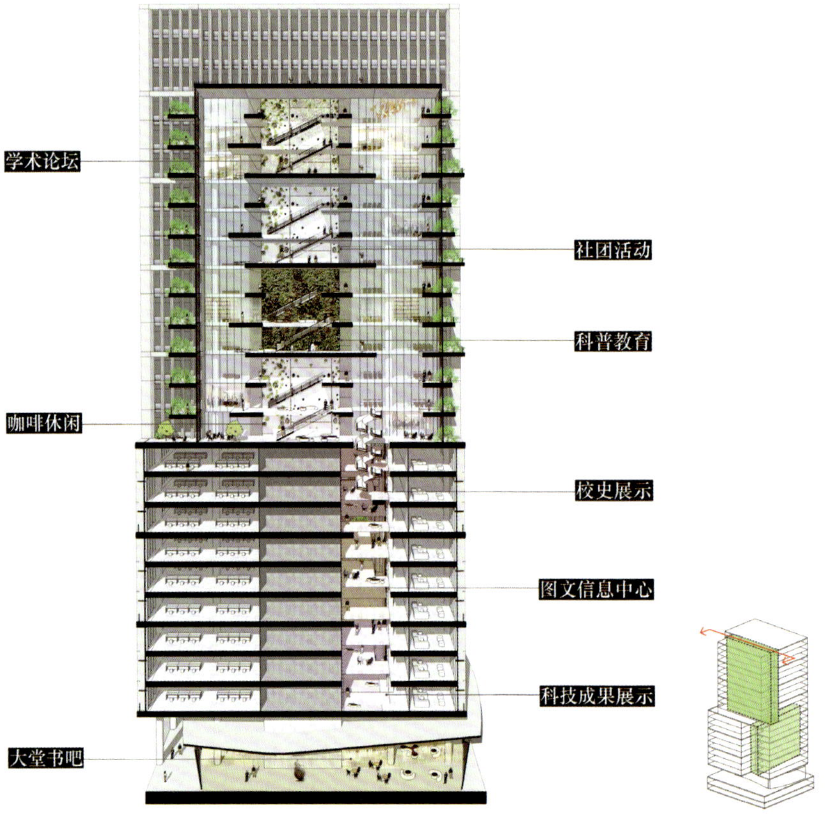

共享空间系统

北京信息科技大学新校区建设工程项目二期第一组团（第三教学组团）

设计总负责人：褚平、林红、张成轲

建筑专业负责人：林红、张成轲

结构专业负责人：王浩、刘笠川

设备专业负责人：俞振乾、张磊、吴佳彦

电气专业负责人：苑海兵

设计单位：北京市建筑设计研究院有限公司

项目地点：北京市昌平区昌平新城沙河组团西北部地区

设计时间：2019年2月

建筑面积：39843 m^2

占地面积：7393 m^2

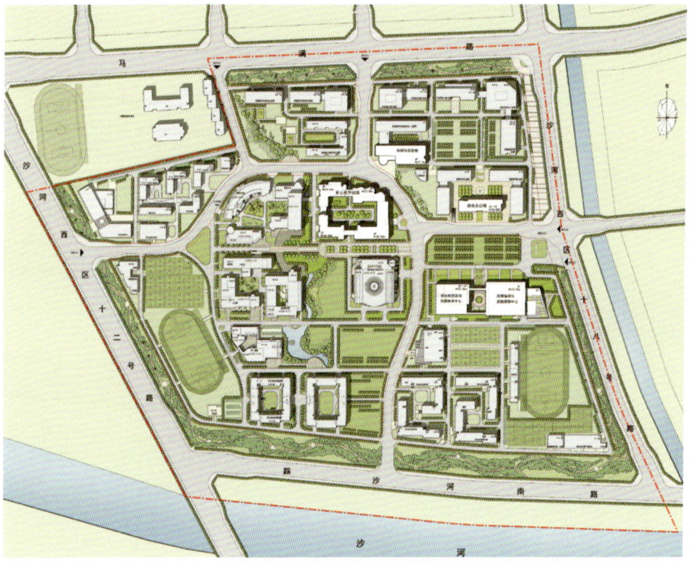

总平面图

北京信息科技大学是经教育部批准，由北京机械工业学院和北京信息工程学院两所全日制普通高等学校合并组建的北京市属重点大学。

北京信息科技大学新校区地处北京市昌平区沙河镇，校园总用地面积789600 m^2，其中规划建设用地面积502400 m^2。新校区建设是2011年立项并开始规划，2014年1月开始征集单体建筑设计方案，2018年陆续开工。

北京信息科技大学新校区最初的规划思想及理念是激发和培养学生的思维能力，使其与科技迅速发展带来的社会变化相匹配。规划强调校园空间环境的变化，营造有利于学习沟通的

东南侧人视效果图

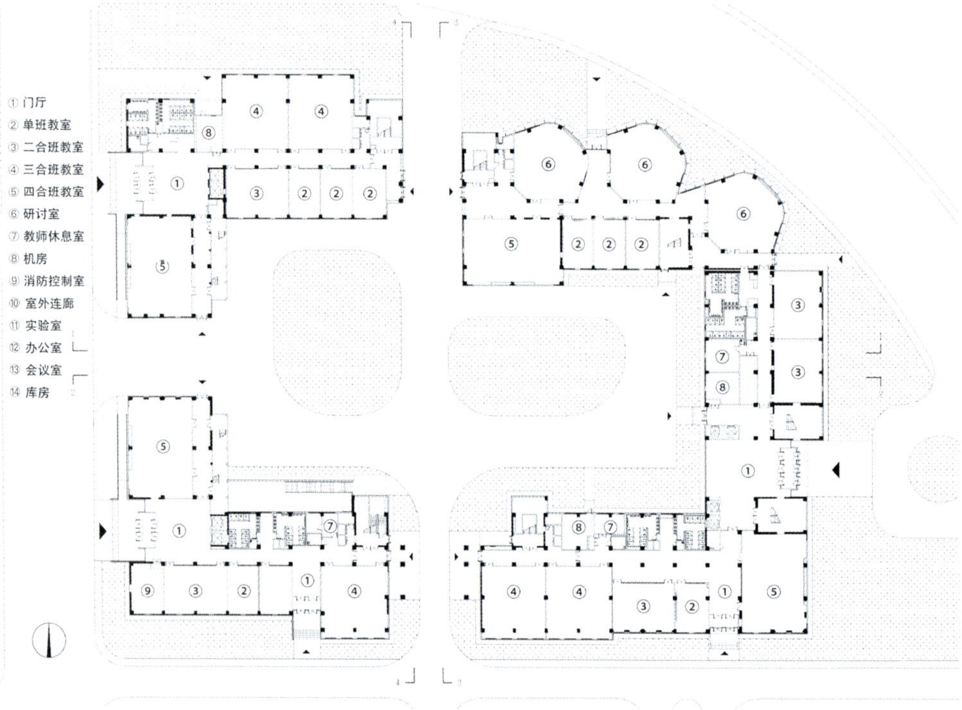

首层平面图

场所，摒弃传统中轴对称的固化格局。因此，从主入口进入新校区，沿中轴线两侧建筑呈非对称布局，中心区的环形道路为校园空间环境提供了步移景异的可能性。

第三教学组团为教学实验楼，坐落于校园中心区域，东侧面对学校主入口东广场，南侧临图书馆，与图书馆呼应并位列中轴线两侧，形成了主入口进入校园的重要非对称视觉点。建筑体块沿东北角弧形道路序列伸展，与校园北入口对位，形成丰富错落的空间景致。建筑地上6层，局部5层，地下局部1层，总高度29.7m。教学实验楼包含信息管理学院、通信学院、经济管理学院、计算机学院及计算机中心。

第三组团教学实验楼规划中，四个学院相对独立，各自有独立形象。为了适应未来院系调整的弹性发展变化及教学管理

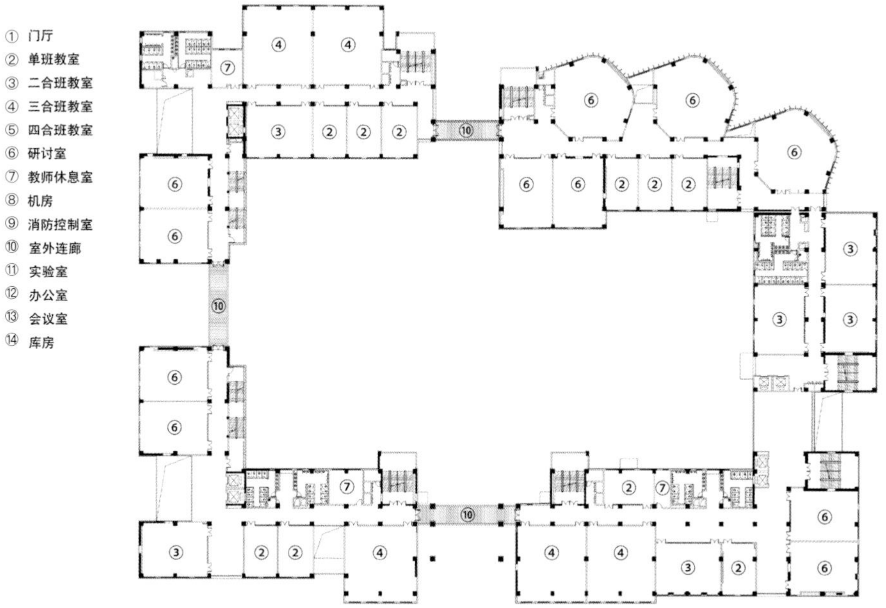

二层平面图

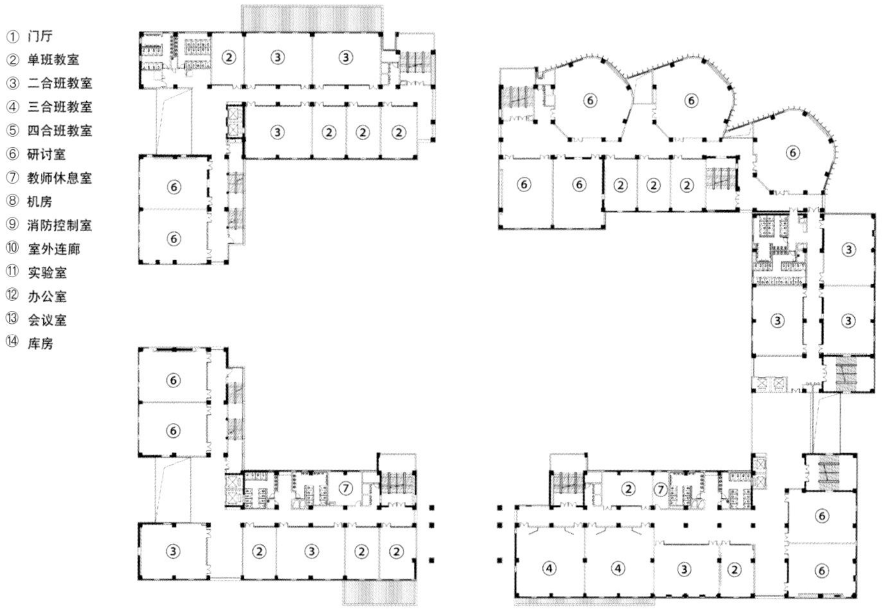

三层平面图

资源的可分可合，建筑设计以围合院落的组合关系处理空间的分合穿插，有机地形成了变化多样、新奇、网络信息感强、有逻辑、丰富有趣、空间多样、层次丰富的物理空间环境。经济管理学院、计算机学院及计算机中心共用一个通高中庭，形成相对气派的入口立面对应东广场，计算机中心置于建筑东南角六层最高点，以期通过纵横体量变化，与大体量图书馆达到非对称均衡的校园空间关系。信息管理学院和通信学院均有独立的挑空入口。一至三层以教室为主，配置有单班教室、二合班教室、三合班教室及四合班教室。教室空间有模数和倍数关系，单班、二合班、四合班教室空间可分合调整，座均面积标准统一。四个学院教学区之间二层有连廊，便于综合调配使用资源。四、五层将四个学院整体环形连通，四层均为实验室，五层均

门厅
① 单班教室
② 二合班教室
③ 三合班教室
④ 四合班教室
⑤ 研讨室
⑥ 教师休息室
⑦ 机房
⑧ 消防控制室
⑨ 室外连廊
⑩ 实验室
⑪ 办公室
⑫ 会议室
⑬ 库房

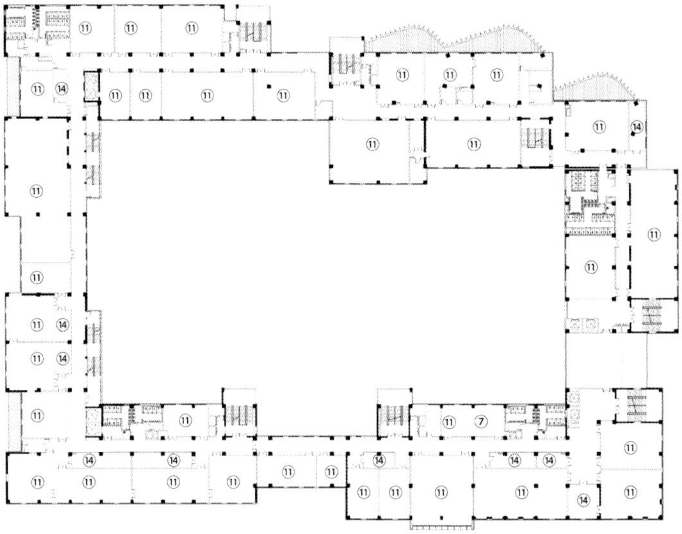

四层平面图

① 门厅
② 单班教室
③ 二合班教室
④ 三合班教室
⑤ 四合班教室
⑥ 研讨室
⑦ 教师休息室
⑧ 机房
⑨ 消防控制室
⑩ 室外连廊
⑪ 实验室
⑫ 办公室
⑬ 会议室
⑭ 库房

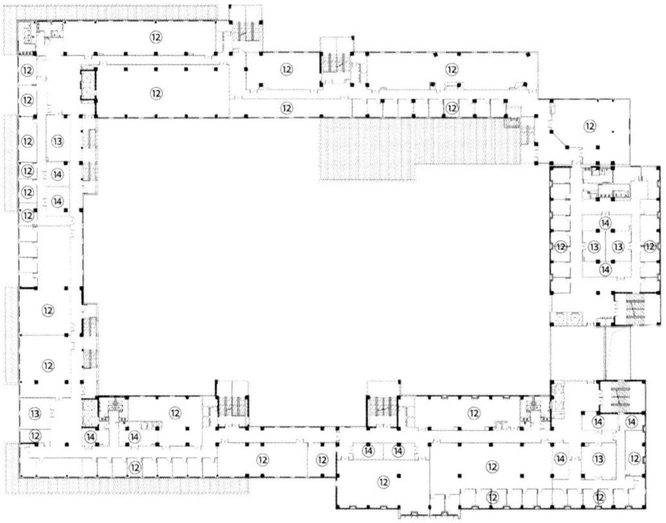

五层平面图

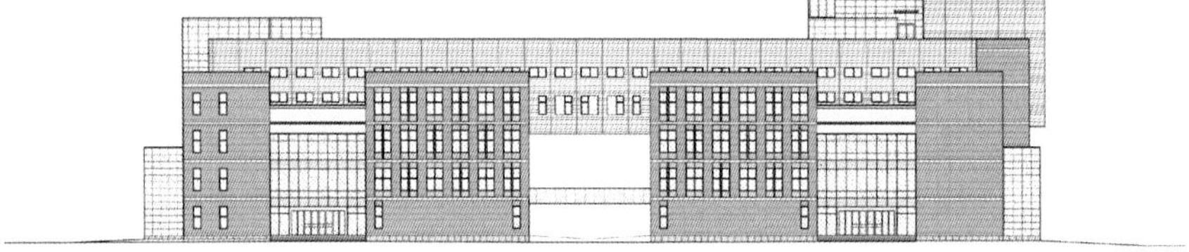

西立面图

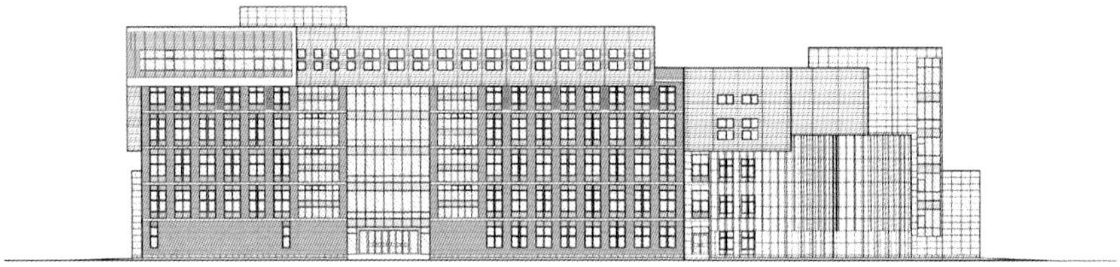

东立面图

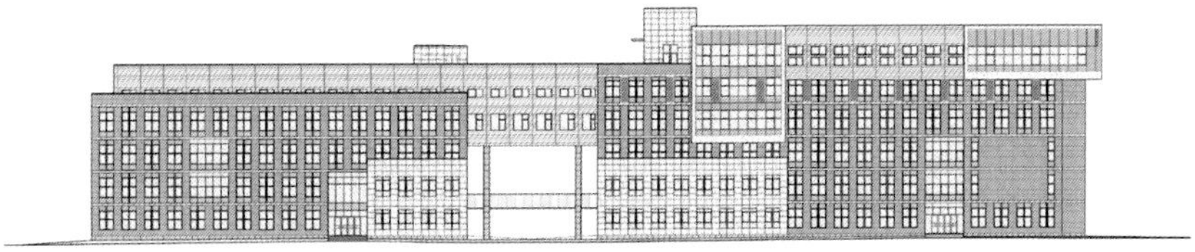

北立面图

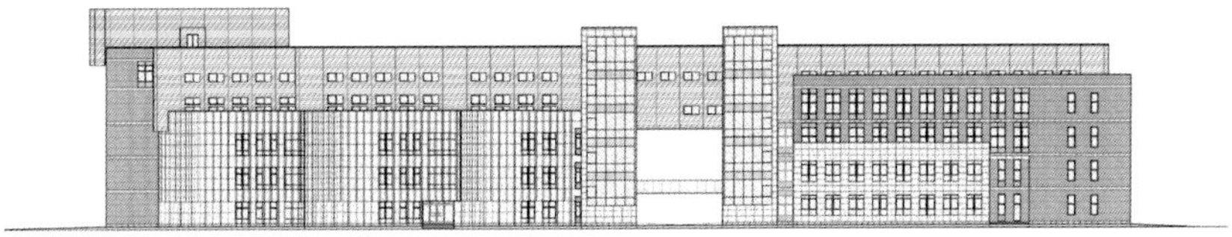

南立面图

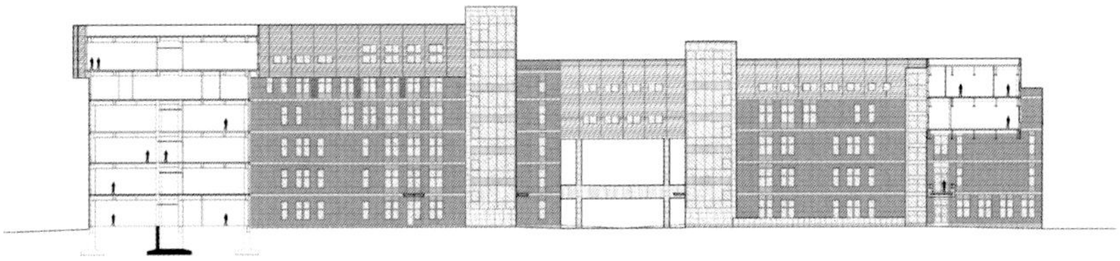

剖面图1-1

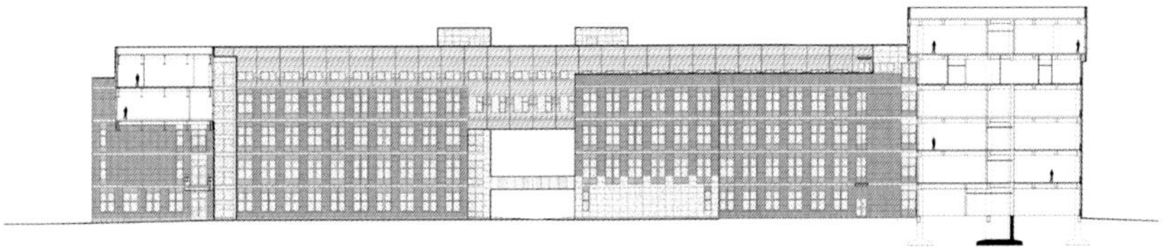

剖面图2-2

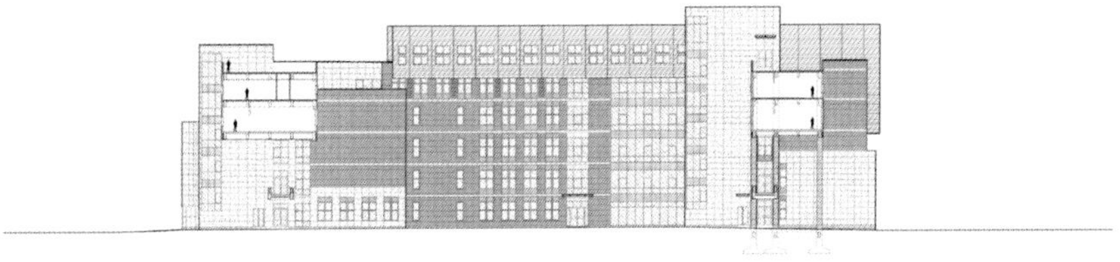

剖面图3-3

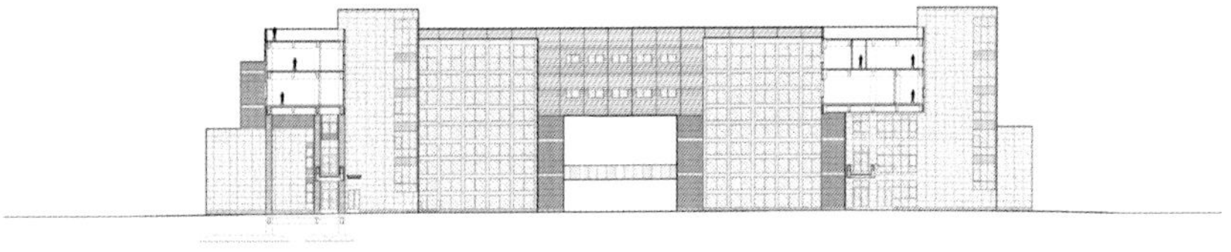

剖面图4-4

为教学管理及教师研究室，每个学院均有独立垂直交通核，确保通达性及分区安全管理。资源整合共享，成就了使用功能集约、不同人流内部交通集约及设备设施配置与运营集约。

从本源上说，“学校”最初就是源自人们在树下的讨论，所谓“一草一木皆教育”，在校园中打造教育精神场所更为重要。第三组团教学实验楼从室内公共空间到院落景观空间一体化设计，不仅营造视觉良好感受，而且满足师生多层次沟通交流，是激发“教与学”的心理行为环境。

如东县友谊路小学

主创设计师：王畅、王亮、张旭、向雷、吴晓天、陶冶、毛浩浩、张俊、芮铖、陆蕾、陈靖、牛杰

设计单位：南京长江都市建筑设计股份有限公司

项目地点：江苏省南通市如东县

设计时间：2020 年 7 月

建筑面积：37148.77 m^2

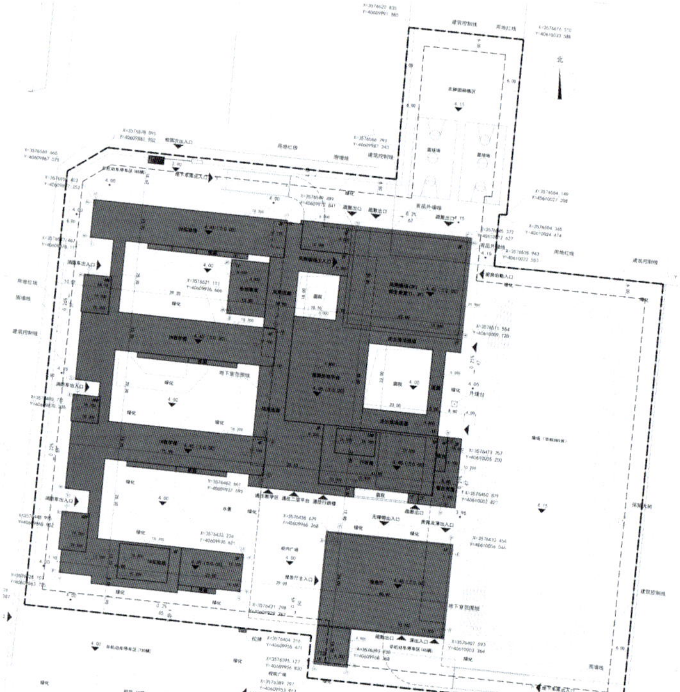

总平面图

操场人视图

教学楼人视图

临街夜景

入口人视图

庭院人视图

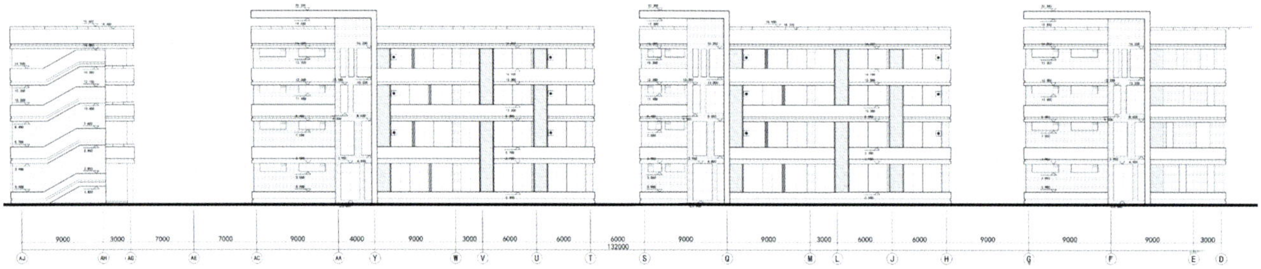

立面图9-9

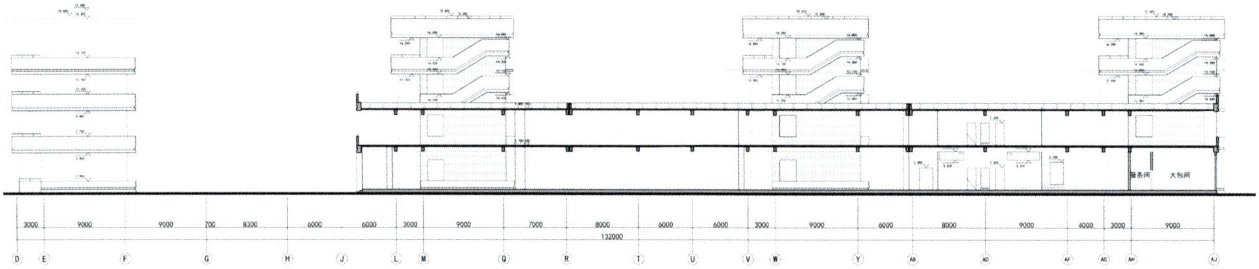

立面图10-10

1 项目概况

如东县友谊路小学新建工程位于江苏省如东县掘港镇主城南部友谊西路以北，朝阳北路以西，该小学的选址建设将着力解决县城城南片区学生的入学问题。本案占地面积为38698 m^2，办学规模为6轨36班，同时考虑预留12个备用教室，总建筑面积为37148.77 m^2（地上建筑面积为29807.63 m^2，地下建筑面积为7341.14 m^2）。

2 规划解析

基地分南北两个入口：南侧主入口设置前广场及地面停车区，从而缓解对周边市政交通的压力；北侧次入口为后勤兼消防入口，其附近设置卸货区及非机动车停车区。300 m 跑道操场位于基地东侧，篮球场集中设置于基地北侧凸出的地块内。南门北侧区域为校园内开阔的序列广场，进入校园的流线由该区域逐步展开。正对南广场的北侧对景为行政楼和视线通透的大台阶，围绕台阶北侧的庭院分别布置图书室和师生食堂，其中师生食堂上部的风雨操场成为二层平台区域的视觉焦点。基地

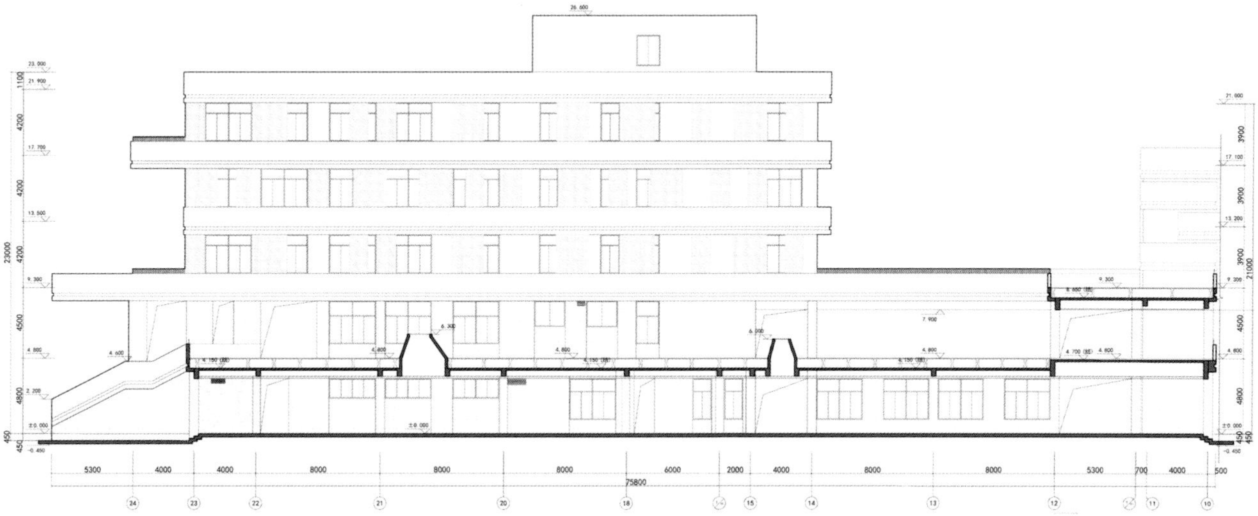

剖面图 A-A

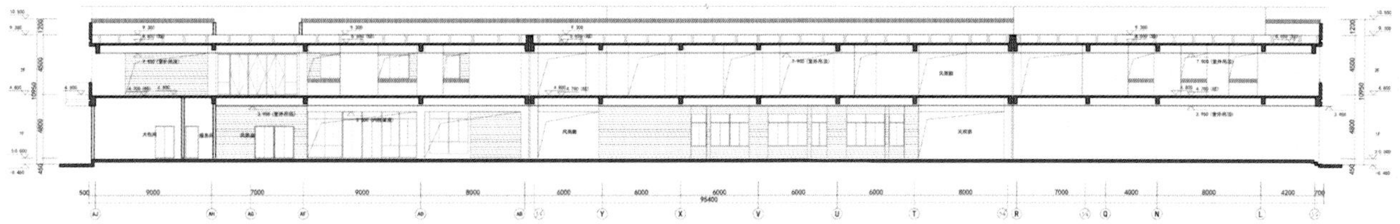

剖面图 B-B

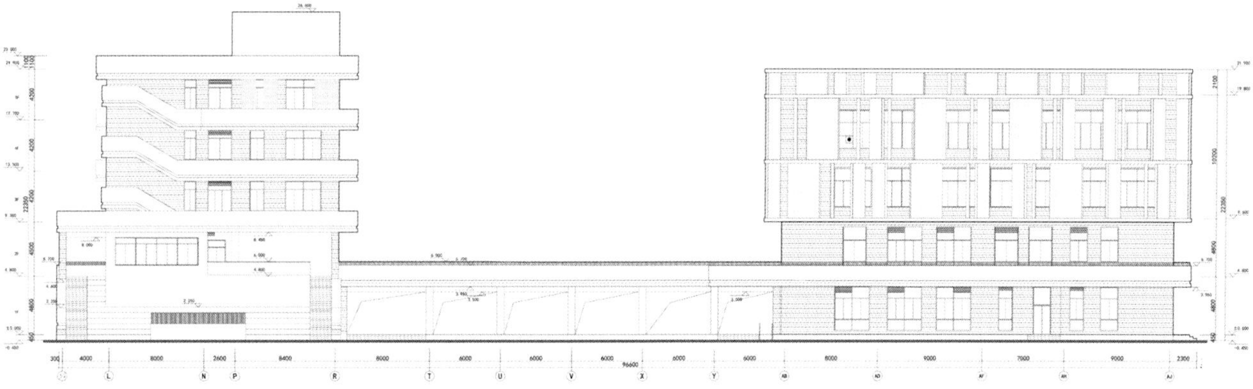

东立面图

西侧由南向北排布普通教室和专用教室，两者通过宽敞的文化长廊进行连接，同时形成具有围合和半围合感的三进院落。

三片区：教学区三进院落的空间片区、室外平台的空间片区、运动空间片区。

3 空间节点分析

本案采用“一轴两线三片区”的方式实现校园公共空间的贯通。

一轴：连通南北入口的空间主轴。

两线：连通教学区、主入口序列广场及运动区的空间次轴线，连通教学庭院与运动区的空间次轴线。

4 形体及空间处理

1. 建筑整体强调水平方向的划分，从而以一种舒缓的姿态坐落于场地中。

2. 基地西侧的普通教室及专用教室的走廊部分在不改变水平线条肌理的前提下进行了局部拓宽，同时设置了绿化平台，以绿色人文的方式营造学生的互动交往空间。

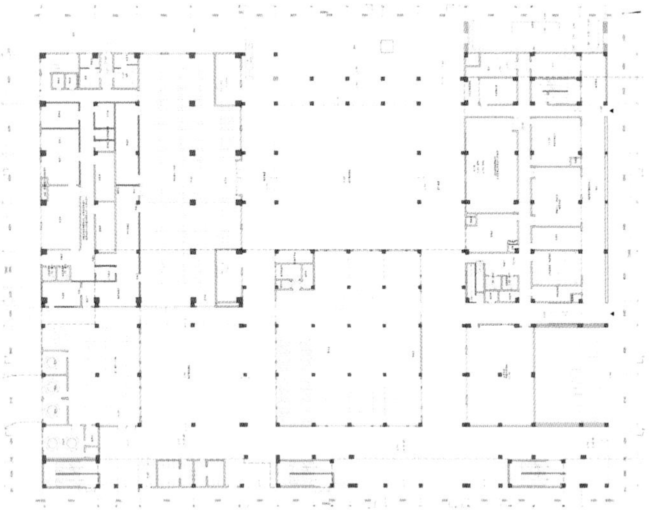

行政楼食堂及风雨操场一层平面图

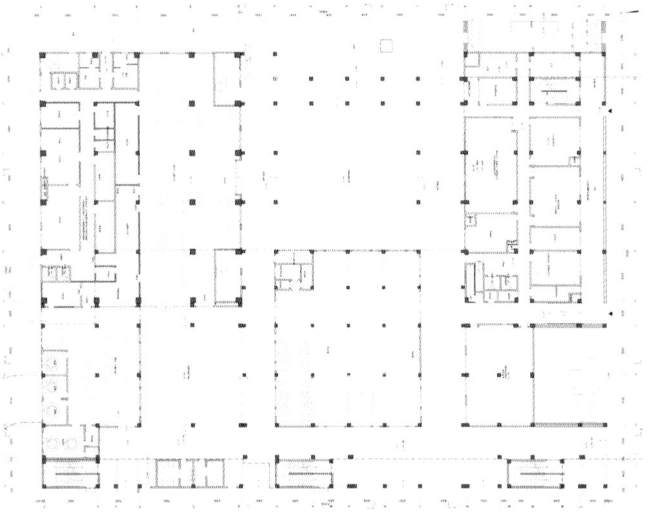

行政楼食堂及风雨操场二层平面图

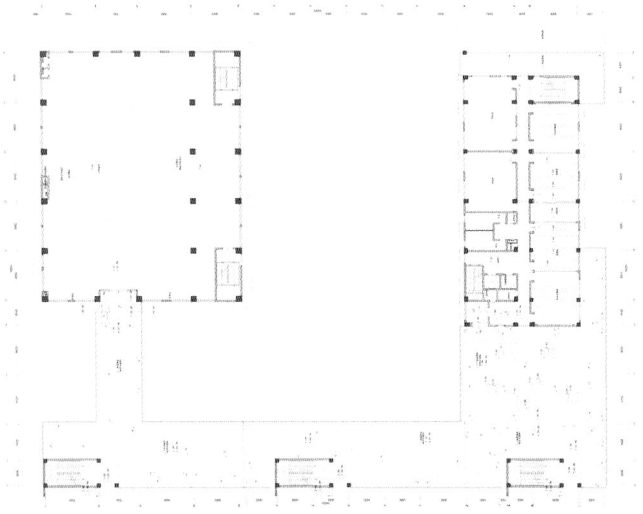

行政楼食堂及风雨操场三层平面图

3. 基地东侧通过庭院、屋顶活动平台及大空间垂直向的体量提示“微观城市”的理念，使得师生在获得互动式交流的同时，无意中强化世界观。

4. 看台以消隐的方式与行政楼相组合，两者视觉效果相得益彰。

5. 实墙面点缀活泼的色彩，提示儿童活泼的天性。

6. 在连廊及出挑平台的部分，通过双层表皮的方式设置竖向格栅和金属穿孔板，在强调立面虚实关系的同时，创造光影变换的诗意效果。

7. 学校南广场建筑底层采用树枝状剪影，寓意“十年树木，百年树人”的教学理念。

8. “互动、共享、交流、活力”的设计策略贯穿始终，从而打造更多的非正式空间、更开放的功能空间、更多参与的活动空间及更融洽的自然空间。

华润长安九里

主创设计师：马孝忠、王文礼

建筑专业：王宝有、孟凡斌、张振华、付瑶

结构专业：王琳、吴海燕、李恒、张学景、张建霞、陈曦

设计单位：弘石设计

项目地点：北京市石景山区

设计时间：2019年7月

建筑面积：169208.10m^2

占地面积：39622.17m^2

总平面图

楼王半鸟瞰图

bb-1过程版

T4楼型仰视图

沿街雪景图

东南半鸟瞰图

大堂新

华润长安九里项目位于中华第一街——长安街西沿线的黄金节点，临近北京西部地区近些年最活跃的百年首钢新产业综合服务区。“九里系列”是华润住宅产品分级体系里的高端品牌，“九里”就等同于高品质和高水准。项目定位为未来的高端产业和高端人士在京的理想聚集地。

项目一系列突出的特质，使业主方迅速把建筑立面的风格锁定在近些年在中国一线城市颇有气场的“大都会”风格。这种新古典主义的、经典的、带有永恒美感的建筑风格非常贴合项目的特质，并且能体现出目标人群所追求的精英式的、高品质的生活及略微有些高冷的特点。

大都会风格最早起源于20世纪二三十年代美国纽约的一批经典的新古典主义摩天楼。它是美国在那个年代里经济繁荣、文化独立自信、国家实力上升的充分体现。这种风格给人以视觉上的强烈的冲击力：由理性主义构图所带来的高度的秩序感，造型上令人震撼的、冲上云霄之势，丰富细腻的装饰性处理。这些特点使这种风格在当时成了一种让人仰视的、经典范式的、低调奢华的美学。

该项目是致敬大都会风格的一次建筑实践。在快速地学习、分析和领会斯特恩的经典作品和学术成果之后，我们归纳总结了一些“大都会”风格的特点，并运用到了长安九里的建筑设计中：在造型和构图上，强调对称性和秩序理想主义美学，采用经典的三段式，建筑顶部退台、收分，立面线条的网格式构图，将建筑的大体块进行横向和竖向的切分；在细节装饰上，采用古典的、典雅的装饰元素，进行抽象化表达。

虽然“大都会”风格有一些范式和特点可以遵循，但是一个致敬这种风格的设计，要能充分体现出它的美感和精髓，我们反复推敲设计方案，主要有以下几个方面：

1. 推敲建筑造型上的比例之美，三段式构图、退台和收分的比例非常重要；

2. 推敲装饰元素的细节之美，用大量细腻的装饰细节去丰富和完善建筑；

3. 推敲大堂的构图之美，用立面上横向、纵向的线条完美地切分建筑体块。

致敬大都会风格的长安九里是弘石的设计师们自我提升的一次建筑实践。就像斯特恩的诗意表达——用石头唤醒城市的荣光，我们也希望用自己的精心设计，为城市的荣光融入更多的色彩。我们设计的长安九里未来能让入住的人们常常能在夕阳的余晖里体会到石头的温暖，每日回家推开入口大门的时候都能触碰到艺术的气息，在户内八角窗框看到的风景里享受城市的荣光。

区位图

白沙岛金融生态小镇

主创设计师：杨晔、郝建军、孙博勇、沈力源、王达

设计单位：一禾建筑设计咨询（沈阳）有限公司

项目地点：辽宁省沈阳市浑南区

设计时间：2020年3月

竣工时间：2021年10月

建筑面积：70352 m^2

占地面积：37137.84 m^2

基地位于沈抚新区白沙岛金融生态小镇，规划用地面积37137.84 m^2，容积率≤1.3，商业比≤5%，基地占据良好的地理位置，资源优沃，是沈阳东部地产极具潜力板块，很有发展前景。规划用地为狭长三角地，南侧紧邻小沙河景观公园，东西方向长约500m，南北方向上西侧为最宽处，长度为76m，东侧最窄处可建用地不足8m，在规划布局上，传统的住宅布局形式很难与用地条件相契合，如何化解用地的不利因素，变不利为有利，是设计构思的首要出发点，规划采用“之”字形布局，形式灵活，可获得不同角度的观河景观视野；“之”字形住宅户型组合，可在转角、端部不同区域形成空中花园，提升小区环境品质；规划布局规整中寻求变化，通过建筑围合出不同庭院景观，在保证开放性的同时，又满足园区相对私密的要求。

设计构思是设计师在新冠肺炎疫情之下对居住环境和产品的思考。一是人们认识的转变，人们更加在意健康和自由，这对居住环境有了更高的要求。通过地面上连续的绿化通廊、每层的观景平台、每户的入户花园、顶层的屋顶花园等设计创造以健康为导向的绿色空间，同时提供满足活动需求的积极的活动空间。二是人们生活方式的转变，“线上”形式对“线下”传统形式如购物、教育、办公等的加速代替，使得人们对居住产品有更高的要求。通过可变空间、室内花园的植入，使室内空间的功能性更加多样，如家庭学习用房、居家办公用房、户内活动空间等，满足了人们对高品质美好居住环境的要求。

多层住宅北向透视图

多层住宅南向透视图

联排住宅透视图

沿街商业北向透视图

总平面图

PD 工程

项目主持：庄惟敏

工程负责人：石永久

技术顾问：盛文革、刘彦生、刘建华、陈宏、蒋会来

建筑设计：任飞、屈小羽、杜爽、李会娟、任智睿、罗子牛、沈锋

结构专业：王岚、张一舟、陈经纬

设备专业：黄景峰、张菁华、邵强、张华、周浩、刘加根、洪迎迎、张晓伟、孙伟晓

泛光专业：徐华、姬艳举、蒋斌、马胜杰

参数化设计：黄蔚欣（清华大学建筑学院）

声学专业：燕翔、王鹏（清华大学建筑学院）

景观专业：周易、赵丽颖

设计单位：清华大学建筑设计研究院有限公司

项目地点：北京天安门广场

设计时间：2019年3—6月

建造时间：2019年7—9月

用地面积：37000 m^2

基底面积：1530 m^2

摄影：张广源

PD 工程在国庆 70 周年之际，坐落于天安门广场东西两侧。主体曲线全长约 212 m。中部双向拱曲，结构跨度为75 m，外悬挑12 m，拱底最大高度为7.7 m。最高处约为16 m，最低处为5.0 m。内设 4 块 LED 大屏幕。飘逸灵动的飘带，除大屏幕位置以外，六分之五的表皮形态为双曲面。因建设场地特殊，现场诸多限制条件都对设计提出了挑战。

在诸多技术条件限制下，幕墙采用全装配式幕墙单元。可分层调节的幕墙支撑体系最大限度实现对造型的精确定位。参数化编程手段实现了千余条装饰方管的组合形态控制，数百万个图案孔洞的排列和定位控制，让本项目的超大规模体量具备了毫米级精度控制的可能。

主体结构为空间钢管桁架体系，端部大悬挑。钢梁基础上放置配重抵抗倾覆和滑移。结构开展了风洞试验，并针对结构桁架研发、优化了特定的装配式模块单元和节点。现场采用全螺栓连接，以保证快速拆装、现场无焊接。钢结构模块化设计和装配化施工的理念得到充分验证，为全装配钢结构模块单元的设计提供了很好的经验。

泛光设计采用精准投光的手法，力求以均匀的光环境烘托飘带的飘逸灵动。泛光灯、机电设备和飘带基座部位都隐藏于景观绿植之中，飘带与周边环境完美融合。机电设备设计兼顾安全性、可靠性及经济性，确保工程的万无一失。

从天安门城楼眺望红飘带

红飘带夜景

东侧红飘带即景 1

东侧红飘带即景 2

东侧红飘带即景3

东侧红飘带即景4

红飘带细节

西侧红飘带即景1

西侧红飘带即景2

西侧红飘带即景3

西侧红飘带即景4

寻梦牡丹亭

项目主持：曹晓昕

建筑专业：王冠、李欣叶、孙群、范佳、刘倩、王嘉婧、孙超、王建武

结构专业：王金

暖通专业：郭然

给排水专业：董新淼 、董立

电气专业：张龙、罗卫东、孙达

总图专业：范国杰

景观专业：余浩、范国杰

设计单位：中国建筑设计研究院有限公司 · 大器设计

项目地点：江西抚州市临川区文昌里

设计时间：2017年

竣工时间：2019年

建筑面积：11000 m^2

摄影：张广源、吴清山、孙海霆

总平面图

实景演出 1

实景演出 2

实景演出 3

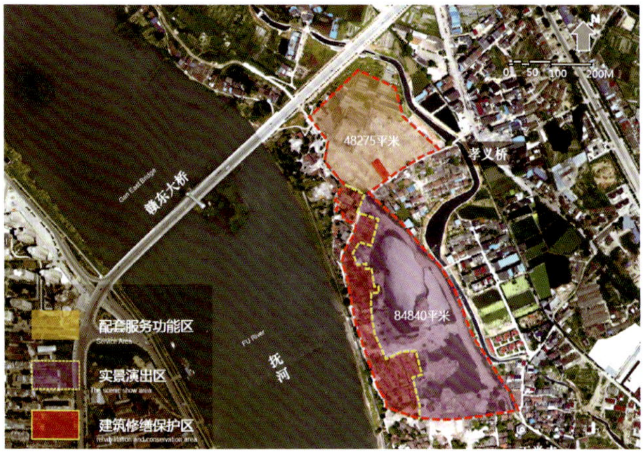

园区规划分区示意图

中国四大古典戏剧之一《牡丹亭》是明代著名戏曲家、文学家汤显祖的代表作，这一戏剧不仅被中国人喜爱，也传播到了英国、日本和德国等国，成为世界戏剧艺术宝库中的珍宝。作为与莎士比亚同时代的文学巨匠，汤显祖的作品在当代的戏剧演出与文化传承还远远不够。江西抚州临川是汤显祖的故乡，为了更好地传承经典戏剧文化，由阳光媒体集团出品，董事长杨澜女士担任出品人的大型实景演出“寻梦牡丹亭”选址抚州临川文昌里老街区，旨在活化传统戏剧，结合老宅改造激活城市更新。

“千年汤显祖，寻梦牡丹亭”——长达500 m的三幕实景互动性演出，承载了建筑师对现实、地狱与天堂体验的极致想象。设计超越了普通的舞台美工布景，也不同于单纯的园林营造，建筑师致力于将中国古典戏剧故事抽象为融传统造园和建筑于一体的意境空间。

为了配合戏剧导演以及舞美灯光团队的要求，建筑师需要完成实景演出园区的规划、建筑、景观、舞美等一体化设计的复杂任务。与此同时，地方政府希望实景演出能带动旧城区块的有机更新，为该片区注入活力，提升当地的文化品质，带动地方旅游和经济发展。面对如此综合复杂的要求，园区设计满足了“白天游园、夜晚观演”的复合化使用要求。建筑师团队以非同寻常的想象力和差异化的材料组织，依托周边具有历史感的老屋旧宅，使现实梦境化，使梦境诗意化，创造出具有中国古典气质的真实乌托邦。

该项目获得了2020年度 WAF·CHINA 唯一最佳建成建筑大奖，评委在获奖评语中写道：“项目诠释了新与旧、商业与文化、现实与幻想的融合，为戏剧提供了全天候的沉浸式表演空间，整个公园即舞台，舞台还巧妙借景了老城的佛寺古塔，观众可以欣赏演员在真实与虚构的建筑背景下演绎角色人生。配套服务建筑群的设计也别具匠心，例如员工宿舍错动的剖面让每个房间都拥有了独立阳台。项目作为规划、建筑、景观、舞美一体化设计，很好地促进了当地文旅产业发展以及旧城复兴。”这一实践可被看作是建筑师介入舞美设计，借助实景演出的旅游机遇，提升区域的文化艺术价值，带动城市更新的探索性实践，具有积极的现实意义和一定的创新性。

1 “寻境”——历史街区中场地的别样利用

“寻梦牡丹亭”大型实景演出选址抚州文昌里老区，从北至南由配套功能服务区、演出游园区以及历史保护街区三部分组成。该片区由于交通不便，成为城市发展中被边缘化的老旧城

实景演出园区 1

实景演出园区 2

北侧服务配套区

新旧融合的游客接待中心

员工宿舍与排练厅 1

员工宿舍与排练厅 2

区。随着新兴小商业的发展，老旧建筑面临被拆除的困境。

新建的演出游园区紧邻文昌里历史老街区，力求让修葺后的老宅能够承载部分文化配套功能，例如小型戏曲历史展览厅、公共休息厅、演员化妆室、商业零售等，用新的功能业态植入老街区，使之呈现出别样的更新发展方式，促进旧城的复兴与有机更新。

北侧配套功能服务区包括游客接待中心、办公区及演员排练厅和员工宿舍等。为了与文昌里历史文化街区相互协调，建筑造型设计收放自如，融入传统坡屋顶与合院等抽象元素，并满足大空间的功能需求。整体建筑群通过连廊连接不同功能用

游客接待中心室内

“魂游寻梦”舞台

实景演出北入口广场

实景演出全景舞台

观演景观台地

观演景观台地材质分析

房，充分考虑地方河道与局地小气候和风向等因素，尽可能引入自然通风和采光，建筑群的设计实现了生态与节能。

游客接待中心紧邻老宅修缮区，建筑造型简洁而现代，原有老建筑砖墙立面与售票大厅主入口的玻璃幕墙形成视觉对比，混凝土的外墙更好地衬托了江南民居的白墙青瓦，新旧体量完美融合，实现了新旧建筑的对话。随着实景演出旅游吸引力的不断提升，新旧结合的游客服务区将有机会作为最真实的生活舞台，吸引游客探寻抚州当地的文化，同时也将使当地原住民的文化生活与经济水平得以提升。

2 造梦——建筑学下的舞美空间

传统戏曲与老旧街区只有被活化利用才能长久存留，其文化价值也才能得以充分展现。抚州作为汤显祖创作《牡丹亭》的故地，项目不仅需要满足实景舞台布景的需要，更面临如何重拾文化遗珠，在建筑学语境下重译《牡丹亭》戏剧灵魂的责任。

园区规划充分尊重场地现状，将保留鱼塘开挖扩大为水深3 m的人工湖，舞美设计团队铺设水下演员行走栈道，整个湖面成为戏曲演出的水上主舞台。根据《牡丹亭》戏曲的故事内容，几百米的狭长场地被划分为“游园惊梦”“魂游寻梦”“三生圆

湖心岛舞台

湖心岛实景

湖心岛残亭演出场景

仿锈蚀钢板混凝土墙

梦”三个主题演出实景舞台。

戏曲讲究通过“起承转合”带动观众的情绪变化，这与中国传统造园手法是一致的。通过深入研究剧本内容与情感，建筑师团队提炼出戏曲逻辑与园林布局逻辑的共通之处，演员们在建筑师精心布置的“场景”中穿梭：站在超出正常尺度的柱上舞蹈，在被切割过的“残亭”旁挥舞衣袖。建筑空间超越了功能本身，通过探究戏曲的抽象知觉与象征意义，使观者情感与场所精神在一定程度上统一。

在第三幕“三生圆梦”舞台中，为了烘托“未来之梦”的主题，整个舞台背景全部选用银色，纯粹极致的背景在白天给游人一种“似梦非真”的未来感，在夜晚很好地映衬了五彩的灯光，还原了舞美空间对光影层次变化的需求。建筑师创造的别样空间激发了戏曲导演对于舞蹈创作的可能性，将戏曲与空间更加紧密地融合起来。

3 作戏——抽离于现实的叙事空间

与普通固定座位的观赏方式不同，游客需要随着戏剧演出的情节推进，跟随舞台的切换在游览中进行动态的观戏，这种步移景异的观赏方法是中国古典园林所特有的游览方式，也给观众带来了一种身临其境的戏剧融入感。观戏流线中，游人行走在园中，通过空间的收放变化，以及灯光明暗、高低起伏、虚实遮挡、音乐强弱等变化，使观众得以亲身体验错综曲折的剧情。

传统“观戏”的魅力往往在于自由的状态。贾平凹在《秦腔》中描写了几十年前村里观戏的场景：“站的、坐的、卧的、蹲的，树干上的，爸爸肩上的……”这也许就是中国传统戏曲的魅力，脱离西方古典戏剧对号入座的方式。

隔河相望的观演座位与台地景观相结合，观众可席地而坐。

园区总体效果图

台地采用修葺拆除的数千片旧瓦铺砌而成，在平地上搭建了一处类似传统瓦屋顶的观戏平台，台阶依次错落，在不同高度容纳更多人观戏，抽离于现实，取“屋顶观戏”之意。同时水边悬挑的平台、直伸入水面的古亭、游走的长廊等都成为观戏的地点，与白墙灰瓦的屋檐呼应，唤起了墙头看戏的体验与古老记忆。

4 制景——新工艺与旧材料

建筑师不断思考《牡丹亭》每段主题所传达出的隐喻含义，并用建构与材料语言塑造了一个脱离于现世又具有现代意义的虚幻场景，打造服务戏剧的极致纯粹的“非真”空间是建筑师的极致追求。设计尝试通过对古建筑进行定向拓扑切割，通过对单一元素的堆叠塑造现实中不存在的极端空间来隐喻戏剧中的虚幻场景，传达出《牡丹亭》戏曲中“梦中之情，何必非真”的感受。

在第二幕“魂游寻梦”中，为了表现剧情的冲突与矛盾，一些靠近水边的传统古建筑亭台被垂直切割，从屋顶每一片瓦到台梁到柱基，断面干净得仿佛被刀整齐裁切过。当观众观戏至此，看到某个建筑局部构件孤零零地在湖心岛的白沙滩上伫立，走进被整齐切割的亭台，内心深处将会感到脱离现实的不自然感。

在第二幕“魂游寻梦”中，建筑师精心打造了怪诞萧索的“地府”场景。舞台背景构筑物中梁、柱、瓦甚至台阶都选用了仿铁锈效果的新工艺混凝土，满足了舞美团队对于艺术表达效果的需求。场景长达约100 m、坐落13栋残“筑”片段，纯粹到没有第二种材质出现，进一步强调了“地府”的荒诞性。

园区服务于大型实景演出“寻梦牡丹亭”的文化公园自2018年5月正式投入使用以来，整体运行和设施使用状况良好，各项技术指标正常；恰当的功能设置与建筑空间为景区提供了极大支持。精心设计的园林景观舞台将夜间演出与日间游园有机结合，使用便捷，获得可持续的综合运营效果。设计体现了对城市旧城区域的历史文化与原住民的尊重，反映了尊重自然与历史的情怀，通过《牡丹亭》的实景演出博得游客与当地居民的喜爱，使此地成为地方品牌的标志和城市文化娱乐生活的聚集地。

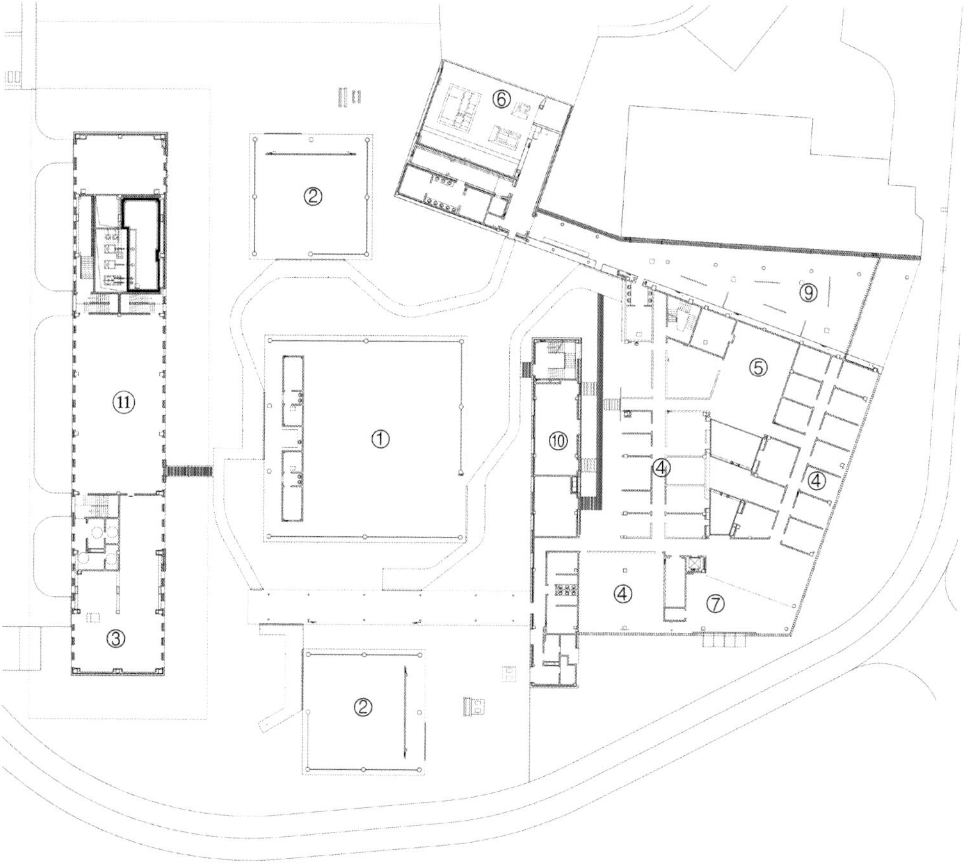

北侧服务配套区首层平面图

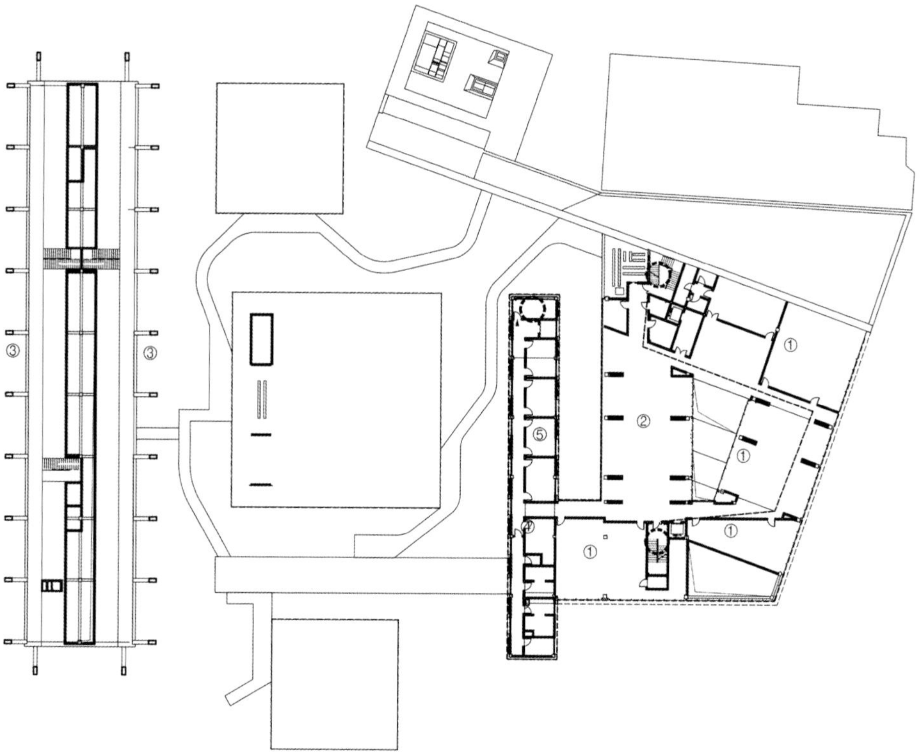

北侧服务配套区二层平面图

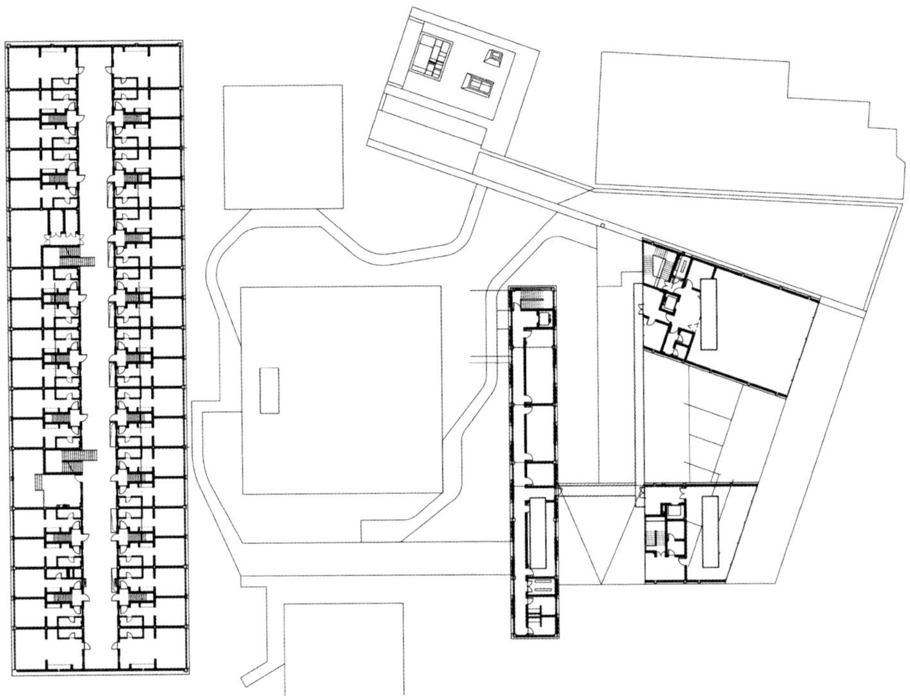

北侧服务配套区三层平面图

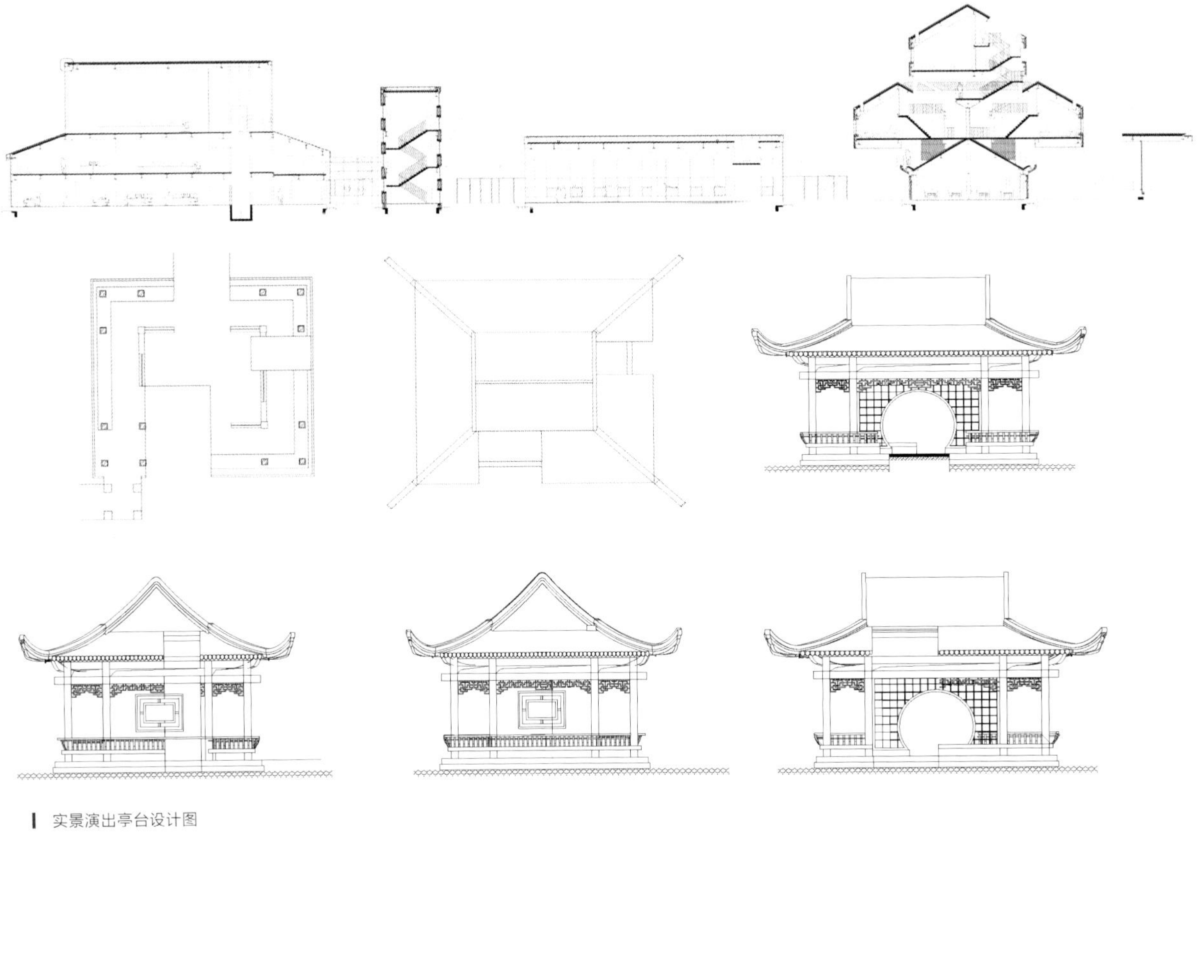

实景演出亭台设计图

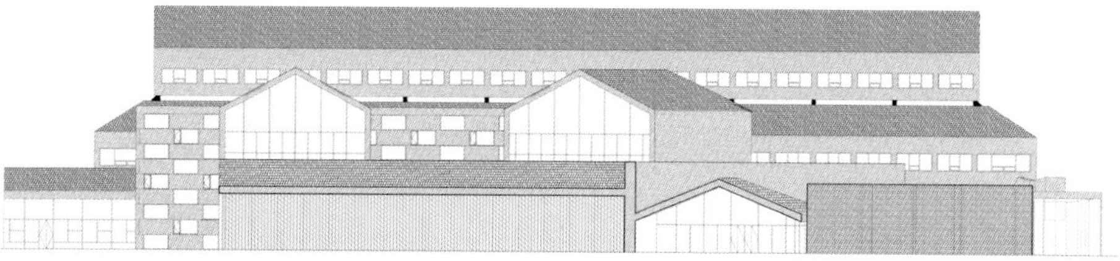

北侧服务配套区建筑南立面图

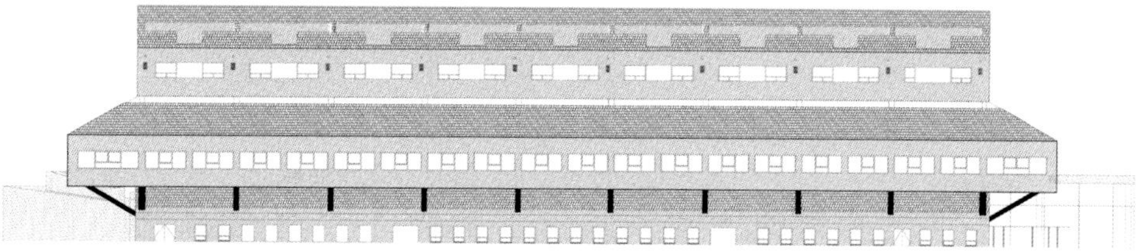

北侧服务配套区建筑北立面图

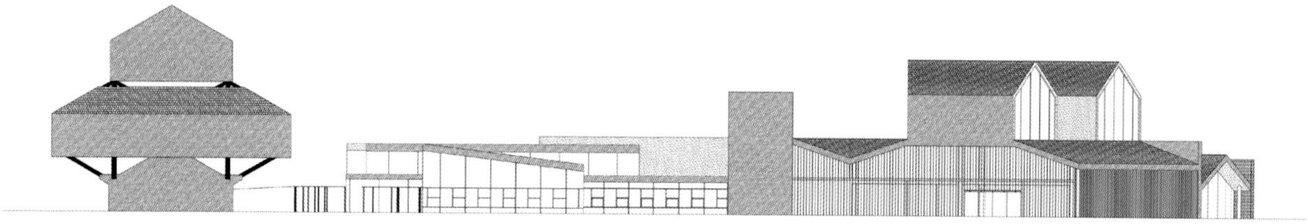

北侧服务配套区建筑西立面图

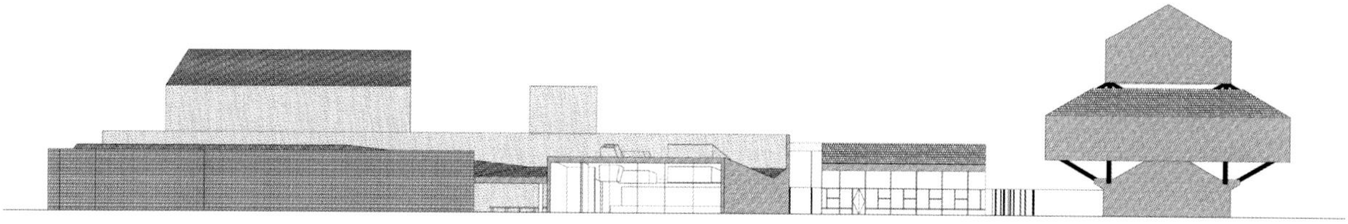

北侧服务配套区建筑东立面图

实景演出"残梦"舞台墙立面图

望山·钓雪园

主创设计师：俞孔坚、李禾、吴晓丹、张静、刘晓羽、秦乐、颉赫男、晏林林

设计单位：北京土人城市规划设计股份有限公司

项目地点：安徽省黄山市徽州区西溪南村

设计时间：2017年2月

竣工时间：2019年4月

建筑面积：1040 m^2

摄影：俞孔坚

总平面图

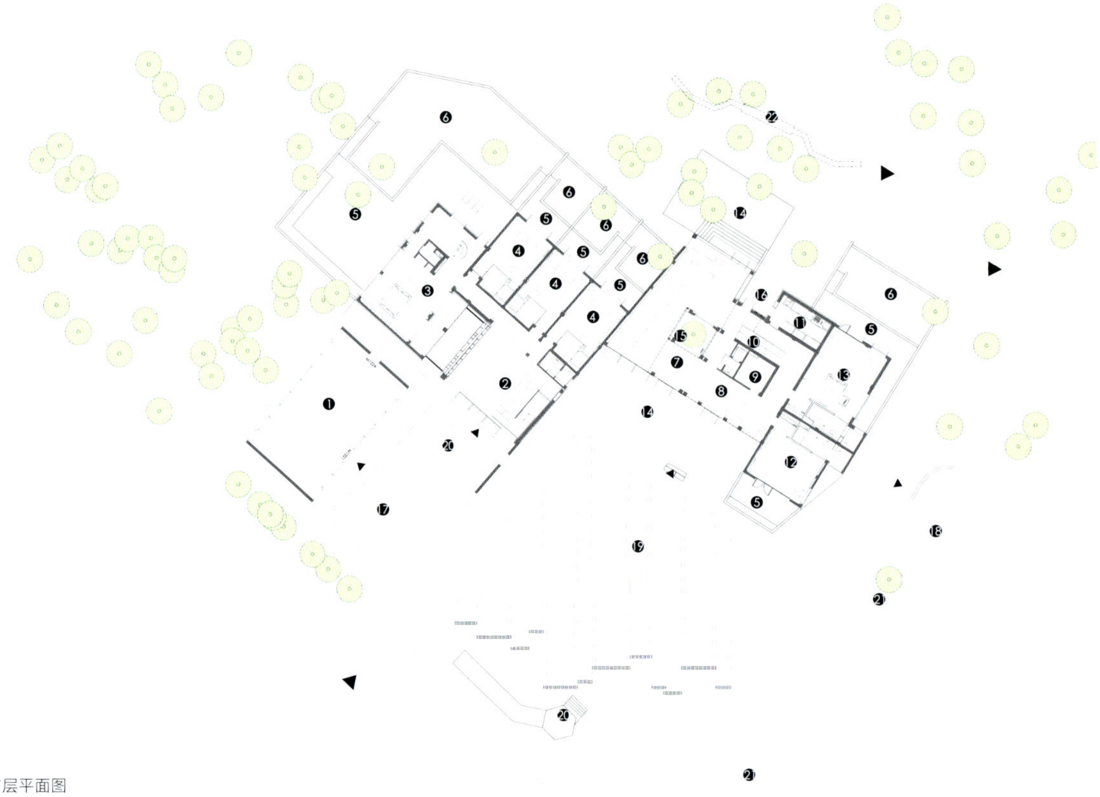

首层平面图

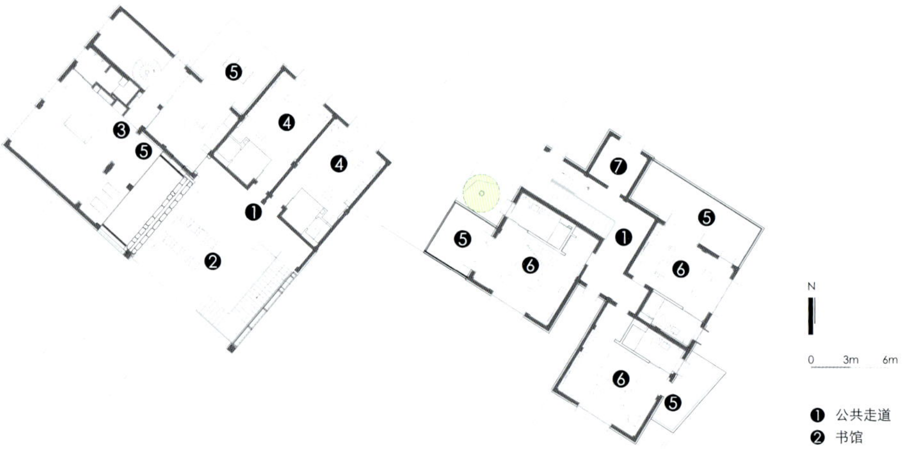

二层平面图

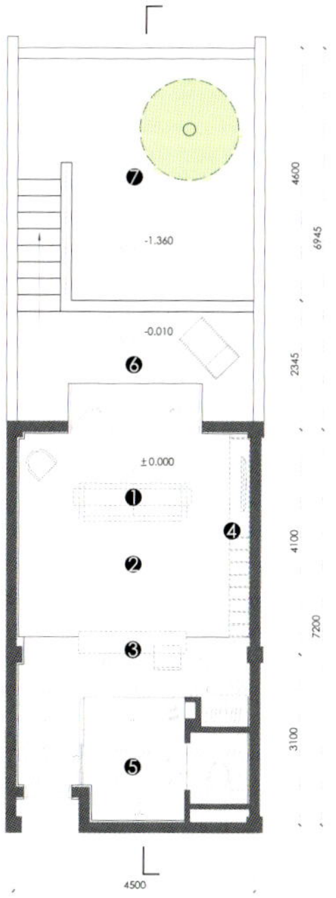

标准客房平面图

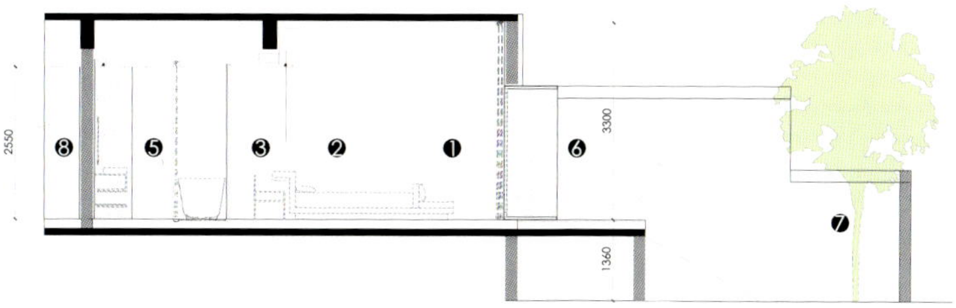

标准客室内剖立面图

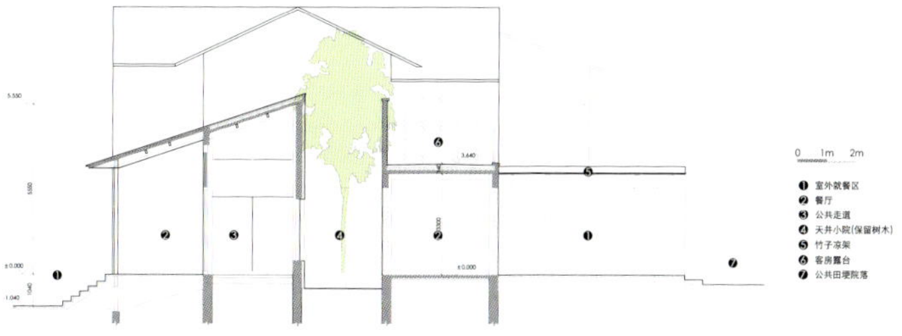

餐厅剖面图

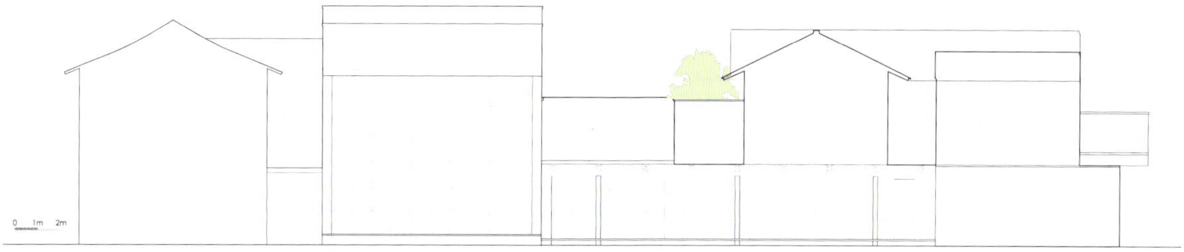

南立面图

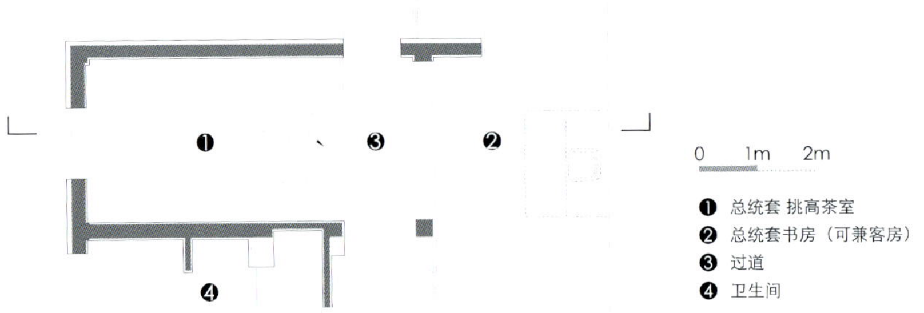

总统套房局部平面图

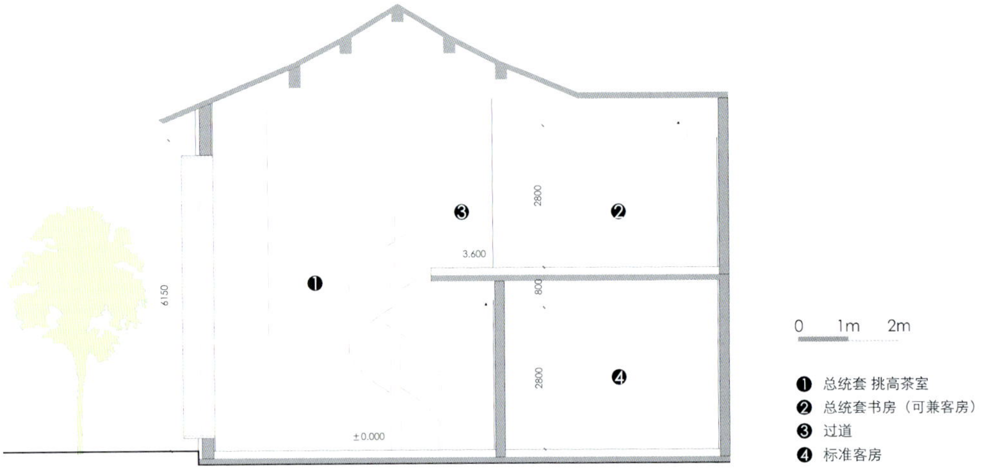

总统套房室内剖立面图1

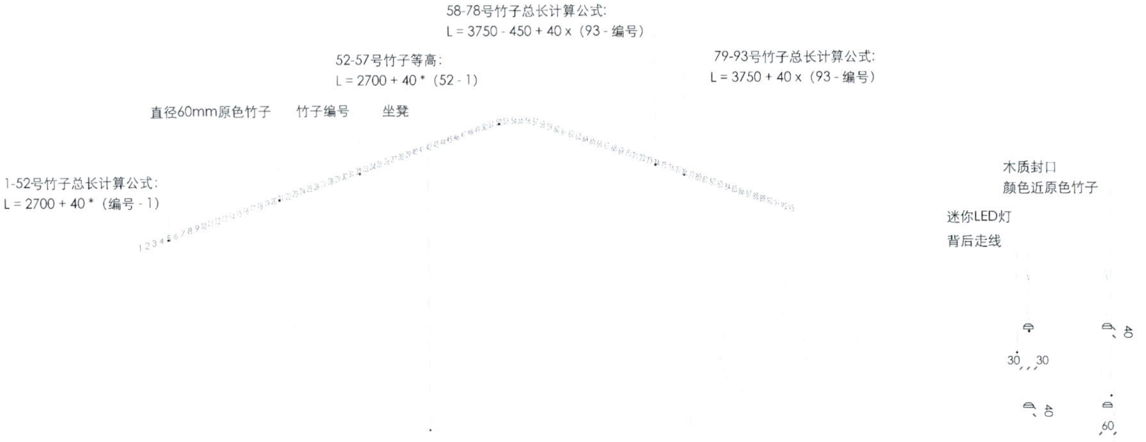

总统套房室内剖立面图2

1 项目简介

这是一组烂尾楼改造项目。项目位于安徽省黄山市西溪南镇西溪南村北入口，东临大片竹林，南临溪边街，西接关帝庙，北望丰乐河。设计旨在建设高端论坛会址及配套接待设施，与士人学社共同组成完整的游学、论坛、接待系统，打造西南八景之一“钓雪园”，使其成为古镇形象展示中心。设计以场地生态特色为出发点，保留基地原有枫杨林及竹林，引入水系，以小径串联，复原展现古徽州典雅园林意境。在保护基地内老建筑的基础上，打造提炼徽派建筑意蕴的新徽居，不是简单的造作仿古，而是营造两代徽居新旧对比的妙趣空间，保留古代空间韵味，且符合现代功能的使用体验。

2 目标与挑战

项目用地作为西溪南村游客首站抵达的形象区域，位于西溪南自然景观较好的丰乐河岸畔和人文生态景观较好的溪边街核心区域，如何处理建筑与自然基底、古村落的关系是本项目最大的挑战。此外，场地内部现存四栋建筑，规划还应处理好新建建筑与保留建筑的关系。

3 设计策略

3.1 规划设计

场地内规划以景观为导向。北侧主景观轴沿丰乐河展开，与雷堨贯通的水系串联起枫杨林、村落入口、竹林等景观节点，结合建筑设置亲水活动空间，解决场地高差，形成完整的滨水景观带；三条次要景观轴以庭院及共享绿地为节点，贯穿起北侧河道景观与南侧民居人文景观。场地交通利用院落外围现状道路，内部不设车行道，实现绿地空间最大化。

3.2 建筑设计

建筑群组采用院落式围合布置，延续古村落肌理，营造徽州传统民居氛围，打造独特的院落式使用体验。对现状古建筑钓雪堂、翠玲珑馆进行修缮改建，按照古徽州建筑构造做法，复原建筑形制、外观、结构、室内空间，并注入新功能，激活传统空间。改建建筑结合文物保护建筑布置，新建建筑沿景观轴布置，不破坏老建筑的同时形成完整连续的建筑界面。建筑形象提取传统徽居空间模式和立面元素，加以抽象、简化，以极简的现代语言打造禅意新徽居。

各建筑内部设置私密的独立庭院，营造幽静的传统民居空间氛围；整个建筑群组又围合出共享庭院，满足了交流空间的需求；结合老墙设置院墙，营造静谧的环境，并将原有枫杨林及竹林景观纳入院落空间，联结建筑群的小径曲折穿行林中，展现风雅的园林意境。

3.3 室内设计

空间体验上延续望山生活内涵，利用建筑本身特征，保留使用功能痕迹，去装饰化而不特意仿古。尽可能消除原有结构的不利影响，引入周边枫杨林与丰乐河优势资源。公共区突出文化特色，客房区突出景观特征。整体采用灰白色系材质，以面围合空间，以木质机理强化主要空间。将古徽州建筑材料与现代建筑材料整合，强化空间几何体量，采用极简设计路线，进行空间整合。软装融入硬装；空间融入景观，室内布局围绕景观展开。利用凹槽藏匿灯具及零散物品。

4 结论

方案注重与场地特点的结合，保护基地现有生态资源及人文资源，采用极简手法，延续古建筑韵味，展现出一幅古村、枫杨、丰溪的徽州山水画卷。

重庆潼南大佛寺湿地公园

主创设计师：俞孔坚、张慧勇、邵飞、张亚奇、陈黎明、耿苒、支青、宗建、张梦月、万子曦、石文

设计单位：北京土人城市规划设计股份有限公司

项目地点：重庆市潼南区

设计时间：2017年7月

竣工时间：2019年5月

建筑面积：990000 m^2

摄影：俞孔坚

1 项目简介

潼南大佛寺湿地公园位于涪江流经重庆潼南区中心区域两岸，南侧紧邻大佛寺四级风景区，地处潼南城市形象展示的核心区域，是高密度城市中难得的滨河滩涂绿洲。设计师以打造“与洪水相适应的滨江滩地——涪江湿地的回归”为设计目标，尽可能保留河道的滩涂湿地环境，压缩城市阳台的边界，架设步行廊道，增加市民的湿地体验空间。项目以“江舟花堤悠悠

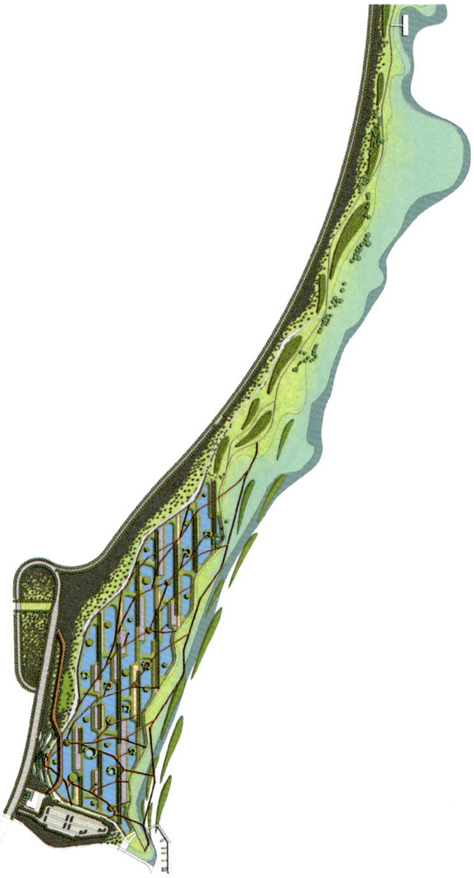

总平面图

走，三千须弥漫漫寻”为愿景，挖掘潼南两个非常重要的文化元素——一个是历史悠久的航运文化，一个是以大佛寺为基础的佛教文化，从而打造具有本土文化性格的城市滨河湿地景观公园。

2 目标与挑战

作为城市中心区域的主要滨水空间，同时也是潼南的城市名片，设计面临重大的挑战：如何打造独具地方特色又能满足城市活动功能的城市滨水景观？

场地主要是涪江冲击出来的滩涂，多为砂卵砾石，渗水严重，场地外围是已修筑的可防20年一遇洪水的防洪堤，设计师面临的问题是：如何构建与洪水相适应的景观？如何保护作为城市稀缺资源的中心区域湿地？作为城市未来发展的核心，如何通过场地景观设计来激活城市活力？

3 设计策略

打造“与洪水相适应的滨江滩地——涪江湿地的回归”主要通过以下四个方面来实现：

1. 与洪水为友的弹性设计：大部分场地处于5年一遇的洪水线以下，洪水来临易被淹没，所以在设计区域内，设计师采用最小干预措施，尽可能保持地理风貌，在此基础上设置人行步道系统，增加湿地的体验效果。同时，将主要活动空间及设施布置在不易淹没的区域，降低了维护成本的同时，也不影响场地的市民参与性。

2. 恢复滩涂的动植物生境：构建生态护坡，在江心岛恢复原来的枫杨和草丛植被，并且增加树岛，为鸟类提供栖息地。

3. 打造有活力的城市客厅：根据用地适应性及项目定位，划分不同功能区域——运动休闲区、城市阳台区、大佛寺湿地区等，设有涪江浴场、运动客厅、城市阳台、花梯漫步、江舟

湿地、莲花净土、密境修行等多种活动空间，为市民游玩提供丰富的活动体验。

4.深度挖掘地方文化：梳理当地的文化，提取与场地最相宜的两个文化，即大佛寺板块的佛教文化和金福岛对应的航运文化，通过场地及场地构筑物的设计立体地展示地方特色、精神。

4 结论

公园建成后，提升了整体城市的形象，并且成为潼南的城市新名片。设计师以保护湿地、重新激发湿地的生态功能为原则，以“与洪水为友”的设计理念，挖掘地域文化特色，增加场地活力，为潼南未来的城市风貌提供了样本。

六工汇

主创设计师：李红庆、李然、雷春花
设计单位：弘石设计
项目地点：北京市石景山区
设计时间：2019年7月
建筑面积：169000 m^2
占地面积：133800 m^2

1 项目概况

本项目建设地点位于北京市石景山区首钢老厂区秀池以南，群明湖以北片区，共有6个地块。

738地块位于秀池南侧，西侧为电厂路，南侧为五一剧场街，地块间由规划道路分隔。2#、3#为二类高层建筑，1#、4#、5#为多层建筑。1#、2#、3#、5#为办公建筑，4#为商业建筑。

739地块位于秀池南侧，西侧为电厂东路，东侧为园区主要道路晾水池东路，地块间有规划道路分隔。2#、3#为二类高层建筑，1#、4#、5#、6#、7#为多层建筑。1#、2#、3#为办公建筑，4#、5#、6#、7#为商业建筑。

749地块西侧为电厂东街，南侧为四高炉南路西延，东侧为晾水池东路，北侧为五一剧场街。1#、2#地上6层，为二类高层公共建筑；3#地上3层，为多层公共建筑；4#开闭站为已建成项目。1#、2#为办公建筑，3#为商业建筑。

754地块位于群明湖北侧，西侧为群明湖西路，南侧为群明湖北路，北侧为四高炉南路西延。1#为二类高层建筑，2#、3#、4#为多层建筑。1#为办公建筑，2#、3#、4#为商业建筑。

755地块位于群明湖北侧，西侧为电厂路，东侧为电厂东路，南侧为群明湖北路，北侧为四高炉南路西延。1#为一类高层建筑，2#、3#为多层建筑。1#、2#、3#均为商业建筑。

758地块西侧为电厂东街，北侧为四高炉南路西延，东侧为晾水池东路，北侧为群明湖北路。本工程地上包含一栋9层塔楼、一栋4层塔楼及7000风机房，为现状利用建筑。9层塔楼部分为办公建筑，4层塔楼及7000风机房为商业建筑。

室内效果图1

室内效果图2

室内效果图3

室内效果图4

空间效果图1

空间效果图2

空间效果图3

738地块大堂效果图（日景）

738 地块大堂效果图（夜景）

758 地块阶梯效果图 1

758 地块阶梯效果图 2

办公大厅一层电梯厅 1

办公大厅一层电梯厅 2

办公大厅一层大堂

2 办公部分设计理念

设计元素薪火相传，设计强调建筑形式的漂浮感，线条造型提取钢花飞溅的韵律感元素。

3 商业部分设计理念

设计强调建筑形式的漂浮感，线条造型有韵律感。以乐活为设计理念，体现一种贴近生活本源、自然、艺术、人文、健康、精致的生活态度，让人们感受生活的场所。设计灵感延续建筑元素，运用现代的设计风格与手法，做到室内与建筑和谐统一。做简约、舒适城市后花园的乐活之园。

六工汇作为首都城市复兴最新的地标与北京冬奥会同期亮相，成为北京科技创新、文体创意和独特生活方式的新名片。

六工汇位于具有百年历史的首钢园内，拥有独具特色的创新基因，为企业创新产品、提升就餐体验提供了优良的基础；而六工汇所容纳和吸引的高端消费人群，也是愿意尝试新鲜事物的优质客群。

六工汇以“创建跨界产业总部社群，打造新型微度假式的生活方式”为战略定位，吸引来自运动体验、高科技、创新、国际文化娱乐的行业领先者。

在未来，六工汇将继续与更多领域的重量级企业进行广泛、深入的联结，提供全方位的支持，探索合作模式和商业模式的新范式，共襄盛举，打造具有全球影响力的首都城市复兴新地标。

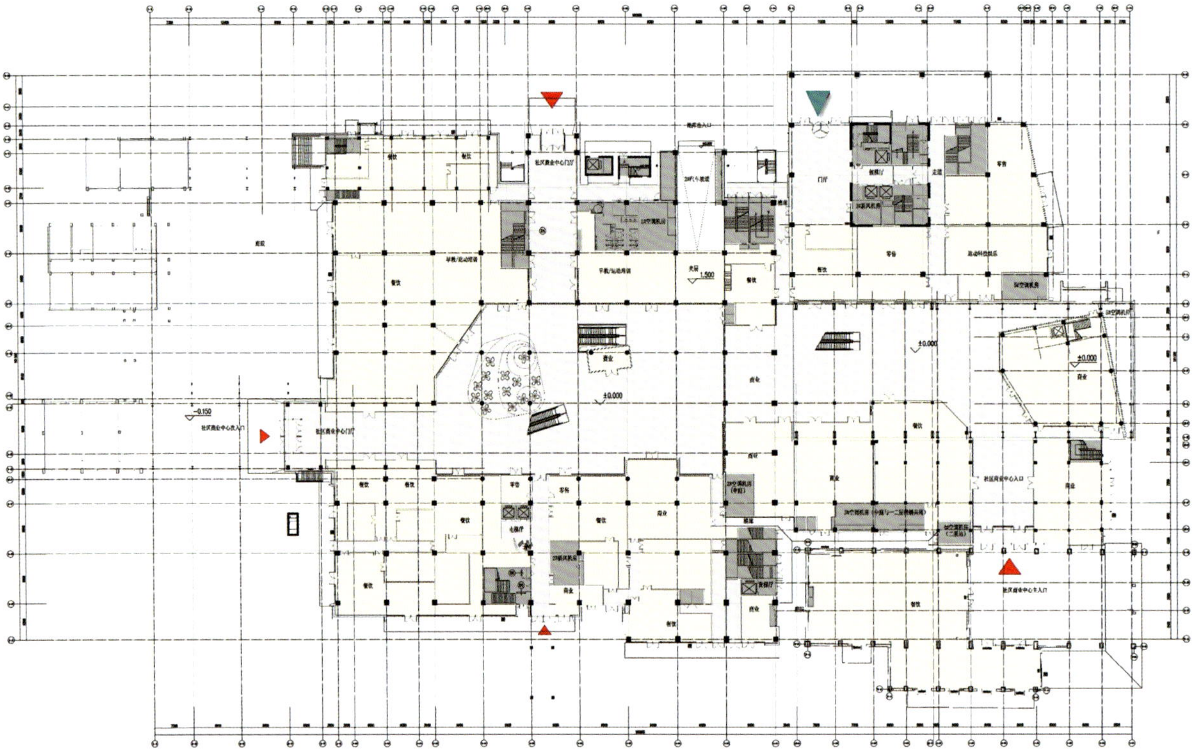

冬奥广场一层平面图

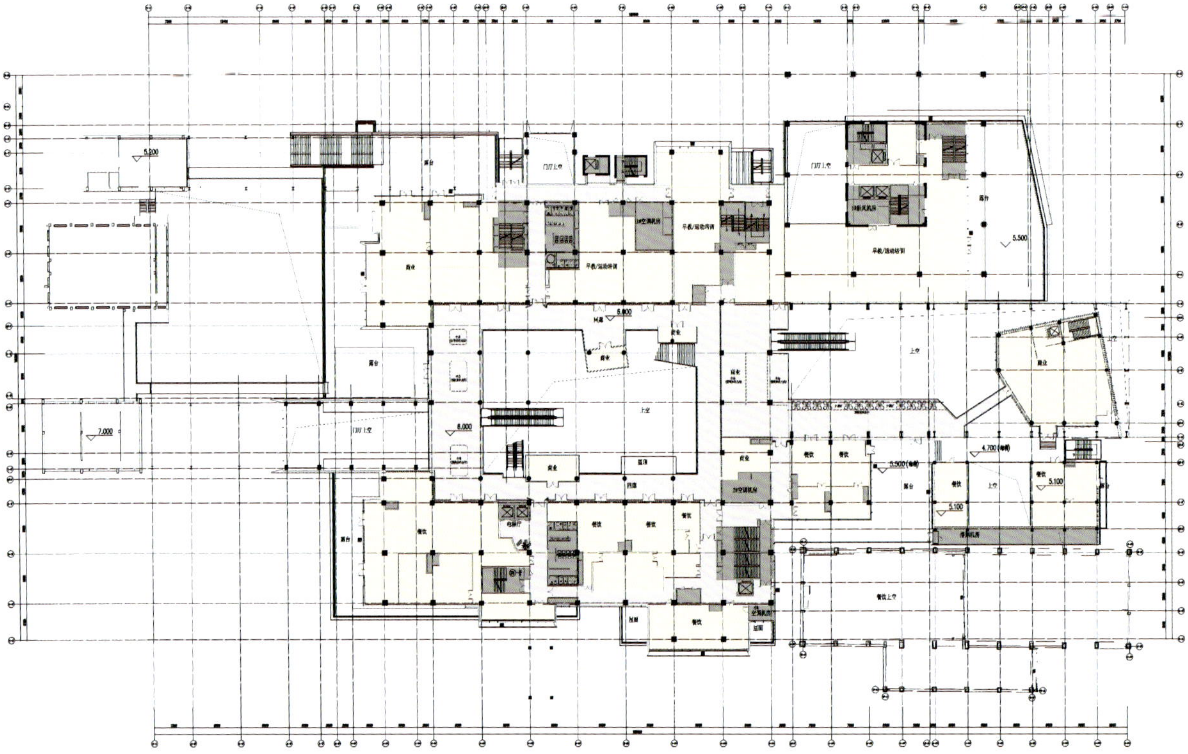

冬奥广场二层平面图

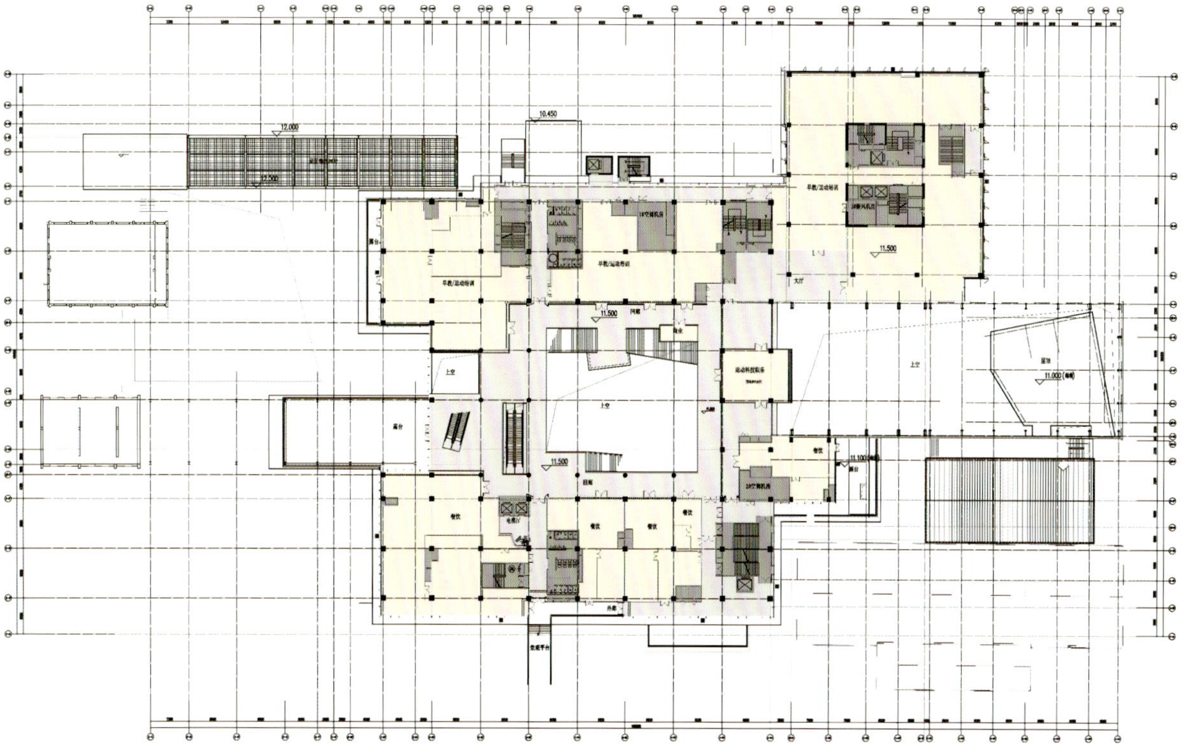

冬奥广场三层平面图

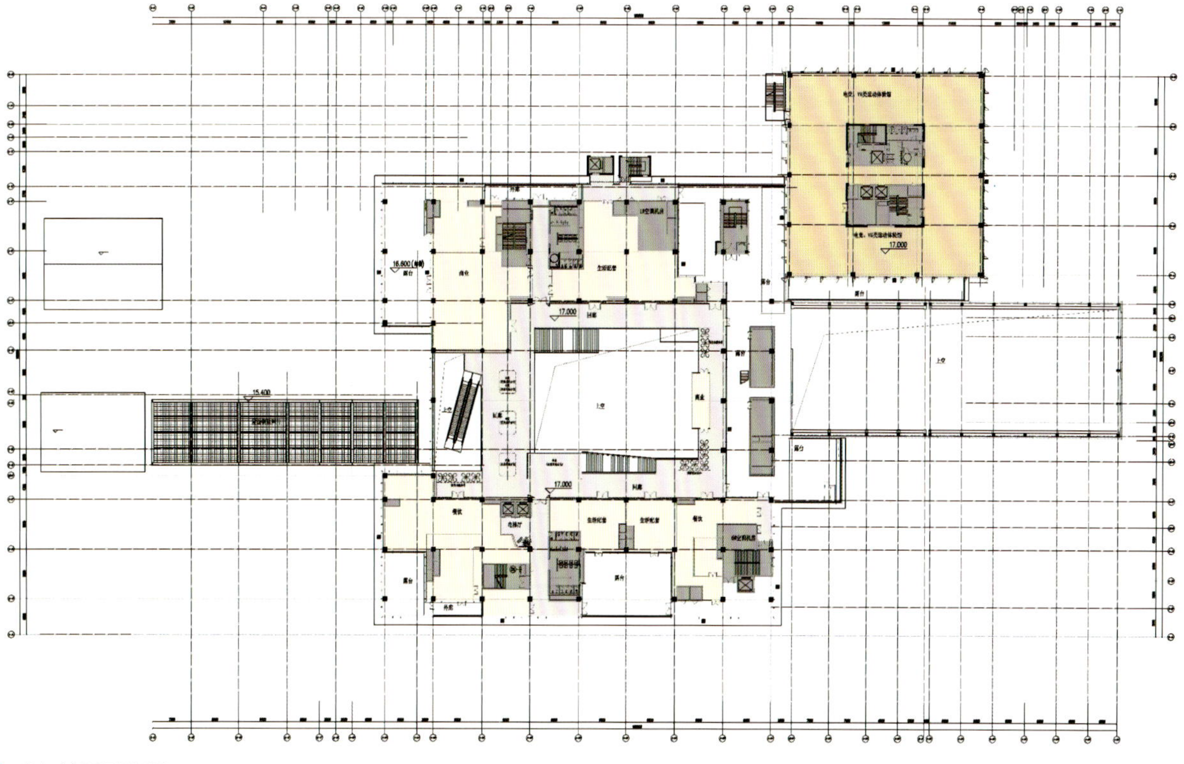

冬奥广场四层平面图

融通——海淀区四道口公寓改造

建筑设计：张兵、张露秋、朱昀、胡洪艳

室内设计：李红庆、霍兴海、李明嵩、孙萌、杨苗苗、于海贵、闫紫薇

设计单位：弘石设计

项目地点：北京市海淀区

设计时间：2020年4月

竣工时间：2018年

建筑面积：25652.53 m^2

占地面积：7993.82 m^2

该项目位于北京市海淀区大钟寺商业区，设计内容为负一层至六层，总建筑面积为25652.53 m^2。周边聚集了多家国内龙头互联网、视听、娱乐、科技、在线教育等独角兽企业，区域科技类商务企业氛围浓厚。同时这个区域也是高校聚集地段，学院氛围浓厚，现状建筑设计风格上也带有浓浓的英伦学院风。

本案理念溯源来自罗伯特·欧文主张建立的“新协和村”（New Harmony）：集生产、生活、教育等为一体，有自己的工厂和公共设施，通过合理分工实现自给自足、统一分配。这便是“公社”的原型。“道口青年公社”是本项目的一个设计理念，旨在一段具有历史文化背景的地段为广大学生、工作青年提供一片属于自我的栖息地。设计尊重原建筑设计，赋予其在新环境下的功能及艺术需求。设计手法上，室内外沿用一种风格并将红砖语汇讲述到底。设计目标为打造集办公、公寓、商业业态于一体的青年公社。

首层大堂满足不同人流（办公、公寓、商业）的集散及服务功能，在空间上将室内外融会贯通。红砖的元素延续进来，形成新与旧的对比、现代与历史的碰撞、朴实与时尚的冲击。通过对材料的大块面手法运用，将首层大堂打造出艺术馆的氛围。地下一层为商业空间，运用现代的手法结合文艺红砖、自然木色、奢华金属，为公社人群提供一处休闲共享空间。二至五公寓层电梯厅公共区的主背景墙上同样运用红砖元素，使整个建筑从外到内故事连贯。为了增加趣味性，将不同楼层公区以不同颜色区分，增强不同楼层的故事导视。

设计根据不同客群的定位分析将公寓户型分为A、B、C三

大堂方案

地下书吧

电梯间

情侣户型

工作室 1

工作室 2

小户型1

小户型2

办公空间

办公空间咖啡厅

办公空间等候区

电梯厅

办公空间楼梯

小中庭

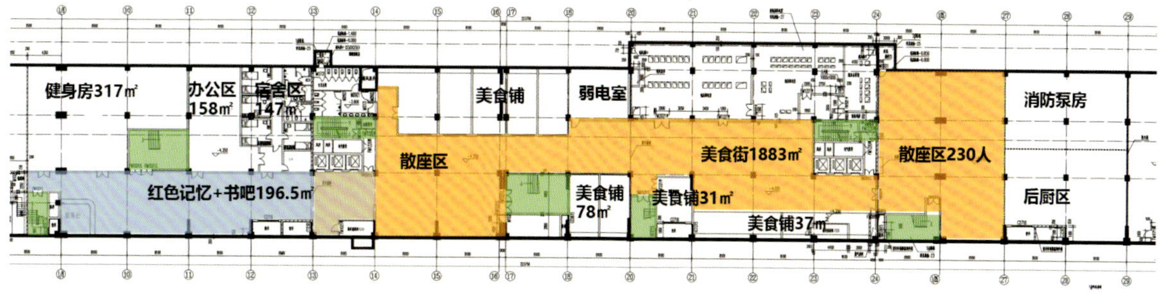

地下一层平面图

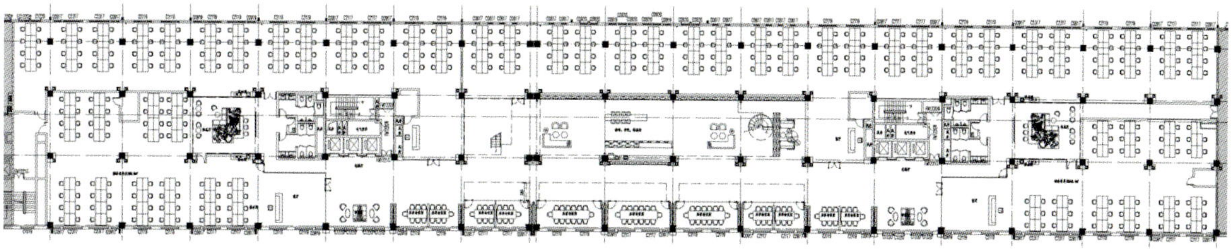

六层平面图

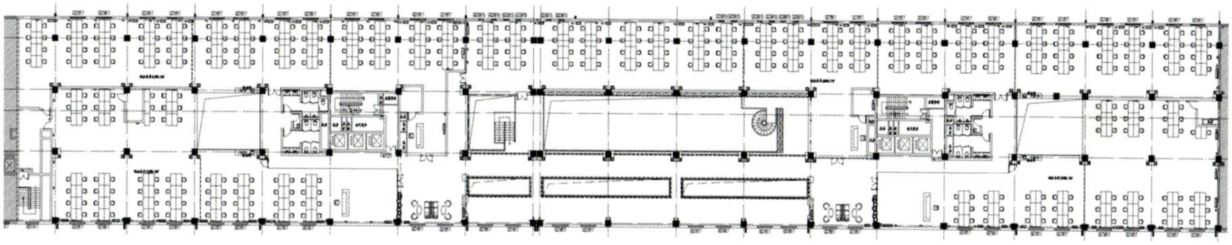

六层夹层平面图

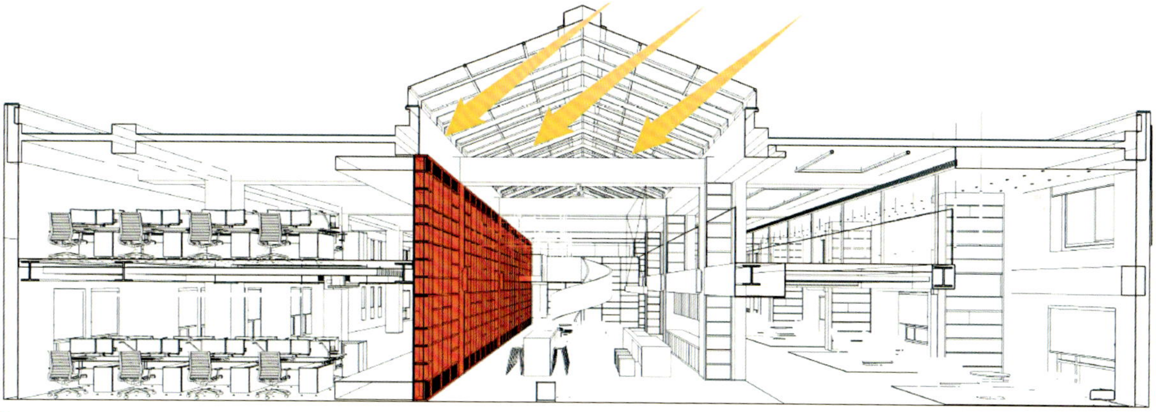

六层剖面图

种，其中A户型为自由职业者户型（舒适便利的工作空间，灵活多变的储物空间，独立安静的空间氛围），空间上以现代简约的设计手法搭配黑白灰与木色，打造一处时尚个性的自由居住空间。B户型为情侣户型（超大的储物空间、餐厨空间，拥有相对隐私的自我空间），温馨细腻的色彩搭配、品质优雅的鱼骨纹地板，将生活情趣展现得淋漓尽致。C户型为精品单身小户型（小资情调，注重生活品质，收纳空间完备），在整体优雅的木色与白色空间基础上，精致的家具及配饰细节表达出居住者对生活的热爱与追求。

六层空间被建造为两层，在充分满足空间利用率的基础上，以“精舍云梯”为方案理念。“云梯”将不同楼层的人汇聚在“精舍”之中，人们在书架之间漫步、交谈、休息、喝咖啡、会客。一切公共活动都是以书和书架为背景发生，让人仿佛置身于图书馆，让在这里办公的人们找回已经模糊的空间记忆，时刻提醒不要忘记自己作为奋斗者的初心。在中庭最为醒目的位置，放入巨大尺度的书架，阳光可以打在书架上，形成斑驳且有秩序的光影形态。

建筑焦点

包容共享、显隐互鉴、宜居可期 ——城市活力的历史图景和当代营造

王建国

摘　要：中国城市正在进入一个高质量发展的历史新阶段，城市活力成为人们普遍关注的重要话题。论文辨析了城市活力的概念内涵，较为系统地回溯了城市活力的历史成因和来源，分析了国际相关学者对于活力的专业理解，重点论述了城市显性活力、隐性活力的特点和当代呈现方式，城市活力营造的五种途径，以及数字化城市设计在当代城市活力营造中的重要作用。论文最后提出今天的城市正呈现两大发展走向，一是正在从多维空间城市走向泛维数字城市，二是从集体意志的城市走向个体泛在的城市。

关键词：城市活力；显性活力；隐性活力；场所营造；算法时代；宜居城市；数字化城市设计

1 中国城市建设和发展新趋势

简要归纳梳理，笔者认为当下中国城市建设和发展有三方面趋势值得关注。

趋势一：党的十九大明确了中国特色社会主义新时代社会主要矛盾的新定位。2019年中国城市规划年会针对“广大人民群众日益增长的对美好生活的追求与不平衡不充分的发展之间的矛盾”，探寻“活力城乡，美好人居”的新愿景，正当其时。

趋势二：由城市、农村、林业、草原、海洋、环境分治到城乡统筹、资源一体、统合不同类型资源和尺度层级的生态文明时代国土空间规划。中央乡村振兴战略将乡村分为四类，第一次提到城乡融合的乡村类型，城市近郊农村也可以拥有城市服务功能，同时要求城市反哺乡村，提升乡村振兴能力，要完善农村土地利用方式，破解城乡二元结构和制度隔阂。

趋势三：城镇化进程进入“下半场”。就城市而言，城市规划和城市设计正在由对城市发展的宏观空间增长性的制度设计，包括政策制订、空间治理、管理方式确立，转向内涵品质提升、增量存量结合并逐渐以存量为主的城市环境营造和精细化管理。

城市活力在此背景下变成一个十分重要和具体的命题。

图1　人们观赏佛罗伦萨夕阳西下的美景

2 城市活力的历史图景

2.1 城市活力的来源

城市活力首先来自人的活动，包容共享是其最重要的特点。根据笔者的简要概括和总结，城市活力主要来源于以下四个方面。

第一，源自市井生活活动，如购物、交往、闲聊、娱乐等。

第二，源自享有共同愿景的人群，通常是熟人社会圈层内部自洽的，彼此具有类似甚至共同经历的社会人群，例如那些一直在一个单位或生活区工作和生活会有共同的集体记忆的人，退休或爱好相近的同一类人群，朝圣礼佛的信众，临时建构共享认同的集体旅游、运动的人等。

第三，源自人与自然的互惠共处，例如四月赏樱、十月赏菊、京城八景、观赏日出日落等。（图1）

第四，源自文化习俗和传统以及特定的节庆事件。

2.2 城市活力的概念内涵及其真实呈现

城市活力对于人作为一种群体性生物种群的生存发展具有必要性。历史地看，城市活力是城市健康成长、持续激发社会演进正向动能的本源之一。

总体来讲，活力与人们对自身家园或者“第二家园”人居环境和生活场所的认同密切相关，城市是否有活力已经成为城市竞争力比较的重要尺度。

图2　哈尔滨中央大街的人像写生场景

图3　香港兰桂坊

图4　罗马人民广场

图5　日本京都上贺茂神社的跳蚤集市

大多数城市活力来自步行为主的日常生活，人们常讲的“上街”，除了功能性目的，其实也是一种下意识的渴求社会交往和生活的行为心理所致。与休闲、购物、交往等相关的市井活动具有明显的功能复合多样性。传统的步行历史街区最易促成市民活动和活力的产生，人际交往是城市公共空间作为场所载体的品质所在。生活所形成的空间意象、逸闻趣事和场所氛围既是人类行为的一种图景呈现，也渗透着社区精神的记忆。市井生活及其场所载体的丰富多样是维系地方传统活力的必要条件，且具有无等级、无特定地点、无特定针对性的特点（图2、图3），这从哈尔滨中央大街、香港兰桂坊等案例可以看出。

同时，由于一些特定的规划制度的安排，城市也会产生活力。如教会回迁罗马，重新规划了罗马城市空间结构，带动了文艺复兴时期罗马城市的改造建设。规划设计将城市主要标志物经由宽阔和笔直的道路连接起来，该放射性道路系统使得朝圣人群可以在罗马七座大教堂之间方便流动，同时，由于道路交叉形成了新的城市公共空间，交叉点设置有方尖碑或纪念性立柱，这则成为人们寻路的方位地标。（图4）

中国古代的市井生活图景十分丰富。大约从宋代开始，中国商品经济开始萌芽发展，社会富庶，包括中秋等习俗都是在这一时期发轫兴盛，城市活力逐渐萌生，如古代章回小说经常描绘的“京城看灯、茶棚献艺”等。如今，很多的市井生活已经升华成地域文化、习俗和传统。世俗化的礼佛和宗教祭祀场所会成为多样性民间活动的载体，同时，市井生活经历时间和命运的磨砺也会升华成地域文化和传统。（图5）

工业革命的到来标志着现代都市文明的滥觞，前工业社会的“礼俗社会”或“熟人社会”便遭遇现代性的发展挑战。19世纪的城市形象曾被德国哲学家瓦尔特·本雅明（Walter Benjamin, 1892—1940）描绘成是由急速增加且不可预知的各种人群居住其中的迷宫，而且是被“暴民”主导的无序之所。现代城市规划学科的诞生与对这种现象进行拨乱反正的社会需求密切相关。在早期工业化时期，理性和秩序成为最重要的关键词。《雅典宪章》（1933）主张城市规划应该强调流动循环所支撑的功能分区，城市街道一度被认为是“交通机器”而不是生活的社会载体。

在现代城市讲功能、讲效率、讲公平和将人群抽象归类认识的背景下，个体化可选择的人的生活及其城市活力承载的空间场所随着现代化进程逐渐呈现出颓败的趋势。现在谈留住“乡愁”，不是单指乡村场景是否有传统传承或者美丽与否，同样意指城镇市井生活的日益缺失和社会异质性问题。因此，笔者认为，缺乏公共空间和多样性生活同样是今天城市特色危机产生的重要原因。

2.3 学术界关于城市活力的专业理解和思考

对于城市活力的专业关注由来已久。欧洲针对战后重建割裂城镇历史联系的问题，认识到历史文化实证不仅仅靠文物建筑，而且要有活态的历史街区，法国1962年颁布《马尔罗法》，第一次用立法方式进行历史街区保护。

伯克、齐美尔、雅各布斯、佐金、怀特、扬·盖尔、麦夸尔等所倡导社区规划、“倡导性规划”和“公众参与”等，主要是为了克服工业化时期的规划常常武断处置复杂问题的弊病，进而强调应该尊重自下而上的社区作用，听取因信息不对称而焦虑不安的公众意见和倾诉。

其中，乔治·齐美尔（George Simmel）强调了陌生人在现代城市文化体验中的作用。这些“陌生人”既不像传统的游荡者一样从一座城市迁移到另一座城市，也不像在很多紧凑关联的社区那样不少人留了下来，经过社会化成为熟人。城市中的陌生人能够停留在现代城市中是因为他们保持匿名，创造与异化成为城市现代性不可分割的一体两面。

简·雅各布斯（Jane Jacobs）则认为，城市多元化是城市生命力、活泼和安全之源。城市最基本的特征是人的活动。人的活动总是沿着线进行的，城市中街道担负着特别重要的任务，是城市中最富有活力的“器官”，也是最主要的公共场所。

威廉·怀特（William H. Whyte）用“公共空间”这个带有物权意味的名词概括街头巷尾，并系统开展了对城市中那些小广场、小公园、小嬉戏场和无以计数的零星空间的社会行为研究。他认为“亲切宜人”是最需要遵循的设计准则。

理查德·桑内特（Richard Sennett）证明了公共交往并非天生就会，而是一个习得的过程。他将现代都市文明的出现视为对封建关系的替代，认为封建关系基于人与人之间的顺从和义务，而现代文明则是需要通过积极的试验、学习、实践和培养才形成的复杂的关系。如上海开始的垃圾分类就是上海市民需要重新习得的生活习惯。这种非社会先天具有的情形，扰动了社会生活原来的空间关系。在互联网时代，物理距离不再是活力产生的必要条件，万水千山之外的人却可能亲密无间。这种不确定性使得现代城市充满了生存的张力和无限的魅力。

社会学家莎伦·佐金（Sharon Zukin）在《裸城：原真性城市场所的生与死》一书中则谈到，21世纪初，纽约好像失去了灵魂。漫步纽约，街道、社区和公共空间都在升级改造，一个又一个街区失去了小尺度和地域特色的标识，取而代之的是鸡尾酒吧、星巴克、H&M等，并产生了同质化的结果。这种由资本、政府、媒体和消费者品位所形成的合力共同推升了一种普遍性的、粉饰过的城市更新，也即通常所说的“绅士化”（gentrification）。

3 显隐互鉴：城市活力的当代呈现

那么城市活力究竟应该如何呈现呢？

笔者认为，城市活力可以分为显性和隐性两个不同的方面。

显性活力，或者说具象的活力，是指人们直接可以感知和观察到的活力，如大量存在于城市街道、广场、公园、公共建筑外部空间中的人群活动，包括各种广泛存在于中国、墨西哥、印度、秘鲁等中等收入的发展中国家的“非正式性”（informality）经济活动，小店铺、小作坊、街头摊贩、临时性观演等。

显性的城市活力历史上大多建构在一定的社会圈层内，并主要与前述四大来源——市井生活活动、拥有共享愿景的人群、人与自然的互惠共处、文化习俗传统和节庆事件相关。今天的显性活力还可以包括美国社会学家雷·欧登伯格（Ray Oldenburg）所提出的，居所、工作场所之外的“第三空间”，如城市的酒吧、咖啡店、博物馆、图书馆、公园等公共空间。在中国，则还可延伸到茶室、书店、轻食乃至打牌场所等。（图6、图7）

应该看到，隐性活力在数字化、网络化、万物互联的时代正在悄然兴起，催生了城市活力新形态。各类数字化、可开放搜索信息的电子地图、移动数字通信装备、公共电子信息屏幕及数字艺术影像正在对传统的通过人际交流、分享信息、建立全息亲密关系的方式产生“颠覆性”影响，开始影响了过去常常由影视、文学作品描述的人际邂逅的感情体验和经历。

正如墨尔本大学斯科特·麦夸尔（Scott McQuire）教授在《地理媒介：网络化城市与公共空间的未来》一书中讲到的，数字网络媒介与城市地理元素的深度融合，将越来越多的传统媒体转化为“地理媒介”，“地理媒介”深刻改变了城市和媒介的结合以及二者对于公共生活的含义。数字媒介既帮助人们从“地点”中解放出来，又成为如今地点制造的重要形式。他认为，网络化的城市公共空间需要充分“留白”，与“智慧城市”理念不同，城市在规划设计过程中要有意识对不完整性、市民的自发性和不确定性的涌现有所保留和鼓励。麦夸尔认为，在21世纪，人们需要在探索新的习得的交往技能过程中，创造出新的关联，并将现实中孤立的不同层次重新连接起来，化为城市创造力和生命力。因此，如何实现和想象城市的数字化和公共空间的网络化就决定了我们将成为怎样的人。

数字化转型正在深刻改变我们的日常认知和社会现实。通过地理空间既有形式和边界划定等塑造日常生活的方式需要重

图6　成都宽窄巷子步行街

图7　慕尼黑利用历史建筑举办主题性商业活动

新调整。城市公共空间作为城市交往和沟通实践节点的功能正在被新的逻辑全面地改造。正如麦夸尔所说，“地点”并未消失，相反，许多特定的场合和实践正从时间和空间维度中被重新“打开”，并且被新媒体带来的信息记录、归档、分析和获取能力所重构。

事实上，今天的城市早已跨越“熟人社会”，尽管分层、分群、分社区的“亚社群”依然存在，但总体进入了“开放、包容、共享”的城市社会。因此，思考城市活力全新的观念和建构方式非常重要。活力仍然由人所生，但是这种活力与人在一个物理空间的“在场”或者“不在场”都可能有关，甚至同时相关。麻省理工学院米切尔教授曾经在1995年提出“比特之城”的概念，认为信息互联的数字城市将要代替砖石物理建构的城市，但到2005年他又改变看法，认为二者也可以并存交织。简单说，未来的城市公共空间除了经典的审美和功能属性，考虑怀特所说的“阳光、可坐性、亲切宜人”以及扬·盖尔关注的必要性和选择性的公众环境行为外，还必须有信息基础设施的支撑。有了信息基础设施，单一的城市空间场所就可能成为全球互联互通中的一个节点，除了日常生活、交流和互助外，互动式学习、知识生产和各种创新都可能产生于这个节点。匿名或

图8　美国纽约时代广场

者分散的户外公共空间也同样会成为城市中积极的活力要素。

基于以上观点，笔者认为当代城市活力培育和营造需要做到“显隐互鉴”。营造“显隐互鉴”的城市活力需要做到三个适宜。

第一是适时，城市在不同历史背景阶段和状况下呈现的活力不同。历史城市是日积月累发展起来的，是熟人社会，较小圈层化的人群，亲身经验的分享交流比较多。但最近规划兴建的雄安新区则不同。雄安新区的城市活力愿景应该建立在来自不同地域的新一代创业者的生活习惯、情感交流和家园感的共同缔造上；深圳是一个新移民较多、较具创新能力、平均年龄较小的一座城市，在这里的人比较少怀旧，不笃信权威，他们心目中共同拥有的是一片未来的蓝海；在海南，由于温润的气候条件，移居、定居的北方老年人已成为那些城市的重要人口构成，与城市活力营造提升相关的公共空间、公园绿地空间等就不仅与本地人相关，也和这些新的城市移民相关。

第二是适群。一个场所应该根据所在地点、可达性和毗邻城市功能等有相对主导的适用人群，包括具有共同生理特征、共同生活特征的人群等，这样易于形成有特色的城市活力。

第三是适度，把握不同阶层、不同年龄、不同文化传统、不同生活背景的合理融合，兼顾狭义活力和广义活力。有人将纽约称之为“大熔炉”（melting pot），意指纽约这座城市可以兼顾不同特质的文化、不同背景的人的和睦相处。他们和而不同，共同为纽约城市的繁荣发展做出重要的贡献。（图8）

以中国某新区为例。城市活力营造应当建立在对于创新城市的功能特征、成长特征的把握的基础上，应当基于对创业人群与创新机构的全生命周期的研究，探讨城市活动对空间的需求，以及成长和发展的需求。由此，笔者团队在城市设计竞赛提案中构建了创新之树，并提供类型、活力的接口，将其跟传统路网尺度、便捷的混合交通系统，以及促进交往的布局融合在一起，最后构建了富有高度创新和生活活力的全生命周期创新城市的空间组织模式，进而融入城市成长的场景当中。（图9）

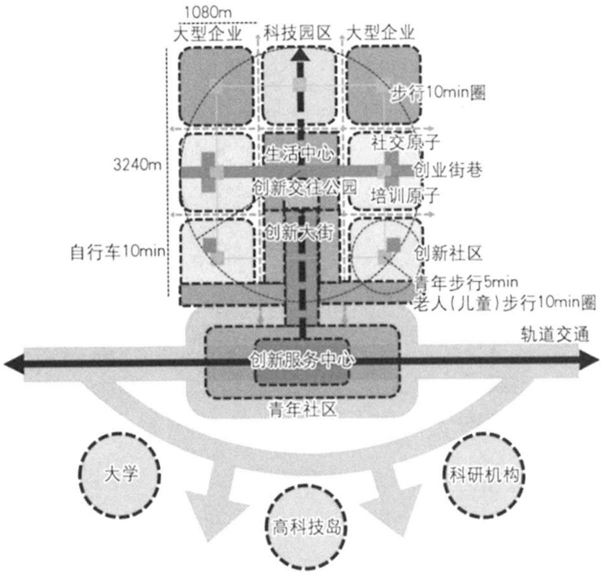

图9　某新区创新社区空间结构示意图

4 宜居可期：城市活力的当代营造

笔者曾经概括过活力营造的五种城市设计途径：第一，宜小（尺度）、宜慢（生活节奏）、步行化，关注“小微环境”和个人尺度；第二，杂而不乱，喧而不闹，动静相宜；第三，关注自发、自愿、自主、自为的城市活力，理解和包容城市的非正规性，有利于存量更新中社区参与和活力培育；第四，以他者身份留意、观察城市活动和景观，人看人也是一种活力提升途径，例如看热闹、看表演、探新猎奇这样的百姓行为，从古至今都是城乡空间中的真实存在，城市各种传统集市、城市节庆、乡土民俗活动都是人们所喜爱的社会生活，其高度和谐、分享、互动的社会参与正是城乡活力所在，也是地域独特的“名片”；第五，营造场所感使城市活力获得质量并持之久远。通常，场所感建立在物理世界和人类社会演进的确定性和连续性的基础上，诚如挪威建筑理论家诺·舒尔茨（N. Schulz）所说，建筑师的任务就是创造有意味的场所（meaningful place），帮助人们栖居。如果事物变化太快了，历史就变得难以定形。因此，人们为了发展自身，发展他们的社会生活和变化，就需要一种相对稳定的场所体系。

2013年中央城镇化工作会议提出“望得见山，看得见水，记得住乡愁”。这种“乡愁”通常与当代人的高度流动性有关，通常随着空间的远近、时间的长短及其场景的演变而引发主体不同梯度的乡愁情感变化。除此之外，中国人的乡愁还有着独特的文化背景，历史上的“告老还乡”“解甲归田”，直到每年的春节“还乡潮”，都跟农耕社会忠孝思想乃至儒家、道家哲学有关。

但是，当下数字化时代的城市活力呈现和空间形态建构方式正在悄然发生变化。“万物皆数”为标志的“算法时代”浪潮扑面而来，正在深刻改变人类社会发展的方向和进化路径。进入21世纪，城市已经成为世界上大多数人的工作场所和生活家园，中国则在2011年改变了“以农立国”的城乡人口格局。以使用位置信息的智能手机、城市各种LED信息显示屏等为代表的网络数字媒介正在深刻影响人们的城市生活、工作、交通和游憩方式。“手机一族”正在重新建构他们的生活世界和社会关系，“即时性”取代了历史上的“历时性”。各种APP所带来的碎片化、片段式的“浏览式阅读”和多感体验，及其所带来的即时性、跳跃性、多选性、远程在场与传统城市空间中的面对面的具身交流活力明显不同，今天的城市活力营造已经不能没有数字媒介的参与。

今天，人们正在用全新的方式更加精确地测量和理解社会和自身。人们通过自媒体的博客、微博、抖音、贴吧等社交媒体平台对城市各种现象和发展预期表达意见，传递个体的感受和价值取向，且具有即时性、多维度、多样化和大样本的信息数据属性。

因此，我们已经进入一个全新的个体释放和能量迸发的时代，也是“个体泛在”的“微粒社会”。随着感知现实的精确度不断提升，我们将越来越被单体化，乃至从过去的“黑箱”逐渐变成“白箱”，过去规划设计面对的是“大颗粒度”人群，每个人都在归类中被集体认知，如阶层、身份、血缘、职业、地域、年龄等，但在今天，人群所标设的平均值越来越没有意义，城市设计面临“个体即主体”的空前挑战。

对无数个体“自由意愿”进行多源数据采集、识别和认知，可以转化为城市设计和城市建设的重要依据和决策参考，亦即具有某种主体性。于是，历史上城市自由生长中的决策个体重新找到了新的契机。“以人为本”不是居高临下的层级性传达，而是需要一种无数个体“自下而上”的意愿能够有效传达，并转化为真正的城市规划和城市设计实施中的“以人为本”。

与历史上致力于营造确定性和可预知、连续性的空间场所不同，数字化城市设计所关注的是具有可量化定格、过程开放、允许实时修改且可与规划管理整体联动的设计成果，其成果通过设置一定的合理值域区间（冗余度）、质性变化的临界阈值，使得场所营造的成果更加真实、适变而趋于准确，符合城市空间形态导控这样的复杂系统。

例如，笔者团队在芜湖总体城市设计中通过采用手机信令大数据、百度搜索热度、业态分布（POI）等分析方法，获得了城市建成区与人的活动圈的关系、城市空间的整体认知意象等传统城市设计无法真实完成的设计基础信息。如果再加上常规的访谈、田野调查和专家系统的介入，城市设计（规划）就有了

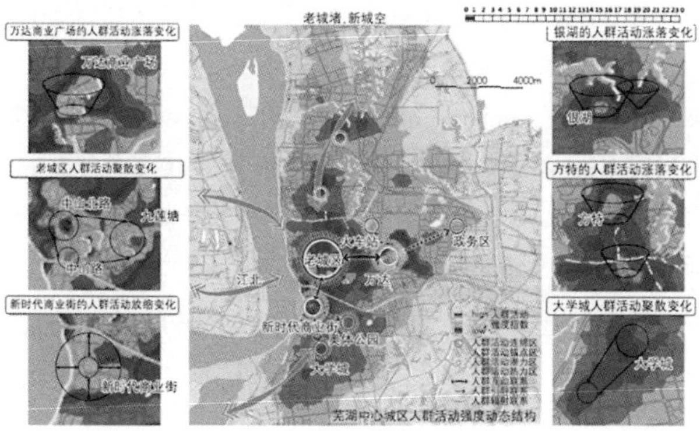

图10　芜湖手机信令大数据分析

新的建立在“活力”之上的城市逻辑支撑，精准导向的城市设计和城市空间优化改善就有了重要依据。（图10—图13）

5 结论和思考：走向显隐活力共构的宜居城市

5.1 在观念上重新认识中国城乡发展与活力营造的科学内涵，正确把握城市发展建设决策主体介入的度和实效性，淡化“自上而下”的简单“赋予”

应该淡化利益格局、上下结合，致力于营造“百姓满意、专家认同、领导接受”的城乡活力场所。真正体现城市发展建设的“以人民为中心”的理念。

城市发展和建设要真正“以人为本”，要让人们主观能动地参与城市发展并有“获得感”。今天，在“人人互联”和“万物互联”的新一代互联网发展前景下，“个体即主体”已经成为可能。

5.2 把握好显性活力营造的当代规划设计途径

把握好城市活力营造的专业途径。在规划可控的城市空间领域范围内，建构局地“熟人社会”。如大量的城市居住组团及周边地区、特定的基于职住平衡规划建设的员工宿舍区、部分城中村等，设计可根据社区生活公共服务设施或开放空间（如广场、绿地、滨水）建构步行生活圈内的城市慢行系统。如基于服务步行半径的绿地公共空间分布，形成众多城市组团群落或具有高度共享特点的“亚社区”。具有“开放的艺术实践”性质的双年展、艺术季等事件也同样可以重新打开城市生活的审美维度，提升城市公共空间的体验质量。

5.3 特别关注新数据环境下的隐性活力的营造

在新一代移动互联网、大数据和万物互联的新数据环境下，需要关注更具城市发展活力催化作用的“信息流”的作用。今天的“大众点评”“饿了吗”和外卖等改变了“金角银边草肚皮”的地理区位原则，对传统的商业布局方式和模式产生重大影响，人们选择消费可能不再仅仅关注便捷，而是取决于用户评价乃至抖音网红推送，这些对于未来的城市形态架构、空间布局模

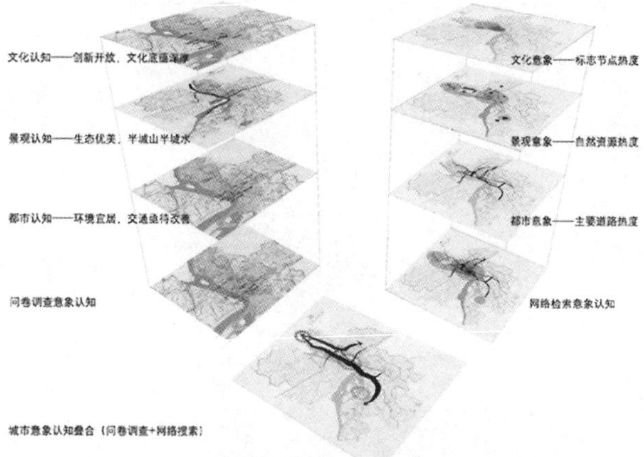

图11　百度词频大数据和现场调研叠合的芜湖公众景观认知意象

图12　芜湖总体城市设计概念草图

图13　芜湖总体城市设计效果图

式、环境设施支撑均会产生巨大影响。

历史地看，城市就是人类聚居的产物，街道广场一直是人流和信息汇聚的中心。虽然高层建筑增加了人流和信息的叠合度，但城市规模和尺度还是有流量边界的，而今天这种信息传

图14 北京"春风习习"图书馆

播汇聚已经不完全是地理尺度上的了。在今天和未来，多中心和"泛中心化"的城市可能会呈现出普遍的意义。

城市可能会由很多具有多元、动态、非永久性物理中心建构特点的人流聚集界域或地区所构成，包括城市中一个一个升级后的传统商业热点地区（如增加夜市）及分布更为广泛的、线上线下结合和人群类别分享的星巴克、健身房、网红专卖店这样的"信息流量"的汇聚点等。当今的城市活力与"网红"形象的中心性临时建构还和流行时尚元素相关，有些激发城市活力的"网红打卡"场所恰恰是网络传媒为主要信息渠道的新产物，它们并不与可达性和区位价值直接相关。（图14）

隐性活力营造不再完全取决于特定的空间场所和物理边界，而是与新一代数字时代"原住民"的行为特点有关。他们热切拥抱未来，勇于探索新知，并不断在日常行动中习得与陌生人交往的能力，从而建构出一个更加具有开放和包容性的现代社会，而与此相关的就是现今城市和未来城市的"隐性活力"营造。

在传统城市空间交往功能逐渐衰微，并变成主要是中老年人聚集活动场所（聊天、广场舞、打牌等）的情况下，健身休闲和建立在移动IP线上终端交往基础上的人际沟通、商业购物和社交活动，将会是城市和建筑设计师需要在营造城市公共空间环境时特别关注的。

当然，绝大多数情况下，世界的变化总体还是渐进的。我们不需要推倒重来，不需要"运动式""倒计时"地推进和打造，只需要对变化进行一些优化完善。

总体来看，笔者认为，未来城市发展正在从多维空间城市走向泛维数字城市，从"集体意志"的城市走向"个体泛在"的城市。泛维数字城市意味着个体的泛在、非具身主体的泛在及虚拟和实体活力场所互动的泛在。信息主导的城市基础设施，包括信息传输率（网络速度）和信道容量（带宽），与城市活力发生了奇妙的穿越式握手。

数字科技发展正在深刻改变人类的生产模式、社会交往和生活方式。城市中曾经的垂直性层级构造正在消解。同时性、扁平化、离散型和非层级化的社会结构正在呈现。一个由物理和时间维度所定义的城市空间正孕育着一场具有某种颠覆性的"涅槃和再生"，一个"从多维城市到泛维城市"的城市演进过程正在发生，一个"个体泛在""个体即主体"的社会正在到来。

城市活力应该具有一定的"灰度"。活力场所营造应该是一种介于正统主流价值认为应该管束与活力产生主体个性驰骋之间的一种公共产品的供给。对于参与和分享的社会人群，需要将交往和交流变得自由自在，并让多数人感到舒适惬意，并通过闲暇休憩、生活交往和思想激发碰撞产生正向推动社会进步的动能。

今天，我们迫切需要重新认识"显性活力"和"隐性活力"共构的未来宜居城市。而与此同时，城市规划、城市设计及具有城市意识的建筑设计仍将在其中继续发挥关键性的作用。

（原载《城市规划》2019年第12期）

参考文献

1. [澳]斯科特·麦夸尔:《地理媒介：网络化城市与公共空间的未来》，潘霁译，复旦大学出版社2019年版。
2. [美]威廉·H.怀特:《小城市空间的社会生活》，叶齐茂、倪晓晖译，上海译文出版社2016年版。
3. [美]莎伦·佐金:《裸城：原真性城市场所的生与死》，丘兆达、刘蔚译，上海人民出版社2015年版。
4. [挪威]诺伯舒兹:《场所精神：迈向建筑现象学》，施植明译，台湾田园城市文化事业有限公司1995年版。
5. 王建国、崔愷、高源等:《综述：城市人居环境营造的新趋势、新洞见》，《建筑学报》2018年第4期。
6. Jacobs J., *The Death and Life of Great American Cities*, New York: Vintage Books, 1992.

图片来源

图1：许昊浩摄。
图2—图8、图14：作者自摄。
图9：东南大学城市规划设计研究院，《某新区启动区城市设计国际咨询设计成果》。
图10—图13：东南大学城市规划设计研究院，《芜湖总体城市设计》。

作者简介

王建国，中国工程院院士，东南大学建筑学院教授，中国城市规划学会副理事长。

中国建筑创作十年（2009—2019）

何镜堂　程泰宁　魏敦山　王建国　孟建民　刘　力　周　恺

何镜堂：所有建筑师是非常重视这个创作大奖（中国建筑学会建筑创作大奖）的。建筑设计是一个创作的过程，所以关键是它的构思、立意，特别要强调它有什么创新的想法和理念。过去有段时间我们国家的建筑领域相对比较保守、比较落后，改革开放以来经过几十年的发展和磨炼，国外的团队和理念进来了，我们也逐渐走出去了，我们与国外的同行同台竞争，也经常在一起合作，我们的设计水平有了很大的提高。

中国建筑学会建筑创作大奖在中华人民共和国成立六十周年的时候评了300个作品出来，代表了我们国家成立六十周年发展建设的成就。这一次补充了最近十年的建筑创作作品。过去的十年是我们建筑发展最为迅猛的十年，也是我们国家整个建筑领域走向成熟的十年。现在从获奖的作品来看，大部分的立意很新，手法也比较成熟，材料和技术方面都有了很大的进步。总体来讲，我认为获奖作品体现出我们国家设计水准的长足进步，这也跟我们国家的国力、我们国家的整体发展是同步的。

我觉得获奖作品中很多项目都代表了我们国家在2009年到2019年这个历史时期的一些重大事件以及记忆。从2009年开始，我们团队也先后承接了好几个国家级工程，比如最有代表性的包括上海世博会中国馆，侵华日军第七三一部队罪证陈列馆、青岛国际会议中心（青岛上合峰会主会场）等。

建筑不同于其他，它没有唯一性，没有一百分。一个设计的方案可能有好几个方向，我本人的观点就是建筑需要整体观和可持续发展观，建筑创作要体现地域性、文化性、时代性的和谐统一。好的作品就是把地域、文化、时代很好地融合在一起，因为建筑不是抽象的，而是存在在一个具体的、在地的环境之中，我们的建筑怎么跟当地的文化、当地的环境相融合，这是建筑师需要考虑的最基本的也是最重要的问题。我认为关键是要找一条有中国文化特色又跟时代相结合的建筑创作之路，这是我们始终探索的一个方向，也是中国建筑界共同在追求的一个目标。

程泰宁：我觉得这十年实际上是一个非常关键的十年。四十年前改革开放，那时候的建筑思想是比较发散的。到了20世纪90年代，受国外建筑师的影响，大家对西方特别感兴趣，做了很多建筑，西化现象比较突出。但到了21世纪以后，大家开始在思考，怎么样在吸收人家优点的基础上，做出自己的一些东西来。所以从现在看来，我们这十年的成就，实际上是我们中国建筑师自己在学习各方面的长处以后，通过自己思考的结果。从这个角度讲，我们今天选出来的不少作品都有自己的思考，而不是一味地模仿、抄袭……这很不容易。这个十年，在我们中国建筑发展的历史上，是非常重要的十年。对比过去，我们的作品的整体水平有较大幅度的提升。

中国建筑正逐渐努力在世界上表达自己独特的观点。对于西方，我们经历了这么多年下来，逐步对它们有了了解：它们哪些是好的，而哪些并不是过去大家认为的那么好。好的东西我们一定要吸收，这是毫无疑问的。那么我们自己的东西呢？过去我们对中国建筑的理解往往停留在一些表象上，比如大屋顶或是某些细节。现在看了下大家的作品，我发现有不少的项目都超脱了一种形式、语言的层面，更多地去思考中国文化精神、一些文化底蕴，更注重一种意象和思想层面的东西，把我们自己的一些文化精神与一些外来的好的东西相结合，这对我们的建筑创新十分重要。比如说这次评选出来的不少作品，它的设计手法很有时代感，同时也蕴含着一些中国建筑的精神，一看就知道这就是中国的东西——这个是我最看重的一点。而未来的发展，可以沿着这条路走下去。我们现在总讲弘扬中国传统文化，但我觉得单靠弘扬传统文化实际上是不可能帮我们提升的。那现在讲什么呢？讲在国际视野下，对中国的传统文化进行“创造性转换和创新性发展”，要创造、创新。如果我们继续朝这个方向走，相信未来十年会更好。

魏敦山：改革开放四十年以来，我们作为从事建筑设计的工作者，看了今天这次评审会，感觉非常振奋，也非常开心。这个评审说明我们广大的建筑师们在过去的十年中，做了大量的设计工作，有很多作品也非常优秀。这十年里，我们经历了很多世界级、国家级的活动，如世博会等一些大型的活动。我们联合了一些国外的建筑师，通力合作进行设计创新，把这方面的设计工作做出了比较好的成绩。今天已经展示出来的作品都是非常优秀的。

总的来说，这些方案都是根据传统的对建筑设计行业的要求来设计的，以功能为主，有时代性，更有创新理念。另外还将节能、环保、绿色建筑多方面的技术在建筑设计和整个施工过程中贯彻。今天取得了这样的成就，我们都感到非常振奋。

对于中国建筑未来的发展，我认为现在是一个全面创新的时代，我们高科技的发展给方方面面带来了很大的变化，这也反映在我们的建筑设计、建筑施工、建筑材料，还有设计理念上。在建筑界，我们也要打出去。时代精神、设计思想以及创新，都要紧跟国家发展。我们要把我们新中国这么辉煌的成就向全世界展现出来，向全世界去推广。所以我觉得这方面发展的空间还是非常多的。我们还要进一步努力做，把我们的设计工作做得更好。

王建国：我认为改革开放最近的十年，对于一个建筑师来讲，应该是一个黄金十年。我今天看到400多个作品，第一个评价是类型非常丰富，而且创作的技术和艺术这两个层面都达到了比较高的水准。我个人觉得有部分作品完全达到与国际优秀建筑作品相媲美的程度。第二个评价是百花齐放——我们看到很多的作品，除了完成特定的自身的功能之外，还反映出了特定的技术本身探索方面的特点，有的反映出特定的地域的特点，有的是在艺术的原创性方面具有特点。所以，400多个作品给人一种既丰厚扎实又斑斓多彩的感觉。具体反映在两个层面：一是硬的层面，体现在规模、项目类型的复杂程度、技术及材料等与建筑本身创作的结合上；二是软的层面，很多作品比较好地、多样化地表达了中华优秀建筑文化的博大精深和意蕴内涵，为建筑艺术的发展贡献了中国建筑师的智慧和努力。

要评选出一个好的作品需要一定的价值取向。这次400多个作品作为已建成使用的建筑，并且是以中国建筑创作奖的金奖、银奖为基础来评选的，原创性是我比较关注的，也是我们评委共同关注的一个重要方面。同样一个建筑，一般做、用心做和带有批判性眼光和创新意识去做，结果还是不同的。我们既然是鼓励原创，那么就要鼓励它的设计创意，比如说建筑与环境、建筑与社会、建筑与文化、建筑与功能造型的处理以及对于地域条件的回应、材料的运用等。建筑设计如何处理结构、材料和建筑本体空间的内洽也是我比较看重的。总的来讲，我关注的一方面是本身业主要求的功能，另一方面是在建筑学学理这一块的综合把握，做得比较好的、完整的，同时也有创意的，会是我比较看好的。

参选作品中有一些房子是建在农村的，对此我还是比较关注的。国家在实施乡村振兴战略，我认为建筑师的创作不应该仅仅是在城市的范围内，应该把更多的目光投向乡村、乡镇这些平常在技术方面得不到太多支持的地方。普惠大众，我认为是一个比较重要的、我们需要去努力的方向。现在已经做了一些工作，但是我认为还不太够，面还不够广，包括一些设计的内容和水平，以及如何体现农村该有的特点等。总体来讲，相比城市的建设，乡村建设还有待提升。这是我想到的第一个可能发展的方向。

我想到的第二个发展方向，是当下的数字技术的发展，比如说人工智能、机器学习，包括BIM技术这些方面，我认为可能会是一个比较重要的发展方向。当下的数字技术发展非常快，已经改变了我们城市的很多方面。过去我们讲城市的交往都是面对面、在场的交流，但是在未来，人跟人交往，有可能在场、不在场、远程在场，在5G时代，国际间建筑设计的合作也会更加通畅方便。这会影响城市里人与人之间的关系，也会影响建筑创作设计。今后一些重复性和逻辑性的设计工作，或许有可能都会被数字化，会被人工智能取代。那么在这种情况下，我们建筑设计创作，最后要坚持什么东西？其实这是一个很重要的问题。所以我个人认为，在科学技术迅猛发展的今天，我们建筑师仍然应该坚持一种重构人类文化场所感的历史使命。艺术先锋的探索，人文关怀的探索以及批判性思维等，都是我们未来建筑设计中应该更多关注的东西。此外，因为技术材料永远是在不断地发展的，所以说顺应新技术、新材料、新结构的发展之路，可能给建筑的形态带来影响。在下一个十年中，我们可能会看到，更多的具有一定的时代精神的、具有复杂度的，同时又代表了科技进步的建筑作品出现。

孟建民：2009年到2019年是中国建筑创作大发展、大提升的十年，在前三十年的积淀下，中国建筑师在建筑技术进步和创意设计两个方面都有了质的发展和飞跃，所以我们可以看到这十年中国建筑师的作品从数量到质量都呈现出爆发式的增长，优秀作品不断涌现，很多作品在国际上也产生了影响力。这说明中国建筑师做好了走向国际舞台的各种准备。我们可以期待中国建筑师不仅在中国的大地上创作更多更好的作品，将来也能够在国际舞台上有更好的展现和发挥。

我认为建筑创作评价标准的第一个方面就是原创性。方案一定要具有原创性，建筑创作不是简单的模仿和复制。借鉴别人的创作是可以的，但一定要强调建筑设计自身的原创，这一点很重要。另外就是建筑作品的完成度。光有一个好的创意是不够的，细节设计、人文关怀、节能、可持续发展和使用运维等这些方面，都是我们要考虑的重要方面。建筑创造的多元化、多样性也是我们评价建筑创作是否繁荣的重要标准。

建筑创作应该关注两个方面：一是人的需求，所谓人的需求指的是未来人的需求，未来人类发展的需求会发生变化，这需要我们关注和考虑；另外一点就是高科技的发展，科技的进步推进整个社会的进步，建筑业发展的进步与城市发展的进步是密切相关的。5G时代的到来，物联网、大数据时代的到来，对建筑、对人类、对城市的影响都是很大的，我觉得建筑师应更多地关注建筑未来性的发展，这样才能使我们的建筑创作在世界舞台上走在前列，成为具有领先性的一支重要力量。

刘力：可以说，中国建筑发展的总趋势是：越来越好。我从事建筑设计已经五十多年了，也一直是在建筑实践第一线。这场评审下来发现，咱们现在新几代建筑师的设计还是比我们要进步很多的，主要有几个方面。第一个就是紧跟现代化的步伐。随着社会的进步，建筑设计紧跟其后，于是在建筑形式上就有了时代感。第二个就是更加注重文化传承，一看这个设计就知道是中国的，这点很不容易。我们年轻的时候强调大屋顶，以为把大屋顶搬到建筑上就是传承。我们搞了一辈子，要搞什么夺回古都风貌啊，实际上都是在传统建筑形式的移植上做文章，而忽略了从精神、从中国文化实质上去挖掘需要传承的东西。但今天我们看到有很多建筑很现代，能体现中国元素和精神。第三个就是绿色环保。因地制宜、就地取材是我们所提倡的。第四个就是美观了。虽然每个人的看法不一样，可它还是有一定规律的，建筑的比例和谐与否，色彩搭配是否合适，这个大家都有目共睹，比过去的手法强多了。

因此，我们评委在评选的时候，也是以此为标准的：适用、经济、绿色、美观。因为建筑不是雕塑，也不是绘画，它有实用的因素。首先得建筑功能上合理，内外空间通畅。在这个前提下，我们再做出某种形式，这个形式是受功能制约的，而不是随便预想的。有很多学扎哈的建筑，一般都落选了，我们管这类叫“类扎哈”，它的问题在于原创性缺失。

我觉得除了技术的因素之外，还有人的因素。做设计一定要做出精品来。建筑师不是随便抄一个东西拿来用就完了，应付甲方，也不受甲方指挥。过去，我们的老师说建筑分四类：第一种是产品，因为需要住宅，我就把它做出来，大家都一样；第二种是作品，有了个人的特征；第三种是精品，大家都做一个题目，但这个房子大家都很喜欢；第四种是神品，这个就很少了，但是神品是由很多精品当中筛选出来的。所以我希望所有建筑师在创作的时候，都有这种精品意识，要让自己的作品跟自己的孩子一样。其实我们参加了这么多评选，主要目的就是引导大家、引导建筑师在创作过程当中形成精品意识和经典思想。

周恺：我觉得2009年至2019年这十年是中国建筑发展得更快更高的一段时期，我们有了长足的进步。在这次评审中，我看到了很多令人兴奋的项目，但是也依然有不足，其实我们的建筑还可以做得更好、更细。落到具体的方面，如创作的环境氛围、设计的周期、建造的时间、管理的办法、审批的过程、建筑师的话语权等，还有很多优化的空间。做好这些方面，才能更全面地把握好项目，创造出真正优秀的建筑。在这些方面，中国建筑还要走很长的路。

另外，未来我们是否可能突破当前主流的“以图片为主导”的信息传达？下一个十年，我们的创作大奖评选也许可以结合一些现场考察或是最新的表现技术（无论视频或是虚拟现实技术），更加真实地呈现建筑的形态和空间关系，更多地去感受真实的建筑本体。毕竟建筑的尺度、材料的质感、意境的呈现都需要更多的接触与体验才能了解，而这些也正是建筑学与其他艺术门类相比最具特征的向度。

（原载《建筑实践》2019年第12期）

作者简介

何镜堂，中国工程院院士，全国工程勘察设计大师，华南理工大学建筑设计研究院院长、教授。

程泰宁，中国工程院院士，全国工程勘察设计大师，东南大学建筑设计与理论研究中心主任、教授，筑境设计主持人。

魏敦山，中国工程院院士，华东建筑集团股份有限公司总建筑师，同济大学建筑与城市规划学院教授。

王建国，中国工程院院士，东南大学建筑学院教授，东南大学城市设计研究所所长。

孟建民，中国工程院院士，深圳市建筑设计研究总院有限公司董事长及总建筑师，深圳大学特聘教授，澳门城市大学特聘教授，中国建筑学会副理事长。

刘力，全国工程勘察设计大师，北京市建筑设计研究院有限公司顾问总建筑师。

周恺，全国工程勘察设计大师，天津华汇工程建筑设计有限公司总建筑师，天津大学建筑学院兼职教授。

工业建筑：一种关于生产效率的美学

张　利

工业建筑的美学经常被人们当作一种现代主义运动之初的偏执而有意无意地忘却。建筑学在20世纪后期至21世纪初期经历了情境主义者的过剩放纵、后现代哲学的虚无自洽和自由主义者的伪善说教后，似乎正在与工业建筑所代表的清晰可循的理性渐行渐远。

但今日世界的发展正在走上另一个方向：不论我们喜欢与否，建筑与城市曾经的那些令人唏嘘的复杂与混沌正越来越多地被理性认知与刻画。一方面，以大数据为代表的新信息方法使关于城市、建筑与环境曾不可知的内容逐渐变得可测可拟；另一方面，对人的认知系统的研究突破使美学体验与空间感知逐渐变得可解可循。此外，助推建筑与城市的争论回归理性的还有不期而至的撼动全人类的危机：自然资源枯竭与气候变化，贫富差距与极端冲突，以及突如其来、迟迟不去的COVID-19疫情。

重新以尊重的心态审视工业建筑或许是我们尝试回归理性的一种方式。虽然在技术完全渗入生活方式的今天，再从制造业空间中去寻找关于未来的直接暗示可能是滑稽的，但从我们每个人的文明生活中都不可或缺的一个属性——秩序的角度讲，工业建筑的启示是一如既往的，这源于工业建筑的几个基本特征。

首先，工业建筑的空间逻辑具有高度的自明性。很多其他建筑类型需要建筑师或业主用晦涩的语言解释空间形态的来由，工业建筑不需要。以最直白的方法服务于生产效率，落实生产活动，这就是工业建筑的空间逻辑。PULTS与中国电子工程设计研究院在张家口的迦南葡萄酒厂沿用了工业建筑的经典平面原型，即二维正交坐标的鱼骨平面。这种平面把基本生产动线的时间性置于主坐标轴，把生产过程节点上的类型性置于次坐标轴。开放的参观与体验活动也许是个新的话题，不过当这些活动同样依附在生产的逻辑上进行时，其对整体空间组织的影响是微乎其微的。酒厂略带夸张的仿木构逻辑的屋顶成了建筑中唯一不具自明性的元素——在此，对地方形式表层语汇的追求更像是一种负担而非自然的呈现。

其次，工业建筑设计与建造的思维方式是实证主义的，其效率与性能基于可量化指标的控制。中国电子工程设计院在武汉的华星光电第六代显示面板生产线项目实现了当今多层电子厂房的一系列技术理念：柔性生产工艺、洁净空间控制和整个建筑的能耗控制。下置技术夹层与生产空间高度的定义来自合理的对现行和未来工艺的把握和预测；双层主厂房空间的长宽比来自对可能的柔性生产线排布方式的几何分析；金属夹芯板窗下墙与带形窗的交替比例来自对自然采光与建筑保温的折中计算等等。诚然，让建筑的每一个构件都来自机械或物理性能的计算，从而从实证的角度说明其形状与材料的选择，可能是乏味的、反建筑艺术的，但在资源与环境问题如此突出的今天，在建筑本体的微观层面上多一点“物尽其用”的实证方法，显然是有益的。

最后，在优秀的工业建筑中，空间与人的关系体现的是一门体系完备的科学——人因工程学的原理与法则。好的工业建筑不仅是关于物的，更是关于人的。福斯特及合伙人建筑事务所在韩国大田设计的韩泰轮胎研发中心是其代表性的“同一屋顶”语汇在近期的一个最有说服力的运用。建筑的平面仍然是二维的鱼骨式，核心的研发空间（需隔离的实验室以及需要大净高的实验室）都组织在“脊椎”两侧的指状空间里。巨大的近椭圆形屋面笼罩整个建筑群，不仅在心理上营造“同一屋檐下”的社区感，更在椭圆形与鱼骨形的几何差异部分形成各种过渡型的公共空间。最具特点的当然是对“脊椎”本身的处理，这一明亮的空间内有很多形状各异的近体尺度交流空间，从平面的布置到家具界面的形状都鼓励员工们舒展自己的身体姿态，其疗愈优先的设计与实验室空间内的效率优先设计形成了明显的互补。

可以肯定的是，工业建筑的效率美学与理性精神在我们当代建筑讨论中的意义是被低估了的。这也是本期《世界建筑》关注工业建筑的原因。感谢黄星元大师和他的团队，是他们使本期《世界建筑》成为可能。

（原载《世界建筑》2020年第9期）

作者简介

张利，清华大学建筑学院院长、教授，《世界建筑》主编，简盟工作室主持，中国建筑学会理事，清华大学建筑设计研究院副总建筑师。

区域建筑学

张伶伶　张　帆　赵伟峰

摘　要：基于当代社会语境的思考和探索，提出了“区域建筑学”的设计理论，从相关概念界定的本体论，“视域放大”“结构优先”和“内外协同”的方法论，融入、应变、叠层的操作模式，到自然、城市、文化的区域维度探索，建构起具有观念拓展意义的区域建筑学理论框架。

关键词：区域；区域建筑学；视域放大；结构优先；内外协同

基　金：国家自然科学基金重点项目（51738006）；国家自然科学基金项目（51678371）

在现代社会思潮和科技进步的推动下，人类产生的新成果远多于过去数千年的总和，物质生活的极大丰富引导着人们的思想观念、价值体系、人文诉求不断突破固有的范式，建筑学的发展也面临全新的时代语境。从现代主义到后现代主义，建筑从追求同一性的时代样式走向异质化的多元并置；从工业社会到信息社会，建筑从强调自足性的循环系统走向复合化的开放包容；从单向衔接到万物互联，建筑从适应明晰性的环境关系走向网络化的交互结构。

然而快速城市化阶段过后，各种城市问题却不断暴露，造成城市公共空间的缺席、社区环境的割裂和空间归属感的丧失。资本运作下的城市化进程进一步导致了当代都市景观支离破碎的拼贴感，传统意义上的整体性城市似乎面临瓦解。新的时代语境下，既有的城市和建筑观念难以满足城市在多元、开放和交互属性上的需求，建筑学的发展需要在空间上以更关联化的宏观视域进行思考。这就是“区域建筑学”提出的由来，“区域建筑学”并非对传统建筑学的替代和颠覆，而是一种基于建筑学本体的观念拓展。

1 概念

1.1 区域的词源

“区域”的中文词源可以追溯到汉代郑玄对《周礼·廛人》的注解，“廛，民居区域之称”，意为土地的划界。“区域”的英文“region”的拉丁语词源是“regō”，其含义是规则（rule）、统治（govern）。“区域”一词从开始就暗含了控制性与界定化的意义，划分与周围地区有显著差异的空间。但在不同的学科领域，“区域”的概念以不同的定义存在和使用，即使在同一学科内部，不同文献中的界定也有很大区别。

1.1.1 人文地理学中的“区域”

在人文地理学领域，“区域”一般指的是具有某种共同属性和内聚性的地理空间划分。在经济地理学、文化地理学、政治地理学等不同分支中，对区域的划界方式是以学科研究的对象为基础的，如经济地理学中的“区域经济学”所研究的“区域”按人类经济活动的空间分布规律划分。在人文地理学中，区域划分的范围通常是跨城市尺度的。

1.1.2 城市规划中的“区域”

在城市规划领域，“区域规划”是城市规划的分支学科，研究为实现一定国土区划范围的开发和建设目标而进行的总体部署，给城市规划提供有关城市发展方向和生产力布局的依据。区域规划的对象是跨城市尺度的地理空间布局研究，接近于城市地理学中的“区域”概念。在城市规划的“区域主义”理论中，区域是由中心城市和向外扩张的郊区共同组成超尺度的城市体①，特指一种超大城市的规划模型，是城市尺度的规划研究。

1.1.3 建筑学中的“区域”

阿尔多·罗西在《城市建筑学》中提出“研究区域”（research area）的概念，将那些具有形式和社会特征同质性的城市地区视为“区域”②，城市中的不同区域在不同的发展背景下演化成具有差异性的形态特征。罗西所定义的“区域”是城市形式和结构的基本单元，形成城市内部有局部整体性的城市共同体，是介于城市与建筑之间的中观尺度的存在。

1.2 区域的界定

“区域”的概念在不同的知识体系中具有迥异的尺度和意涵，但无论存在于哪个尺度层面，传统的区域主义都不可避免地具有宏观视角下划定界限的辖域化思想。在信息社会的背景

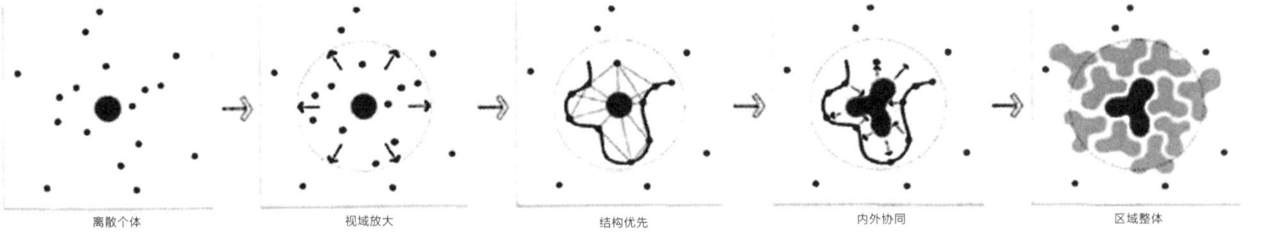

图1　区域建筑学的方法

下，城市空间的多元开放成为大势所趋，追求建筑间的关联性相比差异性来说更加重要。蔓延的快速路、高铁和航线打破了城市空间的既定界限，从宏观的城市区域到微观的街块区域，一个具有明确边界的“区域”越来越不可见，作为“空间划界”的区域概念日趋模糊，我们需要一种对开放式环境更加具有适应性的区域概念。

“区域建筑学”中的“区域”是与特定的研究客体产生关联的宏观结构。“区域”具有开放的尺度概念，小到一个建筑单体的设计，大到一座城市的规划，均需要先确定其所在的关联结构，以此构成设计对象的背景，成为特定设计对象的“区域”。

区域并不是确定的地理空间，也不对应特定尺度的对象，随着研究客体的转换，通过对关联结构的挖掘而显现。如果说传统的区域概念界定的是集体层面的共同体，那么“区域建筑学”中的“区域”概念则是一种个体层面的共同体。这种区域观试图消解“划界”的思维，用关联性的开放视角代替边界性的封闭视角，将区域视为持续演化和生长的有机体。

1.3 区域建筑学的范畴

区域概念的关联化转变，为城市和建筑的设计提供了一个开放的结构化框架，不仅展示了个体与整体间二元对立的消解，同时也体现了区域作为一种动态操作性平台的理念。既然区域的界定取决于特定的研究对象，那么区域便不再是一种纯粹的空间概念，而成为放大时空尺度下新的认知和思维方式。

区域建筑学研究的是设计对象和其区域间的互动关系，以及这种互动关系如何决定了该对象的设计出发点。一方面，区域空间中多元差异化的复杂状况丰富了城市和建筑设计的整体性操作；另一方面，城市和建筑对于既有区域的介入也影响了区域的结构及其演化。区域建筑学的研究从挖掘宏观结构中的物质与非物质形态潜能出发，判定和梳理设计项目的外部驱动力，以此确立设计对象在区域中的“位置”。以区域制约的回应、区域结构的介入和区域环境的衔接为核心，实现设计对象的可塑性、能动性和交互性。

区域建筑学既追求建筑之间整体关系形成的“深层结构”，也承认充满差异和冲突的现实是系统多元化关联的基础。对于研究客体来说，区域是其宏观的上位结构，是实现自上而下控制的外部条件；而在更大尺度的视角下，这种动态的区域观实际上是一种由局部发起、自下而上实现宏观整合的方法论。

2 方法

区域建筑学将建筑本体的研究扩展到区域层面，在关联化的宏观视域下寻找建筑创作的推动力，是一种重新看待城市与建筑问题的新观念。如何将观念和实践联系起来？我们需要具有操作性潜力的方法论。虽然在不同的区域背景下，从理论转化为实践有诸多的不确定因素，但如果将其抽象为一种方法论原型，区域建筑学的设计操作可以视为从“离散个体”发展到“区域整体”的过程，而这个过程的核心方法则可概括为“视域放大”“结构优先”和“内外协同”三个基本阶段。（图1）

2.1 视域放大

依据个体的特定条件，将问题边界进行外延放大，由关注个体本身拓展至新的视域维度；在此维度内，诸条件要素与研究客体形成相互作用的整体；从关联域中梳理问题本源，确定个体位置，构建“关注整体、淡化个体”的设计观念。

不同于结构主义观念自上而下的系统论，视域放大后的区域是围绕特定研究客体建构起来的，在新的视域尺度下发现制约和条件，整合设计问题，追问设计问题的本源，并成为建筑研究的出发点。视域的多尺度转换避免了凌驾于社会和生态之上的巨系统，尽可能寻求和区域形成自组织的局部整体，形成具有问题导向性的区域界定。

2.2 结构优先

分析区域中各要素相互作用的内在机制，提取结构性特征；在此结构逻辑下，诸条件要素由离散状态演变为关联状态，共同对个体发生作用；从结构特征中分析问题层级，形成“分层梳理、循序演进”的设计路径。

视域放大是设计在格局上的宏观化，但仅仅往大了思考不足以驱动设计思维的进展，视域放大之后，发现区域的关联性是更加重要的操作。③如何发现和筛选隐藏在表象之下的结构关联，是建筑师进行区域性设计的核心。这个阶段的思考既是理性的选择过程，又不可避免地带有建筑师主观的概念性建构。

一旦抓住区域中主导性的结构特征，就能以其作为优先条件构建建筑在区域中的角色内涵。以主导视域为依托确立各制约条件的场域影响强度及层级，寻找条件线索中具有强关联性的结构要素。通过梳理结构要素的层级关系，发展出设计推进所需的外部驱动力。

2.3 内外协同

以区域的外部结构作为设计的出发点，使个体在其作用下产生应变；通过外部制约与内在机制的共同作用，构建开放的关联结构，形成个体与区域的弹性边界和外部接口，实现“双向适应、关联共生”的设计目标。

建筑在区域的多元结构外力作用下转化与生成，建筑本体呈现出与外部驱动力相适应的压力应变、弹性边界、接口预留等特征，为区域的当前与未来发展提供可参照的操作线索。最终，在内外的协同作用下，建筑个体呈现出积极的外向互动性特质，不同建筑间相互作用、相互渗透，区域呈现出彼此关联、紧密衔接的整体状态。这个协同的过程类似于聚落空间的自组织机制，超越了传统建筑学对于形式和风格等设计结果的关注，更多着眼于设计的操作过程与生成逻辑，以应对当代社会中不断变化的时空图景。

3 模式

无论设计的价值维度是自然的、城市的，还是文化的，最终都需要通过具体的形式生成来实现和区域的互动、整合。区域设计应该更加关注具有生成性潜力的外部结构，在特定的区域外力下催生出多元化的形式操作，而不是针对形式结果的多样性设计。所以这里所说的设计模式并不是静态的形态模式，而是把区域性的设计视为一系列动态过程的结果，在与区域的互动中形成因地制宜的过程模式。

3.1 融入模式

在区域的观念下，任何尺度的设计都要被放置在一个更大的外部背景中被检验，而检验的标准之一是设计对象能否融入既有的区域结构，成为区域整体的有机组成部分。融入区域并不是完全被动地模仿区域既有的形态模式，而是在对区域结构进行分析与诠释的前提下，创造性地和区域共同形成一个能够自我调节的弹性框架。

在不同的尺度条件下，设计对象将面对不同格局的区域问题，需要以差异化的方式融入区域。在整体城市的宏观尺度下，对于区域生态格局的顺应和梳理是核心的关注点。生态都市主义把城市视为生态基底的一部分，参与到生态系统的循环机制之中，将自然生态结构和城市基础设施结构整合成为彼此互相连接的网络；在城市街区的中观尺度下，对于区域城市结构的延续和缝合成为问题的关键，利用城市形态学的原理，将城市肌理、层级、节点、路径的特征分析作为设计的前提。根据不同的区域状况，或延续既有形态结构，或缝合混乱的区域关系，或进一步介入区域，促进区域空间形态的结构性更新。在建筑层面的微观尺度下，对于建筑形态要素的操作是融入区域的途径，涉及的因素包括建筑的类型、场所、色彩、工艺、材质等。面对特定区域环境时，遵循类型原则的同时保持一定的适应性，淡化个体的形态表现，关注局部融入整体框架的能力。（图2）

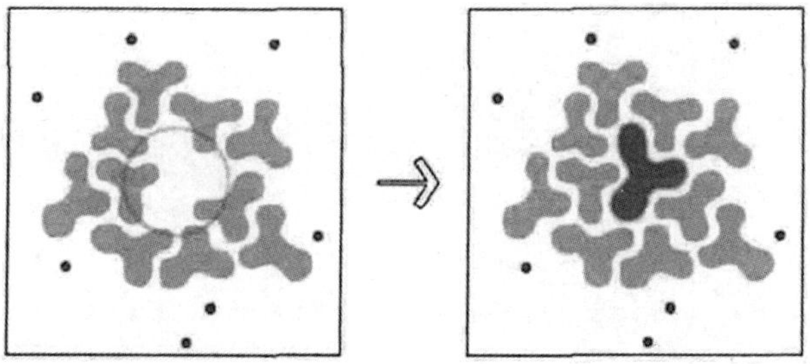

图2　融入模式

3.2 应变模式

建筑的应变是以原型的存在为前提的。所谓原型，是指在外部压力缺席状态下，由设计对象的内在驱动力建构的基本形制。城市层面上，这种基本形制意味着既有的城市结构范式；建筑层面上，原型则来源于抽象的形式类型、单纯的几何形体或基地限制下的可建体量。原型可以满足设计对象在缺乏制约条件下对于内部性的要求，但在复杂的当代城市现实中，在区域压力下的适应形变才是城市建筑的常态。[④]通过与当代城市的各种复杂状况之间建立关联，原型策略性地接受外部压力并对自身产生形变的驱动力。

应变模式分为欧式几何的消减形变和拓扑几何的平滑形变两种。在消减形变中，设计对象顺应区域的压力作用，有针对性地局部退让，以获得建筑形态与区域的对话空间。通过对区域环境中各种条件的图解描述，其目的在于以形态的消减来疏导区域压力，强调对城市空间的衔接和引导。在平滑形变中，设计对象面对区域的外部条件时通过自身主动性的拓扑变形达到适应区域整体环境的目的。建筑在拓扑变形的过程中既回应了区域压力，又保持了内部系统的空间拓扑关系。设计对象对于区域的应变作用应是柔性可塑的，平滑形变正是对于这种关系的一种形态隐喻，形成和区域间有机的共存状态。（图3）

3.3 叠层模式

叠层的操作模式最早出现在景观设计领域，地表的多要素系统既相互关联又具备一定的独立性，需要通过子系统的拆分和综合实现多目标的统筹，通过各种信息的叠加提倡一种不单纯以美学为基础的生态化景观设计。[⑤]当设计对象和区域被共同视为连续的基质时，城市空间中潜藏的多重秩序就成为塑造基

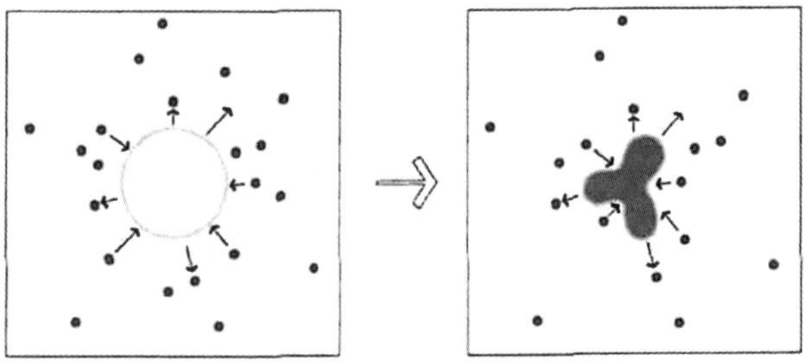
图3　应变模式

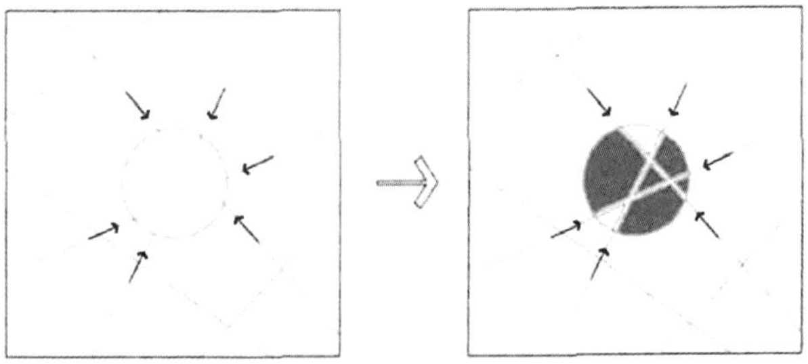
图4　叠层模式

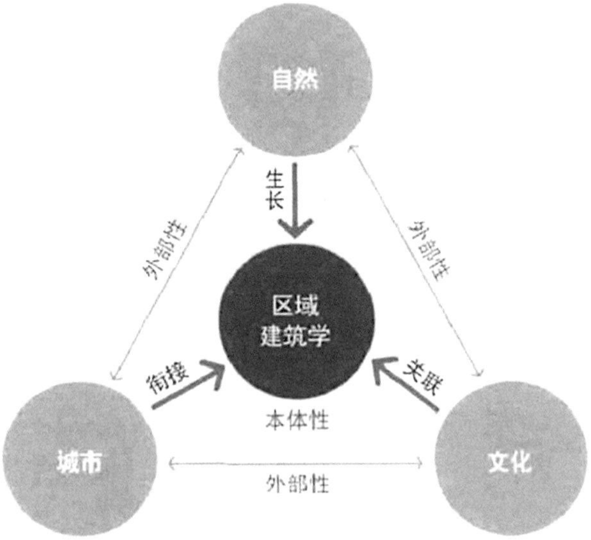

图5　区域建筑学的维度

质的叠层，叠层间的冲突或交融展现为形式的生成过程。

叠层模式反映了当代城市多元混杂的空间特质，不同条件下形成的秩序在区域中共存，不同角度的诠释挖掘区域在各自维度的内涵，这些多重力量在场地中的交织，形成具有多重指涉的新场所。通过对区域线索的回应，设计对象成为一个被多次重复书写的场地，不同的作用力间形成透明的叠层。每种压力系统在叠加的过程中以一定的价值权重选择性地隐藏或显现，形成的杂交体具有各个分层的核心特征，并由此呈现出一种嫁接的丰富性。建筑师在叠层模式中体现出更多的主导性，从对区域秩序的挖掘到多重叠层的作用，乃至对叠层隐现的取舍，都需要复杂而具有创造性的操作过程。在具体的操作中，覆盖、并置、折叠等策略将设计对象和区域联系成一种连续的新型基

图6　辽东湾生态用地扩张阻力分析

质状态，从而给城市的空间和功能组织带来更多可能。（图4）

4 探索

区域作为一种动态的宏观结构，是将建筑学拓展到战略性思考的载体，在不同的尺度和外部条件下发挥作用。实践领域中，建筑学本体面对着3个主导维度的“外部性”，分别是生态格局层面的自然维度、物质环境层面的城市维度和精神归属层面的文化维度。不同的区域维度对应着不同的交互方式，从而发展出各自的操作策略。（图5）以辽东湾的10年设计实践作为案例，针对以上3个主导维度进行批判性思考，将区域性设计作为根本出发点，从而为城市格局的区域化转型提供一种可能的参照。

4.1 自然维度：生长

从自然区域的视角审视，城市作为人工介入的后来者，应尊重和顺应原生系统的连续性，与自然系统协同发展，使其成为自然区域中有机生长的组成部分。以生态敏感性作为设计的前提，平衡生态容量，遵循自然过程，在此基础上形成城市结构，把自然脉络的延伸作为城乡格局生长的一种内生动力。在区域的视野下，和自然生态系统的协同生长成为城市演进的过程模型。城市设计不仅是对城市最终形态的创造，更是一种融入生态系统的进程。如果城市是整体生态区域的一部分，那么城市应被视为随时间不断变化的弹性系统，城市的设计也应该符合自然生态的特点，处于持续性的流变和动态生长的过程中。[⑥]

在辽东湾的整体城市设计中，通过对自然现状的分层次评估，根据原生、次生和再生3种不同生态条件，决定城市对于自然的介入程度和介入方式。（图6）以自然地景为参照，顺应自然植被系统的结构，形成区域的绿脉网络，实现生态格局向城市空间的有机转换。以“绿网廊道”为骨架，将河流冲积形成的滩涂碱地规划成以城市公园、休闲绿地、防洪堤坝为载体的多功能开放空间（图7），理顺自然水系，将海水、河水和湖水

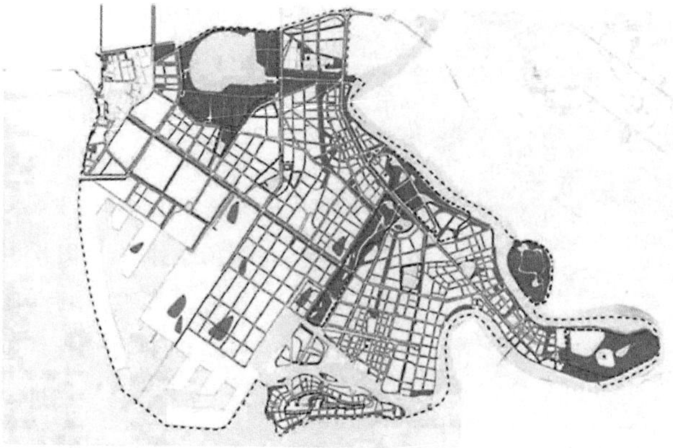

图7　辽东湾延续原生绿网设计

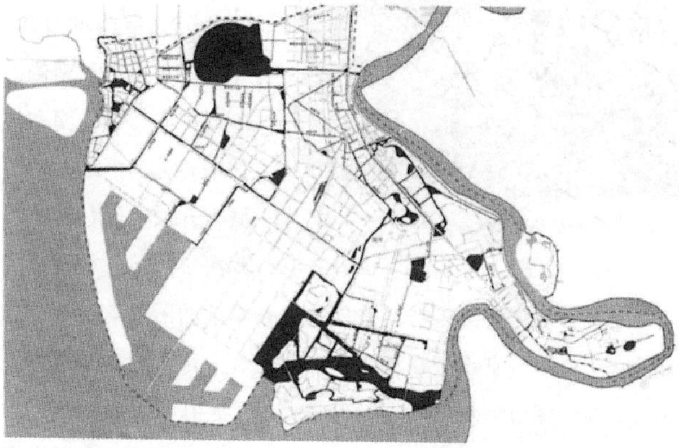

图8　辽东湾顺应自然水脉设计

连接成兼具生态意义和景观效应的水体脉络（图8），各个系统的协同叠加形成了总体城市设计的格局。（图9）在实施过程中采用动态城市设计方法，明确各节点新增设计内容，引导过程性的生态控制，将“绿色设计”目标分时序节点实现，形成绿色网络历时性的连续演进。（图10）在宏观生态区域的结构化制约下，城市在自然的脉络中有机生长（图11），城市和自然的关系也始终处于相互适应的反馈循环中。

4.2 城市维度：衔接

从城市区域的视角审视，设计需要解决与周边城市空间关系的衔接问题，将区域性的系统思考作为先导。在城市空间中，整体城市形态的塑造是一个动态化的演进过程，每一个城市局部都有其诞生的独特时间节点。在这个时间节点上，其区域的城市空间已然作为建成环境存在，区域的后来者需要以既有的城市形态为前提发展出协同的形态系统。处于城市结构完整的区域环境时，既有环境存在丰富的形态信息，建筑师需要通过对城市的解读和诠释挖掘隐含的控制线索，建构具有区域连续性的城市空间。处于城市结构尚未形成的区域环境时，我们仍需要将区域性的思考作为设计的先导。通过整体性的设计，逐步建立城市未来发展的肌理框架、序列连接和空间接口，作为城市后续演进的参照和预留点。⑦将城市视为一种历时性的建构

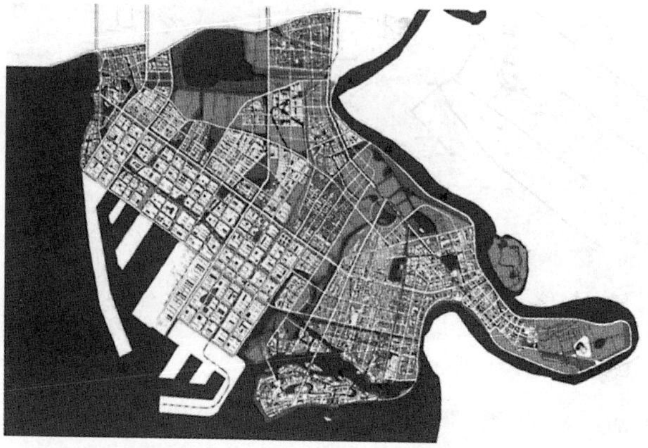

图9　辽东湾总体城市设计

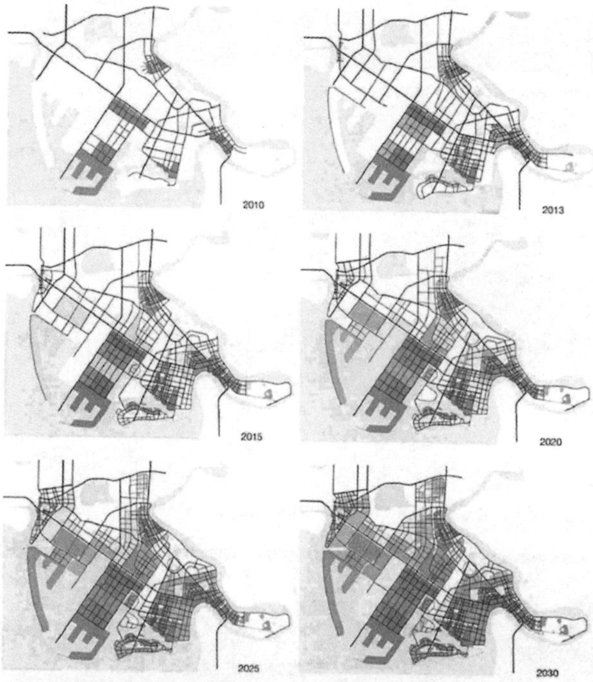

图10　辽东湾动态城市设计过程

图11　辽东湾核心区城市设计建成实景

过程，城市维度的区域视角保证了自下而上的空间衔接。

在大连理工大学辽东湾校区的城市设计中，作为辽东湾的先期启动工程，设计中强调区域内群落形态的肌理建构，在形成具有内生特征的城市空间的同时，确立新区未来发展的空间参照，成为城市文脉的重要支点。（图12、图13）在区域气候条

图12　大连理工大学辽东湾校区整体鸟瞰

图13　大连理工大学辽东湾校区城市天际线

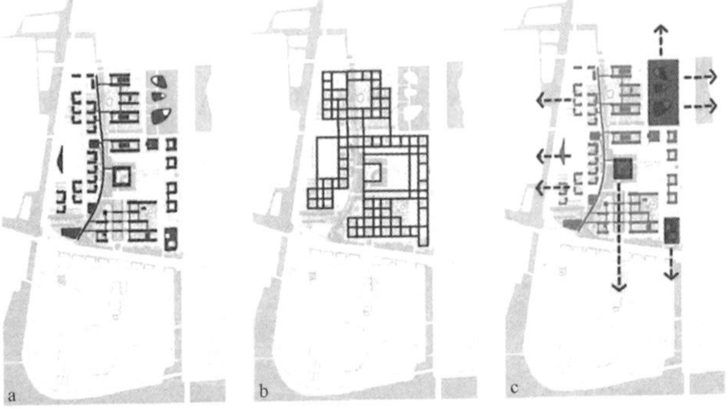

图14　大连理工大学辽东湾校区设计分析（a图底关系；b肌理控制；c接口预留）

图15　校区和体育中心间形成的城市公共空间

件下，以围院式的“圈楼”布局应对冬季冷风侵袭，建立起特征鲜明的空间肌理，形成既符合寒地气候要求，又体现传统书院环境的群体空间结构。（图14a、图14b）组群集聚式的布局是校区内公共资源绿色共享的前提，也是未来高校建筑打破专业界限、强调学科交叉、鼓励开拓创新的必然诉求。考虑到学生在漫长冬季中出行的便利性，在城市设计中引入贯穿校区始终的风雨长廊，结合中心水系，形成打破理性结构的灵活要素。

在衔接区域空间方面，校区的规划设计强调边界对于外部

图16　连接城市水脉的校园水系

区域的开放性，将设计视为城市渐进演化过程中的一个环节。通过重要空间节点的处理，为未来周边城市的发展预留衔接接口。（图14c）首先，着眼于城市区域空间的连续性，通过“主教学楼—三进院落—南入口广场”的序列空间，实现从书院空间到公共空间的过渡，并进一步延伸至南侧的体育中心，在校园和体育中心之间形成共享的城市开放空间（图15）；其次，凸显开放校园的理念，共享设施资源，将具有公共服务属性的图书信息中心和国际交流中心分别设置在校区的东北端和东南端，为其能真正融入未来的城市区域空间埋下伏笔；最后，在校区西侧临近规划滨水生态住区的部分，将具有与住宅相似尺度的宿舍区沿用地南北展开。与未来城市肌理的尺度衔接，同样是从区域整体思考的结果。

在延续区域生态方面，由于校区毗邻大辽河入海口，基地周边拥有丰富的内河水网资源，将城市水体引入校园成为自然的选择，对校区场地上的原生芦苇植被也进行了最大程度的保留。“水”在这里不是简单的景观设计要素，而是基于区域全局的生态格局延伸，同时成为校园内部空间衔接区域景观系统的线索。（图16）

4.3 文化维度：关联

从文化区域的视角审视，城市建筑作为城市记忆的物质载体，其形式特征是经过漫长的历史发展演化而来的，承载着城市的等级、族群和习俗等社会因素。这些社会因素会随着历史的变迁而消亡，但文化作为社会的意识形态，以一种精神性的“集体无意识”存留下来，构成了城市主体的心理空间。主体建立对于物质空间的归属感，需要在客体的塑造中再现区域的场所意义，而区域的文化维度成为统一城市主客体的中介。

不同于自然和城市维度，文化维度的区域具有时空的跨越性，区域的选取并非依据空间距离的邻近度，区域文化的表达也不是显性的物质性存在。这就需要建筑师在文化区域的提取和界定上具有历史性的视野，挖掘潜藏在基地中的人文要素，抽取那些代表了集体场所经验的空间原型，通过对原型形制操

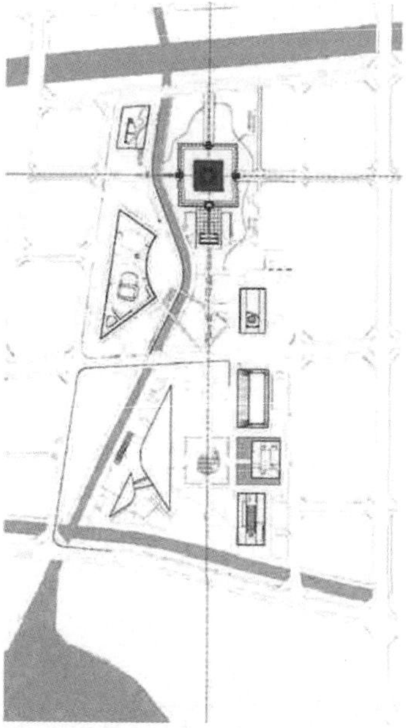

图17　辽东湾城市文化展示馆区位分析

图18　中心红筒对传统文化精神中“虚空”的表达

图19　方中嵌圆的纯粹空间对比

图20　在核心区的城市文化展示馆鸟瞰

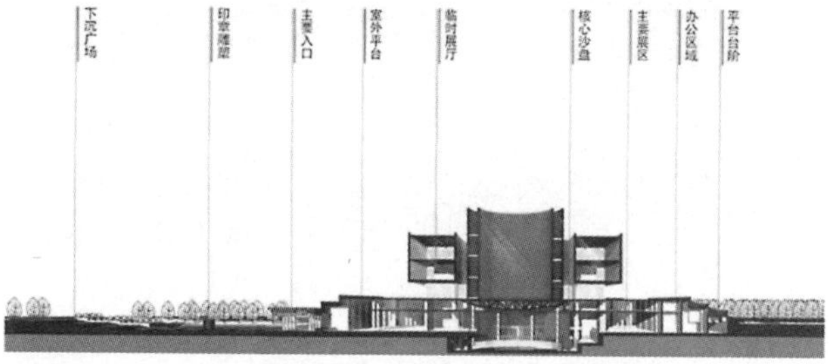

图21　城市文化展示馆剖透视

图22　方形体量上的“红海滩”表皮

作，唤起人们对某种生活方式和乡愁的回味，渲染出某种特定的场所情感关联，使得城市空间不再只是物质实体的简单组合，而成为有归属感的场所。

在辽东湾城市文化展示馆的设计中，考虑到基地处于文化核心区多轴线的交汇处（图17），其区位决定了建筑将作为未来城市的“纪念物”而存在。（图18）在这一背景下，设计需要赋予建筑特殊的文化内涵，强化建筑在区域空间中文化维度的辐射性，凸显建筑对城市空间的能动性介入。

在建筑空间处理上，通过对中国传统纪念性建筑的原型抽取，采用“方中嵌圆”的纯粹空间组合（图19），力求塑造一个具有精神内核的城市场所。（图20）城市文化展示馆由3层台基托起，当人们拾级而上、步入基座平台并沿轴线进入方体后，进入的不是实体的建筑，而是一个虚空的红筒，一个开敞而具有仪式感的城市中庭。（图21）在不同的光线作用下，围合圆筒的红色穿孔板展现出多样的表现力，静谧而幻化。红筒双层表皮之间的旋转坡道创造了全景式俯瞰城市的视角，这里既是建筑的空间，同时也是市民聚集的精神家园。

由厚重的基座托起的方形主体内，容纳着大部分的展示空间。在建筑表皮的处理上，通过控制表皮孔洞的大小，在表面上抽象出辽东湾独特地景“红海滩”的画面意象，赋予了建筑地域认同的鲜明印记。（图22）透过建筑的穿孔板表皮向外远眺，城市的景观如同加载了一层红色的滤镜，在半透明的朦胧中体验传统窗花剪纸的现代转译。

5 结语

区域建筑学是在交互关联化的社会背景下产生的设计观念，其目的是塑造设计对象与其区域间的新型互动关系。这种互动关系在自然、城市和文化3个维度下展开，以"视域放大""结构优先"和"内外协同"3个阶段为实现流程，在操作层面建立起融入、应变和叠层的动态模式。区域建筑学通过对传统建筑学的观念拓展，可以进一步丰富建筑学的理论和方法，从而更好地应对未来开放共享化的社会需求，实现一种从形态主导到过程主导的建筑学转向。

（原载《建筑学报》2019年第11期）

注释

① 参见［美］刘易斯·芒福德《城市文化》，宋俊岭、李翔宁、周鸣浩译，中国建筑工业出版社2009年版。

② 参见［意］阿尔多·罗西《城市建筑学》，黄士钧译，中国建筑工业出版社2006年版。

③ 参见［美］彼得·卡尔索普、威廉·富尔顿《区域城市——终结蔓延的规划》，叶齐茂、倪晓晖译，中国建筑工业出版社2007年版。

④ 参见张帆、张伶伶、张蔷蔷《微型城市设计——建筑形态的区域压力应变研究》，《新建筑》2018年第2期。

⑤ 参见［美］伊恩·伦诺克斯·麦克哈格《设计结合自然》，芮经纬译，天津大学出版社2006年版。

⑥ 参见［美］查尔斯·瓦尔德海姆编《景观都市主义》，刘海龙、刘东云、孙璐译，中国建筑工业出版社2011年版。

⑦ 参见张伶伶、赵伟峰、刘万里《整体的选择——大连理工大学辽东湾校区设计》，《建筑学报》2015年第3期。

图片来源

本文图片均为作者绘制、摄制。

作者简介

张伶伶，沈阳建筑大学建筑与规划学院教授、院长。
张帆，沈阳建筑大学建筑与规划学院副教授。
赵伟峰，沈阳建筑大学建筑与规划学院教授。

建筑艺术论文

铜铟镓硒光伏建筑的美学特征初探

李辰琦　关　通　王　璐

摘　要：通过对铜铟镓硒（CIGS）光伏材料形式特征的总结，聚焦于CIGS光伏建筑艺术性的研究，分析了CIGS光伏建筑的美学特征，包括基于CIGS材料质感与肌理特征的绚黑美学、基于CIGS光伏面板尺寸与组合的模数美学和基于CIGS发电效率规律的简约美学特征。

关键词：CIGS光伏材料；CIGS建筑艺术；CIGS建筑美学特征

基　金：国家自然科学基金项目（51878417）

光伏与建筑的结合，通常被划为建筑技术范畴，对于其艺术性的探讨处于次要地位。然而，建筑是技术与艺术的统一，光伏建筑同样需要二者兼顾，才能使光伏建筑更多地被大众接受，实现光伏建筑的推广普及。光伏建筑一体化（Building Integrated Photovoltaic,BIPV）应该是在光伏技术不断提高的过程中，光伏建筑艺术性不断加强，光伏建筑技术与艺术一体化不断加深的结果。尤其是铜铟镓硒（CIGS）等新型薄膜类光伏材料出现后，为新一代光伏建筑开启了新的发展空间，对新材料艺术潜力进行挖掘、对建构特性进行总结，进而梳理出新一代光伏建筑的美学特征，是本文研究的主要内容。

1 光伏建筑的“艺术瓶颈”

诺曼·福斯特说：“太阳能建筑并不是为了追求时尚，而是为了生存。”光伏技术有利于节约传统能源，助推建筑的可持续发展。经历了十多年的发展，光伏技术与建筑的关系，从光伏附着于建筑的BAPV（Building Attached Photovoltaic）到光伏建筑一体化的BIPV（Building Integrated Photovoltaic），仍然没有被大量的推广普及，面临着诸多瓶颈问题。业界关注的焦点往往集中在光伏建筑一体化的技术问题、经济问题、实用问题等方面。

其实，艺术性也是制约光伏建筑发展的重要瓶颈，传统的晶硅类光伏材料在艺术表现力方面，存在着先天的不足。传统晶硅类光伏材料呈暗蓝色或暗黑色，晶片的构造导致光伏面板的肌理十分不均匀，大面积覆盖在建筑表面，会使建筑呈现出斑驳的效果，严重影响建筑的艺术性。因此，晶硅类光伏材料通常出现在建筑屋顶部位，很少大面积应用在建筑外立面上。（图1）

图1　晶硅光伏材料外观效果及其建筑应用

图2　现代工业设计效果

光伏建筑一体化的核心是光伏成为建筑不可分割的一部分，尤其是作为建筑表皮的一体化应用。作为建筑的“外衣”，光伏表皮需要具有大众能够接受的艺术性。我们既需要绿色环保的技术，更需要艺术美观的环境，光伏建筑一体化需要突破艺术与美学的瓶颈。

2 CIGS光伏材料的技艺一体化潜力

铜铟镓硒薄膜类光伏材料的出现，改变了光伏材料的外观特性。铜铟镓硒光伏材料由铜、铟、镓、硒4种金属镀膜在浮法玻璃基板上，表面封装盖板玻璃。虽然铜铟镓硒光伏材料的本色也是黑色，但薄膜对比晶片的优点是色彩和肌理十分均匀。同时，经过玻璃化的处理后，其呈现出了均匀细腻的质感与多变的反射效果。进一步通过盖板玻璃的丝网印刷技术，可以使CIGS光伏材料呈现出多样化的色彩与纹理。这使得CIGS光伏材料可以真正作为建筑表皮材料使用。CIGS光伏玻璃材料兼顾了光伏发电技术与建筑材料艺术，将会给光伏建筑带来全新的面貌。新一代全覆盖式 CIGS 光伏建筑应运而生，突破了传统晶硅类光伏建筑瓶颈的同时，也使 CIGS 光伏建筑呈现出了独特的艺术性与美学特征。

3 CIGS 光伏建筑的绚黑美学特征

黑色是 CIGS 光伏材料的本色，与彩色 CIGS 光伏面板比较，本色面板造价最低、发电效率最高。因此，黑色是 CIGS 光伏建筑的主要色调。结合面板玻璃材料的质感，CIGS 光伏材料可以呈现出反光黑色、哑光黑色等不同质感。虽然 CIGS 光伏材料细腻、均匀，具有光泽的黑色，与晶硅类材料比较，具有先天的优势，但以黑色为主基调的光伏建筑，只有结合黑色的美学特性，通过因地制宜的设计，合理的搭配，取长补短，才能使 CIGS 光伏建筑呈现出独特的“绚黑”艺术性。

黑色是一种独特的色彩，和白色类似，是色彩中的极端色，其正面和负面两种效果都十分明显，而且在东西方文化中，也具有明显的象征性。一方面，毫无光彩的黑色由于没有任何可见光进入视觉范围，给人以无生命感、恐惧感、压抑感，使人联想到死亡、恐怖、不祥、阴暗、阴谋、罪恶等。大量的贬义词与黑有关，如黑幕、黑心、黑帮、黑货等，黑色建筑也容易给人以负面的感受或者联想。另一方面，黑色具有稳定、庄严、永恒的性格，给人严肃、正义、高雅、充满力量的感觉，如正式场合人们穿着黑色正装、商务轿车通常都是黑色等。随着时代的进步，科技的发展，黑色又被赋予了科技性、工业性的内涵，黑色在现代产品与工业设计中被大量应用，黑色给人以科技感、时代感和未来感。(图2)

从色彩构成角度，没有好与坏的色彩，只有正确与错误的色彩搭配。对于黑色光伏建筑而言，可以从不同梯度黑色系搭配和黑色与其他颜色搭配两方面开展设计。一方面，CIGS 光伏材料的黑色质感并非无质感、无肌理的黑色，玻璃面板的反射作用可以有效打破黑色的无肌理感的负面效果，通过反射光线和周围环境，使黑色光伏建筑呈现出丰富的光泽效果，反射映像经过黑色的过滤与沉淀，又会增加视觉印象的无限性与生动性。另一方面，不同梯度黑色系的搭配也可以呈现出不同的美学效果，可以借鉴中国传统水墨绘画艺术的美学规律。中国水墨画具有独特的“墨分五彩”，通过水分的多少，在宣纸上呈现出浓淡不同的黑色，概括为5个层次，使中国画靠水墨黑色就呈现出了千变万化的艺术形态。CIGS 光伏面板配合调色背漆玻璃、铝合金材料的合理搭配，也能产生层次丰富的黑色变化，使黑色光伏建筑形象呈现出端庄稳重而不失生动活泼的审美效果，建筑呈现出“绚黑”的美感。例如广东惠州潼湖科技小镇项目(图3)，黑色光伏面板反射周围环境，及其在不同光线下形成质感变化。同时，通过层间黑色玻璃带和灰色铝条的搭配，增加了黑色建筑的层次与细节。图4是北京低碳院105科技研发楼设计方案，通过红色窗台和字体的引入，增加了建筑的活跃气氛。(图4)

图3 CIGS 光伏材料的反射与光感效果

图4 北京低碳院105科技研发楼方案效果图

4 CIGS 光伏建筑的模数美学特征

CIGS 光伏材料面板的尺寸是1200 mm × 600 mm，由于光伏电池板工作原理的限制，光伏面板无法任意切割，只能在这1 ∶ 2比例的基本单元上进行排列组合。光伏材料单元尺寸使整个光伏建筑具有了高度统一的模数美学特征。

从材料模数出发的设计在现代主义大师追求极致的作品中经常有所体现，模数使建筑从细部到整体呈现出完美的统一性。如贝聿铭设计的北京西单路口的中国银行总行，最基本的模数来源于立面石材，尺寸类似光伏材料，考虑到接缝处理，缩尺

图5 瑞士巴塞尔格罗斯贝特大厦

图6 广东惠州潼湖科技小镇光伏建筑立面层间线的统一与变化

图7 北京BIPV建筑能源集控与实验平台项目建筑立面的参数化变化效果

为1150mm×575mm，整个建筑的基本模数体系以此展开。层高定为3450mm，为石材宽的6倍；建筑的门高为2300mm，是层高的2/3，也是4块砖的高度，同时是办公建筑的理想门高；建筑的基本轴网为6900mm×6900mm，是层高的2倍，石材长的6倍。[①]

CIGS光伏材料模数的理性组合，使CIGS光伏建筑呈现出高度统一的整体美感。格威尔特说过：“当我们整体考虑，并精确测量时，我们发现凡是最优美的、最悦目的比例都有彼此之间精确的关系，并且具有简明的比率配置。换句话说，就是用最小的局部的尺寸为单位，可以整除其整体。”这种精确的整体美感也构成了光伏建筑高度的秩序性，这正符合赫曼·赫茨伯格对秩序性的定义[②]，光伏材料组成了倍数关系的建筑局部，建筑局部又组成了倍数关系的建筑整体，一种高度统一的逻辑产生出建筑的统一秩序性。

CIGS光伏材料模数还可以使光伏建筑呈现内在的、连续的、有韵律的美感。光伏材料的重复性和其控制构件的相似性，使建筑从整体到局部再到细部，产生连续的韵律感。明显的细部材料重复，可以产生连续的韵律。细部材料倍数关系的组合，可以使光伏建筑局部产生渐变的韵律。瑞士巴塞尔格罗斯贝特大厦（Grosspeter Tower）即由CIGS光伏面板控制的建筑形式，在理性统一中呈现出了连续的韵律美。（图5）

CIGS光伏材料模数体系也并非僵化不变的，通过组合过程中材料交接的处理，可以使整个建筑呈现出更加丰富的形式变化。如在广东惠州潼湖科技小镇设计项目中，在层间线位置引入了铝板条带，既提示了建筑层高尺度，也给建筑立面形式带来了统一中的变化。（图6）

在北京BIPV建筑能源集控与实验平台项目设计中，通过光伏材料参数化的排列，光伏面板之间形成渐变的窗格，使整个建筑形式呈现出了丰富的视觉效果。（图7）

5 CIGS光伏建筑的简约美学特征

CIGS光伏建筑的形式生成，既要有材料美学逻辑、模数美学逻辑，同时更应该符合光伏发电的技术逻辑。CIGS光伏组件具有电压高（97.8V左右）、电流低（1.45A左右）的特点。在实际应用中，由于系统电压不可超过1kV，组串串联的光伏面板数量通常为6—8块，需要多组串并联后接入逆变器，形成完整的光伏发电系统。由于CIGS光伏组件串联的特点，组串内每个组件电流相同时，构成组串的总电流也相同，这种工作状况下，每个组件的最大功率跟踪点（MPPT）完全一致，是一种科学高效的电路组织模式。如果组串内某个组件电流过低，就会产生木桶效应，导致组串的电流降低至较低组件的电流值。基于光伏发电系统的木桶原理，为确保组件串并联后的电压、电流不被拉低，应调整组件使同一输入路数所接的组件的规格、安装角度和朝向一致，同一MPPT电路中不同输入路数所接的组件数量、规格相同。光伏面板的布置追随发电效率，决定了CIGS光伏建筑的建筑形体应该尽量简洁，形体线脚细部尽量减少，避免形体的复杂凸凹和转折，减少阴影和朝向对光伏组件的影响，提高光伏建筑的发电效率。这种简约的形体要求不等于简单化的形式处理。20世纪20年代初，现代主义大师密斯就用钢和玻璃开创了简约建筑美学的典范，这种简约美学仍然适用于CIGS建筑，概括起来有如下三方面主要特征。

5.1 整体强调纯净几何形体

方盒子是最主要的建筑形态，对于CIGS光伏建筑而言，这种简约纯粹的建筑体量既能与光伏面板的幕墙式建造逻辑完美契合，还能减少阴影和建筑表面辐照度变化，与光伏发电功效完美契合。此外，简约的建筑形式更能在纯粹的建筑体量中，突出光伏面板的材质美感。

5.2 局部强调减法构成

减法是在完整的几何体中减去一个或多个较小的形体，使整个建筑体量既富有变化又能保证整体的视觉完成性。减法使建筑形体变化向内扩展，避免了加法处理所产生的复杂形体关系和阴影遮挡，与光伏面板发电技术需求吻合。同时，减法也是保持和配合纯净几何形体最佳的局部处理方法，通过消减变化既保证了纯净几何形体的高度统一性，又实现了局部处理的多样性，使整个建筑呈现出多样统一的美学效果。

5.3 细部强调非装饰化处理

简约美学强调抛弃多余、非构造化、非技术化的装饰，消减装饰化的线脚变化。这也与光伏面板的发电需求完全一致，装饰性的线脚与凸凹会形成阴影，影响光伏发电效率。细部的非装饰化处理并非抛弃形式美感，而是在建筑细部符合建造逻辑的基础上，追求最科学合理的简约化处理，体现出技术的精致。正如密斯的作品那样，干净利落的细部直接交接，复杂的交接构件的纯净化，实现了“非装饰化”的精致美学效果。

CIGS新光伏材料的出现，为光伏建筑一体化发展打开了全新的发展空间，CIGS光伏面板成为建筑立面建材，不但具有发电功能，还具有维护功能和美学价值，这将极大地提高光伏建筑一体化的进程，使光伏变成建筑不可缺少的皮肤，而不是装饰化的外衣或者功能性的发电装置。这种新材料、新技术给光伏建筑一体化带来了技术与艺术的新变化、新平衡。光伏建筑的形式要追随发电需求，但对建筑师而言，这种追随不是被动的，而更应该主动挖掘CIGS材料的美学价值，建构与美结合，使CIGS光伏建筑有更强的生命力、更大的发展空间。

（原载《建筑学报》2019年第S2期）

注释

① 参见周芸《基于工程实践中的建筑几何逻辑控制研究》，硕士学位论文，北京建筑工程学院，2012年。

② 参见[荷兰]赫曼·赫茨伯格《建筑学教程1：设计原理》，仲德崑译，天津大学出版社2003年版。

图片来源

图1：http://www.freep.cn/zhuangxiu_6/News_1586340.html；http://jianfangmi.com/zijianfang/jiayongtaiyangnengfadianxitong/201410/00000487.html。

图2：https://www.puxiang.com/galleries/5432e6c62f5965deded90e6398ab4707?for=；https://www.puxiang.com/gal eries/c78e16f10f67fb22a629c2d48749c829。

图3：方健摄影。

图4、图7：范新宇提供。

图5：Adriano Biondo摄影。

图6：方健摄影，作者绘制。

作者简介

李辰琦，沈阳建筑大学建筑与规划学院教授。

关通，沈阳建筑大学建筑与规划学院硕士研究生。

王璐，沈阳建筑大学建筑与规划学院硕士研究生。

超越轴线迷思：地景与院落的校园设计笔记

王维仁

欧洲以修道院方院出发的大学校园，经过英国及美国东岸方院的转化，到19世纪通过杰弗逊（Thomas Jefferson）弗吉尼亚大学的自然主义理想，与奥姆斯德（Fredrick Law Olmsted）草原地景的思潮，建立了自由草地的校园象征。随着地景轴线的原型被带到遥远的东方，校园新古典轴线与民族形式结合，成为20世纪中国大学空间的范型。本文以香港中文大学深圳校园的规划设计为例，探讨在中国城市发展语境下，面临密度、功能与自然环境的多重挑战，大学校园如何从自然的轴线再出发，发展校园规划的空间原型；校园建筑如何以三维的院落作为建筑与地景的尺度调控，建立人本与自然主义的校园空间；在城市开发扩张的夹缝中，大学校园如何重新定位，成为与市民共建自然环境与文化场域的空间理想国。

首先是规划：香港中文大学深圳校园是一个全新的校园规划，是建筑师面对场地的自然地景思考如何形成一个理想校园原型的命题。3个建筑师团队在竞赛初期经过几轮讨论后，很快形成了“山—林—院”的空间共识。对我个人而言，港中大的校园规划原型，更是一个在快速的城乡环境变迁中，高密度校园如何保存自然地景与土地纹理的命题。这个原型启发自杰弗逊大学校园的自由绿地和奥姆斯德的自然地景，更是我20多年来先后从高雄大学校园竞赛到北川中学规划思考的延伸。我们怎样以自然环境的保护作为设计的新契机，破除古典轴线与形象建筑的迷思，建立校园共享开放的自然地景？

其次是建筑：港中大的建筑设计，在形态学上，3个建筑团队都采用了院落作为设计原型，展现了我们对合院不同的理解与设计发展。我延续过去“都市合院主义”系列的思考轨迹，对多层与高层合院空间原型作进一步探讨。建筑空间形式是规划的基本组成，不同层级的合院形式调控了校园地景与建筑的尺度，也促进了校园生活、学习的互动。严迅奇将序列院落串联成长条巨构，建立的学院空间成为校园建筑的基本骨干，我们团队和嘉柏团队则将校园规则与场地的山体协调，发展不同建筑单体的合院群组。对我个人而言，港中大的合院建筑发展，既是以叠加交错的方式探索多层和高层的空中院落形式，也是

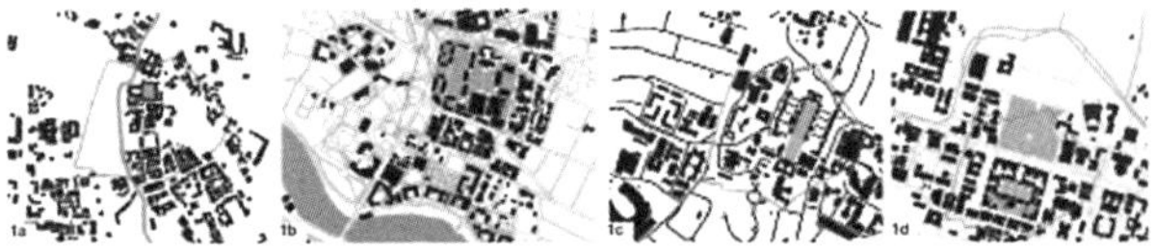

图1　欧美校园空间（a 剑桥；b 哈佛；c 弗吉尼亚；d 史丹佛）

利用体量虚实与剖面关系调控三维合院的围合开放，发展响应华南气候的竖向中庭空间，反映周边地形与自然景观。

最后是质疑：港中大的校园设计引发我们对校园未开放学习空间的思考，以及对现有制式的校园规划前提的质疑与调整——一是打破功能分区原则，提倡自由与重叠的学习空间；二是打破园区式的封闭管理，走向开放学习的校园。大学校园的规划与建筑设计，不仅形成更多的多功能与非功能的学习场域，更是大学与城市功能的交叠互动与置换。我们在探讨合院形式的同时如何提倡一种弹性学习的自由空间？建筑师如何突破校园规划功能分区的思维，走向多元与复合的空间关系，让大学打破封闭管理面向城市开放，成为城市里穿透而开放的空间整体？

1 校园方院原型的转化：从剑桥到哈佛

欧洲大学校园建筑来自欧洲修道院的方院形态（quadrangle），从中世纪意大利的波隆那（Bologna）到葡萄牙的科英布拉（Coimbra），一路发展到英国的牛津与剑桥。牛津和剑桥的校园中，修道院的方院建筑各自组成不同的学院，配上蜿蜒贯穿校园的河流与教堂前的大草地，形成街廓形式的，并与城市结合的开放大学城。承续英国大学方院传统的美国东岸大学，从17世纪创立的哈佛大学到18世纪初的耶鲁大学，以及之后的普林斯顿大学和哥伦比亚大学，美国的校园方院建筑经历了200年的发展，在19世纪形成与英国牛津、剑桥不同模式的另一种形态的大学方院原型。（图1）

哈佛校园不尽然是以完整的方院作为建筑的基本单元，而是由几栋单体建筑逐渐围合成相对开放的大方院，以草地和树

林的大方院作为校园主体的空间。著名的哈佛方院（Harvard Yard）是以宿舍和教学楼围合而成的绿地方院，连接了以图书馆、教堂和大会堂为主轴的绿地方院，两个紧邻的大方院和周边几个小方院连接的空间形式，包容了仪礼象征、生活学习和教学研究几种互补的空间内容，形成了美国东岸大学大方院的规划范型。

从哈佛、耶鲁到普林斯顿、哥伦比亚的校园，新古典主义的影响逐渐增加，主体建筑面对草地或河流的空间意图，优先性慢慢地高过逐渐围合发展的方院，主体建筑的轴线也在校园的发展中变得日益重要，逐渐形成了主次有别的方院空间层级。不同于欧洲大学修道院尺度的建筑方院，哈佛的校园方院不只是尺度和形态的改变，更是方院的内容与其象征意义的改变。美国的校园方院因为尺度的放大，方院里不只是建筑内院安静的草地和大树，而是建筑之间的树林草地，是教授、学生来往的步道与校园生活的互动。尺度放大的方院草地与树林，以及交错穿插的草地步道，成为大学包容自然景观与师生学习生活的集体记忆。①

2 美国地景校园的新范型：弗吉尼亚、伯克利和史丹佛

19世纪初美国总统杰弗逊回到家乡规划弗吉尼亚大学，结合了法国启蒙运动后对城市公园地景和自然主义的理想，将美国大学的大方院原型进一步转化，发展出以大尺度开放草地作为核心的校园轴线，让自然地景成为大学民主文化的象征，这种校园轴线草地于是成为20世纪美国新兴大学校园的规划典范。（图2）

相较于哈佛方院，1822年规划的弗吉尼亚校园的核心建筑群是一个尺度拉长的绿地方院，由象征知识学术的图书馆会堂作为轴线的端景，连接U形两侧不同的学院和序列柱廊。半围合的方院的后半段两侧开放，由中央看出去的草地除了大树外没有任何纪念碑，只有逐渐下沉的地景和下一个方院，形成一种建筑向自然绿地伸展的效果。方院以自由草地的延展作为美国民主精神的象征，为师生提供自由的知识交流场域。两侧学院的古典柱列相互连接为水平连廊，界定了方院校园基本的建筑个性，也提供了不同学院的教授、学生平等互动的空间机会。8个方院建筑的独立亭子（pavilion）代表风格迥异的学院。柱廊的建筑秩序背后的多元个性和自然地景的开放自由相互衬托，构成了杰弗逊心中理想的学院聚落（academic vidage）。②

在新古典主义建筑盛行的19世纪美国，弗吉尼亚校园代表的空间意义不在于轴线的对称与端景建筑，而在于序列建筑围绕的开放自由草地，提供教授、学生民主平等的学术交流空间。

图2　弗吉尼亚大学草地方院

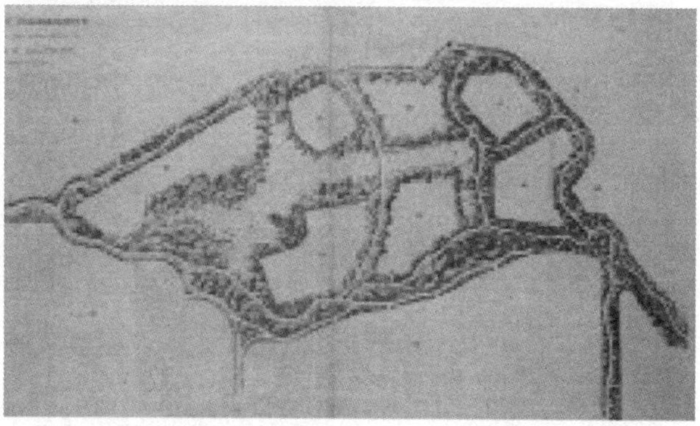

图3　奥姆斯德加州伯克利校园初期规划

长形方院由轴线端景延伸到下一个长形方院的绿地，配合地形逐渐降低而拉开视线，由轴线起点远眺轴线的尽端，仿佛是延绵无尽的草原农耕与自然地景。

19世纪后半期，美国景观建筑师奥姆斯德于1866年在加州大学伯克利校园的初期规划里，展现了另一种以自然为主体的地景式规划范型。（图3）奥姆斯德利用伯克利山坡的既有地形，保留穿越校园的小溪和沿岸的原生态红杉木树林，以有机的自然作为校园地景式规划的前提，然后规划出几个建筑群的场地，决定主要的道路系统，再进一步和城市的网格道路结合。虽然之后他没有继续参与校园后期规划，建筑主要的配置交织了不同的新古典轴线，历经了一个半世纪的发展调整，奥姆斯德当年以自然为前提的规划架构，仍然影响了现在伯克利的校园空间，让校园、地景与城市无缝地交错。20世纪八九十年代我在伯克利大学城生活学习，每天在校园里经由蜿蜒安静的溪流步道，穿越大树草地到人流与思潮活跃的轴线广场，自然与人文空间相互交织，成为学生与市民日常生活的载体。

深受美国19世纪自然主义和草原农业地景思想的影响，奥姆斯德的景观设计致力于提倡如画风格（picturesque）的公园和校园。他在未实现的麻州农大校园规划中，提出一种“乡村小区”的模型，相信校园设计通过结合小区与自然，能够发挥高等教育关键的文化功能，因此他阐述：“我们在校园的规划配置中，必须有一种能够超越口号指令与现实科学的内涵，我们的配置必须孕育出一种设计，能够积极影响学生的思想倾向与生

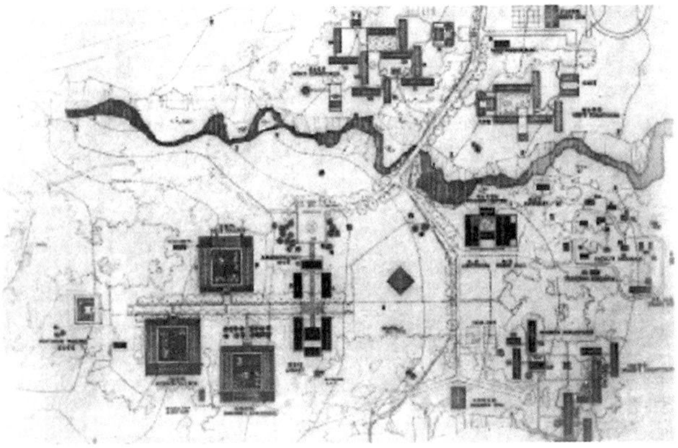

图4　贝聿铭东海大学校园规划

活习惯，成为一个够资格、有智慧的促进公民和家庭的权力与责任的人。”[3]

奥姆斯德在1888年斯坦福大学的校园规划里，从主体建筑群空间核心出发，把地景校园的传统和轴线做了淋漓尽致的结合。校园的核心是紧凑的方院建筑群，以左右对称而厚实的方院建筑，强化了中央横向的大方院和轴线中心大教堂。与这一组虚实分明的方院建筑形成强烈对比的是加州的地景。规划在方院建筑的前方配置了校园两倍面积的轴线绿地，将椭圆形的大尺度绿地延伸到河岸的棕榈树大道。1990年初，我在旧金山TAC事务所也参与了史丹佛西校园规划的后期工作，虽然不是特别喜欢这么强烈的轴线形式，但是仍然可以感受到建筑师方院建筑空间的尺度与秩序，利用与建筑形成反差的地景作为规划的主题，以及在校园里保留大尺度自然地景的企图心。[3]

3 轴线或自由草地：墨菲和贝聿铭校园空间的文化差异

深受布扎学院建筑教育的影响，19世纪新古典主义思潮席卷美国的城市空间。建立一个以地景草地为主体而不是端景纪念碑的轴线，是杰弗逊的自然主义独树一帜、影响深远的原因。从杰弗逊到奥姆斯德这种自然地景的校园传统——绿地轴线加自然地景的平等精神，它们相互交织影响着20世纪美国大学的校园规划——华盛顿大学、马里兰大学、麻省理工学院、康奈尔大学。[4]这种绿地轴线的规划模式，在20世纪随着美国传教士和教会大学被带到了遥远的东方。

美国建筑师墨菲（Henry Murphy）在清华大学设计的校园礼堂和其前面的草地，以及同时期规划的长沙雅礼大学、金陵女子大学和燕京大学，都受了美国“校园轴线草地”思潮的影响。墨菲布扎学院新古典的思维，加上中国古典样式的大屋顶，配合着中轴绿地作为校园的核心，影响了许多民国时期建设的大学校园。[5]然而，在这个建筑文化的移植过程中，也存在轻微的翻译遗漏：墨菲在清华的草地礼堂延续了杰弗逊的草地原型，但焦点摆在礼堂的建筑造型，而少了杰弗逊学院聚落的空间理念；到了金陵女子大学的规划设计，墨菲的重点很明显放在了轴线端景的大屋顶建筑。同样的轴线草地，从新大陆到中国，对称空间秩序与儒家传统的院落层级不谋而合，很容易就被重视秩序权威的社会接受。而代表杰弗逊轴线草地核心精神的自由草地和平等的学院聚落，却在这个空间转化中明显地被弱化了。当轴线被进一步地拉长，加上行车和行道树，校园中央开放草地与自由穿越被逐渐遗忘，苏联式新古典主义的轴线和端景成为建筑与规划的核心思想，产生空间形式与精神的根本差异。

在20世纪无数的大学校园规划中，贝聿铭1954年在中国台湾规划的东海大学校园毫无疑问地独树一帜，打破了新古典轴线主导校园规划的迷思，以不同的方式带入了对自然地景主义的崭新诠释。（图4）校园沿着坡地由东向西缓升，由北侧进入校园，先经过轻微蜿蜒的道路和两侧的树林，经过树林背后低矮的宿舍和溪流之后，才看到远方草坡绿地上耸立的路斯教堂。在东海大学的配置里，西南角的轴线步道与核心的学院空间，只是校园整体地景布局的其中一个构成。在整体配置上同样重要的是溪流两侧的宿舍和学生、教授的生活空间，以及视觉上协调几组不对称建筑群中间的教堂草地。规划上关键地位的教堂和轴线故意地错开，贝聿铭让我们从轴线远眺的是上方的大肚山和下方的坡地树林。

东海大学校园的轴线强调的是林荫步道缓升的视觉与身体经验，以及与两侧对等而交错的大尺度院落。行政和图书馆分别是两侧平等的院落，而不是控制视觉的端景。贝聿铭的规划把杰弗逊的自由草地与校园生活从学院轴线中拉出来，在东侧和北侧配合地形与师生生活展开不同形态的建筑群组。张肇康与陈其宽两位建筑师经过了几年合作，在台中陆续发展了架空、风车、连廊、下沉等不同形态的院落建筑。[6]虽然东海校园和很多大学一样都以林荫大道为主轴空间，但是规划更成功地调控了轴线的步行尺度，结合了自由开放的院落传统，为东海大学建立了独特的校园风格。

4 地景的校园原型：生态地文的设计救赎

20世纪90年代我在台湾高雄大学设计竞赛里，面对着新校园场地，南台湾逐渐消失的稻田水塘，提出一种以大尺度自然地景为主题的校园空间。相较于将绿地广场平均分配给建筑，我们让建筑的方院群组尽量地紧凑，在中央留出一片90m×400m的长条形绿地，希望借此保留农田中原生态的溪流水塘与土丘果树，使其成为师生日常散步或讨论读书的树林草地。如果留下部分的农田景观，原来在水稻田里栖息的白鹭鸶还能够飞回来过冬。不同学院的方院建筑围绕着这片保留了农业生态的校园空间。这个竞赛方案宣示了一个台湾版的生态地景校园，以生态与农业地景的保留作为校园文化地景的象征，以一种对城乡变迁后过度开发自然的空间救赎，取代杰弗逊自由草地的自然地景及其民主象征。（图5）

之后的多年我陆续有机会参与不同的新校园规划设计。几乎每一次到基地勘查，走在校园未来的土地上的那一刻，我都无可救药地一再地被原来大片的自然与农田地景所感动。任何轻微的地文变化和地景的气味都是城市化进程中被牺牲的珍贵体验——土坡的轻微起伏、水稻田埂的肌理变化、田边的大樟树或果树林、水塘溪流或灌溉渠道、远方的延绵起伏的山形。作为建筑师的我们无可避免地，总是得配合这种征地过程，以我们的规划蓝图作为土地变更的手段，成为参与改变自然生态的共犯。当我们知道都市化步伐将很快地扩张到这片纯朴的乡村净土，数万吨的混凝土即将要浇灌在上百公顷的自然土地之上，永远地改变这片地景的水文土壤肌理，以及植物和动物的所有生态，我们如何去寻找一种建筑师、规划师与设计师的救赎呢？

正是这样的地景情结，十多年来我们以当年高雄大学校园规划的提案为原型，一种以自然地景为主体的校园空间陆续发展成不同的校园规划设计——北川中学灾后重建提案、江西吉安和青原的言爱中学，以及香港中文大学深圳校园。配合着不同的校园条件，这个大绿地原型的尺度与功能发展出不同的配置。在北川中学和吉安的中学，长条形绿地的两侧分别是教学与宿舍院落，学生在来往穿梭于草地两侧的日常经验中，建立一种生活的节奏。（图6）而在香港中文大学深圳校园长条形绿地的两侧，则分别是连续院落的教学楼与草地对面的单体建筑群——书院、图书馆、学生中心。师生穿越草地与水池、广场与连廊，穿梭于教室、实验室、图书馆、餐饮和宿舍之间，打破国内校园规划一贯的教学区、运动区、生活区的制式功能分区。我们期望的是，通过这片自由绿地来整合生活与学习，带动一种以自然生态和人本为主轴的学习环境，建立一种重叠而整体的校园空间原型。⑦

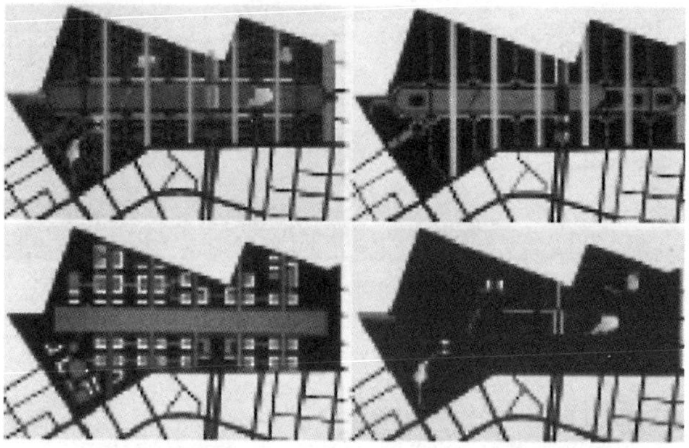

图5　高雄大学校园竞赛提案

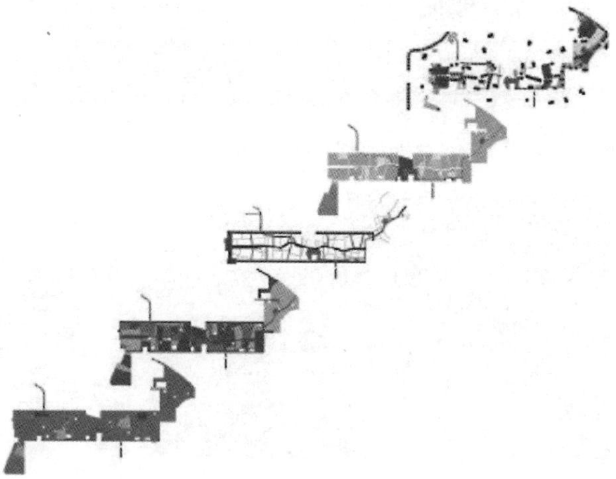

图6　香港大学设计课程：北川中学设计

5 平行的空间：山水、草地、林地、院落

我清晰地记得2012年的春天，第一次走在港中大深圳校园未来的场地上，山脚下的草地是已经废耕多年的农田，几棵小树孤独地矗立在草地中。山麓从北往南轻微下沉的缓坡，依附在场地内侧延绵起伏的绿色山体，让我想起了舒尔茨（Christian Norberg-Schulz）在《场所精神》里描述自然地景的一系列黑白照片。无论是意大利或北欧，田园远方延绵的山脉和近处零散竖立在草原中孤寂而硕壮的大树，清晰地说明了自然地景的精神。⑧站在校园草地的那一刻，我毫无他念地相信也希望着，这一片延绵起伏的绿地和树木就是这个校园未来的场所精神。

经过了几轮讨论，设计团队几乎毫无争议地形成一个共识——长条形校园中间的绿地是组织场地的关键空间；和校园空间平行的绿色山体是未来的校园关键的视觉依附。于是在我们的草图和模型里，校园中央留出了一片60—80 m宽的长条形绿地轴线，安排了入口广场、草地树林、学生中庭、水池园林、南侧广场。配合绿地两侧绿色山体或城市道路的不同场地条件，严迅奇团队提出将大体量的序列教学楼安排在远离山体的城市道路侧；我们继而将图书馆、学生中心、书院宿舍等独立的建筑群，交错配置在紧靠山体的南侧；嘉柏团队则将行政楼、会议中心的建筑群围绕山体北侧配置，并且经由校园南侧的体育馆拓展校园的规划。

我们共同提出的“山—林—院”规划构想，简单地说，是面对长条形校园场地和邻接的自然山体的一种“看山引水、育草造林”的地景建筑策略。“山、林、院”是三组平行的空间。

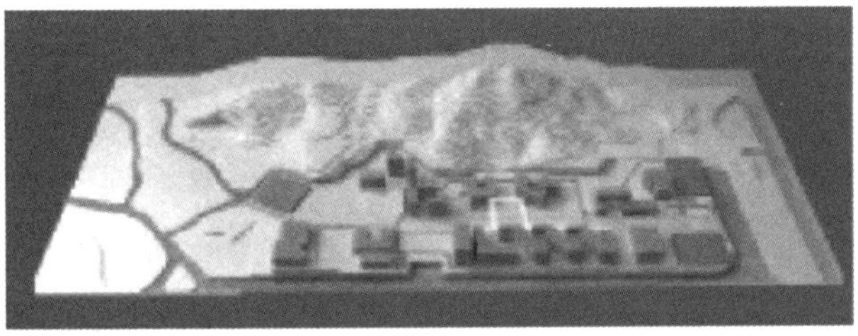

图7　香港中文大学深圳校园规划概念模型

图8　香港中文大学深圳校园规划研究（王维仁草图）

图9　香港中文大学深圳校园二期规划概念

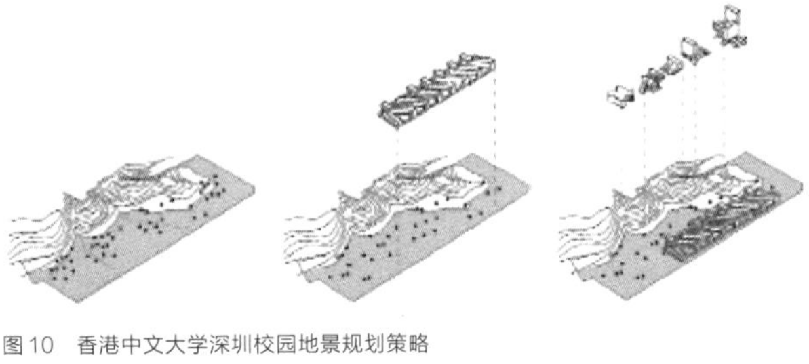

图10　香港中文大学深圳校园地景规划策略

图11　学生中庭广场三维剖透视

东西侧为两排平行的建筑空间：靠山体的个体建筑群、靠城市道路的连续院落，以及中间联系的地景空间——草地水体与树林。相对于教学楼连续的序列院落，靠近山麓分散交错配置建筑群，是我们称为公共亭子（pavilion）的序列建筑：图书馆、学生中心、行政楼、会议礼堂。亭子建筑之间分别保持了50m左右的建筑间距与视觉空隙，对应着青绿山体之间的谷地，中间的空隙安排草地或水池，除了让校园的绿地空间和山体有更通透的视觉联系，也希望让校园中央的绿色轴线与山体的生态系统在未来能有更多的连接机会。（图7—图10）

5.1 不仅是轴线：观山近水的场地策略

港中大深圳校园因为场地条件发展成“山—林—院”的平行配置构想，与其说是南北方向绿色轴线的建筑配置，不如说是东西方向穿越草地树林、观山近水的场地策略。校园中央的绿地是完全人行的无车步道，教学楼院落序列之间宽敞多层的连廊是师生来往南北课室遮阳避雨的主要流线。师生们上下课走在连廊上穿过序列的教学院落，视觉感受最强的其实是草地对面的图书馆、学生中心、行政楼和建筑之间的绿色山体。

校园东西向由道路到山边有7—8m的缓坡与高差，由北往南则相对平坦。利用高程的设计策略，中央绿地比教学楼外侧院落高了一层，形成了中央绿地东侧的下层广场。在南北绿地轴线中央，我们安排了学生活动的中庭广场，也就是图书馆、学生中心和对面的教学楼之间，利用场地东西向的高差设计了半地下台阶下沉广场，连接中庭广场与下层的各种生活设施——商店和面包铺、咖啡厅和书店、银行和邮局。通过台阶广场和联系中央绿地缓缓下沉的步道，加上中庭上方对应的连廊和二层的连桥，图书馆和学生中心，以及餐厅和教学楼，成为一个三维的综合建筑体。而通过学生中庭上下的水池、绿地，这个联系东西方向的核心空间也保持了校园南北向绿地空间的联系。（图11）

沿着校园中轴700m长的绿地空间，建筑的主入口完全以步行出入，车辆流线安排在建筑背面的外围车道，因为我们相信无车的校园绿地是规划尊重自然与人本的价值。我们更希望未来由山谷带入校园的自然生态与水系，可以从北侧经过校园绿地顺着地形连到中间的草地广场，再接到南侧的园林水池和台阶广场。校园中央的树木草地，除了延续杰弗逊校园自由绿地的空间传统，也将对称轴线转化为非对称的建筑地景，连接了校园西侧的山体生态，重构可持续的绿地肌理。

5.2 从规划到建筑：层级尺度的地景合院

在“山—林—院”的校园层级的地景策略下，三个建筑团队不谋而合地采用了转化了的合院形式作为建筑层级的基本形态。如果说在整体规划的层级上，我们采用的是以建筑的“院”作为实体形式，对“山林”的地景是一种开放式的围合，那么在建筑层级上，我们采用的就是以建筑围合的“院”作为空间，“院”作为建筑量体，与校园地景联系对话。“建筑院”围合的小地景与“校园院”围合的大地景的对话，更成为建筑的人本小尺度与校园自然地景的大尺度之间一种协调尺度层级的调控策略。（图12）

图12 逸夫书院、学生中心、图书馆群组（左）以及3个群组模型的整合（右）

表1 香港中文大学深圳校园院落群组及建筑分析

	地景合院（1）	合院群组（8）	合院建筑（20）	院落天井（50）
下园	校园绿地	学院院落：教学楼 / 实验楼	1+4	1+8
		中庭广场：图书馆 / 学生中心	2	2+4
		行政会议：行政楼 / 会议中心	1	2+3
		逸夫书院：东书院、西书院	2	5+9
上园		祥波书院	4	4+2
		思廷书院	1	1
		学勤书院	3	3
		明园九院宅	1	9

沿着校园主体的绿地空间，严迅奇的教学空间串联了3组上下层交错旋转的院落，加上前后两组实验楼与教学楼，成为一个连续的巨构建筑（mega-structure），再配合平行的绿地，为校园提供一个基本的建筑骨架。序列院落的上层合院连接校园绿地和连廊，下层合院连接校园外围的城市街道，每个院落顶层的盒子面对校园地景，强化了序列的院落观景意图。

由校园中庭广场开始，王维仁团队从方院的两个角落展开，分别设计了连接曲折围合的图书馆，以及三维方体合院的学生中心。两组建筑不但通过围合中庭广场的间隙，将由山到水的自然地景引入校园空间，更分别以不同的合院形式反映着前方校园和后面的山景。向校园南侧伸展的两组高层逸夫书院，王维仁团队继续以平台叠架围合，以空中交错庭院的方院形式呼应周围的地景。同时在校园北侧，嘉柏团队设计的行政楼以长条形体量框出背后的山景，继而与连接的会议中心共同围合出伸入校园的山头地景。嘉柏团队也在校园南端设计了由大小空间紧凑组合的体育馆建筑群。

在大校园后山的上园宿舍区，嘉柏团队以不同形态的院落设计了两组书院，包括C形围合后院的思廷书院，以及严谨调控院落尺度、层级与高程的祥波书院，让四个小尺度的围合建筑体，灵活组成前后两个大尺度的院落。上园的院落建筑还有王维仁团队设计的学勤书院——S形的开放围合和四层模块的交错迭加，以及山头上配合地形水平交织的九院宅。

从形态的角度来讨论港中大深圳校园的院落建筑，“山—林—院”在一个地景的建筑围合策略后，上下校园分别组织了4个明显的院落群组（表1），发展了20个单体的合院建筑，构成合院建筑内部50多个不同大小的院落和天井。这些数字不是统计上的噱头，而是展现了不同空间层级的建筑院落，同时也展现了人本尺度的建筑与大尺度地景的空间协调机制。正如奥托在几个大学所做的，反映地景组织建筑的八九个序列院落，或路易斯·康在印度管理学院组织地景的30多个大小院落，它们代表的不只是设计师的形态设计能力，更是一种建筑与地景交融的强烈意图。（图13）

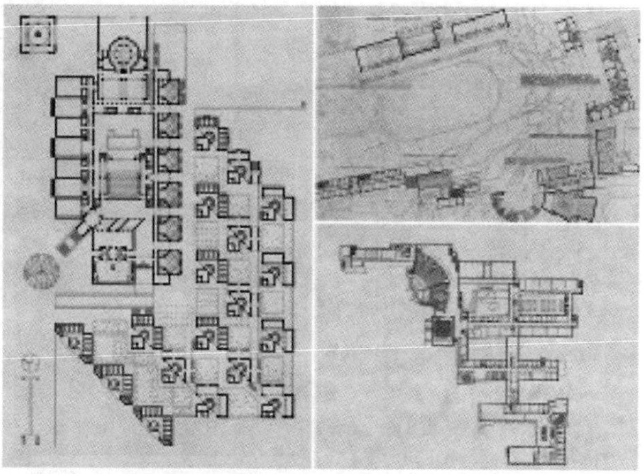

图13 康（左）、奥托（右）校园规划的地景院落层级

5.3 密度与尺度：4个都市合院原型

校园的密度与建筑的层高尺度，是校园建筑设计响应自然地景的关键挑战。不同于传统院落一两层的建筑尺度，或欧洲方院三四层高的建筑尺度，270000 m^2 总面积的“山—林—院”设计规划中，建筑平均高6层，局部高12层。如果我们认为高层校园不是建筑型态唯一的解答，面对未来的高密度校园，我们的设计方法、建筑形态与空间功能有多大的协调尺度的能力？

于是合院的建筑原型成为高密度校园尺度调控的手段（图14、图15）：在紧邻校园绿地空间的两侧，3个建筑团队都不约而同地把6层的体量转化为3层叠加3层的院落交错，同时沿百万大道2—3层高的连廊也成为校园空间的中介尺度。在规划配置上，我们除了把8层高的书院划分为4+4层的体量模块，更把12层高的书院退到靠山凹地的内侧；我们的建筑设计，除了延续之前光隆小学和岭南大学的叠加交错院落，也持续探索尺度与密度的关系，发展了三种高密度都市合院的新原型。

5.3.1 虚实上升剖面方院

针对校园6层方形体量，学生中心在剖面关系上将大功能体量安排在低层，中型体量安排在中层，小型体量安排在上层，形成序列的中庭平台逐级上升，到最后的绿色山景。利用体量围合控制中庭的采光遮阴，将四个立面打开，引入对流与框景关系。

5.3.2 上下交错叠加方院

8层逸夫书院和学勤书院的宿舍体量，转变为4层叠加交错的围合体量；12层高逸夫书院的宿舍体量，每两层左右交错形

图14 学生中心及逸夫书院体量模型形态研究

图15 王维仁建筑研究室“都市合院主义”形态分析

成空中庭院；逸夫书院的地面架空庭院，提供架空地面和上层餐厅屋顶平台花园，降低了中庭的尺度。

5.3.3 前后交错开放围合

6层图书馆分成上下两个长条形C形空间，下层面对校园地景曲折打开，上层面对后山地景曲折开放，两端大景窗是挑空层阅览空间；体块交错间隙安排中庭大厅台阶，将人流带上后山景观平台；体量重叠空间为顶部采光的中庭，空间内设置垂直书架与楼梯上下。

5.4 自由的学习场域：突破分区迈向开放的大学

跳开校园自然绿地和地景合院的形态，大学校园规划原型所引发出来的思考，更是有关未来的大学教育如何转化校园的空间形式的思考。如果未来的大学教育是强调通识与学科整合、发展议题导向学习、培养解决问题的创新能力，那么大学的校园空间必然是生活、学习、研究、文化与知识交流功能的重叠。除了对制式校园规划的教学、生活、运动功能分区的检讨，我们更应该思考如何提供更多中小尺度的分散、弹性与重叠功能的复合空间，作为生活与学习的自由场域。如果合院的空间形式是室内与室外、建筑与地景的交融重叠，什么样的合院形式能够提供更多的多功能和无功能的弹性空间，提供一个自由开放的学习空间？

在港中大深圳校园的规划过程中，我们主动研究、质疑和调整任务书的空间假设。我们将食堂的大面积空间打散重组，结合学生社团活动及相关空间，整合成一个作为“学生中心”的新功能空间，让中庭广场两侧的学生中心和图书馆，成为大学校园的精神象征与活动核心。我们也挑战了任务书中上园宿舍区和下园教学区的既定模式，得到了校长的支持，打破日夜截然区分的上下园，在主要教学空间配置学生住宿的书院，让日常学习的活力植入校园日夜交迭的学习氛围。在二期的设计里我们打破南侧运动区的模式，在北侧大礼堂安排运动与餐饮功能，也希望阅读功能分散延伸到不同的书院，将展览、餐饮、演讲的功能分别配置到不同的实验与教学楼之中。

除了对校园规划上功能分区的质疑，我们也希望加速打破大学校园封闭大院的迷思，突破当前园区式的管理模式。多元价值与交流创新的大学校园必然是开放的，在规划设计上校门越多越好，甚至每个临街的路和建筑都是校园出入口，校门是象征形式的公共空间。港中大深圳校园除了临东侧的两个校门，教学楼的序列院落将来都可以是龙翔大道的入口；而我们二期设计的北门穿廊和街角的悬浮体量，都是希望将轴线主导的唯一校门多元化，为未来校园的开放空间与城市街角的入口做好空间准备。

在开放校园的背后，我们关心的核心问题是大学与城市的互动关系。大学是城市里一个割裂的功能园区，或是城市肌理中一个穿透而开放的城市小区，我们如何在设计上埋入伏笔，加速校园与城市的重叠交流？我们如何转化现有的校园管理思维，在规划中留下未来发展的弹性，让大学校园成为城市发展的空间载体，以及穿透开放的城市肌理，与市民共建小区文化与自然生态的场域？

6 后记：轴线迷思到自然地景

我们2012年参加设计竞赛的方案于2018年建成竣工，设计过程经历了无数妥协和不完美，争执中与管理和施工团队切磋学习。如今走在校园宽敞的连廊下，我欣慰的是面对行政楼和图书馆、学生中心和书院，建筑之间看过去是大片绿色的山体，三五成群的学生坐在连廊下、院落间的座椅上看书。我遗憾的是中轴线上有大面积的花岗石铺地，校园的树林和草地不足，还有挡土高墙残暴地隔断了后山的地景生态。

我想到2012年春天的场地探勘——三月清晨的雾气和散置在草地上的树木，远处的绿色山体缓缓地伸入场地，设想的是未来大树与草地之间的建筑地景。2019年，我们研究室团队决定再度参加二期竞赛，原因无他，为了完成当初“山—林—院”的校园规划理想。

在建筑设计的挣扎背后争执焦点依然持续：可否少一些花岗石，多一些自然材料；少几分矫揉的景观，多几分遮阴的大树；少一些景观浇灌，多一些自然水塘？可否再减少一些轴线情节，再增加一些自然地景？在浇灌了270000 m^2的混凝土楼板后，我们如何让背后的山水生态再度渗透成为校园的地景，让建筑成为“山林”间的“院”？

（原载《建筑学报》2020年第Z1期）

注释

① Turner Paul Venable, The Architectural History Foundation, *Campus:An American Planning Tradition*, New York: Architectural History Foundation, 1990.

② Tafuri Manfredo, *Architecture and Utopia: Design and Capitalist Development*, Cambridge: MIT Press, 1979.

③ Coulson Jonathan, Roberts Paul, Taylor Isabelle, *University Planning and Architecture: The Search for Perfection*, New York: Routledge, 2015, p.13.

④ Parsons Kermit, *The Cornell Campus:A History of Its Planning and Development*, Ithaca: Cornell University Press, 1968.

⑤ 参见冯刚、吕博《亨利·墨菲的传统复兴风格：大学校园设计思想研究》,《建筑学报》2016年第7期。

⑥ 参见郭文亮《1956年之前的东海大学校园规划与设计》,《建筑师》2008年第10期。

⑦ 参见王维仁《校园与合院的形态学笔记：香港中文大学与东莞台商学校》,《台湾建筑》2018年第6期。

⑧ Norberg-Schulz Christian, *Genius Loci: Towards a Phenomenology of Architecture*, New York: Rizzoli, 1984.

图片来源

图1、图2、图5—图12、图14、图15：王维仁/王维仁建筑研究室拍摄、绘制、提供。

图3：Parsons Kermit, *The Cornell Campus:A History of Its Planning and Development*, Ithaca: Cornell University Press, 1968。

图4：东南大学建筑系提供。

图13：Archdaily.com,Archeyes.com。

作者简介

王维仁，香港大学建筑学院教授，王维仁建筑设计研究室主持人。

图像与观念：建筑的两种语义类型与叙事模式

张贤波　倪　阳　陶　郅

摘　要：通过分析图像语义与观念语义的生成逻辑，探讨建筑的图像叙事和观念叙事的特点及其启示。巴克桑德尔和卡尔维诺等人的叙事文本中呈现出两种语义类型。参考李格尔和贡布里希对于艺术叙事的分类方法，文章分析两种语义类型如何影响与其对应的建筑叙事。两种语义类型分别反映了建筑叙事的艺术性与逻辑性，两种叙事模式的结合可以形成新的叙事结构和体裁，演化出新的空间形态和空间观念。

关键词：图像语义；观念语义；建筑叙事；建筑语言

1 引言

迈克尔·巴克桑德尔（Michael Baxandall）在《意之形》（*Patterns of Intention*）的引言中指出了两种阅读绘画的途径：视觉图像与语言观念。他说，“我思考或者谈论皮耶罗·德拉·弗朗切斯卡（Piero della Francesca）的《基督受洗》（*Baptism of Christ*，图1）时会有一些很初始的感觉，如‘这幅画里面这种稳定的布置可能是与弗朗切斯卡最近在佛罗伦萨所接受的训练有关’。”巴克桑德尔先是以“稳定的布置”来描述这幅画，然后再指出在佛罗伦萨的训练是其中的原因。[①]高名潞认为巴克桑德尔的意思是当我们解释一幅画的时候，首先是看到画面，然后才是这幅画背后的相关信息。这意味着我们不仅仅是看，而且也会加入文字概念来阅读。所以，从看画的最开始我们就遭遇了语词和形象的双重因素。[②]在巴克桑德尔的叙述里面，包含两个层面的语义。“稳定的布置”是对于画面图像感知的总体印象，是视觉对画面图像把握的结果；“与弗朗切斯卡最近在佛罗伦萨所接受的训练有关”是通过逻辑思维将眼前的事实与背后的信息关联起来进行推论的结果。

图1　弗朗切斯卡，基督受洗，1451

伊塔罗·卡尔维诺（Italo Calvino）在小说《看不见的城市》（*Invisible City*）中，根据自己对城市的经历和体验，通过马可波罗向忽必烈大汗陈述的方式，虚构了55座城市。尽管卡尔维诺全是以文字来描述那些虚构的城市，但是他所用的文字，既有描述城市细节的语词，也有描绘城市图像的部分。在《瘦小的城市之二》（*Thin City 2*）小节里，他描述珍诺比亚（Zenobia）时提及了一些高高的柱子与架空的平台等建筑要素。这是一种接近线性的描述，是以逻辑思维对这座城市展开的叙述。还有一部分文字是以居民的视角来描绘他们对这座城市的整体感觉。“如果让珍诺比亚人形容幸福生活的样子（vision），那他所想象到的都是像珍诺比亚这样的城市。”[③]这小段文字没有按理性的思维线性地描述这座城市，而是把居民对于这座城市的印象和总体感觉呈现出来：让人觉得幸福的样子。这个幸福的样子，正是居民脑海里的一个总体的视像、一个模糊的意象。

在巴克桑德尔和卡尔维诺的文本里都呈现出两种语义：一种是图像语义，它是图像语符直接指向的情感和源自视知觉的心理意象；另一种是观念语义，它是以口头语言作为叙事的语词，通过语词与概念的对应关系，逐步呈现的思想与观念。针对这两种语义展开的叙事就形成了各自的特点：一种是涉及视觉和图像的，是艺术性的；另一种是涉及言语和观念的，是逻辑性的。

2 两种语义的生成逻辑

肯尼·克拉克（Kenneth Clark）曾经这样描述《基督受洗》这幅画：“我们立刻意识到一个几何形的构图；它可以水平分成3部分，垂直分成4部分。水平的划分是源于鸽子的翅膀和天使的手，还有基督的腰布和施洗者的左手；垂直的划分则是粉红色天使垂直的衣服皱褶、基督的中心线和圣·约翰的后背。”[④]

这种描述是基于视知觉对画面的把握，类似于“稳定的布置”那样的描述。在这段话语里，语词不描述具体的画面对象，更多的是表达看画后的感觉和想法。这些是克拉克将观画时所把握到的图像语义转译而成的文字，它是源于视觉对图像的经验和感知。对于图像的感知，在开始的阶段并不需要观念的参与。观念和口头语言是在图像和感知的关系形成之后才参与进来的，是对图像感知结果的结语。

与图像语义相对的是以口头语言直接描述的观念语义。利本纽斯（Libanius）曾经对安提阿市政厅（Council House at Antioch）里的一幅画作过一次详细的描述：“那是一个乡村，和那种适合农民和乡下人居住的房屋——大小错落……4个人正在从房屋里跑出来，其中的一个冲着站在身边的小伙在叫……另一个人转向了第一个人，好像正在聆听着领头人的话。第四个人，刚刚冲出门外，伸出他的右手，左手拿着一根棍子……”[⑤]这段描述已经按清晰的逻辑关系列出了画面所有的要素，但是仍不能使观者重建那个画面。色彩的序列、空间关系、比例关系、位置的左右等要素仍然缺失，这些要素对于这幅画所形成的视觉感受也是重要的。巴克桑德尔认为口头语言的描述并不能够转译图像。[⑥]这种描述方式只是通过语词与概念的对应关系，使得画面里存在的对象及其位置和关系再现在读者的想象中，但是并没有还原那幅画，也重建不了那幅画的视觉感受。根本的原因在于，图像与观念是两种不同的叙事语义，而且思维方式也不一样。

从珍诺比亚的故事可以看出，卡尔维诺是以两种方式看待城市的：一种是以图像呈现的方式，建立总体的形象。这种方式并没有以文字清晰地描述城市的样子，它只是表达一个总体的感觉：珍若比亚人觉得幸福的那个视像。在这段文字里，城市成为一幅图像保存在记忆里，然后再与某些观念对应，如“幸福的样子”，类似巴克桑德尔所说的“稳定的布置”之类的感受。这些观念是语言对图像语义转译的结果。图像的语义通过视觉对图像的感知，直接产生知觉和感受。鲁道夫·阿恩海姆（Rudolf Arnheim）认为，对于图像的表现性的知觉，是因为图像所呈现的形式因素与人的情感因素之间具有相向的结构性质。[⑦]当视知觉把形式作为一个整体把握时，如果这种形式与人的视觉认知机制对应，这种形式就直接产生某种特定的知觉感受。

卡尔维诺看待珍诺比亚的另一种方式是通过事物的概念逐个认知对象。他以口头语言对城市的部分要素进行线性的描述。“它立于高高的桩柱上，房屋是由竹子和锌建成的，有许多平台和阳台架在不同高度的高柱上，互相穿插，由楼梯和悬空的边廊连接，有锥形屋顶的观景台穿过上空，储水桶、风向标、突出的滑轮、钓鱼竿和起重机。”[⑧]在这段文字里，每个词语都有固定的所指，在既定的语法规则下，指向明确的语义。透过这

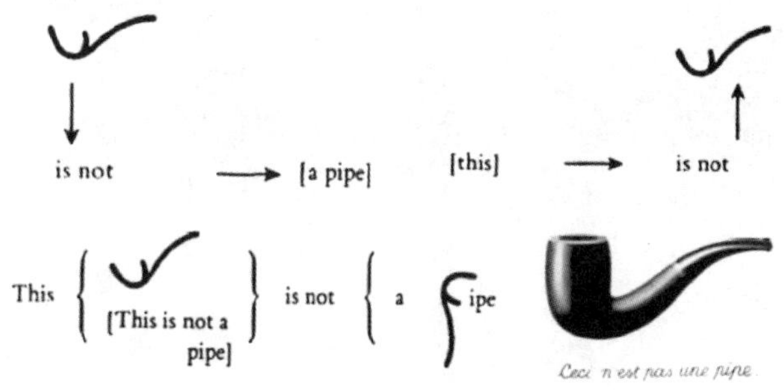

图2　福柯关于《这不是一根烟斗》的阐释与原图

些语义，读者从中可以清晰地了解到珍诺比亚有哪些事物及其关系。这些事物和关系都是通过概念思维的联系来推进和明确的。通过描述，读者了解的是这座城市的概念，但不是它的图像。这是文字描述的语义特点。如果要生成这座城市的图像，或者更进一步的知觉感受，还需要加入读者的想象，这个想象的过程就是将口头语言转译生成图像的过程。

图像语义是一种图式与范畴，是视知觉的直接结果。图像语义往往是不确定的，它只有被口头语言转译之后才形成某种感受。观念语义是一种明确的所指，它总是清晰而固定的，因为它的目的就是使交流变得清楚而明确。口头语言的语词在固定的语法系统之下，总是固定地指称某些内容。这个能指与所指的关系，正是结构语言学所建构的语言体系。图像语言与口头语言的差异，在雷内·马格里特（Rene Magritte）的《这不是一根烟斗》中得到明确的展示。米歇尔·福柯（Michel Foucault）曾经对这幅画作了深刻的评论。他将画里的文字“这不是一根烟斗”（this is not a pipe）进行多角度的语义阐释。当“这”（this）是指这幅画里烟斗的画像时，整句就是指这个画像不是语言概念的烟斗。其次，当“这”（this）是指一个词的时候，这个词就不是画里的烟斗画像。最后，福柯将整幅画作为“这”（this）的含义，整句话就是指“这幅画着烟斗和文字的画”不是由图像与观念结合而成的“烟斗”（的图式）。[⑨]（图2）

从两种语义生成的过程可见，图像语义是开放的、整体的、模糊的。指向图像语义的叙事模式，主要依赖视觉思维对意象进行处理，词与物、符号与意义之间的对应关系或隐喻关系都是不可捉摸的，是一种艺术性的叙事。阿恩海姆指出视觉是思维的一种基本的工具或媒介。[⑩]视觉思维不依赖语言或者概念，而是以经过视知觉取舍而成的心理意象为基本媒介。[⑪]图像叙事强调视知觉把握形式的整体，是一种格式塔，而不是局部的拼凑。观念语义是封闭的、线性的、明确的。语词与语义之间的联系是理性而规范的。指向观念语义的叙事模式通过概念思维将具有固定含义的语词以合法的语言规则联系成为可以理解的话语，是一种逻辑性的叙事。概念思维是与视觉思维相对的一种思维方式。[⑫]概念思维以言语和概念为主进行思维活动。观

图3　女神哈瑟和塞蒂一世，公元前1290—公元前1179

图4　少女赏花，公元前470—公元前460

图5　泰格尔曼，泰坦尼克，1978

念叙事强调话语与观念的对应关系。图像叙事通过图像描绘再现情感和视觉经验，是一种直观的语符——语义的结构关系；观念叙事通过语词描述再现思想和观念，是一种理性的语符语法——语义的结构关系。

3 建筑的图像叙事

建筑叙事包含着两个层面的内容：建筑的叙事（性）与叙事（性）的建筑。建筑的叙事，是指利用叙事的方式来讲述建筑怎么成为存在的话语；叙事的建筑，最后落在建筑上，是指创作建筑空间的目的与手法。⑬建筑叙事一方面是关于建筑理论、思想和发展演变的评论和话语，另一方面是关于建筑本体的思考和理念。对应于建筑叙事的两种语义类型，建筑叙事可以分为图像叙事与观念叙事两种模式。这种划分方法源于李格尔与贡布里希对艺术叙事的划分方法。阿洛依斯·李格尔（Alois Riegl）在《罗马晚期的工艺美术》（*Late Roman Art Industry*）中将埃及的艺术定义为触觉（tactile）艺术，将希腊的艺术定义为视觉（optical）艺术。⑭触觉艺术指的是埃及艺术倾向于再现观念中的形象，而不是视觉所见的形象。埃及的浮雕人像往往是侧面的头像，双手双脚齐全，甚至10根手指都清晰可见。（图3）这种浮雕再现的是观念最清晰状态下的人：侧面，双手双脚，10根手指，等等。人只要通过触摸就能了解对象是什么。希腊的艺术开始抛开观念的束缚，直接将所见的图像转换成为一个静止的画面。这个画面与对象在视网膜的成像相似，在某个特定的角度里，被再现的对象可能有部分被遮挡了。（图4）与李格尔的划分方式相似，恩斯特·贡布里希（Ernst Gombrich）在《艺术的故事》（*The Story of Art*）中将再现艺术整理成一条从“其所知”到“其所见”的发展脉络。他认为再现绘画中涉及观看（seeing）和知道（knowing）两种感知类型。⑮观看就是人体验到的视觉图像，知道是人形成的思想和观念。“触觉艺术”与再现“其所知”的艺术都是一种观念叙事的模式，它以概念思维建构思想观念，强调观念的反映。“视觉艺术”与再现“其所见”的艺术都是一种图像叙事的模式，它以视觉思维去组织心理意象，侧重图像的形式。

按照图像生成的方式，建筑的图像叙事模式主要有三种方式：建筑拼贴、建筑绘画和建筑视像。以建筑拼贴进行叙事，就是对一些建筑图像处理之后重新拼贴成为一幅新的图画。这种叙事方式简单明了，语义单一。图像的生成不需要严密的因果关系和线性的推理过程，只需要将建筑图像并置成所指的语义就完成了叙事的过程。斯坦利·泰格尔曼（Stanley Tigerman）在1978年曾经做了一张著名的拼贴画，名为《泰坦尼克》（*The"Titanic"*，图5）。在拼贴画中，密斯·凡德罗（Mies van de Rohe）设计的克朗楼（Crown Hall）正在倾斜地沉入密歇根湖里。这种叙事方式，可以将建筑从它的原有语境中抽离出来，置换到新的语境中，使得叙事的语词在某种程度上获得独立的意义。因此，语词独立就成为这种叙事模式的一个主要特点。在图像叙事的模式里，语词不需要置于一个有理性逻辑的上下文里，语词与语词之间的联系也不用承担语句的含义，它们可以通过蒙太奇的方式并置，各自呈现意义。语词独立的现象在绘画艺术领域可以追溯至立体主义和波普艺术。在立体主义的绘画作品里，对象被分解和重构，甚至脱离原来的背景。在波普艺术的绘画作品里，独立的商品或日常物品，往往去除了衬布之类的背景或背景色。（图6）弗兰克·盖里（Frank O. Gehry）受到波普艺术家和极简主义者的影响，将现成的材料作为独立的语词进行创作。⑯盖里的查特迪大楼（Chiat-Day Building，图7），选用了一个巨大尺寸的望远镜作为入口，两边分别是由两种不同语法构建的办公楼。望远镜作为一个独立的语词，与左右两侧的办公楼完全不在一种封闭的句法关系里。

通过建筑绘画进行叙事，就是绘制一幅全新的建筑图画。这种方式与拼贴相比的优点是绘制的对象可以对建筑原型或者

图6 沃霍尔，坎贝尔汤罐头，1968

图7 盖里，查特迪大楼，1985—1991

图8 瓦尔森多普，詹克斯对标志性建筑的概念形式设计，2011

图9 罗西，塞格拉特城市广场与纪念喷泉，1965

原素材进行完全自由的处理。查尔斯·詹克斯（Charles Jencks）在《后现代主义的故事》（*The Story of Postmodernism*）的封面中运用建筑绘画的方式，将20多座识别性很高的标志性建筑并置在一起，组成一幅建筑绘画。[17]（图8）20余座标志性的建筑并置在一个画面里，而且赋予同样的一个底座，以同一个轴测图的角度表现，彼此之间的差异性与可识别性在对比的关系中得到了明确的呈现。阿尔多·罗西（Aldo Rossi）也常常运用建筑绘画这种方式去陈述他对于建筑类型和城市形态的记忆。（图9）通过将各种建筑构件、空间类型、建筑要素以开放性的视觉思维并置在同一幅画面里，潜意识里的空间形态、空间氛围、建筑形象都有可能被重新组织和还原，还有无意识状态下的集体记忆和心理意象等。在视觉思维里，建筑的类型与建筑形式之间的位置、色彩、上下文等关系都是自由的，各种建筑要素形成了一种开放性的对话关系。

建筑视像叙事是直接将建成后的建筑作为叙事的文本。建筑视像，指的是观者或者使用者面对建筑时通过视觉感知所获得的心理意象，是一种经过视知觉处理的图像。视像叙事将建筑的整体形式作为视知觉的完形，它不强调形式在观念层面的含义或者象征的意义，也不探询道德或者政治的隐喻。这种叙事模式的缺点是建筑的视像没有明确的所指，因此它的语义往往难以通过口头语言转译。在这种叙事方式里，建筑视像直接指向一种视觉的感知经验，视觉直接感受情感或情绪的起伏变化，而这种情感的起伏本身就是叙事的情节性和戏剧性。（图10）

4 建筑的观念叙事

蒂埃里·代·迪夫（Thierry de Duve）深入地观察到，现代美学的问题不是“什么是美的”，而是关于“作为艺术（和文学）有什么可以说的”。[18]这个“可以说的”内容就相当于艺术作品

图10 哈迪德，格拉斯哥河岸博物馆，2004—2011

的观念语义。建筑的观念叙事有三个维度：语词、文本和话语。语词是基本的语言单位，建筑语词往往指向明确而具体的建筑形式、空间关系或者建筑思想等。

詹克斯在《建筑的新范型》[19]（*The New Paradigm in Architecture*）中绘制了一幅文字画，将1960年至2000年间的21种建筑运动、500个建筑和9个建筑师按时间和演变的关系整理成后现代主义的演变树。（图11）在这幅文字图里，詹克斯将建筑师和建筑作品按21种建筑运动进行归类和排列。每种建筑运动对应着一种从建筑形式或者某种相对固定的建筑语言类型抽象出来的观念。这些包含着某些固定概念的语词，本身就是建筑历史评论和建筑叙事的结论。这些语词不依赖句法的联系，而是通过语词本身的集合进行叙事。具有常规含义的语词往往是在观念上作了一种转换才得以独立成文，才具有“值得言说之处”。阿尔多·凡·艾克（Aldo van Eyck）曾经对树与树叶的概念做过一次有趣的转换，他把树视为宏观的叶子，把叶子看作是微观的树，然后将这种语法转换生成的关系嫁接到城市与建筑的关系之上，并以“字画”[20]（calligram）的方式将文字写成树叶的图像。[21]（图12）

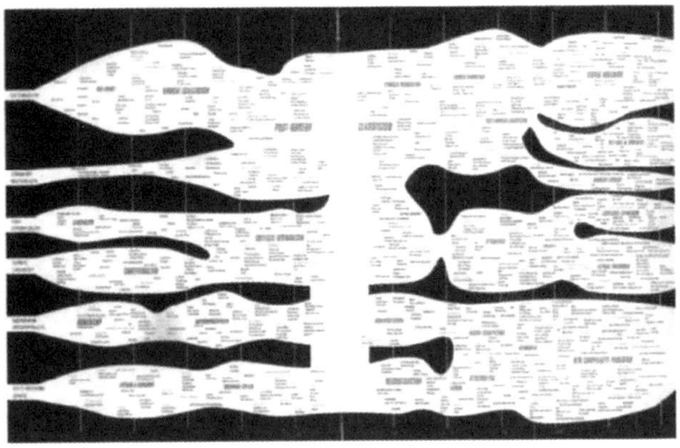

图 11　詹克斯，后现代演变树

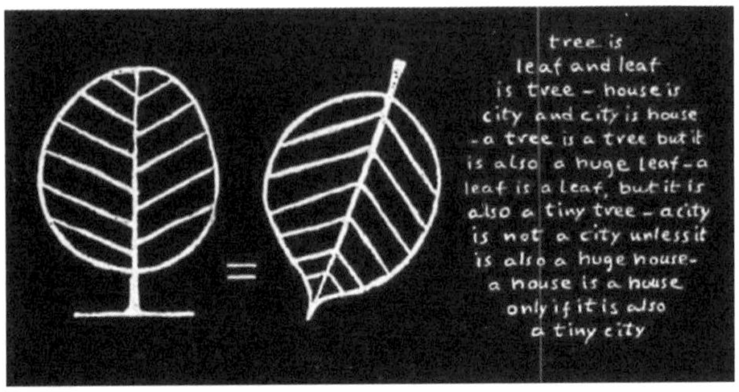

图 12　艾克，树与叶的比喻

图 13　格雷夫斯，Kasumi 研究和训练中心，1990—1994

图 14　王澍，象山校区

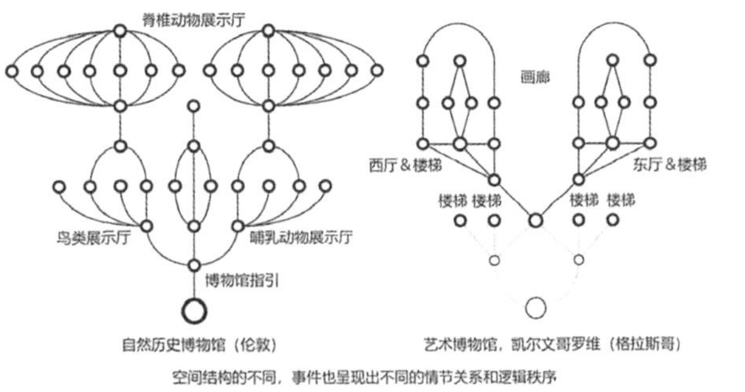

图 15　自然历史博物馆与艺术博物馆的空间结构

除了文字语词可以作为观念的符号，建筑语言系统的语词具有同样的语义功能。将过去的建筑形式拆解出语词片段，保留语词的含义而分解完整的语句含义，与当下的语词合并成复合的语义，是格雷夫斯对待建筑语言的常用手法。他一直在寻求一种建筑语言，探索它的转换和边界。他将大众熟知的建筑语词与代表时代建筑意志的建筑观念结合，以期叙述大众可以理解的建筑主题。[22] Kasumi 研究和训练中心（Kasumi Research and Training Center，图 13）的筒拱、柱廊、圆柱、坡屋顶等传统建筑要素，尽管被剥离了线脚、柱头等构件，其自身仍然承载着一种历史时空的故事线索，它们仍然包含着古典思想中关于人体比例、自然秩序和理性知识的情怀。这些要素与现代工业文明中简洁的混凝土几何体组合，两类语词构成了一种关于时间意识与时代意志的主题叙事。

建筑叙事的文本主要是建筑的本体结构和空间系统。建筑（本体）叙事系统的建构需要空间建构的句法系统，它呈现出一种理性的逻辑关系。[23]空间是建筑承载行为的主要载体。建筑本体的叙事，需要对空间的轴线、凸状、视区等空间的构形要素进行句法联系，如空间关系的连接、控制、集成等。[24]在建筑的观念叙事里，空间句法的意义是将语词联结成为连续而可读的叙事。建筑为使用者提供的路线，构成了建筑叙事的主要线索。不同的路线及其相遇节点的分布，还有空间相遇的方式都可以触发情节起伏。[25]在中国美术学院的象山校区里，教学楼和专家楼等建筑的路线曲折，空间形态丰富。（图 14）空间以各种出人意料的方式被围蔽、敞开、穿越、叠置和对话；连廊连接房间、穿透空间、越出屋顶，又回到廊下、重返楼台；通道与通道或者分立两边遥相呼应，或者擦肩而过，或者在下一个路口相遇……空间句法也可以反映出情节发展的逻辑关系和秩序。空间的连接方式、空间特点和属性、空间序列的结构关系等句法性质不仅是叙事的结构关系，而且暗示着行为发生的规律和空间与社会关系的逻辑。[26]（图 15）房屋和空间的内外界限与社会阶层和群体的逻辑关系，使得建筑与空间从一种物质现象转化成为一种社会和文化现象。[27]

图16　作画时的波洛克

观念总是与某些固定的含义相对应。建筑观念所指向的语义一方面是由空间语法规则所封闭的内容，一种比较稳定的内容。它是建筑本体的意义，如建筑被看作是供使用的空间场所、与行为模式关联的指示符号、影响使用行为与心理的空间品质等。另一方面，它是通过象征或者喻指的内容，一种看似可以无限扩展的内容，如建筑权力话语、社会政治意识形态、历史文化象征等。[28]话语是观念叙事的第三个维度，它指的是以观念语言进行建筑叙事的全部语言成分。话语的作者是某些建筑观念的创造者，这个传统意义上的作者是建筑师。罗兰·巴尔特在《作者之死》（*The Death of Author*）中认为，一段文字的真正作者是那个看不见的话语权力，这个话语权力是传统、语境、欲望和知识所组成的综合系统。所以，任何文本都不是真正的客观文本，在这个意义上讲，现实生活中的某一作者在他的文本中都不是唯一的作者。得到文本的真实意义的前提和代价是传统意义上的“作者”的死亡。[29]

在叙事的话语里，创作者、使用者、观者、业主的评论及体制等都有可能成为当下的权力话语。约克逊·波洛克（Jackson Pollock）把绘画的过程作为艺术叙事的主要话语，而绘画作品只是这个生命过程的结论。[30]（图16）彼得·艾森曼（Peter Eisenman）将建筑的含义从建筑的本体分离，纯粹以语法的转换生成过程作为叙事的内容。（图17）除了建筑师可以作为叙事者之外，使用者的使用过程也可以对建筑空间进行重新的定义。乔纳森·希尔（Jonathan Hill）在《建筑的行动》（*Actions of Architecture*）中指出了使用者有可能对建筑产生的若干种积极的改变方式。[31]当前，随着民主政治的推进，公众参与到非正式城市（informal city），城市定居者在城市规划、项目决策及空间塑造中的话语权越来越大。[32]公众参与设计过程的体制也可能成为一种有效的权力话语。伊恩·博登（Iain

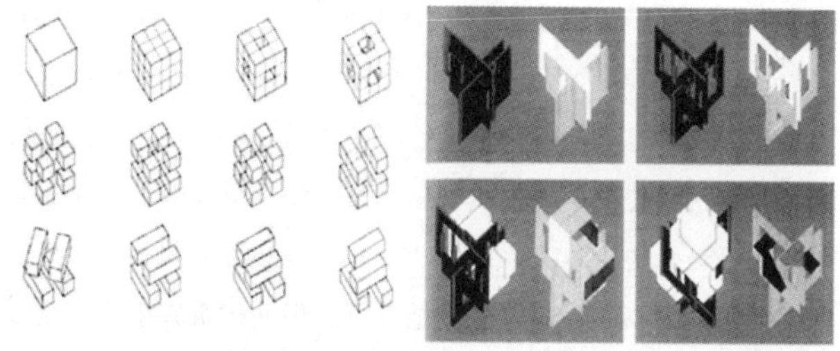

图17　艾森曼，四号住宅与六号住宅的语法转换

图18　克里斯托与克罗德，包裹的国会大厦，1971—1995

Borden）曾以多个不同国家的城市为例，探讨城市生活与建筑之间复杂而富有活力的关系。城市生活往往可以意外地创造丰富多样的空间形态。[33]使用者、业主、观者、建造者等人往往更少受传统观念的束缚，综合的叙事主体所呈现的叙事话语在很大程度上改变了建筑的固有模式和认知图式。在各种叙事者加入建筑叙事之后，建筑与空间的观念从围护的实体与被围护的体积演变成为行为的场所和文化的载体。（图18）

5 结语

图像叙事主要依赖视觉思维进行表达，是对图像语义的艺术性描绘；观念叙事则以概念思维建构成有明确含义的话语，是对观念语义的逻辑性描述。两种叙事模式也可以结合在一个叙事文本里，如马格里特曾有一个时期，以观念语词和图像形象的结合创作了大量的绘画作品。马塞尔·杜尚（Marcel Duchamp）的《泉》（*Spring*）正是通过观念的转变，将现成品的观念转译成为艺术品的创作理念，引发了艺术界对于艺术观念的反思。阿瑟·丹托（Arthur C. Danto）认为观念过度融入艺术创作而使艺术完全转向哲学，这将会导致艺术的终结。[34]事实上，观念融入艺术萌生了观念艺术这种新的艺术形态，而图像仍然是绘画领域主要的叙事媒介。

图像叙事的模式也可以结合在观念叙事为主的叙事载体之上。吉尔·德勒兹（Gilles Deleuze）与菲利克斯·伽塔利（Felix Guattari）合著的《千高原》（*A Thousand Plateaus*）以“游牧式”的结构方式组织“块茎式的文本”。这本书将图像思维融入理性的、线性的逻辑思维，使文本以图像逻辑联结成为话语。

与“树状”或“根状”的线性关系不同，“块茎式”的《千高原》可以从任何一章开始，以任意的顺序去阅读。视觉思维联系文本的开放式章法与传统句法相结合可以形成一种复合的语法。超空间、网络空间、光滑空间、赛博空间等空间形态正是以这种复合语法来构建的结构关系。[35]两种语义的结合可以促进既有叙事观念的更新，叙事模式的结合可以促使建筑叙事演绎出新的空间形态和艺术形式，促进建筑叙事在创作、使用、评价等过程中平衡建筑的艺术价值和社会文化价值。

（原载《世界建筑》2019年第10期）

注释

① Michael Baxandall, *Patterns of Intention: On the Historical Explanation of Pictures*, New Haven and London: Yale University Press, 1985, p.1.

② 参见高名潞《西方艺术史观念：再现与艺术史转向》，北京大学出版社2016年版，第207页。

③ Italo Calvino, *Invisible City*, William Weavertrans, San Diego, New York and London: Harcourt Brace & Company, 1974, p.35.

④ Michael Baxandall, *Patterns of Intention: On the Historical Explanation of Pictures*, New Haven and London: Yale University Press, 1985, p.5.

⑤ Michael Baxandall, *Patterns of Intention: On the Historical Explanation of Pictures*, New Haven and London: Yale University Press, 1985, p.2.

⑥ Michael Baxandall, *Patterns of Intention: On the Historical Explanation of Pictures*, New Haven and London: Yale University Press, 1985, p.3.

⑦ 参见［美］鲁道夫·阿恩海姆《艺术与视知觉》，滕守尧、朱疆源译，四川人民出版社1998年版，第609—613页。

⑧ Italo Calvino, *Invisible City*, William Weavertrans translated, San Diego, New York and London: Harcourt Brace & Company, 1974, p.35.

⑨ Michel Foucault, *This Is Not a Pipe*, James Harknesstrans translated, Berkeley, Los Angeles and London: The University of California Press, 1983, pp.19–31.

⑩ 参见［美］鲁道夫·阿恩海姆《视觉思维》，滕守尧译，光明日报出版社1987年版，第62页。

⑪ 参见［美］鲁道夫·阿恩海姆《视觉思维》，滕守尧译，光明日报出版社1987年版，第30页。

⑫ 推理认识依赖概念的线性排列来进行，这就是概念思维的过程。参见［美］鲁道夫·阿恩海姆《视觉思维》，滕守尧译，光明日报出版社1987年版，第343—350页。

⑬ 参见刘延川等《叙事建筑在中国的尝试》，《世界建筑导报》2016年第3期。

⑭ Alois Riegl, *Late Roman Art Industry*, Rolf Winkestrans translated, Rome: G. Bretschneider, 1985.

⑮ 参见E. H. 贡布里希《艺术与错觉》，林夕等译，浙江摄影出版社1987年版。

⑯ Laurence B. Chollet, *The Essential Frank O. Gehry*, New York：Marry N. Abrams, 2001, p.8.

⑰ 这幅画是由詹克斯设计，由麦德隆·瓦尔森多普（Madelon Vriesendorp）绘制完成的。

⑱ Jean-Francois Lyotard, *Introduction: The Postmodern Condition: A Report on Knowledge*, University of Minnesota translated, Manchester: Manchester University Press, 1979, p.75.

⑲ 詹克斯在2002年修订后出版的是第七版。

⑳ 福柯在《这不是一根烟斗》中经常用到“字画”这个词，它是由文字与图像组合而成。

㉑ Vincent Ligtelijn, *Aldo van Eyck, Works*, Gregory Ball translated, Basel, Boston, Berlin: Birkhauser, 1999.

㉒ Karen Nichols, *Michael Graves: Buildings and Projects 1995–2003*, New York: Rizzoli International Publications, 2003, p.6.

㉓ 参见陆邵明《当代建筑叙事学的本体建构——叙事视野下的空间特征、方法及其对创新教育的启示》，《建筑学报》2010年第4期。

㉔ 参见张愚、王建国《再论“空间句法”》，《建筑师》2004年第6期。

㉕ 参见2015年12月19日的“叙事建筑”学术研讨会中，程远关于自己与女友游象山校园的叙述。参见刘延川等《叙事建筑在中国的尝试》，《世界建筑导报》2016年第3期。

㉖ Bill Hillier, Julienne Hanson, *The Social Logic of Space*, London: Cambridge University Press, 1984.

㉗ 参见张愚、王建国《再论“空间句法”》，《建筑师》2004年第6期。

㉘ Sophia Psarra, *Architecture and Narrative – The Formation of Space and* Cultural Meaning, London, New York: Routledge, 2009。转引自陆邵明《当代建筑叙事学的本体建构——叙事视野下的空间特征、方法及其对创新教育的启示》，《建筑学报》2010年第4期。

㉙ Roland Barthes, *The Death of Author*, Stephen Heath translated, New York: Hill and Wang, 1977, pp.142–148. 转引自高名潞《西方艺术史观念：再现与艺术史转向》，北京大学出版社2016年版，第213页。

㉚ Edward Lucie-Smith, *Movements in Art Since 1945*, London: Thames & Hudson Ltd., 2001, p.23.

㉛ Jonathan Hill, *Actions of Architecture: Architects and Creative Users*, London and New York: Routledge, 2005.

㉜ 参见陆邵明《当代建筑叙事学的本体建构——叙事视野下的空间特征、方法及其对创新教育的启示》，《建筑学报》2010年第4期。

㉝ Iain Borden, Joe Kerr, Alicia Pivaro, Jane Rendell, *Strangely Familiar: Narratives of Architecture in the City*, London: Routledge, 2005.

㉞ 与这种艺术终结论类似的观点还有与丹托几乎同时提出艺术终结论的汉斯·贝尔廷（Hans Beltin），还有多纳德·卡斯皮特（Donald Kuspit）等人。参见高名潞《西方艺术史观念：再现与艺术史转向》，北京大学出版社2016年版，第515—523页。

㉟ 参见麦永雄《后现代多维空间与文学间性——德勒兹后结构主义关键概念与当代文论的建构》，《清华大学学报（哲学社会科学版）》2007年第2期。

图片来源

图1：https://en.wikipedia.org.

图2：右下，Marcel Paquet, *Rene Magritte, 1898–1967: Thought Rendered Visible,*

Kōln: Tasdien, 2015; 左上，高名潞:《西方艺术史观念：再现与艺术史转向》，北京大学出版社2016年版，第207页。

图3：Daniel Soulie, *Louvre 400 Materpieces*, New York: Abrams, 2008。

图4：Daniel Soulie, *Louvre 400 Materpieces*, New York: Abrams, 2008。

图5：Judith Gura, *Postmodern Design Complete*, London: Thames & Hudson, 2017。

图6：Klaus Honnef, *Pop Art*, Koln: Taschen, 2015。

图7：J. Fiona Ragheb, *Frank Gehry, Architect*, New York: Guggenheim Museum Publications, 2001。

图8：Judith Gura, *Postmodern Design Complete*, London: Thames & Hudson, 2017。

图9：Germano Celant, *Aldo Rossi Drawings*, Milano: Skira, 2008。

图10：Zaha Hadid, *The Complete Zaha Hadid*, London: Thames & Hudson Ltd., 2013。

图11：Judith Gura, *Postmodern Design Complete*, London: Thames & Hudson, 2017.

图12：Vincent Ligtelijn, *Aldo van Eyck, Works*, Gregory Ball translated, Basel, Boston, Berlin: Birkhauser, 1999。

图13：Stephen Dobney, *Michael Graves*, Mulgrave: The Images Publishing Groups, 1999。

图14：作者自摄。

图15：作者根据陆邵明《当代建筑叙事学的本体建构——叙事视野下的空间特征、方法及其对创新教育的启示》绘制。

图16：[德]乌韦·施内德:《二十世纪艺术史》，邵京辉、冯硕译，中国文联出版社2014年版。

图17：Peter Eisenman, *Diagram Diaries*, London: Thames & Hudson, 1999.

图18：Jonathan Hill, *Immaterial Architecture*, New York: Routledge, 2006.

作者简介

张贤波，华南理工大学建筑设计研究院有限公司、华南理工大学建筑学院博士研究生。

倪阳，华南理工大学建筑设计研究院有限公司副院长及副总建筑师，华南理工大学建筑学院教授。

陶郅，原华南理工大学建筑设计研究院副院长，中国工程勘察设计大师，华南理工大学建筑学院教授。

布扎“构图”再认识

汪妍泽　周鸣浩

摘　要：“构图”作为布扎建筑设计的核心，被认为与美院经验主义教育密切相关。随着布扎教育的没落，“构图”也逐渐让位于现代建筑设计方法。但作为设计方法学的一部分，它的逻辑性和合理性在“布扎”向现代建筑转型中扮演着重要的角色。本文通过分析“构图”的适应性要点，回溯它积极回应中国建筑教育的适应性案例，意图说明重新审视这一设计方法以及布扎教育的积极意义。

关键词：布扎；构图；适应性；中国建筑教育

1 提出问题

20世纪80年代中后期中国建筑教育的现代转型是由对布扎教育的批判开始。渲染模式首当其冲，被认为是以经验主义的方式培养“形式典范的接受者和复制者”，让学生误以为精美的图纸表达是设计训练的最终目的，而忽视“提出问题—思考问题—解决问题”的理性设计过程。[①] 对于布扎古典建筑样式的批判也是不言而喻。或许布扎之于当时新思潮下大刀阔斧的教学改革，如同腐肉，不切不得以重生。但中国建筑教育经历了此后30余年的自由发展，也有了更多比较、反思不同教学思路和方法的机会。因此，有些问题不得不引起当代中国建筑教育的重新思考：中国建筑教育的现代转型究竟是革命式还是渐进式？过往对于布扎的全面否定是否尚存余地？当代语境下重新认识布扎是否有其积极意义？本文聚焦布扎教育的内容之一，基于20世纪50年代以来南京工学院建筑系教学成果，探讨“构图”在中国建筑教育中的延续性，希望能够为回答这些问题提供部分参考。

2 西方布扎“构图”的适应性假设

首先，想要讨论构图的延续性需要明确它的基本特征。在诸多“构图”理论著述中可以比较清晰地提炼出一些线索，因为

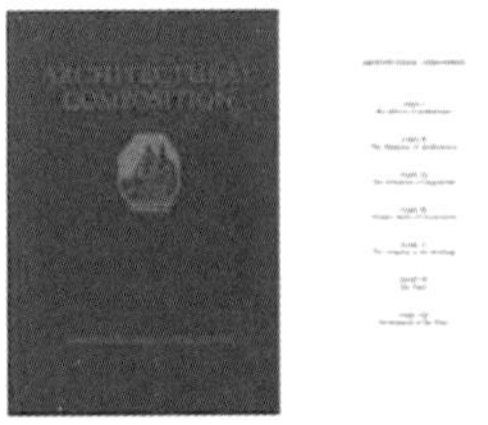

1	The Nature of Architecture	建筑	概述
2	The Elements of Architecture	构图	方法
3	The Elements of Composition		
4	Primary Rules of Composition		
5	The Program of the Building	项目	应用
6	The Parti		
7	Development of the Parti		

图1 《建筑构图》章节组织

构图原理理论化正是建筑学者不断尝试用尽可能简洁的方式向大众传递“构图”的概念和应用方式的过程。这一过程开始于19世纪末，起初是作为布扎理论化的一部分，见于1901年巴黎美术学院学者 J. F. 加代（Julien-Azais Guadet, 1834—1908）所著的《建筑要素与理论》（*Éléments et Théorie Del'architecture*）。这本书被认为是“让我们深刻理解布扎思想之综合的唯一一部著作”[②]，此前“构图”知识多是依靠考古测绘形成的图册传播。之后，基于加代理论的著述层出不穷，在聚焦构图理论的出版物中以1926年 N. C. 柯蒂斯（Nathaniel Cortlandt Curtis）的《建筑构图》（*Architectural Composition*）最为清晰。全书共7个章节，具体探讨了由建筑构图到建筑设计的完整过程，其中构图方法部分分为“要素”（The Elements of Composition）和“法则”（Primary Rules of Composition）。（图1）

从内容结构来看，全书从“是什么”入手解决“怎么做”的问题，连接两个问题的“构图”就是从建筑实例分析中提炼出来的设计的一般方法，并可以应用于与项目需求结合的设计实践，这时古典建筑案例提供了很大的参考价值。此一般方法是利用“构图的要素，包括门廊、列柱廊、中庭、走廊、入口、前厅、大厅、楼梯、电梯等”以解决“通风、采光和人流等”实用目的。由于受到加代理论的影响，柯蒂斯坚持设计从平面出发，因此他的理论是以平面要素和平面组织方式为基础的，但这并不影响构图作为系统的设计方法存在的意义。在同时代其他构图论著中，这种追求均衡的组织方式也被广泛应用于立面甚至是细部设计之中。要素和原则是否能够适时改变决定着构图方法的适应性。

图2　费城罗丹美术馆

图3　1954年范明浓西古构

图4　1962年郁金根西古构

“我们观看事物的方式，受知识与信仰的影响”，不同时代需求的改变成为思考以上问题的动因。首先谈谈要素，布扎教育从建立开始便与古典建筑风格捆绑，灵感的汲取来源于考古学的发现，而考古学的贡献多是片段式的，这也与大众从细节欣赏古典建筑的方式是一致的。在建筑师的眼中，如果经典的古典案例是由片段拼装而成的，那么做设计的时候用相同的方法进行组装也合情合理。但技术革新带来的生活方式的改变对居住环境不断提出新的要求，所以如电梯等现代生活要素被添加到构图要素之中。与其说是一种被动的过渡，不如说是一种主动改变的尝试。在很长一段时间内，新要素参与到古典构图中，并与古典要素维持着相对和谐的关系。而“原则”的关键词是“比例”，加代提出，“不同部分构成主体的和谐比例”，加之“布扎”本身始于美院，构图来源于绘画，使我们误解构图只是以满足审美需求为首要准则，这一误读伴随“布扎”等同于美院教育的观念一直延续至今。实际上，加代试图“建立一种规范的方法，把各种最新的技术要素尽可能根据轴向布置的传统结合起来”[③]，而在柯蒂斯那里“比例”的概念更为具体，它源自合理的建造模数，以解决不同的项目需求为目标，并要满足实用和大众审美的标准。所以说“构图”自提出以来就是利用合理的方式去解决当下问题的途径。

因此，构图的适应性假设可以体现在：第一，要素内容作为相互分离的构件是允许局部，甚至全部替换的，因此它的形式风格是可以不固定的；第二，组织原则是理性的设计思考方式，不仅仅是要素间单纯的物理组合，而且能够使它们相互反应实现对功能、审美的回馈，所以这些原则是可以应时代需求而适时改变的。简而言之，构图虽然始于新古典，但要明确的是它本身并不是某种固定的时代风格，而是一种适应性的设计方法。如果构图的适应性得以认可，那么它在现代建筑教育中的延续性就有了可以依托的根基，针对构图现代性的探讨也将成为可能。在此笔者认为，构图训练在中国的演变过程便是布扎通过不断修正和调节自身特征适应中国建筑教育的尝试之一。

3 中国布扎“构图”的适应性实验

中国正规的高等建筑教育始于布扎模式。顾大庆认为布扎对中国建筑教育的影响可以分为三个阶段：20世纪20—50年代的移植时期，20世纪50—80年代的本土化时期，20世纪80年代至今的抵抗、衰退时期。[④]本文将据此为参考，但并不是定性构图在中国建筑教育中的发展也遵从着完全相同的历史分期。由于基础课往往是对建筑风格之下的设计本质进行抽象之后才形成的，因此，基础课程可视为布扎思想的延续反映，也是布扎思想的延续反映的重要参照系。

3.1 要素的研究

美国布扎教育是对法国模式的适应性改良。举例来说，在与现代建筑形式的博弈中，对古典元素的简化一直被持续尝试。参看20世纪20年代保罗·克瑞（Paul Cret）的作品，如费城罗丹美术馆（图2），保持着古典建筑的经典比例，对装饰的极致简化却塑造出接近现代主义建筑的机械感。可以说，被定义为“历史主义”的布扎建筑实际上包含了相当程度上的开放性，而这种开放性的选择又是基于时代需求的判断之上的。

中国布扎教育虽源于美国，却也并非美国教育的复制品。20世纪50—60年代是布扎教育在中国发展的第二段繁盛期，“西方古典建筑构图渲染练习”（简称“西古构”）作为基础课程的重点，通过古典建筑片段的选择和组合并付诸渲染锻炼学生的美学认知能力。以南京工学院为例，1954年全面“学苏”开始，沿用苏联布扎教育，教学中练习选用爱奥尼作为构图的主要柱式。（图3）经历了“大跃进”的经济冲击，“恢复、调整”时期教学恢复后，复杂烦琐的科林斯柱式出现在构图作业中（图4），继而又回归了简洁的多立克柱式（图5）。古典片段的选择上所经历的繁、简交替的过程，恰恰反映了国情调控下，社会需求对布扎古典教育半推半就的犹豫态度。实际上，自布扎教育进入中国，经历了短暂的模仿期后，教学中对西方符号的研习热情逐步下降，学生对古典样式的应用多是通过描摹、复写图集，而对其潜在的法则追究很少。西古构逐渐成为布扎教育

图5　1963年魏洪增西古构　图6　1952年庄有基中古构

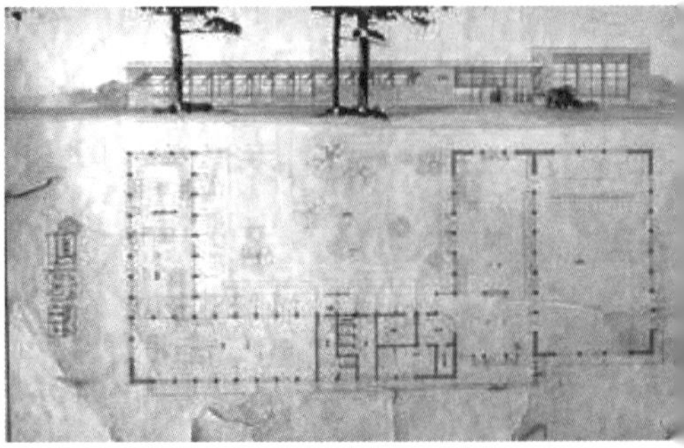

图7　1955年鲍家声“歇山一角”　图8　1957年张振民俱乐部设计

图9　1954年黄祥鲲公园大门设计　图10　1953年赵福兴中古构

的典型符号，操作本质上与早年巴黎美术学院从考古学中描摹古典样式而获得设计信息的途径已有差异。

相反，说到考古，中国传统建筑的资源优势逐步体现。从亨利·墨菲（Henry Killam Murphy）的“适应性中国建筑”到吕彦直的“中国固有式”，特别是对中国传统建筑的实地勘测逐步展开，使得民族主义从单纯模仿走向了自发呈现，因而促进了“构图”教学内容的更新。从要素研究上来看，教学中配合中国建筑史授课讲解中国传统建筑部件，使得传统要素进入构图练习。随着“社会主义内容，民族形式”被推向高潮，建筑学基础课程中正式新增“中国古典建筑构图渲染练习”（简称“中古构”），传统建筑元素，如方塔、经幢、石狮、铜鼎等，开始出现在学生作业之中。（图6）随后南京工学院建筑系教师自主设计的“歇山一角”也是其中的经典一例。（图7）

民族形式兴起的同时，现代建筑形式也悄然回温。现代建筑思想几乎是与“布扎”发展相伴而行。20世纪40年代出现了“布扎”与现代建筑思想的第一次碰撞，据钟训正（1949级南京大学⑤建筑系学生）回忆：一年级基础课程以古典构图与渲染为主，而高年级的建筑设计风格便转向简洁的现代建筑。同样，“学苏”热潮消退后，现代风格的兴起仍然是用布扎构图原则进行现代形式的建筑设计，只是古典要素被简化或是替换成了简洁的建筑构件。（图8）

“文革”前基本定型的“布扎”的本土化格局，集中反映在构图要素的替换上，可见构图作为一种实现风格转换的设计方法，有着很强的灵活性，而其背后也密切关联着政治主导的时代需求的变化。

3.2 原则的研究

前文提出，构图起初目的是解决平面功能问题，而加代认为“美的平面”应该是同时兼顾室内空间和立面的，所以构图是兼顾平面、立面和空间的设计方法。柯蒂斯认为，构图的重要原则——“比例”受到建造（construction）、地点（location）、环境（environment）等影响。

正如结构因素对柱子的尺寸、数量及排列方式的决策权远大于审美需求，相较“要素”的风格化，构图原则更倾向于满足实用性目标。柱式和拱券是古典建筑的两个重要结构要素，二者的结构特性是形成均衡构图的重要因素，因此构图练习在要素认知的基础上，还隐含了了解要素结构性能的目的。观察中国布扎教育，其对建筑结构性认知还是较为清楚的。

19世纪以来新结构的产生弱化了古典要素真实的结构作用，最终柱式的出现往往成为一种装饰。虽然在20世纪20年代柱廊还广泛地呈现在宾夕法尼亚大学的学生作业⑥中，但发展到20世纪50年代的中国语境中，其结构性已经被弱化了很多。在明确要素的建造特征后，构图过程中，柱式大多简化为对竖向构件（包括结构和非结构要素）的理解。如图示基础课程中“公园大门”设计（图9），柱式呈现的是平衡构图的作用，而拱券还是作为实现跨度的真实结构。而对拱券的接纳多半是来自对中国传统建筑中拱门结构性的认可。（图10）反之，这种用西方构图模板组合中国传统要素的模仿也佐证了清楚的建造意识。所以，柱式和拱券在构图训练中的呈现方式差异很明显。

同时，民族形式也间接导致了构图原则的调整。上文提及的“歇山一角”以传统官式建筑法式为蓝本，课题设计时对屋面形式、构件比例、尺度和相对位置等斟酌再三，其中建筑山墙和围墙的交接方式更是出自故宫的实地考察。与西古构到西古样式设计类似，学生在中古构练习之后对中国传统形式的应用也更为老到。（图11）混合着风格倾向的不确定性，学生设计中出现了西方古典构图法则、中国传统构图法则的叠加，同时也出现二者与现代风格的结合。（图12）

相较风格更替，“布扎”本土化过程中构图法则的转变显然

图11　1955年周关良图书馆设计

图12　1955年徐东平、张敏娟宿舍设计

是隐性的，但它建立起了不同要素之间结合的强力纽带，也是建筑教学呈现多样化的本质原因。

4 “构图”再认识

总的来说，“构图”的适应性毋庸置疑。20世纪50年代，构图训练虽然沿袭传统的教学方式，但与西方古典构图“文典研读—草图构思—正图绘制—渲染表现”的完整步骤不同。在训练环节的取舍之间，可窥见中国建筑教育对布扎态度的转变。构图训练的“异化”暗示着教学中建筑设计训练的重心由解决“构图”中的美学问题逐步转移到了其他设计问题之上，其中一部分就是现代建筑空间问题。

“构图”作为布扎教育的重要内容之一，它的适应性更新暗示了布扎教育的灵活性。长期以来，由于受到古典风格的干扰，形成了对布扎教育的片面理解，事实上布扎教育除了对经验美学的提倡，也包含客观、理性的设计方法，这与现代建筑教育所提倡的分析、解决问题的设计思路不谋而合。由此可见，中国建筑教育的发展历程并不是一蹴而就，布扎教育也并非顷刻间戛然而止，其中暗含的循序渐进的承启关系还值得深入探讨。

（原载《建筑师》2020年第3期）

注释

① 2007年东南大学建筑学院院庆80周年纪念册中回顾20世纪80年代建筑教学对“布扎”教育的反思，从文字中可见当时所批判的并非“布扎”教育本身，而是对“布扎”教育的理解误区，这种误区源自法国“布扎”教育后期过度重视图面表现造成的对建筑设计方法的忽视。因此，“布扎”教育经由美国传入中国时，这种误区就一直存在，并愈演愈烈，这也是引发中国建筑教育20世纪80年代与“布扎”决裂的根本原因。但就“布扎”设计方法学本身，20世纪80年代的教学大纲中并未明确表态，这为我们留下了思考的空间。

② 克鲁夫特（Hanno-Walter Kruft）对加代著作的评价。他还补充说明“19世纪末法国的建筑争论，在巴黎美术学院内外，都表现为极端的理性主义色彩”，而这种理性很明确地反映在加代的著作中，也为现代建筑运动做出了重要铺垫。同时，克鲁夫特也指出“巴黎美术学院的传统被看作是造成所有倒退的原因”实际上是在“被歪曲的历史画面中”。

③ 单踊：《西方学院派建筑教育史研究》，东南大学出版社2012年版，第88页。

④ 参见顾大庆《中国的“鲍扎”建筑教育之历史沿革——移植本土化和抵抗》，《建筑师》2007年第2期。

⑤ “国立中央大学”1949年更名为“国立南京大学”，1952年院系调整时其工学院独立为“南京工学院”。此处南京大学为南京工学院前身。

⑥ 哈伯森（John F. Harbeson）在《建筑设计学习》（*The Study of Architectural Design*）中除了介绍建筑设计的具体教学过程，也展示了相当一部分法美“布扎”学生的优秀作业。

参考文献

1. 东南大学建筑学院编：《东南大学建筑学院建筑系一年级设计教学研究—设计的启蒙》，中国建筑工业出版社2007年版。
2. Hanno-Walter Kruft, *A History of Architectural Theory from Vitruvius to the Present*, New York: Princeton Architectural Press, 1994.
3. Nathaniel Cortlandt Curtis, *Architectural Composition*, Cleveland: J. H. Jansen, 1926.
4. 顾大庆：《中国的“鲍扎”建筑教育之历史沿革——移植、本土化和抵抗》，《建筑师》2007年第2期。
5. 单踊：《西方学院派建筑教育史研究》，东南大学出版社2012年版。
6. John F. Harbeson, *The Study of Architectural Design,* The Pencil Points Press, 1926.
7. 汪妍泽、单踊：《20世纪70年代美国布扎研究复兴浅析》，《建筑师》2017年第1期。
8. Joan Ockman, *Architecture School: Three Centuries of Educating Architects in North American*, The MIT Press, 2012.
9. 汪妍泽、单踊：《布扎“构图”中国化历程研究》，《新建筑》2017年第2期。
10. 汪妍泽：《学院式建筑教育的传承与变革》，博士学位论文，东南大学，2019年。
11. 刘学超：《“多源”—“统一”——建国十七年中国建筑教育发展进程浅析》，硕士学位论文，东南大学，2014年。
12. ［英］约翰·伯格：《观看之道》，戴行钺译，广西师范大学出版社2005年版。

图片来源

图1：Nathaniel Cortlandt Curtis, *Architectural Composition*, Cleveland: J. H. Jansen, 1926。

图2：作者拍摄。

图3—图12：东南大学建筑学院资料室。

作者简介

汪妍泽，同济大学建筑与城市规划学院博士研究生，上海市城市更新及其空间优化技术重点实验室。

周鸣浩，同济大学建筑与城市规划学院副教授，上海市城市更新及其空间优化技术重点实验室。

游走与驻留——京杭运河浒墅关步行双桥设计记

袁　琦　陈　泳　袁美伦

摘　要：历史案例表明，建造桥梁不只是为了解决交通问题，还要满足人们对环境的空间体验与艺术享受。这种认识与目前通常将桥梁设计简单归类为市政工程项目是有差异的。文章以苏州浒墅关古镇复兴设计中已建成的京杭运河浒墅关步行双桥为例，从因境而生、因构而形、因客而筑等方面阐述双桥的设计理念与策略，强调感官体验与行为塑造在双桥设计过程中所扮演的重要角色。

关键词：浒墅关；步行桥；感官体验；行为塑造；设计过程

基　金：国家自然科学基金项目（51278339，51678414）

图1　从河岸看双桥全貌

图2　滨水核心区鸟瞰

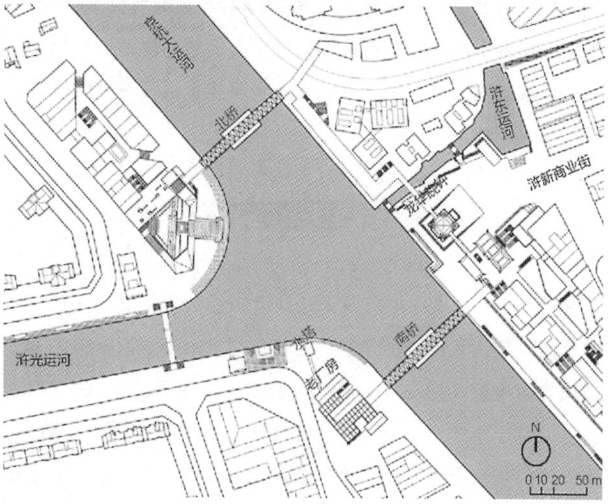

图3　总平面图

苏州是水的故乡，也是桥的王国，古桥星罗棋布，造型多姿多彩，其布局与形态也因环境、结构与功能的不同而不同，与建筑有异曲同工之趣。[①]同样在欧洲，早在中世纪就流行带有房屋与商店的桥街实践，桥梁与建筑完美结合，使人无法分辨哪部分是桥梁，哪部分是建筑。文艺复兴的建筑大师们不约而同地认为：桥是一个建筑问题，对它的分析等同于对建筑、防护结构与城镇广场的分析。[②]

设计京杭运河浒墅关步行双桥（下文简称“双桥”）是个偶然的机缘。2012年苏州大运河段实施“四改三”工程，浒墅关镇沿河段需拆迁拓宽，滨水区面临更新建设。应规划局与镇区领导之邀，设计师到现场后有感于滨水区环境要素复杂且历史文化深厚，建议先进行整体的城市设计研究，再考虑分地块的项目建设，双桥即此次城市设计的重要空间节点。

1 因境而生

浒墅关地处苏州古城西北侧，京杭大运河穿镇而过，主导着城镇空间的发生、发展与演变。古镇自秦代建置，无论是地名渊源还是历史典故都颇具传奇色彩。[③]明宣德年间始设钞关，景泰元年建关署，是全国八大钞关之一。此后，镇区依托大运河南北商品的流通而繁荣起来，至明万历时已是吴中一大镇，

图4 《康熙南巡图》中浒墅关京杭大运河段

图5 从京杭大运河看双桥

图6 桥身立面的丰富肌理

清代更加繁盛。[4]《康熙南巡图》第七卷中生动地描绘了当时浒墅关运河段的繁华景象，上塘与下塘两岸店铺林立，“每日千百成群，凡四方商贾皆贩于此，而宾旅过关者，亦必买焉”[5]。近代以来，古镇以“河”为中心的传统生活方式发生重大变迁[6]，再加上大运河航道的不断拓宽和行政区域的多次调整，使原本运河两岸的活力场景和粉墙黛瓦的建筑风貌消失殆尽，滨水区日渐衰败，甚至成为被遗弃的边缘地带。

设计区域位于京杭大运河与老镇区中轴浒新商业街交汇处，邻近有浒东运河（原龙华塘）、浒新运河（原竹青塘河）、浏沽泾河三条河流与大运河交接，正是明清时期云帆樯林、商贾云集的上、下塘核心区域，如何通过新的设计展现运河名镇的独特意象是破题关键。经反复研读《康熙南巡图》，提炼“河在镇中，关在河上，关镇相连，河镇相望”的古镇空间基因，并从老地图中大致推测出南津桥与北津桥对联通运河两岸商业活力的重要意义。而目前这两座桥已变成跨越滨水区的现代车行大桥，无法支持滨水两岸的步行活动，再加上运河两岸目前分属于不同的行政单位管辖，90m宽的大运河事实上成了镇区的边界而非中心。

为了缝补与弥合大运河对古镇空间的割裂，设计在大运河和浒新运河的交汇处布置两座融通达、观光、休闲于一体的步行桥，以提高滨水区可达性与活力。位于双桥东岸的是“龙华晚钟”新址，龙华寺自唐以来就是镇中心的佛祖岚光之地，而双桥西岸保留着原吴县印刷厂的老厂房及水塔，两处标志物分别代表着农耕文明与工业时代。而未来，标高6.5m的双桥将通过架空步行连廊与周边的社区商业建筑连接成一体，形成立体通达的步行网络和多层次的亲水观水场所。作为步行活动纽带的双桥俨然串联起一组生动有趣的时空旅行场景。

2 因构而形

由于大运河通航的需要，其桥底净空应保证在9m以上，且河道中不能设柱墩，另外桥梁的施工也不能影响正常通航。钢桁架的桥梁形式便于工厂的标准化预制与现场的施工安装，因此成为首选。如何将呈现现代结构美学的钢构架与精致风雅的苏州地域文化融为一体，并与特定的运河场景匹配，是设计首先面临的难题。

从地域环境来看，大运河两岸目前的保留建筑都较为低矮，新的城市设计为了保证“龙华晚钟”的主体形象，对新建筑的高度都有限定，而双桥由于跨度大，必须保证9m以上的桥身高度。将钢桁架的结构形态依据周边环境尺度进行优化便是对这一问题在地域环境中的回应。设计对桥两端的钢桁架结构进行切角处理，与周边民居的斜坡屋顶寻找关系，同时与结构设计师一起研究桁架支撑杆件的组成与走向，以降低桥梁两端高度，这同时也为人们进入通长的桥身提供了空间的序章。

在对地域建筑文化的回应上，桥身内部利用桁架固有的结构特征塑造传统的桥廊空间，素净洁白的桁架体系阐释着结构的逻辑与形体的交接，在暖黄色木质吊顶的比衬下，呈现淡雅高洁、朴实无华的地方文化品格。桥的钢骨架设计强调60°的正三角形与菱形的几何母题，在桥中部结合观水平台的外挑，精减支撑杆件，使桥身轻盈通透。另外，在桥身外侧覆盖一层半透明的白色“纱曼”，形成开合有致的观水视景，并利用金属构件的精致、柔雅与含蓄来消解钢桁架的粗犷、呆板与直白，使新桥不失传统的苏州韵味。为了突显桥梁结构体系的自主性与可读性，桥面及护栏体系与桥身结构相脱离，从而获得各自的独立表达。两端行进方向的桥面被有意缩窄，与桁架外框留

图7　桥中央观水平台

图8　桥内纵向视景

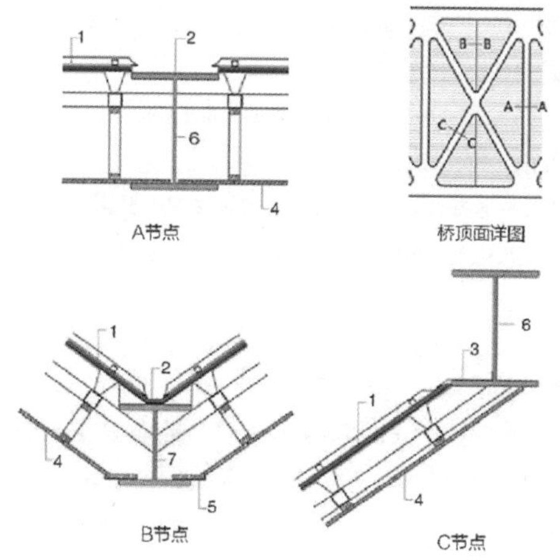

图9　屋面节点

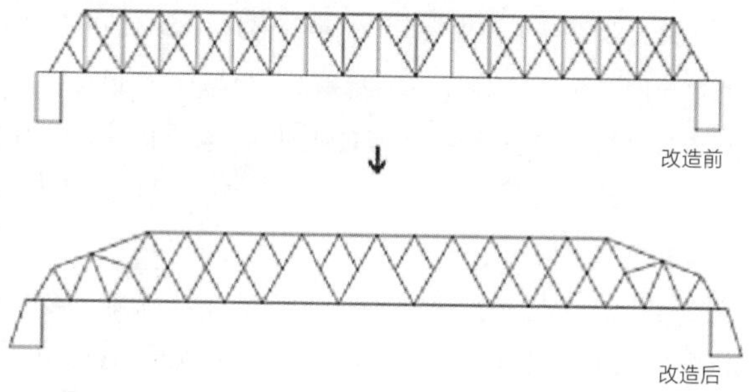

图10　钢桁架结构分析

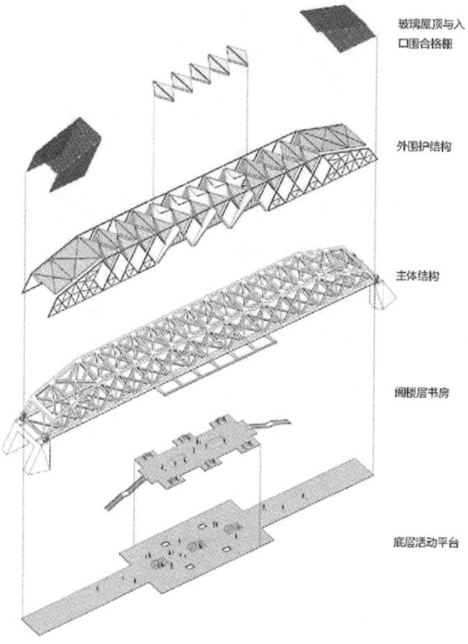

图11　步行桥构件分析

有60cm的空隙，人们可以通过玻璃护栏看到脚下流淌的悠悠运河水，缩窄桥面也是为了桥中部的豁然开朗，形成缩放有致的游览观景路径。

3 因客而筑

除去提供交通通行的功能，桥梁为其他城市行为提供发生空间的案例古已有之。[⑦]我国北宋时期风行的木拱廊桥，桥内经常设有神龛，供乡民百姓们在节日期间祭祀祷告。始建于罗马时期的维琪奥桥也曾是商贩屠夫聚集的场所，后演变为金匠的商铺，目前这座独特的桥已是佛罗伦萨历史文化的象征。

廊桥与其他桥梁的最大差别在于能够为行人提供遮风避雨的休憩空间，创造一种浮于水上可行、可望、可居、可游的体验。如何丰富桥上活动、吸引行人驻留、营造观水场所，并由此强化独特的感官体验，是双桥设计思考的起点。在桥的空间序列组织中，借鉴苏州园林“抑—扬—抑”的空间处理手法，在有限的线性空间中强调多义感官的信息接受[⑧]，让人的活动在观景最佳的桥中部汇合。桥两端通过入口的收束，采用花窗格栅和穿孔板封闭向外侧观水的视线，只留微妙的光影，使视线聚焦在桥廊内由尖顶肋架与木质吊顶构成的高耸空间中。向上的直跑梯与高阁空间随着顶光的引入带有一丝神秘感，让人感觉仿佛可以摆脱外界尘世的喧闹而进入自己的幻想世界。桥廊内流动的阳光经过疏密有致的顶窗、杆件与格栅的过滤，在9m高的室内创造出庄重与趣味巧妙糅合的戏剧性光影效果。待走至16m宽的桥中央，垂直向的隔断与格栅顿然消失，开阔而扁平伸展的底层空间强化了外部景物的导入，视野豁然开朗，可

图12　阁楼纵向视景

图13　阁楼横向视景

见湍急的河面上运货船只往来不绝。在这里，人们可以坐在宽大的木凳上甚至躺下来观赏风景。继续前行，缩窄的对侧入口如画框般镶嵌着远处大阳山的绵绵山峦。“绿杨白鹭俱自得，近水远山皆有情”（宋·苏舜钦，《过苏州》），整个桥空间成为望山观水的风景导游线。

桥在垂直空间上采用“低—高—低”的游览路径，利用桥身净高在中部搭建通透而轻巧的观景高阁。嵌入书吧、展廊等文化消费空间，不仅可以丰富与延展人们在廊桥内的观览体验，而且在夜间还具有对公共区域的监督效应，可提升桥空间的安全感。⑨对于光影的关注也被延续至顶层，高阁空间中廊以玻璃封顶，阳光透过格栅倾泻而下，不断变换的光影投射在参差错落的三角形木墙面上，呈现出生机盎然的视觉效果。

为了展示苏州独特的桥文化，沿桥廊两侧的栏杆处布置了10块不锈钢展板，镌印苏州大运河段上10座古桥的钢笔画写生。它们形态各异，没有固定的空间模式，有的还存留，有的已逝去，但都静静讲述着源远流长的历史故事，丰富了人们对古时运河的记忆与联想。

4 结语

在双桥的设计过程中，古与新、行与驻始终是相伴的主题。较为基础的任务是以新的建造手段延续浒墅关的古镇意象，更深层次的意义则在于通过新的生活空间营造来重塑滨水环境的活力。当行人的游走与驻留在桥上找到相适配的生活空间场景时，桥的传统意义与现代需求才能产生彼此间的共鸣。无疑，对于行为活动的关注不会随着双桥的竣工而终止。随着后续项目的展开，双桥的意义即将进入新的阶段——通过立体步行空间的联系将运河的文化意义与价值浸润到周边的公共空间与建筑中去。这个过程需要地方的决策者、建设者、使用者及后期的运营者一起对整个滨水区环境进行优化与重塑。

（原载《新建筑》2020年第4期）

注释

① 参见陈泳《古代苏州城市形态演化研究》，《城市规划汇刊》2002年第5期。

② Moughtin C, *Urban Design: Street and Square*, 3rd ed., New York: Architectural Press, 2003.

③ 相传当年秦始皇南巡至虎丘，为求吴王剑，发现阖闾墓，丘上蹲有白虎，见状逃走，秦始皇率部追赶20km，且引弓发射，虎不见处，此地即名“虎疁”。唐代讳虎改为“浒疁”，五代吴越王钱镠讳“疁”，又改名“浒墅”。明代在此设立钞关，故名“浒墅关”。又传清乾隆下江南，因关下旗帜遮掩，遂将“浒”念成了“许”，自此民间也跟着改了读法。

④ 参见唐力行主编《江南社会历史评论》，商务印书馆2012年版。

⑤（清）凌寿祺：《浒墅关志》，江苏广陵古籍刻印社1986年版，第196页。

⑥ 参见陈泳《近现代苏州城市形态演化研究》，《城市规划汇刊》2003年第6期。

⑦ 参见塞扎里·M. 贝德纳斯基建筑设计有限公司《三城四桥：开启式桥梁》，袁琦译，2016-9-30，http://www.build.net/SustainableCity/434769.html。

⑧ 参见童寯《江南园林志》，中国建筑工业出版社1963年版；周详、严国泰《戏剧与园林艺术——空间隐喻性辩证关系探究》，《新建筑》2015年第1期。

⑨ Jacobs J., *The Death and Life of Great American Cities*, New York: Vintage, 1992.

图片来源

图4：《康熙南巡图》第七卷。

其他图片由设计方提供或姚力拍摄。

作者简介

袁琦，同济大学建筑与城市规划学院博士研究生。

陈泳，同济大学建筑与城市规划学院教授。

袁美伦，同济大学建筑与城市规划学院硕士研究生。

从工业遗地走向艺术水岸——2019上海城市空间艺术季主展区5.5km滨水岸线的更新实践中公共空间公共性的塑造和触发

秦　曙　章　明　张　姿

摘　要：上海城市空间艺术季在成功举办两届后，于2019年来到杨浦滨江。与往届不同的是，本次艺术季从室内走到了室外，以整个杨浦滨江南段5.5km的公共空间为展场。作为总建筑师团队，作者早在2014年就投入杨浦滨江南段公共空间的城市更新设计工作中，在部分区段建成开放后，杨浦滨江南段终于在2019年9月实现了全线贯通，并与2019城市空间艺术季同步开放。文章以触发公共空间的公共性为切入点，分别从身体的公共性、认知的公共性和精神的公共性三个层面探讨，在本次城市空间艺术季的公共艺术和公共活动的触发下，以开放性和包容性为导向的工业遗存再生改造所呈现出的令人欣喜的公共性。

关键词：杨浦滨江；公共性；上海城市空间艺术季

1 公共空间的公共性

20世纪后半叶，在以功能和产权划分为核心的现代主义城市规划理论和高度分权的行政和管理体系的共同协作下，很多西方城市高速发展。行政和管理部门的多区划结构[①]（multidivisional structure），导致了公共空间和公共利益的部门化、碎片化。在住宅、工业、休憩、交通等功能清晰划分界定的城市中，人们的生活从车门转换到房间门，又从一个房间转换到另一个房间，封闭的住区、拥堵的公路、碎片化的公共空间和缺失的公共生活，造成了邻里关系的冷漠，人与人之间的互不信任以及居高不下的犯罪率等社会问题。

在这样的时代背景下，"公共领域""公共性"等社会学概念在西方公共生活理论领域相继被提出并引发热议。对"公共性"的认知和论述也越发饱满。

那么，应如何理解"公共性"这一概念？首先"公共性"是植根于作为具有社会属性个体的人，在群体互动中实现自我价值的需求的体现。汉娜·阿伦特（Hannah Arendt）在其1958年出版的著作《人的条件》中区分了人类实践的三种形式和与之相适应的三个领域：以维持肉体的生存和延续为目标的"劳动"（labor）对应"私人领域"；以社会关系为基础而形成的"生产"（work）对应"社会领域"；仅仅是维持生命或服务于谋生目的，由于别人的在场而激发的，但不受其所左右的"行动"（action）对应"公共领域"。"因而在公共领域中，人和人处于最大限度的开放之中。人们互相能够看见和听见，他人的在场保证了这个世界和人们自己的现实性，使得一个人最大限度地表现自己的个性和实现自己的最高本质。"[②]

从参与者的角度来看，人们从私人领域走出来，关注共同的问题并开展讨论和行动，是形成"公共性"的方式。人们通过讨论和行动使自己从私人向公众转化。公众参与和群体互动是形成公共性的活动基础，而且这里的群体是指不同于家人或熟人的群体，是面向所有人的。哈贝马斯（Jürgen Habermas）在其著作《公共领域的结构转型》中指出，公共领域"首先是指我们社会生活的一个领域，在这个领域中，像公共意见这样的事情能形成。公共领域原则上向所有公民开放"[③]。"公共性"的活动基础是面向所有公民开放的群体互动。

理查德·桑内特（Richard Sennett）在《公共人的衰落》中展示了现代社会的公共生活状态，从城市人口、户外空间、建筑交通、环境失衡等方面揭示出20世纪下半叶西方城市生活所存在的问题。在桑内特看来，"公共领域是一个由一群相互差异较大的人构成的社会生活领域。这个领域是处于家人和好友之外的。而工业资本主义兴起，人们因为交易，彼此揭示各自内心情感，使得原本陌生人之间的共同的价值观消失，人们越来越关注自我，沉浸在内心世界和家庭生活里，不愿意与陌生人交流"[④]，这样的现象正是由于公共活动的衰落所导致的。人与人之间共同的价值观、共同关注的问题以及公平自由的意识是具有"公共性"的群体活动发生的基础。

在意识到"公共性"重要的社会学意义的同时，人们也逐渐意识到城市公共空间的塑造和品质对"公共性"的形成有着重大作用。20世纪70年代末，以巴黎、巴塞罗那、哥本哈根等为代表的欧洲城市随着城市建设的重点从追求数量的增长转向追求品质的提高，无一例外地开展了重塑城市公共空间核心地位的城市复兴运动，并取得了显著的成效。⑤

上海发展至今，也已经从增量时代进入到存量时代，城市生活的品质也不再是简单的人均居住面积所能衡量的：2010世博会开启了黄浦江两岸滨水空间由生产岸线向生活岸线转变的步伐，作为以提升城市生活品质为目标的市重点工程发展至今已取得显著成效。笔者参与设计的杨浦滨江南段公共空间也从2016年500m示范段建成开放，发展到了目前的5.5km全线贯通，并呈现出了令人欣喜的“公共性”。

本文以此案为例就公共空间的“公共性”展开探讨，将公共空间界定为面向所有公民开放的实体空间，并关注其背后的社会学意义，从而对工业遗地再生型公共空间公共性的塑造与触发进行探讨。（图1）

图1　杨浦滨江夜景航拍

图2　杨浦滨江厂房历史照片

2 透过公共性回望杨浦滨江南段公共空间的成长历程

杨浦滨江作为历经百年的工业老区，曾经是上海乃至近代中国最大的能源和工业基地，被誉为中国近代工业文明长廊（图2），然而在高速的发展过程中形成了功能分区清晰、城市界面封闭、条块化割裂状的城市肌理以及公共空间极度缺乏的城区现状。“大杨浦”较差的城市状态和社区状况被上海人戏称为“下只角”区。“通常当经济或文化的主体发生转变并导致当代城市生活出现冲突性观点时，滨水区更新就有可能发生。”⑥杨浦滨江随着整个城市的产业结构调整，迎来了机遇。从工厂外迁、土地收储到规划调整，再到开放共享的生活岸线的建成，杨浦滨江南段公共空间的建设经历了近十年的发展历程。⑦

2.1 减量开放贯通渗透——身体的公共性

将原来封闭的滨水岸线和临江不见江的空间状态做彻底的空间结构调整，是第一要务，也是形成公共空间的基础。这包括了四个关键词：开放、可达、漫游、停留。

（1）开放。我们对原有的厂区围墙以及拥挤的工业建筑和违章搭建进行了减量拆除。土地收储、历史建筑甄别甚至部分历史建筑的移位，是形成开阔的、互相可视的、轻松自如的开敞空间的基础。另外一个影响空间开放度的重要因素是防汛墙。黄浦江岸海拔7m的防汛墙比上海市平均海拔3—5m的场地高程高出了2—4m，阻碍了从城市看向江岸的视线通达，形成了较为压迫的空间感受。我们在腹地较大的部分将原有防汛墙降低，陆域部分设置二级防汛墙，从而形成面江的斜坡（图3）；在腹地较小或后部有重要保留工业遗存的部分，我们通过防汛墙后部地面局部抬高、架设廊桥等方式消解防汛墙对视线的阻挡。

（2）可达。杨浦滨江南段原有城市道路至浦江水岸的距离有300—500m，为增强滨水区域的可达性，规划增设了2条平行于水岸的城市道路和11条垂直于江岸的城市道路（图4），从规划格局上实现了滨水公共空间的开放。同时设置了带状发展、指状渗透的公共空间体系，进一步将滨水公共空间同城市腹地咬合，强化其可达性。

（3）漫游。在杨浦滨江的滨水一线，我们实现了漫步道、慢跑道、骑行道的贯通。贯通道路上有6个断点，分别通过4个不同的策略予以解决：运行厂区前建设水上栈桥，浦江游览路径设置架空通廊，码头建筑设置顶部穿越通道实现立体交通，支流河口处架设景观连桥。最终滨水一线形成了完整的、弥漫的步行系统，道路间隔控制在100m以内，为人们沿江自由行走，不受约束的身体感受创造空间条件。

（4）停留。在滨水一线我们通过对原有高桩码头的再生改造形成了多个开阔的亲水平台，并于腹地空间开阔处设置恰当的草坪或广场，为人们驻足停留、互相打望提供空间。与此同时，借助既有建构筑物的再利用，形成多个有遮蔽的聚集停留空间。

被打开的空间成为周边居民茶余饭后休闲的去处，融入了他们的日常生活。我们看到人们自如地徘徊游走，或坐或停，在一个相互可视的状态下，享受城市空间，甚至触发了一些零星的乐器演奏、小型合唱等自发表演活动。充分开放可达的公共空间的公共性提供了身体感知的基础，触发了个体自我实现的行动，形成了身体的公共性。

2.2 工业特质留存再生——认知的公共性

“设计应该承认每一座场景的内在特性。”⑧在杨浦滨江的设

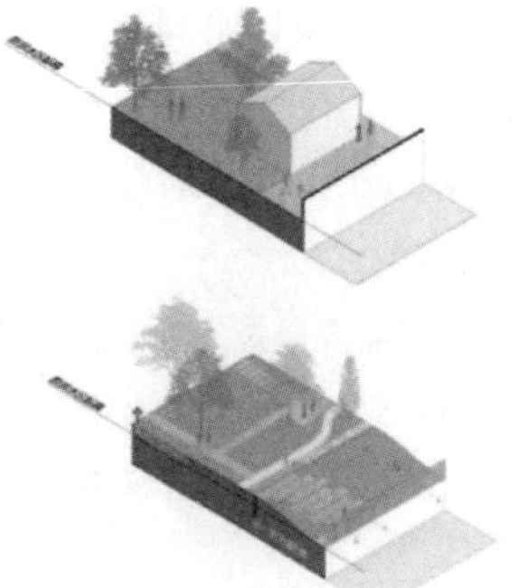

图3　开放的滨水驳岸设计（上图：改造前驳岸断面；下图：改造后驳岸断面）

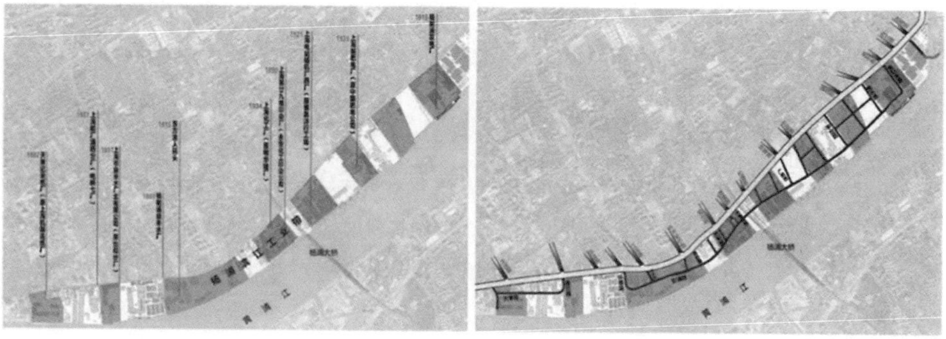

图4　可达的滨水道路规划（左图：原工业区城市肌理；右图：新增的规划道路）

图5　杨浦滨江南段5.5km总体平面图

图6　杨树浦电厂遗迹公园

图9　保留的混凝土系缆墩与水管灯柱

图7　绿之丘航拍照片

图8　上海船厂双船坞展演区

图10　镂空钢板的雕塑作品

计工作中，我们紧紧抓住了以工业传承为核心的设计理念，旨在创造基于历史和时间脉络的归属感和认同感。这也就是本文想要谈及的认知的公共性。

2.2.1 示范段抢救式的物质记忆留存

2015年盛夏，我们接到了杨浦滨江示范工程的“提升”工作，在工程已经开工的情况下将设计方案做了全面的调整和提升，工作的进展面临多重压力。极其紧张的工期压力，迫使我们需以一边设计一边施工的方式保证示范段如期完工。然而，各参建单位对于历史记忆和场所精神留存的保护意识较为薄弱，我们必须从扭转认知开始对场地的工业记忆进行抢救式的保留和呈现。

其中示范段东侧的渔市货运通道和防汛闸门就是在原计划拆除的状况下保留下来的。在我们看来，厚重的闸门和粗犷的防汛墙都是极具场所特质的工业元素，是当年第一远洋鱼货市场货物吞吐量的见证。通过和相关开发公司以及水务部门的多次沟通，我们最终实现了保存工业遗迹与满足使用功能的平衡。另一个保留下来的特征元素是趸船浮动限位桩，大尺度的混凝土墩柱和双排钢柱立于江岸，形成特有的示范段入口对景，被我们在拆除作业船已然到港的情形下保留了下来。

2016年7月，示范段建成后极具工业特质和场所精神的滨水空间获得了各方的认可，在完成了抢救式的物质留存之外更是实现了价值认知上的统一。越来越多的人意识到“城市的文化只有在这样的时间厚度中，才有可能得以延续”[9]。

2.2.2 5.5km工业传承的系统布局

2016年7月，在示范段建成开放的同时，我们接到了杨浦滨江南段5.5km总体贯通概念方案的任务。（图5）设计过程中我们寻求工业文化遗产重新融入城市日常生活的系统解决方案，形成了以工业传承为线索的“三带和弦”“九章共谱”的系统布局。[10]

“三带”之中，我们重点强调了5.5km不间断的工业遗存博览带。而“九章”以原有“八厂一桥”为基础，形成9段各具特色的公共空间的构想：譬如对西端上海船厂两座船坞联动开发使用，形成船坞综合演艺区；在杨树浦水厂前建设与之形象呼应、功能整合的滨水栈道[11]；在中段保留了原烟草公司机修仓库的主体结构，通过体量消减形成退台式的立体公园——绿之丘[12]，建筑跨越道路形成北区与滨江公共空间的立体链接；最后在公共空间的东端，将曾是远东最大的火力发电厂的杨树浦电厂滨水区域改造为杨树浦电厂遗迹公园，保留7组核心工业遗存形成净水池咖啡厅、灰仓艺术空间、泵坑空间等极具工业特色的区域，使其成为整个杨浦滨江南段的压轴之作。（图6—图8）

5.5km滨水岸线的总体概念方案成了杨浦滨江南段公共空间日后建设的基础，在一个相对开放的平台和合作机制下，我们作为总建筑师团队与后续加入的多家设计单位最终完成了总体策略连续、各区段风貌协调的5.5km滨水公共空间。

2.2.3 深入细部的感观传达

以工业传承为核心的设计理念不仅需要通过工业遗存的建构筑物保留和再生来实现，还需要对景观小品、植物培植、建构、材料进行细致入微的考量和拿捏。我们提出并践行了以“锚固与游离”[13]为核心的设计理念。

初到场地时，我们看到部分码头地面在长年累月的货运摩擦下形成一种介于水刷石和水磨石之间的非常具有感染力的效果。通过多次试验，最终确定了破损部位修补、打磨抛丸处理、面层固化剂固化的施工工艺，从而实现了老码头表面原有肌理的保留与品质提升，并最终成为各期码头表面处理的通用做法。

“水管”形态的栏杆与灯柱系列的设计源自老工厂中管道林立的状态（图9、图10）。如今“水管灯”已成为杨浦滨江具有标识性的构筑物。复合了花池与座椅功能的城市家具，我们取名为“工业之舟”，以轮式支撑的形式安置于码头上，传达着过去车来船往的繁忙景象。这些小品元素轻轻游离于既有环境之上，又保持着同环境的某种关联。

在同建设单位、施工单位、监理单位等多工种的密切配合下，我们用五年的时间将对5.5km滨水岸线宏大的构想融入了一草一木、一砖一石的细致工作中，最终实现了工业美学的细致感受。

沿线大量的厂区用地转化成为公共空间之后，原有厂区产业工人成为最喜爱这一滨水空间的群体。我们多次遇到原厂区工人兴奋地同其他市民讲述这片场地曾经的故事，而来到这里的人们也非常乐于了解这段历史进程，这样的情景让我们倍感欣慰。我们基于历史的设计工作最终转化为公众对这一空间的共同认知和集体认同，对百年工业历程的纪念和尊重转化为人们对城市生活更加美好的共同的信念。这成了群体互动、交流讨论的认知基础，促使人们跳出了观看式的静默交流，形成了认知的公共性。

2.3 互动参与对话探讨——精神的公共性

2017年6月在杨浦滨江完成了杨浦大桥以西2.8km的贯通工作之后，这片区域便成为周边居民喜爱的场所，融入了他们的日常生活。然而，浦江两岸被定位为上海的城市客厅，政府部门更希望这样的一个公共空间不仅仅供周边的居民使用，而且成为更大范围的人群沟通交流的平台，于是计划2019城市空间艺术季（Shanghai Urban Space Art Season，简称“SUSAS”）落地杨浦滨江举办。不同于以往的是，这次的艺术展并不局限于一个展馆或者一个封闭的展场，而是以户外公共艺术的形式，介入杨浦滨江整个5.5km的滨水空间。（图11）我们作为总建

图11　2019上海城市空间艺术季开幕式

图15　2019城市空间艺术季主展馆片区入口

图12　5.5km的艺术展示带（左图：主展场、分驿馆、服务点、出入口；中图：公共艺术品展示区；右图：特色景观节点）

图16　2019上海城市空间艺术季展场入口

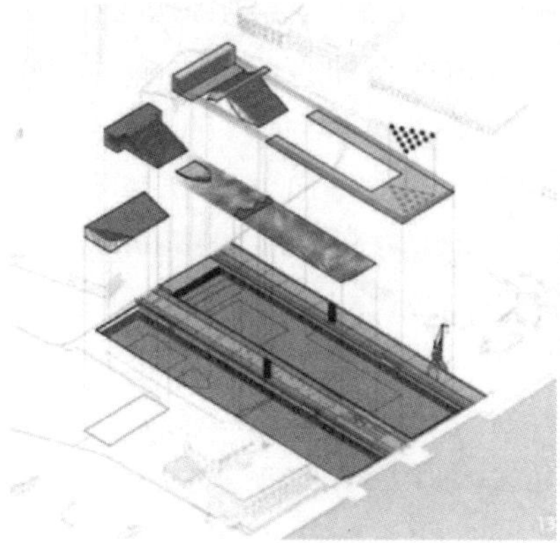

图13　主展馆片区改造轴侧拆解图

图14　极具特色的上海船厂双船坞

筑师团队，接到了本次艺术季场馆改造和5.5km空间梳理的设计任务，搭建了1个主展场、2个分驿馆、4个新增服务点和13条城市通道，使之形成5.5km的滨水展示带和交流平台。（图12）“娱乐、艺术、建筑和文化与自然界在更加广阔的地理环境中相互作用的方式允许我们创立新的魔力空间。”⑭

2.3.1 公共艺术品的介入

本次城市空间艺术季共计划完成21件户外艺术作品，在展览期间，有11件建成。以公共性、艺术性、在地性为三大基本要素的公共艺术，介入杨浦滨江后形成了一次艺术同社群的对话，在普及和引导社群艺术的同时更是以高度的参与性和互动性激发了公共空间的公共性。

自西向东第一件公共艺术品《船坞记忆》位于1号船坞长200m、宽36m、深10m的空间中。通过中外艺术家的合作，结合装置、影像、音乐，以综合性的艺术表达梳理历史，探索城市的过去、未来以及新世界的形态，唤醒了这个拥有工业区独特历史感和艺术震撼力的场所。该船坞自2015年完成最后一个生产任务后，便成为荒芜的工业遗存。我们第一次到达这个空间，就被巨大的工业尺度和斑驳的工业气息所震撼。对于船坞的改造，我们采取了最低限度影响船坞的建造方式。通过17000多根脚手架和3000多块预制钢踏板的预制拼装、现场搭建，在极短的26天内完成看台搭设，打开了船坞这一被封存的工业遗地，为公众体验这一令人震撼的空间提供了条件。同时，配合艺术家及开幕式的需求，设计采用与坞壁同构的钢板桩形成了船形舞台。配合日本艺术家高桥启祐的灯光艺术作品《水

图17　2号船坞半室外集会空间内部1

图18　2号船坞半室外集会空间内部2

之记忆》、彩虹合唱团的合唱作品《杨浦七梦》以及中国艺术家刘建华的装置艺术作品《封存的记忆》，使整个船坞空间成为一件沉浸式的、有极高开放度和参与度的综合空间艺术作品。（图13）坞壁上是我们精心保留下来的、在船舶修造过程中反复喷涂留下的层叠的油漆印迹，灯光影像遍布坞底坞壁，记忆的声音在船坞回荡，人们沉浸其中，同历史互动对话。

另一件非常值得一提的艺术品名为《城市的野生》，位于我们改造的绿之丘前方，是日本艺术家浅井裕介在5.5km滨水岸线中段，长200m、宽26m的打捞局码头上创作的巨型地绘。这件艺术品是由市民和艺术家以一种高度互动的方式创作完成的。艺术家将用于制作人行横道线的材料先制作成为厚“纸板”，通过举办儿童工作坊和分发给滨江游客的方式，获得大家用心创作的裁剪图案。随后，艺术家再将这些素材融入自己的创作中，组织成巨型地绘，形成一个由社群共同完成的公共艺术品。很多市民都因为能参与这样的一个艺术品创作而感到喜悦和自豪，很多人还饶有兴致地回到这片场地上，寻找自己当时创作的图案。

2.3.2　公共活动的举办

本次城市空间艺术季以整个5.5km的江岸作为活动基地举办公众活动140余场。其中，在主展馆片区（图14—图16）中共举办活动90余场，包括空间艺术季开闭幕式、建筑规划板块开幕论坛、SUSAS学院大师讲坛、第三届环同济设计周系列学术活动等。绿之丘内共举办11场展览，相关活动共计20余场，如各展览开幕仪式及系列沙龙活动、杨浦新生摄影大赛、上海大学美术学院教学研讨会等。滨江公共空间中的重要节点共举办活动30场，如大学生创意市集、建筑师快闪导览、一砖一瓦乐高积木搭建、WOD LIVE 2019世界舞蹈大赛巡回演出等。“自由的个体为了艺术、娱乐和休闲目的走到一起，城市公共空间成为他们自由自我的舞台。”[15]

在主展馆片区的2号船坞中，举办了环同济设计周的会议论坛，还举办了时装秀等活动。我们将长260m、宽44m、深11m的2号船坞进行改造，保留了坞壁的印记以及船坞停用后紧贴坞壁自然长成的树木，配合灯光、镜水面以及坞墩阵，形成一个既包含历史记忆，又能激发无限想象的场所。为了使公众能够真正体验和使用这样的空间，我们在船坞北部设计了一个连通船坞两侧的大台阶。同时在台阶的下部复合了一个高10m、长28m、宽22m的极具特色的半室外集会空间（图17），这个半室外空间也同整个船坞的空间流动相关联。面对最小限度触碰船坞结构的要求以及38天的极限工期，我们创造性地设计了一个船骨式的空间折板桁架钢木复合结构。这是一个可自平衡底部类拱推力的结构体系，更是一个可预制拼装快速搭建的结构。（图18）顶部的钢踏板也采用了快速预制拼装的体系。最终在多方努力协作下，我们激活了这个船坞，形成了一个有着无限使用可能的、具有很强包容性和不确定性的魅力空间。

在中段驿馆绿之丘中，举办了“中欧+集市插画展”，环同济设计周相关展览以及上海大学美术学院学生作品展等活动。所有的展览向市民完全开放，促使人们在滨江徜徉的同时，产生偶发性的活动。同通常的展览针对特定人群不同的是，在这里互不相识，甚至不是相关专业的人们也都不知不觉地参与到了展览活动中。这是最让策展人，也是最让建筑师欣喜的一个部分。我们在绿之丘的设计之初，就将其当作一个立体的公园，而不是传统意义上的建筑来考量。每一层平面都是充分敞开可达的，而插入其中的小房间都被想象成一个个小房子，散落在面向公众的山丘中。可能出乎多数人意料的是，这样的一个空间原本是一座长100m、宽36m、高32m，只有高窗的，体量巨大而又极度封闭的工业建筑。（图19—图21）

在5.5km滨水岸线最东端的码头上，我们将原本电厂的灰仓储灰罐改造成了本次空间艺术季的东段驿馆。这里展示了由葡萄牙艺术家吉马良斯、日本艺术家高桥启祐，以及中国设计师韩家英和章明四人打造的公共艺术品。灰仓改造的设计方案从2015年便已开始，由于当时功能尚未确定，经历了多轮修改，最终以艺术展览为导向形成具有较强灵活度和开放度的策略进行设计和实施。通过增设两块景观平台，我们将原先独立的三个灰罐连接成一个统一的整体，并通过采用朦胧界面的处理手法，将原先15m通高的封闭灰仓进行改造。整个空间的使用模式被想象成一组完全公共的漫游路径，从底部的混凝土框架一直盘绕至灰仓顶部。在形成这样一个漫游的海洋后，以一种类似“插入城市”（plug-in）的模式，将6个功能未确定的空间连同一组折跑楼梯一同插入。而在艺术品介入后最终形成了艺术讨论和公共漫游紧密咬合的空间触动模式。（图22—图26）

在城市空间艺术季期间，我们欣喜地发现杨浦滨江景观带以及中段驿馆绿之丘已出现在多个热门公众评价应用程序和自媒体推送中，并得到了公众的赞许和肯定。这是公共空间公共性的另一种呈现。因为这些场所的高品质和开放度，实体空间进入虚拟公共领域，反过来成为人们探讨和评价的对象，并且进一步激发了城市生活的公共性。

2019城市空间艺术季吸引了大量来自不同地方的参观者，人们汇集在杨浦滨江，使这里成为一个开放的，以艺术、历史和城市为话题的国际性交流平台。而这个平台又是所有公众触手可及且被邀请参与的。这样一个面向公众、公开自由的平台让我们感受到开明睿智、大气谦和的城市精神，使得杨浦滨江公共空间这个场所和这种开放自由的精神相交融，呈现出精神的公共性。

3 工业遗地再生型公共空间公共性的塑造与触发

杨浦滨江岸线的改造从废弃的、荒芜的工业遗地走来，到今天成为人们热议评价、深入参与的艺术场所，其中公共性的塑造和触发取得了巨大成功。公共性的塑造一方面来自对开放、可达、漫游、停留的公共空间身体感受的塑造，另一方面来自对城市历史和社会属性的人文关怀所创造出的认同感和归属感，更重要的是以一种开放的城市建设和管理姿态呈现出潜移默化地感染公众的城市精神。

在杨浦滨江公共空间项目中，我们一直面对着工业遗存无法在改造之初确定功能的窘境。这迫使我们采用了以公共性和包容性为导向的设计策略，使得我们对工业遗存的改造在一种确定的不确定性中进行。确定的是，它一定是公共、开放、可达的；不确定的是，它需要面对的功能诉求是未来可能出现的、持续时间或长或短的各式各样的公共活动。这样的情况迫使我们思考这些工业遗存位于这个城市最多变、最敏感的城市滨水公共空间中，它们的功能是否应该在最初就被清晰定义，应当由什么人通过什么样的方式确

图19　绿之丘面江侧

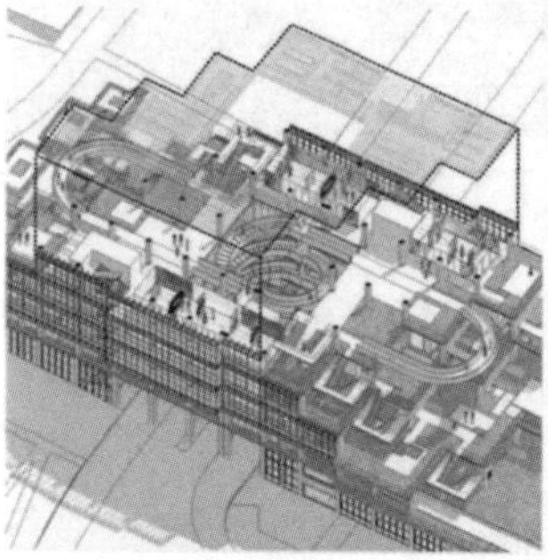
图20　绿之丘内部空间拆解图

图21　绿之丘内部中庭

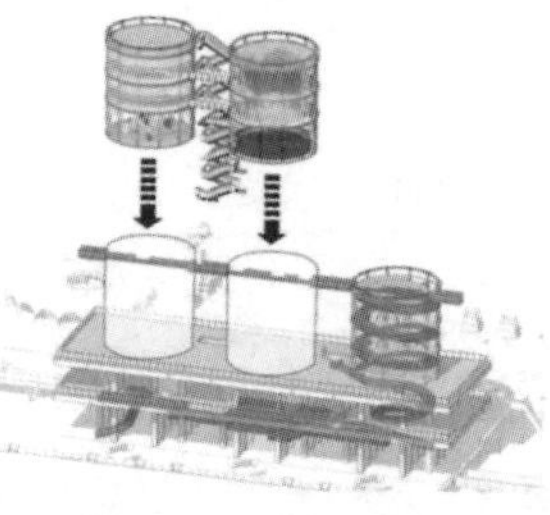
图22　灰仓艺术空间改造图解

图23　灰仓艺术空间

图24　灰仓艺术空间西立面

图25　灰仓艺术空间观景平台间漫游路径

图26　灰仓艺术空间筒内盘旋路径

定。或者，我们可以像对待其他公共空间一样，摆脱既定的模式或功能，视其为具有较高弹性、包容度和生长性的文化艺术基础设施。

（原载《时代建筑》2020年第1期）

注释

① 参见李友梅、肖瑛、黄晓春《当代中国社会建设的公共性困境及其超越》，《中国社会科学》2012年第4期。

② [美]汉娜·阿伦特：《人的条件》，上海人民出版社2001年版，第38页。

③ [德]哈贝马斯：《公共领域的结构转型》，曹卫东等译，学林出版社1999年版，第2页。

④ [美]理查德·桑内特：《公共人的衰落》，李继宏译，上海译文出版社2008年版，第3页。

⑤ 参见徐凯、克劳斯·森姆斯罗特《"公共性"的没落到复兴——与欧洲城市公共空间对照下的中国城市公共空间》，《城市规划学刊》2013年第3期。

⑥ 克里格：《都市滨水区的发展》，载美国城市土地研究学会编《城市滨水景观规划设计》，马青等译，辽宁科学技术出版社2017年版，第22页。

⑦ 参见章明等《涤岸之兴——上海杨浦滨江南段滨水公共空间的复兴》，《建筑学报》2019年第8期。

⑧ 费舍：《滨水景观的设计》，载美国城市土地研究学会编《城市滨水景观规划设计》，马青等译，辽宁科学技术出版社2017年版，第47页。

⑨ 卢永毅：《新老之间的都市叙事——关于"严同春"宅的修缮及改扩建设计》，《建筑学报》2016年第7期。

⑩ 参见张姿、章明、秦曙《滨江工业遗存的"激活"以杨浦滨江南段公共岸线设计为例》，《H+A华建筑》2018年第12期。

⑪ 参见章明、王绪男、秦曙《基础设施之用　杨树浦水厂栈桥设计》，《时代建筑》2018年第2期。

⑫ 参见秦曙、张姿、章明《生态绿丘：杨浦滨江原烟草公司机修仓库更新改造》，《H+A华建筑》2018年第12期。

⑬ 章明、张姿、秦曙：《锚固与游离　上海杨浦滨江公共空间一期》，《时代建筑》2017年第1期。

⑭ 方慧倩编译：《滨水景观》，辽宁科学技术出版社2011年版，第5页。

⑮ [奥地利]克劳斯·森姆斯罗特：《经济与社会政治影响下的欧洲城市公共空间变迁》，许凯译，《国际城市规划》2016年第5期。

图片来源

图1、图6、图7、图14、图15：章鱼见筑摄影。

图2：业主提供。

图3—图5、图12、图13、图20、图22：原作工作室绘制。

图8、图11：上海城市公共空间设计促进中心提供，田方方摄影。

图9、图10：苏圣亮摄影。

图16：上海城市公共空间设计促进中心提供，吴庆东摄影。

图17—图19、图21、图23—图26：章鱼见筑摄影。

设计图纸均由作者提供。

作者简介

秦曙，同济大学建筑设计研究院（集团）有限公司原作设计工作室副主任建筑师。

章明，同济大学建筑设计研究院（集团）有限公司原作设计工作室主持建筑师，同济大学建筑与城市规划学院教授。

张姿，同济大学建筑设计研究院（集团）有限公司原作设计工作室设计总监。

声·乐·景——基于"天籁之音"理念下的庄子声景美学研究

严　敏

摘　要：《庄子》中提出人籁、地籁、天籁"三籁之说"，结合现代声景理念，挖掘庄子音乐美学思想中的声景理念，探讨声景的类型、构成与特点。重点分析"咸池之乐"的声景营造的递进过程，得出庄子哲学中"听者要有'听之以气'的道化体验，而环境要遵循'法天贵真'的美学法则，声音要达到'和'的理想境界"这一"天籁之音"声景美学思想的主要内容，以期对传统造园及现代声景研究给予一定的理论启示。

关键词：庄子哲学；天籁；声景；音乐审美

基　金：教育部人文社科研究青年基金项目"泛化艺术视域下的中国传统园林'声色风景'研究"（17YJC760106）

"籁"原为箫，引申为空虚地方发出的声响。在《现代汉语词典》中，对"天籁"的解释是"自然界的声音，如风声、鸟声、流水声等"，人们常常用以形容自然界和谐美妙的声响、人的悦耳动听的声音、音乐或自然天成的文学作品。而"天籁"一词最早的出处是《庄子·齐物论》中南郭子綦回答颜成子游说，"女闻人籁而未闻地籁，女闻地籁而不闻天籁夫！"庄子在文中引出天籁、地籁、人籁"三籁之说"，以人籁的箫管声和地籁的洞穴声反衬出只有入道的至人才能感受到自然的天籁之声，即"地籁则众窍是已，人籁则比竹是已，敢问天籁……夫天籁者，吹万不同，而使其自己也"①。

现代声景学诞生于20世纪60年代，加拿大音乐家默里·舍费尔最早提出其概念，指的是环境中的音乐（the music of the environment），即在自然和城乡环境中，从审美角度和文化角度值得欣赏和记忆的声音。在他的倡导和呼吁下，世界各国学者开始广泛地从各大学科、视角研究声景的思想与方法。②

庄子哲学中有关声音、乐声的描述很多，出现了大量的美学观点，如"法天贵真""至美""至乐"等。③对庄子美学观点的研究多是从艺术或音乐美学的视角探索庄子思想对现代理论的启示，如蔡仲德先生提出庄子美学思想的"法天贵真"论④，蒋孔阳先生提出"至乐无乐"论⑤，还有张前先生的"自然乐论"⑥，等等。"天籁"是上述音乐美学的来源，也是庄子对声音美的最高评价，隐含着对声音景观的早期认知。不可否认，庄子哲学思想中已重视声景的审美营造。目前学术界有关庄子"天籁"学说的研究很多，搜索知网上从1985年至2018年间的以"庄子、天籁"为主题的论文达到161篇，却没有一篇文章涉及庄子哲学中的声音景观。本文尝试结合《庄子》的哲学思想，从天籁之音谈起，从现代声景学入手，共同探寻庄子哲学中的声景美学思想与内容的价值与意义。

1 庄子的哲学思想与"天籁之音"

庄子是战国时期的哲学家、思想家，继承并发展了老子的"道"的学说，《庄子》一书是体现道家学说的重要之作，也是战国古典文学、哲学、艺术领域的经典作品。从美学的角度看，庄子哲学中"至美至乐"是其艺术审美的最高境界，《庄子·渔夫》中写道："礼者，世俗之所为也；真者，所以受于天也，自然不可易也。故圣人法天贵真，不拘于俗。"其中"法天贵真"是其"美是自然"的核心体现，即效法自然、珍贵本真，反对一切违反自然本性的"人为"，反对束缚人性、违反自然的儒家礼乐思想。⑦

春秋战国时期，对音乐的重视程度非常高。我国古代最主要的美学思想就是音乐美学思想⑧，《墨子·非乐》《荀子·乐论》《礼记·乐记》《吕氏春秋·音律》和《制乐》等，都是有关音乐的论著，而儒家、道家、墨家都倡导着不同的音乐主张与思想。道家思想影响下的庄子音乐美学思想是《庄子》哲学思想中的重要部分，是我们探究中国古代声景美学思想的核心。在《庄子》中涉及对音乐场景描述及音乐思想阐述的章节众多，如内篇的《齐物论》《人间世》《大宗师》，外篇的《天运》《马蹄》《至乐》，杂篇的《渔夫》，等等。《齐物论》中，庄子认为人吹奏箫管之乐再好听，也没有风过自然的窍穴所发出的自然之乐好听，而这些风声又还不及自然的"天籁"好听。可见，天籁之音是庄子心中最美之声，也是古人对音乐审美的朴素的认识，与老子“道法自然”的哲学理念如出一辙。“天籁之音”是《庄子》中体现声音景观的重要内容，以下笔者尝试从景观美学，尤其是从声景学的角度探索古代哲人对“天籁之音”这一早期的声景观的认知，及“天籁之音”对现代声景学理论的意义。

2 “天籁之音”理念下的声景美学内涵

2.1 庄子“天籁之音”声景美学的主要构成（图1）——声、乐、景

2.1.1 声

“声”是“天籁之音”的基本，也是庄子“天籁之音”声景美学的基础，有了“声”才能成“音”，有了“音”才能成“乐”。“声”与“乐”交互作用，才能结合行为、场所、环境形成“景”。庄子在开篇《齐物论》中即将声音划分为三种类型：人籁、地籁与天籁，人籁是人吹箫管发出的声音，即“比竹之声”；“地籁”是指风吹各种窍孔所发出的声音，即“众窍之声”；“天籁”是指各物因其各己的自然状态而自鸣声，为“自然之声”。[⑨]这是庄子对传统声景中声音类型的划分。

除了上述三种声音，庄子哲学中将声音的类型还上升至“无声之声”，延续了老子“大音希声”的理念。自然之音的“天籁”审美，其最高境界体现于“无声之声”。老子提出过“音声相和”“大音希声”等与声景、音乐有关的美学观点。“音声相和”中音与声是两个相对的概念：“音”指艺术加工的产物，即艺术之声；而“声”指未经加工的自然之声。两者相互调和又相互对立。“大音希声”显示理想的音乐是无声，是超越音声。庄子曾在《庄子·知北游》中谈到“天地有大美而不言”，所谓“大美”之“不言”，与老子讲的“大音”之“希声”相似，都具有“道”的属性。[⑩]《庄子》也曾从声音景观角度论述符合“道”之特性的理想音乐，“听之以气”是对老子声音美理念的延续，也是对“音声相和”“大音希声”的升华，推崇声音的大美、至美的最高境界。

从人籁、地籁、天籁到无声之声，从“万窍怒呺”到“众窍为虚”，庄子哲学中将声景的类型及四个层次加以展现，体现出声景从人为到自然的过渡、从有声到无声的变化、从“听”到“悟”的体验过程。（表1）

2.1.2 乐

“乐”是庄子“天籁之音”声景美学的核心。郭象注《庄子》，认为“天籁”为万物之自然而然（天然）的声响或音律。[⑪]“乐”不同于普通的声响，而是有节奏的“音律”。这种有节奏的“音律”可以是乐器演奏出来的“人籁”，可以是风吹草动的“地籁”，也可以是结合人的行为产生的有节奏的声响，总之应有韵律之美。正如《乐记·乐本篇》中说道：“乐者，音之所由生也，其本在人心感于物也。”所以人心是乐的由来，人心发出的声最自然，所以才能成为感人的乐。

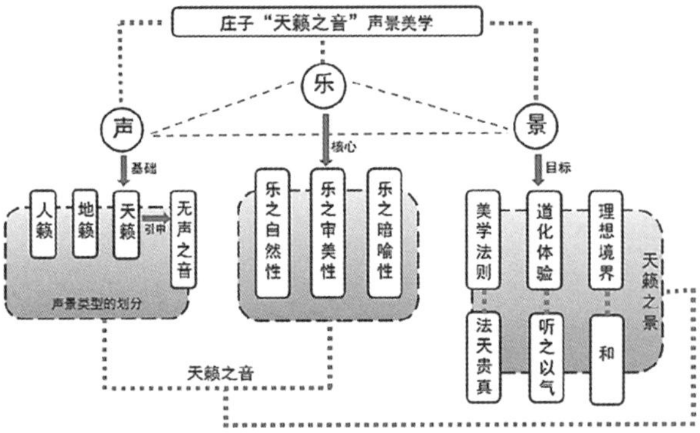

图1 庄子“天籁之音”理念下声景美学的主要内容

表1 庄子哲学中的背景类型

声景类型	主题	客体	声景特征	关系
人籁	人	乐器	有声：主观性、音乐性	人为 有声 “听”
地籁	风	自然界之窍孔	有声：客观性、自然性	
天籁	/	自然界之万物	有声到无声：自然无为、法天贵真	
无声之声	气	自然界之窍孔	无声：听之以气、大音希声	自然 无声 “悟”

（1）乐之自然性。庄子反对束缚人性的礼乐思想，但不是完全否定音乐，他提出“中纯实而反乎情，乐也”（《庄子·缮性》）的命题，认为最贴近于自然的声音是最美的，音乐要表达人之自然性情，而不应拘于人为的礼法。这种充满人性化和自然情怀的乐声之景，在《庄子》的诸多篇章中得以展现与描述。

《庄子·齐物论》中“化声之相待，若其不相待。和之以天倪，因之以曼衍，所以穷年也”的论述强调以自然之道来调和变化的声音，来调和天地万物。

《庄子·骈拇》中的“多于聪者，乱五声，淫六律，金、石、丝、竹、黄钟、大吕之声非乎”以及“属其性乎五声，虽通如师旷，非吾所谓聪也；属其性乎五色，虽通如离朱，非吾所谓明也……”，强调不能纵情声色，而要恢复自然、返璞归真，这是老子自然无为观的延续，也是传统声景思想的本真态度与追求。

（2）乐之审美性。《庄子·齐物论》中写道：“有成与亏，故昭氏之鼓琴也；无成与亏，故昭氏之不鼓琴也。昭文之鼓琴也，师旷之枝策也，惠子之据梧也，三子之知，几乎皆其盛者也，故载之末年。”该论述以鼓琴这一音乐行为作为切入点，强调个人才技辩说不足以夸耀于世，圣人的才智存于自然规律中，进而引申出强调自然之美的乐声理念与声景思想。“鼓琴足以自娱”“鼓盆之舞”及“子桑之歌”体现了庄子对音乐审美性的肯定。

（3）乐之暗喻性。《庄子》中涉及大量与乐声有关的描述，蕴含着庄子哲学中的声景思想，具有暗喻性。如《庄子·养生

主》中的"庖丁解牛"寓言，即"庖丁为文惠君解牛，手之所触，肩之所倚，足之所履，膝之所踦，砉然向然，奏刀騞然，莫不中音；合于《桑林》之舞，乃中《经首》之会"，以合乎音律、节拍的解牛场景形容其高超的技艺，以此引申其养生之道，体现了声景的场所性和暗喻性。⑫

《庄子・马蹄》中也有"澶漫为乐，摘僻为礼，而天下始分矣"的阐述，《庄子・至乐》中有"咸池九韶之乐，张之洞庭之野，鸟闻之而飞，兽闻之而走，鱼闻之而下入，人卒闻之，相与还而观之。鱼处水而生，人处水而死。彼必相与异，其好恶故异也。故先圣不一其能，不同其事。名止于实，义设于适，是之谓条达而福持"的寓言，《庄子・在宥》中有"说明邪，是淫于色也；说聪邪，是淫于声也……说乐邪，是相于淫也……"的论述，这些都暗喻着以适性之乐传达声景美学思想的内涵。《庄子・让王》《庄子・至乐》《庄子・大宗师》中也涉及有声之乐的寓言，融入以音乐为伴的声音景观是这一时期声音美学的核心内容。

《庄子・天运》中，黄帝将人世间所经历的规则、规矩、规律流变于乐声，在高低起落、强弱变幻的音乐中，暗喻人生的起伏变化。声音关乎政治、关乎礼乐、关乎自然，庄子对音乐情感的本真性、音乐演奏的主体性及其与接受者的对象化关系的认识与思考，大多以故事的面貌出现，在讨论社会、人生、生命、宇宙的话题中自然流淌出来，从而使我们更深刻地感悟到他对社会、对人生与生命的认识。②

2.1.3 景

结合"声"与"乐"的内涵分析，庄子"天籁之音"理念下的"景"也蕴含着丰富的内容。由"天籁之音"而产生的"天籁之景"是最终的美学目标，可以是具体的场所、环境，也可以是感知的虚空境界。

（1）"天籁之景"追求"法天贵真"的美学法则。《渔父》篇中强调"法天贵真"，顺应自然，尊重事物的发展规律，崇尚"大朴不雕"的天然美，即自然无为的"道"。这种"法天贵真"的思想蕴含着《庄子》对声音审美的辩证态度，以自然之音为内容的"天籁"之景，不仅以自然之音为美，而且以自然之音为真、为善，也否定那些假、恶、丑的世俗礼乐，而追求真、善、美的理想之音、适性之乐。

（2）"天籁之景"追求听之以气的"道"化体验。听之以气的"道"化体验是"天籁"声景美学的最高境界。所谓"气"，《庄子・齐物论》中南郭子綦说，"夫大块噫气，其名为风"，气动形成风，风吹动窍穴才产生声音。"气"是古人对声音最朴素的认识，"三籁之说"也离不开"气"的作用。"道"化身为"气"，使得万物自然鸣响，这种不受任何人为约束的，只遵守自然法则的自发形成的乐音境界，便是庄子认为的理想的声景境界，即"天籁"。

《庄子・人间世》中孔子回答颜回"什么是心斋"时说："若一志，无听之以耳而听之以心，无听之以心而听之以气！听止于耳，心止于符。气也者，虚而待物者也。唯道集虚。虚者，心斋也。"从声景的角度分析，"耳听""心听""气听"是三种声境递进的过程，"耳听"是最原始的听觉感受，"心听"融入主体的思想感知，而"气听"强调虚空才能容纳万物，才能实现"道"的聚集。"听之以气"即为"心斋"的核心，是声景感知的最高境界。

《庄子・大宗师》中，"夫道，有情有信，无为无形；可传而不可受，可得而不可见；自本自根，未有天地，自古以固存……"这一论述强调"无为无形"却真实存在的"道"，而"堕肢体、黜聪明、离形去知、同于大通，此谓坐忘"要求审美主体忘掉自身、忘掉功利，超越生理感官用心灵去感受、体验、想象，以"坐忘"而达到与自然融为一体、物我合一的自由审美境界。声景的真意不在声音本身，而在于声音之外，体现道生万物、天人合一的声景思想。

（3）"天籁之景"追求"和"的理想境界。"与人和者谓之人乐；与天和者谓之天乐"（《庄子・天道》），讲求与人"和"、与天"和"、与乐"和"是"天籁之景"的理想境界。《庄子・天地》中有"夫道，渊乎其居也，漻乎其清也。金石不得，无以鸣。故金石有声，不考不鸣……视乎冥冥，听乎无声。冥冥之中，独见晓焉；无声之中，独闻和焉"的论述来强调声景中的和谐之音，虚无的声境中"道"之体验。"道"虽无声，却能调和声音，而金石有声，但不得"道"则无以鸣之。体现了庄子美学理念中对声音之美精髓的理解，即推崇"道"的大美与至美，有声有和才是声景之美。

2.2 庄子"咸池之乐"声景构成分析

《庄子・天运》篇中有段描述黄帝演奏《咸池》之乐的场景，展示了"咸池之乐"的声景审美活动的全过程。《咸池》是黄帝创作的乐曲，是颇为盛大的大型歌舞乐曲。庄子在这里借黄帝演"咸池之乐"，引申表达了对音乐教化方式的看法。谈到《咸池》乐曲的演奏时，对其演奏方式、演奏环境、演奏内容及听者感受、审美意境等方面作了叙述，并流露出乐声、自然场所、演奏者之间融合的关系，反映出庄子理想中与音乐、自然为伴的"道"的声景思想与美学观。同时，也构建出了庄子理论中的声景构成体系，这一篇章也是《庄子》中全面展示声景美学思想与方法的核心部分。

文中先由北门成从听者的角度描述了对乐曲的整体感受，"帝张《咸池》之乐于洞庭之野，吾始闻之惧，复闻之怠，卒闻之而惑；荡荡默默，乃不自得。""洞庭之野"刻画了该声景的场所或环境，分别用"始""复""卒"三个表示时间的词语勾勒出声景的时间体验，即"惧""怠""惑"。接下来，黄帝就

《咸池》的声音景观从上述三个层次进行了论述，引出开篇《庄子·齐物论》中“人籁”“地籁”“天籁”的三种声景形式及特点，蕴含着《庄子》天籁观理念下的声景思想。[13]

2.2.1 人籁 —— 乐器之声

“吾奏之以人，征之以天。行之以礼义，建之以太清。四时迭起，万物循生；一盛一衰，文武伦经；一清一浊，阴阳调和，流光其声……汝故惧也。”文中“奏之以人，征之以天。行之以礼义，建之以太清”，以竹箫等乐器吹出的“人籁”之声表明此处声音景观的具体形式。这一阶段展现了因四时的交错变化所带来的音乐的高低起伏与强弱，听者之所以“惧也”，来源于低层次审美下的面对人与自然对立的恐惧感。人们无法把握未知的世界，因而内心恐慌。声景的意境是动态的、不安的、跳动的。

2.2.2 地籁、天籁 —— 自然之声

“吾又奏之以阴阳之和，烛之以日月之明；其声能短能长，能柔能刚；变化齐一，不主故常；在谷满谷，在阬满阬；涂郤守神，以物为量。其声挥绰，其名高明。是故鬼神守其幽，日月星辰行其纪。吾止之于有穷，流之于无止。子欲虑之而不能知也，望之而不能见也，逐之而不能及也；傥然立于四虚之道，倚于槁梧而吟。目知穷乎所欲见，力屈乎所欲逐，吾既不及，已夫！形充空虚，乃至委蛇。汝委蛇，故怠。”此时乐曲的演奏方式是“奏之以阴阳之和，烛之以日月之明”，节奏趋于明朗，悠扬而丰富，回声无穷，沉浸于此。此时人们的审美体验有所提高，并已逐渐适应，伴随着自然景观的更迭变化，“地籁”“天籁”之声景与“人籁”之乐声共同交织融合，“其声能短能长，能柔能刚”。此时声景的场所意境趋于平和、和谐，身心与自然、音乐融合在一起，“人籁”“地籁”与“天籁”是此时声音景观的具体形式。

2.2.3 无声之声 —— 无怠之声

“吾又奏之以无怠之声，调之以自然之命，故若混逐丛生，林乐而无形，布挥而不曳，幽昏而无声。动于无方，居于窈冥，或谓之死，或谓之生；或谓之实，或谓之荣。行流散徙，不主常声。世疑之，稽于圣人。圣也者，达于情而遂于命也。天机不张而五官皆备，此之谓天乐，无言而心说。故有焱氏为之颂曰：‘听之不闻其声，视之不见其形，充满天地，苞裹六极。’汝欲听之而无接焉，而故惑也。”这一部分“无怠”“无形”“不曳”“无声”“无方”等否定词语的出现，已将声景的表现形式上升到“听之以气”的无怠之声，而非仅仅对乐声、自然声响的追求。这种“天籁”之声具体表现在具有“听之不闻其声，视之不见其形，充满天地，苞裹六极”特征的“无怠之声”上，也是庄子推崇备至的“道”的特征。他追求音乐的旋律、节奏、速度等表现形式以外的声音之道，即蕴含在声音景观形式中的审美意蕴。达到了庄子的“至乐无乐”“听之以气”声音审美的境界，也是声音景观中“天籁之音”的道化体验。[14]方勇先生《庄子学史》中说道：“如果说‘地籁’‘解牛乐舞’还不免停留在‘听之以心’的意境上，那么《天运》‘咸池之乐’则已完全进入‘听之以气’的奇妙境界。”

3 结论与思考

庄子哲学中蕴含着中国古老而丰富的声景观，《庄子》诸多篇章中有大段的声音、乐声的描述，本文通过对庄子哲学中声景类型、内涵及声景构成的分析，对传统造园思想的理解及现代声景的设计方面提供一定的理论启示。

（1）庄子哲学中已对传统声景的声音类型加以分类，分为人演奏乐器的声音、风吹空洞的声音及自然界的声响，并将“天籁”上升到“听之以气”的无声之声。这种分类方式展示了声音从具体到抽象、人为到自然、有声到无声的变化，强调“自然之道”的声景观，对中国传统造园声景思想的研究有着积极的借鉴意义。中国传统园林讲求“天人合一”“道法自然”，更重视声景观的营造。园林中对水声、雨声、风声的借用，时空上的声色渗透等营造手法，都体现了园林中的声景营造与自然的关系。[15]

（2）庄子哲学中“声景”理念的形成不仅依赖于声音本身，也与人的行为、环境、场所等有着紧密的联系。例如“洞庭之野”有着“四时迭起，万物循生”的环境景观，“奏之以人，征之以天”的乐声的出现，是视觉感知和听觉感知的协同完成了人对环境的审美体验。“阴阳之和”“日月之明”“自然之命”是声景的自然环境要素，声景的内容受其环境的影响呈现动态变化，规律不一。这也启发现代声景观的设计不仅仅局限于降低噪音的干扰，需要更多关注声音、听者、环境及其他感官共同作用等要素之间的相互关系，从而使自然环境和人文环境中的声音能够给人带来美好、和谐的声景观体验。因此，解读庄子哲学的声景思想能够为现代景观中的声景研究提供一些有价值的启示。

（3）庄子以审美的态度对待人生，追求“法天贵真”的自然之声，于“天籁”中体会“至乐”，提倡自然质朴的声音，在声景的审美中注重听者的心理过程与审美境界的关系。声、乐、景共同构筑了庄子哲学思想中声景观的审美主体，声音是基础，乐声是核心，而景观是目标，三者相互作用。“天籁之音”所暗含的声景思想与形式、声景意境，均离不开听者、环境与声音三者的配合：听者要有“听之以气”的道化体验，而环境要遵循“法天贵真”的美学法则，声音要达到“和”的理想境界。声、乐、景交织相融，最终形成“天籁之音”理念下的声景审美体验。

（原载《华中建筑》2020年第6期）

注释

①《庄子》，孙通海译，中华书局2010年版，第23页。

② 参见秦佑国《声景学的范畴》，《建筑学报》2005年第1期。

③ 樊公裁:《庄子的美学思想》，《哲学研究》1981年第9期。

④ 蔡仲德:《中国音乐美学史》，人民音乐出版社2004年版，第176页。

⑤ 蒋孔阳:《先秦音乐美学思想论稿》，人民文学出版社2006年版，第129页。

⑥ 张前主编:《音乐美学教程》，上海音乐出版社2009年版，第16页。

⑦ 参见段桥生、米瑞玲《〈庄子〉音乐美学思想探微》，《艺海》2007年第1期。

⑧ 参见蒋孔阳《先秦音乐美学思想论稿》，人民文学出版社2006年版，第45—46页。

⑨ 参见邓梦军《庄子"天籁"思想研究》，《黑龙江社会科学》2014年第6期。

⑩ 参见于雅琳、任超平《浅谈道家"大音希声"音乐美学思想的历史发展》，《作家》2008年第8期。

⑪ 参见魏冬《道心与道言:对"天籁"基本内涵之辨析》，《西藏民族学院学报(哲学社会科学版)》2004年第4期。

⑫ 参见芳园主编《老子·庄子全鉴》，天津人民出版社2015年版，第130—418页。

⑬ 参见赵逵夫《本乎天籁，出于性情——《庄子》美学内涵再议》，《文艺研究》2006年第3期。

⑭ 参见胡红梅、郭文新《人乐·和乐·天乐——〈庄子·天运〉音乐美学思想解读》，《临沂大学学报》2012年第5期。

⑮ 参见袁晓梅、吴硕贤《中国古典园林的声景观营造》，《建筑学报》2007年第2期。

作者简介

严敏，合肥工业大学建筑与艺术学院讲师。

中国涂鸦艺术与城市公共空间的共赢发展策略探讨

马　龙

摘　要：20世纪90年代中后期，涂鸦文化开始传入中国，并逐渐成为一种融合中西方文化的城市景观。然而，由于其独特的个性化视觉冲击特点，涂鸦艺术在很大程度上与中国传统公共艺术形态产生了冲突。本文试图通过对包括美国、德国和法国在内的西方国家与中国的涂鸦艺术在城市公共空间发展历程方面进行对比分析，以期提出可以实现未来我国涂鸦艺术与城市公共空间共赢发展的有效策略。

关键词：涂鸦艺术；城市公共空间；对比分析；建议

“graffiti”（涂鸦）是一个意大利单词，直译为“刮擦”，由墙上或者布告板上的图形或文字组成，通常是指粗略、幽默并带有政治色彩的图形。而中文的“涂鸦”一词最早来源于我国唐代诗人卢仝所写的《示添丁》[①]，“涂鸦”在其中的意思可以概括为胡乱涂写之行为。经过对比不难发现，不管是在西方国家还是中国，“涂鸦”一词均具有“乱写乱画”的含义。然而，随着人们对精神生活的追求不断增加，“涂鸦”在后现代主义风格的基础之上，逐渐演变成了一种带有时代意味的艺术行为。

现代意义上的涂鸦艺术最早起源于20世纪60年代的美国，根据 Ellaway 等人的观点[②]，涂鸦艺术可以被定义为一种释放个性和狂野的艺术形态，符合大众的审美标准。同时，邹甜[③]归纳了涂鸦艺术的四种界定标准：（1）具有艺术家的创作意图；（2）涵盖独特的艺术风格和娴熟的创作技术；（3）受到艺术界的普遍认同；（4）受到民众的积极认可。另外，刘润等[④]利用文献计量法，对国外涂鸦艺术相关研究进行了系统性的分析。

城市公共空间的一般性定义为：以城市中生活的人为主体，为其提供社会活动与公共交往的场所。[⑤]就涂鸦艺术与城市空间之间的关系来说，二者存在对立统一的关系。后者是前者展现艺术与文化的窗口和媒介，是其赖以生存和发展的重要载体；而前者则是以一种复合形式对后者的某种解构和建构。然而，涂鸦艺术在城市公共空间发展中处于尴尬局面，其往往受到来自政治、场地、社会、文化等诸多因素的限制。但涂鸦艺术本质上代表了人们追求自由、释放自身积极或消极思想的权利，同时已有研究强调了其在城市空间发展中扮演的不可磨灭的重要角色。[⑥]例如，Alvarez[⑦]将位于美国—墨西哥边界的亚利桑那—索诺拉地区中未经授权的文本和视觉图像视为对国家主导的边境政策的一种治疗反应。我国学者叶阳昇和吴淑晶[⑧]指出涂鸦艺术对民众自身素质文化的提高起着潜移默化、深远持久的作用。

国内学者针对涂鸦艺术的研究主要涵盖以下两个方面：一是从美学的角度对涂鸦本身的文化含义展开探索，此部分也涉及历史层面涂鸦艺术的起源与发展[⑨]；二是从心理学和社会学的角度，基于我国不同城市涂鸦文化现状，研究涂鸦艺术对人们心理变化以及城市公共空间发展的影响[⑩]。然而，针对如何将涂鸦艺术和城市公共空间有效联系、如何令二者和谐共存的相关研究甚少。在这种背景之下，本文试图通过对比包括美国、德国和法国在内的西方国家与中国在涂鸦艺术发展以及协调涂鸦艺术与城市公共空间之间关系的差异，以期识别出目前涂鸦艺术在中国不能得到广泛支持和利用的原因，并提出未来我国涂鸦艺术与城市公共空间共赢发展的有效策略。

1 西方国家涂鸦艺术在城市公共空间的发展历程

1.1 美国

美国纽约市的布朗克斯的穷人区是涂鸦艺术的发源地，涂鸦成为青年人对抗权威以寻求欲望发泄的载体。在初期，涂鸦艺术徘徊于传统艺术的边缘，并往往被认为是非法的。但随着涂鸦运动在世界范围内的广泛兴起，地方政府开始意识到涂鸦艺术可以为城市增添独特的活力与文化色彩。然而，法律仅保护“被认可的艺术作品”。

《纽约州及纽约市反涂鸦立法》中规定街头涂鸦是一种犯罪行为，“任何人不得在任何公共或私人建筑、其他建筑、不动产、个人财产上书写、绘画或涂抹任何题字、图形或标志”[⑪]。同时纽约市政府也开展了一系列疏导措施[⑫]，例如政府规定了地铁站旁的一座建筑物可以作为涂鸦的专属区域，负责管理此区

法国塞纳河畔的街头涂鸦

域的涂鸦艺术家对在此绘画的人员进行严格的资质评估。如今，该建筑物已经成为涂鸦艺术的博物馆。

从上述法律及案件中可以发现，美国针对涂鸦艺术的管理是具有差异性的，仅对公认的、权威的、有艺术价值的作品进行保护，而非以偏概全地否定一切涂鸦艺术。同时，美国依靠法律强制性管理以及人性化的疏导措施让涂鸦艺术与城市公共空间发展得到了良好的共赢效果。

1.2 德国

德国的涂鸦艺术已经上升到了历史与政治的高度，尤其是柏林。第二次世界大战结束之后，西德人在柏林墙的西侧墙体上进行涂鸦，主要表达对东德的不满与抗议，以及对自由的歌颂。[13]1989年11月，两德分裂状态得到缓和，随后柏林墙被拆除。1990年以来，来自世界各地的118名艺术家应邀在柏林墙东侧绘制包括举世闻名的《死亡之吻》（*Kiss of Death*）、《兄弟之吻》（*Fraternal Kiss*）等涂鸦作品。

时至今日，德国政府对涂鸦艺术采取了较为包容的态度，但各地方政府对涂鸦作品都有着严格的管控。一方面，他们规定涉及政府、宗教、历史色彩的作品以及在明确标有“严禁标贴涂鸦”的建筑物上的涂鸦都是法律禁止的，一经出现，必会在短时间内清除，并进行重罚。同时，德国铁路公司Deutsche Bahn近些年开始使用无人驾驶飞机来对火车站等地域进行侦查，防止非法街头涂鸦者进行涂鸦创作。[14]但另一方面，和美国相似，德国城市中会开辟出一些合法的地区供涂鸦者进行涂鸦绘制。

在这种多样化治理措施的实施下，原先以反抗体制等思想为创作主题的涂鸦作品开始逐渐淡化并消失了，合法、富含正能量的涂鸦艺术正在融入德国的每一座城市。

1.3 法国

法国的涂鸦艺术始于巴黎，1968年的“五月风暴”之后，涂鸦艺术开始蔓延至整个法国。1982—1983年，纽约派涂鸦艺术一度成为法国“画廊外的当代艺术”（见图片）。虽然在此过程中出现了诸多世界知名的涂鸦艺术家，但却也不乏内容涉及色情、暴力、反政府等非法元素的涂鸦作品。

针对此问题，法国各地方政府采取了一系列有效措施，其中，巴黎市政府的做法具有较强的代表性。我国学者赵思嘉进行了很好的总结与研究[15]，主要涉及以下三个方面：

（1）规定“对于未经允许而在公共或私人建筑物或构筑物上绘制涂鸦的行为属于破坏公物、破坏私人财产的违法行为，可处以罚款或拘役”。

（2）巴黎市政部门设有环卫局，并开通了免费绿线电话，同时规定在举报后的10天内完成涂鸦清除工作。另外，市政部门还设有专项清理基金，以为市民提供免费的涂鸦清理服务。

（3）巴黎市政府也设置了一系列专门用于涂鸦绘制的区域，并邀请著名涂鸦艺术家进行以高尚思想为主题的艺术创作。

综上，在法国针对涂鸦艺术的治理措施中可以发现，管控与包容是并存的，进而在很大程度上实现了涂鸦艺术与城市公共空间的共赢发展，不但赋予了涂鸦艺术充分的表达空间，还为城市增添了一项独特的活力景观。

2 中国涂鸦艺术在城市公共空间的发展历程

20世纪80年代末，涂鸦艺术开始出现在北京、上海和广州等经济发达的城市。在此期间的涂鸦作品仅是模仿西方国家的涂鸦风格，鲜有结合中国本土特色的元素出现。另外，与一些西方国家不同，由于中国社会各阶层之间的矛盾并不突出，涉及反社会、反政府等内容的涂鸦作品也极为鲜见。20世纪90年代，一些著名的涂鸦艺术家开始出现，他们的作品中包含毛笔字等众多传统中国文化的元素，并一度在国际上崭露头角。

然而，涂鸦在中国自出现时就被看作是一种有争议的公共艺术形式。同时，一些地方政府也开始通过法律手段来限制涂鸦艺术的发展，例如按照《上海市市容环境卫生管理条例》及其他现行的市容法律法规，涂鸦并不被允许。如果涂鸦没有申报过，12个小时之内就会被城管刷掉。根据香港法例第228章《简易程序治罪条例》第4条19节，涂鸦属于在公共地方所犯下的妨扰罪之一。条文规定，任何人无合法权限或解释而在任何公众地方之内或附近，以雕刻或其他方式，将任何字母、字样、数字或图案标记在任何石头或路堑上，以致其外观受损，可处罚款500港元或监禁3个月。

但从中国全局的角度来看，已制定针对涂鸦艺术管控措施的城市极为稀少，同时已有的治理举措大多以偏概全，没有对有价值的涂鸦作品进行应有的保护，这将阻碍涂鸦艺术在中国的发展。

3 中国涂鸦艺术与城市公共空间共赢发展的对策

现阶段，涂鸦艺术已经浸润到中国的几乎每一座城市。笔者认为涂鸦艺术与城市公共空间是可以共存的，这需要涂鸦艺术者的自律以及国家政策的包容与正确引导，同时还需要一系列辅助措施，主要体现在以下三点。

3.1 涂鸦艺术者的自律

涂鸦艺术者应该谨慎选择涂鸦的内容与艺术表现形式，应以正能量和高尚的思想为主题，作为向民众宣传正确意识形态的一种辅助形式。同时，涂鸦艺术者应选择在法律允许范围内的特定区域进行绘制，而不应将创作凌驾于法律之上，或是民众的利益之上。

3.2 城市治理者的引导

城市治理者则应有区别地对待不同涂鸦作品：对于那些不符合我国主流意识形态、在限定区域乱写乱画的涂鸦应进行及时清理，并对绘制者进行惩戒；而对那些带有积极向上的思想且被广大群众接受和认同的涂鸦作品应予以保留，并鼓励创作。同时，建议开拓一些专门用于涂鸦艺术者绘制作品的特定区域，并有针对性地规定涂鸦内容和风格，以提升城市独有的艺术氛围和文化魅力。在此方面，北京之墙、798工厂、厦门大学的芙蓉隧道、重庆黄桷坪涂鸦艺术街等成功案例值得各个城市借鉴并根据自身特点进行优化。

3.3 辅助性措施

应以政府相关部门为主导，定期开展一些具有正面宣传意义的优秀涂鸦作品展览，并以此为契机，利用网络媒体和传统媒体共同宣传涂鸦艺术应有的正确内涵，以提高国内涂鸦艺术者的道德素质和职业精神。同时，应发动民众力量，积极组织一批志愿者对非法的涂鸦作品进行定时清理，并对非法的涂鸦行为进行监督，一旦发现应立即举报给相关部门，以做到全方位、低成本的涂鸦管控。

4 结语

涂鸦艺术的非法性在于它的地理位置，而非它的内涵。涂鸦艺术应在中国得到有效的治理与引导，与城市公共空间一起和谐、共赢发展。本文通过对比中国与美国、德国和法国等西方国家中涂鸦艺术在城市公共空间的发展历程，并通过借鉴西方国家在处理二者之间关系方面的宝贵经验，从涂鸦艺术者、城市治理者和辅助性措施三个维度提出了几点适合我国本土的涂鸦艺术在城市公共空间发展的建议，以期为我国未来涂鸦艺术的发展提供可以借鉴的依据。

（原载《城市建筑》2019年第12期）

注释

① 参见田谷《“涂鸦”：一种病态社会文化现象》，《齐齐哈尔社会科学》1992年第3期。

② A. Ellaway, S. Macintyre, X. Bonnefoy, "Graffiti, Greenery, and Obesity in Adults: Secondary Analysis of European Cross Sectional Survey", *BMJ* (online), 2005, Vol. 331, No. 7517, pp. 611 – 612.

③ 参见邹甜《涂鸦艺术在城市公共空间发展应用与研究》，硕士学位论文，湖南师范大学，2014年。

④ 参见刘润等《国外城市涂鸦研究进展与启示》，《人文地理》2018年第5期。

⑤ 参见孙彤宇《从城市公共空间与建筑的耦合关系论城市公共空间的动态发展》，《城市规划学刊》2012年第5期。

⑥ 参见魏敏莹、刘云刚《1990年代以来广州城市涂鸦空间的形成与嬗变——基于空间生产的视角》，《人文地理》2018年第2期。

⑦ M. Alvarez, "La Pared Que Habla: A Photo Essay about Art and Graffiti at the Border Fence in Nogales, Sonora", *Journal of the Southwest*, 2008, Vol. 50, No. 3, pp. 279 – 304.

⑧ 参见叶阳昇、吴淑晶《涂鸦文化在绍兴美丽乡村建设中的作用研究》，《美与时代（城市版）》2018年第4期。

⑨ 参见张元明《涂鸦艺术在基层公共文化空间的应用研究》，《艺术评论》2017年第5期；江涛、罗梦达《涂鸦艺术：从反叛的街头艺术到流行的视觉设计元素》，《装饰》2010年第9期。

⑩ 参见周劲草、熊和平《城市修补视角下街头涂鸦的设计与管理方法初探——以武汉市2012—2017年涂鸦墙变迁为例》，载中国风景园林学会编《中国风景园林学会2017年会论文集》，中国建筑工业出版社2017年版，第4页。

⑪ 李慧：《法律规制涂鸦文化的正当性与路径》，《今日南国（中旬刊）》2010年第8期。

⑫ 参见杨叙《纽约市治理城市涂鸦及其精细化管理的经验与启示》，《城市管理与科技》2012年第1期。

⑬ 参见王娟《涂鸦精神在柏林》，《德语学习》2008年第3期。

⑭ 参见陈永新《德国小型无人侦察机》，《兵器知识》2007年第2期。

⑮ 参见赵思嘉《巴黎城市涂鸦的管理研究》，《同济大学学报（社会科学版）》2012年第4期。

图片来源

本文图片来源于 http://www.sohu.com。

作者简介

马龙，成都市建筑设计研究院建筑师。

台湾社区公共艺术价值观变迁研究——以1998—2016年台湾公共艺术设置案作品为例

马增锋　陈　坚

摘　要：通过研究1998—2016年台湾3582件社区公共艺术设置案作品，尝试建立价值观量表，用交叉列联表分析法定量研究，为研究台湾社区公共艺术价值观变迁提供思路。从时间、场域两方面与价值观指标进行交叉分析，为研究台湾公共艺术的价值观变迁提供以下参考：一、26种价值观指标按照频数的排名依次为群体意识、自然、传统、希望、休闲；二、随着时间的变化，价值观文化维度的环境关系走向和谐、时间取向偏向短期，活动取向以意识为主，责任中心趋于集体主义；三、从不同时间和场域价值观指标变化，看台湾社区公共艺术价值观的包容性。最后尝试从这些价值观变迁推测台湾社会发展的内因，以提供大陆进行社区公共艺术建设借鉴的经验。

关键词：交叉列联表分析法；文化维度；价值观量表；台湾；社区公共艺术；变迁

1 台湾社区公共艺术价值观评价体系现状

1998年我国台湾地区颁布《公共艺术设置办法》，正式开启台湾公共艺术设置之门。[①]在一系列文化政策的推动下，台湾的社区公共艺术建设取得了令人瞩目的成就。2008年“生活美学运动”中，台北成功地通过社区公共艺术营造，促进城市形象的升级和生活美学的传播，带动以文创产业为代表的美学经济蓬勃发展。

文化的核心是由价值观构成，通过外层的符号、载体、仪式、实践活动诠释。[②]社区公共艺术是在现代公民社会的前提下，体现民主、参与、共享价值观的重要文化形式，利用建筑、雕塑、壁画、摄影、景观、水体、园林地景、行为等各种艺术形式加以实现的一种综合性的当代艺术。[③]台湾地区社区公共艺术的建设热潮兴起于20世纪80年代，城市建设注重公共艺术的民主参与机制，以立法形式将公共艺术纳入社区文化建设中。

长期以来，台湾社区公共艺术的评价以定性和主观判读为主，定量研究相对匮乏：根据知网、华艺、CSSCI等中文数据库，以“台湾”“社区艺术”“公共艺术”“价值观”等关键词对相关文献进行检索时，研究方法多为基于个案的定性研究，如“公共性”“在地性”等。缺乏时间维度和文化维度体系的定量研究支撑，这种小样方的片段描述较难客观评价台湾社区公共艺术价值观的变迁。

本文借鉴跨文化比较、广告学等领域的研究方法，建立社区公共艺术价值观量表[④]，尝试台湾社区公共艺术价值观的当代变迁显性可读。用统计学中交叉列联表分析[⑤]的方法，定性与定量相结合地研究1998—2016年台湾3582件社区公共艺术设置案作品，为判读其价值观变迁提供参考。

本文对台湾社区公共艺术的价值观变迁的解读大致分三个方面：首先，基于频数统计得出台湾社区公共艺术的价值观指标排名；其次，从设置时间与场域两方面与价值观指标进行交叉分析与检验，得出价值观指标与文化维度的分布规律；最后，总结其价值观变迁趋势，并尝试分析台湾社区公共艺术发展的内在成因及其启示。

2 社区公共艺术价值观量表

价值观量表是一种将价值观定性与定量相结合的研究方法。1961年，克拉克洪－斯托特柏克（Kluckhohn-Strodtbeck）的跨文化价值观理论开启了价值观的“科学”研究，提出了“价值取向”（value orientation）的概念，并用“维度”（dimension）描述价值观。[⑥]其划分出人类社会五个普遍性的价值观取向，即人的本性取向、人与自然的关系取向、人类生活的时间取向、人类的活动取向、人际间关系的责任中心。[⑦]2010年，吉尔特·霍夫斯泰德（Geert Hofstede）等学者通过大数据、计量分析和比较等方法提出了六个文化维度，即“权力距离”“个人主义—集体主义”“男性气质—女性气质”“不确定性规避”“长期取向—短期取向”“放纵—节制”[⑧]。

本文借鉴前人对文化维度的研究，结合笔者参与社区公共艺术营建的体验，设计了台湾社区公共艺术的价值观量表（Value Survey），并附以价值观指标较为明显的典型设置案作品说明。量表包含三个层次：4个文化维度、4对价值观倾向与26种价值观指标。

第一层次4个文化维度："环境关系"，即人与自然的关系；"时间取向"，即感知与时间的关系；"活动取向"，即意识与行为的关系；"责任中心"，即个体与群体的关系。

第二层次4对价值观倾向："支配—和谐""短期导向—长期导向""意识—行动""个人主义—集体主义"。

第三层次26种价值观指标："神灵—共生""技术—自然""变化—永恒""传统—现代""享乐—坚韧""休闲—奋斗""经历—教育""希望—实践""想象—交流""内省—健康""自我认同—社会地位""竞争—群体意识"和"自由—公共秩序"。

3 交叉列联表分析法

交叉列联表分析法是采用两个或以上变量在不同指标区间出现的频次或频比进行对照、比较分析的方法。在频数和频比分布分析之外，还需要确定变量之间的相关性，一般用非参数检验，如卡方检验（Chi-Square）等方法。[9]

本文运用交叉列联表分析法对1998—2016年台湾3582件公共艺术设置案作品的价值观进行定量研究，包括三个阶段——数据收集、数据整理、数据分析与检验，三种数据类型——时间、场域、价值观指标。

3.1 数据收集

本文的原始数据来源于台湾文化管理部门公共艺术官方网站[10]和官方出版物《公共艺术年鉴》[11]，从公布的4042件作品中，通过Python数据挖掘程序和人工录入关键词的方法获取原始资料，主要涉及以下类型：标题、时间、场域、作品说明、图片等。其中社区的九类场域主要参照台湾文化管理部门公共艺术官方网站和出版物《公共艺术年鉴》的分类方式，即"学校""政府机构""广场""交通建设""街道设施""小区""医疗院所""园区"和"其他"。根据收集的原始资料，1998—2013年的作品中并没有"政府机构"的类型，为保持量化分析的结构完整性，我们从"其他"类里筛选出明显为"政府机构"类型的作品，如"法院""检察院"等相关作品。原始资料中还包含了"设置案作品"和"教育推广"两类作品。考虑到"教育推广"的非主动特征，很难反映台湾社区公共艺术变迁的价值倾向，故排除于本文研究范围。最终收录了台湾1998—2016年3582件社区公共艺术设置案作品作为数据来源。

3.2 数据整理

本文以作品为单位进行时间、场域、价值观指标进行评价录入。

通常设置案作品的价值观指标有多个，在录入单个作品价值观指标时可以多选，其中最明显的三个价值观指标，显性填"1"，其他相对弱显和隐性填"0"。

评价作品的价值观指标时，须结合标题、作品说明及图片内容等信息进行综合研判。以本人参与的"手美术馆"社区公共艺术作品为例，通过各类信息的综合解读提炼出该作品的基础数据：时间——2018年，场域——街道设施，主要价值观指标——"经历""实践""群体意识"。以此类推，最终得到了3582组，共17910条综合信息。

3.3 数据分析与检验

将时间、场域与价值观指标三类数据录入SPSS 20统计软件进行交叉列联表分析，包括频数分析和卡方检验两种分析模式。

频数分析运用于设置案作品的总体性描述，通过频数的高低了解价值观指标的分布特征。频数较高的为主导地位的价值观指标。

卡方检验运用于双变量的交叉分析，一般认为，行变量和列变量的关系 $P>0.05$，则两者不具有相关性，反之则认为二者具有显著相关性。[12]

在进行交叉分析和卡方检验时，对26个价值观指标分别与时间、场域两个变量交叉分析与检验，共需进行52次卡方检验。

为了让分析结果更加清晰，本文尝试对分析的结果进行视觉样式的调整呈现。

4 数据结果

4.1 作品数量在时间与场域的交叉分析

统计表明，台湾公共艺术设置案作品从1998年至2016年以来，整体呈现增长的趋势，其中2009年为历年来数量最多的一年。

从排名看出，学校、政府机构两类场域的作品比重大、增长变化比较明显，这一定程度上体现了台湾自上而下重视在这两类场域设置社区公共艺术，也反映了这两类场域对艺术家和社区自下而上的吸引力。

其间，台湾大型基础设施和公共项目的建设推动了社区公共艺术的繁荣。[13]例如，2008年台湾轻轨捷运建设大型交通项目，使相关艺术作品项目在2008—2009年呈现出较突出的增长态势。其中，高雄市通过捷运车站的建设与公共艺术规划相结合，推动城市观光与城市名片展示。

4.2 时间与价值观指标的交叉分析

通过26个价值观指标频数总量的统计，发现排名前五的价值观指标为“群体意识”“自然”“传统”“希望”“休闲”。这一定程度上反映出台湾社会文明的稳定结构和市民情感的宽容心态，这和经济高速发展的大陆“求变、上进”的心态显著不同。

经卡方检验，有22个价值观指标 $P<0.05$，说明时间与22个价值观指标有相关性，表明台湾市民情感的价值观并不是恒定的。如排名靠前的“传统”在2006—2009年频数上升，而在2009—2011年又下降，这反映出台湾对“传统”的诉求有时段性的变化。

在文化维度倾向方面，环境关系偏向“和谐”，倡导“共生”“自然”；时间导向为“短期导向”，比较偏向对场所记忆、民俗等“传统”的回溯，一定程度上反映了台湾近年市民情感的“去政治化”倾向：一方面追忆发展的黄金年代，一方面追求当下的“享乐”与“休闲”；活动取向为“意识”教化，对未来抱有“希望”，鼓励有创造力的“想象”，主张个人的“内省”；责任中心偏向“集体主义”，体现在营造社区认同感的“群体意识”。

4.3 场域与价值观指标的交叉分析

经卡方检验，有25个价值观指标 $P<0.05$，即不同场域与这些价值观指标具有相关性。这反映了台湾在不同场域的价值观倾向多元化，也体现了台湾社会文化的包容性。频数排名前五的价值观中，学校为“教育”“群体意识”“希望”“自然”“传统”，而政府机构则为“群体意识”“自然”“传统”“社会地位”“现代”。这也说明了不同场域也会导向不同的价值观。

统计表明，场域的文化维度倾向差异主要表现在时间取向。学校为长期导向，影响较明显的指标为“教育”“奋斗”“现代”，而学校之外的其他几类场域大多为短期导向，影响较明显的指标为“休闲”“享乐”“传统”。这一定程度上反映了当前台湾学校与社会环境的差异。学校培养年轻一代习得知识技能，鼓励艰苦奋斗，以适应新时代的发展。与此同时，台湾社会结构较为稳定，当年轻人离开象牙塔时，发现社会向上流动的机会微乎其微，则沉湎于当下的享乐。

5 台湾社区公共艺术价值观变迁的启示

通过对台湾社区公共艺术1998—2016年的3582件作品价值观指标在时间与场域的交叉列联表分析，从一个侧面反映了近20年来台湾社区公共艺术的价值观变迁，以此为研究期间台湾社会发展的“心路历程”提供参考：

（1）责任中心的价值观倾向为集体主义、群体意识突出。这一定程度上反映了台湾公共文化政策对社区公共艺术价值观的主导地位，期许通过社区公共艺术的人文关怀，营造群体认同感。

（2）时间取向为短期导向，比较突出的价值观指标为“传统、休闲、享乐”。在传统乡土与现代都市的变迁过程中，台湾鼓励回溯地方传统和本土特色，试图通过场所文脉刻画出台湾的乡土历史图景。

研究同样从另一个角度反映了台湾社会趋于稳定，社会阶层固化，上下层流动性不强。当资本社会发展达到稳定时期，民众会偏向闲适、享乐等后现代物质主义价值观诉求。⑭台湾社会阶层两极分化严重，上层寡头通过不断制造光辉的形象，鼓励中下层在休闲、享乐等方面消费以集中财富。下层普通大众上升希望渺茫，则安于现状，通过休闲、享乐等消费寻求精神的欢愉。

（3）环境关系偏向人与自然和谐共处，倡导自然生命力与地方景观资源特色相结合。这反映了台湾在自然景观方面的期许：一方面，培育公众保护环境、爱护自然的环境发展观念；另一方面也与台湾政经社会有关⑮，泛绿党派和相关财团企业，期望通过社区公共艺术塑造出台湾美丽、自然、富有生命力的宝岛形象，以促进台湾自然康养、观光文创等产业的发展。

（4）台湾社区公共艺术活动取向为意识引导，突出价值观指标为“希望”“想象”。一方面，试图通过社区公共艺术营造充满希望和生机的世界，抚慰精神疲惫的大众。另一方面则反映了社区公共艺术中民众参与不足。社区公共艺术的实施和推广，是公众在法制条件下的公共领域的艺术交流、艺术创造和多元文化之间对话与展示。⑯参与性不足一定程度上反映了台湾社区公共艺术依旧是遴选机制下摆在社区的装饰品，与公众参与社区建设的市民社会仍有所差距。

但整体而言，1998—2016年台湾社区公共艺术价值观的变迁是台湾社会发展变化的一面镜子。台湾社区公共艺术价值观变迁体现着台湾社会结构的成熟与稳定，文化体系的完善和高效，文明意识的独立与包容，市民精神的觉醒和觉悟。近年来，大陆城市开始借鉴台湾的经验，尝试用社区公共艺术介入社区微改造⑰，如上海社区花园微更新实验⑱、广州盐运西微改造工作坊⑲、重庆草花街文化修复⑳，这些反映了大陆城市发展观念的转型。

（原载《南方建筑》2020年第2期）

注释

① 参见熊鹏翥《台湾公共艺术政策的前瞻与回顾》，《公共艺术》2014年第2期。

② 参见［荷兰］吉尔特·霍夫斯泰德、［荷兰］格特·扬·霍夫斯泰德、［保加利亚］迈克尔·明科夫《文化与组织：心理软件的力量（第三版）》

（修订版），张炜、王烁译，电子工业出版社2019年版，第5—6页。

③ 参见周成璐《公共艺术的社会学研究——以现代城市公共艺术现象为例》，博士学位论文，上海大学，2010年。

④ 价值观量表为定性与定量研究价值观的方法，常用于统计分析地区或群体间价值观的特征、结构和层次等，以此反映文化特征和文化间的差异。

⑤ 交叉列联表分析法常用于定性数据分析，需对某个问题按不同类别进行分类，对不同类别数据进行交叉分析，并通过多种检验方式得出不同类别数据的相关性。

⑥ 参见郭爱丽、翁立平、顾力行《国外跨文化价值观理论发展评述》，《国外社会科学》2016年第6期。

⑦ F. R. Kluckhohn, F. L. Strodtbeck, *Values and Value Orientations*, Oxford: Row Peterson and Company, 1961, p.12.

⑧ 参见［荷兰］吉尔特·霍夫斯泰德、［荷兰］格特·扬·霍夫斯泰德、［保加利亚］迈克尔·明科夫《文化与组织：心理软件的力量（第三版）》（修订版），张炜、王烁译，电子工业出版社2019年版，第44—219页。

⑨ 参见林升梁《广告统计基础》，厦门大学出版社2010年版，第62—69页。

⑩ https://publicart.moc.gov.tw.2018－8－29.

⑪ 台湾文化管理部门：《公共艺术年鉴》，台湾新北图书馆，2011—2016年。

⑫ 参见林升梁《〈人民日报〉广告深层内容变迁研究：1978—2011》，《广告大观（理论版）》2012年第6期。

⑬ 参见赵晟宇、阮如舫《通过车站设计提升地铁公共艺术主题——以台湾高雄捷运美丽岛站和中央公园站为例》，《城市轨道交通研究》2012年第11期。

⑭ 参见赵刚《"小确幸"：台湾太阳花一代的政治认同》，《文化纵横》2014年第6期。

⑮ 参见杜强《台湾环保运动的范式、影响及其与政党关系研究》，《台湾研究》2009年第4期。

⑯ 参见翁剑青《城市公共艺术：一种与公众社会互动的艺术及其文化的阐释》，东南大学出版社2004年版，第26页。

⑰ 参见刘雨菡、张珊珊、鲍梓婷《艺术介入的社区营造与规划思考》，《规划师》2016年第8期。

⑱ 参见刘悦来、尹科娈、葛佳佳《公众参与　协同共享　日臻完善——上海社区花园系列空间微更新实验》，《西部人居环境学刊》2018年第4期。

⑲ 参见谢璇《参与式社区环境更新研究——以广州盐运西社区微改造工作坊为例》，《西部人居环境学刊》2018年第4期。

⑳ 参见黄瓴、周萌《文化复兴背景下的城市社区更新策略研究》，《西部人居环境学刊》2018年第4期。

作者简介

马增锋，华南理工大学建筑学院硕士研究生，亚热带建筑科学国家重点实验室，广州市景观建筑重点实验室。

陈坚，华南理工大学建筑学院讲师，亚热带建筑科学国家重点实验室、广州市景观建筑重点实验室。

“从停滞中解放建筑”——浅论建筑与数字媒体艺术的结合

李昌锦

摘　要：当今建筑与数字媒体艺术开始产生紧密联系和相互作用，为建筑立面的表达提供新的方向，极富现象力地改变了城市空间。文章将从建筑立面的进化史入手探索建筑，结合实例探究建筑与数字媒体艺术的结合对空间和城市的影响，提出其潜力及局限性。

关键词：建筑；数字媒体艺术；城市空间

1 引言

自古以来，在建筑设计中控制自然光影被视为一种表现情感和思想的经典手法，在当今计算机技术和投影映射技术进一步发展的背景下，建筑开始与新时代下的光影艺术——数字媒体艺术产生紧密联系和相互作用。数字媒体艺术将建筑变为虚拟画布，为城市中漫步的观众呈现视觉、声音和动作等多层次的新空间体验，从这个角度上看建筑似乎摆脱了其停滞静止的一贯形象，以一种更加积极的方式与城市产生互动。

2 建筑立面元素表达的进化

纵观建筑千年历史的发展，建筑立面作为人们理解建筑的第一印象被建筑师们广泛重视。早期的设计者在建筑立面上使用雕塑、绘画等元素来传达信息，从古埃及开始已有几千年的历史。到了20世纪初，建筑材料和技术发生巨大变革，梁柱体系下的建筑立面在造型上拥有极大的潜力，一定程度上可以自由地塑造，这也就是柯布西耶（Le Corbusier）著名的“新建筑五点”中的“自由立面”。尽管那时技术层面上建筑立面可以自由塑造，但早期现代主义建筑思潮认为建筑立面应摈弃任何装饰，消除表皮对建构及功能传达意义的干扰，以体现与建构逻辑的统一完整性。所以此期间的建筑立面元素就是构造元素，清晰纯粹的，也是单调的，表达建筑自身建造的本质。

随着社会的发展，人们开始厌倦“千城一面”的现代建筑，希望建筑能够传达更多的信息。20世纪70年代后现代建筑思潮兴起，建筑师文丘里（Robert Venturi）批判了所谓“形式跟随功能”的现代主义意识自身的矛盾性，在其著作《向拉斯维加斯学习》中提出设计师们应该充分吸收当前的各种文化现象和特点到自己的设计中去，取代单调刻板的国际主义风格。这本质上是一种大众化，使建筑师摆脱了教条。于是建筑立面可以更加自由，表现上可以更为独立。不仅如此，他对拉斯维加斯的“霓虹灯文化”的研究更是把数字媒体元素和建筑的结合第一次搬上建筑学术台面。

自此以后，没有了思想枷锁的建筑实践愈发大胆直接。在一些前卫作品或商业建筑中，对艺术性与视觉冲击的追求，夸张的立面或表皮已经成为一种重要的表现手法。当今时代下的数字媒体全方位进入社会的每个角落，自然也越来越多地进入建筑表皮内，这为建筑立面艺术表现更进一步的解放——建筑与数媒艺术的融合创造了条件。

3 数媒艺术对建筑的演绎

在计算机技术和投影映射技术进一步的发展下，3D投影映射允许将任何建筑表面转换为屏幕。其在任何三维表面上设置动画的能力，不仅不需要屏幕的安装，也不需要是平坦的表面。这与建筑其他元素的表达相比，有利之处在于它是虚拟的并不真实存在，所以只要在计算机中提前设计计算，就可以对城市公共空间中的建筑进行灵活和短暂的干预。也就是说它具有最优的成本和最高的可行性以带来令人惊叹的效果，将情感和思想安装到无生命的建筑上，短暂重构建筑的含义，激活城市空间。从这个角度上看，建筑似乎摆脱了其停滞静止的一贯形象，以一种更加积极的方式与城市产生互动。这时的建筑与数字媒体艺术的结合不再仅由“拉斯维加斯”式的广告业所主导，而是由艺术家和设计师展示艺术的潜力，进行更多艺术性实验。

数字媒体艺术家丹尼尔·罗萨（Daniel Rossa）的作品《555 Kubik》在汉堡当代艺术馆的外墙上创建了立面视频投影，在投影中巨人的手似乎以一种超现实的方式操纵着博物馆的表面。

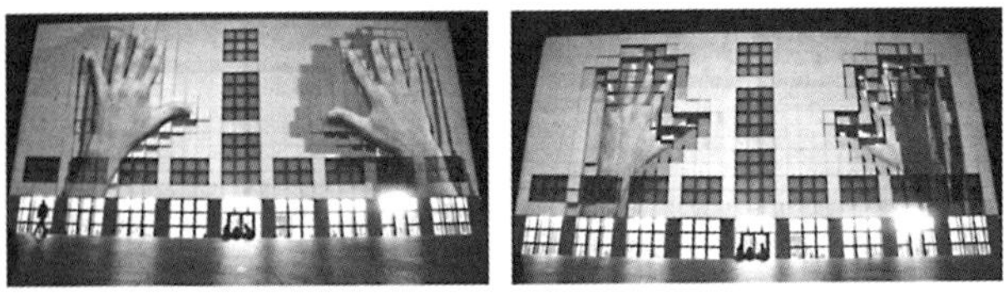

图1 《555 Kubik》

这是一场巧妙的后现代主义实践，正如项目所声明的那样，这个作品背后的灵感是使用投射光来“试图突破严谨的建筑”。而它的投影对象——汉堡当代艺术馆是由以理性主义闻名的德国现代主义建筑大师翁格斯（Oswald Mathias Ungers）所设计的，这也是这个项目最有趣的方面之一，“巨人的手”按压出来的非理性的无功能意义的空间，叠加于“理性主义”原建筑的物理空间之上，构建了一种虚拟的现实情境，这是一种相对于物理现实而言的新现实环境，它在理性主义及功能主义的建筑本体与后现代主义及带幽默内涵的数字媒体艺术作品之间产生了对比冲突关系，彻底脱离了原有的建构逻辑。通过数字媒体技术将原有建筑结构解构为“自由的”图形概念和几何意义，揭示了不同时代的二者在空间和图形上对概念、几何和美学的不同解，对建筑进行了全新的诠释和演绎。

洛杉矶艺术家雷菲克·阿纳多（Refik Anadol）的作品《WDCH Dreams》对于数字媒体艺术的演绎又开辟了一个新的路径，他和他的团队使用机器学习算法对洛杉矶爱乐乐团表演数据——45TB的视频和音频文件计算分析，通过深度神经网络来形成新的视觉图像，再使用42台大型投影机直接投影在弗兰克盖里（Frank Gehry）的作品华特迪斯尼音乐厅的起伏不锈钢外观上，带来了一场视觉盛宴。智能计算出的视觉图像与建筑里的活动发生了关联，即其设计概念中的“唤醒音乐厅的隐喻意识”，为艺术表现带来了“意义”，但一定程度上所谓“意义”仍有其局限性，由于数字媒体技术的艺术表现本身依赖于对当下现实世界的认知，认识中的一切有限性因素都成为虚拟的数字媒体艺术表现的有限性根源，所以虽然使用了机器学习算法，但抽象的装饰性艺术表现和阿纳多更早时期的作品也并没有拉开本质上的差距。但毫无疑问的是其先锋性，探索了艺术、技术与建筑之间的协同作用，将数字信息转换为图像，将图像转化为建筑，将建筑变为现实画布，带来了令人惊叹的建筑与数字媒体艺术结合的可视化表演。

“夜间所有的视角和空间深度，所有真实空间感都将被夜间的人造光消除”，电影理论家爱森斯坦（Sergei M. Eisenstein）预言道，人造光形成建筑表面照明消除了建筑体积，其所带来的幻想环境和幻觉城市体验无疑是夸张的，但也有其前瞻性。随着越来越多的建筑与数字媒体艺术之间超越物理空间和传统建筑逻辑的互动与相互演绎，建筑要接受一种新的艺术表达方式。建筑艺术的观念将更加倾向于公共艺术，强调和人之间的互动和对城市空间的行为的激发，而不再仅仅局限于静态的或是个体的审美。与以往不同，建筑师、艺术家、科学家甚至市民观众本身都将成为城市中的空间艺术、媒体艺术的创作者，带来更加丰富的城市体验。

4 城市视角下的潜力与局限性

媒体艺术与建筑的融合，为人们打开了一个新的审视城市的视角，以极富想象力的方式来吸引甚至改变城市空间活力的可能性。这种活动激活了其周边空间作为城市体验的场所，利用自身的信息传达和动态表现，甚至潜在的互动性，以吸引更多的参与者去创造活动事件，而活动事件可以吸引更多的观察者变为参与者，使得活动事件的延续性得以实现，这样一来市民更愿意走出户外，参与到城市的公共活动和事件当中，城市公共空间潜力就被激发了。城市中各个元素有了发展和改变的机会，这对城市中其他形式交往的背景和起点具有重要意义。

凯文·林奇（Kevin Lynch）在其《城市意象》一书中指出，“城市形象”是指人们对城市的印象和感知，即“通过观察按照自己的意愿对所见的事物进行选择、组织并赋予意义”，他从特性、结构和意蕴这三个方面对城市形象进行了解释，指出城市形象是人们对物质环境的知觉以及形成的心理意象。从这个角度上理解，城市尺度上的数媒艺术表现就是一种构建人们对环境特殊知觉的过程，通过城市环境和城市居民互动的过程，使其形象在人们心中产生的心理意象，即“城市形象”。随着越来越多的建筑光艺术表现出现在全球各地，这也成为一种日益突出的“城市营销”手段，促进其主办城市的旅游、投资和国际认可，更好地提升城市的价值。

这种新形式城市空间体验也具有一定的局限性，虚拟化和光影化下的建筑表皮不必关注建筑建构背景，具备可替换性。这在扩展或突破建筑自身特有语言，改变我们对建筑视觉审美观的同时，也极可能造成新时代下的“千城一面”，即每个城市都使用大众的、近似的数字表皮（如抽象的动态符号），那么今后人们有可能会被充满同质化信息特征的建筑数字表皮所淹没。同时作为面对城市的大量居民的建筑立面，不恰当的数字图像可能会造成非常消极的社会影响，甚至有通过网络劫持播放图像的可能。未来对建筑表面的数字艺术设计表现将面临更加严谨的城市影响程度的检查。

5 结语

早在20世纪初，包豪斯艺术家和理论家莫霍利·纳吉

图2 《WDCH Dreams》

（Laszlo Moholy Nagy）就已经预测“人造光将使巨大的建筑活跃起来”。现在预测已经成真，在设计师、艺术家和科学家的共同推进下真正开始实施那时的乌托邦愿望，甚至超越早期的愿景，更富有想象力地改变了城市空间。那么现在我们对未来城市的预测又是怎样的呢？未来的建筑艺术又是什么形式？实现未来的愿景需要更多的、更加富有创造力的理论与实践探索，希望本文能带来一点微小的启发。

（原载《中外建筑》2019年第7期）

参考文献

1. [美]爱德华·R. 福特：《建筑细部》，胡迪等译，江苏凤凰科学技术出版社2015年版。
2. [美]罗伯特·文丘里、[美]丹尼丝·斯科特·布朗、[美]史蒂文·艾泽努尔编著：《向拉斯维加斯学习》，徐怡芳、王健译，知识产权出版社、中国水利水电出版社2006年版。
3. [美]凯文·林奇：《城市意象》，方益萍、何晓军译，华夏出版社2001年版。
4. 刘华初：《虚拟现实的三个哲学问题》，《学习与实践》2018年第5期。
5. 王伟东：《基于城市触媒理论的媒体建筑研究》，硕士学位论文，中央美术学院，2018年。
6. 孙超法：《媒体化的建筑表皮》，《中外建筑》2006年第1期。

图表来源

图1：Urbanscreen。
图2：refikanadol.com。

作者简介

李昌锦，武汉理工大学艺术与设计学院硕士研究生。

自然营法：一种由内而外的乡村朴素设计探索——以陈庄为例

杨俊宴　朱　骁　陈　雯

摘　要：我国的地貌地景种类丰富，数千年的历史产生了多元的地域文化。独特的自然地貌交织着悠长的历史演变，使得我国乡村的发展精彩纷呈，各类乡村设计和乡村营造活动层出不穷。目前，针对特色乡村，已建立起了相对完善的设计框架及技术方法；但是对于占乡村绝大多数的传统农业型乡村来说，它们的特色相对单一或者缺失，目前对其的营造和设计模式针对性不强，难以解决这些传统农业型乡村建设发展的现实问题。本研究遵循"道法自然，天人合一"的理念，基于自然营法的复合型设计方法，提出传统农业型乡村规划设计应该注重自然格局、自然微水系、自然街巷、自然农业、自然运营五个维度的演进叠加的规划设计方法，并将之运用于江南地区的自然村——陈庄的空间设计实践探索中，旨在为广大传统农业型乡村的空间营造与振兴提供新的思路与方法。

关键词：乡村营造；乡村设计；内生模式；传统农业型乡村；城市设计

基　金：国家重点研发计划绿色宜居村镇技术创新项目（2018YFD1100302）

1 导言：我国乡村设计的理论与实践诉求

自然条件优越或者空间独具特色的乡村，一直都是"乡村设计"的主要对象。在国家大力实施乡村振兴战略的背景下，各地兴起了许多特色乡村的规划设计与项目实践，营造了一批示范性特色乡村。不同乡村的自身属性存在差异，在大量的特色乡村规划实践中仍存在一些问题：那些资源禀赋较弱的乡村，被资本入侵，乡村资源被大资本垄断，村民生活与乡村自身的联系渐行渐远；那些原本特色不足的乡村被雷同设计，大量相似的乡村旅游、乡村民宿、乡村景观等要素磨灭了乡村原本的吸引力。此外，中国幅员辽阔，除了那些文化、自然、区位等特色明显的乡村，18亿亩耕地也孕育了大量依托传统农业发展的乡村。国内学者乔陆印①从自然本底、区位条件、宅基地利用、资源禀赋四个维度构建了乡村振兴村庄类型识别指标体系，将乡村分为城郊融合型、集聚提升型、传统农业型、特色保护型、搬迁撤并型五类。其中，传统农业型乡村自然本底和资源禀赋相对较好，但区位条件较差，农村劳动力外流导致宅基地空心化率较高，短期内不具备乡村振兴的基础条件。

由外及内地照搬那些成功的特色乡村的规划与设计经验，并不是广大乡村的发展之道，反而会使得传统农业型乡村丧失原本的特色，更深层次地损害自然—乡村—村民的和谐关系，使乡村失去持续发展的活力。在传统农业型乡村的规划设计中，应充分尊重传统农业型乡村千百年来发展所遵循的自然之道，遵守自然—乡村—村民长久共生的自然法则，由内而外地展开乡村规划与设计。

回顾历史，乡村的发展与乡土空间的演化孕育出了丰富的"语言逻辑"。从《周礼》的"六乡六遂"中明确的"乡、党、邻、里"，到《论语》中乡、党、邻、里也开始各有专名，如"互乡""达巷党"等，再到《隋书·食货志》中的"五百家为乡，正一人；百家为里，长一人"的明确的数量关系，乡村的发展一直在继续。自古人营城以来，对于乡村与山水形成的呼应一直非常重视。在"天人合一"的中华朴素哲学观的影响下，乡村的发展一直与自然山水环境相互融合。例如《周礼·考工记》中的"面朝后市，市朝一夫"，就描述了早期朴素融洽的城乡发展关系。此外，乡村自然的物质空间环境，也孕育产生了丰富的乡村文化活动与人文精神，既有《渭川田家》中"田夫荷锄至，相见语依依"的平静闲适的田园耕作，又有《天净沙·秋思》中"枯藤老树昏鸦，小桥流水人家，古道西风瘦马"的淡淡乡愁。由此可见，自然、乡村、村民三者并不是割裂生长的。山水有形，自然有道，乡村的发展是一个"天人合一"的过程。

当下，特色乡村之外，数量众多的传统农业型乡村大多创新动能不足，绿色农业等新型业态发展较弱，对于政策支撑、乡村营造以及发展转型有着迫切的诉求，如何在其发展中更好

地传承乡村的“历史基因”，亟须设计实践与方法的指引。(图1、图2)

乡村地理学家休·克劳特(Hugh Clout)认为乡村是“人口密度较小，具有明显田园特征的地区”。本研究的乡村指的是农村地域中集镇以下的农村居民点，研究旨在通过乡村设计更好地优化乡村空间的发展。目前国内乡村设计的研究，主要集中在四个层面：(1)以乡村旅游为导向的乡村设计理论，如胡雪松等[②]在乡村旅游的基础上提出了“村落空间资源化”；(2)以特色地域乡村空间为导向的乡村设计理论，如孙秀丽等[③]对乡村的居住点空间和社区空间进行重构；(3)以绿色生态为导向的乡村设计理论，如范理扬提出建立“低碳乡村”营建体系与“低碳控制单元”[④]，韦娜等[⑤]提出建设可持续的乡村聚落景观；(4)以行为模式为导向的乡村设计理论，如何韶瑶等[⑥]以“村民空间行为”为视角展开的研究。

从对乡村设计的相关研究来看，有关乡村设计的系统性与整体性的研究不足，缺乏乡村设计的整体性思维。与城市不同，乡村作为一个相对较小的空间单元，却体现出了“三生合一”[⑦]的整体性思维。乡村与周边的山水格局、农田林地等自然环境共同组合成了一个复合的“生态系统”。应该采取复合的设计方法，把乡村当成一个系统，整体地去设计乡村。目前关于乡村设计和乡村营造的方法与理论，大部分都是依托政府政策与财政投入的“自上而下”的模式，例如评选各类特色村；还有借助外来资本的“由外而内”的模式，例如各类旅游度假村。这些开发模式由于没有遵循乡村自主生长的内在规律，所以是不可持续、不可复制的。在乡村设计中，应该鼓励“由内及外”的模式，即充分依靠乡村自身的资源条件，从农业催生发展动力，进而影响、设计乡村空间。

因此，本文以传统农业型乡村为研究对象，从乡村生产、生活与生态的基本需求入手，尝试构建一种由内而外的传统农业型乡村朴素设计方法，进而将设计方法运用到实际设计项目之中，探索广大传统农业型乡村振兴的可能途径。

2 自然营法的复合型设计方法

作为中国传统文化的重要组成部分，道家思想强调“无为”“寡欲”“弃知”，追求城市与自然“天人合一”的境界关系，顺应自然发展规律。这种道家朴素的自然观与现代设计思想一起影响着当下社会。此外，儒家提倡人与自然间协调的关系，“仁者乐山，智者乐水”。《管子·内业》通过“执一不失，能君万物”，强调对事物内在发展规律的遵循。王祯的《农书》则提出“人为物本，物因人而用”的观点，重视乡村的功能，主张设计以人为本。本研究在传承传统自然设计观念的基础上，探索一

图1 资源丰富的特色乡村

图2 传统农业型乡村

种呼应乡村内在发展规律、以复合的系统为主的综合设计方法。

与强调礼制的“匠人营国”的营城思想不同，“道法自然”在规划设计中强调乡村发展与自然环境的和谐共生，即“自然营法”。这种乡村朴素设计面向广大的传统农业型乡村，是对自然与乡村共融的“空间营造”，是对自然与乡村共生的“关系经营”，是对自然与乡村共兴的“发展营作”。面对数量众多、特色相对缺失的广大传统农业型乡村，乡村设计在以特色产业为核心的基础上，强调自然结合，以人为本，文化复兴；通过自然格局、自然微水系、自然街巷、自然农业、自然运营五个维度的演进叠加，在充分吸收和听取村民的现实需求与利益诉求的基础上，由内而外、自下而上地不断叠加设计，传递设计的基本内涵和思路；通过复合型的设计框架(图3)，实现“产业兴旺、生态宜居、乡风文明、治理有效、生活富裕”的乡村振兴发展目标。[⑧]

2.1 貌法：营造景观风貌的在地性

山水有形，自然有道。城市数千年的发展，本身就是一个与自然不断融合相处的过程。对比城市而言，乡村聚落的建设历史同样悠久，在乡村规划设计中，要体现尊重自然、顺应自然、天人合一的理念，依托现有山水脉络等独特风光，让居民

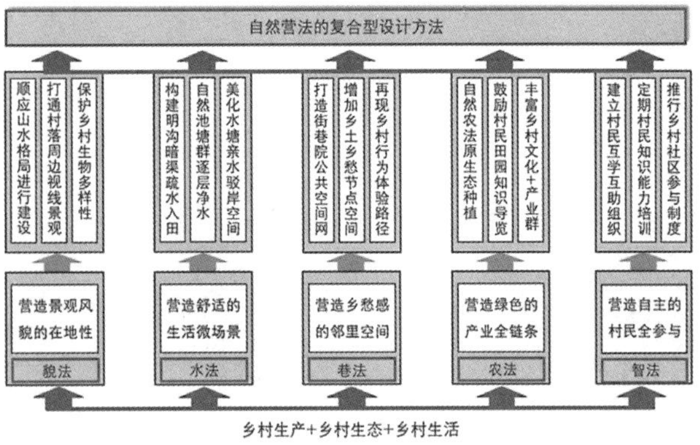

图3　自然营法的复合型乡村设计框架

望得见山、看得见水、记得住乡愁。

（1）顺应山水格局进行建设

在乡村设计的环境设计中，从基本的乡村选址、村落形态到生长模式、建设规模与建筑肌理，不同的方面都应该体现“天人合一”的乡村营造理念。秉持因地制宜的设计理念，充分让山、水、林、院等景观空间要素相结合，使乡村风貌“或随田散居，或依山就势，或临水而居”，百花齐放，自然相容。

（2）打通村落周边景观视线

在很多乡村景观风貌中，特色的山水要素及自然景观不仅要强化设计并加以保护，更要利于居民去感知。在城市设计中，视线及景观序列的相关设计方法层出不穷，西蒙兹提出理解空间不能仅仅是看，更应该通过运动穿过它，体验空间意识的连续系统⑨，并创造了视觉序列分析法来很好地提升空间品质。在乡村空间中，应该强化村落空间与周边山水格局的视线通廊关系。

（3）保护乡村生物多样性

麦克哈格认为，设计者“要创造一个善良的城市，而不是一个窒息人类灵性的城市”⑩。通过生物多样性的研究，加强乡村自然要素及生态系统内部的有机循环，为乡村带来“处处闻啼鸟”的特色景观。

2.2 水法：营造舒适的生活微场景

水是灵动之源，是村庄生产生活的重要纽带，也是特色乡村空间景观营造的重要载体。大部分的乡村特别是江南地区的乡村，都依水而生，择水而居。乡村内部的水系有河、溪、渠、池、塘、湾等，形态多样，类型丰富，并具有蓄水、养殖、防洪、灌溉、排水、景观等功能。因此在乡村设计中的水系统、水生态、水景观的综合协调与设计，具有重要意义。

（1）构建明沟暗渠疏水入田

水流由水库通过明沟暗渠流到村落，不仅划分、灌溉农田，而且与每户院落结合，形成水塘节点，这种指状水系肌理为打造生态藤蔓乡村提供了可能。此外，要加强生活与生产污水的排放管理，避免生活污水直接排入水塘或沟渠，避免鱼塘养鱼可能引起的水体污染。

（2）自然池塘群逐层净水

对乡村的池塘空间结合其自身现状进行不同层次的整治。由科技人员提供池塘水质治理方案设计，并开展高效吸附环境材料与池塘净化材料的研制，以及池塘的现场施工和水质持续监控；而村民则提供自家池塘给科技人员以实施示范项目，建成后由村民负责日常运营管理。

（3）美化水塘亲水驳岸空间

村落沟渠是村庄内水系的骨架，临近建筑。建议对沟渠进行清淤处理，驳岸建设建议用鹅卵石等天然材料，部分区段可种植睡莲等植物；保留的现有驳岸，沿岸可种植本土化植物，乔灌草搭配，沟渠内可种植芦苇等植物，彰显“小桥流水人家”的乡村水魅力。

2.3 巷法：营造乡愁感的邻里空间

在乡村设计中，公共空间的营造具有深远的意义。乡村的公共空间不仅是街巷、院落与建筑，更是乡村人的重要生活空间，是历史与时空的延续，是数代人的传承。因此，在乡村的公共空间设计中如何体现村民淳朴的集体记忆与生活场景的精神需求，是目前过于硬质化与过度城市化的乡村空间设计亟须解决的问题。

（1）打造“街—巷—院”的公共空间网

凯文·林奇提出了建立城市意象的三个基本条件：识别性、结构和意义。任何一个城市的环境要素若具备这些基本条件，很容易就能建立起市民的城市意象。⑪对于乡村而言，在设计中需要明确特色乡村空间意象的结构框架。乡村空间中的街巷往往联通各家住宅，并与院落空间相渗透，宜于建立街—巷—院的三级乡村公共空间网络体系。

（2）增加乡土乡愁节点空间

在城市设计中，建筑师组织十次小组（Team X），更加关注的是人和自然的关系，提出了“人+自然+人对自然的观念”的设计公式，明确了空间场所的概念。在乡村的邻里公共空间中，应在街—巷—院的整体公共空间网络的基础上，增加具有乡村烙印的公共空间节点，这些节点或有故事叙说，或有悠久历史，或是特色乡土文化的空间载体，点、面结合，充分展示乡愁文化。

（3）再现乡村行为体验路径

对于乡村居民而言，每天的生活足迹往往是固定的，有规律可循——田中耕作，山上牧羊，池边打鱼，院中小憩。这些路径轨迹，对内是乡村文化和公共空间活动的重要投影，对外是城市居民体验乡土文化的真实路径。在乡村设计中，应将这些体验路径投影到乡村公共空间网络中。

2.4 农法：营造绿色的产业全链条

乡村的“空间”与城市是不同的，农村—农业—农民是一个“三农一体”的有机系统，“农村空间”是基于“自然—农业—农民”经济活动的地理投影，因此，要遵循自然规律来实现农村的农业兴旺。

（1）自然农法原生态种植

引入自然有机农法，加快发展生态有机农业，建立安全食品基地。鼓励栽培抗病虫品种，利用天敌、微生物制剂、物理方法防治病虫害，杜绝使用农药。采用农畜废弃物发酵转化的有机肥料，减少化学肥料用量。采取农作物轮作、间作或轮作绿肥的耕作方式，改善土壤理化结构。

（2）鼓励村民田园知识导览

配合生态导览的发展，加强对村民的知识教育与导览解说培训，提升村民的生态与农作知识以及生态导览技巧。通过乡村发展的示范效应，进行“农法模式”输出，在乡村建立农村知识教育基地，由乡村知识农民开设相关培训班，向周边村落村民进行知识教育与课程辅导。

（3）丰富乡村文化＋产业群

E. F. 舒马赫认为，“小且好”的内生式发展，将成为当今乡村振兴产业发展的一个方向。乡村的农业产品不仅是健康生态的代表，更是乡土文化与乡村精神的传承。在乡村绿色产业体系完善的基础上，乡村设计中应该进一步强化精品产业，增加文化符号与价值。

2.5 智法：营造自主的村民全参与

成立“乡村联盟”农村联营组织，作为社区营造与产业运营的公共平台，组织开展对外联系、教育研习、展示展售、解说导览服务以及村民—政府—企业多方协调等工作。

（1）建立村民互学互助组织

在乡村设计中传承天人合一的文化传统及耕作技术，与现代新兴科技及创意融合，并运用于乡村生产、生活及空间中。

（2）定期举办村民知识能力培训

在乡村营造中，通过知识能力培训、社区运营规则培养等途径，充分带动村民知识能力的提升。通过村民的知识建设，提高村民发展特色产业的能力、保护和改善生态环境的意识和能力。

（3）推行乡村社区参与制度

在乡村管理中，通过推行社区参与制度，培育村民的责任感和荣誉感，鼓励村民积极主动地参与乡村治理与建设，形成村民和集体协商共管的好乡风，实现村民、政府、第三方力量共同营造乡村的局面。[12]

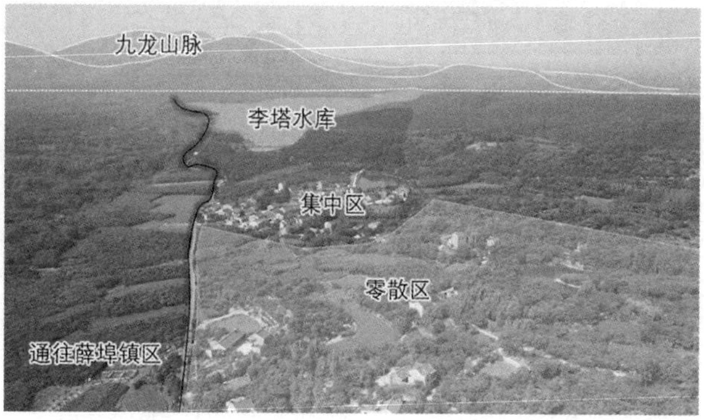

图4　陈庄的区位

3 陈庄的规划实践探索

陈庄位于江苏省镇江市句容市，其自然生态环境本底优良，方山、瓦屋山、狗爪山三山环绕，临近李塔水库，呈现低山丘陵地貌特征。村庄及周边田园用地面积约215 hm^2，具有完整的浅山生态系统，本地野生动植物种类较多，中药材种类丰富，保有自然冲田、地质遗存等多样化的大地景观。（图4）全村农户约80户，户籍人口267人，仍有超过65%的村民留守本村，村民淳朴热情，传承着传统的敦亲睦邻与互帮互助精神，村民互帮互助的现象十分常见，拥有原汁原味的农村生活习惯与生活氛围。

3.1 项目概述与背景介绍

2014年开始，中国科学院南京地理与湖泊研究所进入陈庄开始了社区参与的乡村转型规划运营试点，开展了入户调查和访谈；之后定期进村，了解村庄，不断沟通、教育和培训村民；3年内进行了近500人次的入户调研，访谈村民77户。[13]通过基于自然营法的复合型设计实践，将陈庄打造成为一个以知识教育为引导的传统农业现代化基地，一个“小而美”的生产、生活、生态一体化的自然乡村，一个农户、政府与科技机构共同运营的乡村转型发展示范地。

3.2 基于自然营法的复合型设计实践

3.2.1 田园风光的乡村景观风貌

基于景观多样性，梳理出陈庄“三面环山，一面迎水”的地理格局。在丘陵间谷地上、丘陵与村庄之间，顺天然地势成片地分布着我国南方丘陵地区的典型冲田，冲田风貌特征清晰，以水稻田为主。选取陈庄村口、打谷巷、环山上路、观象坡4个观景点进行视线分析，发现视线开阔，山脊线完整地映入眼帘。最终，依托现有景观特色优势，通过微小的措施和改变使之进一步强化和凸显，打造“三片风貌区、四条景观带”的乡村景观风貌格局。（表1）

3.2.2 水塘计划的山泉溪渠网络

设计以沿通往薛埠镇区路的宽渠为主排水沟，设置3处泄

表1　陈庄田园风光的乡村景观风貌汇总

陈庄田园风光的乡村景观风貌	
	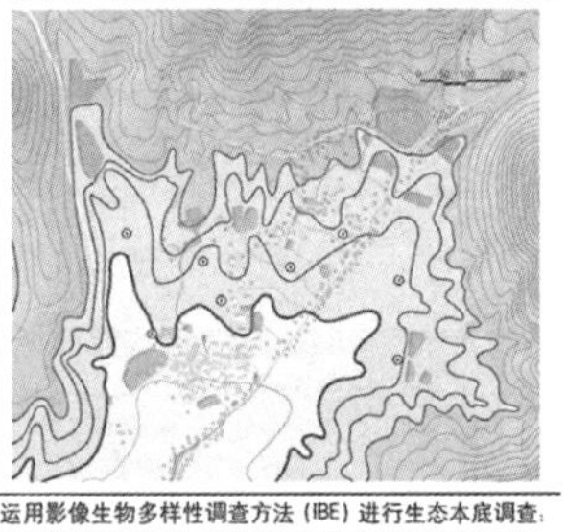
冲田特色自然本底： 在丘陵间谷地上，丘陵与村庄之间，顺天然地势成片地分布我国南方丘陵地区的典型冲田	**运用影像生物多样性调查方法（IBE）进行生态本底调查：** 通过影像拍摄记录，对陈庄的动植物多样性进行追记，分析其中的植被种类和优势树种
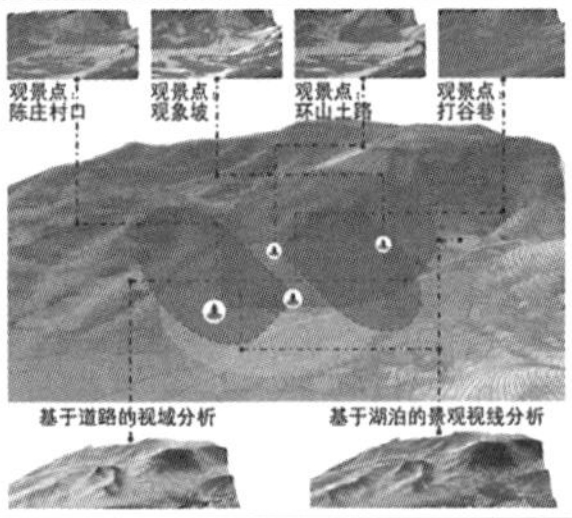	
景观模型构建与通视分析： 通过GIS系统建立三维场地模型，用以考察村域的景观视线状况	**冲田景观风貌营造：** 保护冲田风貌，发展大田种植，形成林、牧、副、渔业并举的“可游、可观、可居”的乡村产业景观

表2　陈庄水塘计划的山泉溪渠网络汇总

陈庄水塘计划的山泉溪渠网络	
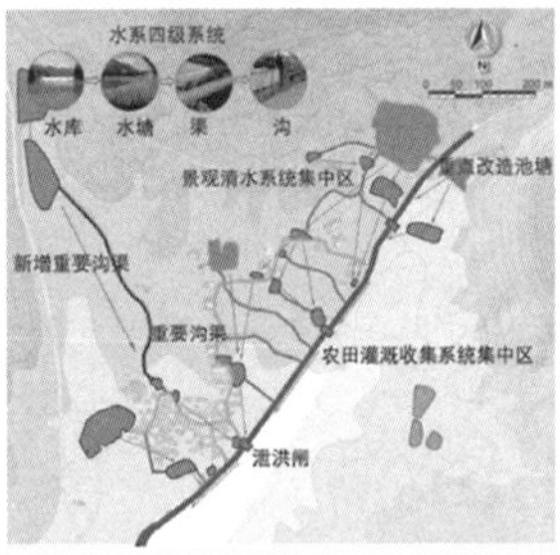	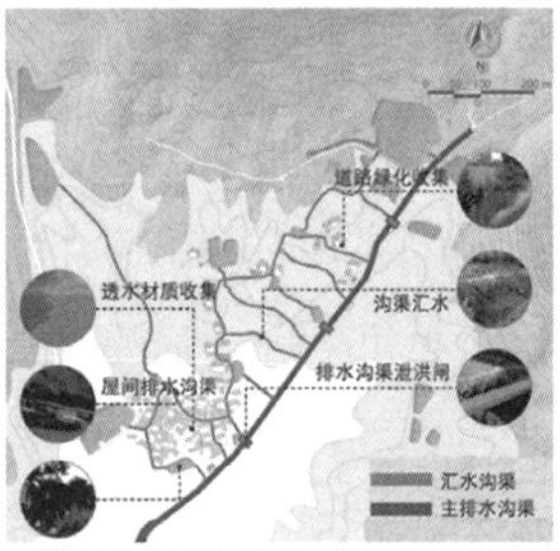
水系统——水系分区、水塘、沟渠： 结合陈庄即将开展的生态村庄建设，将陈庄水系分为景观清水系统和农田灌溉收集系统两部分	**水安全——雨水系统：** 地表径流通过汇入屋间沟渠、水塘自然净化节点和主排水沟渠等，进行乡村自然生态汇水
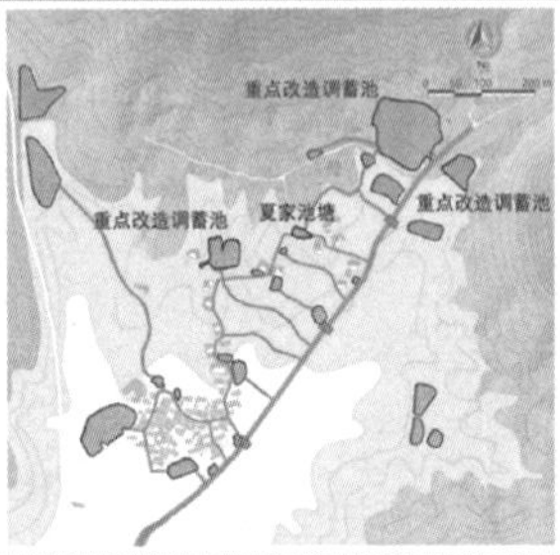	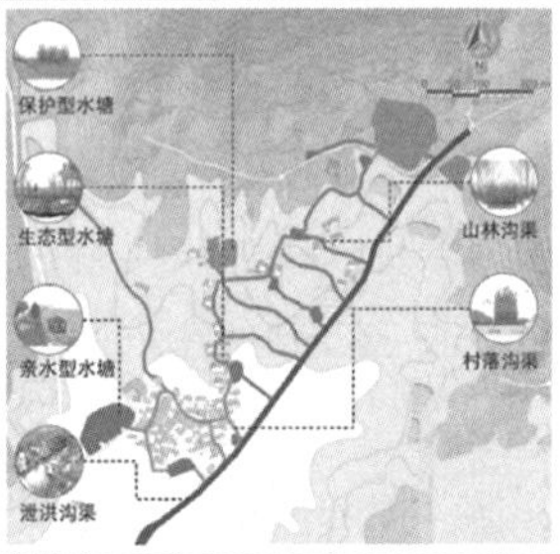
水生态——水系生态修复、池塘净化： 通过底泥清淤、塘底覆盖、护坡建设、生态池过滤等技术手段，对陈庄内部典型池塘进行生态修复	**水景观——六大特色类型：** 包括亲水型水塘、保护型水塘、生态型水塘、村落沟渠、山林沟渠、泄洪沟渠

洪闸和13条疏水通道。净水设计在集中区采用真空源分离黑水资源化处理技术及轻灰水收集处置技术，北部散户建设生态厕所，开展池塘水质净化和生态湿地建设工程，保障出村水质。亲水景观建设上，利用现有沟渠引清水入村，引导驳岸生态化微处理，营造996m长的亲水池塘驳岸和438m长的亲水沟渠，并对村民的绿色支撑系统展开设计。打造水量自动调节控制的供水系统，北部分散片区采用分散处理的排水系统，南部片区

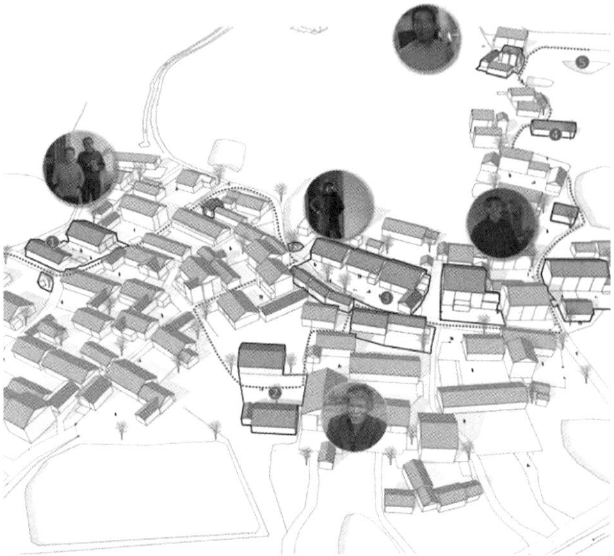

图5　陈庄乡愁节点

图6　陈庄街巷空间

采用集中收集与处理的排水系统，以及开展生态厕所建设。（表2）

3.2.3“四巷四坡”的邻里公共空间

对于村民最为重要的公共空间，设计以巷道坡为纽带，结合街巷各家特色和血缘关系，设计“四巷四坡”的村民公共空间：四巷包括望山慢巷、多彩打谷场、后花园巷、鸟禽栖息巷，四坡包括王家打拼坡、马家梨坡、池蛙嬉戏坡、观象坡。（图5、图6）原则上不拆除一栋完好的民居，采用“临、围、聚、巷、敞、望”的院落空间设计手法，传承典型民居院落。设计以营造特色、空间再活化为主要理念，在陈庄建筑拆改留综合评定的基础上，设计具有典型本村特征的七大重点地段及场景等重点建设项目，并通过公共空间进行串联。其中重点地段重要节

表3　陈庄乡愁节点汇总

四巷四坡的陈庄乡愁节点		
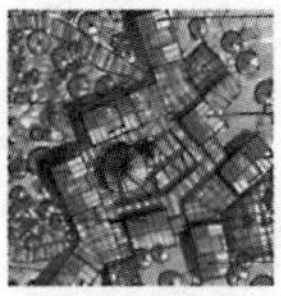		自然酒店： 七口之家酒店于狗爪山脚下选址新建，作为乡间民宿，整体采用庭院式设计理念，以"七口之家"为主题
		厨房教室： 对现有民居进行原址重建，采用装配式或一体成型建筑方案，建筑内部提供开敞空间，主要用于开设小型特色餐厅
		科研观测站： 科研观测站在原有磨盘林场的护林房基础上建设，房屋整体风格依陈庄建筑风貌设计，体现建筑的在地性
		村公共中心： 于村庄集中居住区东部村口处选址新建，现状建筑南立面保存相对完好，将之保留作为新旧之间过渡的纽带
		望山慢巷： 院落局部开放给街巷，形成收放有致的步行体验空间；每个院子通过一个景观主题来展示
		多彩打谷场： 现状是王家三兄弟屋前硬质的院子，靠近村落主要道路及未来的零售点，是村落公共服务的重要节点

点包括多彩打谷场，利用王家三兄弟屋前的空闲空间，结合谷物晾晒及伞具的遮阴景观，打造多彩"天空"的乡土生活场景。（表3）

3.2.4 自然农业的产业联动体系

通过课程教育和知识传播，陈庄村民已经开始自然农法种植尝试。村民开始将施用营养液等自然农法应用于农业种植且见效颇佳。以自然农法为引擎，陈庄将形成各产业融合的特色产业。社区参与的组织化刚刚起步，虽然现在陈庄的集体经济并不强，但村民已经开始自觉自愿地组织起蔬菜组、腌制组、种养组、流通组等专业合作社。（表4）

3.2.5 陈庄联盟的自主运营模式

探索成立"陈庄联盟"农村联营组织，构建由政府、村民与第三方共同运营的新型乡村组织形态。[14]鼓励陈庄村民申请加入乡村联营组织，遵守联营组织成员共同协商制定的公约，共同推动"陈庄联盟"的乡村转型与发展。目前陈庄形成了村民议事制度，并就乡村转型发展与运营方案召开了4次村民大会，75户村民签约加入陈庄联盟运营组织。

表4　陈庄自然农业的产业联动体系汇总

陈庄自然农业的产业联动体系	

自然有机农业： 依托农作物种植基础和传统农耕生产方式，导入自然有机农法，加快发展生态有机农业	乡村餐饮： 发展"一家一道菜"经营模式，结合院落文化打造特色的市集活动，并引导村民合作经营
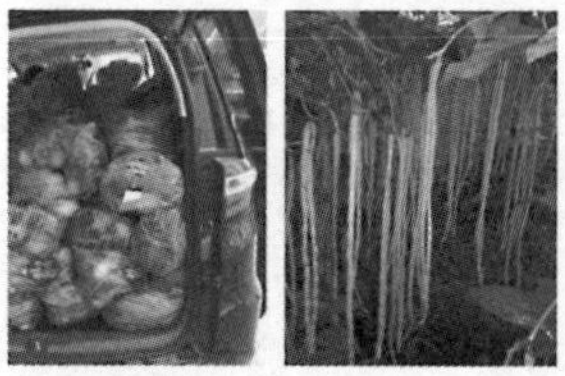	
农产品加工： 结合有机农产品生产，引导农产品由简单产品向深加工产品转化，提高农产品附加值	农产品营销： 基于农产品生产履历建立和地方文化的创意包装，提升农产品品质及其独特的文化内涵

乡村民宿： 结合院落文化挖掘和景观打造，开发形象精致，业态多元，模式多样的主题民宿	乡村知识教育与培训及导览： 配合生态导览的发展，加强对村民的知识教育与导览解说培训，打造陈庄知识乡村发展示范效应

4 结语

在乡村振兴的时代背景下，数量众多、没有鲜明特色的广大传统农业型乡村，更需要科学合理的设计方法去进行建设的引导。本文从乡村设计的理论发展与实践诉求入手，遵循"道法自然，天人合一"的理念，基于自然营法的复合型设计方法，提出传统农业型乡村的规划设计应该注重自然格局、自然微水系、自然街巷、自然农业、自然运营五个维度的演进叠加的规划设计方法，并将之运用于传统农业型乡村陈庄的空间设计实践中，试图对当前广大传统农业型乡村的振兴与空间营造提供新的思路和方法。

（原载《城市规划》2020年第4期）

注释

① 参见乔陆印《乡村振兴村庄类型识别与振兴策略研究——以山西省长子县为例》，《地理科学进展》2019年第9期。

② 参见胡雪松、石克辉、王冬《村落空间资源化——村落营建研究》，《建筑学报》2006年第5期。

③ 参见孙秀丽、马春东、唐建《乡村住宅空间分化与社区空间重构》，《城市规划》2015年第9期。

④ 参见范理扬《基于长三角地区的低碳乡村空间设计策略与评价方法研究》，博士学位论文，浙江大学，2017年。

⑤ 参见韦娜、刘加平《可持续视野下的乡村聚落景观研究——以四川大坪村为例》，《建筑学报》2010年第S2期。

⑥ 参见何韶瑶等《乡村聚落建成环境与村民空间行为关系研究——基于湖南案例分析》，《建筑学报》2017年第S2期。

⑦ 王勇、李广斌:《苏南乡村聚落功能三次转型及其空间形态重构——以苏州为例》，《城市规划》2011年第7期。

⑧ 参见《中共中央 国务院关于实施乡村振兴战略的意见》，新华社，2018年2月4日。

⑨ 参见[美]J. O. 西蒙兹《大地景观——环境规划指南》，程里尧译，中国建筑工业出版社1990年版，第2页。

⑩ [美]伊恩·伦诺克斯·麦克哈格:《设计结合自然》，芮经纬译，倪文彦校，中国建筑工业出版社1992年版。

⑪ 参见[美]凯文·林奇《城市意象》，方益萍、何晓军译，华夏出版社2001年版。

⑫ 参见杨槿、陈雯《我国乡村社区营造的规划师等第三方主体的行为策略——以江苏省句容市茅山陈庄为例》，《现代城市研究》2017年第1期。

⑬ 参见徐辰、杨槿《社区参与视角下的乡村规划过程模式与实践》，《规划师》2019年第1期。

⑭ 参见徐辰、杨槿、陈雯《赋权视角下的乡村规划社区参与及其影响分析——以陈庄为例》，《地理研究》2019年第3期。

作者简介

杨俊宴，东南大学建筑学院教授，中国建筑学会高层建筑与人居环境学术委员会副主任，中国城市规划学会学术工作委员会委员。

朱骁，东南大学建筑学院博士研究生。

陈雯，中国科学院南京地理与湖泊研究所流域发展与管理模拟实验室主任，区域发展与规划研究中心主任，研究员，博士生导师。

传统乡村聚落空间的双构特征及保护启示

邓 巍　胡海艳　杨瑞鑫　何 依

摘　要：传统乡村聚落的空间形态与其演化过程密不可分，受到自然因素和社会因素的双重影响。然而，在不同的历史时间度量上，这些因素对村落空间演化的作用机理存在显著差异，整体上表现为“内生性”和“外生性”两种机制。其中，内生式演化是村落长时间“适应”人地关系的过程，受其影响形成的乡土空间附着明显的地域色彩，是村落空间的“底色”；外生式演化是村落短时间“应急”历史事件的过程，受其影响形成的事件空间带有强烈的事件痕迹，通常被视为村落空间的“特色”。由于两种演化机制的共同作用，村落的空间形态客观上呈现“双构特征”。本文通过对传统乡村聚落演化机制的研究，揭示了村落空间形态的双构特征，以及它们在村落空间特色辨识中的图底规律，并从方法、视野、观念和行动四个方面，阐述这一研究结论对当前村落特色保护的可能启示。

关键词：传统乡村聚落；演化机制；双构性；空间特色；保护启示

基　金：国家自然科学基金资助项目“区域视野下乡村聚落遗产集群式保护方法研究——以山西古村镇为例”（51708235），“基于社会记忆的山西古村镇演化与集群研究”（51578256）

传统乡村不同于城市，传统城市是权力统治的产物，礼制制度左右城市结构，各类空间要素被有序地安排在特定的位置，存在相对稳固的空间模式，除非遭遇王朝倾覆的重大事件，历史城市的缔造者——国家机器——会按照特定的模式生产空间，结构一旦形成就很少发生变化，故对历史城市空间特色的研究几乎可以按图索骥。而对于传统乡村聚落，无论朝代如何更迭、环境如何变迁，生于斯而长于斯的“人”，总会按照自身的生存需求而不依赖政治力量自发地进行适应性建造，从而形成一种远离制度和权力的自组织形态，表现出鲜明的复杂多样性。故在大多数情况下，很难像描述城市空间一样去描述传统乡村聚落的空间特征，这给传统村落的保护带来了巨大的挑战，尤其是村落空间特色保护方法，有丰富的实践探索，但仍然没有脱离历史城市保护的理论框架。本文试图从传统乡村聚落自身的演化机制出发，探讨村落空间演化与构成的一般规律，阐明村落空间特色的辨识逻辑，以解决特色保护的困惑。

1 传统乡村聚落演化的二元机制及双构特征

乡村聚落演化先天具有“二元化”的特性，自然和人文构成聚落的一体两面。故在聚落形态研究中，自然环境和社会环境始终被认定为影响聚落演化的主要因素，包括地理、气候、文化、政治、经济、技术条件、社会观念等。然而，这些要素并不以同种方式作用于村落发展和演化，从其作用机理上看，整体表现为“内生式”和“外生式”两种方式。

1.1 内生式演化与乡土空间

内生式演化是传统聚落通过自身的机制和资源，不主要依赖于外在的国家、市场等力量的演化过程，是自然状态下通过适应、改造和利用环境，在一定的地理范围内自发性地繁衍生息。传统乡村聚落的内生演化方式源于乡村依附于土地的世代定居封闭性特征，“生存”是内生式演化的起点与基础，在其影响下，村落空间的形成及其所展开的各类活动均受地方性知识及生存理性的支配，是村落空间型构的原始动力，直观地反映出村落对自然环境的适应性。“繁衍”伴随着村落发展的全过程，中国传统乡村聚落的演化历程大多起始于择地而居而发展于家族繁衍，扩大农耕和增修房舍是所有村落扩张的基本路径，在这一过程中，以血缘关系为纽带的社会结构对保障族群安全、维系宗族内部甚至村落秩序具有特殊的意义，以至于形成绵延数千年的“家族结构式社会”。在血缘观念支配下，村落空间呈现出以宗祠为核心、以家族院落为要素的整体或局部的聚集性，同样反映出村落对社会环境的适应性。

因此，内生式演化整体反映了村落适应人地关系的过程，由此生成两类空间：一是在生存本能的驱使下对自然环境的适应而形成的“缘地性空间”，除了建筑本身的结构与形式外，顺应地形排列房屋、沿溪谷冲沟布局巷道，利用高差垒积台地等，都是缘地性空间的表现形式；二是在社会本性的作用下因社会关系的适应而形成的“血缘性空间”，表现为按照尊卑有序的方式围绕宗族建筑布局房屋，以及同一姓氏在村中某一个区域的集中布局。上述空间构成了村落空间中最“乡土”的部分，是乡土空间[①]。

1.2 外生式演化与事件空间

外生式演化是村落在外部力量干预下的一种演化方式，尽管村落在大部分历史时期中都呈现出封闭性的一面，但都有使其成为开放性社会的潜在契机，正如法国社会学家涂尔干（Emile Durkheim）将人口流动作为社会转变的前提，它使固守在土地上的封闭的社会关系开始削弱或瓦解，尤其在商品经济发达和动乱频繁的时期，人口流动无不为外部力量的介入提供可能。相对于缓慢温和的内生力量，这些外部力量具有较大的偶然性和冲击力，是村落历史演化中的“事件”（event）[②]。商道的开通、局部的战争、短期的社会政策，抑或是村中出现贤良显贵，都可以定义为村落演化中的直接事件；此外，人口流动和迁移带来的外部经验、外来制度、观念等，同样能够对村落的演化产生的影响，与前者相比属于间接事件。

“事件”是村落外生式演化的主要动力，由于人们根据空间中的事情来构造自身从而定居，因此，大多数事件的发生都能够通过激发事件中的人的行为活动，成为超越村落发展的内生力量而主导村落演化的过程，从而改变村落的空间形态，除非是那些人力不可抗争的灾难性和毁灭性的事件。大多数事件都依托于原有的社会群体而发生并产生作用，它们随着事件的发生而改变原有的行为方式，产生应激性反应，从而在内生性空间中留下痕迹，形成“事件空间”。因此，外生式演化是“应急”社会事件的结果，受其影响的村落空间有着鲜明的事件色彩，并与事件之间表现出明显的相关性。商业街道的兴起，防御设施的建设，抑或是村落公庙的大量出现，大多形成于某一具体事件的影响，是乡土空间中的“另类”。

综上所述，由于中国乡土社会兼具封闭性和开放性，所以传统村落在演化中不可避免地会受到内生性要素和外生性要素的影响，尽管在演化过程中两种因素不是都同时和同等存在，但受其影响而形成的空间会最终叠合在村落空间层积中。换言之，传统乡村聚落的空间演化中客观并存着两条脉络：一是适应生存的内生性方式，表现为一定生存空间上血缘关系的繁衍而引起的村落扩张；一是应急事件的外生性方式，表现为外部力量的介入而导致的村落状态的改变。由于两种方式在发生机制上的差异性，村落空间客观上存在双重空间结构——内生生长的乡土空间和外力干预的事件空间。

2 传统乡村聚落空间的演化分异与特色分化

聚落空间的形成源于不同因素叠合下的二元演化机制，然而，将聚落演化历程放入历史学视野，历史空间就被放置于历史时间中进行考察，影响村落历史演化的地理、气候、文化、政治、经济等要素，按照对历史进程的影响程度，被划分为长时段、中时段和短时段历史因素。作为一种解释工具，这一结构主义历史学研究方法，阐明了历史过程中不同时段的物质和非物质因素对村落空间演化的不同作用程度，使乡土空间和事件空间成为历史时间的投影和层积。

2.1 乡土空间的经验性与基底化

内生式演化产生的乡土空间源于人类生物性和社会性的一般法则，在特定环境中受生存理性的支配，只要生存环境不变，形成的经验可以在其生存边界内不间断地传递而不发生显著变化，在空间形态上表达出固定的“句法”（space syntax）。而农耕时代乡村的生存环境无外乎两个方面，一是为生存提供物质基础的自然环境，二是为争夺物质资源而逐渐复杂化的社会关系。其中，自然环境几乎不受人为活动的支配，除了偶然的自然灾害，几乎很少发生变化；而社会关系又在中国独特的背景下，浓缩出千年不衰的普适的宗族制度，贯穿村落的历史发展过程而具备了稳定长久的历史时间属性。正因为如此，那些源于生存理性的乡土空间，在漫长的生存斗争中，经过反复的试错和调整，最终形成某些固定的模式，从而使村落空间发展始终遵守着特定的逻辑，顽固地保持着特定的形态，最终固化为某一地域村落的经验图景。这些经验图景形成于地域环境的一般生存法则，是一个地区村落“绝对的、无条件的”客观实在，在空间中表现为同类事物，只有形式的不同而无本质的差异，共同反映特定地域村落的“共性”特征。

中国现存的传统乡村聚落形成时间大多可追寻至明清以前，受建造材料寿命的影响，其民居建筑的物质实体大多历经了数次更替。同时，在以人生为度量的社会时间尺度中，民居院落极易受社会风气和屋主人喜好的影响，呈现出不同的风格和样式，属于空间中的“易变部分”。然而，那些与气候适应的居住形态、与地方材料相符的建造技艺、与地形共生的空间形态、与血缘耦合的宗族空间等一系列乡土图景，却至今能够保持着传统农耕时代的形态特征，具有时间与空间的恒久性，是村落空间中的“不变部分”。正因为这些不变部分的存在，才使得村落形态能够稳定地延续，在二维空间中呈现形态学上的肌理。

综上而言，乡土空间因为其独特的生成和演化机制，而兼具空间恒久性和地域相似性，因此在村落形态特色研究中通常被视为“底色”部分。

2.2 事件空间的特殊性与特色化

经验图景之所以能够存在，是因为在日常生存中经过反复验证而几乎不会发生错误，除非遇到超出一般生存经验而必须依赖其他的特殊情况，如特殊的生存环境和特别的社会关系等。当然，一旦遇到这种情况，外部力量的介入就不可避免，空间演化的机制就发生本质的变化而成为一种事件。事件之所以特殊，是因为相对于漫长而平缓的内生演化过程，其发生机制具有明显的突发性和反常规性，身处其中的人很难运用常规经验予以应对，只能依据自身实际而选择应对方式，故常常被事件所诱导而产生应急性行为，从而形成与特定事件对应的空间形态。即便是面对群体性事件，由于行为个体的行动能力客观差异的存在，只在整体上表现某种行为目标一致而无法形成某种固定的行为模式，具体反映在空间，则表现为集体呈现某种特定的空间类型而非统一的空间形态。正是由于上述缘由的存在，外生性的事件空间与内生性的乡土空间在表现方式上存在显著差异，它较少受制于生存环境，而较多地被事件和行为个体所影响，其形成是“有条件的”，相对乡土空间而言是村落空间的“个性”部分。

与经验性乡土空间相比，事件空间具有明显的特殊性，故在乡土空间中能够呈现反常规的差异性；同时，事件空间的应急性决定了其空间功能大多随着事件的终结而失去作用，因此使得事件空间具备了“彼时彼刻”的唯一性。正因如此，事件空间如同乡土空间基底上的图案，在村落演化中因为发生事件和人的“此时此刻”而被反复改写，并在空间中留下痕迹，往往被视为村落空间的“特色”部分。乡土空间和事件空间在层积上的分化，使看似复杂无章的村落空间系统里呈现出了有序的空间构成图式，以至于大多数人都能够从视觉上发现村落空间中的独特之处。

3 对传统乡村聚落空间特色保护的启示

通过上述研究，可以得出以下三个基本认识：其一，传统乡村聚落的空间构成与其演化过程相关，最终以何种形态呈现一定程度取决于其演化机制，研究村落空间形态必须厘清其演化机制；其二，传统乡村聚落在空间形态上具有双重结构，并呈现出一定的图底关系，解析村落形态的图底关系将有利于特色的辨识；其三，事件作为一种外生因素，对传统村落特色空间的形成具有显著作用，事件研究也使得村落的特色空间能识、可读和有意义。这些结论至少在村落特色辨识方法、村落特色的研究视野、村落特色整体保护和村落特色保护规划方面提供以下启示。

3.1 村落空间特色辨识的事件导向

作为特殊的研究对象，聚落空间特色首先需要在一般性空间中被“识别”。一般认为，村落特色③是一个村落空间形态明显区别于其他村落的显著特征。然而由于空间本身的复杂性，空间特色也被反复地定义与解读，直到空间研究回归到人的主体，空间特色被认为产生于不断发生在空间里的事件，将空间特色的研究转向事件本身以及事件空间的研究。但出于保护制度建构这段特殊时期的操作管理的便利性，村落特色的识别方法和保护内容基本停留在历史要素的分类框架下，本质上是移植了历史城市的空间保护方法。例如重要历史院落对应历史城市的文物保护单位，传统街巷对应历史城市的街道骨架，公共建筑对应历史城市的标志性建筑，历史景观又对应了历史城市的山水格局。如此，传统聚落空间特有的生成机制和演化逻辑在这套历史城市的解释框架中被解构，并重新以要素化形式出现。故在现有的框架下，村落的空间特色实质上等同于具有某种特异形式的空间要素，这与保护制度建立之初的关于特色认识初衷相差甚远。因此，村落特色空间的辨识应该遵循村落的生成逻辑和演化规律，即由内生性和外生性因素共同作用下形成的特有的村落空间构成方式。

为了清晰地呈现这种方式并识别其特色，需要建立“演化因素—演化机制—特色辨识”的研究范式。（图1）首先要在整个演化过程中分析其演化机制，归纳影响村落演化的内生性和外生性因素，并在村落中寻找与之对应的空间现象，故编制保护规划在梳理“历史沿革”时（《历史文化名城名镇名村保护条例》第七条第一款），不仅需要按照编年体的方式进行历史陈述，更需要建立“时间—事件—空间”的对应关系，即从内容上应该表述为“何时发生了何种事件，对村落发展产生了何种影响”。其次，从空间中辨识与地理环境、血缘组织的相关部分，它们在村落空间中普遍存在，包括建筑（院落）风格、竖向关系、家族分布、社会关系的构成等，通常反映了这一地区的自然地理环境和社会风气，是研判“建筑的文化特色、民族特色”（《历史文化名城名镇名村保护条例》第七条第一款）的重要因素。最后，剥离村落空间中的与特殊事件相关的部分，建立“事件—人物活动—空间”之间的对应关系，辨识这些空间在特定事件、特定人物活动中的特异性，提炼空间特色。

3.2 村落空间特色研究的区域转向

作为一种人文现象，需要让聚落空间特色得到准确的描述并获得“解释”，做到知其然并知其所以然，否则那些看似五彩斑斓的景象只能被作为客观的空间差异被视觉捕获，从而偏离聚落特色研究的根本目的。但正如前文所述，村落特色的研究需要寻找事件和空间的对应关系，然而，除非是一些重大历史

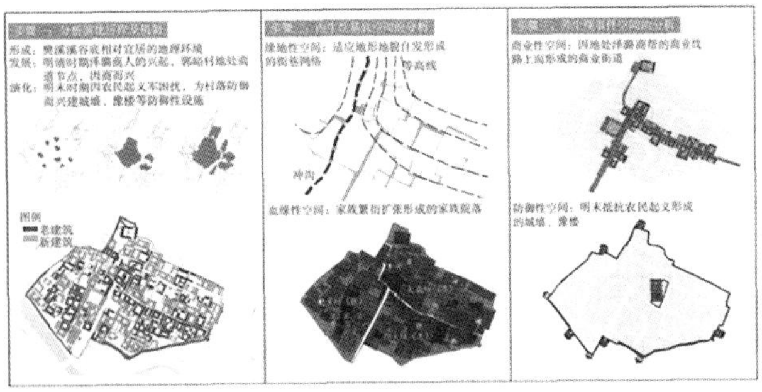

图1　山西省阳城县郭峪村空间特色辨识分析图

事件和一些显而易见的空间形式，大部分事件记忆都淹没在历史的长河中，使得村落特色空间的辨识如同“事件考古”。除了需要在村落的本体空间中细致挖掘以外，更需要利用历史事件的群发性特质，在一个同质历史区域的其他村落中寻找相似物证和共同特性，以便对那些业已模糊的和已消失的事件空间进行溯源，探究其特征。同时，又由于影响村落空间演化的因素无不产生于区域历史环境，尤其是对村落发展起推动作用的外部因素，在区域中产生并发挥效用，抛开历史区域那些存在于乡土空间之上的事件空间便失去了前因和后果，更无法解释只有“在特定时空中才可能有其或然效用的法则”。换言之，将传统乡村聚落还原于特定时间和特定的历史区域，应成为村落空间特色研究的基本科学精神。

因此，村落特色研究区域转向中的“区域”实质是一个方法论的概念，首要任务是辨识村落演化的所在区域，是建立在历史上的地理区、文化区、行政区之上的综合性判断，兼具同质性和异质性。同质性判断源于对一定范围内所有村落的空间分布、文化脉络、典型特征的统计分析，表现为区域内的村落个体之间呈现出空间相近、文化相关、特征相似的关联特性；异质性判断来源于与更大范围的其他区域的比较分析，表现为本区域的村落与其他区域存在明显的空间界限、文化差异和特征区别。这意味着，村落特色研究中的区域转向需要同时关注区域内部和外部，在内部关注村落之间共性的演化因素和演化机制，在外部寻找相邻相似区域的本质差异，以建立区域历史的解释框架，提炼促使村落形态特色生成的关键因素，使形形色色的村落形态变得能识、可读和有意义。

3.3 聚落空间特色保护的整体关联

作为一类文化遗产，空间“特色”常常和文化“意义”并置，与人类有意识的活动相关联，并试图将特色空间提炼成为以某种符号形式传递和交流的精神内容，使其获得文化意义。由于聚落空间特色来源于人对特定历史环境中所做出的分析、判断和预测，其意义在于人们应对某类环境和事件的能动性和创造性过程中所反映的共同价值。因此，个体村落中的一些特色空间，能够见证一段历史、讲述一个故事、传递一段记忆，但只有在群体的关联中才能完整展现某一文化现象，从而成为区域历史文化特性的有效表达，实现价值和意义，或如索绪尔（Ferdinand Saussure）在解释语言系统时所说：“每项要素的价值都只能是因为有其他各项要素同时存在的结果。”正因如此，传统乡村聚落在价值上尤其体现“整体大于个体之和”的群体效应，相对于个体空间的独特性，群体更加能够突显在某些方面承载的“普世价值”，许多成为世界遗产的村落都是以群体价值而存在，例如开平碉楼群和客家土楼群等。从这个意义上讲，聚落空间特色的保护应从个体保护走向群体关联保护。

中国目前有6799座传统村落，受生成和演化机制的影响，许多地区的传统村落都有集中分布的现象，客观存在文化关联和风貌特色相似的群体特征，为了让蕴藏存在于个体村落中的特色和价值得以呈现，有必要在历史区域内建立“特色集群体系”。对应于当前的传统村落保护体系，应增加区域层面（省、市、县或跨行政区域）的整体保护层次，在这一层次中，应该厘清区域内村落的演化脉络和机制，明确次一级区域内村落的共同特征和整体价值，以及提出为呈现共同价值需要在区域层面控制协调的内容、范围和要求，并在其之上建立分级、分类和要素保护的标准，制定保护发展计划，以指导个体村落的精准保护与实施。

3.4 村落空间特色规划的有限干预

作为重点保护对象，村落空间的特色部分常被“特殊关照”。然而，相对于传统村落固有的自下而上的过程，规划行动本身就可以视为介入村落发展的一种“事件”，无论这一事件的发生如何细微，都可能或多或少地对村落构成影响甚至蕴藏极大的风险，故在传统乡村聚落特色保护规划中，需要慎重地处理“有为”与“无为”的关系，做到“有限干预”（limited intervention）。正如前文所析，聚落空间特色产生于村落演化中的事件以及事件中行为个体的能动性，是外部事件干预下的结果，一旦保护行动过多介入村落发展，规划行动就从一个“普通事件”升华为村落发展中的“特殊事件”，进而成为主导空间演化的外部力量，形成新的事件空间。遗憾的是，在当下信息高速互通的城乡关系中，这些事件空间很难形成于活动主体的智慧性在地创造，极易受其他村落规划乃至城市规划的“成功经验”干扰，进而沦为破坏原有特征的另类空间，硬化的广场、整齐的绿篱、布满各类纪念品的街道就是这些另类空间的典型代表而饱受诟病。因此，在特色保护导向的规划中，首先应该重视“有为”中的“无为”：所谓有为，是强调用有限的手段对原有的特色空间进行修缮与维护；所谓无为，是要弱化规划及规划师主观意志的影响，顺应传统特色空间生成的基本规律，制定刚性的保护要求，避免创造性的强化和彰显行为。

作为一个经济学和管理学词汇，有限干预的对象是失去自我调剂能力的内生性部分，使其恢复自我运转状态而非推波助澜。对应于传统乡村聚落保护规划与实施，有限干预应关注那些长时期缓慢形成的并仍在延续的生活空间，因为在村落空间的演化逻辑中，以生存条件改善④为目的的活动本质是内生性的，谨慎地改善就是村落在当下社会生存环境中的适应性体现，是村落内生发展的当下过程。在村落空间的图底关系中，由此引发的空间变化不会影响到已经形成的特色空间，有生命力的基底反而会进一步促进特色空间的图形化，使其散发出特色的魅力。从这个意义上讲，传统村落的保护规划应该强化“人居环境改善”的部分，研究将传统村落保护规划与村庄建设规划合一的问题。

4 结语

空间特色一直是传统聚落研究的焦点和难点，本文从村落演化的二元机制出发，将空间分离为乡土空间和事件空间双重结构，试图从深层机制解释村落空间特色的辨识逻辑，为村落空间特色解读提供一个新视角。此外，本文强化了“事件”在塑造个体村落空间特色中的力量，但并无意轻视自然地理在塑造村落空间和风貌中的作用，只是从传统乡村聚落遗产保护的角度出发，事件空间一方面更直观地反映“人类有意义的创造”，另一方面也更容易在当下剧烈的城乡建设中被破坏。因此，本文从方法、视野、观念、行动四个方面提出粗略的建议，以期为中国传统乡村聚落遗产保护提供有意义的启示。

（原载《城市规划学刊》2019年第6期）

注释

① 乡土性是费孝通先生对中国基层社会特性的总结，具体表现在三个方面：一是乡下人离不开土地，二是不流动性，三是熟人社会。由于村落的地缘性空间和血缘性空间，整体上源于与土地相伴而生的“粘在土地上”的人地关系，一定程度上是乡土性在空间的投射，故借用“乡土”之名，将上述两种空间定义为“乡土空间”。

② 本文所指事件是一个特定的概念，可理解为“历史上发生的不平常的大事情”。特指那些对村落历史发展进程产生了较大影响，具有较大历史意义部分，通常可以构成村落历史演进的瞬时动力和关键节点，引起较多人的关注并参与实践。

③ “村落特色”是一个外延较广的概念，借用石成球先生关于城市特色的表述，村落特色是一个村落的内容和形式明显区别于其他村落的个性特征，它是乡村社会所创造的物质和精神成果的外在表现，涉及空间、文化、制度、技术等方方面面。但对于乡村规划工作来说，主要还是着重研究村落空间方面的特色问题，当然必须联系社会政治、经济、文化、科学技术、思维方式、价值标准等因素去进行研究。

④ 关于生存条件改善，是指关乎生存的部分，对应城市的生命线工程。乡村生存条件的改善着重指基础设施及影响居住安全和基本要求的部分。关乎视觉体验的部分尤其是建筑外观，不是生存的必要品，对其进行改造就超出了内生的范畴，属于过度干预。

参考文献

1. 曹海林:《乡村社会变迁中的村落公共空间——以苏北窖村为例考察村庄秩序重构的一项经验研究》,《中国农村观察》2005年第6期。
2. 陈芳惠:《村落地理学》，台湾五南图书出版公司1984年版。
3. 戴代新、戴开宇:《历史文化景观的再现》，同济大学出版社2009年版。
4. [德]马克斯·韦伯:《中国的宗教：儒教与道教》，康乐、简惠美译，广西师范大学出版社2010年版。
5. [法]费尔南·布罗代尔:《菲利普二世时代的地中海和地中海世界(第一卷)》，唐家龙等译，商务印书馆1996年版。
6. 冯尔康:《18世纪以来中国家族的现代转向》，上海人民出版社2005年版。
7. 傅娟、许吉航、肖大威:《南方地区传统村落形态及景观对水环境的适应性研究》,《中国园林》2013年第8期。
8. 韩冬青:《类型与乡土建筑环境——谈皖南村落的环境理解》,《建筑学报》1993年第8期。
9. 何依、邓巍:《基于主姓家族的村落空间研究——以山西省苏庄国家历史文化名村为例》,《建筑学报》2011年第11期。
10. 何依等:《山西古村镇区域类型与集群式保护策略》,《城市规划》2016年第2期。
11. 贺雪峰、仝志辉:《论村庄社会关联——兼论村庄秩序的社会基础》,《中国社会科学》2002年第3期。
12. 胡振洲:《聚落地理学》，台湾三民书局1977年版。
13. 金其铭:《农村聚落地理》，科学出版社1988年版。
14. 李东、许铁铖:《空间、制度、文化与历史叙述——新人文视野下传统聚落与民居建筑研究》,《建筑师》2005年第3期。
15. 刘伟:《论村落自主性的形成机制与演变逻辑》,《复旦学报(社会科学版)》2009年第3期。
16. 刘晓星:《中国传统聚落形态的有机演进途径及其启示》,《城市规划学刊》2007年第3期。
17. 龙迪勇:《空间叙事学》，博士学位论文，上海师范大学，2008年。
18. [美]刘易斯·芒福德:《城市发展史》，宋俊岭、倪文彦译，中国建筑工业出版社2005年版。
19. 彭一刚:《传统村镇聚落景观分析》，中国建筑工业出版社1992年版。
20. [瑞士]费尔迪南·德·索绪尔:《普通语言学教程》，高名凯译，商务印书馆1980年版。
21. 邵甬、胡力骏、赵洁:《区域视角下历史文化资源整体保护与利用研究——以皖南地区为例》,《城市规划学刊》2016年第3期。
22. [美]C. 亚历山大:《建筑的永恒之道》，赵冰译，知识产权出社2004年版。
23. 张兵:《城乡历史文化聚落——文化遗产区域整体保护的新类型》,《城市规划学刊》2015年第6期。
24. 袁锦富等:《城乡特色危机与规划应对》,《城市规划》2018年第2期。
25. 张松:《作为人居形式的传统村落及其整体性保护》,《城市规划学刊》2017年第2期。

26. 张小林:《乡村空间系统及其演变研究》, 南京师范大学出版社1999年版。
27. 张芝联:《费尔南·布罗代尔的史学方法》,《历史研究》1986年第2期。
28. 赵旭东:《闭合性与开放性的循环发展——一种理解乡土中国及其转变的理论解释框架》,《开放时代》2011年第12期。
29. 郑震:《空间——一个社会学的概念》,《社会学研究》2010年第5期。
30. 周浩明、农丽媚:《北京爨底下传统山地聚落营建技艺的生态适应性探析》,《装饰》2018年第10期。

图表来源

文中图表均由作者自绘。

作者简介

邓巍, 华中科技大学建筑与城市规划学院讲师。
胡海艳, 湖北省城市规划设计研究院规划师。
杨瑞鑫, 华中科技大学建筑与城市规划学院硕士研究生。
何依, 华中科技大学建筑与城市规划学院教授。

城市文化空间塑造的国际经验与启示——以伦敦、纽约、巴黎、东京为例

魏 伟 刘 畅 张帅权 王 兵

摘 要：城市文化空间是城市活力的集中体现，研究城市文化空间的塑造手段对提升城市品质、实现可持续发展具有重要意义。本文梳理了伦敦、纽约、巴黎、东京等国际城市的文化空间现状，并基于城市整体发展、文化功能分区、文化基础服务三个层次，从战略引导、功能塑造与集聚、设施均等化和氛围营造等角度，提取国际城市文化空间塑造的经验。在我国大城市面临转型升级的重要时期，本文提出规划层面健全文化规划体系、理念层面提升文化供给、空间层面集聚与均等并重、公众参与层面落实城市与公众互动等适用于我国大城市文化空间塑造的策略与手段，以期打造城市特色文化空间，提升城市与社会活力，引领城市全面可持续发展。

关键词：国际城市；文化空间；文化产业；文化设施；城市更新

基 金：国家社科基金后期资助项目"以人为本的社区公共服务设施规划研究"（19FGLB034）

1 研究背景

在经济全球化和后工业化的宏观背景下，城市发展逐步由经济增长的单维度目标，向以包容为核心的可持续、繁荣、公平、公正、平等、安全的多维度转变，城市间的竞争也由以人口及经济要素为主导，逐步转向以社会、经济、文化、生态等多要素的深度融合为导向。值得注意的是，自20世纪80年代以来，西方意识到"城市文化保护的重要性，它不仅是城市确保自身特色的途径，也是振兴城市经济的有力措施"①，文化政策与城市文化生活赖以存在的公共空间紧密联系②，并开展了大量以文化主导城市更新与复兴的探索与实践③。2016年10月，"人居三"会议发布的《新城市议程》提出"将文化作为城市规划和战略的优先组成部分"④，同时联合国教科文组织发布《文化：城市未来》（*Culture: Urban Future*）全球报告，提出"以人为本的城市空间应以文化为中心，优质的城市环境由文化塑造、城市可持续发展需要基于文化的综合决策"⑤的倡议，承载着文化资源的城市空间逐渐成为城市规划与建设的焦点。

当前我国大城市发展正处于重要的转型时期——改革开放40年以来，我国已经积累了丰富的经济发展与物质建设经验，生态文明建设的大幕也徐徐拉开，但随着社会经济结构的变化与人民生活水平的提高，城市发展的诉求不断从物质层面转向精神与文化层面，人民对于城市公共空间的追求也转向以多层次、多元化、高品质、重内涵为主导。全球化背景下，城市文化以强大的创造力、驱动力、持续性和特质性突显其重要地位，对于大城市文化空间的规划与建设，"需要从城市整体发展的角度进一步进行理论指导和体制机制保证"⑥，才能发挥文化在城市可持续发展中的动力作用⑦。因此，在我国新一轮大城市更新改造中，探索如何传承和发展城市文化特色，促进文化对于城市发展的带动作用，营造具有地域文化意境的城市空间，提供公平均等的公共文化服务，具有重要的现实意义。

本文基于城市文化空间塑造视角，选取伦敦、纽约、巴黎、东京四个国际城市为典型案例，在梳理城市文化空间的现状特质基础上，对其塑造手段进行深入剖析，为我国大城市更新、城市文化再塑造、文化空间建设提供可借鉴的发展思路和对策建议。

2 研究现状

2.1 广泛的研究内容及都市文化空间的聚焦

通过CSSCI、CSCD期刊搜索，以城市"文化空间"为主题的文献达6000余篇，主要以城市的公共空间、非物质文化遗产、空间设计、权利主体、网络空间、文化设施、地理空间、文化创意产业、地域文化、全球化、历史街区等作为研究主体；通过科学引文索引（SCI）搜索，以此为主题的文献接近2万篇，主要从地理学、教育学、社会学、环境学、艺术学、历史学、文学、城市研究、考古学、建筑学等多层面展开。对城市"文

化空间”[8]进行任何概念界定难免受到研究视野和学科领域的限定，伍乐平等学者指出：“中外学者从人类学、文化学、社会学、人文地理、都市研究等不同视角出发，对其概念与界定历来存在诸多不同表述。”[9]而基于都市层面的文化空间研究及规划实践，则是当前具有领先地位和创新意识的国际城市所关注的重要话题：黄鹤[10]对文化在当代城市发展中的核心作用、西方城市文化规划的历程、文化规划的方法及实践都提出了全面而系统的观点[10]；对于“欧洲文化之都”[11]、“东亚文化之都”[12]的评选及相关研究[13]，推动了文明悠久和文化创新地区对城市文化的热衷和再造；在全球范围内“创意城市网络”[14]更是指引了文化导向下城市复兴和改造的全新路径[15]；城市文化是塑造地方特质和提升城市品质的重要资源之一，在全球城市竞争中起到关键作用。[16]

随着研究的深入和实践的推进，文化空间在全球城市中的作用和意义逐渐得到认可：首先，文化空间是城市各种历史记忆、现代文化、创新思维最重要的载体，满足民众多样化的精神需求；其次，文化空间能够反映城市独特的面貌与内涵，在决定城市的精神尺度与价值追求的同时，也是推动经济发展和社会和谐的主要因素，是国际城市吸引力和竞争力的核心内容；最后，文化空间是城市空间体系的重要组成部分，可以通过规划的手段对资源进行优化配置，从而实现城市更新语境下的城市文化再塑造。

2.2 城市文化空间分类的多样化

由于当前城市功能的多样化和市民追求文化的多维度，城市文化空间的类型丰富多元，规划学者们对城市文化空间划分的标准、尺度也不同，这一方面体现了城市文化空间研究和规划的多层次、多角度，但另一方面不利于对文化空间内涵进行整体性辨析，造成以文化空间为对象的规划边界不明确、标准不统一等矛盾冲突。[17]

3 城市文化空间的塑造层次及方法

3.1 国际城市选取及文化空间塑造层次梳理

自萨森提出伦敦、纽约、东京为“全球城市”[18]，对于最具代表性的全球城市、国际城市、世界城市的研究层出不穷，但“只有四个城市在所有资料中得到了一致认同：伦敦、纽约、巴黎和东京”[19]。在国内较有影响力的几份国际城市排名报告中[20]，这四个城市也颇具代表性，尤其在有“文化因子”衡量的《全球城市报告》（*Global Cities Report*）和《全球城市实力指数报告》（*Global Power City Index*）中，这四个城市的文化相关指标在所有城市中遥遥领先。本文选取这四个国际城市作为研究案例，探究其城市空间与文化发展的互动过程与演化机制，对于我国城市塑造文化空间、提升城市吸引力和竞争力具有重要意义。

考虑到文化空间不仅具有尺度和时间特征，还兼具功能性和需求度，为形成统一的研究标准，对现有文化空间多样化分类方法的梳理和辨析，并结合文化规划“从宏观到微观、引导城市整体发展”[21]的多层次目标，本文将城市文化空间界定为城市整体发展、文化功能分区、文化基础服务三个层次，包含文化空间的城市建设物质要素及其所承载的城市文化精神要素。

3.2 国际城市文化空间现状

3.2.1 城市整体发展

（1）城市整体文化意象

城市整体文化意象是承载文化要素的城市整体空间所反映出来最具代表性、最具特质、最具认同的城市精神、城市形象。根据《2019年全球城市实力指数报告》，在城市“文化交流影响力”（cultural interaction）方面，伦敦、纽约、巴黎、东京显示出强劲能力，但“每个城市的优势各不相同”[22]，具有鲜明的城市文化意象。

伦敦连续8年位居榜首，在文化交流的16个指标中，有13个位列前5名，其中世界级文化活动和文化交流机会领先于其他城市。回顾其发展史，伦敦成功地实现了从“工业之城”向“金融之都”“创意之都”的两次完美转型，伦敦借助辉煌历史树立了历史与现代、人与自然协调统一的国际城市形象。2018年《伦敦市长文化战略》提出坚持“今天以及未来全球创意强城”的愿景。伦敦文化推动着创意产业发展，主要包括电影、时尚和设计以及日益活跃的科技产业，“每年为英国经济创造470亿英镑，雇用1/6的伦敦人”[23]，吸引世界级的机构和全球知名人才，为伦敦城市复兴提供了重要的动力。伦敦也以其独特丰富的文化和遗产资源吸引着数百万游客，并提出构建“所有伦敦人的文化”[24]，为伦敦人提供国际、多元、丰富的公共文化生活。

纽约自17世纪以来一直是世界贸易中心，“其经济实力、对思想和移民的开放以及世界级的文化资源成为强有力的城市动力”[25]。《纽约2050，只有一个纽约》（*One NYC 2050*）提出“公平、增长、弹性、可持续、多样包容”[26]的价值观和建设一个强大而公平的城市，这是对纽约精神的高度概括，也是纽约成为世界金融中心的内在动力。纽约还是“创意产业中心”，据城市未来中心2015年报道，纽约市拥有全国8.6%的创意部门工作岗位[27]，从根本上巩固了纽约市的经济和社会结构。文化空间和活动进一步提升了城市吸引力和居民生活质量，“所有纽约人都能轻松接触到文化资源和文化活动”[28]，“将公民抱负与慈善家联系”[29]，建设世界一流的文化空间，“在剧院、音乐厅和创意活动环境评选中占据领先地位”[30]。

巴黎在战争、瘟疫、革命以及工业化、旧城改造中不断受到洗礼，“在这座城市留下了大量有形和无形的文化遗产。可以说，拥有两千年城建史的巴黎是一座巨大的、蕴藏丰富艺术价值的人文城市”[31]。巴黎极为重视人文历史保护与再利用，以此打造鲜明的城市特色品牌效应，使巴黎乃至整个法国成为浪漫、时尚、艺术的代名词。巴黎是世界公认的创意文化中心，是世界上伟大的“文化生活中心”[32]之一，“以其‘生活艺术’而闻名”[33]，《巴黎市文化政策》提出巴黎市文化规划主题为“遗产、创造和教育”[34]。

“东京起源于江户市，在17—18世纪的江户时期，已然成为日本的商业、艺术和文化中心。”[35]今天的东京是创新与传统相融合的城市，一方面是日本传统文化的中心，闻名于其历史悠久的神社、寺庙以及表演艺术，另一方面“以美食、时尚、音乐、艺术、动画和科教的新趋势崛起，并成为创作者的文化中心”[36]。东京始终秉持着“干练、优雅、合作”[37]的精神，迅速从战后的废墟中振兴，促进城市社会经济文化全面发展。东京紧紧围绕2020年奥运会和残奥会为核心，以建设“世界第一都市”[38]为目标，明确提出“以文化开拓东京未来，建设世界上独一无二的文化都市”[39]。

（2）城市文化空间格局

城市文化空间格局是承载文化资源的各层次城市空间与城市整体发展框架的耦合，各层次城市文化空间主要包括各级各类文化服务设施空间、文化遗产资源、教育文化机构、文化产业空间、公共文化活动场所等，强调完整性和系统性。依据2018年《世界城市文化报告》的文化统计指标[40]，提取博物馆、美术馆、音乐厅、图书馆、历史文化遗产、大学与科研机构、剧院、电影院、书店、咖啡酒吧、夜店舞厅、美食中心、社区中心、公共绿地及广场等文化空间要素，利用核密度分析法梳理文化要素的空间耦合特征，对城市文化空间布局进行判别与辨析。（图1）

伦敦文化空间分布总体上呈现出高强度的向心集聚性，并沿主要道路呈放射状延伸。在中央活动区内形成以伦敦西区和金融城为核心的热点区域，其中伦敦西区集聚了众多剧院、电影院等消费文化设施，金融城形成了以金融机构、企业总部为主的城市特色金融空间。巴黎文化空间丰富且数量巨大，整体上呈现出“中心集聚＋外围扩展”的态势，形成以西堤岛为核心的文化空间集聚区，涵盖了巴黎圣母院、卢浮宫、蓬皮杜艺术文化中心、巴黎第五大学等多种文化服务功能，同时在凡尔赛形成小型集聚空间，包括凡尔赛宫、小特里亚农宫等历史遗迹。纽约呈现出“一主多副、多中心”的文化空间分布特征，文化集聚中心位于曼哈顿中城和下城，副中心包括布鲁克林区的威廉斯堡、展望公园以及皇后区的阿斯托里亚等。曼哈顿中城和下城以创意多元文化和金融文化为代表，威廉斯堡以时尚文化为主，阿斯托里亚则充满着纽约典型社区文化的气息。东京文化空间格局受城市规划与铁路网延伸影响较大，以“网络状＋带状”形态覆盖拓展，千代田区作为文化核心区域，以传统文化为主，较好地保留了江户时代的文化，新宿、涩谷和品川区集聚多功能文化副中心，共同构成了东京城市文化空间网络。

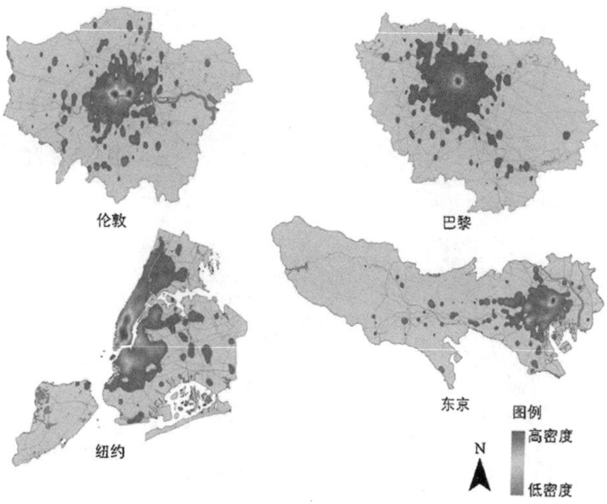

图1　伦敦、纽约、巴黎、东京文化空间核密度分析图

（3）城市文化轴线

受自然地理环境、历史演进脉络与城市建设的交互影响，城市往往形成线性的文化轴线，引导城市布局，形成富有层次的空间序列；同时文化空间轴线也是城市文化的集中载体，代表了一个城市的精神风貌和独特魅力。

纵观四座国际城市，均形成了独一无二的城市空间轴线（图2），伦敦和巴黎依托自然环境要素形成泰晤士河轴线、塞纳河轴线，纽约和东京以城市道路为载体，打造了曼哈顿第五大道轴线、品川—涩谷—新宿环状轴线。城市轴线不仅连接了实体空间，也能够反映城市文化在时间与空间上的交叠变迁。以塞纳河为例，这条河流自东向西经过了巴黎第七大学、贝西公园、巴黎第六大学、巴黎圣母院、蓬皮杜艺术文化中心、卢浮宫、协和广场、波旁宫、荣军院、埃菲尔铁塔等多种文化空间，其中巴黎圣母院所在的西堤岛是巴黎城的发源地，卢浮宫见证了文艺复兴时期的辉煌，埃菲尔铁塔则是工业时代智慧与技术的结晶，蓬皮杜艺术文化中心展现了现代文化的多元化与市民的多元需求。以文化为核心规划布局城市空间轴线序列，延续城市人文秩序底蕴空间，打造城市战略性文化品牌，激发城市和与社会活力。

3.2.2 文化功能分区

具有相同或相似文化功能要素的空间积聚，较为集中地展现了分区文化的主导特质，打造出分区乃至城市的标志性名片。四座城市的文化空间功能极为丰富，空间分布具有一定的规律

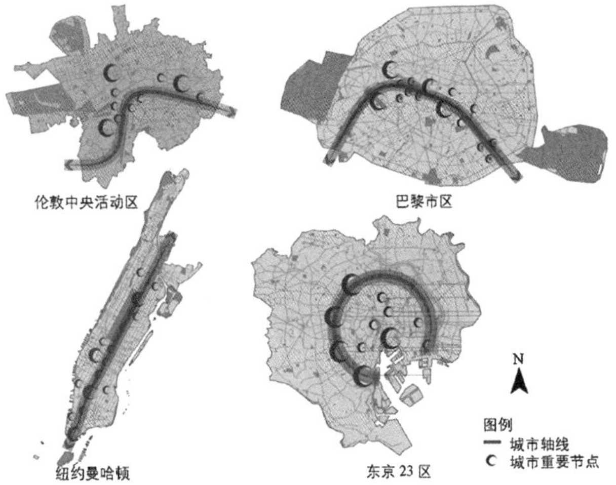

图2　伦敦、纽约、巴黎、东京城市轴线示意图

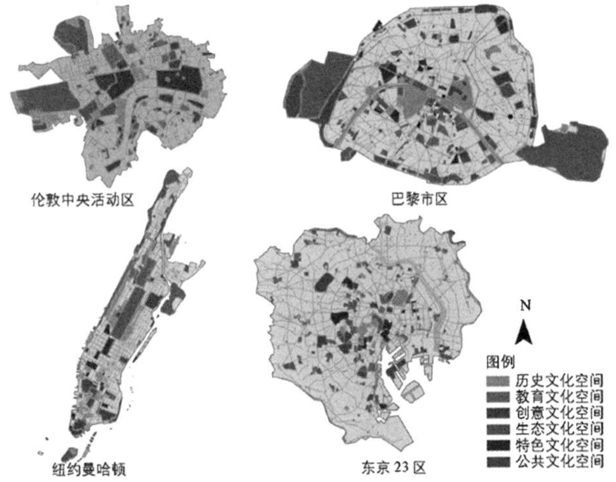

图3　伦敦、纽约、巴黎、东京功能型文化空间分布图

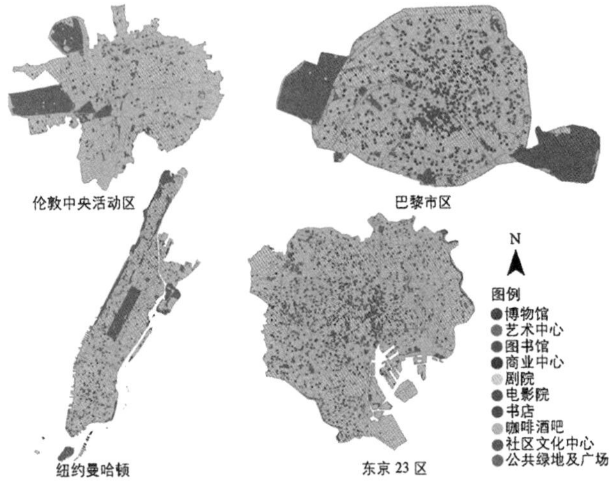

图4　伦敦、纽约、巴黎、东京功能型文化空间分布图

性（图3）：在城市核心区以历史文化空间为中心布局，辅之以商业消费空间、创意产业空间、教育空间等多种文化功能。大型生态型文化空间多分布于城市中心区的边缘，既改善城市的自然生态环境，为市民提供休憩娱乐之所，也起到约束城市无序蔓延的作用。“复合功能型文化空间成为国际城市文化空间发展的趋势之一”[41]，公共文化设施结合生态文化空间集中布置，教育型文化空间促使创意型文化空间的兴起与发展，消费型商业文化空间与创意文化空间高度复合化布局。同时，城市特色的文化资源禀赋和产业发展素质也引导了特色商业文化空间的自发形成，如伦敦西区和纽约百老汇以剧院为主的消费型文化空间，巴黎香榭丽舍大道与东京银座以时尚消费为主的商业型文化空间，伦敦金融城和纽约华尔街以银行、证券、跨国企业总部为主的金融型文化空间等。

3.2.3 文化基础服务

文化基础服务直接面向居民基本文化生活，是满足日常公共文化需求的基底，也是营造城市特色文化氛围的载体。

（1）文化设施配置与布局

基础性文化设施及场所是城市居民参与文化生活的保障性公共空间，主要包括各级公共服务设施、公共活动场所和独立消费文化设施等，强调公共性、服务性和保障性特征。从主要文化设施及文化活动的数量来看[42]，伦敦、纽约、巴黎和东京的文化设施总量大、人均占有量高，在全球占据领先地位，同时也保留了各自的文化特征。巴黎在博览文化、阅读文化、表演艺术、影视作品的生产和推广等方面遥遥领先，有博物馆297处（是纽约的2.1倍）、公共图书馆1047处（是伦敦的3.0倍）、电影院836个（是东京的3.5倍）、电影节190个（是伦敦的3.6倍）[43]，这主要得益于其悠久而持续的城市建设，沉淀了浓郁多元的人文底蕴与大量的历史遗产。“纽约和伦敦在音乐表演场所、美术馆、音乐厅方面有明显优势”[44]，人口与文化的多元化促进了艺术与创意的迸发。而东京的书店和酒吧数量遥遥领先，其“购物和餐饮选择的吸引力排名第一”[45]。

从主要文化设施的空间分布来看（图4），四座城市均呈现出局部集中、整体分散的布局形态，实现了网络化全覆盖。其中博物馆、美术馆、音乐厅、艺术中心、特色商业中心等重大文化设施分布较为集聚，形成特色功能型文化空间，打造独具魅力的城市形象，而图书馆、书店、社区文化活动中心、公共绿地及广场等基础性文化设施呈分散式均等化分布，保证文化设施的覆盖率与可达性，提高城市文化服务水平。

（2）文化活力氛围培育

城市承载着各种有形的物质文化空间和无形的精神文化氛围，更汇聚着人类文明不断演进的历史积淀和社会生活不断丰富的城市灵魂。城市文化空间不仅是城市文脉与精神的物质环境集合，更是贮藏、展示和延续居民价值、情感、记忆的场所。多元的居民背景造就丰富而具有活力的城市文化氛围，纽约每年有3万多场音乐表演活动[46]，舞蹈表演数量更是超过伦敦和巴黎的总和。巴黎在节日庆典、电影节、文艺演出等方面领先，东京则是以“相互沟通和文化参与”为原则，将文化活动与生活方式结合，为市民提供了大量的文化活动机会，积极的文化氛围极大地提升了城市吸引力。而对伦敦而言，2012年奥运会作为国际文化大事件，既是伦敦文化的国际展示，又是将国际文化资源带入伦敦的机会，为其经济发展和国际声誉带来积极影响。

3.3 城市文化空间塑造手段

梳理国际城市文化空间现状可以发现，每个城市文化空间的营造既具有独特个性，也具有相似之处，特性源于差异化的城市精神与人文脉络，共性则体现在包容多元的空间形态及其塑造机制。

3.3.1 统筹城市远期发展，制定文化规划体系

城市文化的精神与物质空间塑造离不开政府的科学审视和合理规划，国际城市遵循“多元需求与挑战—城市愿景与理念—分解发展目标—分解文化目标—空间/政策支撑”的规划范式[47]，建立统一全面的文化规划体系，将文化建设放置在一个整体有序的城市总体发展框架下统筹开展。一方面强调文化规划与城市发展规划、空间性规划、专项规划的相互衔接与支撑，将文化建设纳入发展战略规划、空间规划、专项规划、城市设计等各个层面，如在城市发展战略规划当中可以从城市精神特质与整体意象着手，定义城市形象与城市未来，在制定城市文化战略时，则需注重将文化纳入空间策略、经济发展、人居环境、区域更新和社会包容等全方位的城市塑造当中。另一方面在文化规划编制中，协调文化部门与发展规划、国土、经济、遗产保护、旅游、教育等横向部门，以及文化机构、社区组织、相关公众团体之间的积极合作，达成文化塑造城市发展的共识。例如在《创造纽约》编制过程中，纽约政府与当地艺术家、文化机构、企业、文化艺术专家、领导、社区居民等进行了为期6个月的资源评估和咨询调查，结合城市总体发展战略确立了纽约市“包容、经济、弹性、社区、教育、公共空间、协调、部门健康”[48]的文化主题，最终形成了综合全方位社会声音的城市文化蓝图。

3.3.2 以文化大事件触媒，实现城市跨越式提升

文化大事件策略日益成为当代城市文化再造、增值和营销的有效途径，与趋于饱和的城市物质环境建设相比，增量扩张更强调存量优化，激发城市公共空间活力，促进社会融合经济转型，实现城市经济、社会、政治、生态等全方面良性再生，提升城市的综合实力和竞争力。为实现文化事件可持续供给的有效性，必须倚赖系统合理的政策策略，将其纳入城市发展与空间策略的考量，制定一致有效的策略目标与实施计划，强调多方的公众参与，以文化大事件为触媒续航城市发展。以2012年伦敦奥运会为例，首先政府开展了大规模的市政基础设施建设与物质环境更新改造，“使得斯特拉福德成为伦敦东部地区的一个重要的现代化交通枢纽”[49]；其次秉持“绿色、可持续发展”的原则，实现“将伦敦东部地区发展成为一个集中高技术、高附加值企业和创新部门的生态城”[50]；再者鼓励公共机构和私人对其进行长期投资，改善城市物质环境建设；最后利用奥运场馆建设来增加就业机会，公共建设也作为“遗产”服务居民，提升地区吸引力。伦敦奥运会实现了伦敦东部地区的复兴，提升了伦敦的全球形象与综合竞争力。

3.3.3 整合空间服务功能，塑造多样化文化空间

国际城市文化空间呈现出服务多元化的功能性集聚特征，可以依托空间功能的梳理，激发城市文化的创新、交流和供给。

（1）历史文化空间的保护与利用。通过制定法律对历史街区进行划定并予以严格保护，将历史环境保护当作城市规划建设中的重要环节，将历史文化遗产作为立体、多维、活力的城市资源进行动态更新与利用；如在巴黎的建筑与遗产价值提升区，通过对遗产资源的挖掘与利用，形成延续性与创新性并存的城市文化价值，并建立由国家和地方政府拨款的资金保障制度，用于资源保护、设施配套和文化活动等。

（2）高等教育与科研的集群构建。优质的高等教育和科研集群是国际城市极具代表性的文化标志之一，集群构建有助于科教系统的内部资源整合，形成多层次、差异化的整体发展态势与空间布局，提升城市间与城市内部的人口、能量、知识、信息的交流质量，形成城市软实力的核心竞争力。

（3）生态文化空间的营造。良好的生态环境是城市可持续发展的重要保障，国际城市主要依托于生态环境治理和公共空间建设的紧密结合，激发生态文化与社会活力互动，提高城市文化气质与品质。伦敦以城市更新背景下的泰晤士河整治为典型，通过立法、修建大型下水道、实施水质监控等手段净化水域；制定《大伦敦战略规划》，引导协调“公—私—社区”三方利益，将河流拓展成为城市交通、休闲旅游等公共领域的组成要素；维护滨水景观空间质量，构建具有整体意义的开放空间，达到了优化城市空间布局的目的。

（4）特色文化空间的展示。城市特色空间是城市某种文化特质的重要表征，具有地域化特征和不可复制性，是不同于其他城市的魅力所在。根据国际城市的发展经验，应基于空间文化积淀与地域特色，协调现实性功能融合，发挥社会力量的能动性，通过城市更新或城市设计获得新生。

（5）文化创意产业的发展。文化产业作为城市转型发展的

催化剂，植根于良好的文化土壤，离不开政策支持与外部环境驱动。文化产业的发展首先依赖于政府的支持与指导，比如伦敦专门成立创意产业特别小组以指引创意产业的发展方向；其次，包容的城市环境是吸引创意人才聚集的土壤，本土与外来文化融入城市，激发城市创造活力；最后，创意产业的成功是多方力量综合作用的结果，东京采取政府联合社会各界广泛参与、多方筹集资金的方式，推动文创产品的创新与发展。在巴黎市政府的支持下，文化机构通过企业资助艺术家公私合作创意项目的方式，使文化既能吸引企业赞助，也能产生经济和社会效益。

3.3.4 社会公平主导设施布局，公众参与营造文化氛围

丰富且有层次感的文化基础服务空间，既是城市发挥文化服务功能的抓手，也是营造城市文化氛围的重要载体。

一方面，国际城市以追求社会公平为导向进行文化设施配置，不仅要求设施在空间布局上的均等化配置，更强调以人为本地满足不同群体的需求。多样化、品质化与差异化逐渐成为未来文化设施配置的发展趋势，其根本目的是实现人人共享与社会公平。如伦敦在城市总体规划框架中纳入少数群体的差异化需求，建设少数民族的祷告场所等。

另一方面，在国际城市文化氛围塑造中，社会公众发挥了不可替代的作用，包括文化政策制定、文化事业融资、文化空间服务、文化创新、社区文化氛围营造等全方位事务参与。居民的意志共同定义和塑造城市，城市也同时引导、教化城市居民甚至旅客，最终使城市在不断交融与碰撞中形成其独特气质。如纽约政府与文化机构、非营利组织、社区团体等合作进行社区文化建设，多种族移民背景也为多元文化的孕育提供了优质土壤，“文化活动与特定社区相联系共同定义和激发城市”[51]，下东区的意第绪语剧院、布朗克斯的嘻哈和涂鸦、东村的流行艺术和朋克摇滚、哈莱姆文艺复兴的爵士乐和文学，以及百老汇剧院文化等日益蓬勃，社区和基层组织在创造文化、定义分区方面发挥了革命性作用。《东京文化愿景》明确提出动员基层政府及部门、企业、非营利组织、相关公众团体和文化机构（包括新闻媒体、教育机构、艺术文化团体、文化设施机构、奥运会和残奥会组委会等），建立“全日本参与体制”[52]，全社会力量共同推进“文化都市”建设。巴黎政府组织社区居民与艺术家合作，创造有轨电车线路公共艺术。

4 对我国城市文化空间发展与提升的思考

我国城市文化空间塑造，既要考虑国际城市的经验是否适合我国国情，不能一概沿用，也要正视我国文化规划及相关文化空间建设的现实问题：第一，由于文化管理部门职能的有限性，传统的文化专项规划在目标、策略和实施途径上容易出现与城市建设的脱钩现象，而原来由建设部门主导的城市总体规划、现由自然资源部门主导的空间规划，也往往与文化体系衔接不足，容易忽视文化对于城市经济、社会、生态环境的全面引领作用，同时，文化规划也因缺乏法定地位和标准规范而难以立足；第二，我国多地城市政府依然存在以经济、社会等政绩指标为主导的城市发展思维，致使城市文化建设流于“竭泽而渔”式的短效发展，或“立竿见影”式的形象工程；第三，我国城市规划中的公众参与尚处在摸索阶段，文化规划及其相关内容在编制、实施、反馈、修编等环节中往往出现被动参与和决策的现象，公众参与文化规划决策和管理的机会、话语权和有效性有待提升。

在我国大城市面临转型的重要时期，基于以上现状背景影响与国际城市文化引领发展的前沿经验，本文从规划体系、文化理念、空间布局和公众参与四个层面提出适应我国城市文化塑造的思考。

4.1 多规合一的文化规划体系，促进城市整体发展

文化规划不应是孤立于城市规划体系的单一部署，而是贯穿于规划体系并推动城市长远发展的核心价值、内在动力与城市愿景。纵向上，我国文化规划体系建设应以发展规划为战略性统领，将文化融入城市长远发展愿景，提出文化与城市发展深度融合的有机路径，提升城市能级与竞争力；以国土空间规划为空间保障，合理配置空间所承载的文化资源，使城市成为蕴藏、创造、传承文化的空间载体，推动城市文化空间塑造和城市更新。横向上，以专项规划为支撑，文化专项规划应注重将文化融入城市规划的经济产业、人文社会、生态环境、公共服务、景观、社区等各个方面，逐层分解文化目标，构建多层级、多部门统一衔接的文化规划框架，以文化引领城市改造与可持续发展。

4.2 整合城市文化资源，全面提升城市文化供给能力

依据地方特质塑造城市形象，厘清文化建设与城市发展的协同关系，为我国城市发展找到自己的“文化通路”。文化资源的保护与利用不应是静态、孤立、被动的，而应将其放到以人为本和可持续发展的框架内进行整合，以传承、挖掘、创新等方式提升城市文化供给能力，使文化资源在满足居民需求和促进经济发展层面发挥独特的助推作用。以我国城市悠久的历史文化底蕴及多样的自然地理风貌为底色，营造更具地域特质的物质环境空间，促进新旧元素重组与交融，实现文化资源动态激活与更新；围绕文化创意与资源旅游产业，促进城市活力提升并增加就业机会，带动城市经济多元化发展；积极演绎文化大事件，寻求城市发展“弯道超越”的途径。

4.3 空间功能适度集聚，基层设施均等配置

为顺应当前“高能级文化空间日益呈现多种功能复合化的发展趋势”[53]，我国文化空间建设应采取“适度集聚，基层均等”的发展策略。一方面，鼓励高能级文化功能集聚，提高复合化利用，实现资源共享、多元融合，构建文化功能集聚区，塑造城市文化魅力标志性门户；另一方面，推进城乡一体的基层文化设施均等化全覆盖，结合地区人口布局与城市发展方向，以满足居民现代化需求为导向引导文化设施多层次建设，完善城市文化服务体系。

4.4 落实多方公众参与，激发城市文化活力

在文化空间建设中突出人的核心价值，积极调动政府、企业、文化机构、非政府组织和居民创造、参与、传承城市独特的文化环境与氛围。在文化规划编制中，政府应于前期积极探索咨询调查方法，实现与该地区文化机构、企业、专家、居民文化评估互动，寻求地区文化特质，规划也应提出激活地区全社会力量的行动指南，使公众成为规划的践行者、宣传者和监督者；在文化创新和资金扶持方面，鼓励企业发挥联动效应，带动其他行业、区域的发展，形成具有一定影响力的文化业态，并支持文化机构与非政府组织、艺术家、企业资助合作，激发文化场所及城市活力并产生效益；鼓励非政府组织对文化指标是否达标、文化空间塑造是否合理进行有效监督，提升社会公平氛围；支持公共文化空间营造，鼓励居民与艺术家合作打造公共空间，提升居民的城市归属感、自豪感与文化意识。

5 结语

“人类进入20世纪90年代后，随着信息技术的大量涌现和创意产业的兴起，新的文化工业正成为城市发展的新动力和创新方向”[54]，“充满活力、多样化和用途集中的城市孕育的则是自我再生的种子”[55]，城市文化力量当今已成为促进全球城市发展的主流；同时，“全球城市展现了文化聚合的强力，以全球社会秩序基础之姿态，变成了民族国家和民族主义的主要替代”[56]，在文化的引领和创新层面，国际城市为我们提供了参考的样本。审视国际城市文化空间发展现状与塑造手段，有助于反思我国城市规划建设，为我们塑造城市文化形象、营造城市多元化文化空间与配置多层次公共服务设施等提供经验参考。但是，城市文化空间的塑造模式并非具有唯一性，重点在于充分挖掘和利用地方的优势资源，找到属于自己的成功之路。

（原载《国际城市规划》2020年第3期）

注释

① 曹康：《西方现代城市规划简史》，东南大学出版社2010年版，第247—248页。

② 参见［英］尼格尔·泰勒《1945年后西方城市规划理论的流变》，李白玉、陈贞译，中国建筑工业出版社2006年版，第143页。

③ 参见郑憩、吕斌、谭肖红《国际旧城再生的文化模式及其启示》，《国际城市规划》2013年第1期；杜坤、田莉《基于全球城市视角的城市更新与复兴：来自伦敦的启示》，《国际城市规划》2015年第4期。

④《新城市议程》，《城市规划》2016年第12期。

⑤ UNESCO, *Culture: Urban Future,* 2019－05－18，http://openarchive.icomos.org/1816/1/245999e.pdf.

⑥ 吴良镛：《“人居环境科学丛书”缘起》，载黄鹤《文化规划：基于文化资源的城市整体发展策略》，中国建筑工业出版社2010年版，第8页。

⑦ 2015年召开的中央城市工作会议中指出：“统筹改革、科技、文化三大动力，提高城市发展可持续性。”

⑧ 需要特别说明的是，“文化空间”又称“文化场所”（culture place），也作为专有名词在联合国教科文组织保护非物质文化遗产时所使用，定义为“定期举行传统文化活动或集中展现传统文化表现形式的场所，兼具空间性和时间性”。

⑨ 伍乐平、张晓萍：《国内外“文化空间”研究的多维视角》，《西南民族大学学报（人文社科版）》2016年第3期。

⑩ 参见黄鹤《文化规划：基于文化资源的城市整体发展策略》，中国建筑工业出版社2010年版。

⑪ “欧洲文化之都”（European Capital of Culture）是1985年由欧盟主导的在欧洲国家间开展的以文化交流和展示为主题的城市活动，截至2019年，已有60个城市入选并在当年开展文化主题活动。

⑫ “东亚文化之都”（Culture City of East Asia）是2013年由中、日、韩三国文化部门发起的政府间多边性城市文化活动，截至2019年底，中国已有泉州、青岛、宁波、长沙、哈尔滨、西安、扬州入选。

⑬ 参见马晨吴炜、袁海琴、尹俊《文化引领复兴：“欧洲文化之都”的启示与正定思考》，《城市规划学刊》2017年第S2期；陈慰、巫志南《从功能城市到文化城市：“欧洲文化之都”公共文化建设研究》，《山东大学学报（哲学社会科学版）》2017年第5期；方丹青、陈可石、陈楠《以文化大事件为触媒的城市再生模式初探——“欧洲文化之都”的实践和启示》，《国际城市规划》2017年第2期。

⑭ “创意城市网络”（Creative Cities Network）是2004年由联合国教科文组织推出的致力于促进将创意视为可持续发展战略因素的城市之间的合作项目，分为手工艺与民间艺术、设计、电影、美食、文学、媒体艺术、音乐7个主题，截至2019年底，中国有哈尔滨（音乐之都）、深圳、上海、北京、武汉（设计之都）、成都、顺德、澳门、扬州（美食之都）、杭州、苏州、景德镇（工艺与民间艺术之都）、长沙（媒体艺术之都）、青岛（电影之都）、南京（文学之都）等15个城市入选。

⑮ 参见克劳斯·昆兹曼、唐燕《欧洲和中国的创意城市》，《国际城市规划》2012年第3期；王长松、田昀、刘沛林《国外文化规划、创意城市与城市复兴的比较研究——基于文献回顾》，《城市发展研究》2014年第5期；甘霖、唐燕《创意城市的国际经验与本土化建构》，《国际城市规划》2012年第3期。

⑯ 参见杨辰、周俭、[法]弗朗索瓦丝·兰德《巴黎全球城市战略中的文化维度》,《国际城市规划》2015年第4期;单卓然、张衔春、黄亚平《1990年后发达国家都市区空间发展趋势、对策及启示》,《国际城市规划》2015年第4期;尹稚等《美国和欧盟高等级中心城市发展规律及其启示》,《城市规划》2017年第9期。

⑰ 参见黄鹤《文化规划:基于文化资源的城市整体发展策略》,中国建筑工业出版社2010年版;王承旭《城市文化的空间解读》,《规划师》2006年第4期;方遥、王锋《整合与重塑——多层次发展城市文化空间的探讨》,《中国名城》2010年第12期;申立、陆巍、王彬《面向全球城市的上海文化空间规划编制的思考》,《城市规划学刊》2016年第3期;田涛、程芳欣《西安市文化资源梳理及古城复兴空间规划》,《规划师》2014年第4期;[英]安德鲁·塔隆《英国城市更新》,杨帆译,同济大学出版社2016年版,第300页;朱文一《空间·符号·城市:一种城市设计理论(第二版)》,中国建筑工业出版社2010年版,第81页;李伟东《"世界城市"视角下的北京文化空间建设》,《解放军艺术学院学报》2011年第4期;刘润、杨永春、任晓蕾《1990s末以来成都市文化空间的变化特征及其驱动机制》,《经济地理》2017年第2期;蔡建明、林静《中国新愿景下的文化与空间有机融合的地理途径与机遇》,《地理研究》2016年第11期。

⑱ Sassen S., *The Global City: New York, London, Tokyo*, Princeton: Princeton University Press, 1991.

⑲ [英]彼得·J.泰勒、[比]本·德鲁德:《世界城市网络:一项全球层面的城市分析》,刘行健、李凌月译,江苏凤凰教育出版社2018年版,第49页。

⑳ Kearney A. T., *2019 Global Cities Report*, 2019-5-29, https://www.kearney.com/global-cities/2019; The Institute for Urban Strategies, *Global Power City Index 2019*, 2019-11-25, http://www.mori-m-foundation.or.jp/pdf/GPCI2019_summary.pdf; Ga WC, *The world According to Ga WC 2018*, 2018-11-19, https://www.lboro.ac.uk/gawc/images/Ga WCLinks2018_alphabeta.pdf; 中国社会科学院,联合国人居署《全球城市竞争力报告(2019—2020)》,2019-11-14, http://gucp.cssn.cn/yjcg/yjbg/201911/W020191118666044996886.pdf。

㉑ 申立、陆巍、王彬:《面向全球城市的上海文化空间规划编制的思考》,《城市规划学刊》2016年第3期。

㉒ The Institute for Urban Strategies, *Global Power City Index 2019*, 2019-11-25, http://www.mori-m-foundation.or.jp/pdf/GPCI2019_summary.pdf.

㉓ Mayor of London, *World Cities Culture Report 2018*, 2019-05-18, http://www.worldcitiescultureforum.com/assets/others/181108_WCCR_2018_Low_Res.pdf.

㉔ Mayor of London, *Mayor of London's Culture Sstrategy*, London: London City Hall, 2018.

㉕ Center for An Urban Future, *Creative New York*, 2019-05-18, https://nycfuture.org/pdf/Creative_New_York.pdf.

㉖ Mayor of New York, *One NYC 2050: Building a Strong and Fair City*, 2019-05-18, https://onenyc.cityofnewyork.us/.

㉗ Center for An Urban Future, *Creative New York*, 2019-05-18, https://nycfuture.org/pdf/Creative_New_York.pdf.

㉘ Mayor of New York, *Create NYC*, 2019-05-18, https://www.nyc.gov/assets/dcla/downloads/pdf/cultureplan/createnyc-finalplan.pdf.

㉙ Mayor of London, *World Cities Culture Report 2018*, 2019-05-18, http://www.worldcitiescultureforum.com/assets/others/181108_WCCR_2018_Low_Res.pdf.

㉚ The Institute for Urban Strategies, *Global Power City Index 2019*, 2019-11-25, http://www.mori-m-foundation.or.jp/pdf/GPCI2019_summary.pdf.

㉛ 杨辰、周俭、[法]弗朗索瓦丝·兰德:《巴黎全球城市战略中的文化维度》,《国际城市规划》2015年第4期。

㉜ Mayor of London, *World Cities Culture Report 2018*, 2019-05-18, http://www.worldcitiescultureforum.com/assets/others/181108_WCCR_2018_Low_Res.pdf.

㉝ Mayor of London, *World Cities Culture Report 2014*, 2019-05-18, http://www.worldcitiescultureforum.com/assets/others/World_Cities_Culture_Report_2014_hires.pdf.

㉞ Marie de Paris, *La Politique Culturelle de la Ville de Paris*, 2019-05-18, https://francearchives.fr/file/535e4c11cdab228d48263c67da86d277803d03a0/static_3820.pdf.

㉟ Mayor of London, *World Cities Culture Report 2018*, 2019-05-18, http://www.worldcitiescultureforum.com/assets/others/181108_WCCR_2018_Low_Res.pdf.

㊱ Mayor of London, *World Cities Culture Report 2018*, 2019-05-18, http://www.worldcitiescultureforum.com/assets/others/181108_WCCR_2018_Low_Res.pdf.

㊲ 冷观:《城市精神与城市现代化》,《上海经济研究》2003年第4期。

㊳ 东京都政府:《创造未来——东京都长期展望》,2019-05-18, http://www.seisakukikaku.metro.tokyo.jp/tokyo_vision/index.html。

㊴ 东京都政府:《东京文化愿景》,2019-05-18, http://www.seikatubunka.metro.tokyo.jp/bunka/bunka_seisaku/houshin_torikumi/0000000210.html222222。

㊵ Mayor of London, *World Cities Culture Report*, 2019-05-18, http://www.worldcitiescultureforum.com/data.

㊶ 申立、陆巍、王彬:《面向全球城市的上海文化空间规划编制的思考》,《城市规划学刊》2016年第3期。

㊷ Mayor of London, *World Cities Culture Report*, 2019-05-18, http://www.worldcitiescultureforum.com/data.

㊸ Mayor of London, *World Cities Culture Report*, 2019-05-18, http://www.worldcitiescultureforum.com/data.

㊹ Mayor of London, *World Cities Culture Report*, 2019-05-18, http://www.worldcitiescultureforum.com/data.

㊺ The Institute for Urban Strategies, *Global Power City Index 2019*, 2019-11-25, http://www.mori-m-foundation.or.jp/pdf/GPCI2019_summary.pdf.

㊻ Mayor of London, *World Cities Culture Report*, 2019-05-18, http://www.worldcitiescultureforum.com/data.

⑰ Mayor of London, *The London Plan*, 2019－05－18, https://www.london.gov.uk/sites/default/files/the_london_plan_2016_jan_2017_fix.pdf.

⑱ Mayor of New York, *Create NYC* , 2019－05－18, https://www.nyc.gov/assets/dcla/downloads/pdf/cultureplan/createnyc–finalplan.pdf.

⑲ 田莉、桑劲、邓文静:《转型视角下的伦敦城市发展与城市规划》,《国际城市规划》2013年第6期。

⑳ 田莉、桑劲、邓文静:《转型视角下的伦敦城市发展与城市规划》,《国际城市规划》2013 年第6 期。

㉑ Mayor of London, World Cities Culture Report 2018 , 2019－05－18, http://www.worldcitiescultureforum.com/assets/others/ 181108_WCCR_ 2018 _Low_Res.pdf.

㉒ 东京都政府:《东京文化愿景》, 2019－05－18, http://www.seikatubunka.metro.tokyo.jp/bunka/bunka_seisaku/houshin_torikumi/ 0000000210 .html222222。

㉓ 申立、陆巍、王彬:《面向全球城市的上海文化空间规划编制的思考》,《城市规划学刊》2016 年第3 期。

㉔ [英] 彼得·霍尔:《文明中的城市》, 王志章等译, 商务印书馆2016年版, 第3页。

㉕ [加拿大] 简·雅各布斯:《美国大城市的死与生: 纪念版》, 金衡山译, 译林出版社2006年版, 第448页。

㉖ [美] 帕拉格·康纳:《超级版图: 全球供应链、超级城市与新商业文明的崛起》, 崔传刚、周大昕译, 中信出版社2016年版, 第310页。

图表来源

本文图表皆由作者根据参考资料绘制。

作者简介

魏伟, 武汉大学城市设计学院城乡规划系教授、武汉大学中国发展战略与规划研究院副院长。

刘畅, 武汉大学城市设计学院城乡规划系硕士研究生。

张帅权, 武汉大学城市设计学院城乡规划系硕士研究生。

王兵 , 武汉大学城市设计学院城乡规划系硕士研究生。

圆明园盛期的植物香景探究

徐晓蕾　王　琳　张　洁

摘　要：中国传统园林注重植物香景营造，而圆明园盛期的植物香景营造堪称典范。本文以文献研究为基础，首先，对圆明园盛期的香景植物种类进行梳理，并结合景点景名，对主要香景植物的应用方式进行总结；其次，依据乾隆御制诗，就香景植物的香味特征描写进行归纳与解析；最后，探讨植物香景意境的生成过程，从闻香感觉、闻香感想、闻香感悟三个层面，就圆明园四十景中的典型香景意境进行探究，以期对现代植物香景营造提供借鉴。

关键词：圆明园盛期；植物香景

导言

香景是指主要依靠嗅觉感官欣赏的风景。这个概念最早由加拿大地理学家Porteous在20世纪80年代提出，此后主要在欧洲地区与日本传播发展。[①]其实，中国传统园林中运用了大量的植物香景。圆明园盛期（康熙乾隆时期）的植物香景营造便是一处佳例，其香景营造采用了丰富的香景植物种类，具备着多样的应用方式，留存于大量的诗文描述之中，形成了独特的植物香景意境营造手法。这可为当今的植物香景营造提供有益的借鉴与参照。

1 圆明园盛期主要的香景植物及其应用方式

1.1 主要的香景植物种类

圆明园原有的植物景观已然不复存在，只能依据史料文献进行相关香景植物种类的总结。主要的文献资料包括：《圆明园内工则例》[②]《日下旧闻考》[③]《乾隆御制诗》[④]《圆明园四十景图咏》[⑤]。对上述文献进行梳理后，发现共有18种香景植物：玉兰、荷、菊、梅、稻、泽兰、杏、菱、丁香、月季、蔷薇、玫瑰、紫藤、牡丹、芍药、白芷、菖蒲、蜡梅。其中，《乾隆御制诗》对玉兰、荷花、菊花、梅花这4种植物的香景进行了浓墨重彩的描写，对稻、泽兰、杏、菱等植物的香景的描写较少。

这18种香景植物的赏香时间、香味类型均有不同。从赏香时间分布来看，多数香景植物种类集中在春季，少数种类分布在夏季、秋季和冬季，在总体上能够形成四季闻香不断的香景。从香味类型来看，有清香、暗香、冷香等多种类型。上述内容详见表1。

1.2 应用方式

1.2.1 香景植物与水体的结合

在圆明三园的水面中，广泛运用了荷花作为主景，曲院风荷、芰荷香、藻园、如园等处都是以赏荷为主题的景点。圆明三园中的河流和湖泊众多，皇帝在游园时以水路为主[⑥]，这为赏荷提供了多种游览可能性。上述景点在空间尺度方面大小不一，其景观特征又各具特色。濂溪乐处、曲院风荷两处是水体面积较大的景点，荷花的应用方式以大片栽植为主，形成了莲叶接天、荷花映日的远景；如园、芰荷香是水体面积较小的景点，荷花的应用方式以小片丛植为主，形成了亭亭玉立、动香不已的近景。

圆明园的水面除了应用荷花之外，还应用了菱、菖蒲、白芷这3种香景植物。菱主要应用于菱香沜，这是蒨园八景之一。御制诗中提及此处景观："风前度弥静，雨后香益清。仿佛吴兴岸，菱歌唱晚晴。"乾隆在雨后闻到愈加清新的菱香，联想到吴兴岸边采菱人放歌的景象，反映了菱香沜的质朴野趣。而菖蒲、白芷主要应用于四宜书屋景区南部的采芳洲水际。在古代，菖蒲和白芷是两种水生香料植物，菖蒲的叶、白芷的花和茎均具奇异香味，常被采集后放入香袋，并随身携带以辟邪。由此推测，采芳洲的菖蒲和白芷除具备观赏功能之外，可能还具备一定的实用功能。

1.2.2 香景植物与建筑的结合

最为典型的一些建筑直接以具体的植物香景命名，如荷香亭、荷香书屋、稻香亭等。此外，还有一些建筑以概指的植物香景命名，如"四时具芳菲"的恒春圃；"早梅晚菊共芳菲"的清

表1　圆明园盛期主要香景植物概览表

序号	植物种类	拉丁名	科属	香气部位	赏香季节	香味类型	主要应用景点
1	玉兰	*Magnolia denudata*	玉兰科玉兰属	花	春季	清香	含韵斋、玉兰堂、春雨斋等众多景点
2	荷花	*Nelumbo nucifera*	睡莲科莲属	叶、花	夏季	清香	曲院风荷、芰荷香等众多景点
3	菊花	*Chrysanthemum denudata*	菊科菊属	花	秋季	清香	四宜书屋、恒春圃、清晖阁等众多景点
4	梅	*Prunus mume*	蔷薇科杏属	花	冬季、春季	暗香	含经堂、淳化轩、静香屋等众多景点
5	杏	*Prunus armeniaca*	蔷薇科杏属	花	春季	霏香	杏花春馆
6	兰（泽兰）	*Eupatorium fortunei*	菊科泽兰属	全株	夏季	清香	泽兰堂、御兰芬
7	稻	*Oryza sativa*	禾本科稻属	花	秋季	清香	稻香亭
8	牡丹	*Paeonia suffruticosa*	毛茛科芍药属	花	暮春	天香	镂月开云、慈云普护
9	芍药	*Paeonia lactiflora*	毛茛科芍药属	花	初夏	淡香	镂月开云
10	蜡梅	*Chimonanthus praecox*	蜡梅科蜡梅属	花	冬季	冷香	恒春圃
11	月季	*Rosa chinensis*	蔷薇科蔷薇属	花	春季、夏季、秋季	蜜香	不详
12	蔷薇	*Rosa multiflora*	蔷薇科蔷薇属	花	春季	蜜香	不详
13	玫瑰	*Rosa rugosa*	蔷薇科蔷薇属	花	春季	郁香	不详
14	丁香	*Syringa oblata*	木犀科丁香属	花	春季	清香	不详
15	紫藤	*Wisteira sinensis*	豆科紫藤属	花	春季	清香	狮子林、慈云普护
16	菱	*trapa bispinosa*	菱科菱属	花	夏季	清香	菱香沜
17	菖蒲	*Acorus calamus*	天南星科菖蒲属	叶	夏季	清香	采芳洲
18	白芷	*Angelica dahurita*	伞形科当归属	花、茎	夏季	清香	采芳洲

晖阁；“叶芬花郁滴重重”的露香斋；以梅香为主题的香雪廊、含经堂、淳化轩；以玉兰之香为主题的含韵斋、春雨斋。其中，恒春圃颇富特色，它位于长春园玉玲珑馆内，是一处养花温室，其“池荷乃植夏方春，菊之春以秋为序，山茶蜡梅春于冬”。这样除去春季之外，恒春圃在香花稀缺的夏、秋、冬三季皆有香花可赏，真可谓“四时具芳菲”。

2 圆明园盛期植物香景相关的诗文描述

众所周知，乾隆皇帝尤其喜欢诗歌创作，圆明园内的生活成为其诗歌创作的重要来源。乾隆御制诗的内容涵盖植物物候、季相、园艺等众多方面，是探究圆明园植物香景的重要材料。根据乾隆御制诗，将其中涉及植物香景描写的诗句内容进行归纳整理，发现描写玉兰、荷、菊、梅这4种植物香气的诗文数量众多，文采斐然；描写稻、泽兰、杏、菱等植物香气的诗文数量较少，不在此逐一罗列。玉兰、荷、菊、梅这4种植物分别是春、夏、秋、冬四个季节最为重要的香景植物代表，它们代表着各个季节的典型香景季相景观。

2.1 玉兰之香

玉兰又称木兰、辛夷花、玉堂春等，是传统文化意象“玉堂春富贵”的主要组成。乾隆在御制诗中提到“琢玉雕琼已畅开，是何清馥袭人来”，以琢玉雕琼般的冷艳，点出了玉兰的清香与馥香，同时在“远疑玉塔色氤氲，近似栴檀香苾芬”的诗句中，以玉塔栴檀的容貌，点出了玉兰的芬香。玉兰配植形式多样，既有“一株香满院”的孤植，形成满院清香；又有“周植玉兰十余本”的群植，使得游人感觉“宛入众香国里”。

2.2 荷香

圆明园依托北京西北郊水系，形成了港汊纵横、张合有度的水体景观，极利于荷花生长。园内水景以荷花为主要水生植物[⑦]，荷花香景类型，既有“香泛沼池西地锦”香气四溢的动香，又有“净植呈芳度，红装照碧漪”孤芳自赏的静香；同时有“香因风细赏清远，色带雨鲜恰净真”的远香相携，又有“风麝花间吐，露珠叶上擎”的近香吐露；在一日之中的不同时段，有着中午“递花香际午和风”与傍晚“动香不已”的差异。

2.3 菊香

《礼记·月令篇》有言“季秋之月，鞠有黄华”。菊是秋季香景植物景观中的重要一员。圆明园中多为盆菊，御制诗中提到阶畔有菊，“喷阶香簇菊花黄”，其香成簇而发；“篱下香盈把，霜前酒当杯”，指出了菊花之盈香；“菊芳犹满盎”“早梅晚菊共芳菲”“洋菊还留别样芳”中的“犹”“共”“还”，表现了菊香自晚秋到初冬的香味持久。

2.4 梅香

圆明园中的梅花配置方式以盆梅为主，庭梅为辅，类型与品种极为多样。梅花所成香景，包含三种类型的馨香，分别为：“盆梅映雪馨”，梅雪相映的映雪香；“梅萼座间馨”，含苞待放的座间香；“盆梅映户馨”，梅香当户的映户香。其又有寒香、细香与递香之分，即：“寒香凝篆缕”，花香袭人的寒香；“梅香细细玉晕，柳色旋旋金加”，恬淡含晕的细香；“试味真香方递递，爱观生意始融融”，舒蕊展姿的递香。此外，乾隆在《淳化轩对庭梅作》一诗中提及庭梅在北方极为稀少，并描写了淳化轩中的庭梅“朵朵吐芳英，累累重垂枝”，繁花满树之芳香盛景。

3 圆明园四十景中的典型植物香景意境探析

3.1 植物香景意境

诸多学者认为嗅觉感官容易激发情感、唤醒记忆。[⑧⑨⑩]嗅觉感官激发情感和唤醒记忆的过程，即触景生情。园林意境是通过园林的形象所反映的情意使游赏者触景生情，产生情景交融的一种艺术境界。[11]由此推出，植物香景意境则是以植物香景为重要触发条件实现情景交融的一种园林意境。例如，杨鸿勋认为气味是渲染“园林艺术空间感染力”的重要因素，气味利于营造意境。[12]

植物香景意境的生成过程，可以从园林设计师和园林鉴赏者两个角度进行探讨。从前者的视角来看，园林设计师以植物香景为基础，以景点景名、园林题咏、楹联匾额、风景画作为载体，传达特定的情趣，综合塑造植物香景意境。从园林鉴赏者的视角来看，鉴赏者以植物香景为媒介，以各种园林要素为基础，在闻香之后，或感觉到芳香气味带来的感官愉悦，或感想到芳香气味蕴含的文化积淀，或感悟到芳香气味引发的真知洞见，即闻香感觉、闻香感想、闻香感悟三个层层递进的层面，进入情景交融的审美状态，这样才能领略到设计师在造园之初便已隐含的植物香景意境。简言之，闻香景，促生情，情景交融，植物香景意境油然而生。

3.2 圆明园四十景中的植物香景意境探析

《圆明园四十景图咏》是研究圆明园盛期景观的重要材料，这里面包含了众多植物香景意境营造的方式。其营造方式包含三种，分别为闻香感觉、闻香感想与闻香感悟，这三种香景意境营造方式分别侧重于不同的感受层面。

3.2.1 闻香感觉

闻香感觉是指在闻香之后，觉察到香味所带来的感官愉悦。以闻香感觉的方式营造香景意境的景区，包括杏花春馆与曲院风荷两个景区。杏花春馆题咏中“香红雪韵空庭”，描写了景区内杏花香气弥漫在空旷庭院中的景观，粉红色的杏花开放在枝头，灿然绽放的景象如同红雪一般。杏花春馆景区，以雨后杏花散发的霏香所产生的嗅觉感知为主，暗示杏花细雨之间春天的到来，营造出整个杏花春馆景区春霏杏香、村落野趣的香景意境。曲院风荷景区在植物香景意境的营造方式上，以荷香的闻香感觉为主，诗文“香远风清谁解图，亭亭花底睡双凫”营造出远香清风、双凫美满的植物香景意境。

3.2.2 闻香感想

闻香感想是指在闻香之后，引发联想与反思。四十景中采用闻香感想的方式营造香景意境的主要有濂溪乐处与映水兰香两个景区。在濂溪乐处景区中，景名“濂溪”取自北宋理学大师周敦颐的称号“濂溪先生”，表示对周敦颐的尊敬与仰慕，并效仿周敦颐，在岛的四周种植了大量的荷花。夏季到来时，“香风湖面来，炎夏方秋冷”，荷花的香气随风从湖面上泛起。乾隆在闻香后，联想古贤优秀的人生作为，并自我反省。这一景区以闻香感想的方式，营造了出淤泥而不染、品行高洁的植物香景意境。

映水兰香题咏“适凉风乍来，稻香徐引”，乾隆在闻到远处飘来的稻香之后，联想到“日在豳风图画里，敢忘周颂命田官”一诗中上古周朝时期对农业耕作的重视。映水兰香景区以闻香感想的方式，营造出不忘农事、心系万民的植物香景意境。

3.2.3 闻香感悟

闻香感悟是指在闻香之后，心有所感，豁然顿悟，思想境界得以升华。四十景中以闻香感悟营造香景意境的景区主要为茹古涵今与廓然大公两处。茹古涵今景区题咏“嘉树丛卉，生香蓊葧”，描写了这一景区植被茂盛，香气宜人。在题咏中又提及“鸟语花香生静悟”，景区鸟语花香所代表的一派自然和谐的景色，能够唤发起皇帝以史为鉴、涵通古今的感悟。茹古涵今景区以闻香感悟的方式，营造出了雅致悠然、生机勃勃的香景意境。

廓然大公题咏“长夏高启北窗，水香拂拂，真足开豁襟颜”，在夏季打开北窗的一刹那，水生植物的香气随风飘来，能够产生豁然开朗的景观体验，引发天地美景皆大公无私般存在的感悟。廓然大公景区以闻香感悟的方式，营造了爽朗清然、境界高旷的植物香景意境。

4 结语

圆明园是明清时期皇家园林的集大成之作，其景观虽已不复存在，但是留存下来的大量文献资料仍提供了研究基础。圆明园植物香景的营造，以香景植物为主，搭配建筑、水体等其他园林要素形成了完整的景观整体。而以香景植物为主产生的香景意境，同时是园林意境重要的组成部分。针对圆明园盛期植物香景营造的探究，以期对现代植物香景营造提供借鉴。

（原载《古建园林技术》2020年第2期）

注释

① 参见陈意微、袁晓梅《气味景观研究进展》，《中国园林》2017年第2期。

② （清）佚名：《圆明园内工则例》，抄本（复印）。

③ （清）于敏中等编纂：《日下旧闻考》，北京古籍出版社1981年版。

④ （清）高宗：《御制圆明园诗》，天津石印书屋石印本（复印），1887年。

⑤ （清）沈源、唐岱等绘：《圆明园四十景图咏》，世界图书出版公司2005年版。

⑥ 参见贾珺《圆明园中的仿舟建筑》，《古建园林技术》2006年第4期。

⑦ 参见张恩荫《圆明园盛期植物造景初探》，《古建园林技术》1989年第3期。

⑧ Tuan Y., *Topophilia: A Study of Environmental Perception, Attitudes, and Values*, New York: Columbia University Press, 1974, pp. 5–11.

⑨ Engen T., *The Perception of Odors*, London: Academic Press, 1982.

⑩ Porteous J.D.,"Smellscape", *Progress in Physical Geography,* 1985, Vol.9, No.3, pp.356－378.

⑪ 参见《中国大百科全书》总编辑委员会《教育》编辑委员会中国大百科全书出版社编辑部编《中国大百科全书·建筑 园林 城市规划》，中国大百科全书出版社1988年版。

⑫ 参见杨鸿勋《江南古典园林艺术概论(续)》，载中国建筑学会建筑历史学术委员会编《建筑历史与理论第三、四辑(1982—1983年度)》，江苏人民出版社1984年版，第185—241页。

作者简介

徐晓蕾，山东建筑大学建筑城规学院副教授。

王琳，山东建筑大学建筑城规学院硕士研究生。

张洁，山东建筑大学建筑城规学院讲师，博士研究生。

城市工业遗产文化艺术价值研究——以南昌舰为例

林　辉　邹宇轩

摘　要：有关工业遗产文化艺术价值问题，从研究领域上看，大多局限于建筑遗址方面，而对大型工业遗存如军舰等的关注相对缺失。大型军舰具有独特的人文历史价值。以南昌舰为例，了解大型军舰的基本概况，可以探索大型军舰的工业遗产的价值依据，阐释工业遗产退役军舰的文化艺术价值，由此提升工业遗产的艺术审美功效。

关键词：工业遗产；艺术价值；退役军舰

基　金：江西省高校人文社科一般项目（YS18126）

2018年1月，中国工业遗产保护名录（第一批）发布，标志着国家对工业遗产保护的问题已高度重视，工业遗产也成为学术界的研究热点，颇受社会关注。①但是相关研究重点仍然集中于建筑学、城市规划、人文等领域的工业遗址的保护与利用方面，且对于非建筑类工业遗产关注则主要分布在艺术、科技史、社会学等领域，缺少多学科的交流。而军事工业遗产作为工业遗产中较为特殊的对象，是时代的产物，具有很强的人文精神。军舰作为水面移动建筑，其体量庞大，功能复杂，能够反映出一个国家的工业制造水平，而中国作为工业发展滞后的国家，其工业遗产成果主要密集产生于20世纪50年代末至80年代初。本文对051D“旅大”级南昌驱逐舰（舷号：163号，下文简称“南昌舰”）从军事工业遗产层面进行分析，挖掘其作为军事工业遗产景观的文化艺术价值，期望为国内城市工业遗产景观理论的扩宽提供支撑。

1 南昌舰概况

南昌舰属于旅大级Ⅰ型四号舰，仿造苏联时期56型驱逐舰科特林级，1977年于广州造船厂建造，1979年完成船体建造下水，并于1982年通过海试入役，最终于2016年退出作战序列。该舰全长132米（433英尺），型宽12.8米（42英尺），吃水深度4.6米，标准排水量为3250吨，满载排水量为3650吨。南昌舰是我国第一代导弹驱逐舰，又是我国最早自主建造的大型军舰，也是我国现代化海军建设的早期探索。在2016年退役后，南昌舰被转运至南昌凤凰洲市民公园旁的内河航道上的泊位，并进行了相应的非武器化处理后，在2017年8月永久性驻留，作为城市景点对外开放。在过去一年的运营中，南昌舰对城市形象文化的塑造确实起到了一定的作用，反响也较好，但也反映出了一些问题。

图1　南昌舰服役期间影像

首先是对外国相关模式的照搬不符合本土实际情况。我国长期是一个陆权国家，缺乏海军传统，尽管从清代开始成立了海军舰队，但20世纪断档时间过长，继承不足，未能形成悠久的海军传统。经济原因也迫使共和国海军曾长期维持在一个较小的规模。直接移植美国、英国等传统海权国家的战舰景点的构筑方式，并不适用于我国，且公众的了解不足，不具备相应的人群基础，也缺乏相应的热情，对游客的吸引力不足。

其次是南昌舰本身的舰体空间不足，舰上可供游客活动的场地较小，而炮塔内部与动力舱部分出于安全考虑不对外开放，进一步缩减了空间。狭窄的通道内不便进行布置展示，而可供展出和额外布置的部分仅有指挥塔和军官舱室，空间较为有限。

另外，在规划上，没有从城市整体景观的角度进行考虑。南昌舰没有处于景观廊道上，未获得足够的景观视角，周边的建筑高度未能适应其景观的凸显。而其主题公园本身的规划也不够充分，附属设施很少，导致游览路线过短。

2 军舰作为工业景观遗产的价值依据

军舰作为军事工业价值较高的产物之一，其建造不仅涉及直接相关的造船、武器工业，也包括冶金、材料、石油化工、电子工业、无线电、热机、特种工艺、纺织等几乎所有工业门类。就历史价值而言，其本身可以反映一个国家当时工业体系的完整程度，可以说是国家工业的一个缩影。它对工业科技史的价值和其中体现的信息量，是其他单一工业遗址难以比拟的。同时，军舰反映了当时的历史条件下，国防战略落实到工业生产上形成的独特历史特性。在长时间服役和装备改造更新的过程中，通过参与某些历史事件后产生的对世界和社会的影响，也是其历史价值的一个重要部分，并承载了工业文明的一个重要部分的记忆。

作为多种工业成果的集合体，军舰在科技价值上所体现的重要性无疑是最明显的。其体现了国家工业领域发展技术的轨迹和某一阶段科技水平的阶段性成果，是其建造工艺水平、建造方式、设备的运用、技术特征等的集中体现。

从社会价值角度来看，军舰作为城市景观的价值主要有以下几项：首先，作为观旅景点和城市地标，对游客和市民产生吸引力，并形成城市形象的一部分，体现了城市的总体文化价值观念。其次，作为爱国主义宣传的样本，大型军舰的实物对于军事力量的体现和国家诉求的宣传作用远大于其他宣传资料，其体积感对于普通人来说也更具冲击力，总体效果会相对强于在室内进行的宣传教育。最后，军舰作为人造城市景观，补充了城市文化的内涵和深度，塑造了城市形象的另一面，体现出城市多样的文化特征。

从城市景观的角度上看，退役军舰本身的美学价值才是其重点。军舰作为船舶的分支，是水面武装运载工具，也是水上的功能性工程建筑物，是武备与探测设备的平台，其本身有着在海面长时间的自持力与相应的对居住功能的要求。同时，为了实现其复杂的功能，涉及大量高技术成果运用和工业设计要求，因而，军舰是可与大型建筑相媲美的艺术成果，具有重要的美学价值。

3 退役军舰的视觉文化艺术价值

英国最早提出并建立“工业考古学”这一学科专业，核心主张是对工业遗产进行保护。[②]2003年国际工业遗产保护委员会（TICCIH）对工业遗产作出的定义目前被普遍接受：“工业遗产由工业文化的遗留物组成，这些遗留物拥有历史的、技术的、社会的、建筑的或者是科学上的价值。”[③]佟玉权（2009）认为，工业景观遗产的基本特征包括其时间、空间及文化属性，任何某一层级的工业景观遗产都突出地反映了特定时间段，在某一空间影响范围内，某种性质的工业文化的突出特征。[④]显见，虽然退役舰艇在结构与造型、风格特征与工艺制造、涂装色彩、装饰元素等方面同传统的自然人文景观有较大差异，但不可否认其隐含的文化艺术价值。

3.1 结构与造型

船舶的结构与造型是其文化艺术价值最直观的反映。在船型设计上，一般以简练的主要结构和适当的比例为宜，高大的主桅杆和前伸的舰艏是其主要的结构特征。主要的做法是借助不同类型的线条、平面和曲面的不同视觉特征，来表现不同的视觉效果。其所受到的影响因素较多，如动力系统与电子系统的布局、重心的高度、排烟道的设计、雷达反射面的设计要求、居住区的位置与构型等都会影响船体与上层建筑的剖面形状[⑤]，这些特征正好反映在南昌舰上。从结构与造型上来说，南昌舰相对于当时海军现有的同类型舰艇，在水动力学上进行了重大的改进，作为着眼于远海作战的第一代主战舰艇，其采用了高舷平甲板舰型，舰艏较窄且进行上扬，运用弧线过渡，产生两舷有明显的外飘并延伸至舰桥之后主甲板趋于平缓的视觉感受。军舰的上层建筑分为三段：前部为箱型艏舰桥，在上层双侧进行了外延；舰桥后部为前三角桁格式主桅；舰舯部为后倾的两座圆形排烟道带稍小的后三角后桅。另外，军舰的结构与造型通常遵循的几个工程美学要素是：邓恩曲线（Dunn，即上层建筑在侧视图中沿船体总长的分布）、船体主要部件的外观连接线（也称作力线）、艏坡度与艉坡度和侧视轮廓线。其中决定舰艇整体外观的是邓恩曲线和力线，而船体长度一般在确定排水量之后浮动较小。而南昌舰的邓恩曲线值约为0.3，艏舰桥紧挨于前炮塔后，为典型的火炮驱逐舰结构，其力线表明其多层的平台结构和阶梯形设备布置模式。

3.2 风格特征与工艺制造

不同舰艇的外观风格主要受设计年代的制约，由于工艺和技术手段方面的差异，舰艇外观设计有其明显的时代烙印。从舰艇的外观设计风格上看，大体可以分为四大类：一战风格、二战风格、冷战时期现代风格、战后简约化风格。[⑥]

在舰艇的外观设计风格方面，南昌舰的风格介于二战时期风格与冷战时期现代风格之间。它继承了其原型“科特林”级的战后初期苏联式舰艇风格特征，即紧凑的上层布局、强调航速的前倾舰艏以及以火炮为主的武器布置方式，这正是二战时期“前倾的新型穿浪舰艏、高大的上层建筑、多联装长倍径火炮、大量防空炮配置”风格特征的延续，也是冷战时期“塞满各种电子设备的粗大的多层主桅杆、大量的天线与火控系统部件、数量较少的排烟道与直升机库”风格特征的前身。

在舰艇的工艺制造方面，南昌舰的设计在当时仍未脱离二战时期的技术基础，主体采用板材整体焊接工艺而非分段制造。其主要动力系统仍在使用蒸汽轮机，所以造成其动力舱体积巨大，舰艏部分主体被排烟道占据，艏、舯、艉部建筑的非承重结构用材全部改为较轻的铝合金材料，电子工业的不甚发达使其主桅杆高耸但设备不多。

3.3 涂装色彩

军舰涂装的初始作用，是作为船体和甲板避免高盐量海水和海雾腐蚀的防护手段，后来鉴于光学工业和火炮在战争领域急速发展，其色彩的隐蔽性受到各国海军的重视。早期的工业国家海军的军舰涂装颜色都以纯色为主，但因对各自的任务海域气候状况的不同和战略战术的考量，其色彩的选择也不一样。

在20世纪初期，艺术家雅培·塞耶提出“反阴影”方案，以使军舰均匀地融入地平线上的天空背景光中。英国动物学家约翰·克尔（John Graham Kerr）通过对斑马、长颈鹿等动物的观察，提出船体的垂直线条在视觉上会被不规则条带打断，同时可以隐藏桅杆，以此来增加潜艇对目标航向和船型的误判。后来这个想法被英国画家诺曼·威尔金森成功实施，并得到大规模推广，也影响到后来的海军舰艇迷彩的设计思路。二战时期，各国基本遵循威尔金森的模式，并在此思路的基础上进一步深入，采用不同形态的条纹斑块和不同颜色进行组合，试图达到更好的误导效果及隐蔽性，这也体现在南昌舰色彩设计上。在涂装色彩方面，南昌舰受其服役海域的限制，主要活动范围在近海以及第一岛链内，相对来说其海况较佳，水深较浅，所以其涂装选用浅灰色调，以达到隐蔽的效果，甲板涂装则选取海洋绿来达到航空角度的隐蔽效果。

结语

退役军舰，作为工业遗产的特殊类型，既承担着城市景观的功能，也体现了很强的工业文化艺术价值。与其他工业遗产类型不同，其并不依赖于地理要素，并且在历史与文化内涵上赋予了非工业文化的特征，并表现出技术与美学的统一。而依据这些特点，研究军舰工业遗产文化艺术价值，有利于传达遗留于其身的历史、技术、社会、建筑等科学内涵，也为军舰工业遗产的保护与传承提供了重要的价值依据。

（原载《装饰》2019年第8期）

注释

① 参见单霁翔《关注新型文化遗产：工业遗产的保护》，《北京规划建设》2007年第2期。

② 参见俞孔坚《关于中国工业遗产保护的建议》，《景观设计》2006年第4期。

③ TICCIH, *Nizhny Tagil Charter for the Industrial Heritage*, 2003.

④ 参见佟玉权、韩福文《工业遗产景观的内涵及整体性特征》，《城市问题》2009年第11期。

⑤ 参见曹国瑞《舰船工程美学在水面舰艇外观设计中的应用》，《舰船科学技术》1997年第5期。

⑥ 参见万里、吕杰锋、许晟《船舶造型设计特性研究与方法探析》，《中国舰船研究》2015年第5期。

图片来源

本文图片来源于 https://page.om.qq.com/page/OzXh-Lno7RRyKHqHJ648aOKg0。

作者简介

林辉，江西师范大学城市建设学院教授。

邹宇轩，江西师范大学城市建设学院硕士研究生。

废墟审美下的设计策略——首钢园区冬训中心与五一剧场地块景观设计解析

陈跃中　刘　剑　慕晓东

摘　要：冬训中心和五一剧场地块位于首钢北部园区的冬奥广场片区。景观设计将场地的审美体验解剖为两种结构性意向，一种是现实场景的感受，一种是历史情境的体验。以场地现状和建筑改造为基础，通过功能重组、重构记忆、视觉建构、最小干预和生态技术的设计策略彰显场地的废墟之美，并使其审美价值服务于首钢园区的核心价值，最终打造一处既蕴含废墟美学、带有历史叙事和集体归属，同时满足冬奥运训练、办公、酒店服务和商业功能的空间。

关键词：风景园林；首钢园区；冬训中心；五一剧场；废墟审美；设计解析

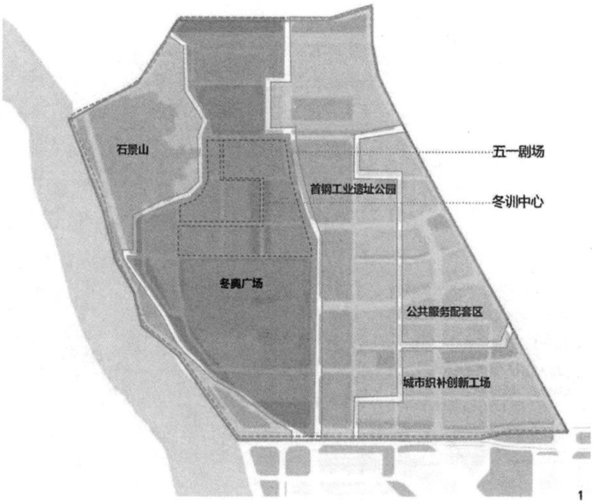

图1　设计地块在首钢北部园区的区位示意

图2　景观设计总平面图

1 项目概况

首钢工业园区位于北京市石景山区，在中国现代工业史上具有举足轻重的地位。其在2008年北京奥运会期间逐步减产，直至2010年正式结束了生产任务，成为一处巨大的工业遗址。两个关键事件直接影响了首钢园区的发展方向：①2014年2月26日，习近平总书记视察北京时指示首钢的搬迁和未来的发展计划[①]；②冬奥组委会第一批工作人员于2016年5月13日入驻首钢园区西十筒仓。[②]至此，经过一系列关键的调研分析和重大决策，首钢园区最终被定位为都市高端产业的综合服务区。本文所述的设计场地位于首钢北部园区的冬奥广场片区，即冬训中心地块和五一剧场地块（图1），景观设计总平面图如图2所示。

2 审美体验与设计对策

2.1 “废墟之美”的审美体验

2.1.1 审美价值是工业遗址的重要价值

探究工业遗址的审美价值能够以批判性的姿态回应景观设计过程中特定的匮乏状态，风景园林师在多大程度上体验到工业遗址的审美价值，就能在多大程度上影响最终方案的潜在底色[③]；而当下关于工业遗址的审美再体验和相应的事件与活动，已经成为都市更新和提升市民生活品质的一个主要着力点。因此，如何“拆解”场地的审美体验、彰显其审美价值，显得至

图3　冷却塔、浓缩池、洗涤塔

图4　三号高炉

关重要。

2.1.2 将工业遗址的“废墟之美”作为审美对象的案例

20世纪70年代后，工业遗址的更新与改造项目逐渐增多。20世纪90年代，后工业景观设计作品更是大量涌现。在这些作品中，不再刻意追求和谐的宇宙秩序和诗意般的风景，对传统的浪漫如画式的美学提出了挑战：生锈的高炉、废弃的厂房与机械设备同样饱含着技术之美，工程技术建造所应用的材料、所造就的场地肌理、所塑造的结构形式，与如画的风景一样能够打动人心。④

1972年美国的西雅图煤气厂公园是用景观设计的方法对工业废弃地进行再利用的先例，它在公园的形式、工业景观的美学文化价值等方面产生了广泛影响。公园的游乐宫是由涂上明亮红、橘黄、黄、蓝和紫色的压缩机和蒸汽涡轮机等设备构成的，如同一个充满五金零件的童话世界，工业废墟成为新的审美与功能的载体。在之后的杜伊斯堡北风景公园中，艺术则为工业废墟注入了新的审美体验。矿渣铺装林荫广场，废弃钢板按正方形格网铺装活动场地，料仓种植为精致花园，高炉成为登高远眺的平台，高架铁路改造成步行系统，栏杆的钢格栅涂装成不同颜色表示游览的可进入程度，通过颜色给工业遗址注入新的审美体验和游览路线。

2.1.3 首钢园区工业遗址的“废墟之美”

一般而言，废墟是指建筑物遭受破坏或灾害后变成的荒凉之地，或被破坏场地上的垃圾和被破坏物；也可泛指人类生产生活离去后，具备孤寂荒凉的气氛的场地及其上的构筑、材料和痕迹等。首钢工业园区自2010年正式结束了其钢铁生产任务后，就成为这样一处巨大的工业废墟：锈迹斑斑的高炉、焦炉，破败残缺的厂房、车间，纵横贯通的运输轨道、桁架，布满尘灰的杨柳树，干涸荒废的浓缩池、泵站，矗立眼前的冷却塔、烟囱、洗涤塔（图3、图4）诉说着场地上辉煌的工业历史，延续着首钢的文脉。

传统的美学观点认为工业遗址是丑陋而难以入目的，没有保留价值。但实际上在后工业景观设计中最触动人心、具有强烈视觉冲击力的就是工业遗址。设计团队第一次踏足场地时，一种前所未有的、陌生且混沌的、有力且隐喻性的时空混合体即展示在设计师面前。设计把这种工业废墟上的审美体验解剖为2种结构性的意向：一种是现实场景的感受，指向宏伟震撼且具有永恒性的辉煌外形，如同工业强国的理想和景象；另一种是历史情境的体验，指经过岁月变迁后侵蚀的易逝性，如同工业生产的如火如荼和转型发展。因此这种审美体验恰恰基于工业遗址在宏观上的空间壮观性和微观上的时间易逝性⑤，是一种涉及崇高、惊奇和怀旧的“废墟之美”。

2.2 设计对策

作为一处规模巨大的工业遗址场地，首钢园区的核心价值在于顺应城市更新的功能定位，成为一处带有历史叙事和集体的归属，充满商业价值、文化创新和社会活力的新型都市空间，这也是景观设计的核心目标。而首钢的审美体验——“废墟之美”，将会以某种潜在方式贯穿设计过程，影响着核心价值的实现。基于这样的考虑以及前述“废墟之美”的解剖和认知，设计团队提出景观设计的5种策略。

（1）功能重组：场地在保留工业建筑和构筑物主要特征的基础上，通过修复、改造、加建等织补方式，实现建筑功能的重组。因此，场地内的景观空间规划与建筑空间的新功能和都市更新的内在需求也保持一致性⑥和互惠关系。

（2）记忆重构：从抽象形式和意向拼贴两个层面入手捕捉工业遗址消逝已久的场所精神和集体认同感。抽象形式是一种关于场地痕迹的间接提炼，首先厘清历史与记忆的本质存在着根本的差异，然后架构起历史与记忆之间的鸿沟，通过主动的体验方式实现记忆的重构。⑦而意向拼贴是在给工业废墟赋形的过程中，或以一种疏离的、与原有场地无关的形式与之对话，或采取某种连续的、与原场地有关的形式，努力实现一个预设的整体图景。除此之外，还存在一种对抗性的、与原有基质矛盾的形式构成特定的意向冲突，以此达成记忆的重构。

（3）视觉建构：为了满足观者对废墟之美的“视觉体验”，设计通过园区内部和园区内外之间的视觉关系形成特定的互动关系，从而最大限度地激发废墟崇高、惊奇与怀旧的情感体验。[⑧]

（4）最小干预：首钢的场地氛围（具有强烈保存原有之物的内在诉求）与干预性行为（具有激进破坏原有肌理的现实倾向）之间存在着最大程度上的矛盾。而且，首钢场地本身蕴含着各种不可测的因素，比如地下管道的复杂性铺设等。因此设计师采取一种“最小干预”的设计原则和方法[⑨]：①最大限度地保留首钢遗址以及场地信息，保护场地内的大多数乔木，对少部分乔木进行移植和拔除；②为保留下来的原炼钢设备和设施注入新的程序；③以强有力且简洁的几何形式控制空间的结构和布局，尊重原有的空间秩序。

（5）生态技术：通过雨水收集和植物修复，一方面处理工业遗址潜在的土壤污染，另一方面保持场地的可持续性，最终将整个地块打造成一处低维护的城市开放空间。[⑩]

3 冬训中心地块

3.1 现状建筑改造

冬训中心地块总面积为12hm²，其中景观设计面积为3hm²，建筑设计由筑境设计完成，景观设计由易兰设计于2017年完成，整个项目于2018年建成并对外开放。冬训中心通过修复、改造和加建等织补方式，建设符合国际比赛场地规格的冰上训练场馆、高标准的运动员公寓与网球场馆（图5、图6）：利用精煤车间厂房的空间优势打造“四块冰”——短道速滑、花样滑冰、冰壶和冰球训练场馆（图7）；金工车间改造为配套商业；职工网球场改造为网球馆。

3.2 景观设计解析

工业遗址既不止于历史价值，更不应停留于对废墟的感伤，应积极地参与空间功能的全新重组，以此实现其审美的延续。冬训中心的景观设计与建筑功能紧密结合，将工业遗产与生态绿地、运动精神交织在一起。在宏伟的精煤车间东侧开辟入口广场，作为冬训中心建筑前的一个可容纳多种事件的开放性临时空间。从建筑立面延展出来的线条将广场切缝出丰富多样的功能区块：寻找旁落的集体归属、举办小型的仪式和演讲，以及为游客提供穿行的通道，以此实现与冬训中心的功能互惠。在网球馆、运动员公寓与冰球馆之间的道路两侧穿插绿化，营造户外活动空间，在网球馆北侧营造绿色静谧空间。（图8）

那些林立的烟囱、纵横的管廊和交织的铁轨曾是大工业时代的骄傲，钢水飞溅的车间曾有年轻人向往的沸腾生活，如今已经沉寂成为废墟。设计最大限度地保留了工厂的历史信息，

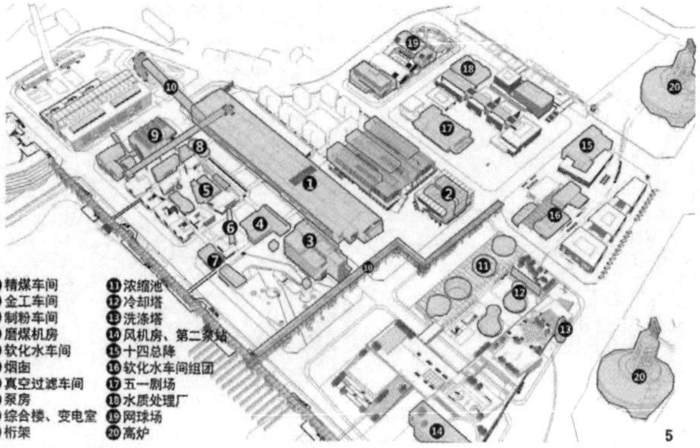

图5　场地内保留的主要建筑及构筑物分布

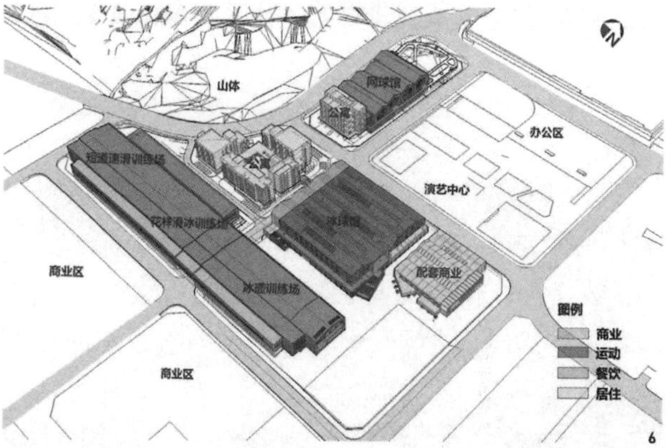

图6　冬训中心地块内建筑功能分析

图7　改造后的国家冬季运动训练中心

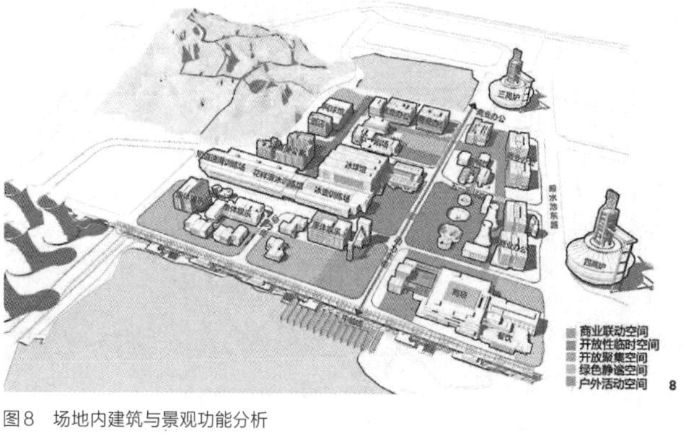

图8　场地内建筑与景观功能分析

图9　现状铁轨和管廊

图10　冬训中心广场的“铁轨”线性铺装

图11　冬训中心广场的线性水景

图12　冬训中心广场与三号高炉遥遥相望

利用原有的“废料”塑造冬训中心的景观，从而最大限度地减少了对新材料的需求，节省投资成本。场地内遗留下很多运输原料的轨道与管廊（图9），有的被原样保留，有的则被重新建造。在冬训中心广场，线性铺装将改造的“铁轨”重现，按照原有轨道的痕迹布置，创造某种游客心理体验的连续性。（图10）而另一种线性片石水景、卵石铺装则从冬训中心广场延伸到五一剧场地块内，串联起园灯、挡墙、道牙、冷却塔、洗涤塔和烟囱等不同的设计元素和原有景物。（图11）整体的线性轨道，在观者眼中很可能会产生交缠在一起、有些模糊的双重身份，这些由各种形式构成的景和物界定出一块空间，往昔得以在此召唤，记忆得以在此重构。[11]在这里还可遥望远处的三号高炉（图12），形成与废墟片段上的某种视觉和情感联系。在这种意义上，记忆重构与视觉建构在功能重组的新空间中产生了叠加，更加奇妙。

设计师试图通过简洁有力的形式语言塑造一种“紧凑感”十足的空间意向。这反映在场地要素的清晰界定和空间构成的清脆练达上。这并不意味着设计必须盲目地落入极简主义的窠臼和泥沼中，而是试图传递这样的形式观念：简洁有力的形式是基于场地的具体境遇做出的主观抉择。简言之，运用克制性语言来打造整体的空间氛围，亦是对原有空间秩序的尽量尊重和最小干预。

场地内的原有乔木被时间侵蚀，落满灰尘而又寂静生长，是场地废墟之美的关键指示物，应予以保留。首先，以新建建筑的体量、位置、景观功能和视觉联系等条件为基准，对场地内大多数乔木给予保留，少部分进行移植和拔除（图13–1）。其次，重点保存精煤车间南侧的一排长势颇佳的法国梧桐，集中体现本案坚持的最小干预策略，这排法国梧桐的价值在起初的规划中被完全抹除了，经设计团队据理力争，最终调整铺设已经建好的地下管线，才保留下来这一排法桐。（图13–2）最后，冬训中心的网球馆北侧地块就是以场地内被保留下来的榆树和柳树作为空间设计的基准点，最终形成一个可供休息的林下空间。（图13–3）

4 五一剧场地块

4.1 现状建筑改造

五一剧场地块总面积为73.8hm^2，其中景观设计面积为25.5hm^2。建筑设计由筑境设计完成，景观设计由易兰设计完成。主要将五一剧场、制粉车间和冷却塔等改造为体育产业相关的运动休闲、体育健身、国际交流设施及配套的商业、办公设施，2021年4月全部完工，届时可为冬奥会提供配套服务支持。

4.2 景观设计解析

五一剧场地块的各个景观空间在功能上也与配套的商业建筑保持着同步的属性关联。尤其是浓缩池和冷却塔周边的景观空间，不仅仅满足于场所精神的重建，更重要的是布置相应的活动和休闲场所以供未来商业办公之用，最终打造成一处充满着各种活动潜力的焦点场域。

五一剧场地块保留了4个浓缩池和2个冷却塔。2个冷却塔的体量传递出“沉重感”，好似扎根到场地的深处。设计将架在浓缩池上的高架桥设计成轻盈的、铮亮光滑的钢结构，使得整座桥面皆用玻璃围合。轻盈且透明的架桥与浓缩池上的保留构筑物、表面粗糙且笨重的冷却塔之间，便可构成绝对的意向冲突和对立。[12]（图14）此外，设计师尝试探索两种反射效应以抵触潜在的记忆之场。第一种是镜面反射，将一圈镜面围合在冷却塔底部呈全包围的结构。当观者进入场地，身体的移动与镜面之间的距离保持着变化，纳入眼帘的镜面反射物便会出现斑杂的景观意象。如冷却塔中心线东侧的四号高炉与旁边商业建筑的混合意象，大地、天空、训练场馆和石景山公园等意象也会被映射到。（图15）在镜面上，这些景象的空间深度消失了，其排列布置的次序亦变形扭曲，且不分主次地被压缩到一个平面上，它们构成一种时空混合的意象。恰在此反差强烈的视觉冲突中，记忆之重构可能在最大限度上涌现于观者的意识中。

设计师还在五一剧场地块内设置2个层级的视觉联系轴线：园外与园内。（图16）第一个层级的视觉联系的范围超越设计地块，远借冬奥广场边界外的石景山公园之景和西山。设计师基于对现场的详细勘查和对现有建筑和未来建成高度的分析，选取两条视轴作为外向视觉联系的主要载体：一条位于浓缩池之旁，另一条位于五一剧场南边的大道上。第二个层级的视觉联系主要聚焦于设计地块内部，与冬奥广场内保存的其他工业遗址产生密切的联系，包括三条主要的视轴：第一、二条视轴是南北向的，成为五一剧场片区的中心视觉走廊，且与北部的三号高炉工业遗址建立强烈的视觉关系；第三条视轴是东西向的，观者从冰球馆东望，视线正好穿过两个冷却塔的中心线，且与东部的四号高炉建立明确的视觉关联。（图17）

设计试图为保留下来的冷却塔和浓缩池注入新的程序事件，让观者从消极的娱乐接受者转变成主动的活动表演者。以冷却塔为活动中心设置攀岩运动、夜间灯光秀等活动，并且以冷却塔的弧形表壁作为电影投射的幕布，让市民以表演者的身份参与到都市空间生活中。（图18）而在浓缩池地块的改造中则特别注重空间功能的模糊性、不确定性和开放性，让该地块随着时间和活动应时而变，使观者与场地的关系变得更具互动性和动态性。[13]

五一剧场地块通过广场高程之差将周边的雨水径流疏导到

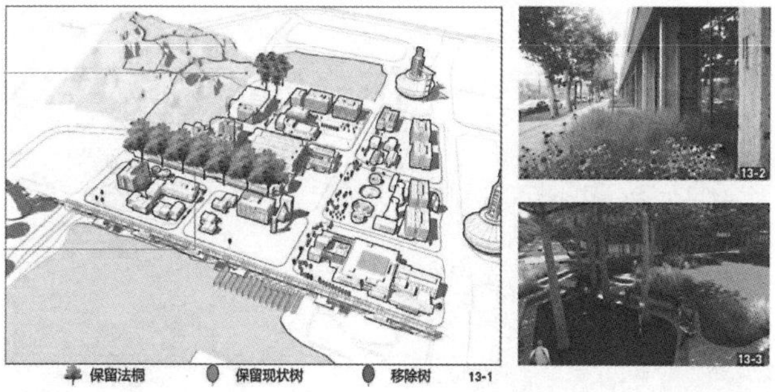

图13　保留树木（13-1保留树木的示意图；13-2法国梧桐；13-3围绕原有树木打造的林下空间）

图14　浓缩池架桥与冷却塔之间的意象对比

图15　镜面反射效果图

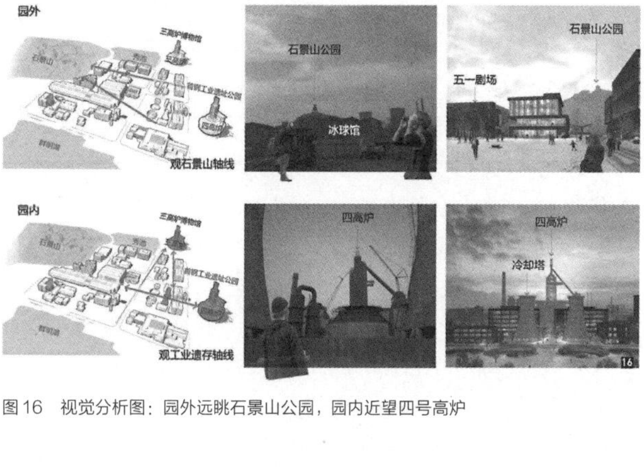

图16　视觉分析图：园外远眺石景山公园，园内近望四号高炉

图17 场地内远望四号高炉

图18 程序性事件：露天电影放映室（18－1）和灯光秀（18－2）

四个浓缩池之中。采用生物、工程恢复方法对浓缩池的植物群落进行自我修复。首先移除表面被污染的土壤；其次通过化学试剂去除土壤中的污染物；最后选取生长迅速、抗性高、耐受力强的植物如狗牙根和芒草等，来应对浓缩池内部的污染物。

5 结语

设计师将首钢园区视为一处“后工业废墟”，注重其审美体验，为后续的设计提供潜在的创造力，继此提出5种后工业遗址的景观设计策略——功能重组、记忆重构、视觉建构、最小干预和生态技术，以期将首钢园区打造成一个兼具往昔集体记忆、都市活力和文化想象力的当代都市空间。

（原载《中国园林》2020年第3期）

注释

① 参见《总书记为首钢发展指引方向》，首钢新闻中心，2019－02－12，http://www.sohu.com/a/294336149_754864，2019－02－12。

② 参见《北京冬奥组委首批工作人员入驻首钢园区》，首钢新闻中心，2016－05－14，http://zqb.cyol.com/html/2016－05/14/nw.D110000zgqnb_20160514_6－03.htm。

③ Corner J., *The Landscape Imagination: Collected Essays of James Corner 1990－2010*, Princeton: Princeton Architectural Press, 2014, p.342.

④ 参见王向荣、任京燕《从工业废弃地到绿色公园：景观设计与工业废弃地的更新》，《中国园林》2003年第3期。

⑤ Brodey I.S., *Ruined by Design: Shaping Novels and Gardens in the Culture of Sensibility*, New York and London: Routledge, 2008, pp.148－150.

⑥ Chan E.C.,"What Roles for Ruins? Meaning and Narrative of Industrial Ruins in Contemporary Park", *Journal of Landscape Architecture*, 2009, No.9, pp.29－30.

⑦ 参见陈跃中《关于“记忆”的实践和思考》，《中国园林》2016年第11期。

⑧ Hardy H., "The Romance of Abandonment: Industrial Parks", *Places*, Vol.17, No.3, 2005, pp.32－37.

⑨ Bernard L., *Minimal Intervention, The Landscape Approach*, Philadelphia: University of Pennsylvania Press, 1998.

⑩ 参见［美］凯特·凯能、［美］尼克·科克伍德《植物生态修复技术》，刘晓明等译，中国建筑工业出版社2019年版。

⑪ 参见［美］宇文所安《追忆：中国古典文学中的往事再现》，郑学勤译，生活·读书·新知三联书店2018年版，第8—9页。

⑫ 参见［意］伊塔洛·卡尔维诺著，周宪主编《新千年文学备忘录》，黄灿然译，译林出版社2009年版。

⑬ Allen S., *Points and Lines: Diagrams and Projects for the City*, Princeton: Princeton Architectural Press, 1999.

图表来源

图4：首钢提供。

其他图片均由易兰规划设计院提供。

作者简介

陈跃中，易兰规划设计院创始人，首席设计师，美国注册风景园林师。

刘剑，中国农业大学园艺学院观赏园艺与园林系副教授。

促进公众参与社区更新策略研究——以艺术介入广州老旧社区微改造实践为例

谢　璇

摘　要：本文结合广州历史城区三个不同社区的艺术介入微改造实践案例，在构建社区微改造工作平台的基础上，以艺术介入的方式，促进公众参与，探索社区环境更新途径与方法。通过挖掘社区历史文化资源，社区公共空间的参与式改造设计，社区新的邻里关系重塑等策略，实现传承社区"在地"历史文化价值，提升社区环境品质，培育居民对社区的归属感和认同感的微改造目标，并尝试将艺术与多方共同参与社区治理相结合，共同推进社区可持续发展。

关键词：艺术介入；公众参与；老旧社区；微改造

基　金：广东省教育厅（基础研究及应用研究）重大项目"广州城市更新中的文化保护与创新"（2016WZDXM020）；广东省教育厅特色创新项目"广州历史街区公共空间艺术化改造策略研究"（2016WTSCX059）

随着广州城市更新的推进，越来越多的城市问题显现出来，尤其是针对老旧社区的更新改造。"老旧社区"是指老旧住宅单体及其居住环境在一定的自然地域空间、社会经济形态和使用时间区段的整体功能状态产生"综合性陈旧"过程的社区。①广州中心城区的老旧居住社区，大多数建成久远。在普遍存在物质性问题的同时，伴随城乡人口的迁移，社区中流动人口的增加，传统社区"固有社群"的特征日渐消减。"多元并存"的人口构成，使得社区中人与人之间的熟悉度降低，人们对社区缺乏认同感和归属感，社群认同和社区治理面临新的问题。因此，社区成为判断城市独特性、宜居性、多样性和城市活力的关键因素，也是居民生活环境品质的重要体现。

当前，为破解改造工作中面临的与维护城市格局、完善城市公共利益、满足居民诉求、保护历史文化存在相矛盾的问题，"微改造"模式应运而生，这种改造方式对城市格局影响较小，主要是解决影响居民生活的普遍性、公共性的问题，对居民本身的日常生活干扰小，实施难度也较低，也有利于保护社区里具有历史文化价值的资源，留住城市记忆。因此，"微改造"成为在广州老旧社区更新中普遍采用的方式。

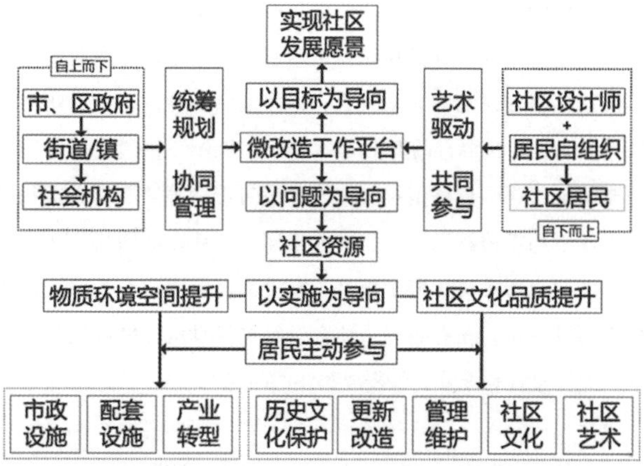

图1　微改造多方协同工作平台示意

1 构建广州老旧社区微改造工作平台的必要性

广州从2015年开始启动"老旧小区微改造"，投入市财政资金16.4亿元，将779个老旧居住小区纳入微改造范围并重点推进。截至2019年8月底，全市共推进老旧小区微改造项目685个。与广州以往的城市改造不同，老旧社区微改造的工作，面对的是解决社区存在的诸如出行交通不畅、服务设施缺乏、基础设施陈旧等民生问题，仅依靠传统的政府单方面自上而下开展工作，而不发动居民参与，是无法推进此项工作的。建立微改造协同工作平台，将政府相关部门、街道及社区居委会、社区居民、各专业领域组成的社区设计师团队等共同组织起来，依托工作平台，通过规划统筹，协同管理、共同参与，围绕社区的公共需求、文化多样性、环境可持续、社会互动等四个层面，以社区面临的问题为导向，开展多方协同的社区微改造。（图1）

借助广州开展老旧小区微改造工作，我们在广州中心城区众多社区中，筛选出历史文化悠久、文化积淀深厚、周边城市

图2 旧南海县社区电箱上的报童绘本

图3 盐运西社区绘画拼贴活动

配套服务好、历史文化和城市旅游景点资源丰富，且居民参与老旧小区微改造意愿相对较高的盐运西、旧南海县、洪桥三个社区进行研究。除了社区公共空间环境品质优化提升等共同问题外，三个社区都各自存在突出的问题。其中，盐运西社区是广州近代集合住宅的典型代表，作为生活型社区，适老化问题较为突出；商住混合的旧南海县社区是小说《三家巷》中三家巷的原型地，面临社区传统文化的重塑与传播等问题；坐落在越秀山麓下的洪桥社区，人口构成多样化，社区从明代广东贡院开始，周边历史文化资源极其丰富，不仅有中山纪念堂、镇海楼等名胜古迹，还有越秀山体育馆等文体设施，社区周边文化资源如何整合是该社区最需要关注的问题。

2 艺术助推居民共同参与社区微改造

2.1 公众参与是社区更新的重要保障

与以往全面改造等不同，微改造的推进需要与居民进行沟通，并鼓励居民参与社区各项建设，建立一种新的社区人际关系，培养和促进居民间的互助合作和探索社区治理新的路径。可以说，社区居民主动参与微改造，是社区更新的重要保障。美国社会学者谢莉·安斯汀在1969年提出“市民参与的阶梯”，分析了从无公众参与、象征性参与到市民权利的程度等8种社区参与阶梯。[2]2018年，住建部推出“共同缔造”下的共商共建共治共享的社区治理新理念，提出搭建社区居民沟通平台，通过开展多种形式的基层协商，充分发挥社区居民的主体作用。从“象征性的参与”到“共同缔造”，反映出进入存量更新时期，居民的角色已经发生转变，不仅是规划的参与者，还是改造后的使用者和管理者，是社区微改造中最重要的成员。如何引导激发社区居民主动参与的意愿，成为多方协同社区微改造首先要解决的问题。

引导公众参与，首先从邀请社区居民参与社区调研、发现社区问题开始。社区设计师团队通过与居民在社区共同行走调研、互动访谈和问卷调查等形式，围绕文化重塑、内部和外部资源利用、适老性设计、邻里关系、新业态发展等多个议题，运用质的研究方法和最大化差异度量（MaxDiff）等方法，既能获得单组对象的比较信息，又通过多组测量，保证比较信息的稳定性。最终获得社区居民共同最关注的社区问题和更新方向，较为精准地发现社区公共空间存在的共识问题，以及使用者的真实需求。在社区调研发现问题的基础上，艺术介入社区成为我们提升社区居民公众参与意愿的新尝试。

2.2 艺术成为促进社区公众参与的有效媒介

社区公共艺术最早出现在20世纪70年代的美国，是一种以公共议题为导向，以公共利益为出发点，以社群为基础所进行的艺术实践[3]，由美国艺术家苏珊·雷西首创。“我们也许可以把它称为‘新类型公共艺术’，不同于多数被称为公共艺术的作品，新类型公共艺术是使用传统及非传统媒介的视觉艺术，并以‘入世’（engagement）作为基础想法。”[4]社区公共艺术具有在地性、公众参与、根植于社区的显著特征。作为一种策划、设计和处理事件的方法，艺术成为促进社区人与人之间、人与空间之间互动，引导提升公众参与意愿的柔性策略。因此，基于社区公共艺术的特征与所起的作用，成为我们推动社区公众参与，培育居民对社区的归属感，增强社区的凝聚力，开展居民参与社区更新协同工作的切入点。

3 艺术介入社区更新策略与实践

针对三个历史底蕴深厚的社区，提升社区居民公众参与意愿，发掘社区文化资源是基础。另外，多样化的适宜社区的艺术参与形式，包括引导居民参与社区公共空间环境的美化行动，共同分享社区更新设计成果等，都是促进公众参与的有效路径。

3.1 发掘社区文化资源，促进公众参与

随着城市的快速发展，越来越多的社区公共空间出现均质化和趋同化的现象。在广州中心城区的三个老旧社区微改造实践中，针对社区深厚的历史文化资源进行挖掘和艺术创作加工，在重塑与传承历史街区文化价值、提升社区公共空间环境品质的同时，还通过寻找社区的共同记忆来唤起社区居民的参与意愿，从而激活社区公共空间的活力，促进历史街区的复兴。

位于广州历史文化街区的旧南海县社区中有许多固定的电箱，千篇一律的标准形式与社区环境格格不入。我们以社区里现存的《大公报》报社旧址为背景，创作出报童一天的卖报故事绘本，绘制在不同的电箱上，与社区里的文化底蕴相映成趣。（图2）同样位于历史文化街区的盐运西社区里小朋友很多，为了能让孩子们发现自己生活的社区的魅力，我们与社区里的幼儿园开展合作，以游戏形式举行儿童绘画拼贴活动，共同绘制并拼贴完成了孩子们眼中老房子组成的社区地图，以艺术介入方式让孩子们重新体验对社区空间的认知。（图3）在洪桥社区，则以“黉桥记忆明信片”为主题，组织“黉桥印象”街坊拓印版

图4　洪桥社区“黉桥印象”活动

图5　盐运西社区景观艺术改造过程

图6　盐运西社区街道展览

画活动，通过拓印、版画两个传统的艺术创作形式，与老少街坊们一起从社区生活中去感受洪桥社区当年“贡院”的历史文化。（图4）

3.2 共同参与式社区公共空间改造

社区公共空间是社区居民日常生活和交往的场地，它建立起人与人交往的场所，是形成社区“熟人社会”的重要空间场所。而居民作为社区公共空间的直接使用者，最清楚自己的需求，能够提出切合实际情况的感受和建议。因此，在共同参与社区公共空间改造中，首先是寻找社区达人等热心街坊共同参与调研，一起去发现社区中一些零碎、闲置和废弃的公共场地。在调研的基础上，设计师团队与街坊共同深入探讨，完成对社区消极公共空间环境的微小、局部的改造。例如在盐运西社区，垃圾回收房与街区环境极不协调，住在旁边的居民经常为了这个垃圾回收房与人发生矛盾。参与微改造的设计团队和社工、街坊们，带领社区里的小朋友们一起集思广益，对这个消极空间进行了景观艺术化改造，通过在垃圾回收房外墙上搭建垂直绿化墙、种植花卉等方式，改变了垃圾回收房以及旁边废弃单车棚的空间环境品质。完成改造后的绿化墙成为盐运西社区新的景点，吸引了居民和路人的驻足停留。（图5）

3.3 展示共同行动成果，提升参与热度

在居民日常生活的社区街道中，将成果在居民面前展示出来，能够提高居民对街区的关注度。尤其是把社区里独特的资源和共同设计的成果以展览的形式呈现出来，更加能激发居民主动参与街区公共活动的热情。在盐运西社区，我们开展的“人人都是设计师”的街道活动，把热心街坊和设计团队共同设计完成的改造愿景图展示出来，吸引了许多社区居民，他们关心改造内容，积极参与评价设计方案。（图6）同时，以漫画形式宣传的社区公约，以社区里最具代表的居民生活故事为对象绘制的纪念T恤衫，都带动了越来越多的居民关注和参与社区公共事务。“共享”的过程既激发了居民的参与积极性，也拉近了居民彼此之间的距离，促进了社区新的人际关系建立。

4 结语

通过三个地处广州中心城区的老旧社区微改造实践，尝试将公众参与从规划设计层面拓展到社区文化治理层面，从宏观规划走向微观社区设计。实践证明，每个社区均有其独特的社区文化资源，发掘社区文化资源成为艺术介入的基础。通过梳理和展现不同社区的空间特征和文化资源，形成丰富多元的艺术介入方式，提升了社区的公众参与意愿和公众参与度。在共建共商共享的社区更新过程中，艺术介入的成果对邻里关系改善、环境品质提升、社区文化重塑、社区经济及业态发展等多方面起到了积极的推动作用。

居民参与从自发、自主到自治，艺术从介入到融入，从临时行动到常态化、持续性参与活动，需要长期的培育和发展。通过形成多方参与、跨专业合作、多样化的艺术介入社区机制，能有效促进居民自主参与并建立自我管理，创新社会治理方式，从而实现“人民社区人民建”的美好愿景。

（原载《装饰》2020第1期）

注释

① 参见夏征农、陈至立《辞海（缩印本）》，上海辞书出版社2010年版，第498页。

② Arnstein Sherry R.,"A Ladder of Citizen Participation", *Journal of the American Planning Association*, 1969, Vol. 35, No. 4, pp. 216 - 224.

③ 参见王洪义《从街区到社区：新类型公共艺术的空间转移》，《公共艺术》2014年第5期。

④ ［美］苏珊·雷西：《量绘形貌：新类型公共艺术》，吴玛俐译，台湾远流出版社2004年版，第27—28页。

图表来源

本文图片均由作者拍摄。

作者简介

谢璇，广州美术学院建筑艺术设计学院教授。

从表征到内里——塔里木盆地南缘乡村传统民居藻井的价值与典型艺术特征研究

孟福利　赵圣亭

摘　要：本文以新疆石窟藻井与塔里木盆地南缘的传统民居藻井为研究对象，通过对典型藻井艺术的个案特征解析，探讨二者的关联性，来追寻古丝路科技、艺术交流中的印迹，辩证地讨论其过程中的互鉴与包容。

关键词：塔里木盆地南缘；传统民居；藻井艺术

基金项目：国家社科基金艺术学资助项目“城镇化进程中的新疆绿洲型历史文化村镇景观风貌保护与发展研究”（14CG126）

南疆传统民居建筑藻井艺术是在古代丝绸之路特殊的地域环境和人文环境共同作用下形成的建筑艺术形式。环塔里木盆地南缘古绿洲，在历史发展过程中经历了诸多中心文明所交汇的绿洲边缘文明，以丝绸之路兴衰为时空序列参照，又表现出本土异质文化特征[①]，且某种文化基因在长时段内表现出稳定的传承，短时段内受重大历史事件等影响则表现出灵活多变特性，这一点在建筑艺术中体现得更为深刻。藻井艺术经过漫长历史演变，新疆石窟藻井艺术、佛教建筑藻井艺术、传统民居藻井艺术造型结构的演变特征为藻井艺术溯源研究提供时空秩序上的研究基础。新疆石窟艺术对南疆传统民居藻井艺术也产生了巨大的影响，南疆居民就地取材并创造出兼容并蓄的民居藻井艺术，形成本民族独有特色的藻井艺术类型。本文以藻井为切入点，探讨古代丝绸之路语境下的新疆石窟艺术与传统民居之间的表象与内里的深层关系，来追寻古丝路艺术交流中的印迹，辩证地讨论其过程中的互鉴与包容。

1 工匠精神下的塔里木盆地南缘传统民居藻井多维度价值

1.1 作为建筑文化遗产的历史价值

研究塔里木盆地南缘传统民居藻井艺术对研究和了解石窟藻井艺术历史发展起到重要的作用；石窟藻井艺术对传统民居藻井建筑形态历史研究起到重要作用。同时传统民居藻井艺术是见证东西方文明交流的物证，不仅反映了古代藻井艺术的特质，还反映了区域视野下“中亚—新疆—敦煌”藻井艺术的发展与母体转译的过程。

1.2 作为地域特色建筑营造的艺术价值与科技价值

民居作为居所的建筑形式，最基本的功能就是满足人的居住功能。新疆民居独特的建筑构造是地域资源适宜的结果，反映了新疆绿洲聚落居民解决生计和生活的营造智慧。藻井艺术一般位于民居客厅中央上空，首先满足居住空间的通风、采光需求；其次藻井结构上施以彩绘或雕刻，照应了当地审美艺术情趣特征。当地建筑藻井承担着使用者审美意识的表达功能，其中蕴含生态智慧，对当下地域绿色建筑的发展提供一定参考。

2 传统藻井艺术的类型、空间分布特征

2.1 应对双重需求的新疆藻井艺术类型

无论是在石窟藻井艺术中还是在塔里木盆地南缘传统民居藻井艺术中，藻井的造型基本结构一般采用中轴对称式。本文通过文本和图像结合研究塔里木盆地南缘传统民居藻井类型，根据结构的不同大致分为7大类：方井套叠式（方形套菱形、方形套方形）、菱形覆斗式、菱形套菱形、菱形套方形、套斗式、八角圆井、斗八藻井等。南疆地区传统民居藻井类型以套斗式、方井套叠式等最为典型。

在藻井艺术发展的过程中，中亚的传统建筑中的藻井结构是八边形套方形类型较为常见，结构复杂但没有过多的装饰，体现了地域结构特征。随着区域社会发展的历史演变与人们审美意识和经济条件的变化，藻井艺术形制或形态渐渐经历了由繁至简的变化过程，但在装饰上表现出由简至繁的附加特征。从历时性和共时性的维度看和田地区传统民居藻井艺术，其发展随着历史演变、地域环境变迁、生活水平提高等因素，不断发生变化：从结构上由烦琐的中亚传统民居藻井叠涩天井到简易的塔里木盆地南缘传统民居藻井，但主流藻井艺术的形态、

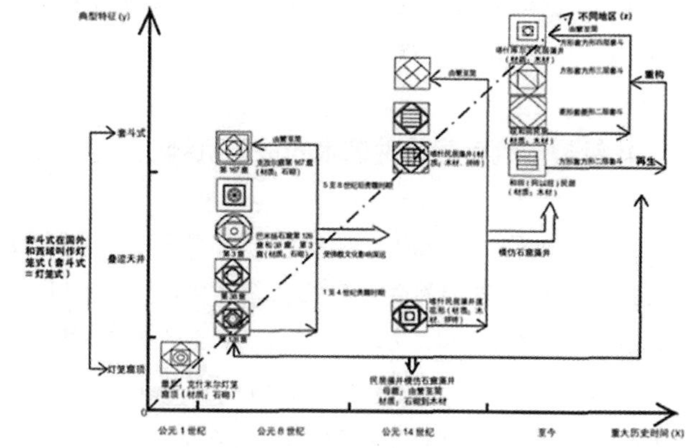

石窟藻井艺术与民居藻井艺术的同源继承与演变图

结构、用材、表层装饰等一直在保持着稳中求变的态势。

塔里木盆地南缘传统民居藻井艺术之所以能保持繁而不乱的情况，能够在统一有序中不断地发生母题转译（见图片），其实就是基于这种方形套方形藻井的建筑造型结构和造型方式的传承，所以无论是中亚传统民居中的藻井，还是现存的南疆地区传统民居藻井，施以多么烦琐的结构组合、拼接，都不会感到藻井建筑结构的凌乱，主要的原因是对传统藻井艺术母题的继承。例如叠涩式石窟藻井艺术向木构民居干栏式藻井的形式演变，是在地域材料和经济基础等条件下被动式适应的结果。

2.2 新疆藻井艺术的空间分布特征

塔里木盆地南缘传统民居藻井和石窟藻井艺术，根据自然生态环境、文化习俗等集中表现特征，主要反映在塔里木盆地周围等绿洲的喀什地区、和田地区、塔什库尔干地区的维吾尔族、塔吉克族聚居区。

新疆藻井艺术发展有着独特的地理优势。地处古丝绸之路的重要沿线、性能良好的胡杨木材、干热地理环境等是特色藻井艺术得以在此发展的重要基础。塔里木盆地北依天山，南临昆仑山，两大山脉的冰川融雪水作为生活和生产的重要水源，为大小天然和人工绿洲提供维持生存的水源保障。类型多样的木材为当地传统民居木质藻井艺术的产生和发展提供了天然的材质。传统藻井艺术类型的空间分布特征是沿古丝绸之路重镇核心分布，喀什、和田、塔里木盆地南缘传统民居藻井特征突出；沿塔里木盆地南缘的传统乡镇呈串珠状布局。

3 正本溯源——新疆石窟藻井与民居藻井的关联性研究

3.1 二者艺术形态的同质性研究

第一，历史时间轴的关联性。新疆建筑作为历史文化信息的载体，自觉或者不自觉地带有各个时代、地域、民族、宗教和美学观念的烙印，遵循“印模原理”，即对前段历史信息的继承，同时印模在不同历史阶段不断地被翻刻或重新刻写，于是随着时间的消逝，新、旧文字就混合在一起：重写本反映了所有擦除以及再次书写的总数。本文所指的历史时间轴为新疆建筑艺术发展演变的时空序列。通过对时间轴上的藻井艺术的传播与发展过程中的片段特征提取，探讨二者发展过程中的关联性。西域藻井艺术发生与发展大致可分作两个阶段，即1—4世纪的贵霜时期和5—8世纪的后贵霜时期。这两个时期的西域佛教建筑文化均具有犍陀罗和中亚的混合风格。[②]古代新疆建筑藻井艺术继承了该历史时段的艺术基因，表现出母题同源性特征。新疆民居藻井艺术和石窟艺术相比较，民居藻井艺术中的造型和用材、装饰等已发生了较明显的转译，体现了藻井形制的地域自适应性。

第二，导管效应的藻井艺术异地生花。古代中亚地区作为地理和文化双重属性的中介，发挥着建筑艺术传播的导管效应，即传播过程中受中介自身条件的影响或深或浅，表现在建筑上即形式的转译和重构。古代西域的佛塔寺延续着犍陀罗地区建筑艺术传统。古代新疆作为佛教艺术向东传播的一个重要的中转站，本土的建筑艺术受外来因素的影响，融合本地资源特色，这一点在新疆传统建筑藻井艺术上有很好的照应。中亚地区传统建筑通过丝绸之路，在古代新疆异地生根和壮大，历史发展脉络的持续性，为新疆传统民居藻井艺术提供了母题。来往于新疆古丝绸之路的商旅、军队、行僧等，在从事经济贸易、建城营居、佛教文化传播的同时，还成为建筑营造与建筑改良等技术的携带者与推广者。民居藻井艺术是中亚石窟藻井艺术的母题结合地方特征的转译结果。

第三，新疆石窟艺术为传统民居藻井提供丰富的母本。民居藻井及绘画，其中属于西域地区中古时期的构造手法、匠意等，根源于犍陀罗样式，而且都是依母本而植入，随着时代的推移，加上当地人的喜好而出现诸多变化。[③]巴米扬石窟藻井多以各种各样的叠涩天井为主，藻井形态以四层式为主。进入4世纪之后，南疆地区佛教建筑文化对民居藻井的影响意义深远[④]，决定传统民居藻井艺术母题的基础。传统民居藻井建造方式以方形套方形二层套斗式为主，传统民居藻井艺术母题由繁至简进行演变，材质和结构都有明显的简化或提炼。8世纪以后，西域逐渐进入伊斯兰文化为主流的时代，曾经佛教文化积淀深厚的塔里木盆地南缘的建筑文化形态也随之发生文脉上的变异，但是脱胎于中亚及新疆佛教石窟艺术影响的传统民居，在建筑形态上继续保持以前的原型或者部分被延续下来。

第四，两种文化基因的关联性。虽然古代新疆佛教文化中心的建筑文化发生了更替，但是边缘区依然会保留一部分原有的佛教文化信息或者受佛教文化影响的艺术形式，分布在塔里木盆地南缘的建筑藻井艺术就是很好的例证。传统民居藻井类型保留了佛教石窟藻井艺术的文化记忆，但同时在新文化、社会经济双重影响下，传统民居艺术类型发生演变，最显著地表现在木质藻井建筑艺术的普遍性上。塔里木盆地南缘传统民居藻井艺术类型多样，但母题上保持统一，说明上述道理具有一定的依据。

综上所述，本文通过历时性的母题关联和共时性的特征比较研究，总结塔里木盆地南缘民居藻井艺术和石窟艺术的同源性特征。古代石窟藻井、传统民居藻井二者的关联性研究表明，在历时性过程中藻井类型的母题继承与转译的过程，是不同地区藻井艺术演变的主要驱动力，典型传统民居藻井是模仿石窟藻井艺术并且在地性转译的结果，表现在形制和母题上得到尽可能的继承或者简化。

3.2 古丝绸之路藻井艺术的差异性

古丝绸之路藻井艺术存在同型异构式的拓展。藻井艺术原型在某个历史时期被固定下来，其结构模式或者母题在主流宗教文化约束下得到一次性的确立。在漫长演变过程中，母题中的某一个或者多个结构被突出放大。中亚藻井在克孜尔石窟完成了从木构到岩凿的转变，到达南疆地区又完成从岩凿到浮塑的转变，五重套叠简化为三重套叠，这是石窟藻井从建筑的实用性向平面装饰性演变的一个中间过程。[⑤]克孜尔石窟中叠涩嵌套藻井形式，在传统民居中的平嵌棋盘藻井中得到局部的继承和更新，主要表现在形态或母题的拓展、建筑材料的更替、使用对象的置换上等，具体概括为三个方面。

第一，营造用材。石材向木材、木材向新型材料转变。石窟作为当地佛教文化的载体，以其自身文化特征，在石窟的营造上表现出群力众筹营造的集体行为，因此其规模之大、样式考究，非个人所能完成，而民居则是个人居住环境的营造行为，根据个人经济和能力、地域资源环境等因素共同决定建筑形态的多样性。因此在用材上二者具有明显的差异性。

第二，主体形态。多层嵌套的烦琐形式对简易结构的继承，体现地域条件驱动下的形态影响。佛教石窟艺术的开凿遵循一定的模式和规范，形态上具有严格的标准；而传统民居虽然依循藻井艺术的母题，但是在形态上却有着相当的灵活性，反映民居传统样式的普遍性基础上的多样性。

第三，典型装饰。宗教是建筑文化传播的重要途径，也是新疆石窟和民居藻井彩绘艺术形成的首要因素之一。[⑥]仪式性的装饰符号，在传统民居中得到了简化，以功能性为主，而审美需求退而次之。主要原因是受到建筑服务对象、经济基础、文化影响的程度等因素影响。石窟藻井艺术的彩绘以佛教经变画和装饰为主，承担一定的传播与教化功能，而传统民居的藻井却没有此功能，因此从形式上表现得极其简约，有的是直接为原木加工后的裸露切面。其主要原因还是在于使用对象和服务功能的区别，导致装饰上极大的差异化特征。

4 新疆传统民居藻井艺术的成因机制

在自然地理和文化地缘上的优势下多元文明间的沟通和协作，作为地理屏障的自然空间成为文化基因融合与隔绝共同作用的机制。地理媒介和文化媒介作为一个社会子系统，其外部环境之间也存在密切的互动关系，并保持着某种和谐，体现在建筑特征上可总结为同属建筑文化圈内的多元兼容的共性、微环境中的异质独秀的特性。

4.1 精神生活建筑文化基因在民居藻井中的继承与演变

精神生活建筑是藻井文化传播的重要途径，也是新疆石窟和民居藻井彩绘艺术形成的首要因素之一。[⑥]古代新疆作为佛教文化传播和发展的中心地之一，佛教石窟建筑艺术的传入，对塔里木盆地南缘传统民居藻井艺术有着深远的影响。例如石窟建筑藻井从最烦琐的叠涩天井转译，多以套斗式藻井为模板在新民居建筑形态上发生演变：从母题上由繁至简地发生变化。

就传统民居的生产生活来看，在佛教文化的影响下，传统民居继承了石窟艺术的文化基因，发生着渐变和突变两种程度的转译。在新疆传统民居藻井艺术演变过程中，功能需求从实际出发，以客观问题为导向，满足物质和文化生活的共同需要；文化基因从继承出发，佛教石窟藻井是传统民居藻井艺术的源泉，它们之间是源与流的双向辩证的联系。

4.2 民居营造材料的适应、地域经济的促进与约束等其他因素

4.2.1 地域环境和材料特征的自适应性

塔里木盆地南缘传统民居藻井构造主要由木材构成，这种材料来源广、取材方便，营造过程中遵循物尽其用法则。如小木材做檩条，大木材做主体结构，体现了藻井建造过程中的因材施用，同时说明该地区对自然环境的保护和生态平衡也是很重视的。所以这种藻井建筑艺术至今仍然具有很强的生命力，地域藻井艺术资源差异决定了传统民居藻井艺术的形成和发展轨迹的多维方向。

4.2.2 区域经济基础的促进与约束

促进与约束是相互辩证的关系，在藻井艺术的演变中得到很好的体现。新的建筑装饰样式在一个区域的普及程度的强与弱，经济基础是决定性的因素之一。

良好经济基础是促进新样式在此地发展的条件，也是传统装饰和建筑结构发生转译或重构的驱动力。例如在中古时期南疆塔里木盆地沿线的喀什地区、和田地区，商贸来往如织，文化和财力在此汇聚，脱胎于石窟建筑艺术的传统民居藻井样式

形态繁多、用材丰富。而在南疆交通极其闭塞的条件下，经济基础条件对传统民居藻井的约束极为明显。在交通可达性差的区域，如塔什库尔干地区的山区聚落，远离区域经济中心，新文化对旧的文化影响程度弱，导致藻井艺术沿袭着传统的形式，整体变化较少。经济发展水平低，使得藻井形式的变化表现出惰性状态。其原因是新型材料和形式不能在此地很快地普及，延续传统的建筑藻井形态依然呈现出家庭式自组织的模仿，从形式和装饰上表现出同型异构、同源异式等模式。

4.2.3 集体意识在传统民居藻井艺术上的照应与传承

新疆石窟的藻井艺术可以说是"众筹"下的产物，是集体意识下的结晶，因此从类型上可以表现出形态和形制的多样性，从龟兹石窟中的多样化的供养人石窟艺术就可以窥其一斑。作为佛教传播和发展的物质空间载体类型之一的石窟艺术形式，它本身要满足某种规范或者规矩，在建筑上就要遵循某种形制或者母题。因此石窟艺术的形制在动态演变中表现出遵循内在的自律。对当地传统民居而言，传统民居营建的灵活性会更强，服务于使用者的主观需求，而呈现出一种结合自然特征的建筑形式。但是建造者或者使用者受某种文化基因影响深刻，而地域建筑典型特征恰恰反映了集体共同文化基因的影响，因此为新的传统民居建筑形态提供多样化的可能。

5 结语

以绿洲农业为基础的塔里木盆地南缘民居聚居型的聚落方式，促使集体营造居所的建筑技艺口传心授，并适宜在本地长时段的传承。基于以上表征现象，观察那里的典型藻井艺术特征及成因分析，可总结三方面突出特征。①边缘性和圈层性特征。民居藻井艺术存在时空特征，说明核心建筑文化基因在前期和中期由中心向边缘的圈层性传播，后期的文化衰减期则表现多元文化融合后的边缘惰性保存的特征。②延续性、复合性特征。本土建筑艺术与舶来建筑艺术的融合和自适应性，也是互鉴和内在自律的结果。③原型的重构性特征。藻井艺术的传播与发展过程其实就是转译与重构的过程。藻井艺术原型的转译、重构，受多种因素影响，母题的继承主要出于多元建筑文化基因在该地区的内在自律性；形态和装饰的演变是建筑艺术发展过程中异地适应后的创新结果。⑦藻井艺术的地域转译和重构，石窟和民居的藻井艺术研究对探索地域建筑源流提供了活态样本，同时南疆传统民居建筑艺术的重要组成对新疆地域的乡村建设提供了生态样本，也是本文考察新疆藻井艺术的传播与创新的意义所在。

（原载《美术大观》2019年第5期）

注释

① 参见杨滨《新疆维吾尔族传统建筑藻井艺术研究》，硕士学位论文，新疆师范大学，2011年。

② 参见常青《西域文明与华夏建筑的变迁》，湖南教育出版社1992年版，第78页。

③ 参见［日］羽田亨《西域文化史》，耿世民译，新疆人民出版社1981年版，第68页。

④ 参见［德］勒克科《中亚艺术与文化史图鉴》，赵崇民、巫新华译，中国人民大学出版社2005年版，第65页。

⑤ 参见李笑笑《新疆石窟中的"套斗式"藻井艺术研究》，《和田师范专科学校学报》2016年第6期。

⑥ 参见石妙春、任文杰《新疆维吾尔族清真寺藻井彩绘艺术特征探究》，《贵州民族研究》2015年第7期。

⑦ 参见张春佳、刘元风《"反复"的力量——东西方宗教艺术装饰形式探析》，《艺术设计研究》2017年第3期。

图表来源

本文图片由赵圣亭绘制。

作者简介

孟福利，石河子大学文学艺术学院副教授。

赵圣亭，石河子大学硕士研究生。

“静谧与光明”——清水混凝土建筑的艺术性表达

谈昭夷　吴　玲　白　旭

摘　要：在包罗万象的建筑世界，清水混凝土建筑似喧嚣世界中的一股清流，始终以独树一帜的风格屹立其中，同时也取得了建筑业界广泛的关注。文章试图通过探讨混凝土建筑的艺术性以及自明性，解析其对“静谧与光明”的表达，意图为这个被审美化与工具化包围的世界，呈现一些质朴但更有意义的内在秩序。

关键词：清水混凝土建筑；静谧与光明；建筑艺术；自明性

前言

在20世纪现代主义的主流之中，路易斯·康提出了关于建筑对“静谧与光明”的艺术性表达，康热衷于使用清水混凝土作为建造材料来塑造他的审美。不仅仅是他，在理性的结构逻辑被解构主义的浪潮冲刷之后，清水混凝土从被隐藏的饰面之中解脱了出来。直到今日，它仍是许多建筑师的最爱。清水混凝土的可塑性也使得建筑师可以淋漓尽致地去表现出丰富多样的形式感。当今的时代，清水混凝土建筑越来越受到关注，而它也似喧嚣中的清流一般，以真实质朴且有意义的内在秩序，对“静谧”与“光明”尽情地表达着。康用“静谧”这个字眼代表“不可度量”的事物，使用“光明”这个字眼代表“可度量”的事物。建筑艺术的二元性和唯一性显露于“不可度量”的东西，它是见仁见智的。与其说是建筑在跟自然对话，不如说人在这个由建筑与自然共同构成的诗意之中，可以与自我对话；而空间形式、结构构造以及施工工艺所表达出来的有关建筑“自明性”的一切，正是建筑去把控“可度量”部分的关键。

1 建筑艺术的二元性和唯一性

1.1 清水混凝土的二元性艺术

所有艺术作品都拥有双重结构，或双重存在，这样的二元性与对话性赋予了艺术作品密度、意义及暗示性力量。对于混凝土建筑而言，其艺术特点可以说也是两面性的。混凝土是非常普通的建筑材料。抛去繁复的装饰和亮丽的色彩，清水混凝土透露的是极其质朴的气质，但这种质朴呈现出的是一种精致的艺术效果。清水混凝土材料有着自然沉稳的外观韵味和与生俱来的厚重与清雅，它通过建筑师之手，透露的是内在的高贵和外在的朴素，是一种低调的奢华。清水混凝土建筑试图展示材料本身，以最少的装饰表达最丰富的内容，显示一种最本质的美感。正所谓的“绚烂之极归于平淡”，最高级的审美就是自然。

图1　海边图书馆

混凝土材料厚重沉稳、刚硬坚实，低调冷淡得会被认为自带“孤独感”。就如董功的海边图书馆（图1），此作品位于秦皇岛的某处海边沙滩上，一座孤零零的建筑与沙滩和海洋的无垠形成了对比，混凝土的重量感让它稳稳地扎根于环境之中。对于环境来说，它的确是一座孤独的建筑，没有任何的衬托。但是正因为混凝土的厚重、沉稳、低调与冷淡，它无畏周边的环境，在这里为使用者建造起一座庇护所，让使用者能沉浸于它的功能，融入它的环境。从另一个角度来说，“孤独”并不是它的内在本质，而“静谧”才是这种建筑本体想要传达的氛围与力量，它是所有能打动人的建筑的一个通用法则和绝对标准。

1.2 唯一性——戏剧化的光环境

安藤忠雄一直认为：光赋予美以戏剧性。建筑是一种媒介，使人们去感受自然的存在。他把光当作是一种把空间戏剧化的重要元素。正如他的作品——光之教堂所表现场景一样。光通过墙壁上预留的十字形的切口，透进室内，以光的形式呈现出一个十字架。光被留下，成了教堂的一部分。在这个狭小空间里，光线在墙面间的移动便是时间维度的跨越，光即时间，它宣告着一天的开始与结束。而康的静谧与光明是一种有关于物的思辨性的哲学，比如他的作品——金贝美术馆的天窗设计（图2）。自然光通过拱形结构上一列列0.9m高的天窗引入室内，天窗采用东西朝向，有利于光线最大限度射入。另外，在博物馆内设置了三处采光井，观众可以在室内室外变换视野，消除疲劳感。通过天窗、拱顶、滤光器、材料、天井，光从屋顶沿着弧形的屋面泻下，仿佛瀑布一般神圣，康将光线变得柔和不刺眼，让它显得典雅庄重，同时又轻盈通透。

同样，李虎在秦皇岛海滩的作品——沙丘美术馆中（图3），通过一系列细胞状的连续空间，将美术馆的多重功能房间串联起来。入馆后穿过深邃幽暗通道和圆厅接待区域后，用一个大穹顶作为艺术空间的起点，让人豁然开朗。外界的自然光从打通的穹顶天窗倾泻而下，光线在墙壁和地面间跳跃折射，这种手法极其类似于万神庙的设计哲学，在馆内营造出静谧而神圣的观展氛围。打在混凝土上的光是更接近自然的光，它没有过多色彩的倾向，更像是一幅黑白的水墨画，混沌却又纯净。混沌是因为混凝土凹凸不平的施工痕迹让光有了更多的漫反射，而这种不加修饰的光与不加修饰的施工工艺的结合，必然是纯净的反映。静谧是不可度量的居所，混凝土上光的混沌与纯净带来了其唯一性，而唯一性正是从"静谧"移向"光明"的工具。

图2 金贝美术馆

图3 沙丘美术馆

2 关于建筑"自明性"的表达

2.1 几何逻辑控制下的结构

清水混凝土建筑的一大特点是它们都有着严格的几何逻辑生成。几何操作一方面会对建筑形态、结构、施工赋予可操作性，另一方面在理想的管控之下形成理性、合理而多样的空间形态。

以天津大学体育馆为例（图4），设计中极度暴露的结构是建筑本体最真实的反映。一系列适中跨度的钢筋混凝土薄壳结构是建筑基本结构单元，设计师将其重复运用及组合，并结合结构形式预留高侧窗，解决了自然采光需求。同时，大量使用重复的Y形柱和V形柱以及建筑端部的锥形柱。在设计和建造的整个过程中，结构回应了环境，强化了功能，引入了光线，塑造了空间，造就了形式。

图4 天津大学体育馆

再如上海西岸龙美术博物馆（图5），它的上部结构是清水混凝土铸造的伞体结构。伞体结构的垂直部分是两道混凝土墙体组合而成的，在一定的高度，向两边做距离8m悬挑，依据

图5 龙美术馆

图6　马赛公寓

椭圆形的曲线，悬挑部分与垂直部分的交界处理成优美且光滑的弧线。龙美术馆以这种伞体结构统治整个室内空间和灰空间，通过旋转、穿插、拼接构成了整个龙美术馆的空间与体量。作为一个三维空间的几何形体，伞拱既是建筑结构的构件，也是构成建筑空间的重要元素，它仍然是由基本几何形控制生成的几何体，且无多余装饰，因而是材料自身的真实呈现。在这种极度同一、简洁、纯粹的空间中，我们更容易沉浸于建筑本身的"光明性"带来的"静谧感"。

2.2 工匠精神塑造的表皮肌理

柯布西耶在设计建造马赛公寓（图6）时，将混凝土模板以正负面的形式排列，塑造了手工痕迹肌理的表面。此后很多建筑师们都在他们的设计中去探求对清水混凝土的施工工艺的处理。康说："模板的接触面便是装饰的开始。"安藤忠雄使用带木纹的模板塑造混凝土的表面肌理，王澍则是用竹条加上废旧砖瓦混合物作为模板，使建筑充满了人文气息和历史年代感。

此外，清水混凝土经常以线缝加孔洞的表皮形式呈现于建筑上。不同于常见的单线混凝土缝隙，康采用的是凸起缝隙的双线混凝土板，在施工工艺上是需要严格控制两个模板之间的混凝土渗出量才能达到的，也正是由于这些粗犷的缝隙与预留孔洞，清水混凝土的建筑不用明说，也会让人感到倾尽其中的人力以及时间的刻画感，这种材质的最终显现，将工匠精神表现得淋漓尽致。

3 结语

在今天喧嚣的世界中，物质性和准理性的因素使建筑的诗学面临着两个威胁，即审美化与工具化。前者过分讲究建筑美学与形式，通过计算和操控建筑的视觉效果，导致建筑缺失其存在基础和深层精神，而后者则因实用性和经济性的限制，造成建筑的千篇一律，缺乏建筑艺术的美感。这也是当今建筑学所面临的两难境地。清水混凝土建筑给予我们探索质朴的内在秩序的机会。我们需要从喧嚣中抽出一丝静谧，探寻那不可度量的神秘；我们更需要光明，它才是我们的精神世界的本质。

（原载《建筑与文化》2019年第3期）

参考文献

1. 宋丽娜：《基于知觉体验中的清水混凝土建筑解析》，《华中建筑》2016年第12期。
2. 方怡：《混凝土作为材料语言在当代建筑中的表达研究》，硕士学位论文，浙江大学，2015年。
3. 李兴钢：《静谧与喧嚣》，《建筑学报》2015年第11期。
4. 汪丽君、杨桂元：《"诗意"的建造——混凝土的表现之美》，《新建筑》2012年第5期。

图片来源

图1、图3：https://www.archdaily.cn。
图2、图6：https://image.baidu.com/search/index。
图4、图5：https://www.gooood.cn。

作者简介

谈昭夷，昆明理工大学建筑与城市规划学院硕士研究生。
吴玲，昆明理工大学建筑与城市规划学院硕士研究生。
白旭，昆明理工大学建筑与城市规划学院副教授。

长城艺术的保护对于长城国家文化公园建设的重要性

张明弘

摘　要：长城是中国古代史上伟大的军事防御工程，长城的遗产类型很丰富，在梳理长城资源时应采取更广阔的视角。寻根长城团队经过6年对于长城沿线的行走和考察，发现长城艺术是长城沿线各种社会形态所产生的文化载体之一，其中边城艺术是长城艺术的杰出代表。目前，艺术的研究和梳理还处于初级阶段，文章通过对长城艺术内容的挖掘和梳理，探讨研究长城艺术对于长城文化领域的价值，并提出相应的对于长城艺术的保护方案。长城国家公园的整体建设保护边城艺术，将艺术形式引入长城文创产品的开发中，为长城文化注入生命力。

关键词：长城国家文化公园；长城艺术；边城艺术；艺术衍生品

1 长城国家文化公园的资源

长城是中国古代史上伟大的军事防御工程。长城资源主要分布在河北、北京、天津、山西、陕西、甘肃、内蒙古、黑龙江、吉林、辽宁、山东、河南、青海、宁夏、新疆等15个省区市，横跨燕山山脉、阴山山脉、太行山脉、贺兰山脉、祁连山脉、天山山脉等，贯穿中国东西五千公里。长城沿线地理风貌多样，自然资源丰富，巍峨山川、广袤草原、大漠沙海、雪山溪涧，长城依势而建，雄奇的长城边关下山河辽阔、天地高远。

作为军事防御系统，长城已经完成它的使命，戍卫的边墙也大多变成了内墙。但是两千年来长城所积淀的文化，却持续不断地影响着周边的人们。经过两千多年的历史沿革，长城形成了丰富的历史文化沉积带，长城两侧的千余座历史边城构成了世界上最长的文化历史沉积带，其丰富的文化艺术遗迹是长城文化带的深刻灵魂。

长城是典型的线性文化遗产，是我国现存规模最大的文化遗产，在北方地区分布广泛。长城的遗产类型很丰富，在梳理长城资源时应采取更广阔的视角。长城国家文化公园工程的推进不能仅是局限于长城本体的建筑层面，更要通过深入挖掘长城承载的历史信息、人文内涵，更大地促进长城文化和长城精神的传承。本文以长城文化带为核心对地域文化资源进行系统研究，对沿线丰富的文化遗存进行调研考察、梳理保护、制定相关文化线路。

2 长城艺术的概念

人们通常认为长城是一道墙，其实并不尽然。

长城有两条线：一条明线，是众所周知的长城；另一条暗线，则是蕴含着人文、历史、建筑等文化沉积的边城。从某种角度上看，长城艺术是长城沿线各种社会形态所产生的文化载体，艺术形式多种多样，它与民风民俗、生活形态等因素共同构成了一种相对完整的文化表达形式，在现实社会生活中各个方面鲜活地存在。长城艺术是一部活着的长城文化史，是不可复制的文化资源，是中华文明的见证。

长城是中国古代浩大的军事工程，是当时社会、军事、历史的重要见证。①作为长城文化的一种美的表现形式，长城艺术包括边墙艺术、烽燧艺术、边城艺术，是可以看得到、听得到、摸得到的实实在在的审美物质载体。边城艺术是长城沿线军事制度下驻兵区域内艺术的总称，作为聚集在长城的人群的主要生活场所，是长城人文历史的重要承载者，是长城文化的代表。

边城艺术包括建筑艺术和人文艺术。边城建筑艺术又分为城墙城门艺术、民宅艺术，庙宇祠堂艺术，官邸艺术。现存的边城建筑艺术，其经典存在于建筑上的砖雕、木雕、石雕、壁画等。边城人文艺术包括剪纸、版画、面塑、泥塑等，是鲜活的中国传统艺术的表现形式。

文化的传承依赖于铭刻着历史的一件件实物，沿长城分布的艺术形式是长城文化的重要见证，作为承载长城文化的重要载体，它们的重要价值需要通过国家文化公园这个平台充分展示出来。对沿长城分布的不同艺术形式的发掘、保护、展示，是长城和公众之间的文化切入点，对传承优秀的传统文化、提升人民群众的文化自信心有显著意义。

3 长城艺术的保护

长城国家文化公园不是一个单纯的项目工程，而是以长城为主线，将沿线的风土人情、历史故事、人文内涵、生态景观开发、整合，在尊重与保护的基础上，展现丰富厚重的文化底蕴。目前依托长城建设的景区数量很多，相较于内涵可以更多元化的长城景区，建设长城国家文化公园意义深远。长城文化公园会更加强调和彰显长城文化和长城精神，使人们认识到长城绝不仅仅是军事防御工程。

在长城国家文化公园项目的推进过程中，我们对可能濒临消亡的艺术进行发掘、保护、展示并且继承，既可以梳理长城文化发展的脉络，又极大地丰富了长城国家文化公园的文化建构。

3.1 建筑艺术的保护

随着长城文化主题公园的提出以及对传统历史遗迹越来越重视，相关部门对于一些古边城的墙体、城门、重点民宅逐渐展开修缮，但由于对艺术考古即美学理论和艺术理论的缺失，造成大量具有较高艺术价值的艺术品文物遭到破坏，这种损失是很让人痛心疾首的。

推进保护传承工程。实施重大修缮保护项目，对濒危损毁文物进行抢救性保护，对重点文物进行预防性主动性保护。[②]在进行寻根长城项目的行走过程中，这种出于修缮目的而造成的文物破坏的事情并不罕见。2014年8月，寻根长城团队走至辽宁小河口段长城，发现在修缮长城的过程中有大量古石雕被遗弃和掩埋在山间。在右卫镇西北部尚存较大规模的明蒙官方交易市场——杀胡堡，又名“杀虎口堡”[③]，2015年山西杀虎口旅游景区的建设，拆毁所有具有历史记忆的百年古宅，连带着精美的砖雕石雕等等一一丢弃，以“拆旧换新”的方式复建了杀虎口。文物建筑所表述的不是历史的一个瞬间，而是活的、发展着的历史过程，它是历史发展的见证，因此各时代加在文物建筑上的东西几乎具有同等的价值，都是文物建筑保护的对象。[④]在这种修复方式下，长城沿线的建筑、壁画、砖雕、石雕等艺术形式遭到极大的破坏。基于种种所见，寻根长城团队一直致力于长城沿线艺术的信息采集工作，实地行走、实地调研，近距离地去感受长城和挖掘长城艺术，用采集到的数据资料展现它们的现状，用图像和影像的方式留住它们的灿烂丽影。

面对长城艺术不断消失的状况，应采取正确的长城艺术保护方法，在修缮长城文物时，贯彻“原装保护、局部加固、重点修缮”的基本思路，尽量保持艺术品原样。对于毁损严重，在修缮的工程中不能重复使用的砖雕、石雕、木雕等采取集中保护的方式，以备后用。

梁思成先生1935年在《曲阜孔庙之建筑及修葺计划》一书中提出古迹“修旧如旧”的原则，这对长城沿线建筑艺术的修缮保护具有重要的启示作用。“修旧如旧”是保护古建遗址的基本前提，但是“旧”不是长城建筑艺术的底色，而是所承载的历史文化信息的显露，是我们祖先智慧、文化和精神的体现与传承。

之所以采用以保护为前提的修缮方式，是因为长城文化是随着不同时期复杂的社会形态的演变，在特定的地理环境和特殊的文化背景之下，经历人文与自然的融合，在漫长岁月中积淀而成的。边城艺术是长城艺术的代表，通过长城国家公园的整体建设，尽可能地保护边城，保护边城艺术，才能吸引更多的长城旅游者，留住原住边民，让长城艺术流传下去。

长城艺术凝聚了中华民族的伟大智慧，深度挖掘长城及沿线各类艺术和文化资源所承载、伴生、积淀、蕴含的文化价值，通过对每一段长城的具有地域特色的艺术的展示，才能更好地打造具有鲜明主题、独特价值、丰富内涵、创造理念的具有国际影响力的美丽长城。

3.2 人文艺术的保护

长城人文艺术有着丰富地域特色和文化传承发展的鲜明表象与内涵，然而，在大规模的现代化发展中，很多民间传统的人文艺术被认为是缺乏具体的使用价值和商业价值，面临着消亡的命运。现代人们大部分将其当作传统的装饰方式来看待，忽略了它们所承载着的中国传统文化的因循。作为中国传统文化的重要组成部分，长城人文艺术应得到重视、保护和更好的传承。

长城人文艺术的传承与保护要因艺制宜，目前国家已经设立了较为系统的非物质文化遗产保护基金，对其采取国家力度的保护与传承。民间最悠久的传承方式是言传身教式的直接传承，技能熟练、技艺高超的工匠师傅受限于文化水平，无法用文字的方式对所掌握的技艺进行有效的记录延续，长期以来采取口述与示范的方式将技艺代代相传。另一方面，在长期发展的过程中，匠人师傅们凭借着智慧将积攒的技艺与经验总结成简练清晰的口诀，这些口耳相传，使民间的技艺得以延续。

但是随着时代的发展，长城人文艺术的传承面临即将失传的困境，将这些民间艺人和非遗工艺纳入长城国家文化公园的体系中来，使长城国家公园内容上更加多元。对于掌握这种技艺的非遗传人，采取设立非遗传承人的方式对其进行保护，并鼓励更多的年轻人学习掌握并将其传承下去。把老的东西传承下去，既是掌握这种工艺的老手艺人、匠人的责任与义务，也是现在青年人的责任与义务，组织青年人去体验、学习，培养对长城人文艺术的兴趣与尊重。

把老的技艺传承下去，不能仅仅是停留在喊一句口号上，首先对老的技艺要有一份清醒的认知，只有这样，才能真的继承并发展这些宝贵的传统。一些老的技艺，分得很细。以木匠为例，过去的木工有粗木工和细木工之分，起梁、造架是由粗木工负责，细木工则是在此基础上负责门窗部分，还有木雕装饰的内容。粗细分工不同，表示每一项技艺的完成都有多道工序。如果细查细木工的工作箱或者工具袋，里面光是雕刻刀就有几十把。石刻匠人也分粗细，采石匠上山采切大小长短不一的原石，雕刻匠在山下将原石仔细打磨雕刻，最终形成石造像、石版画，他们用高超的技艺留下岁月的痕迹。这就要求我们在做技艺传承的工作时，绝不能马马虎虎地一把抓，真正做到大处着眼、小处着手。

此外，将先进合理的新材料、新技术和新的时代文化特征引入文化艺术的传承保护中去，以期以双重的新老结合实现更好的保护、发展与传承。既可以丰富长城国家公园的文化内容，又可以通过科学规范的管理方式，达到创造经济价值和社会价值的目的。

以剪纸艺术为例，吕胜中先生的“小红人”系列的原型来源于中国的民间剪纸。当民间的剪纸与当代艺术理念碰撞与结合，“小红人”走出了民间炕头和窗棂，走上了国际舞台，有了更大的容量和能量，剪纸艺术被赋予了全新的活力和含意。长城人文艺术不只有剪纸，还有版画、砖雕、木雕等各种形式，时代发展不应更不能抛弃它们。作为具有自身发展脉络的地域文化显现，它们是传统文化的承载者，又是当代文化发展的不竭源泉。

中华民族的文化精神在民间传统工艺文化上的体现极为明显，正因为如此，不同的地域才有不同的面貌特色，每一地的人文艺术及其匠人艺术家都是一张自带地域属性的文化名片，正是它们的存在与发展才帮助一座城镇或一个村庄摆脱千城一面或千村一面的处境。以地域特色打造一地的文化名片，从而增加长城文化公园的吸引力。

4 长城国家文化公园是文旅融合的重要载体

长城艺术所承载的深厚文化价值和精神内涵，对于把长城国家公园打造成展示中华文明的长城国家文旅风景廊道起到极大作用。文创和旅游代表着一种共存共生、融合发展的关系。长城文创产品的开发将成为提高长城国家文化公园的软实力、提升公园文化和人气的有效方式。

合理利用是对长城艺术最好的保护，长城艺术是长城文化也是中华民族灿烂文明的重要见证。将艺术形式合理有效地引入长城文创产品的开发中，为文创的发展提供丰富多彩的资料储备，将极大地提升长城文创的发展。实施这种综合保护利用的方式，符合当前艺术文化保护利用的规律。

长城文创目前在摸索阶段，而长城沿线的具有本土特色的艺术形式为长城文创提供丰富的创作资料和创作灵感。充分发挥长城艺术的价值，将长城艺术与长城文创有机结合起来，增进传统长城文化艺术与当下文创开发的互通互鉴，既肯定了长城艺术所具有的历史属性，也为长城文化注入了难得的现实生命力。

2014年6月，寻根长城团队从明长城东端辽宁鸭绿江西岸的辽宁丹东虎山段长城出发，向西横贯山海关，经河北、北京、天津、内蒙古、山西、陕西、宁夏，穿过甘肃河西走廊中部，历时六年有余，途经九省（市、自治区），行程七万多公里。

截至目前，寻根长城团队已储备长城艺术的图片资料三十万余张。在长城北线的行走调研途中，团队采访了370多个古边城，收集了近万千兆字节的长城图文视频素材，自制独立短片31个。系统地整理了长城沿线古边堡中木雕、砖雕、石雕、剪纸、庙宇壁画等艺术形式在长城沿线不同地区的风格特征和演变。寻根长城项目还在持续进行中，预计距离明长城的行走结束还需三年时间，这将为我们收集到更丰富翔实的长城资料。依托团队不断收集掌握到的第一手长城信息，长城艺术数据库已在筹备建立中，为更多的喜欢长城艺术的个人和单位提供服务，为长城艺术继而是长城文化的发掘、保护和传承贡献我们的一份力量。

5 结语

历朝历代修筑长城大多是为军事服务的，两千年来作为军事防御体系的长城巍峨矗立，成了中华民族的伟大精神象征。长城内外草原文化和农耕文化在冲突碰撞中逐渐形成了一种属于长城的文化体系，长城本体又是这种文化的物化形态，它带给我们独特的美感和众多的艺术形式。充分挖掘和体现长城的文化价值、精神内涵、象征意义，使长城国家文化公园成为优秀传统文化的展示平台。如今，全世界的文化遗产保护工作受到十分重视，民间美术作为我国文化遗产中非常重要的组成部分，也需要对其中蕴含的多方面信息进行全面的分析与研究。⑤

国家文化公园是以文化资源为支撑、侧重文化主题性的公园，传播国家优秀文化，保护利用文化遗产，满足国民精神文化需求。长城艺术作为长城文化遗产中非常重要的组成部分，对其中蕴含的历史、文化、审美等进行深入全面的挖掘与研究，不仅极大地充实了长城文化，使其更加立体、多样、生动，还对传统民族文化有极大的传承作用，将其引入长城国家文化公园的建制中，更能彰显中华传统文化的持久影响力和强大感召力，坚定国人的文化自信。

（原载《河北地质大学学报》2020年第6期）

注释

① 参见曹象明、周典、于洋《长城沿线城堡保护与发展策略探析——以山西省平型关关堡为例》，《华中建筑》2012年第4期。

② 参见中共中央办公厅、国务院办公厅印发《长城、大运河、长征国家文化公园建设方案》，2019年。

③ 参见段友文、张鑫《多元文化视野下边关古镇保护模式研究——以山西右玉县右卫镇为例》，《西北民族研究》2013年第4期。

④ 参见王蒙徽《梁思成的文物建筑和古城保护思想初探》，《华中建筑》1992年第2期。

⑤ 参见张槿、胡境轩《基于文化遗产视野中的民间美术研究》，《艺术教育》2015年第3期。

作者简介

张明弘，北京科技大学国际学院副教授，首都师范大学现代水墨研究所研究员。

江南私家园林的建筑艺术营构分析——以胡雪岩故居为例

张志豪

摘　要：江南私家园林作为中国古典园林的主要分支，是世界园林史上的一朵奇葩。杭州城位于钱塘江下游，是素有"人间天堂"之美誉的江南水乡。自南宋迁都临安，政治中心的南移，推动了杭州一带的私家园林的发展，至明清时期，达到了极盛。胡雪岩故居坐落于杭州清河坊东南侧，其装饰风格使其成为私家园林中难得的瑰宝。本文以胡雪岩故居为例，对江南私家园林艺术营构进行分析。

关键词：江南私家园林；胡雪岩故居；艺术营构

胡雪岩故居，位于杭州市河坊街、大井巷历史文化保护区东部的元宝街，建于清同治十一年(1872)，是著名红顶商人、胡庆余堂的创办者胡雪岩的自宅。整个建筑占地面积7200 m^2，建筑面积5815 m^2。①故居无论是建筑还是室内家具的陈设，空间营构之细腻，建筑用料之考究，都堪称园林精品。本文就胡雪岩故居的空间营构展开分析，深入探析江南私家园林的造园手法与精神追求。

1 布局严谨，巧夺天工

《胡光墉传》有云："光墉既积富，营第宅园囿，所置松石花木，备极奇珍，姬妾成群，筑十三楼以贮之，意颇骄奢自恣焉。"可见，胡雪岩生活闲逸，园中有亭十三、厅堂十二、曲廊十二、楼三、阁一、桥四、假山水池四。建筑平面有方有扇形，有围合亦有开敞，屋顶形式有歇山、硬山、悬山顶等，修饰以轻盈体态的戗脊，形式多样，集合传统园林造园手法为一体②，充分表现了园林布局、空间组织的深厚功力。

故居在布局上最与众不同的一点，便是在传统居住庭院与园林庭院并列的组织形式上，通过突出厅堂，将其对外开敞，再联系轿厅、照厅、门厅、四面厅的中轴线布局，两侧布置花池台榭，组织外部空间，搭配以假山花石，形成"西园、中厅、东宅"的总体结构。故居内大小庭院十五有余，分散在园子各个角落，看似杂乱无章，实则颇有韵味，每个院子依使用者的喜好要求各异，主题多样。各个庭院之间虽然分隔，但交通不闭塞，彼此空间流通似分似合，常通过明廊暗弄连接新的开阔空间，空间变化与人的行为结合，形成隔而不塞的空间效果，以及丰富的空间层次与幽深境界。

2 以小见大、层次丰富

在园林、建筑空间塑造上，多用内外空间交替组织，以小见大，营造豁然开朗、柳暗花明之感。穿过狭长的元宝街进入故居，正门便是一天井，正对门楼映入眼帘，门楼的隔扇窗内镶嵌以法兰西进口的钴蓝色玻璃，光透过蓝色玻璃，呈现出富丽堂皇而又极具西洋色彩的韵味，使人望而生畏；门楼的空间尺度较小，晦暗而简洁，左转进入门房空间，再侧转来到宅院的轿厅，内部装饰细腻，细节之处透露着华丽；轿厅南面便是寓以"四水归堂"的大天井。这样一个从外部狭窄的街巷进入门楼，再到门房，最后进入轿厅、大天井的流线，空间大小交替转换的过程，巧妙运用光线，以小衬大，以暗衬明，达到了柳暗花明、豁然开朗的效果。另外，在故居的各个角落，在曲折之中追求意境深远。通常园子的面积都不会太大，因此为了尽可能放大园子的观赏效果，园主与工匠就会营造一系列百转千回的流线，最大效率提供观赏山水园林的视角。一般采用联想的手法，比如说芝园里头的假山，从一头进去，却又三四个岔口，形成捉迷藏形式的假山，让人穿梭其中，对另一头岔口的景色充满好奇，充满幻想，这便是一种余意不尽的体现。

借景同样是江南园林中最常用的造园手法之一，在胡雪岩故居中十分突出。在园子内的建筑形态塑造上，选择高2m有余的烽火山墙，与外界划清界限，形成对内开放，对外封闭的态度，同时在景观营造中，选择向天空、西湖、鼓楼民居借景（图1)，通过借景，园内园外仿佛又融为一体。除了外借，故居内的对景手法也甚为巧妙，透过廊道侧面的漏窗，常设置小天井，内植梅花、鸡爪槭等，搭配以忍冬、竹藤，形成对景效

图1　外借天空景色

图2　芝园的水面处理

图3　后院的太湖石

果，扩大景物的深度与广度，丰富游赏内容。

3 景观搭配，山林意趣

园无水不活，故居内有池沼的园子有三，面积大者开阔，有江湖烟波之趣（图2），水面上跨有桥亭，使水面空间既分隔又相连，增强了空间感受与取景效果；水面与周边假山、花木形成对比，虚实结合，犹如中国画中的留白，给予人遐想空间；同时水面上的倒影又将园外的鼓楼、天空容纳进来，在水中形成一幅隐约的山水画，别有韵味。此外，在园子面积较小的空间内，为了缓解空间局促带来的不舒适感，通过开凿引水，以乱石为岸，配以藤竹，水面拉开人与景致的观赏距离，倒映花木假山，仿佛一卷山水画，让景观发挥双倍作用，扩大园子尺度、丰富层次感。

假山是江南私家园林中重要的造景元素之一，胡雪岩故居中假山众多，主要集中在芝园与故居四面厅的后院。[③]芝园内的假山，体量庞大，但内部中空，设计了许多的溶洞空间，常作为嬉戏场所，人们能在溶洞之间来回穿梭。此外，假山还充当御风楼高台建筑的基座，人们可以从芝园的廊道沿着假山登临御风楼，吟诗品茗。延碧堂是整座假山最佳的观景之处，假山的高度与延碧堂的距离比例适中，形成良好的观景角度。此外，在假山的东侧、西侧，均设置回廊、石阶，供人们盘旋游览，给予游客能够亲临石矶、山洞等的驻留点，近距离体验山林意趣。

此外，除了供人游玩的假山群，江南私家园林也十分讲究观赏性石材的选择，在私家园林中，“瘦、漏、皱、透”是遴选石料的标准，其中最为人熟知的便是太湖石了，经历水流常年冲刷的石头外表形成褶皱、起伏，内部孔洞相连，怪异通透。故居的假山便是如此，上好的石料，多搭配以覆盆子、橘子树等植被，相映成趣。若是金秋时节，橘子金黄，硕果累累，与假山配合，色彩缤纷，十分喜人。此外，在百狮楼后的后花园中，有一块形似“寿”字的太湖石（图3），相传为当年胡雪岩赠与母亲的寿礼，形态上大下小，险峻陡峭，威风凛凛，石头内部孔洞众多，十分通透，是太湖石中难得一见的佳品，可见造园之精巧，胡家财力之雄厚。

4 中西结合，雍容华贵

胡雪岩故居建筑密度较高，但还是较好控制了整体的疏密程度。建筑整体形态以江南雅致的杭派风格为基础，建筑细节上添加了西洋元素，因而建筑整体风格具有独特的精巧、中西结合的特点。大部分建筑隔扇窗内都镶嵌有钴蓝色的玻璃隔扇窗，此外，庭院的高墙顶部的灰塑、灰瓦、砖雕精雕细琢，呈现出当时工艺之精湛；漏窗形式多样，多以瓦片堆叠，漏窗外形有扇形、元宝等，形式多样，耐人寻味。江南私家园林厅堂居多，胡雪岩故居中鸳鸯厅、四面厅等形式多种多样，亭子有六角攒尖、四角攒尖等，丰富多彩，屋顶翼角为水戗发戗（图

图4　御风亭建筑形态

4)，体态轻盈。在铺地上，多采用鹅卵石形成各种图案，尤其在百狮楼后花园内，铺地通过鹅卵石排列成铜钱与聚宝盆的模样。

"极江南园林之妙，尽吴越文化之巧"，胡雪岩故居作为江南私家园林中少有的商贾之宅，依托园主雄厚的财力，在营造江南传统园林的基础上，通过材料、小品等要素，巧妙结合西方文化特色，独树一帜。后来经过历史的洗礼，胡雪岩故居也曾被破坏，但在政府的紧急修复下又恢复了昔日的辉煌。随着中国社会的迅猛发展，在高楼林立的今天，如何保留与传承优秀传统古建筑便成了亟须解决的问题，胡雪岩故居的修缮与重塑复兴启示着我们，不管时代如何，中华灿烂的历史文化应当传承并发扬下去。

（原载《艺术研究》2020年第4期）

注释

① 参见潜心《晚清巨贾的墙内花园——访胡雪岩故居》，《浙江林业》2016年第9期。

② 参见曹仁宇《胡雪岩故居：高墙内的传世之作》，《中外建筑》2010年第1期。

③ 参见梁伟《胡雪岩故居建筑特色简析》，《古建园林技术》2002年第2期。

图表来源

本文图片均由作者拍摄。

作者简介

张志豪，浙江理工大学建筑工程学院本科生。

“三雕”艺术与中国传统建筑环境

王晓华

摘　要：“三雕”指石雕、木雕、砖雕，是中国传统建筑艺术之精华。它承载着中国人农耕文明时期形成的世界观和人文价值，反映了古代建筑与装饰艺术相统一的审美观念。

关键词：石雕；木雕；砖雕；建筑环境

1 “三雕”与传统建筑艺术

从余姚河姆渡遗址出土的木雕鱼和辽宁新乐出土的木雕神鸟看，木雕作为一种艺术形式早已出现，而木雕作为一种建筑装饰则是中国木构架建筑体系发展的产物。据考证，商周时期的宫殿建筑已采用了装饰木雕部件，并施以漆色。春秋战国时期，铁制雕刻工具的出现促进木雕艺术从简单的阴线刻、浅浮雕，终而发展到圆雕和透雕形式。秦汉时期的“雕楹”“镂槛”等木雕装饰已频繁出现在宫殿建筑的梁、柱、枋等处，后代则发展到了天棚、勾栏、门窗等细节装饰。中国古代木雕装饰与建筑结构有机结合的工匠意识，使木雕依照建筑结构和造型需要来选择表现形式，因而各种木雕技术常常在同一建筑物中得以综合运用。此外，中国木构建筑空间的隔断方式也有利于木雕艺术的发展。

砖雕作为陶器发展的衍生品应出现于新石器时代晚期。现存发现最早的陶质建筑装饰是西周时的岐山凤雏宫瓦当，用于保护椽头的建筑檐部。随着瓦在大型建筑中的普遍使用，瓦当饰在战国时逐渐盛行，并且随之出现了用于铺装地面和包镶夯土墙的面砖。从物理性能讲，耐候性强、便于塑造的陶制建筑装饰是中国土木建筑结构实现维护、艺术造型和表现文化理念的理想建材，也是砖雕艺术得以持续发展的主因。秦汉时期的陶制建筑装饰艺术已发展到了历史巅峰，然而受历代礼制和风俗理念影响，砖雕主要出现在宫殿、庙宇或墓室中，明中期后，由于石雕和琉璃饰在高等级建筑中受崇，砖雕装饰才落户于民居建筑，并繁盛起来。

石雕作为建筑装饰出现得较晚。当房屋木柱从原始的栽柱方式改进为直接立于地面后，为防止柱根腐烂的石作柱础得以兴起。从仰韶文化半地下房屋遗址可以看出，奠基和立柱等祭祀风俗早已经形成。随着金属打制工具的出现，石雕柱础转而成为体现辟邪、长寿、安居等反映人居环境意识和宗教思想的一种浮雕，如在殷墟宫殿遗址发现的无足无首、浑身刻有雷纹的石雕抱膝人形柱础。所以，建筑石雕不仅仅是建筑物理的需要，也是人文精神的载体。

2 “三雕”艺术的发展和演变

自中国木结构建筑体系完全成熟后，木雕装饰才得以迅速发展，“雕梁画栋”之美逐渐成为追求。随着宋代《营造法式》的出现，建筑木雕有了大、小木作之分，并朝规范化发展。大木作主要指梁枋、雀替、梁垫、勾栏、门窗等属于外檐的装饰；小木作是对室内隔断、天花、门罩、博古架等的内檐装饰。从技法上讲，混作（圆雕）适合于多维观看，如木雕垂花、悬鱼、雀替等；剔底雕是在不伤及材料使用功能基础上的雕饰，如额枋上的高浮雕和裙板上的浅浮雕；线雕阴刻属于最原始的木雕技法，可以丰富圆雕或浮雕表面效果；透雕是剔掉浮雕底板，呈现出近乎圆雕的浮雕花板。

砖雕，行话为“硬花活”。如果说木雕和石雕可独立为一种艺术，那么唯有砖雕是依附于中国土木结构建筑发展而来的装饰艺术。从制作工艺讲，砖雕不但具有雕和刻技艺，而且还有塑造之特点，先后发展出烧活、搕活、凿活和堆活四大工艺。除了运用线刻、浮雕、圆雕和透雕，还多了贴雕和嵌雕之法，根据视觉效果用于不同的部位。烧活，即在未干的泥砖坯上压出模印纹样后进行烧制。此法复制性强，但图案效果欠精致，适合于远看的屋脊装饰。搕活，是在烧活完成后的二次雕刻和修整，使其经得起近距离观赏。凿活，即在烧成后的砖面上进行精雕细刻，还可雕成仿木结构造型。凿活充满了手感和意匠气息，适合于关键部位的装饰。堆活，通过贴接或榫卯结合的方法将数块砖雕组合为大幅面砖画。

秦汉时期的石雕虽然形成了一次高峰，然而只有当中唐之后的建筑审美趣味发生了变化，中国的石雕建筑装饰艺术才真正步入了辉煌。北宋《营造法式》的出现，不但阐明了适用于石雕装饰的建筑部位，而且配有设计图样。元代是我国以游牧民贵族为政权主体的朝代，时间虽短，但在装饰艺术的风格上明显发生了变异，而且影响很大。一是由于元代外来艺术的大量涌入和境外工匠直接参与了石雕艺术的设计和制作；二是受草原文化影响，石雕内容和题材更加丰富，并形成了高浮雕和满装饰之类的审美倾向。随着石材开采和施工技术的不断提高，我国明清时期的建筑石雕艺术进入了繁盛期。

3“三雕”艺术对建筑环境的营造

从建筑起源讲，建筑首先体现的是人与自然的关系，趋弊就利和祈求家泰人安是基本诉求。古人从一些自然现象中得到启发，创造了一系列祈祥纳福的图案或动物形象，并以三雕的方式用于人居建筑环境的营造。随着文化观念的更新和丰富，三雕艺术在文化内涵和表现形式方面也不断得到发展。例如，房屋正脊两端的砖雕龙吻和四条垂脊上的蹲兽，一方面具有防水护脊的功能，另一方面也延续了镇宅和防止木构建筑火灾的巫术意识。这些雕刻形式的选用一方面取决于如何与建筑结构达到完美结合，另一方面与中国古老的吉祥文化、风水观念的影响有关。

《黄帝宅经》曰："宅以形势为身体……以舍屋为衣服，以门户为冠带。"所以，从建筑形象、空间方位到室内陈设，中国传统建筑是一种被人格化的生命体。三雕艺术在建筑环境中的意义主要表现为：一是贯穿于院落的空间序列，如从出入平安的门神或辟邪、前院与后院之间过渡的影壁；二是按照建筑外观的屋顶、屋身和台基的三段式部位进行雕饰；三是依循建筑结构和人文含义进行雕饰，体现"天人合一"之理念。

而三雕艺术所承载的精神寓意也包容广阔，像天人感应、祈福纳祥等原始的宗教意识，儒家所倡导的仁、义、礼、智、信的精神价值及以父慈子孝、兄弟孝悌、忠贞烈女等为题材的伦理道德理念等。中国三雕艺术设计的基本方法可归纳为：第一，以字面含义为母题的二方联系或四方联系的锦纹、花卉、鸟、虫等组合设计；第二，以经典器皿为元素，象征财富和寓意的博古类图案设计；第三，期许美好愿望，对瑞兽祥禽的形象设计；第四，借汉字谐音与寓意性动植物或花卉，进行异质同构设计；第五，借用文化用品或工具，营造个人文化品位的环境氛围设计；第六，取材神话传说、典故、戏剧情节，反映主人生平爱好和志趣的设计；第七，借用宗教法器、神仙故事，反映主人宗教情结的设计等。

（原载《美术观察》2020年第6期）

作者简介

王晓华，西安美术学院建筑环境艺术系副教授。

海外掠影

情动的包豪斯——包豪斯实验中的构型和具身化

特里明厄姆·梅丽莎 / 谢明心译

摘　要：第一部分“1919”将当代具身认知科学理论和包豪斯的构型理念结合起来，分析包豪斯的创造实验；第二部分“2019”为作者在包豪斯百年庆典展览“光、影、轨迹”中的见闻，中译版有所删减，主要突出莫霍利－纳吉的《机械怪物》和灵感来自包豪斯舞台实验和剧场愿景的《总体舞蹈剧场》，借此指向包豪斯的目标，即以艺术的能量改变人类和社会。

关键词：包豪斯剧场；构型；具身化

2019年1月，包豪斯百年庆典的开幕展览“百年包豪斯：光、影、轨迹”（100 Years The Bauhaus: Licht, Schatten, Spuren）在柏林艺术馆（Kunsthale, Berlin）举办。其中，包豪斯艺术家拉兹洛·莫霍利－纳吉（László Moholy-Nagy）和奥斯卡·施莱默（Oskar Schlemmer）的作品分量很重。策展人援引这两位艺术家的论述及其诸多特定使命，把他们作为当代视觉艺术和行为艺术作品背后的推动力。这表明，在下一个百年里，他们需要得到更加精细的考量。本文第一部分将包豪斯的“构型”（gestalt）思想与创造性联系起来，重估其历史；第二部分阐明包豪斯思想在当代表演中具有绝对的现代性。这两位艺术家以各种媒介呈现的作品和理念都远超其时代，所以他们的理念直到今天才得以实现和运用，并得到发展，从而为21世纪创造强大而情动的（affective）艺术。①

1 1919

1919年，瓦尔特·格罗皮乌斯（Walter Gropius）为自己和团队设立了目标，即重新思考世界，尤其是从技术、制造和审美价值的角度。他在战争期间所受的创伤使他形成了这一理想主义的目标，在此驱动下，格罗皮乌斯迈出了第一步。他召集了同时代最好的艺术家来到魏玛，加入他新创办的艺术学校，解决他眼中社会和西方文化的基本问题。他认为世界发展得太快了，让身处其中的人难以应对。正如1919年《包豪斯宣言》所说，当务之急是重新开始，发展出一套和工业设计联系紧密的全新艺术教育方法。格罗皮乌斯是一名建筑师，在他眼中，建筑或房屋设计其中所用材料、所容纳之物以及建造房屋所需的一切事物都可以显示出社会文化的健康状况：如他所见，建筑无法起作用。砖、石、木等老式材料亟待重新考量，平板玻璃、钢等新型材料需要得以吸收，手工制作的特征需要被更替为能以机械制造复制、造价低廉且适用性强的优越原型。艺术家和技艺纯熟的匠人们受邀与魏玛包豪斯（“房屋建造”）艺术学校（Weimar Bauhaus Art School）联手，在作坊里共同教学，将艺术美学和供学徒学习的手工技巧联合起来。这是全新的创举，但无疑也步履维艰。他们借助实践所要解决的问题是，如何从字面上以及从隐喻上设计这一新“建筑”，进而通过其建筑和人工制品，亦即通过实际使用的物品塑造一个新社会。在格罗皮乌斯的设想中，这一构成主义式（constructivist）理想与审美价值紧密相连。曾在包豪斯求学而后成为其教师的约瑟夫·阿尔伯斯（Josef Albers）曾说，艺术起源于物理现实和心理效果的差异。换言之，艺术影响着我们的心理和我们思考的方式，而格罗皮乌斯正是打算在他的社会计划中利用这股力量。他意识到艺术可以改变我们的认知地图（cognitive maps）、转变我们已成习惯的思考方式，他相信只有这种改变才能使西方世界变得更好。

与创造性有关的构型概念（gestalt notions）对包豪斯而言至关重要。在包豪斯于1925年迁往更现代的工业城市德绍（Dessau）之前，约翰内斯·伊顿（Johannes Itten）早年就在魏玛包豪斯进行过实验性的前沿课堂教学实践。他的实践脱胎于歌德（Goethe）的理念，即与生俱来的先在基本结构或形式，歌德相信这是自然存在的“完形”（gestalts），人们经过训练就能够感知到它；值得一提的是，伊顿与歌德一样，都将身体感知与（自然）材料及其形式直接联系起来。同为教师的格特鲁德·格鲁瑙（Gertrud Grunow）开展了和谐课堂练习（harmonisation classroom exercises），探讨思想之力。她的课更为极端，甚至趋近神秘学；不过，伊顿出于他的拜火教（Mazdaznan）信仰，还在课堂外倡导一些身体上的实践。与此相比，格鲁瑙的课真是小巫见大巫。[②]然而，他的课堂实践起码是完全植根于早先德国教育理念的，不仅包括歌德，还有福禄贝尔（Froebel），他们的理念只能归结为具身（embodied）。福禄贝尔的生涯主要在19世纪，怀着一个发展思想的进步计划，他提倡让婴儿把玩一些带有形状的物件。包豪斯迁往德绍后，莫霍利－纳吉从伊顿手中接管了初步课程（foundation course），这门课的灵魂得到了延续：莫霍利的"情感阶梯"（ladder of feelings）在整个学校里都会引人发笑。施莱默也醉心于构型模型，同时进行着全然具身的舞台实践。在他看来，他的剧场是发现舞台"原初意义"（primary meaning）的过程，而这一过程是通过创造"舞台构型"（bühnengestaltung），或者说通过组合基本的舞台构型形式、以最简单的形式（比如在舞台上行走）建造而达成的。

心理学上的格式塔理论（gestalt theory）[③]主张人的心智（mind）中存在着普遍的格式塔（gestalts），必然的、"固有的"趋势或程式为思想塑形（shaped）。比如，他们注意到，人的心智总是倾向于连续性和组合，在感知中将分散的元素连起来。这一理论反对以全然机械和联想的观点去审视心智，19世纪末，全体心理学思想者都因此如释重负，而格式塔模型一直都是一种离身（disembodied）而本质的（essentialist）方法。尽管它从未否认对于思考而言，身体（body）不可或缺，正如莱柯夫（George Lakoff）和约翰逊（Mark Johnson）所指出的那样，这是一个"简单的主张"。然而，至关重要的一点是，这个理论和所有离身的心智理论一样，一直以来都拥护一个观点：观念（concepts）"天然具有形式，而且心智能产生具有形式的结构，从而进一步产生经过推断的结构（inferred structures），观念就诞生于这种能力中"。在格式塔思想中，认知和观念总是有区别的。先不论包豪斯艺术家和教师们基于身体的实践，他们相信人的头脑中存在着与生俱来的结构（structures）[④]，正是这一结构让心智有能力从部分中形成整体、从混沌中形成模式并创造性地构造（construct）世界；而且，这个过程最高级的呈现方式正是艺术。如上文所述，阿尔伯斯将艺术的起源看作是物理现实和心理效果之间的差异，当他如此描述时，他正在以构型的方式思考。换言之，包豪斯相信，心智内部固有一个组合与重组的完形结构化进程，通过这一进程，心智可以转化"物理现实"，而且他们认为（不断涌现的）包豪斯学生、艺术家或设计师经过训练后可以很好地做到这一点。他们打破物质，以掌握潜在的结构（基本的完形，basic gesalts）并将它们重新组成新的形式（构型，gestaltungen）。

然而，他们基于完形创造性地构造世界，此举虽然是本质的，但都与当代具身认知科学（embodied cognitive science）的元素极其相近，比如阿尔伯斯和同为教师的奥斯卡·施莱默及拉兹洛·莫霍利－纳吉也是如此。

如果我们将具身认知情感（embodied cognitive affect）的概念与构型理论联系起来，我们就能发现包豪斯是如何既受其驱使，又在实践中不断挣脱其束缚。莱柯夫和约翰逊的具身现实主义（embodied realism）表明，无论具有创造性与否，思考的能力都是从运动中产生的：即肉体的（somatic）体验和肉体的记忆。触觉的体验组成了心智的基础，而且这些结构并非预先存在的"完形"，而是源于身体体验的思想之隐喻与分类。虽然包豪斯教师们没有意识到这一点，但包豪斯的创造过程同样无可避免地从肉体中产生。一旦他们认识到身体对于创造性而言有多重要，过程性的动态交互就会取代刻板的形式，一如包豪斯舞台上的状况：在工作中理解复杂的动态系统，基本的模式和根本的秩序便会从中显露。至于康定斯基（Wassily Kandinsky）在包豪斯所倡导的刻板视觉审美系统，舞者施莱默深感怀疑。过去30年里，神经学家和哲学家在认知科学领域取得了不少进展，这些成果可以表明具身体验（embodied experience）如何进入我们的认知无意识（cognitive unconscious），同时说明我们大脑活动十之八九都是由这种无意识构成的。具身化需要我们具备寻找意义的能力、思考以及创造性思考的能力。包豪斯艺术家保罗·克利（Paul Klee）基于构型的教育智慧以西方为中心，依赖于文化，但在本质上并不"真实"的。这种教育在包豪斯学生身上非常有效，对于我们而言亦然，因为我们倾向于运动、思考、建造和"即兴"（improvise），这是我们通过文化共同享有的。[⑤]正如莱柯夫和约翰逊所言："文化知识的重要一环表现为传统图像，以及有关这些图像的知识。"

施莱默在他的舞台作坊中解密了这种无意识的知识，使人们更好地理解心智的基本组成并为创造性的构成和认知的"情动"开辟道路。他放弃了"跳跃和舞动"，取而代之的是行走和站立。在空间舞蹈（space dance）、形式舞蹈（form dance）和姿态舞蹈（gesture dance, 1929）等诸多作品中，他都聚焦于他所说的"基本原则"、体验的即时性、运动本身、站立、坐、动动手指头。这是施莱默的"肉身哲学"（philosophy in the flesh），这个术语早在70年前就出现了。施莱默把舞台空间看作一个容器（container）[⑥]，并将舞台幕布和舞台平面看作可移动的墙体，从而框定"被容纳的"（contained）空间[⑦]，他的研究从实践的角度考察了肉体体验（somatic experiences），这足以支持莱柯夫和约翰逊的"初始隐喻"（primary metaphors）理论。初始隐喻联系着稍早的肉体体验和随后更复杂的、通常是饱含情绪的体验，它给予我们神经结构（neural structures），让我们得以思考这些体验。比如，我们通常会将情感和热情（warmth）挂钩："他们热情地和我打招呼。"又如，我们关注物体的物理结构，从而得到组织性的隐喻（organisational metaphors），借此掌握（grasping，另一个初始隐喻）抽象的统一关系。[⑧]能塑形（shape）初始隐喻的基本肉体体验总共有24种，施莱默在他的舞台上研究了其中17种，即：大、向上、亲密、容器、路径、物理结构、支撑、运动、位置、自我驱动的运动、终点、（渴望得到的）物体、物理作用力（forces）、围闭（enclosure）、看、理解和触摸。他从中发展出包豪斯舞蹈（1929）的"剧场要素"（theatrical ABC）。"目前，我会从最简单的音效和舞蹈动作开始，随后将一点点加入戏剧化的元素。我要保持谨慎，尽可能让它自己发展。"如此一来，他就能察觉到，更复杂的认知在什么基础上才得以运转，更具文学性的剧本在什么基础上才能参与进来。1929年，他写道："一面墙的秘密在于它背后是什么。走廊和通道从中产生，随之而来的还有穿行其中、沿其前行、在其前面的能量。走廊的本质被彻底颠覆，它身上能被用于戏剧的属性（dramaturgy）暴露无遗。"他的研究让表演者和"墙"交织在一起，发掘并利用这些戏剧张力。然而，施莱默的思想和关于创造的研究并非独树一帜。尽管施莱默与格罗皮乌斯的关系并不那么好[⑨]，但他与格罗皮乌斯那位爱穿工装的好友莫霍利－纳吉有许多共通点。

莫霍利－纳吉和施莱默的投契之处并不明显，他具有构成主义倾向，并由衷地认同功利主义（utilitarian）且决意运用艺术让人生活得更好。施莱默在书信中透露，他对莫霍利和包豪斯教师瓦西里·康定斯基（Wassily Kandinsky）的美学理论深感怀疑，认为这两位推行的美学系统都十分刻板。然而，莫霍利的创造愿景是基于其"制造"（produktion）概念的，这个概念和"复制"（reproduktion）相对立，与施莱默在舞台上的实践研究十分相近。正如莫霍利－纳吉在他的摄影中回避"明信片式"地复制森林、山脉和湖泊，施莱默在他的舞台上亦然。格雷戈里·柯里（Gregory Currie）和伊恩·雷文斯克罗夫特（Ian Ravenscroft）区分了两种类型的想象，一种是创造的（creative），一种是再造的（recreative）。再造的想象重构了现实，对社会运行和人的共情能力而言至关重要，而且它让"心智的理论"（theory of mind）成为现实，借此，我们得以将它灌输到与我们不同的信仰中。而创造的想象力则是将两种事物合而为新事物的能力，这和莫霍利的"制造"是一样的。摄影的用途并不在于拍摄度假照片或者在室内拍摄肖像。莫霍利－纳吉认为摄影是"光构型"（lightgestaltung），这个词在英语中常常被译为"light manipulation"（光处理），但这种译法没有体现出构型的意味，"light creations"（光创造）更恰当。施莱默也是这样想的："睁开眼睛、打开感官去面对色彩和光的纯粹力量……透过纯粹的光明，我们可以在色彩的简单变化中感知到奇幻的（fantastic）可能性。"莫霍利的摄影运用了刁钻的角度和特写镜头，他还在"黑影照片"（photograms）中用到了感光纸（light sensitive paper），他的摄影作品是奇幻的创造，迫使我们以全新的角度看世界，借助技术手段，瞥见物质和光的鲜活世界中迄今未知的联系。他为商业剧场设计舞台时，也会运用光来"创造"空间，比如他在《蝴蝶夫人》（*Madame Butterfly*，1931）中设计的"开放"结构，正是让空间根据光而变化。

莫霍利－纳吉希望将人类推向"其生物学能力的上限"[⑩]。正如莱柯夫和约翰逊所言，我们所受的限制不仅体现了我们身体的上限，更能说明我们惯常与世界互动的上限。我们本能地（default）通过基础性的范畴和无数精神图式（mental schema）进行初始隐喻思考，这源于儿童和成人时期不断重复的身体体验——心智和肉体的联系无可避免，笔者提及施莱默的作品时，也曾阐述这一点。尽管我们的感知结构让我们能高效而快速地活动，在生活世界中游刃有余（通常很舒适且如我们所愿）并构成了"我们赖以生存的隐喻"[⑪]，但它们未必能裨益于创造。约翰内斯·伊顿和莫霍利－纳吉都在先后掌管包豪斯初步课程的过程中明白了这一点。包豪斯运用了简单而基础的构型形式（圆、方形、三角形以及施莱默在舞台上的案例，如坐、站、走等），而伊顿和莫霍利－纳吉都打碎（pulverisation）了物质材料（弯曲、劈开、拆解、切割、磨碎）。对于此，菲利普·普拉格（Philip Prager）如是阐释：他们希望清除懒惰的思考习惯，让人像一个孩童一般重新开始，用莫霍利－纳吉的话来说，就是"客观地"（objectively）看或体验世界。施莱默认为自己舞台上的方法"非常简单，人应该尽可能让自己远离偏见；如太初之时那般行动"。他不赞同一下子将事物分析成死物，认为应该让事物循序渐进地自行展露。莫霍利－纳吉也主张要沉浸在创造的游戏中，抛下逻辑，用非惯常的模式去感知。在如此状态下，我们开展熟悉的日常活动（如行走、坐和站立），我们处理材料并当作这是我们与它初次遭遇，我们将自己全然向新事物敞开。这时，创造力都会从上述过程中涌现。

施莱默和莫霍利一样，认为摄影这种媒介应该是创造的，而非再造的。他没有用照相机捕捉自己舞台作品的现场瞬间，而是精心组合他的舞台照片，处理明暗，把它们当作自洽的组构（compositions）。在《三元芭蕾》（*Das Triadische Balett*）的研究中，他甚至将各种图像拼贴在一起，在其中考察比例和人之形象。（图1）这张拼贴画展示了如何通过服装开发出空间的几何特性，将我们带到一个想象出来的理想虚拟空间中；图片上的奇异空间里，分布着网格状的地面和身着奇幻服装的舞者。我们不可能在现实的舞台中创造出这一场景，然而，这张图片

图1 《三元芭蕾》研究：空间中的形象

最能让人想起柏林艺术馆包豪斯100周年庆典中的《总体舞蹈剧场》(*Totale Tanz Theatre*)。

包豪斯在20世纪中期被捧上神坛，与一个离身的、科学而纯净的艺术制造机器画上等号。值得庆幸的是，在2019年，即这个高深莫测的机构100周年诞辰之际，这种状况终于得以彻底改变。过去20年以来，人们越来越能理解包豪斯的计划，他们对包豪斯的观念也随之转变，不再重复陈词滥调，而是更细致地理解这个机构。凯伦·巴拉德(Karan Barad)曾提及"内在活动"(intraaction)或"混杂而多样的连接"(complex manifold of connections)，包豪斯正是一个生动的例子。威廉·赫夫(William Huff)曾于2011年写道："包豪斯并非从始至终都是一个样子……而是富于变化的：从最早期的伊顿……到中期的莫霍利……再到最后的阿尔伯斯。"格罗皮乌斯率先在美国宣传包豪斯，然而事到如今我们必须承认，这带来了些许不良影响并造成误解。格罗皮乌斯流落异邦，处于不利境地，急需建立起自己的声誉并开始新的生涯。他不遗余力地将包豪斯的设计理想与美国现代主义反法西斯的线条和生活方式挂钩。比起早先在魏玛受社会主义和表现主义影响的混沌(甚至有时十分怪异的)岁月，他更倾向于强调后来的德绍时期。他宣称，包豪斯致力于在"设计的科学"中寻找"客观共有的形式特征""超越个体的普遍法则"和"受普遍认可的基本概念"。如此的雄心壮志与构型设计基本原理中的"邻近性、相似性、连续性、闭合和连接性"相吻合。这组概念由鲁道夫·阿恩海姆(Rodulf Arnheim)提出，随后几乎被西方世界所有设计院校接纳。现代建筑发展至20世纪中叶，其刻板而无情的线条也体现出同样理性的驱动力。早在20世纪70年代，西方世界就重申了一种更加有机的建筑和居住空间方法，这一趋势始于一本重要著作《身体、记忆、建筑》(*Body, Memory, Architecture*)[12]，以及与包豪斯密切相关、后来渐渐在世界范围内遭到摒弃的国际风格(the internationalist style)。

如今，更迫在眉睫的问题在于，我们对包豪斯理想的判断，还受到生态和伦理争议的影响。我们开始质疑整个西方消费主义的根基，而良好的产品设计(这当然是包豪斯的发明)正是其外衣。以苹果手机为例，人们逐渐意识到其无瑕的外表，这恰恰说明，我们已经对消费主义司空见惯，而且无休止地消耗着物质；再者，它诱人的外观掩盖了污染、贫穷和人类苦难的潜在问题[13]。100年过去了，人们正在重新审视包豪斯，无论是好是坏，都是为了我们能生活得更好(这点和格罗皮乌斯1919年的伦理计划并行不悖)。

为地球而战的生态学家们认为，我们在"积极的物化过程"中占有一席之地，而"具身化的人类是其中不可或缺的一部分"。随后，阿恩·奈斯(Arne Naess)从贯穿包豪斯的构型概念着手，阐释了自己的世界生态观。构型是"整体(wholes)，我们把它领会为一个本质上有机的、可辨认的统一体，是可成一体而行动的关系网络"，而且"只有在组成一体(entity)的各种关系之中，才固有同一性(identity)"。对奈斯而言，地球自身就是一个巨大的构型或形式，而当整体中加入了新的部分时，发生变化的不仅是整体，所有组成部分都会随之变化。生态是动态的、非线性的、内在活跃(intra-active)的现象，重要的是"之间"(between)而不是"中间"(in-between)的活动。包豪斯活生生地向我们证明，有这样一种内在活跃的方法，可以通向情动的艺术和设计：对改变人之心灵、心智与生活的渴求。

2 2019

"百年包豪斯：开幕庆典"(100 Jahre Bauhaus: Das Eröffnungsfestival)于2019年1月在德国举办。我在柏林匆匆停留数日，参加这个不容错过的活动。那儿有各色表演、展览、派对、讲座、电影等活动，还有一连串实验艺术、映照历史和行为表演的节目，安排得满满当当，让人眼花缭乱。

为期一年的纪念活动"百年包豪斯"的宗旨是"重新思考世界"(die welt neu denken)。早在1919年，这项任务已经迫在眉睫，如今更是刻不容缓——无论是从生态学、政治还是文化的角度。我平素就喜爱包豪斯的制品、舞蹈服装、照片和包豪斯人，但此行还是给了我新的启发，让我重新感受到艺术所具有的、能驱使我们重新思考世界的力量，或者说，使世界重新具身(re-embody)。这次开幕旨在通过挑战性的艺术、崭新的理念和新的肉体体验以及激烈的争论，撼动人们惯有的认知地图。

柏林艺术馆包豪斯百年的主展览"光、影、轨迹"展出了晚近及新近的艺术作品，以不同的方式重构光、影、形式和空间，

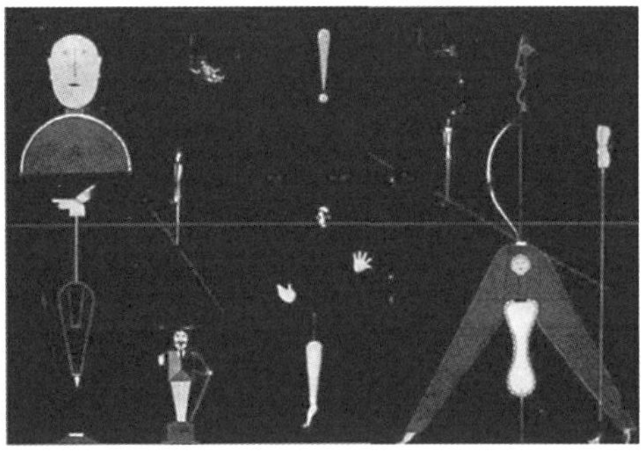

图2 施莱默编导《戏剧化姿态舞台》，1926/1927年

图3 施莱默《形象橱柜Ⅱ》的图像拼贴研究草图，1922年

图4 《总体舞蹈剧场：人与机器的虚拟现实装置》，2019年1月于柏林艺术馆全球首演

其中还包括重新制作的《三元芭蕾》服装。[14]根据展出画册的描述，这些时常令人感到心醉神迷的沉浸体验和装置“照亮一条道路，它从我们人类于宇宙中的存在出发，通向星辰，通向来世、永恒、无限，通向星系之外，在那里，事物以我们无法沉思的方式运行，叫人震惊，也叫人入迷”。正如这一大胆的主张所言，这些展品带着情动的能量，让我们看到人之脆弱与苦难，还指明了新世界与新方向之所在。

室内展览空间的最后部分主要展示了《总体舞蹈剧场：人与机器的虚拟现实装置》[15]（*Das Totale Tanz Theater: Eine Virtual Reality Instalation für Mensch und Maschine*）。黑色圆形小室的高大外墙如同舞台，真人大小的舞者形象舞动其中——他们是投影出来的，在外墙背面也能看得见。舞者的戏服类似《三元芭蕾》中的形象（figurines）；而且，他们每次移动，都拖出一道残影，实现了施莱默认为空间是一个厚重而柔韧的实质之奇思。在施莱默的时代只能想象的东西，如今又一次借助数字技术得以实现。围绕中空的圆形小室而行，可以从入口处窥见其内部的情况：4位头戴虚拟现实设备的参与者各自面对一个舞动的形象，显然都沉浸在自己的世界里。他们动作幅度不大，但是都专心致志。一旦其中有人轻轻动了动，或许就都能反映出某些受到压抑的、和自身体验相关的触觉联系。对于此，旁观者就只能猜想了。

参与者们事先通过文字描述，获悉了自己未来12分钟将在总体剧场内遇到什么。我对数字技术不太熟悉，这是第一次使用虚拟现实设备。因而，这次体验从一开始，当看起来满脸期待的舞者突然出现在面前时，我无法按预设的那样，控制其更换戏服，这个场景转瞬即逝。舞蹈很快便开始了，而我随之进入了施莱默笔下“波动而流转的空间”，戏服在其中变成了“可变形的建构体系”，这是“绝对的视觉舞台”。

根据展览标识和图录的说明，《总体舞蹈剧场》的灵感来自施莱默的舞台实验和格罗皮乌斯、莫霍利－纳吉以及莫尔纳（Molnar）的总体剧场愿景。在莫霍利的舞台上，表演者的角色并非由人类承担，他更喜欢投影，《机械怪物》（*The Mechanized Eccentric*）的总谱正是如此。而格罗皮乌斯和莫尔纳的总体剧场中也根本没有人的形象，除了理想中的建筑外，别无其他。因而，2019年总体剧场空间里的表演者其实都归功于施莱默一人。这些表演者本能生成的弱空间（visceral enervation of the space）完全是基于施莱默的先例，得益于他的启发，吸收了他20世纪20年代在包豪斯内外所进行的研究而成（图2、图3）。最重要的是，这些躯体身着的戏服是建构（built-up）起来的，而舞蹈服装恰是施莱默《三元芭蕾》（1922年）中主要的编舞道具，单凭此，人的形象就能占据整个舞台，否则那里将会沦为空间感知的贫瘠之地。正如施莱默所言，“人，一直以来都在寻求意义”。在《总体舞蹈剧场》中，舞者身上的几何建构《三元芭蕾》戏服是经过高度精练的版本：他们身上附着一个个金属环，对于他们的身体而言，这一结构既是阻力，又是助力。它们是服装的一部分，盘旋在不断运动的身体四周，除了脚踝、膝盖和腰上的几个固定点外，与身体并无接触。（图4）其他舞者身着不同的戏服，有的舞者手腕、腰、膝盖和脚踝处系着细杆，就像在《杆舞》（*Stick Dance*）中那样，有的舞者头部和肩部附着球状的圆圈。在虚拟现实中，“我的”舞者被一队身着其他服装的舞者簇拥着。在笨重的头盔里，我察觉到他们以自己的身躯对抗着物质的阻力，一如百年前包豪斯舞台上那般。如今的数字技术能轻而易举地制造形象突变，而戏服所带来的影响则与之制衡，使舞者并非仅是毫不费劲地变形或俯冲，不至于沦为予人视觉享乐的角色。我身临其境，亲身参与，感同身受——一言以蔽之，我动情了。

我在一个圆管“结构”中上升到了数百英尺高。（图5）显然，我站在一个网格状的小平台上，它可以在我的操控下滑动或转向前后左右，舞者就在我眼前，环绕着我表演。在剧场浩瀚的管状空间中，我一级一级地升高，亲身体会到莫霍利－纳吉“变换不同标高的可移动平面”之愿景。（图6）

莫霍利－纳吉的《机械怪物》和《总体舞蹈剧场》最为接近：在1925年的初版《包豪斯剧场》（*Theatre of the Bauhaus*）中，读者不得不打开一面垂直的长页才能读到它——如此排印

图5 《总体舞蹈剧场：人与机器的虚拟现实装置》场景1

图6 《总体舞蹈剧场：人与机器的虚拟现实装置》场景2

新鲜而奇特，需要读者积极地让自己的身体卷入其中，可惜这一特色没能在1961年的英译本中得以保留。莫霍利1925年的《剧场、马戏团、杂要》（*Theater, Circus, Variety*）嵌入了《机械怪物》总谱的长卷；而事实上，在1961年的版本中，此文的原貌遭到了某种意义上的破坏。⑯初版中的照片和插图无疑都是莫霍利－纳吉深思熟虑之后，加以精确排列的，而英译本的编辑温辛格（Arthur Wensinger）和格罗皮乌斯则全部重新加以排布，但他们对此不太敏锐，让人大跌眼镜。⑰莫霍利的文章原本并无插图，这份关于剧场新空间体验的宣言在1961年遭到了稀释和切割，一连串照片横亘其间，照片上是库尔特·施密特（Kurt Schmidt）的《机械芭蕾》（*Mechanical Ballet*）和牵线木偶戏《小驼背的冒险》（*The Adventures of the Little Hunchback*）以及魏玛的一部哑剧作品⑱；还有一张照片，上面是一套施莱默式的发光条纹舞蹈服装，照亮着周遭的黑暗。这些照片无一能裨益于莫霍利－纳吉的空间和"总体舞台行动"愿景，或许只有那套施莱默式的舞蹈服装除外。在1925年初版中，莫霍利关于总体剧场的文章仍是一篇未遭分割的杰作，紧跟其后的是莫尔纳的《U形剧场》（*U Theatre*），其中，读者的视线多会被《行动中的U形剧场》（*Das U-Theater im Betrieb*）设计图所吸引，而2019年圆管形的《总体舞蹈剧场》与之相似。1924年，莫霍利－纳吉作为编辑，将自己的黑白拼贴画放在莫尔纳的U形剧场后面，通过改变透视、在对角线上施加强大的拉力并展示悬浮的形象（我仍认为他们是投影），为这个"新空间"营造出一种新感觉。然而，就我们理解莫霍利的舞台制景（scenographic）构想而言，最大的遗憾就是没有看到《机械怪物》总谱——那折叠起来、亟待读者展开的长卷插页。

在这一页的四个纵列中，读者需要从水平方向阅读同时性的行动，从垂直方向看线性时间上的总谱；前两个纵列描述了造型形式的活动和影片投影出来的动作，分别在同一个剧场的三个舞台中上演；第三列标记着何时需要灯光、何时保持黑暗；而第四列是音乐和声效。人的形象很大程度上被排除在外，但仍有所保留：此处唯一的形象，似乎是一个正在搏斗的人，我想这应该是投影。密集的同时性、强烈的垂直拉力、极致的高度（"高度"甚至也代表着垂直的时间序列），这些精心制造的感受让人无法抵挡。如果将这份总谱从左到右、从头到尾印刷，可能更合逻辑，然而莫霍利志不在此，他追求的是情动。我忍不住从下往上读，如此一来，线性的时间就被转化为空间体验，再加上2019年1月的《总体舞蹈剧场》，具身的联系也几近得以实现。

莫霍利－纳吉和施莱默都承认，对认知情动的追求，既不是一种单纯寻求愉悦的感觉，也并非在伦理上保持中立。尽管这两位艺术家看似不同，但他们都相信艺术具有改变人类和社会的能量，借施莱默之言，即艺术可以"作用于灵魂"。西格尔（Elizabeth Siegel）的文章《现代艺术家之新工具》（*The Modern Artist's New Tools*）里有一条注释，其中说明了莫霍利如何关心自己的学生以及他们引领着何种生活，还涉及了他们的教育。莫霍利对于生活的主要目标在于，通过设计、艺术与教育，改善"活生生的生活"。本次百年包豪斯展览展出了大量当代艺术作品，没有沉浸在对包豪斯历史的追怀之中，也没有不加思考地为其歌功颂德。莫霍利最爱将光用作一种媒介，这赋予体验一个存在论意义上的维度，然而此举的目标极其具有实践性，挑战着我们惯常的感知方式和思考模式。我曾经写道："我们并非无所可为，而是自己文化和自身命运的塑造者。这同样是施莱默的伦理目标。"莫霍利－纳吉也有志于此，所有为这次百年包豪斯添砖加瓦、为我们时代重新发明包豪斯的当代艺术家亦然。

（原载《建筑学报》2019年第12期）

注释

① 此段为英语原文摘要，中译版摘要为译者所撰。

② 贝奥特利兹·科伦米娜（Beatriz Colomina）和马克·威格利（Mark Wigley）在《包豪斯的颠覆／包豪斯的病毒》（*The Perversions of the Bauhaus/The Bauhaus Virus*）中探讨了这一点。这篇演说于2019年1

月19日（周六），在柏林世界文化宫（Haus der Kulteren der Welt）的包豪斯百年开幕庆典会议“包豪斯有多政治”（Wie Politisch ist das Bauhaus）上发表。

③ 笔者以首字母大写的“Gestalt”指代心理学领域的格式塔理论，以和包豪斯语境中歌德式的构型思想（没有大写）作出区分。详见 Behrens Roy, Daniliwitz Brenda, Huffwilliam, Spillmann Lothar, Tembergergerhard, Werheimer Michael,"Gestalt Theory and Bauhaus", *Gestalt Theory*, 2012, Vol.34, No.1, pp.90－91。

④ 格式塔构型原理被认为是邻近性（proximity）、相似性（similarity）、连续性（continuity）、闭合（closure）和连接性（connectedness）。

⑤ 这和本文英语原文刊登同期杂志上的雷比（Raby）的文章有关。英语原文见 Melissa Trimingham,"The Affective Bauhaus", *Theatre and Performance Design*, 2019,Vol.5, No.1－2, pp.6－21。

⑥ 比如绷紧可见的线，以展示其中的触觉张力。

⑦ 比如1929年的《幕布戏》（*Curtain Play*）和《平面舞蹈》（*Flats Dance*）。

⑧ 比如，“这个理论的各个部分如何组合在一起”。

⑨ 格罗皮乌斯和施莱默的关系有些紧张。

⑩ 关于对莫霍利－纳吉摄影作品更详尽的阐述，参见 Melissa Trimingham, *The Theatre of the Bauhaus: the Modern and Postmodern Stage of Oskar Schlemmer*, London: Routledge, 2011, pp.41－42。

⑪ 这是莱柯夫和约翰逊1980年著作的标题。

⑫ 这种空间设计方法跟随着格罗皮乌斯的步伐，是包豪斯的理想和实际居住空间的基本原理，即使对于德绍包豪斯那种平板玻璃和混凝土建筑而言，也是如此。

⑬ 马克·威格利在《包豪斯的颠覆》一文中以此为例，详见注释②。

⑭ 原作为奥斯卡·施莱默的《三元芭蕾》，由巴伐利亚州立芭蕾舞团／艺术学院（Bayerisches Staatsballett/Academy of the Arts）的格哈德·邦纳（Gerhard Bonner）和约阿希姆·赫斯波斯（Joachim Hespos）重新制作，于2019年1月在柏林艺术馆演出。

⑮ 除了这个庞大的圆形虚拟现实设备之外，还有一个“360°总体剧场”（Das Totale Theater 360），供观者坐下来体验虚拟现实舞蹈，虽然不如《总体舞蹈剧场》壮观，但依然引人注目。

⑯ 参见马修·维特科夫斯基（Matthew Witkovsky）的文章《元素的标记》（*Elemental Marks*），其中提及莫霍利－纳吉在写作和印刷方面的审慎并致以敬意。

⑰ 在1961年的版本中，施莱默关于各种舞蹈服装类型的手稿也被重新排版，如此一来，便失去了其应有的效果。

⑱ 其中《机械芭蕾》以传统舞台的正面视图呈现，《小驼背的冒险》以木偶的正面镜头出现，魏玛的哑剧也是以表演中的正面视图出现。

参考文献

1. Behrens Roy, Daniliwitz Brenda, Huffwilliam, Spillmann Lothar, Tembergergerhard, Wetheimer Michael,"Gestalt Theory and Bauhaus", *Gestalt Theory*, 2012, Vol.34, No.1, pp.90－91.
2. Melissa Trimingham, *The Theatre of the Bauhaus: the Modern and Postmodern Stage of Oskar Schlemmer*, London: Routledge, 2011.
3. Schlemmer Tut, *The Letters and Diaries of Oskar Schlemmer*, Winston Krishna trans, Evanston, IL: Northwestern University Press, 1977.
4. Gropius Walter, Wensinger Arthur, *The Theater of the Bauhaus*, Baltimore, London: The John Hopkins University Press, 1996, p.85.
5. Lakoff George, Johnson Mark, *Philosophy in the Flesh: the Embodied Mind and its Challenge to Western Thought*, New York: Basic Books, 1999.
6. Varela Francisco, Thompson Evan, Rosch Eleanor, *The Embodied Mind: Cognitive Science and Human Experience*, Cambridge Mass: MIT Press, 1993.
7. Damasio Antonio, *The Feeling of What Happens: Body, Emotion and the Making of Consciousness*, London: Heinemann, 2000.
8. Gallagher S., *Enactivist Interventions: Rethinking the Mind*, Oxford: Oxford University Press, 2017.
9. Klee Paul, *Pedagogical Sketchbook*, Moholy-Nagy Sibyl trans & edi, London: Faber, 1968.
10. Hallam Elizabeth, Ingold Tim, *Creativity and Cultural Improvisation*, Oxford and New York: Palgrave Macmillan, 2007, pp.2－3.
11. Schlemmer Oskar. *Bühnenelemente*, Austellungskatalog, Bild und Bühne, Bühnenbilderder Gegenwartund Retrospektive, Baden-Baden: Staatsliche Kunsthalle Baden-Baden, 1965, pp.10－27.
12. Currie Gregory, Ravenscroft Ian, *Recreative Minds: Imagination in Philosophy*, Oxford: Oxford University Press, 2002.
13. Moholy-Nagy László, *Painting, Photography, Film*, Seligman Janet trans, London: Lund Humphries, 1969.
14. Prager Phillip, "Making Sense of the Modernist Muse: Creative Play and Cognition at the Bauhaus", *American Journal of Play*, 2014,Vol.7, No.1, pp.27－49.
15. Barad Karan, *Meeting the Universe Halfway: Quantum Physics and the Entanglement of Matter and Meaning*, Durham, North Carolina: Duke University Press, 2007, p.388.
16. Neumann Eckhard, *Bauhaus and Bauhaus People: Personal Opinions and Recollections of Former Bauhaus Members and Their Contemporaries*, Richter Eva, Lorman Alba trans, New York: Van Nostrand Reinhold Company, London, Chapman and Hall, 1993, p.21.
17. Arnheim Rudolf, *Art and Visual Perception: a Psychology of the Creative Eye*, the new version, revised and expanded edition. Berkeley, London: University of California Press, 1974.
18. Bloomer K. C., Moore C. W., *Body Memory and Architecture*, New Haven, CT: Yale University Press, 1977.
19. Coole Diana, Frost Samantha, "Introducing the New Materialisms", *New Materialisms Ontology, Agency, and Politics*, Durham and London: Duke University Press, 2010, p.8.
20. Naess Arne, *Ecology, Community and Lifestyle, Outline of an Ecosophy*, Rotheberg David trans, Cambridge: University of Cambridge Press, 1989, p.6.
21. Dolphijn Rick, Van Der Tuin Iris, *New Materialisms: Interviews and Cartographies*, London, Ann Arbor: Open Humanities Press,

MPublishing, 2012, p. 14, https://hdl-handle-net.door.bucea.edu.cn/2027/spo.11515701.0001.001.

22. Wagner-Bergelt Bettina, Von Duehren Yvonne, Boragno Peter, *Catalogue, 100 Jahre Bauhaus: Das Eröffnungsfestival*, Berlin: Akademie der Künste, 2019, p. 28.

23. Moholy-Nagy László, "The Theater of the Bauhaus", *Theater, Circus, Variety*, Baltimore and London: The John Hopkins University Press, 1996.

24. Kunz Embrick Lucy, *Oskar Schlemmer, Bauhaus Artist Reexamined*, Pittsburgh: University of Pittsburgh, 1991, p. 91.

25. Witovsky Matthew S, Eliel Carol S, Vail Karole P.B., "Moholy-Nagy Future Present, exhibition catalogue", Siegel Elizabeth, *The Modern Artist's New Tools*, The Art institute of Chicago, Los Angeles County Museum of Art and Solomon Guggenheim Museum, Yale University Press, 2016, p. 234.

图片来源

图1：包豪斯德绍基金会托尔斯滕·布卢姆（Torsten Blume）惠允。

图2、图3：Schlemmer Oskar, Moholy-Nagy Laszlo, Molnar Farkas（1925），*The Theater of the Bauhaus（PAJ Books）*，Gropius Walter, ed.,Wensinger Arthur,trans, Josef Albers: Johns Hopkins University Press, 1961, pp. 42, 93。

图4—图6：交互媒体基金会（Interactive Media Foundation）惠允。

作者简介

特里明厄姆·梅丽莎，肯特大学艺术学院（英国）讲师。

谢明心，中国美术学院艺术人文学院硕士研究生。

巴塞罗那老城：城市更新还是动态提升？

胡安·布斯盖兹／尚普、庞凌波译

我们可以将巴塞罗那看作一种城市传统悠久的欧洲地中海城市原型。在欧洲南部，城市大多具有特定的形式特征和历史形成过程：其城市形式的密度、紧凑性及它们通过扩张而非推倒重建的演进方式，将它们与欧洲北部的城市区分开来。其地中海的自然条件还赋予了它们温和的气候，以及与这片古老海滩的各种殖民文化之间的关联。作为西班牙加泰罗尼亚的首府，这座城市在过去的200年中与现代城市的发展及其工业化增长同步，实现了大规模的扩张。2019年，巴塞罗那市有162.0943万居民住在98.21 km^2的土地上，其大都市区人口约为450万。

图1　海滨老城被新城包围的现状

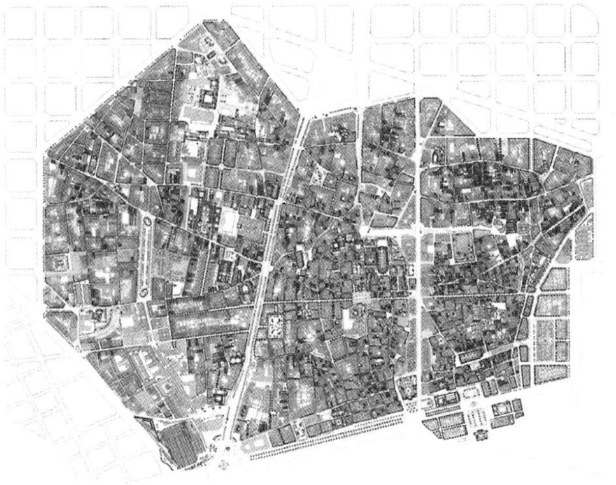

图2　老城价值与形态的综合图

1 巴塞罗那，一座2000年历史城市的诞生

今天的巴塞罗那市最初的起源要追溯到公元前1世纪，很可能在公元前15—公元前13年。那时它正处于罗马统治之下。罗马人来到这里的时间则略早，与公元前218年恩波里翁的建立属于同一时期。从那时起，这一地区的罗马化就蒸蒸日上。

巴尔奇诺殖民地就建立在早先聚居地的位置上，如同大部分加泰罗尼亚的罗马聚居地。这一时期，地处平原的很多罗马村庄以谷物生产为业。它在塔伯山系上的位置决定了它的战略地位，那是两条激流之间夹着的高差约达15 m的小海峡。激流靠近大海意味着由它们形成的盆地在某种程度上提供了一座天然海港。

巴尔奇诺殖民地的选址遵循了与大罗马帝国环地中海建立殖民地相同的标准。这宏大的殖民过程以地中海为枢纽，而海运与密集的罗马路网使之四通八达。

2 围墙之内的城市形态

基于数十项纵横交错的工程，巴塞罗那得以建成。这些工程相互影响，彼此成就。

在明确的功能需求（防御、通行、供给、卫生等）之上，装饰和美化的需求逐渐完善并与之结合，创造出了这座复杂多变、妙趣横生的城市，人们通常称其为“老城”。为了梳理这一系列工程，特别是为了阐明营造和修补这座老城的手段，对它研究十分必要。老城几何的复杂度及其空间的丰富性，反映出的是缜密而理性的干预手段，这些手段已然超越了一般的有机论，或是当地认为老城仅是历史产物的观点所能解释的范畴。

作为对历时性解释的补充，有一种阐释方法着眼于那些构成城市形态的结构要素。这种方法或许有助于从共时性角度理解包括片段、基底与几何形态在内的巴塞罗那老城的环境特征。

图3　老城中主要干预措施的叠加图

这些结构要素主要可分为三类：边界、线性元素，以及功能规划。

老城的边界是指给城市轮廓留下物理或视觉印迹的城郭，如罗马城墙，这座曾沿兰布拉大街修建的围墙，如今以环绕巴塞罗那老城被称为“环路”的街道形式呈现。

线性元素代表着交通网络和建筑通路，可分为三种类型：历史道路，如今成了城市道路；住宅区道路，为方便出入按规则的几何形设计；通行步道，连接城市大道的人行路线。

第三类结构要素涵盖多种不同类型的功能空间：从纪念性建筑群——通常用以举办重要的城市活动，到开敞的城市空间——由清理拆除房屋后产生，还有一系列“不定形”空间，通常是由组织老城的新方法之间的冲突带来的，留待下文详细探讨。

3 城市更新与提升过程的对比

我们认为自19世纪中叶以来，老城的肌理主要发生了两大变化：

（1）更新认定为消极的旧城组织。因为它们缺乏现代设施，所以就遭到了清理和更新。这样做或是出于卫生需求，或是种投机行为，从巴黎到鹿特丹，类似的案例不胜枚举。一些现代的手段——主要基于勒·柯布西耶观点的那些，当时正朝着这个方向发展。这就是“由外而起的城市改造”。

（2）考虑到历史城区提升和改善的需求，同时，试图将纪念性价值与“社会的现代需求”结合起来。

关于巴塞罗那和其他西班牙老城再生理念的发展，一定程度上要慢于欧洲中部的城市。巴黎和维也纳曾发生的老城是否应当进行“现代化”的争论及在这方面具有开拓性的成果，很晚才在我们的语境里出现。可能在这一点上，每个地方的轻重缓急是不同的，而对巴塞罗那而言，“扩展区”是当时的一大挑战。

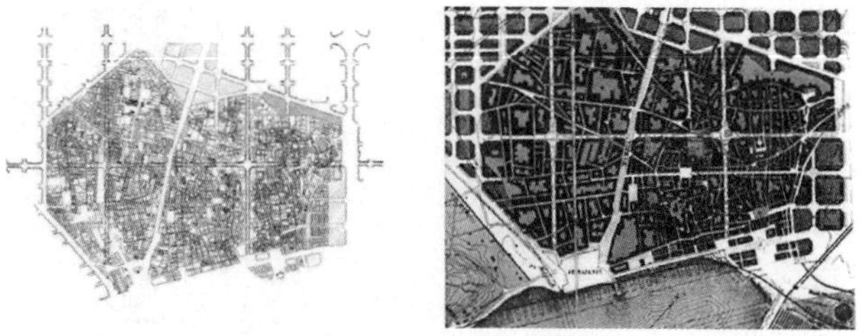

图4　塞尔达的最初规划以及与当前城市地图的叠加

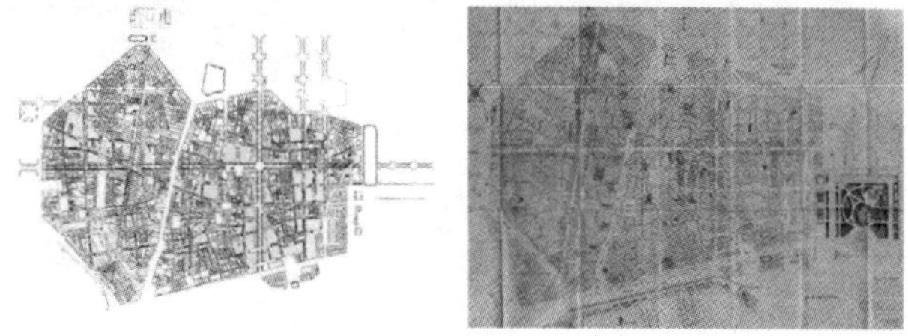

图5　拜塞拉斯的最初规划与当前城市地图的叠加

在近几十年中，这个争论已有了长足的发展。但巴塞罗那老城所面临的一大问题仍然是战后缺乏可靠的城市再生理念与干预手段，而同一时间，其他欧洲城市的更新工作早已紧锣密鼓地开展。我们可以看到在20世纪六七十年代，主要的规划工作都集中在兴建“大巴塞罗那”的都市扩张上，而巴塞罗那老城更多地同其他老城一样，维持原有城市秩序不变。这便促成了“提升过程”的发生。

4 始于老城“之外”的城市改造

塞尔达和加里加与罗加使用了不同的规划模型来进行老城的整体改造。加里加将一种中庸的更新体系整体用于老城：依照类型对建筑进行替换和翻新，营造街道，提升纪念建筑的周边环境，并在不断扩张的“扩展区”建立一些节点。这些项目所运用的机制都在19世纪上半叶进行过尝试，可以认为是一种“由内而起的改造”。与之相对的是，塞尔达倡导将“扩展区”宽阔街道的新城市秩序作为合理化和重构巴塞罗那老城的机制。纪念区顺理成章地被更精细的城市“手工织补”重构，但显然，这样做需要采用一种与豪斯曼巴黎计划类似的外加的规划标准。然而，对于塞尔达，部分项目仍是以“延续与改造”的方式完成的。更令人遗憾的是，“延续与改造”的关系并未在规划中提出，而是在50年后单独实施的，因此既脱离历史情境，又因为所采取的手段与塞达尔的规划并不一致，形成了比最初方案高得多的密度；城市的清理拆除也进展缓慢，困难重重，耗时半个世纪才最终完成。

1879年，《拜塞拉斯规划》为老城制定了一个特别行动策略，从整体布局上对大部分原有肌理进行重构。该规划在开发商的个人努力下于10年后通过。

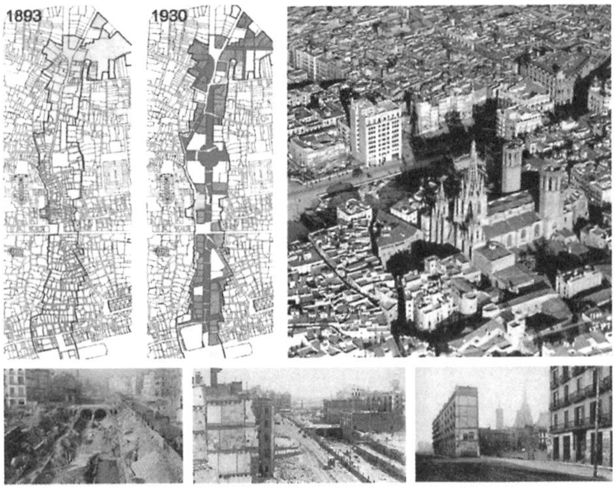

图6 莱埃塔那大街从1893—1930年打开的过程

图7 房屋拆除前后的梅尔塞广场，目的是营造“露天”效果，并为住房再认定创造空间

图8 干道B最终成为拉巴尔街区的一条新兰布拉大街

在市议会与西班牙殖民银行达成协议后，规划最终于1907年全部实施。这是巴塞罗那第一个政府与私人企业合作的城市更新项目，尽管有铁路和基础设施的先例。这一协议使“干道A”莱埃塔那大街得以建成，并按照塞尔达最初的布局将“扩展区”与港口相连。

莱埃塔那大街在巴塞罗那的城市发展过程中是至关重要的，因为它将城市的两个动态焦点连接起来：工业港口和新的住宅增长区。此外，它从老城中间穿过，提高了该区域的可达性。得益于以莱埃塔那大街规划为代表的创新，巴塞罗那的新兴中心圣若梅广场延续了它的象征和功能作用；这条新街不仅提供了一条通路，还促成了新的建筑，如办公楼和商业楼的建设，为老城中心带来了真正的发展动力。这条街道的建设也使在路面下修建地铁成为可能。

莱埃塔那大街建设的这一案例在一定程度上解释了老城改造中所采用的不同实施逻辑。

相对于老城中其他并未被有效打开的街道而言，这个项目是成功的。干道B（同干道A一样的垂直方向，从蒙塔内尔一直延伸到港口）和干道C（从城堡到蒙特惠奇山脚下）从未真正建成，计划中只有零星片段真正得到征收。尽管这些街道在后续的规划中得以延续（1916年的《达德尔规划》及战后的《比拉塞卡规划》），但它们从未得到行政机制或充足资金的支持。

在莱埃塔那大街的这个案例中，规划显然产生了有悖常理的效果。因为为了合理化和更新这个区域，它们被“调整”了，而其布局就像是一个规划方案中的投影部分，虽然从未被实施，其所带来的影响也无法彻底被消除。这种优柔寡断被建筑的产权所有者利用，作为不修理破败老建筑的借口，导致这些区域逐步沦为名副其实的棚户。

规划的阴影与实际方案之间的灰色地带，是对衰败地区和不定形空间之所以存在的一种解释。这些空间既没有体现出恢复历史肌理的逻辑，也没有体现出基于创新理念形成的新概念。

5 1985年以来的提升过程

这个过程的规划和干预手段主要分为五个部分，而后是一系列强调新中期“愿景”的总结性反思。

5.1 既有的规划冲突与重构策略：创建小型广场和改善原有住房

应当指出的是，巴塞罗那老城特殊的规划现状及其相对的多样性意味着有些区域仍未达到今天社会认可标准的生活条件，因而会被某些特定的社会群体占据。对此，有些指标显示，这些区域有形成贫民窟的可能，就像不久前曾发生过的那样。尽管在居住、经济或规划层面为了重新激活这些区域而付出了大量的努力，仍有很多地方需要直接或间接的行动。

干预的规模和形式可能不得不从此为之一变。像短期的大规模干预（针对开放空间、新居住肌理及文化和博物馆活动等）这样的手段，可能会被其他更接近现有城市肌理类型的规划所取代。在对街区详细地研究后，我们发现了相当多的空置住宅。通过收购它们，我们可以妥善地进行翻新并提供给居民使用，这样就可以在尽量少地拆除具有战略意义的街块的情况下，实现在城市中心增加新公共空间的目的。

许多规划的不和谐问题都是由那些让人难以接受的建设项目带来的，一般包括在庭院中的加建或超高建设。这就需要一种新的干预逻辑，分为两个方面：

（1）以“微干预”的方式进行城市更新，这主要针对超高建设或在庭院中及屋顶上的“过度”建设。通过改善通风条件，这

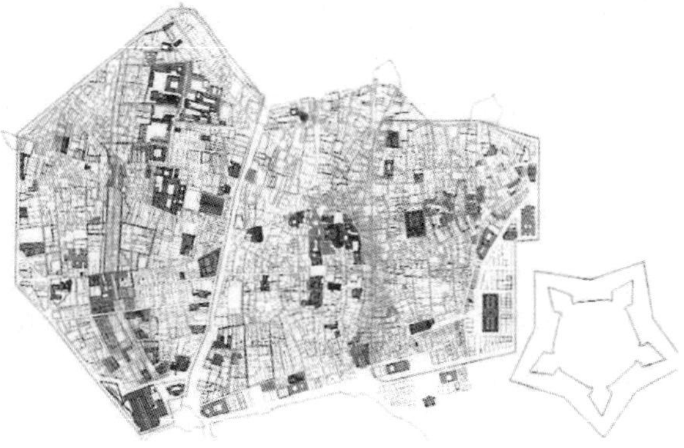

图9　叠加在老城上的规划和干预措施：住房、设施及主要公共空间

图10　阿拉马达－韦尔梅街改善了老城的开放空间网络——另一个由废弃街区的战略选择性拆除创造开放空间的例子

图11　1977年和2019年的波克里亚市场和文化中心区及拉马萨纳艺术学校

些住宅建筑群和街区得以重新投入使用。

（2）基于城市空间的改造，意在直接激发街道的连续性，或直接或通过对小广场进行一系列的功能改善——特别是为人行提供便利，以及改善住宅通风。实践证明，改善后的毛细网络能够与这些场所的特色相协调。

5.2 老城遗产价值的延伸与完善

通过对建筑的在保存其纪念性价值、确定需要特别保护的对象及其周围的环境的重新分类梳理，遗产的投射主体已明晰。

关于城市肌理的街道、广场和特别空间形成的研究，以及对建筑序列的类型化阐释表明，巴塞罗那老城需要明确纪念性建筑或空间的观念应对他们扩展其历史价值的认识，这里的价值已扩展到它们在社会层面的象征意义而不仅停留在它们被认为或被设计为纪念物的这个事实——尽管它们被归类为“古迹或历史空间”。

这种方法要求在老城不同的区域采用不同的标准，因为不同地点的“纪念性程度”和“历史”及价值是不同的。每个部分都需要特定的评估标准，否则很难让像拉巴尔这样的区域契合其应有的遗产地位。

需要强调的是，应将遗产视为活跃、积极的要素，由此就可以将空间和建成系统阐释为同样用于经济和文化策略的地区

图12　巴塞罗那当代文化中心庭院：原先的修道院如今是一个带有开放空间的文化中心

分级政策的要素，并加以调动。

5.3 以建筑为基础的干预

对近期改造或重建项目的观察，为建筑师、管理者、施工公司、政府机构等城市改造者提供了某些工作导则，使他们能够改进干预的方法，以获得更好的整体效果。

例如，涉及设施现代化的住宅单体“修复”，与建筑或建筑群的“整体复兴”分别进行似乎是可取的，而且从巴塞罗那老城的角度，必须不惜一切代价地推广这种做法，以避免城市的衰败。这就需要立法和管理措施来确保住宅存量仍以个体所有为主，而不是走入淘汰的境地，这样城市的复兴就是一种对老城的可持续保护。

对于新建筑，必须投入大量的精力在重构和重建项目的类型化改造上。介入巴塞罗那老城的一致性，有赖于类型化的适应性改造，这涉及了建筑材料、开窗比例等方面，但并非风格上的问题。显然在历史地段，对于创新性创作的尊重或仔细的再阐释，充分的评估是必要的。

5.4 强化老城的“核心价值”：对大型“空置容器”——不再使用的大型历史建筑——的再利用

将大学的一部分迁到老城中心，建造一座巴塞罗那当代文化中心那样的大都市文化中心，并使它成为吸引市民和游客的重要地点，所采取的就是这个策略。沿着这一思路，我们就可以认识到很多项目的价值：波克里亚老市场的翻建及其向马萨纳艺术学校的扩建，以及建筑师恩里克·米拉莱斯设计的圣凯瑟琳市场与住宅区。

5.5 重新阐释城市结构

大都市系统的公共交通方面，老城具有高度的可达性。这是确保维护区域在功能和代表性方面“核心”价值的基础，这样的有利条件不应被破坏。因此，进一步地调节和限制私家车的通行很有必要，毕竟老城区街道规划的承载力有限，而且必须避免与遗产价值形成冲突。

此外，有必要“明确”街道在支撑大部分稀疏的肌理（住

图13　需要新的住宅项目来填补住房的缺口

图14　公交车线路、地铁站和火车站赋予了老城中心性，并实现了纪念性空间的步行化

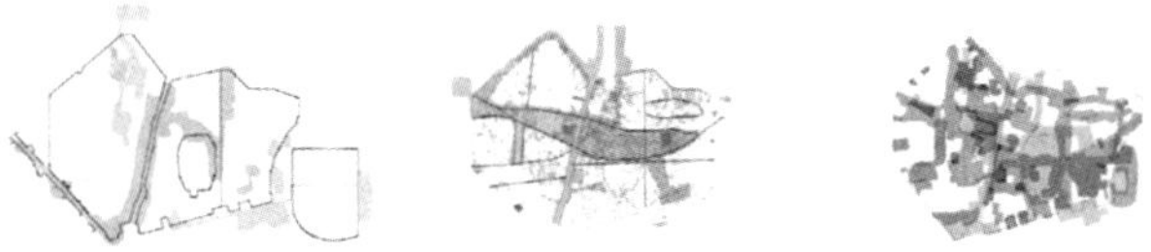

图15　老城的新专题视图：休闲与文化城市、商业城市、艺术城市

图16　翻修后的圣凯瑟琳菜市场，其混合功能包括了养老住房

宅、店铺和设施）运作中所起到的作用。相对的，整体城市结构仍有多重机遇，对于更好地组织服务居民和有空的空间十分重要。

6 长期策略

另一个重要问题可能就是老城与大都市区其他部分的关系的处理。无疑，城市某些部分对其他地方构成吸引力的是它们的内在品质，而首要的就是可达性，这包括了公共交通系统的可达性及私家车的移动性，不过比起其他按照移动性的机械形式生长出来的城区，老城对后者的限制要多得多。从限行、限停车和公共交通政策的角度重新理解当前的状况，有助于解释老城相对于巴塞罗那市系统其余部分的特质。

还需要特别注意的是，要通过在老城墙遗址上的“环路”这种侧向空间区，理解它与扩展区和Poble Sec等邻近市区的关系。这种思考意在重新考虑老城中“切向”或内部干道要素的作用，比如莱埃塔那大街、哥伦布大道和“环路”。

与维也纳和汉堡等其他欧洲城市不同，巴塞罗那标明老城城郭界线的历史“环路”从未能给老城墙与新城提供相互关联的良好空间。不过这个局面如今仍有可能被扭转。

关于干预的可能性，以下三点尚可讨论。

（1）从实现更大程度整合的角度对城市规划和遗产空间的干预。

（2）以各分区的总体复兴为目标的公共干预与多方干预。这些分区均已彻底更新，因此可以与公共空间的干预进行联动。

（3）为实现文化、旅游、社区复兴等的策略，可为规划的介入提供互补性空间。

为了尝试理解老城在巴塞罗那总体城市系统中的潜在作用，我们必须对其进行全面的评估。把多种“愿景”或“策略”当作讨论的基本要素而不是提出最佳选择，以此发掘老城的巨大潜力。

巴塞罗那老城与其他欧洲的历史城市之间的比较，也能够揭示某些中期策略所带来的可能性。

经过努力将巴塞罗那老城的核心角色重新定位为文化、教育和博物馆中心，如今或许是一个提倡历史旅游线路的最佳时机，这将提升老城遗产的一致性。对“博物馆—城”的概念尚有考虑的空间，这可使城市更趋向于“艺术城市”的方向发展，并以此避免负面的专门化。

类似地，一种形式更为紧凑的复兴，能够借由讨论一种假设，建立将老城作为一系列“住宅街道”和“住宅邻里”，以及作为一座具有其独特性的“住宅城市”的认识。

还可以重新激活“典型城市”理念，并在罗马式城市中心划定各种空间，通过环形休闲步道优化纪念性空间的大规模旅游开发，以减少负面影响，并助力其他游线。

这样我们就可以根据历史上或当今的用途来谈论“城市及其历史空间”——无论是绿色空间还是建成空间，这将证明这些空间引发或传播重要活动的能力，以及联系那些遍布城市肌理中的小规模第三产业要素。这会突出地体现在某些最重要的公共空间中。

这些“方向”能够调动和催化出各种行动，对空间和建筑进行评估，并从城市中为其找出对今天具有实用价值和代表性的内容。曾在城墙的庇护下生长和转型的巴塞罗那老城，发展成了今天活力四射、魅力无穷的大型中心。

在这样的情况下，对老城的干预产生了一种新的方法。这种方法基于对具代表性的关注，从而产生对现实的其他阐释。这些阐释或许会让我们更接近一个这样的愿景：城市的历史是基于个体世界的新建筑形式的产生与基于集体世界的新城市空间的产生之间持续的辩证的结果。这种创造性的关系在老城中有着生动的体现，而且这种创造性的关系应当继续维持，为老城的复兴提供语境。在这一过程中，一种双重特性亟待关注——充满本地历史特色的大都市空间，这种赋予它特有价值的组合。

（原载《世界建筑》2019年第11期）

图片来源

图1—图16：Joan Busquets+BAU。

作者简介

胡安·布斯盖兹，哈佛大学终身教授，巴塞罗那规划局局长。

尚普，北京清华同衡规划设计研究院规划师。

庞凌波，北京清华同衡规划设计研究院规划师。

信仰与艺术的重逢——第16届威尼斯国际建筑双年展罗马教廷馆浅析

吴浩然　张　彤

摘　要：本文以信仰与艺术的重逢——第16届威尼斯国际建筑双年展罗马教廷馆浅析为题，研究了展览的策展理念以及作为展览组成的10座礼拜堂的建筑设计，借此回应如何在当下社会、在当代的建筑语境中融合信仰与艺术这一展览主题。

关键词：礼拜堂；信仰；艺术；威尼斯双年展；罗马教廷馆

1 引言

第16届威尼斯国际建筑双年展罗马教廷馆位于圣乔治·马焦雷岛（San Giorgio Maggiore）南岸一片茂盛的林地中（图1），主策展人是意大利著名建筑史学家、威尼斯建筑大学教授弗朗西斯科·达尔科（Francesco Dal Co）。他邀请了来自10个国家、具有不同文化背景的建筑师分别设计了阿斯普隆德展馆和10座礼拜堂。（图2）

大多数建筑展览的主要媒介依靠图纸模型与现场装置，而罗马教廷馆通过实体建造使每座建筑真实地展现在大家面前。[①]一片海岸林地即是展场，10座礼拜堂轻盈均匀地分布其中。参观者身处其中，能够直接体验和解读建筑及其与环境的关系。策展人所设想的展馆就是由建筑和环境组成的，而不是一座孤立的建筑。这个概念正是罗马教廷馆的策展前提。

2 教堂与礼拜堂

教堂是上帝在尘世间的居所。人们将D.O.M镌刻在教堂的立面外墙上并非偶然，这是拉丁语“Deo Optimo Maximo”（献给至高无上的上帝）的首字母缩写。

无论是建筑形态、尺度还是礼拜功能，礼拜堂与教堂之间都有所区别。礼拜堂的英文“chapel”源自拉丁语“cappa”，意思是斗篷。[②]天主教徒圣马丁曾割下他一半的斗篷赠予路边受冻的乞丐，而那个乞丐相传是耶稣的化身。法国图尔梅罗文加王朝宫殿（Merovingian King's Palace）的圣地里供奉着这件斗篷，

图1　罗马教廷馆的基地位

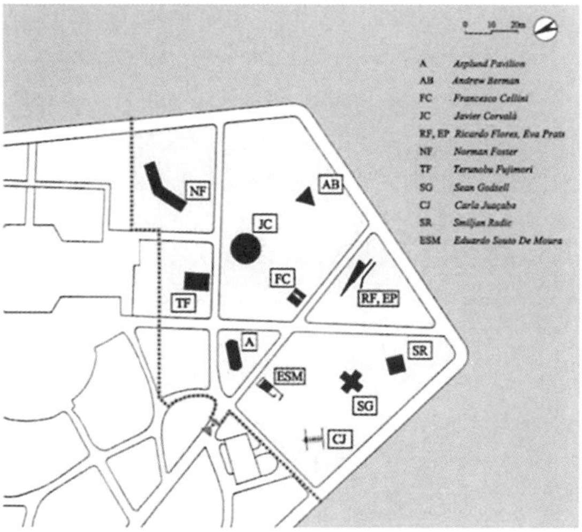

图2　罗马教廷馆的总平面

表达了人们对天主教“仁慈”精神的崇敬。从严格的词汇学意义来说，这片圣地是历史上第一座礼拜堂。由于历史原因，早期的天主教礼拜堂不是独立的建筑，多是住宅中存放圣物的专用房间，供信徒祈祷及举行礼拜仪式。随着中世纪天主教的不断发展，礼拜堂成为大教堂的一部分，或是广泛分布于城镇中的独立建筑。在这里人们能远离尘世的压力与嘈杂的人群，静默地祈祷。因此，早期天主教礼拜堂的建设初衷是对殉道者或圣人的献礼，而后演化为人们日常礼拜活动的场所。若从功能角度考虑，我们可将礼拜堂视为一种小教堂，仅包含最基本的礼拜仪式元素：诵经台、圣坛及相关的装饰与陈设。

礼拜堂设计的实质是人们精神诉求的物质呈现，总是反映着人们所处的特定时代及社会文化。它是一种美丽、和谐和灵性的场所，从世俗的空间中脱颖而出，但它不是避世离俗、与世隔绝的场所，不能仅仅使人沉浸于缭绕的云雾、闪烁的烛光与礼拜的颂祷中。真正的神圣要与世俗相融，不是消灭世俗，而是要在与其碰撞、对话的过程中共同发展。

3 信仰与艺术的分离

人类历史发展的大部分时期，艺术与信仰一直联系紧密，艺术的生命力一直与宗教的教义和仪式密切相关。[③]18世纪最伟大的英国诗人威廉·布莱克（William Blake）认为，艺术与信仰的关系一直亲如姐妹，它们是西方文化的伟大密码。早期基督教曾敌视艺术，而后又不断地借艺术之手传播基督教义。从早期基督教墓窟艺术的雕刻到中世纪教堂内讲述圣经故事的壁画，无不是通过艺术宣扬神性。文艺复兴时期的教堂与礼拜堂多是由当时最杰出的艺术家设计。20世纪的艺术家马克·夏加尔（Marc Chagall）曾说：“几个世纪以来，画家们把画笔浸泡在《圣经》的彩色字母中。”[④]米开朗琪罗（Michelangelo）、拉斐尔（Raphael）、波提切利（Botticelli）等著名艺术家都曾以《圣经》故事为题材，在西斯廷礼拜堂[⑤]的穹顶和墙壁上创作了大量绚丽的壁画。

然而进入20世纪后，二者却有走向分裂的趋势。一方面，艺术与宗教渐行渐远，艺术家们将目光转向世俗生活，更多地致力于塑造新的艺术形式。20世纪的艺术变成了大多数人都难以理解的晦涩表现，并且被过度人为的市场化方式所控制。另一方面，神学与教义变得几乎全是抽象的理论，无需借助形式、象征或隐喻来表现神性。20世纪初期的一些教堂建筑逐渐疏离了神性和美感，流于单调的设计手法与空洞的形式表现，既无法叩动心灵，也缺乏与新的建筑语言的碰撞与和解。鉴于这种现实，人们心中萌生了重新融合信仰与艺术的诉求。

图3　阿斯普隆德设计的林地礼拜堂

4 信仰与艺术的重逢

1965年12月8日的第二次梵蒂冈大公会议闭幕仪式是一个重要的历史转折点。理事会的元老们在大会上宣称：“我们的世界需要美丽，而不能被绝望所蒙蔽。”[⑥]他们期望信仰能更好地适应现代社会与环境，能与世俗环境相融，而不要遗世独立于尘世。如何融合当代建筑与基督信仰？如何考虑物质与精神、神圣与世俗、神性与人性之间的关系？2018威尼斯国际建筑双年展的罗马教廷馆试图回答这个问题。策展人将古纳尔·阿斯普隆德（Gunnar Asplund）设计的斯德哥尔摩林地墓园（Skogskyrkogården）礼拜堂（图3）作为展览的重要参照，意在激发建筑师们对这一特殊建筑类型的追忆与反思。这座小礼拜堂是林地墓园为儿童举行葬礼和冥想的地方，代表着整整一个世纪前，人们对自然世界中神圣事物的追求。

4.1 阿斯普隆德馆与林地礼拜堂

古纳尔·阿斯普隆德曾去丹麦的莫恩岛上的利斯伦德（Lisenlund）庄园参加婚礼，庄园及周边环境给了他设计灵感——由树木环绕的简洁朴实的木构礼拜堂。[⑦]林地礼拜堂的外观看上去就像一座农舍。然而其高耸的坡顶、深远的檐口、森然有序的柱廊、内部的穹顶及环形的柱列，却反映出这座礼拜堂“神庙”的内在。[⑧]它是林地墓园火葬场的一部分，专为儿童举行葬礼，供亲朋好友前来悼念并做最后告别。人们或汇聚于屋檐下，感受着茂密丛林中凝重的场所氛围；或安坐在室内的圆形柱列间，相互慰藉凭吊死者的沉痛情绪。室内外空间朴实无华、亲切安详的意境，具有至深至切的感染力。建筑师对礼拜堂的装饰经过严谨的思量，最重要的饰物位于主入口上方的屋顶上，是卡尔·米勒斯（Carl Milles）的“死亡天使”。这座小雕塑因张开怀抱欢迎来访者的姿态而颇受争议。主入口的大铁门包含了很多基督教符号，钥匙孔是头盖骨的眼睛，象征为死亡打开了大门。（图4—图7）。

图4　阿斯普隆德绘制的礼拜堂大门钥匙孔图案

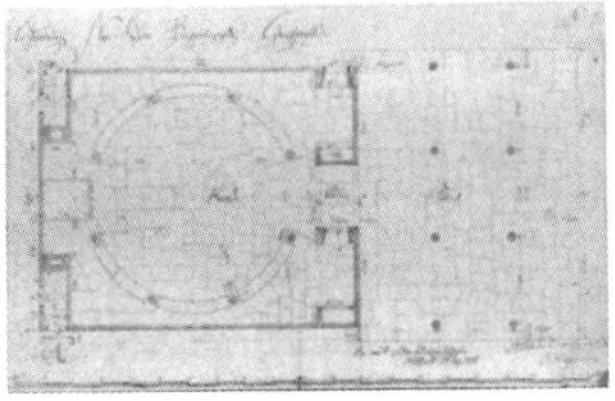

图5　阿斯普隆德绘制的林地礼拜堂平面

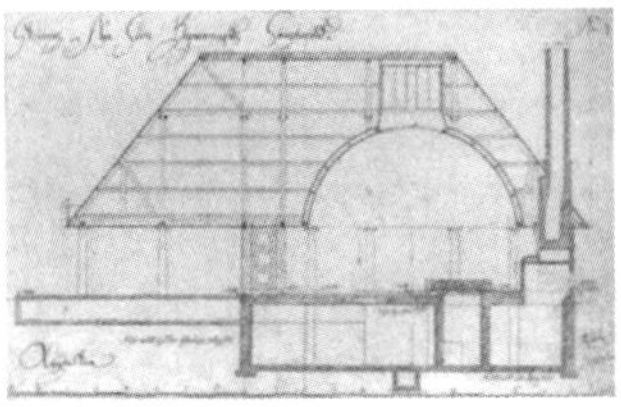

图6　阿斯普隆德绘制的林地礼拜堂剖面

图7　阿斯普隆德绘制的林地礼拜堂立面

图8　阿斯普隆德馆外部

图9　阿斯普隆德馆室内

图10　林地礼拜堂模型

罗马教廷展馆入口处的阿斯普隆德馆（图8）是展示“林地礼拜堂”及其价值的专题展馆，由弗朗西斯科·马格纳尼（Francesco Magnani）设计，全部由来自北欧的木材建造。建筑的棱镜形体恰如其分地嵌入林间，其深灰色鳞片状外表皮与浅色板材内饰产生了强烈对比，天光通过两侧对称的天窗进入空腔，再折射进展示空间。这与“林地礼拜堂”如出一辙。（图9）这个展馆是整个展览中唯一的非宗教建筑，用以展示阿斯普隆德于1918—1921年设计的“林地礼拜堂”的方案及模型（图10）。策展人的目的不止是给受邀建筑师们提供参照，更重要的是唤起人们对阿斯普隆德与林地礼拜堂的追忆。

4.2 10座礼拜堂

为呼应本次双年展“自由空间”的主题所体现出的包容性与人文情怀，策展方允许游客自由进入这片属于乔治·契尼基金会（Fondazione Giorgio Cini）的私人花园。[⑨]这块均质的林地是对漂泊生活的隐喻。场地内并没有所谓的终点。[⑩]10座礼拜堂散落分布其中，象征着《圣经》的“十诫”，是其在现实世界的物质载体。除了圣坛和讲道台的功能要求外，礼拜堂不受其他礼仪与规范的限制，使得每位建筑师都能凭借自身的经验与感觉进行创作。在这枝繁叶茂、返璞归真的自然环境中，不同文化背景的建筑师们以“林地礼拜堂”为主题，用多样的艺术手法对信仰做出了他们的诠释。

4.2.1 寻觅圣光的庇护

“神说‘要有光’，就有了光。神看光是极好的，就把光暗分开了。神称光为昼，称暗为夜。有晚上，有早晨，这是头一日。”[⑪]人们对光有着莫名的热爱，人们追寻光、拥抱光，也想方设法地创造光。光影是建筑师塑造精神空间的重要元素。建于13世纪的巴黎圣礼拜堂（La Sainte Chapelle）的圣龛中供奉着耶稣受难时戴的荆冠残片，建筑立面大部分被彩色玻璃窗覆盖，使圣龛沐浴在灿烂又神性的光线中。20世纪的朗香教堂与光之教堂都能使人产生视觉刺激与情感共鸣，体会到光影的神圣与庄严。对空间与光影的创造直接影响着人们对神性的感受。唯有光与精神的感受相吻合时，建筑才具有表现力，才能触及神性，才能达成信仰与艺术的相遇。

建筑师安德鲁·伯曼（Andrew Berman）通过材料、光影与空间三个方面的对比手法展现出一座简单的小木屋如何能成为人们的精神空间。这座礼拜堂被称为“匿名的再现”，形式类似于古代的木构棚屋。[⑫]等边三角形平面及单坡屋面勾勒出建筑清晰的几何形态。它是木结构的，外表皮由白色半透明的聚碳酸酯薄板覆盖，内饰则是喷上黑漆的胶合板。室内外材料的强烈对比产生了清晰的空间界面，凸显了入口处的门廊。门廊的尺度被刻意放大，以吸引人们停留于此，还可欣赏周边美景。胶合板屋面从建筑顶点向下折叠形成空腔，使天光得以进入室内，这让人想起林地礼拜堂的穹顶光腔。人们可以坐在端头的台子上，在黑暗中观察洒落的天光。它是人们在黑暗中寻觅光明的空间。光亮与阴暗的对比给人以宁静、肃穆之感，表达出空间的神性。室内外空间氛围的强烈反差给人以心灵的震撼。建筑师采用棚屋这种与日常生活相关的原型，表达出日常的活动及物的形式如何丰富着人们的精神体验（图11、图12）。

圣乔治·马焦雷岛上的步道从修道院一直延伸到湖边。里卡多·弗洛雷斯（Ricardo Flores）和伊娃·普拉斯（Eva Prats）设计的这座晨堂位于一条很长的小路旁，坐落在步道与湖水相接处。（图13）天刚破晓，清晨第一缕阳光透过圆形洞口投射到墙上。(图14)这是一座为清晨建造的礼拜堂。晨光在《圣经》里象征着上帝，晨光和黑暗中绵延不绝的森林营造出静谧的空间氛围。礼拜堂的墙体平行于道路。通过墙上的一扇门，人们可以转道进入森林中去探索未知的道路。林中的新鲜空气、声音与光线共同笼罩着这座晨堂。它是节奏的转换，是呼吸的变奏。建筑与自然在此融为一体。礼拜空间则是在墙壁上挖出的空腔，面向一侧开敞，能为人们遮风避雨。整个建筑结构紧凑，建筑师以单纯、连续的表面摆脱细节的纠缠，营造出坚固、原始的建筑形象。

图11 “匿名的再现”

图12 天光从空腔进入室内

图13 “晨堂”

图14 清晨的第一缕阳光

图15 “普适性的动态实体”

图16 从圣坛仰望天空

4.2.2 日常生活中的信仰

信仰不仅体现为一种制度性的社会活动，同时也是人们在世俗生活中的精神依托。换言之，信仰不仅是宗教仪式，更是一种生活。信仰存在并表达于日常生活的方方面面，而不只是在教堂的仪式中。本次展览邀请的建筑师们来自世俗化程度不同的各个国家。他们用建筑语言诠释着日常生活中的信仰。

澳大利亚建筑师肖恩・戈德塞尔(Sean Godsell)自小接受基督教教育。教会不仅带给他上帝的话音，而且传授他知识与文化。他设计的这座礼拜堂呼应着教堂的钟楼，隐喻着威尼斯密集的城市肌理与日常生活。它是一个可移动的塔状结构，能够通过4个可调节的襟翼状金属板开闭其内部空间。金属板打开后，4个建筑立面都是倒立的十字架形象，与中央的圣坛及周围的长凳形成一块即时的礼拜空间。竖塔内面为金色铝板，穿过其中的金光在任何一个尘世的角落都将营造出一个神圣的中心。只要人们心念上帝，这个可拆装的简易构筑就会以金色的光芒照亮尘世。(图15、图16)

在当代日本，基督教与十字架的关系并没有改变。基督教在16世纪中叶传到日本时，十字架作为圣物，被置于京都南蛮寺(日本最早的基督教堂)的屋顶上。而现在只要屋顶上有十字架，一座普通民宅就会被认为是教堂。建筑师藤森照信(Terunobu Fujimori)的设计理念就是将十字架与日本传统木建筑相结合，将神圣供奉于日常生活中。礼拜堂的外墙是黑色的，暗示着这是供人们静默祈祷的地方。一面内墙粘满木炭，在十字架周围留白，以白净的墙体突出金色的十字架。十字架上的金色树叶象征着耶稣升天，在阳光的照耀下光彩夺目。人们通过窄门进入这座外观类似马厩的建筑，看到金光之中的十字架时，就会想起上帝之子在神光照耀中的升天场景。(图17、图18)

正如葡萄牙诗人达维德・费雷拉的诗句“万事万物皆有其时”所述，建筑师德・莫拉(E. Souto De Moura)设计了由4面石墙围合而成的空间，厚重的蜜色维琴察大理石以咬合的方式互相搭接。内部的石台以及石墙上精致雕刻出的十字架象征着圣坛。石墙内侧窄长的凸出部分供人休憩攀谈，厚重的石墙营造出礼拜活动的私密性。主入口正对着一棵大树，二者似浑然天成，建筑与环境融为一体。礼拜堂的名称“不，它不是”意即这是生活化的冥想空间，而非不可向迩的神圣场所。德・莫拉不愿被礼拜堂建筑形制的条条框框所束缚，他想要创造的就是一处纯净的场所，一处供人们日常冥想的地方。(图19—图21)

历史上很多礼拜堂总是建造得比其实际尺寸更大。由于人们对于大体量的追求，礼拜堂内的建筑构件反而显得缩小了。窗户、门、柱子都还是满足人基本需求的尺度。很多礼拜堂的墙壁都做成厚重的实体，没有缝隙，以免暴露小尺度的室内元素。这些都使智利建筑师斯米尔扬・拉狄克(Smiljian Radic)感到困惑。在智利有句古老的谚语：“路边的神龛是捕捉灵魂的陷阱。”拉迪克以路边的神龛为原型，以薄墙和敞开屋顶表达日常生活中的纪念性。以60 mm厚的预制混凝土墙和一块玻璃屋面这种世俗的构筑来营造神圣空间。一根钢梁和一根木柱支撑着玻璃顶，二者形成了一个十字架。入口处有一扇巨大的斜木，人们可以借助门的自重轻巧地打开它，其非常规尺度设计是建筑师对大教堂主入口的回应。(图22、图23)

图17　十字礼拜堂

图18　墙上的木炭与金色十字架

图19　“不，它不是”

图20　“不，它不是”的模型

图21　“不，它不是”的内部空间

图22　路边神龛

图23　钢梁与木柱形成的十字架

图24　十字张拉整体结构

图25　十字张拉整体结构的总平面图

图26　“不是一座建筑，而是一种沉思”

图27　圣坛上的《圣经》雕塑

4.2.3 信仰寓于自然林地

100年前，在林地公墓的树林中，阿斯普隆德设计的“林地礼拜堂”将一座北欧农舍与神庙的穹顶结合起来，而圣乔治·马焦雷岛的这片林地就像是由毗邻的树冠构成的天然穹顶。建筑师们尊重自然，以开放空间轻抚式地将信仰融入了自然林地。

诺曼·福斯特（Norman Foster）曾在为项目选址时踏勘了圣乔治·马焦雷岛，在佛得剧场（Teatro Verde）背后选定了这块面朝大海的场地。设计理念是在景观中设置3个象征性的十字架和一个观景木台。波纹状木条覆盖着钢结构，还有攀缘而上的藤植与鲜花。走入后随着方向的转折移步换景，来往行人或驻足于十字架之下，或倚靠在长廊端头面向大海沉思。尽头不远处的两棵大树完美地与海面形成“夹景”的效果。诺曼·福斯特创造了一个散布着斑驳阴影的圣地。这种景观化的设计手法精妙地糅合了礼拜堂与周边美景，不仅表达出圣物符号的象征意义，同时也提升了这片自然林地的吸引力。（图24、图25）

弗朗西斯科·契里尼（Francesco Cellini）是一位意大利世俗建筑师，他的理解是：“礼拜堂是理念或象征的物质体现。除举办宗教仪式外，礼拜堂还具有婚礼、追悼等功能。然而由于内部仅有圣坛和诵经台，人们会经常在室外环境举办活动。”契里尼想要表达的主题就在于此，他关注如何营造礼拜空间以及如何以礼拜堂影射大教堂。他从神圣空间内涵、比例、关系和功能等角度，思考了主殿与圣坛的关系。他认为不能执着于形式，应着眼于最基本的抽象空间和材料。这块被大树环绕的场地本身具有聚合感，建筑虽是开放的，但仍成为所处环境的内在核心。传统的礼拜堂一般是坚实地建立于场地之上，而这座礼拜堂仅有几个支点接触碰地面，这种处理手法源于建筑的临时性与建筑师对自然环境的尊重。（图26、图27）

建筑师哈维尔·科瓦兰（Javier Corvalá）认为，建筑就像“羊毛球”一样，由复杂的历史层层有序地缠绕而成，或者说建筑就是一种错综复杂并互相交织的历史与现实。历史是过去的现实，现实有历史的影子。他设计的“游牧礼拜堂”具有很好的环境低影响性，4根桩子支撑着3根直径30cm的倾斜圆杆，

图28　游牧礼拜堂

图29　圆环上方的木质十字架

图30　三脚架的原型——威尼斯的“Bricola”

构成一个三脚支架，其设计灵感源于威尼斯历史上存在已久的“Bricola”[13]。建筑是由两个圆环构成的圆管桁架结构，外侧圆环由木材覆面，直径11.2m，周长36m。整个桁架被挂在三脚架的顶点上，好似悬浮在空中。荷载集中于圆环与三维十字架交汇处的钢梁上。钢梁像一个“篮子”，其端部装有20t石头作为配重。建筑师设想礼拜堂会随风力作用而移动，三维十字架在地面的投影也会随时间而不断移动。这正是游牧空间的自由与不稳定性的体现。（图28—图30）

在威尼斯这片风景优美的海边林地中，巴西建筑师卡拉·朱亚卡巴（Carla Juacaba）设计的礼拜堂名为“长凳与十字架”。建筑师利用镜面反射达成了建筑的消隐，使建筑彻底融入了周边环境。长8m、截面为12cm×12cm的4根不锈钢管，一部分是站立的十字架，另一部分是倒地的十字架，共同被支撑在7块混凝土（12cm×12cm×200cm）之上。倒地的十字架可作为长凳，与混凝土基座形成了静思和聆听的场所。经过抛光处理的不锈钢反射着周边环境，使其彻底地消隐于自然之中。整个构筑产生的阴影比其本身更加明显（图31、图32）。

图31　“长凳与十字架”

图32　隐匿在林间的十字架

5 结语

第16届威尼斯国际建筑双年展罗马教廷馆的10座礼拜堂不仅展示了对当代社会宗教建筑意义的一种信念，也揭示了信仰与艺术二者如何能在21世纪共存与融合。它在错综复杂的物质世界里为追求宁静的人们创造出沉思与冥想的场所。艺术是对人们心灵视域的直接度量，为我们的内心提供了可参照的情感，激发起人们的思想共鸣。建筑艺术借由人的情感与联想而产生表现力，通过建筑空间来传播基督教信仰的意义也更加深刻感人。罗马教廷馆以建筑本身作为艺术表现形式，任何文字都无法完美替代，当你走入这些礼拜堂时内心会感受到触动。因此，即使是与宗教及艺术无关联的普通人，也能通过感性的方式，在建筑中寻找到一种与神性相遇的感受，从心灵上感悟艺术的神性，并在内心深处将其提升到庄严而神圣的地位。

建筑是传播信仰的场所与媒介。100年前，阿斯普隆德在斯德哥尔摩的林地墓园中设计了“林地礼拜堂”。如今，在威尼斯这座世外桃源般的小岛上，10位建筑师运用多样的艺术手法把信仰带入了这片林地，通过营造礼拜堂的神性与美达成了信仰与艺术的重逢。我们需要神性的美学，不断发现新的形式与象征。神性的美学尊崇信仰并感知艺术，正是这种神性的美赋予了建筑超脱空间的特质。

（原载《世界建筑》2020年第3期）

注释

① Dal Co F., *Vatican/Chaoels(English edition)*, Electa, 2018.

② 参见韦伯大词典，https:/www.merriamwebster.com/dictionary/chapel.

③ 参见梅康钧《灵魂及思想的影像——艺术与基督教信仰》，《金陵神学志》2012年第2期。

④ 原文为“For centuries the painters have dipped their brushes in the colored alphabet that was the Bible”。

⑤ 西斯廷礼拜堂是梵蒂冈宫的教皇礼拜堂，位于意大利首都罗马市西北郊的梵蒂冈城。该堂建于1473年，是教皇个人的祈祷场所，汇集了意大利文艺复兴时期的绘画艺术精华。

⑥ Pope Paul V.L., *Second Vatican Council II Closing Speech*, http://www.papalencyclicals.net/paul06/p6closin.htm.

⑦ *Woodland Chapel*, https://skogskyrkogarden.stockholm.se/inenglish/architecture/buildings/woodland-chapel/.

⑧ Unwin S., *Analysing Architecture, 2nd Edition*, 2003.

⑨ Paine A.,Holden S., "The pavilion Returns: The Holy See's Vatican Chapels at the 16th International Venice Biennale of Architecture, 26 May-25 November 2018", *Fabrications*, Vol.29, No.1, pp.109-111.

⑩ Marinaki T., *Vatican presents Woodland Chapels at Venice Architecture*

Biennale 2018, https://www.archisearch.gr/press/vatican-presents-woodland-chapels-at-venice-architecture-biennale-2018/.

⑪《圣经》，爱德印刷有限公司2018年版。

⑫ 一种为遮蔽或储藏而建造的单层小型建筑，常有一面或多面开敞。

⑬ “Bricola”由2—3根木桩组成，指示威尼斯的运河或湖泊内可通航河道的界限，以防止退潮时船只搁浅。

图片来源

图1、2：吴浩然绘制。

图3：邹力君摄。

图4：Dal Co F., *Vatican/Chaoels(English edition)*, Electa, 2018, p.65.

图5—图7、图8、图10、图12、图15—图19、图21、图31：张彤摄。

图9、图11、图13、图32：吴浩然摄。

图14：http://ilgiornaledellarchitettura.com/web/2018/03/26/santa-sede-a-venezia-dal-co-con-ravasi-la-biennale-due-cardinali/。

图20：Dal Co F., *Vatican/Chaoels(English edition)*, Electa, 2018, p.309。

图22、图24、图26—图27、图28—图29、图32：吴浩然摄。

图23：Dal Co F., *Vatican/Chaoels(English edition)*, Electa, 2018, p.290。

图25：Dal Co F., *Vatican/Chaoels(English edition)*, Electa, 2018, p.194。

图30：https://upload.wikimedia.org/wikipedia/commons/c/c4/Bricola.jpg, 吴浩然摄影。

作者简介

吴浩然，东南大学建筑学院博士研究生。

张彤，东南大学建筑学院院长、教授。

不可丢弃的原始性——阿道夫·路斯的装饰观念思辨

吴俊贤　虞　刚

摘　要：建筑师阿道夫·路斯的装饰观念对现代建筑产生了重要影响。在路斯的观念中，装饰因为具有原始性而被归为一种原始社会的落后属性，并以此作为现代建筑拒绝装饰的理由。但在建筑的发展过程中，装饰一直以来与建筑都保持着密切的关系。在路斯之外，森佩尔等人也使装饰的定义在悄悄地发生着变化。因此从装饰的原始性出发，对路斯装饰观念的思辨，有助于我们理解装饰从建筑的"补充"到与建筑紧密相关的这一变化，进而阐明装饰如何体现出一种不可丢弃的原始性。

关键词：装饰；原始；进化；建造；材料

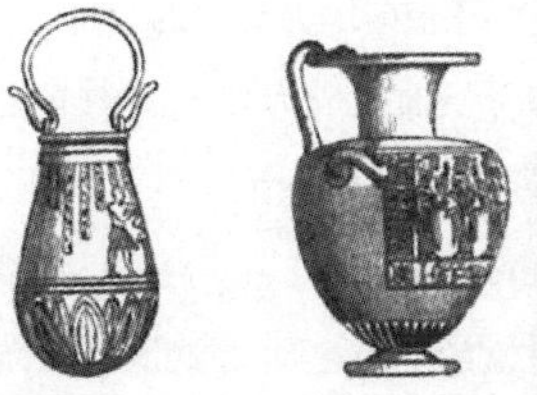

图1　绘有图案的埃及陶器（左）和希腊陶器（右）

图3　森佩尔关于埃及柱式与女子发饰之间的类比构想

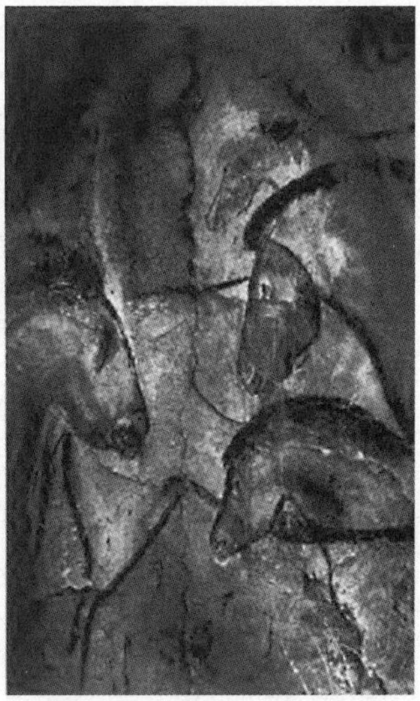

图2　阿德什山谷肖维（Chauvet Cave）洞穴中的壁画

引言

1908年，奥地利建筑师阿道夫·路斯（Adolf Loos）在他的文章《装饰与罪恶》中所述的观点被建筑师们普遍知晓。路斯将装饰与原始相关联，并以一种进化的眼光来看待社会发展，提出了"文化的演进就是从日常用品中去除装饰"这样的口号。[1]在接下来的现代建筑运动中，摒弃装饰也成为建筑师们之间的默契。即便是在20世纪30年代，美国建筑史学家亨利–罗素·希区柯克（Henry-Russell Hitchcock）在用"国际式"这一术语定义现代建筑运动的产物时，减少装饰也依旧是国际式建筑一个不言自明的法则。[2]

诚然，现代建筑在工业化的加持下一路高歌猛进，摒弃复杂的装饰似乎能令建筑形式更加鲜明，凸显了建筑由内而外的形式之美。在路斯看来，现代社会所展现出的光明前景与历史悠久的建筑装饰之间存在一种不可调和的矛盾，装饰成为堕落与罪恶的象征。[3]但装饰真的从建筑中消失了吗？今日的建筑似乎可以给出明确的答案，经过现代建筑运动的探索及之后的反思，装饰又重新回到建筑中来，体现出了具有原始性的装饰是建筑不可轻易丢弃的。

1 装饰与原始性

自原始时期以来，装饰就一直伴随着人类的发展而存在。文身是装饰的一个基本体现，人们通过文身来装扮自己。除此之外，在一些日常用品中也能够见到装饰的影子，诸如人们会装饰一些器皿，赋予这些实用物品以艺术的色彩。（图1）从这个角度来看，装饰存在于人们的日常生活之中，乔凡尼·巴蒂斯塔·皮拉内西（Giovanni Battista Piranesi）将装饰视为人类基本冲动的产物，而这样的冲动也与特定的文化相关联。19世纪时，英国建筑师欧文·琼斯[4]（Owen Jones）探索了世界上诸多地区的装饰，提出了装饰之间的共同特点，即装饰是作为一种人类的现象而存在，根据历史时期、地域以及文化等因素的不同，装饰的形式也有所不同。

装饰也一直在建筑中扮演着重要的角色。早在两万年以前，人们就开始通过洞穴中的壁画（图2）和象征性的雕刻达到装饰的目的。[5]古埃及时期，建筑柱式的柱头也有着不同类型的装饰，德国建筑理论家戈特弗里德·森佩尔（Gottfried Semper）

图4　洛吉耶所构想的原始小屋　图5　柱式作为核心形式与艺术形式结合的体现

就曾经指出了莲花作为柱头源于女子用莲花作为头部的装饰。[⑥]（图3）与此同时，壁画、浮雕等作为装饰也成为建筑美的必要补充。古希腊和古罗马时期的装饰更是对建筑产生了深远影响，以至于马克－安托万·洛吉耶（Marc-Antoine Laugier）由希腊神庙倒推出原始小屋（图4）作为建筑的原型之时，就指出原始小屋既是建筑构造的起源，也是装饰的最初动因。[⑦]对于洛吉耶而言，建筑是自原始小屋这一形态发展而来的，只是材料从木材变成了石材，更重要的是进行了装饰[⑧]，从中不难看出洛吉耶将装饰视为建筑中的一种原始要素。上述分析体现了装饰从一开始就和建筑紧密相随，以及其所具有的原始性。

除此之外，建筑装饰所具有的原始性并非仅体现在其作为建筑美的补充这一层面上。在德国考古学家卡尔·波提舍[⑨]（Karl Bötticher）的描述中，装饰更成为一种与建筑本质密不可分的元素。波提舍将古希腊建筑视为核心形式（Kernform）与艺术形式（Kunstform）的结合[⑩]，如在希腊神庙中常见的柱式，其核心形式具有结构作用，而艺术形式则依靠柱础、柱头及涡旋来达成。[⑪]（图5）在波提舍看来，装饰与建筑的关联是自然而然的，装饰赋予了建筑言说的能力，将房子（building）转化为一种艺术形式。而这样的一种转化与森佩尔所强调的纪念性有着关联，森佩尔在“面饰”理论中说到，建筑需要面纱就像人需要衣服一样，是一种原始的动因，面饰让建筑具有了纪念性。

从以上的这些描述中我们可以看出，自原始社会以来，人们就会自发地来装饰自己及身边的事物。对于建筑来说，装饰既可以像雕塑、彩色玻璃那样作为建筑美的必要的“补充”，用来提高建筑的艺术维度和表意能力，体现建筑的纪念性；也可以与建筑的本质相结合，就像具有结构和装饰二重性的柱式那样。无论如何，在这里我们应当关注到的是装饰与建筑自一开始就产生的密切关系，换言之，就是建筑装饰所具有的一种原始性。

2 进化视角下的装饰

装饰既然作为人类的原始冲动，也一直与建筑保持着密切的关系，那么建筑装饰为何会成为被摒弃之物呢？事实上，在路斯提出摒弃装饰前装饰的危机就已经出现了。而同时在社会中所出现的关于进化的不同观点，也对建筑理论家们关于装饰的讨论产生了重要影响，以至于出现了路斯将装饰视为罪恶这样的情况。

装饰危机出现的背景是在经历了文艺复兴、宗教改革运动与科学革命等一系列思想变革之后，理性日益占据上风，因此将建筑学变为一种像自然科学那样的自治的（autonomy）学科的呼声也越来越强。建筑师们试图让建筑学科学化，这样一来建筑就只需要注重自己的内在逻辑，而古典建筑装饰所带有的传统美就不再在建筑中处于优先地位了。[⑫]此外，装饰在工业化的助力下变得日益泛滥起来，在中产阶级的房间内充满了各式各样的摆设，而在城市的公共空间中也有大量的纪念物和雕像。这种装饰快速增殖和蔓延的趋势也逐渐受到了诸如欧文·琼斯等人的关注，他们试图建立一些装饰的法则以应对这样的局面。

路斯所提出的在建筑中摒弃装饰，也有着他对于装饰泛滥的不满，他认为建筑应当从实用的角度出发，不愿意让建筑和艺术之间保持亲密的关系[⑬]，以便将注意力集中在人们舒适生活的方面。但更重要的是，路斯采用了一种线性的眼光来看待人类社会的发展，即文明社会先进于原始社会，而装饰这一具有原始性的事物则被路斯认为是遥远过去的特征，是属于原始时代或是野蛮人的，因而应当加以摒弃。

在对路斯装饰观念进行进一步探讨之前，德国建筑理论家森佩尔的观点也应当引起我们注意。森佩尔同样从装饰的原始性角度出发，却得到了与路斯不同的答案。森佩尔受到了波提舍的影响，并将装饰问题的讨论与人类学的研究相关联，为建筑装饰提供了一个新的理论依据，阐明了“装饰一直以来都作为人类的一种基本的冲动”[⑭]。森佩尔认为装饰在从过去到现在的发展过程中，其数量日益增多，形式也日益复杂，这与英国哲学家赫伯特·斯宾塞[⑮]（Herbert Spencer）的进化思想比较接近。斯宾塞认为社会的进化是从同质到异质的进化，从相同到不同的进化。[⑯]而建筑装饰也符合这样的一种过程，即装饰会根据功能的变化产生一些形式的变化。[⑰]森佩尔以一种动态的观点来看待装饰，而非将之视为一种静止之物，即装饰会对社会、文化以及政治等因素等作出动态的回应。他还指出，“建筑以及所有的实用艺术都是从一个建造和装饰形式不可分离的世界中发展而来的”[⑱]。这样装饰就不再作为一个附加部分存在于建筑之外，而是与建筑的本质紧密相关，例如希腊建筑的横梁式结构和哥特建筑的肋架拱顶（ribbed vault）（图6）就兼具结构和

图6　英国埃克塞特大教堂（Exeter Cathedral）内部，教堂的拱顶既是结构又是装饰

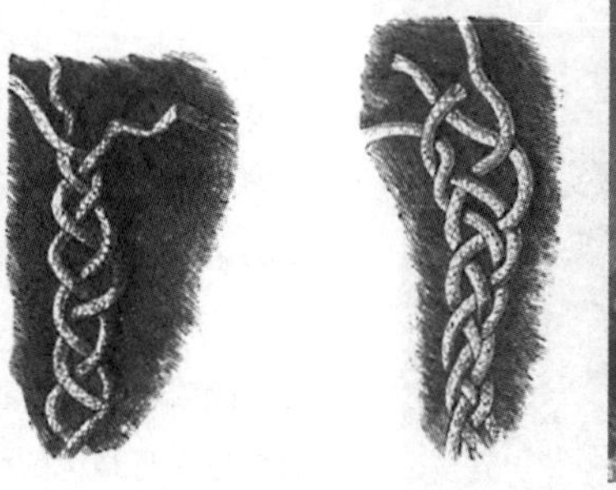

图7　不同的编织方式产生不同的图案

图8　编织产生的图案可以作为建筑的装饰，图为上海世博会西班牙国家馆

装饰的作用。[19]此外，森佩尔认为装饰元素的不同是反映建筑风格的关键，并从精神与物质统一的角度重新解读和定义了装饰，将其与技术一并视为建筑意识的组成部分。[20]

值得注意的是，建筑理论家们长期以来都相信功能、结构以及装饰在历史发展的过程中存在一种相互关系，也就是说，与艺术相关的装饰和与技术相关的建造之间保持一种紧密的关联。[21]森佩尔也在他关于建构的探讨中指出，墙体的建造模式并不是堆砌，而是编织。[22]在编织的过程中带有实用功能的形式出现了，而编织就会产生图案（pattern）（图7），这样的图案也可以达到装饰的效果（图8）。从森佩尔关于墙体与编织的讨论中，我们可以看出装饰是如何与建筑本质相关联的，森佩尔赋予了具有原始性的装饰和建构的关联，而如果忽视了这样的关系，就很容易回到装饰作为建筑的“附加”这一认识。

尽管路斯曾经跟随森佩尔学习，他也受到了森佩尔的“饰面原则”的影响，但他们对于装饰的态度却有着很大的不同。[23]路斯着眼于原始生活与文明社会之间的区别，进而反对森佩尔等人的关于装饰进化的普遍概念，他以一种线性的眼光来看待装饰的进化，并结合人类学将装饰与社会以及人类文明的发展相关联。路斯引用了同样受到人类学家关注的南太平洋诸岛和巴布亚岛等地区人类的研究，阐明了其中装饰是如何作为一种人类的原始冲动而存在的。在路斯眼中，现代社会的发展导致了理性和功利主义的进步，他指出原始时期的人们会用文身来装饰自己的皮肤，印第安人会装饰自己的船，但在现代社会的自行车和蒸汽机上却没有装饰。[24]从这一点来看，路斯更大程度上可能受到了达尔文主义的影响。达尔文所著的《物种起源》一书不仅对生物学界产生了巨大的震动，同样也影响了有关社会发展的讨论。按照达尔文主义的观点，现代社会是一种竞争的结果，群体选择是创造更高道德意识的核心。[25]路斯将社会进化视为一种统一的过程，是在人们的集体选择之下而发生的，他指出“在这样的过程中人们会逐渐对光滑、未经装饰的物体感兴趣”，最终“城市的街道将会被白色的墙壁照亮”[26]。

路斯以线性的观点来看待人类社会从原始到文明的发展过程，将装饰与原始关联的同时也将装饰与东方化、女性化和犯罪化相关联。[27]从这个角度来看便不难理解为何路斯认为摒弃了装饰就等于选择了进步。此外，路斯认为装饰在原始社会是必需的，并且是一种象征性的语汇和必要的形式；但在现代社会中人们所要寻找的是“形式之美”，现代社会相比于过去有着更加复杂的特点，属于原始社会的装饰似乎不再符合现代社会的需求。路斯还指出建造复杂装饰的建筑相比于简洁装饰的建筑要耗费更多的劳动时间，因此复杂的装饰有悖于“现代社会应当向理性与实用转移”的要求。[28]在路斯看来装饰的原始性使其与文明社会格格不入，因此应当被摒弃。

森佩尔与路斯装饰观点的背后体现了两者对19世纪时期进化模式的认知。森佩尔接受装饰并认为其发展是日益多样化的；路斯则拒绝装饰，他认为统一的进步将会导致现代生活的统一状态。森佩尔采取了一种与斯宾塞思想类似的由单一到多元的变化视角来看待从原始时期到文明社会的发展，将装饰与建筑的结构、建造等本质层面的事物相结合，认为装饰与建筑本体会产生融合并且会日益丰富。而路斯采取了一种线性的方式，以进步/落后的对立观点来看待有装饰的过去和追求纯粹形式的现在，因此装饰便成为一种落后的代表。讨论森佩尔与路斯思想的异同并非要作出孰是孰非的判断，而是要了解路斯之外的理论家对于装饰的不同态度，由此建立对于建筑装饰发展脉络更为清晰的理解。

3 不可丢弃的原始性

尽管路斯将装饰归为一种应当摒弃的落后事物，但他却关注建筑材料，并试图通过材料与形式来唤起使用者喜悦、崇敬抑或是恐惧等的情感。路斯主张建筑的室外应当是不起眼的，并将注意力主要放在建筑的室内设计方面，但按照森佩尔的观念，路斯所注重的材料实际上已经是建筑装饰了。路斯对材料的关注受到了森佩尔的影响，这也体现出了装饰与建筑本质之间的关联。也许让路斯嗤之以鼻的是那些类似“先有了墙，再

图9　耶鲁大学拜内克古籍善本图书馆

图10　中银舱体大楼

根据墙去寻找装饰”[29]的做法，而那些从实用角度出发，为生活的舒适和为唤起使用者情感而作的“装饰”便不在他摒弃的范畴之内了。实际上早在路斯提出“摒弃装饰”之前，森佩尔等人已经改变了装饰的定义——装饰与建筑的材料、结构以及建造等建构层面的事物相结合。从此装饰这一具有原始性的事物似乎就无法彻底从建筑中摒弃了，即便从功能的角度出发，装饰也是一个无法回避的话题。原先在古典建筑中装饰所起到的修辞与表意的作用已经转移到了建筑之中[30]，即装饰不仅可以像路斯所理解的作为建筑的“补充”或“附加”，也可以像森佩尔所说的那样，与建构紧密结合融入建筑之中。

总而言之，我们不能否认19—20世纪期间建筑装饰不断简化的趋势。路斯对装饰的态度毋庸置疑地对现代建筑产生了影响，但不论是从路斯对材料的重视，还是从森佩尔等人将装饰与建造合为一体来看，装饰这一具有原始性的事物却是无法被丢弃的。现代建筑摒弃装饰的过程并不是简单地由复杂走向简洁，而是在两者之间不断摇摆的。[31]当建筑不再仅仅服务于少数人转而面向大众之时，也经历了一个从艺术走向日常的过程。对现代建筑而言，满足人们对于功能的需求似乎更为重要，建筑不再是艺术品而更像是生活中常见的物体了。相比于古典建筑追求的坚实与永久，现代建筑更加谋求一种可以复制和再造的逻辑，这也是建筑逐渐物体化的表现。[32]但是我们也应当注意到装饰这一开始就存在于建筑中的重要元素，也随着时代、技术等的变化发生着自身的改变，这一原始的事物也在不断汲取新的生命力。即便是在受到路斯影响的现代建筑运动的重要旗手勒・柯布西耶的实践中，也或多或少地夹杂着装饰的元素。在去除附加装饰、提倡简洁形式的口号下，对于材料的选择和建筑建造与结构的构思又成为新的装饰手段，即物体化的建筑自身成为装饰。[33]

此外，装饰所具有的交流（communication）功能提升了建筑作为一种语言的能力，因此在从古典向现代转化的过程中，摒弃装饰的现代建筑所招致的各种批判也反映出了建筑师们对摒弃装饰的复杂态度。20世纪60年代罗伯特・文丘里（Robert Venturi）和斯科特・布朗（Scott Brown）首先指出现代建筑是一种无聊的形式，并提倡要对建筑进行适当的装饰，他们认为装饰有助于让建筑与城市的环境紧密结合，也增强了建筑在公众眼中的意义。[34]此后，对于现代建筑尤其是国际式建筑的批判就越来越多了，与此同时装饰也开始逐渐回到人们的视野中。在这样的情境中，装饰依旧带有一丝原始的意味，建筑装饰依旧是建筑中的重要部分，增强了建筑言说的能力，使建筑超越了简单的物体。在这个层面上，建筑装饰依旧有着与古希腊和古罗马时期相似的作用，这无疑体现了具有原始性的建筑装饰的强大生命力。

或许欧文・琼斯关于装饰的观点更能说明问题，他曾经提出“装饰应当和建筑的建造紧密结合，而不应为了装饰而装饰”[35]。我们应当看到20世纪依旧有许多建筑通过场景的营造与情感的唤起来体现它们与文化的关联[36]，装饰便能唤起人们脑海中的记忆，体现了建筑理性因素之外同样重要的感性因素。戈登・邦沙夫特（Gordon Bunshaft）设计的耶鲁大学拜内克古籍善本图书馆（图9）中，我们可以看到其简洁的外观，而其外立面所使用薄材质的大理石具有透光性，既起到围护作用，也具有装饰的作用；再如黑川纪章（Kisho Kurokawa）设计的中银舱体大楼（图10），舱体既是建筑功能的承载者，同时也通过舱体的排列形成了整体上的装饰，各种三维的元素形成了整个建筑动态的聚合感。[37]越来越多的建筑案例向我们展示了建筑装饰的回归这一趋势，体现出装饰所带有的一种不可丢弃的原始性。

4 结语

路斯将装饰归为原始的产物并加以抵制，在面对文明社会与原始社会的巨大差异时，建筑装饰也成为堕落的标志，而摒弃装饰就是进步的体现。路斯对于装饰的激进态度虽然对现代建筑产生了一定的影响，但建筑中的装饰从未消失。当我们将目光集中在路斯的装饰观念之上时，往往就会对装饰的概念产生一定的误读。在辨析路斯装饰观点的同时，我们也应当注意到波提舍及森佩尔的装饰观念带来的启发，他们论证了原始时期装饰与技术的密切关系，从技艺的角度出发，以诗意的方式来看待建筑装饰，以一种动态的视角来看待这一具有原始性的事物。

而在近几十年，装饰伴随着对现代建筑的批判重新回到人们的视野，这种不可丢弃的原始性也越来越被建筑师们重视。在今天的建筑中，我们既能够看到如同路斯所期许的那样关注实用性及使用者的情感，去掉多余的、累赘的装饰的建筑，也能够看到森佩尔所提出的装饰与结构及建造紧密结合的实践。对于建筑装饰观念的思辨，使这一古老的话题不断地焕发着新的活力，也让建筑为人们带来更加丰富的形式与体验。

（原载《建筑师》2020年第3期）

注释

① Mallgrave H. F., *Modern Architectural Theory: A Historical Survey, 1673－1968*, New York: Cambridge University Press, 2009, p.204.

② Khan, Hasan-Uddin, *International Style: Modernist Architecture from 1925 to 1965*, Cologne: Benedikt Taschen Verlag, 1998, p.70.

③ Schwarzer M., "Ethnologies of the Primitive in Adolf Loos's Writings on Ornament", *Nineteenth Century Contexts*, 1994, Vol.18, No.3, pp.225－247.

④ 欧文·琼斯（1809—1874），英国建筑师，对19世纪的设计理论产生了重要的影响。他帮助建立了现代色彩理论，他关于装饰的探讨依旧能够引起今日设计师的共鸣，著有 *The Grammar of Ornament* 一书。

⑤ ［英］修·昂纳、约翰·弗莱明：《世界艺术史》，吴介祯等译，北京美术摄影出版社2015年版，第32—33页。

⑥ Picon A., *Ornament: The Politics of Architecture and Subjectivity*, Chichester: John Wiley & Sons, 2014, p.95.

⑦ Picon A., *Ornament: The Politics of Architecture and Subjectivity*, Chichester: John Wiley & Sons, 2014, p.28.

⑧ Picon A., *Ornament: The Politics of Architecture and Subjectivity*, Chichester: John Wiley & Sons, 2014, p.26.

⑨ 卡尔·波提舍（1806—1889），德国考古学家，对古希腊的建筑作了深入的研究，著有《希腊建构形式的发展》《希腊人的建构》等文章。他所提出的“核心形式”（kernform）与“艺术形式”（kunstform）形成了一个关于建筑表现的理论，对今日装饰、建构等话题的讨论产生了影响。

⑩ Van Eck C.A., "Figuration, Tectonics and Animism in Semper's Der Stil", *The Journal of Architecture*, 2009, Vol.14, No.3, p.329.

⑪ Van Eck C.A., "Figuration, Tectonics and Animism in Semper's Der Stil", The Journal of Architecture, 2009, Vol.14, No.3, p.330.

⑫ Schwarzer M., "Ethnologies of the Primitive in Adolf Loos's Writings on Ornament", *Nineteenth Century Contexts*, 1994, Vol.18, No.3, p.227.

⑬ Schwarzer M., "Ethnologies of the Primitive in Adolf Loos's Writings on Ornament", *Nineteenth Century Contexts*, 1994, Vol.18, No.3, p.233.

⑭ Picon A., *Ornament: The Politics of Architecture and Subjectivity*, Chichester: John Wiley & Sons, 2014, p.92.

⑮ 赫伯特·斯宾塞（1820—1903），英国哲学家。他提出了一个包罗万象的进化论，对伦理学、人类学、经济学、社会学、心理学以及艺术等诸多学科都作出了广泛的贡献。他将达尔文的自然选择的观念拓展到了社会学和伦理学的领域，同时也结合了拉马克的进化观点。

⑯ 参见［美］罗兰·斯特龙伯格《西方现代思想史》，刘北成、赵国新译，金城出版社2012年版，第332—333页。

⑰ Schwarzer M., "Ethnologies of the Primitive in Adolf Loos's Writings on Ornament", *Nineteenth Century Contexts*, 1994, Vol.18, No.3, p.238.

⑱ Schwarzer M., "Ethnologies of the Primitive in Adolf Loos's Writings on Ornament", *Nineteenth Century Contexts*, 1994, Vol.18, No.3, p.229.

⑲ Schwarzer M., "Ethnologies of the Primitive in Adolf Loos's Writings on Ornament", *Nineteenth Century Contexts*, 1994, Vol.18, No.3, p.92.

⑳ Schwarzer M., "Ethnologies of the Primitive in Adolf Loos's Writings on Ornament", *Nineteenth Century Contexts*, 1994, Vol.18, No.3, p.230.

㉑ Schwarzer M., "Ethnologies of the Primitive in Adolf Loos's Writings on Ornament", *Nineteenth Century Contexts*, 1994, Vol.18, No.3, p.226.

㉒ Schwarzer M., "Ethnologies of the Primitive in Adolf Loos's Writings on Ornament", *Nineteenth Century Contexts*, 1994, Vol.18, No.3, p.229.

㉓ 参见闵晶《装饰是罪恶吗？——解读阿道夫·路斯的装饰批判》，《建筑师》2011年第2期。

㉔ Schwarzer M., "Ethnologies of the Primitive in Adolf Loos's Writings on Ornament", *Nineteenth Century Contexts*, 1994, Vol.18, No.3, p.236.

㉕ Schwarzer M., "Ethnologies of the Primitive in Adolf Loos's Writings on Ornament", *Nineteenth Century Contexts*, 1994, Vol.18, No.3, p.38.

㉖ Schwarzer M., "Ethnologies of the Primitive in Adolf Loos's Writings on Ornament", *Nineteenth Century Contexts*, 1994, Vol.18, No.3, p.236.

㉗ Picon A., *Ornament: The Politics of Architecture and Subjectivity*, Chichester: John Wiley & Sons, 2014, p.97.

㉘ Schwarzer M., "Ethnologies of the Primitive in Adolf Loos's Writings on Ornament", *Nineteenth Century Contexts*, 1994, Vol.18, No.3, p.241.

㉙ Mallgrave H. F., *Modern Architectural Theory: A Historical Survey, 1673－1968*, New York: Cambridge University Press, 2009, p.218.

㉚ Papapetros S., "Ornament and Object-ornament as Object", *Journal of Art Historiography*, 2012, No.7, p.1.

㉛ Papapetros S., "Ornament and Object-ornament as Object", *Journal of Art Historiography*, 2012, No.7, p.2.

㉜ Papapetros S., "Ornament and Object-ornament as Object", *Journal of Art Historiography*, 2012, No.7, p.7.

㉝ Papapetros S., "Ornament and Object-ornament as Object", *Journal of Art Historiography*, 2012, No.7, p.2.

㉞ Moussavi,F. & Kubo M.(eds.), *The Function of Ornament*, Barcelona: Actar, 2006, p.8.

㉟ Picon A., *Ornament:The Politics of Architecture and Subjectivity*, Chichester: John Wiley & Sons, 2014, p.98.

㊱ Moussavi,F. & Kubo M.(eds.), *The Function of Ornament*, Barcelona: Actar, 2006, p.8.

㊲ Moussavi,F. & Kubo M.(eds.), *The Function of Ornament*, Barcelona: Actar, 2006, p.22.

参考文献

1. Mallgrave H.F., *Modern Architectural Theory: A Historical Survey, 1673—1968*, New York: Cambridge University Press, 2009.
2. Khan,Hasan-Uddin, *International Style: Modernist Architecture from 1925 to 1965*, Cologne: Benedikt Taschen Verlag, 1998.
3. Schwarzer M.,"Ethnologies of The Primitive in Adolf Loos's Writings on Ornament", *Nineteenth Century Contexts*, 1994,Vol.18, No.3, pp.225-247.
4. [英]修·昂纳、约翰·弗莱明:《世界艺术史》,吴介祯等译,北京美术摄影出版社2015年版。
5. Picon A., Ornament: The Politics of Architecture and Subjectivity, Chichester: John Wiley & Sons, 2014.
6. Van Eck C.A.,"Figuration,Tectonics and Animism in Semper's Der Stil", *The Journal of Architecture*, 2009,Vol.14, No.3, pp.325-337.
7. [美]罗兰·斯特龙伯格:《西方现代思想史》,刘北成、赵国新译,金城出版社2012年版。
8. 闵晶:《装饰是罪恶吗?——解读阿道夫·路斯的装饰批判》,《建筑师》2011年第2期。
9. Papapetros S.,"Ornament and Object-ornament as Object", *Journal of Art Historiog raphy*, 2012, No.7, pp.1-12.
10. Moussavi F. & Kubo M.(eds.), *The Function of Ornament,* Barcelona: Actar, 2006.
11. 焦洋:《浅议呈现于戈特弗里德·森佩尔〈风格〉中的"中国建筑"》,《建筑师》2018年第1期。
12. 张旭:《瑞士德语区当代建筑师作品中的混凝土》,《建筑师》2018年第3期。

图片来源

图1、图3、图4、图7:Picon A., *Ornament: The Politics of Architecture and Subjectivity*, Chichester: John Wiley & Sons, 2014。

图2:https://kitskinny.wordpress.com/2013/07/19/the-cave-art-paintings-of-thechauvet-cave/。

图5:https://www.quanjing.com/category/112050/69.html。

图6:https://weibo.com/ttarticle/p/show?id=2309404218334991284535。

图8:http://www.sohu.com/a/126557493_488474。

图9:https://www.uniqueway.com/guide/Mz8bvdlD.html。

图10:https://of fbeatjapan.org/nakagincapsule-tower/。

作者简介

吴俊贤,东南大学建筑学院硕士研究生。

虞刚,哈尔滨工业大学(深圳)建筑学院教授、博士生导师。

瘟疫、城市公共卫生与风景园林——论英国历史上两次重大公共卫生事件对城市公共卫生和风景园林的影响

赵　晶

摘　要：历史上，瘟疫让人类付出了惨痛代价。但是疫情过后，人们不断反思、改进，加强各个领域的建设，也给城市、公共卫生、园林等领域的发展带来了一定的机遇。在应对城市重大公共卫生事件的过程中，英国同许多国家一样遭遇了毁灭性打击，同时又具有特殊性，产生了许多影响世界城市和风景园林历史发展进程的特殊因素。本文选取英国历史上黑死病和霍乱两次重大公共卫生事件，采用历史文献分析方法，从瘟疫产生的背景、危害和瘟疫后城市公共卫生、风景园林发展两个方面展开探讨，重点关注瘟疫如何促进城市重建与发展，引发公共卫生领域的改革以及产生对风景园林的影响。本文认为瘟疫是一把自然生态的双刃剑，反推了城市公共卫生的建设，促进了环境和公共空间的立法。应对瘟疫从某个侧面推动了景观公正性的发展，让人们重新审视了人与自然的关系，以期为城市应对重大公共卫生事件提供经验和参考。

关键词：风景园林；城市公共卫生；瘟疫；黑死病；霍乱；城市公园；景观公正性

基　金：教育部人文社会科学研究青年基金（18YJC760146）；北京市共建项目；北京林业大学建设世界一流学科和特色发展引导专项基金（2019XKJS0317）

2020年伊始，新型冠状病毒肺炎（Corona Virus Disease 2019，简称COVID-19）暴发并蔓延到了世界上许多国家，引发了全球关注。事实上，仅仅在21世纪过去的20年内，冠状病毒已经3次肆虐人类世界。2003年和2012年，严重急性呼吸综合征（Severe Acute Respiratory Syndrome，简称SARS）病毒和中东呼吸综合征（Middle East Respiratory Syndrome，简称MERS）病毒曾分别重创中国和中东地区。从古至今，人类遭遇了无数的瘟疫：黑死病、霍乱、流感、天花……其中，黑死病和霍乱被中国列为甲类传染病，是让无数国家付出惨痛代价的烈性传染病。

纵观世界历史，任何一次瘟疫的肆虐，本质上都是由人类文明推进所引发的；而相应地，每一次瘟疫的流行都会对人类文明产生深远的影响。一场瘟疫可以摧毁一座城市，亦可以促进城市更好地重建，有助于城市公共卫生环境的进步和公众环境意识的提升。历史上，很多的瘟疫事件都与城市公共卫生的整治和风景园林的发展密切相关。以英国为例，这个国家在历史上遭遇了多次瘟疫的冲击，人口下降，经济衰退，在各个方面都遭遇了毁灭性打击。英国在应对这些城市重大公共卫生事件的过程中，组建了各类委员会和管理机构，颁布了一系列关于城市公共卫生的法令，加强了公共卫生的整治，从而改善了城市公共环境。受瘟疫的间接影响，英国的农业结构得以调整，乡村风貌变为以牧场为主的田园景色，并成为英国自然风景园的模仿对象。英国自然风景式园林的出现，是世界园林历史上的一场革命，它不同于近千年来的西方规则式造园传统，奠定了今天风景园林造园风格的主基调。瘟疫还推动了19世纪英国城市公园的产生和建设，后来世界上很多国家的公园都是受到英国城市公园的影响而发展的。在瘟疫从产生到消失的过程中，英国产生了许多影响世界城市和风景园林历史发展进程的因素。因此，笔者以英国历史上的两次重大公共卫生事件为例，即黑死病和霍乱，回顾瘟疫促进城市重建与发展，引发城市公共卫生的改革以及对风景园林的影响。

1 黑死病对城市公共卫生及风景园林发展的影响

1.1 黑死病产生的背景和危害

黑死病（Black Death）又称“鼠疫”，是由鼠疫耶尔森菌感染引起的烈性传染病。①患者在后期皮肤上会出现许多黑斑。中世纪黑死病是人类历史上一场罕见的大瘟疫，最早始于14世纪中叶，间歇复发，持续了近300年。这场灾难带给了欧洲大陆悲惨的后果，有1/3到1/2的人口死亡②，黑死病也成为黑暗中世纪的另一个写照。（图1）

图1　描述黑死病的版画

图2　一名镇上的人呼吁黑死病病患家属“带出死者”进行集体葬礼

图3　英国乡村中一望无垠的草地[11]

英国的黑死病是由一名被感染的水手在1348年于英格兰赛特海岸传入。他感染了每一个遇到的人，由此该病迅速蔓延至各地。在随后的3年间，40%—50%的英国人因瘟疫而毙命，整个社会都陷入了恐慌。[3]黑死病在英国肆虐有多方面的原因。第一，英国属温带海洋性气候，雨量充沛，气候温和，为黑死病病菌的迅速繁殖提供了温床。第二，英国当时的开垦运动，在一定程度上破坏了生态环境的平衡[3]。从11世纪开始，英国很多荒原和山坡被开垦为农田，排干沼泽地修筑海堤。生态环境的严重破坏导致英国多次明显降雨，洪泛成灾，大量农作物被毁坏，并且引发多次饥荒，助长了黑死病在英国大面积传播。[4]第三，英国城市过高的人口密度和混杂的居住环境也促使黑死病蔓延。黑死病暴发前，英国的城镇数量正在不断增加，但是在中世纪工业革命和汽车出现之前，人们的交通方式以步行为主，步行的距离限制了前工业城市规模的扩大。而人口不断增加，使得城市的人口密度和建筑密度都比较高，生存空间相对狭小。[5]与此同时，城市缺乏管理，城市的基础设施不足，没有完善的排污系统和生活垃圾处理场，街道上堆满了垃圾，生活污水横流，卫生条件极其恶劣。这些都加大了黑死病的传播速度和破坏力。(图2)

1.2 黑死病后城市和风景园林发展

黑死病的高死亡率使英国人口锐减，降低了生产力，给社会多个方面都带来负面影响。黑死病疫情蔓延结束之后，英国的社会、经济、宗教、科技、文化、艺术等各个方面都发生了巨大而深刻的变化。这场瘟疫是一场灾难，疫情过后，人们不断反思、改进，加强各个领域的建设，由此也给城市、农业、园林的发展带来了一定的机遇。

1.2.1 城市公共卫生的整治

大量人口的死亡，在一定程度上降低了人口密度，缓解了城市拥挤问题，为城市的重新规划提供了前提条件。黑死病使“良好的城市环境是发展前提”这一观念深入人心，促使政府开始全力解决城市的环境问题。

英国各地纷纷组建城市健康委员会，并颁布了一系列关于城市公共卫生的法令，以减少居民危害公共卫生的行为。[6]法令将对破坏公共卫生者处以高罚金，甚至进行拘捕。1388年英国第一个关于卫生的法令规定：“如在城市的河流中、街道上倾倒动物粪便，罚款20镑。”[7]与此同时，为了保持城市面貌的整洁，清洁人员的数量也大幅增加。1385年伦敦港进行了英国历史上第一次港口检疫，要求所有来自伦敦城以外的船只，必须让船员、旅客以及货物在隔离区停留一段时间，以检测他们是否携带有传染性的病菌，这也是后来“检疫区”的雏形。[6]英国许多地方当局还规定：“有传染风险的建筑要通风和熏蒸，室内家具在日光中曝晒消毒，有传染可能的衣物、被单全部焚毁。”1361年英国国王发布公告，严加控制在伦敦城内屠宰牲畜的行为，禁止污血流入街道或泰晤士河。[8]300年后，黑死病再次袭击伦敦，并伴随一场大火而最终绝迹。大火之后的伦敦重建规划，大量拓宽了城市街道，增加了城市公共空间，并改善了城市基础设施。

居民的环境卫生意识也在城市重大公共卫生事件发生过程中得以提升。市民意识到建设良好的城市环境的必要性，都开始自觉维持公共环境，不再到街道上随意倾倒垃圾或排泄物。这样既控制了病毒的传播扩散，又改善了城市的公共卫生环境。正因如此，国际上又把黑死病之后西欧城市卫生的整治，称为人类历史上的“第一次城市卫生革命”[6]。

1.2.2 农业结构的调整

黑死病还影响了欧洲农业的结构，并间接影响英国自然风景园的产生。黑死病期间，由于瘟疫和饥荒，大量人口死亡，很多土地无人耕种，变成了荒地。黑死病过后人少地多，农民有了一定的土地选择权，于是一些产量不高的土地被抛弃，肥沃的土地更加受到青睐。土地肥沃，气候适宜，经过几年农民的精耕细种，谷物获得了丰收。但是，由于人口减少，社会需要的粮食产量也相应降低，所以虽然谷物丰产但价格不升反降。为了盈利，农民不得不尝试其他方式来维持生计，包括种植其他经济作物等。[9]

中世纪欧洲人主要穿戴毛织品，毛纺织产业在英国持续发展，逐步成为“民族产业”。羊毛价格不断上涨，养羊业盈利颇丰。封建领主们意识到，相较于农作物经营，从事畜牧业生产所需人力成本低而收益高，于是纷纷将耕地转变为牧场用来饲养绵羊。后来为了扩大牧场的面积，贵族地主还开始圈占土地，起初只是圈占公用地，后来开始不顾农民的反抗圈占他们的租地和份地，大规模的圈地运动兴起。相应地，英国的农业结构开始调整，由单一谷物种植转变为多种经济作物种植。⑨随着农田被改为牧场，农业开始向畜牧业转变。畜牧业的发展为毛纺织业提供了原料，而毛纺织业的发展又促进畜牧业的兴旺。随着畜牧业的发展和大量牧场的出现，英国的乡村风貌逐渐发生了变化，形成了以大片牧场为主的田园景色，而18世纪的自然风景园正是在模仿这种乡村风景的基础上发展起来的。⑩（图3）

2 霍乱对城市公共卫生及风景园林发展的影响

2.1 霍乱产生的背景和危害

在黑死病爆发的几个世纪后，由于工业革命的产生和城市环境的恶化，英国又受到了霍乱的困扰。霍乱（Cholera）是由感染霍乱弧菌而引起的一种急性腹泻传染病，若不及时抢救则病死率甚高。人类关于霍乱的历史记载可以追溯到16世纪，近代关于霍乱的记载在1817年后才开始慢慢出现。⑫此后霍乱迅速在欧洲各地蔓延，曾侵袭了很多国家。

霍乱是对19世纪英国民众健康威胁极大的传染病之一。⑬1818年前后，有6万余人死于霍乱。1831年，霍乱又在英国的431个城市肆虐，3万多人失去生命。1848年霍乱以更快的速度、更强的杀伤力再次肆虐英国，导致5万多人死亡。⑭

霍乱于19世纪在英国的传播有多种原因。

首先是工业革命后的公共环境污染。18世纪60年代，英国率先爆发了工业革命。工业革命促进了生产力的提高，带来了社会经济的繁荣，并改变了城市的格局。除以伦敦为中心的东南部经济发达地区外，英国又出现了曼彻斯特、伯明翰、利物浦等新型工业中心。第一次工业革命开始的标志是新型机器如珍妮纺纱机、蒸汽机等的出现，而这些机器又进一步提升了英国工业革命的速度。蒸汽机的主要动力来源是煤炭，因此英国煤炭的使用量急速增长。英国在短短半个世纪的时间，煤炭消耗量变为最初的6倍。巨大的煤炭使用量带来的是十分严重的环境污染。白天工厂和运输货物的火车会排放大量有害气体，到了晚上照明的煤油灯又会再次排放有害气体，在这种近乎24小时不间断的浓烟排放下，伦敦获得了"雾都"的称呼。生于维多利亚时期的著名作家查尔斯·狄更斯（C. Dickens）在他的《艰难时世》（*Hard Times*）等小说中以伦敦、曼彻斯特等工业城市为基础创造了工业重镇的意象。（图4）

其次，工业革命带来的机器化大生产导致城市中的劳动力

图4　工业革命期间的英国工业城市面貌

图5　工业革命时期街道上的垃圾

的需求不断增加，人们纷纷从农村涌入城市，导致英国农业人口锐减，城市人口瞬间增长，城市规模急剧扩大。1750年前后，只有1/5的英国人住在5000人以上的城市里，而到了1850年，居住在这样城市中的人已经占到了3/5。⑤人口的迅速膨胀使得城市的居住环境越来越拥挤。在伦敦的部分城区，出现了不足1 m^2居住了6个人的情况；在曼彻斯特，地下室的一张床可以睡3—4个人；在格拉斯哥，有1/3的工人家庭挤在一个房间内生活，每个房间可以多达10—15人。⑮除了居住空间不利于人休息以外，空间上的拥挤也会给人们的健康带来许多负面影响。

此外，与拥挤的住房相伴随的是恶劣的卫生环境。这一时期工人阶级的住房，不仅通风条件差，而且常年没有阳光，潮湿阴暗。英国许多新兴工业城市缺乏完善的城市公共卫生设施，在很多工业城市，公共厕所数量严重不足，出现了200多人共用1个厕所的情况，不少厕所连排污沟也没有。人们无法及时如厕，加上排污设施不足，导致街道上会有排泄物，非常肮脏。此外，城市管网的供水能力严重不足，很多地方没有供水设施，人们的饮用水也只能从水井或河流中获取。⑯最后，人们证实水源污染是19世纪英国霍乱最主要的传播途径。城市下水道系统极不完善，大众生活区粪便堆积，极易污染饮用水源，而这些都是霍乱细菌滋生和传播的温床。（图5）

图6　今天的伯肯海德公园依然为城市提供绿色开放空间

2.2霍乱后的城市和风景园林发展

2.2.1 社会改革和公共卫生整治

城市环境日益恶化，社会改革迫在眉睫，并首先在公共卫生领域拉开了帷幕。这一时期的卫生革命很大程度上都是在解决城市中的环境问题。[17]政府通过加强立法、建立卫生机构、治理城市水源与供水改革等措施，促进了国家公共卫生体系的完善。[18]

1825年，罗伯特·欧文（Robert Owen）提出为下层社会的人民建造公共园林的主张。[10]1833年，由英国下议院（The House of Commons）选举出的英国特别委员会（The Select Committee）提出了《特别委员会关于公共散步场所的报告》（*Report from the Select Committee on Public Walks*），详细指出了英国下层人民恶劣的生活环境及其对于城市中绿色空间的渴望，结尾提出了为脏乱地区开辟更多空间，同时建设允许人们散步游玩的公共场所的建议。[19]1835年，《市政机关法》（*Municipal Corporations Act*）出台，法案对英国政府的工作内容和部门职责进行了更详细的规定，明确建立卫生局、济贫委员会以及城市管理、住房建设、设施建设等相关职能部门来进一步改善城市的居住空间环境。[20]这一系列举措使得职能部门的分工更加专业明确，为城市的良性发展打下了坚实的基础。同年，针对1833年报告中提出的“考虑以最佳的方式，保留邻近城镇人口密集地区的开放空间，作为公共散步和锻炼的场所，以提高居民的身体健康水平与生活的舒适度”这一提议，议会通过了“私人法令”。[19]法令中明确指出如果一个城镇中绝大多数的纳税人有对于公共绿色开放空间的建设需求，那么英国政府允许该城镇使用税收建立城市公园。[21]3年后，英国报告针对改变土地使用权和所有权的前提做出进一步要求，即只有在圈地过程中，保留能够满足居民活动的开放空间，圈地才能获批。1838年的报告还允许使用税收来建设下水道、环卫、园林绿地等城市基础设施。此后，英国的一些城市开始建设图书馆、博物馆、画廊等公共服务设施，还拓宽了街道，并建设了多个广场等城市开放空间供市民活动。

城市污物向河流转移，加重了泰晤士河水体污染。[16]政府采取减少河流污染的措施，并加速了下水道系统的建设。1854年霍乱后，英国政府开始真正关注饮用水问题，这是一个迟来的进步。[16]在之后的10多年里，伦敦和其他大城市的环境和公共卫生建设都有了相当大的改善。

2.2.2 城市公园的建设

一系列法令的颁布、技术与社会的进步，以及英国自然风景园的影响，共同促进了城市公园的产生。由约瑟夫·帕克斯顿（Joseph Paxton，1803—1865）设计的利物浦伯肯海德公园（Birkenhead Park）是根据“私人法令”利用税收兴建的第一座公园，也是世界造园史上第一座真正意义上的城市公园。（图6）19世纪40年代起，各个城市都陆续开始兴建公园，英国出现了城市公园的建设热潮。[10]英国各地新建了一批公园，例如伦敦的维多利亚公园（Victoria Park）、曼彻斯特的皮尔公园（Peel Park）、谢菲尔德的诺福克公园（Norfolk Heritage Park）等，这些公园大多延续了英国自然风景园的风貌，空间开敞，有大片舒朗的草地、自然种植的树木、蜿蜒的水体。除了各地新建的城市公园外，英国许多过去的私人园林也开始向公众开放，或改造成城市公园。还有一些皇家园林，如海德公园（Hyde Park）、肯辛顿园（Kensington Garden）等，也都转变成了对公众开放的城市公园。[10]这些昔日的皇家园林大多位于城市的核心区域，便于市民到达。城市公园中的动植物资源有利于减轻当时英国严重的空气污染，有效改善生态环境，而绿色公共空间可以为市民提供不再拥挤的休息活动场地，成为城市中的“绿肺”和“氧吧”。伦敦等城市的很多园林之间还通过一些开敞的街道互相连通，形成城市公园群，从更大的尺度影响了城市格局的发展。受到英国公园的影响，法国、美国等国家也都纷纷掀起了城市公园建设运动的热潮，并开始营建城市公园体系和系统。19世纪末，霍华德的“田园城市”理论更是将公园、林荫环道等绿地空间的建设推向了城市的尺度。

3 启示

3.1 瘟疫是一把自然生态的双刃剑

瘟疫就本质而言是一种生态扩张现象。引发瘟疫的病毒、病菌都是自然中的微生物，而瘟疫从产生到消亡的过程本身也已演绎出人类与自然、生态的复杂而又辩证的关系。[4]从人类进程来看，每一次瘟疫的发生都是因为生态系统的失衡和自然的破坏，瘟疫又促使人类去建设更好的自然生态环境。城市环境的恶化、住房拥挤、卫生条件差，这些都是瘟疫传播的温床，为疾病的暴发埋下了隐患；而城市环境的改善、园林与公共空间的建设削弱了瘟疫滋生的土壤，有助于降低疾病的发病率和死亡率。

3.2 瘟疫反推城市公共卫生的建设

纵观历史，无论是黑死病还是霍乱，瘟疫的暴发暴露了城市建设的问题和公共卫生安全的隐患。城市的改革和干预并不是主动的，而是对严重瘟疫的被动应对和调整。政府被迫从灾难中学习应对，加强治理，建立卫生机构，建设城市，促进了国家公共卫生体系的完善。虽然是被动的应对，却产生了积极的效果。在历史的不同进程中，不同类型的疾病、不同传染方式、不同的社会认知水平下反推出来的城市改革、绿地空间的形态和格局也有不同。从长远来看，也正是在城市重大公共卫生事件的考验中，城市各个方面的建设和管理水平不断提升，也为城市应对其他问题积累了经验。

3.3 瘟疫促进环境和公共空间的立法

英国在城市重大公共卫生事件的过程中和结束后陆续颁布了一系列法令，推动了社会发展和公共卫生环境改善。在这些立法中，园林绿地、城市公园等开放空间作为城市公共卫生环境的重要组成部分，在城市治理中发挥了重要的作用。人治之外，更重要的是法治。两次城市重大公共卫生事件发生过程中，政府不断立法以推动公共卫生环境的建设，规范公众的行为，这也助推了政府的治理和相关职能部门的管理。

3.4 对瘟疫的应对推动了景观公正性的发展

城市公共环境整治的结果客观上具有景观公正性发展和进步的内涵。每一次瘟疫的暴发都让人们开始关注社会资源分配的不均衡。为了应对城市重大公共卫生事件而进行的城市卫生改革和环境建设是调整社会资源分配不均衡的手段，客观上推动了更加公正的资源分配和居民的权益保障。随后出现的城市公园，将这种公共资源分配调整的效果推向了一个更高的维度。公园免费向所有人开放，不受居民社会地位的影响，这在西方的历史上是一次伟大的社会改革。

3.5 瘟疫让人们重新审视人与自然的关系

在与瘟疫抗争的过程中，每个人都是参与者。疾病与灾难的暴发或者发生也给每个人都敲响了警钟，让人们的意识发生了巨大变化。改善城市公共卫生环境的观念变得深入人心，很多民众开始审视“人与自然”的关系。居民开始自觉维持公共卫生，注意自己的生活习惯，共同维护公共环境的卫生和健康。这些观念和思考都是以城市重大公共卫生事件和许多生命的逝去为代价换来的，因此也让人更加重视和珍惜。

4 结语

今天我们面临的世界，早已经不同于几百年前，随着科技的发展和社会的进步，我们拥有比先辈更加先进的技术和理念、更合理的城市规划和更高效的城市管理，我们也面临比历史上更加复杂的环境和问题。而应对城市重大公共卫生事件，我们需要保护自然生态的平衡，营造健康宜居的人居环境；需要政府的有效治理和更加完善的国家公共卫生体系，共同建设一个健康安全的城市公共卫生环境；需要形成更加完善的法律制度体系，让风景园林在城市公共卫生环境体系中发挥更加重要的作用；需要继续推进景观公正地发展，让居民平等享受城市绿地等资源；需要重视“人与自然”的关系，坚守风景园林的使命。

（原载《风景园林》2020年第4期）

注释

① 参见《鼠疫》，2020－02－17，百科医生网（https://www.baikemy.com/disease/detail/5958）。

② Pamuk S., "The Black Death and the Origins of the ‘Great Divergence’ Across Europe, 1300－1600", *European Review of Economic History*, 2007, Vol. 11, No. 3, pp. 289－317.

③ 参见王晓臣《十四世纪的黑死病与英国社会之变迁》，硕士学位论文，苏州科技学院，2010年。

④ 参见李娜、解建红《中世纪后期英国黑死病爆发原因新议——环境史视野下的中世纪后期英国黑死病》，《学海》2008年第1期。

⑤ 参见黄毅《中世纪欧洲城市的功能混合与分区研究》，《山西建筑》2007年第35期。

⑥ 参见马涛《11—14世纪伦敦城市卫生状况考察》，《安庆师范学院学报（社会科学版）》2014年第3期。

⑦ 李威：《论中世纪英国医疗的特点》，《兰州学刊》2007年第8期。

⑧ Weinreb B., Hibbert C., *The London Encyclopedia*, London: London Macmillan Limited, 1984, pp. 600－601.

⑨ 参见龚腾飞《黑死病对英国农业的影响》，《学理论》2012年第24期。

⑩ 赵晶：《从风景园到田园城市——18世纪初期到19世纪中叶西方景观规划发展及影响》，博士学位论文，北京林业大学，2012年。

⑪ Hoskins W.G., *The Making of English Landscape*, London: Penguin Books, 1985.

⑫ 参见柳润涛《约翰·西蒙与19世纪中后期的英国公共卫生改革》，硕士学位论文，南京大学，2013年。

⑬ 参见李化成《19世纪英国霍乱防治的经验与启示》，《光明日报》2015年3月28日。

⑭ 参见毛利霞《疾病、社会与水污染——在环境史视角下对19世纪英国霍乱的再探讨》，《学习与探索》2007年第6期。

⑮ 参见刘金源《工业化时期英国城市环境问题及其成因》，《史学月刊》2006年第10期。

⑯ 参见毛利霞《19世纪的英国霍乱与河流污染》，《商丘师范学院学报》2014年第1期。

⑰ Burgess S., Grant M., Svally G., et al, *Health and the Built Environment: Expert Seminar Report for Public Health England*, England: WHO

Collaborating Centre for Healthy Urban Environments, University of the West of England, Bristol, 2013.

⑱ 参见仇振武《1853—1854年英国霍乱与水源治理》，硕士学位论文，南京大学，2019年。

⑲ The House of Commons, *Report from the Select Committee on Public Walks,* London: The House of Commons, 1833, pp.3－8.

⑳ Young G. M., Handcock W. D., *English Historical Documents XII(1) 1833－1874,* New York: Oxford University Press, 1956, pp.189－193.

㉑ 参见陆伟芳《城市公共空间与大众健康——19世纪英国城市公园发展的启示》,《扬州大学学报(人文社会科学版)》2003年第4期。

图片来源

图1：https://www.history.com/news/rats-didnt-spread-theblack-death-it-was-human。

图2：https://www.britannica.com/event/Black-Death。

图3：赵晶:《从风景园到田园城市——18世纪初期到19世纪中叶西方景观规划发展及影响》，博士学位论文，北京林业大学，2012年。

图4：https://www.cam.ac.uk/research/news/industrial-revolutiondamaging-psychological-imprint-persists-in-todayspopulations。

图5：https://www.slideshare.net/eben_cooke/negative-effects-of-the-industrial-revolution。

图6：由作者拍摄。

作者简介

赵晶，北京林业大学园林学院副教授。

建筑艺术论文摘要

风景中的建筑

崔　愷

风景中的建筑不仅为人提供服务，亦不可破坏风景，最好是融入风景，或成为风景中的一部分，甚至自成一景，为风景添上一笔，或成为风景中的焦点。提出本土设计的主张，以若干实践为基础，总结出消隐、分合、顺形、透空、地材、乡土、观望和掩映8个关键词作为设计的方向。

（原载《中国园林》2019年第7期）

“营造”的泛指与特指——关于中国营造学社命名的思考

焦　洋　　王骏阳

首先回顾了刊载于《中国营造学社汇刊》的两篇论著中对于学社命名的两种诠释；其后，分析了这两种诠释对于学社研究所产生的影响；最后则着眼于泛指之“营造”，讨论了一种可为学社当年所用的由戈特弗里德·森佩尔的理论所带来的契机。

（原载《建筑学报》2020年第8期）

城市公共建筑品质的坚守——从恒大足球场设计引发的热议谈起

崔　愷　　孙一民

以恒大足球场的“莲花”设计为切入点，探讨了公共建筑在城市美学、城市风貌中的价值意义，批判了如今部分建筑存在结构与表皮分离的现象，还提出应当注重建筑功能的复合型，注重城市综合化，最后讨论了行业内正在探索的一些工作机制，以期解决我国建筑设计质量问题。

（原载《建筑学报》2020年第7期）

“孰之场域？”：孟买达拉维街道地方性的“自构”与“被构”

唐　敏

基于多琳·马西“全球地方感”的概念，通过达拉维从渔村到多元多产贫民窟的一个半世纪的时空变迁，提出关注地方性生产过程的跨学科视角。不同尺度的空间观察记录、图绘、空间历史分析等建筑图绘以及针对当地社区和年轻人日常实践记录的民族志，深入达拉维内两条起源迥然的主街道，描绘街道的跨度、深度和广度，展现自构与被构两大实践过程中丝丝相扣的角力。论证空间与社会文化的形成运作奠定了达拉维地方性的多元与复杂。

（原载《建筑学报》2020年第7期）

计成园林理论与实践中的“荆关画意”

邵星宇

通过考察“荆关画意”在晚明文人中的象征意义和再现模式，从3个方面揭示其对于计成的园林理论与实践的重要影响：其一是参与构建“造园师”的职业特征；其二是反映了这样一种对画意风格的欣赏模式——基于共同文人知识的集体想象；其三是以寤园为例，讨论计成在实际造园实践中对“荆关画意”的构筑。

（原载《建筑学报》2020年第7期）

扩展领域的地形学中“线”的作用与呈现

陈洁萍

主要研究“线”在扩展领域的地形学中的重要作用，分析“线”与场地结构的相互作用，“线”的能动性以及“线”介入设计的方法，指出有效探讨场地中“线”的作用与呈现方式能实现新的“场地书写”。

（原载《建筑学报》2020年第Z1期）

颠覆性技术驱动下的未来人居——来自新城市科学和未来城市等视角

龙　瀛

第四次工业革命中出现的一系列颠覆性技术，一方面对城市空间和社会生活产生深远影响，另一方面也为建成环境研究提供了新数据、新方法和新技术。结合对新冠肺炎疫情这一公共卫生事件的观察，围绕颠覆性技术驱动下的未来人居主题，提出来自城市大数据、城市科学、新城市科学、健康城市、智慧城市和未来城市视角的6点思考。

（原载《建筑学报》2020年第Z1期）

“丘陵城市”与其“回应性”体系——上海杨浦滨江“绿之丘”

章　明　　张　姿　　张　洁　　秦　曙

解读“丘陵城市”理念，并对其案例“绿之丘”（改造自原烟草公司机修仓库）项目的设计过程进行阐述，指出其在城市空间层面衔接了滨水公共空间与城市腹地，在管理层面突破了土地使用权属的划分，在建筑层面完成了对“非回应性”的技术体的自然化过程，成为“丘陵城市”关于“微变”“柔软”“漫游”理论的一次践行。

（原载《建筑学报》2020年第1期）

景德镇丙丁柴窑的场所精神

张　雷

位于浮梁县前程村的丙丁柴窑，是业主基于对传统手工艺的复兴以及回乡建设发展的初衷委托建造的。文章从窑房的功能、工艺需求说起，讨论了柴窑建造选址、空间特点、平面布局、结构施工等方面，从不同角度论证了柴窑的场所精神。

（原载《建筑学报》2020年第1期）

改造后的工业遗产区空间活力及其环境影响因素探究

杨博文　韩西丽

工业遗产是一个城市的历史痕迹，随着经济结构的优化，工业遗产的利用逐渐受到人们关注，并逐渐转为人们日常娱乐活动的场所，但我国大部分工业遗产改造区都有着相似的问题，部分区域开发投资较大却空旷无人。以深圳市华侨城 OCT-LOFT 创意文化园为研究地，调研统计了内部42个区域的人数、公共服务设施等数据，结合实际园区的活动状况，对华侨城 OCT-LOFT 创意文化园内的环境设施变量对空间活力的影响要素进行分析解读，研究结果对调整工业遗产区空间活力热度有一定借鉴意义。

（原载《建筑学报》2020年第 S1期）

尊重之下创新——回顾洛厄尔、贝聿铭、福斯特对波士顿艺术博物馆的百年设计接龙

董贺轩　胡嘉渝　刘晓星　徐文飞　刘小萌

在长达一个世纪的时间跨度内，洛厄尔、贝聿铭及福斯特对波士顿艺术博物馆展开了设计接龙，新古典主义、现代主义及高技派之间呈现出了相互尊重之下协同创新的设计情形，为建筑如何从空间、界面及形体三方面进行有机更新提供了借鉴。

（原载《世界建筑》2020年第8期）

“解码”与“编码”——隈研吾建筑形式转译方法研究

李思颖　温雷刚

文章跨学科地参照语言学系统分析隈研吾建筑形式生成方法，引入“转译”的理论和方法，梳理隈研吾所处语境；从解码与编码两个阶段，原型提取、形态模拟、逻辑同构、意境重构4个方面阐释隈研吾建筑形式转译方法，结合一系列案例解析，指出转译是丰富建筑形式语言的重要途径。

（原载《世界建筑》2020年第7期）

苏联构成主义“现代建筑教育”创始人——拉多夫斯基思想探究

韩林飞　康贺阳

尼古莱·拉多夫斯基作为前卫建筑师、教育家，在20世纪二三十年代期间，积极地在呼捷玛斯开展教学实践活动，形成了一套全新的建筑教育体系。他在现代建筑教育方法、空间构成理论方面的发展影响了整整一代苏联建筑师并延续至今。拉多夫斯基走出了一条现代建筑教育的道路，他的这种教育思想成为现代建筑及现代造型艺术教育体系的基石。

（原载《世界建筑》2020年第7期）

生而不同：樟宜机场 T4航站楼——重新定义机场场所营造和旅客体验

贝诺建筑设计公司 /Benoy Limited

2013年，新加坡樟宜机场旅客数量达到5370万人次，而在1981年樟宜机场取代巴耶利峇机场成为新加坡主要的国际机场时，该机场的旅客数量仅为810万。为满足不断增长的旅客需求，樟宜机场集团决定新建第四座航站楼。樟宜机场 T4航站楼于2018年竣工，秉持以人为本、科技创新的世界级超前场所营造理念，致力打造真正独特的旅客体验。通过自助值机、自助行李托运和自助通关闸门，以及毫无紧迫感的安检区，旅客可以便捷而顺畅地完成一系列登机手续办理流程。沐浴在自然光下的开放式生态空间通透明亮，舒心怡人，50万棵树木和绿植与新加坡标志性的园林景观天然糅合。樟宜机场 T4航站楼通过打造体验式商业零售和餐饮，构建彰显浓厚新加坡历史的传统文化区，进一步丰富了顾客的体验。可持续性是航站楼设计的另一大关键要素，而节能高效、水资源节约和废物处理的举措则是航站楼运营的核心。

（原载《世界建筑》2020年第6期）

原形的求索——约翰·海杜克系列住宅设计

辛善超　孔宇航

本文通过对约翰·海杜克系列住宅设计的解析，揭示其相对应的九宫格原形、菱形原形、数学原形、墙与形体关系原形、风车原形的形式生成、空间操作内在性规律，结合经典建筑形式逻辑、绘画、数学、诗歌与原形的关联性研究，论述原形设计中潜藏的设计意图与内涵。

（原载《世界建筑》2020年第6期）

芷江飞虎队纪念馆改扩建工程，怀化，中国

杨　瑛

项目保持原有建筑寓意与基本形态，从结构加固、局部改造、空间品质提升、增补功能用房等方面进行改扩建。项目的空间形象改造重在场景形式改造，针对特定的空间场景、特定的事件、特定的人物、做出特定的情境设计，使观众感受体验建筑情境设计的场景魅力 。

（原载《世界建筑》2020年第5期）

缪斯女神的圣殿：论艺术博物馆和中东地区

谢布内姆·于杰尔 / 徐知兰译

文章介绍了海湾地区多个博物馆，并指出国家通过博物馆表达政治抱负和文化理想。更大范围的中东地区也有许多的博物馆，其中部分还引起争议。各地的博物馆都获得了崇高的类似圣殿的地位，为其所在的城市、国家和设计它们的建筑师带来了社会认可。这些“圣殿”也和历史上曾出现的其他圣殿一样，其象征意义超越其功能作用，也对权力、身份认同和文化资本的议题表达了强烈的意见。

（原载《世界建筑》2020年第4期）

论分形渗流理论对建筑设计的影响

吴柳琦　张　华

非线性科学的发展改变了人们对世界的认知，新的科学观从观念到方法对建筑设计理论均产生了影响。分形理论是非线性科学的一个重要组成部分，渗流是一种随机分形。本文着重分析了分形渗流理论的特征及其对建筑学的影响，结合设计案例总结其独特的建筑空间观和美学观，探讨在新的时代背景下当代建筑的多元化特点。

（原载《世界建筑》2020年第4期）

重思当代中东的城市景观

穆罕默德·加里普尔 / 黄华青译

中东城市景观具有文化政治、环境问题等背景因素的影响与考量，同时也要考虑当地历史与传统。 中东地区的城市景观已从一种仅供消遣的被动布景，转变为市民参与的活跃剧场。在城市景观中，应寻求一条规划、设计、开发与管理的整体性路径，通过提升社区的观念，以形成并维持场所感，来解决未来的困境，实现理想愿景。

（原载《世界建筑》2020年第4期）

罗伯特·文丘里建筑理论中的“context”概念

宋　雨

本文以“context”概念为着眼点，梳理了历史上的相关理论，并结合罗伯特·文丘里的《论建筑构图中的情境》《建筑的复杂性与矛盾性》《向拉斯维加斯学习》3本重要著述，探讨了文丘里建筑理论中“context”概念的提出、拓展和深化的过程，其中也反映了文丘里对于西方人文主义文化传统的延续，为当今建筑创作留下了启示。

（原载《世界建筑》2020年第1期）

材料、颜色与空间——博图斯·穆德的施罗德住宅修复理念

玛丽-特蕾斯·凡·托尔 / 汪逸君译

施罗德住宅是荷兰风格派运动的代表作品。它不仅体现了施罗德夫人前卫、开放的生活追求，更是第一批现代建筑遗产的修复案例，对于荷兰乃至世界的建筑保护工作具有里程碑式意义。本文将负责重修的建筑师博图斯·穆德置于荷兰现代建筑保护理论发展的时代背景下，考察了其在工作中的指导思想、选择、成果与疏漏，同时涉及施罗德一家起到的作用。穆德将修复重点定位在恢复住宅的初始抽象空间感上，由此对颜色、材料进行了大刀阔斧的修复，并剔除了住户生活历史。针对其工作的全面反思，对今后现代主义建筑遗产修复具有一定借鉴意义。

（原载《建筑师》2020年第1期）

游戏的人：从游戏广场到“新巴比伦”

朱　渊　孙磊磊

荷兰建筑师阿尔多·凡·艾克与艺术家康斯坦特从游戏视角探索艺术与建筑、现实与理想以及理论与实践之间的对话关联，成为现代主义在荷兰发展中值得关注的重要特点。而正是这种共同理念下的主动交互，恰可成为我们在凡·艾克诞辰100周年之际，重新进一步审视荷兰建筑发展的重要聚焦和起点。

（原载《建筑师》2020年第1期）

柬埔寨吴哥古迹建筑研究概略（19世纪下半叶至今）

伍　沙

在中国政府实行“一带一路”倡议的今天，对东南亚建筑艺术的研究已成为热点。面对缺乏研究历史的认识以及断章取义的现状，本文聚焦柬埔寨吴哥古迹，以时间的维度概述了百年来其建筑艺术研究的发展脉络，以各阶段研究方法和人物为重点，总结了主要的研究成果及其传承关系。最后分析吴哥古迹建筑艺术研究的主要特点，以供国内相关研究借鉴。

（原载《建筑师》2020年第2期）

日本传统屋顶的当代传承与再创造

赵亚敏　顾保轩　孔宇航

日本当代建筑实践对传统建筑意匠的传承与再创造形成鲜明的民族趣味，取得举世瞩目的成就。文章以日本传统屋顶为切入点，首先归纳其意匠特点；继而从“屋顶与空间关联性”“传统屋架结构的传承与转换”“结构创新回应传统屋顶意向”三方面剖析了当代日本建筑师对传统屋顶的转译方式，揭示出其对传统建筑意匠的传承与再创造的深层驱动；最后，对现代中国的传统建筑文化以何种形式和姿态发展做了展望，以期对我国当下本土建

筑设计有所裨益。

（原载《新建筑》2020年第3期）

类型学与形态学主导的意大利城市规划技术的演变与启示

谢舒逸　　朱塞佩·贝特兰多·博凡蒂尼

类型学与形态学主导的规划技术在意大利战后至今的历史中心、历史城市的保护与再发展中扮演了重要角色。文章讨论了意大利类型学与形态学主导的规划技术的起源与差异；以博洛尼亚为例阐述类型学主导的规划技术如何通过管理建筑类型来指引规划行动，以乌尔比诺、卡尔塔吉龙、斯基奥为例阐述形态学主导的规划技术如何通过定义形态学单元以管理历史城市景观；进而结合我国城市保护的现状，探讨该技术对我国城市保护与发展的启示。

（原载《新建筑》2020年第1期）

从增量到存量从单一（职业化）到多元（多面手）

范文兵

文章以重新挖掘建筑学的通识教育特性以及设计教育内涵的拓展为视角，探讨了存量时代的中国建筑教育，如何从单一的职业化教育向多元化人才培养方向发展。

（原载《时代建筑》2020年第2期）

抽象与意义

茹　雷

在海口寰岛实验中学项目中，迹·建筑事务所面对速生的商业化城市发展所形成的都市状况，在文脉性指涉内容缺失的情形下，让建筑鲜有地获得了“自主”，得以在功能与内容基础上决断形式与图像。建筑师还对教育体制与中学生活的多元化理念进行了探寻和阐释。在这一过程中，为呈现“真”而展开的营造与构建具有了抽象性的特质，而形式表现也让位于意义内涵。

（原载《时代建筑》2020年第2期）

维也纳现代建筑中木的多义使用　约瑟·普莱契尼克、阿道夫·路斯与赫尔曼·切赫作品中木材的使用与表达

董书音

受森佩尔的理论影响，自19世纪末开始，许多维也纳建筑师积极探索不同材料在设计中的表达潜力，其中包括木材。文章通过研究三位维也纳建筑师——约瑟·普莱契尼克、阿道夫·路斯和赫尔曼·切赫在建筑设计中使用木材的方式，显示了建筑师对建筑的理解与其材料选择、表达方式之间的紧密联系，同时也展现了木材作为传统建材，在现代建筑中的不同应用可能。

（原载《时代建筑》2020年第1期）

承载与突围——关于当代城市居住区景观设计的美学调查与研究

高　俊　　陈艳华

依照景观建筑学的学科定义及当前其在实践领域中的发展趋向，以2017年张唐中航“苏州樾园”为例，分别从景观的造型之美、结构之美、材质之美、色彩之美四个评价向量对当代城市居住区景观设计进行价值评价，以期确定当代城市居住区景观设计在理论和实践上的美学评判标准与发展导向。

（原载《华中建筑》2020年第9期）

基于空间句法理论的旅游小城镇空间形态分异研究

陈歆颐　　张　焘

该文将云南地区旅游小城镇就开发模式分为博物馆式、半开发式和全开发式三种类别，以空间句法视角对四个开发程度不一的古镇案例进行空间分析，对不同小城镇的空间节点及街巷分布特征进行变量对比研究，分析不同开发程度的旅游小城镇空间分异特征，探寻旅游小城镇空间营造策略和特色构建方法。

（原载《华中建筑》2020年第6期）

基于“地图术”理念的建成景观资源量化评价研究——以南京古林公园为例

张皓翔

在数字量化研究背景下，本研究利用数字技术对“地图术”理念进行转译，挖掘场地所蕴含的信息并据此对场地进行景观资源评价。将爱德华·S.凯西提出的四种类型“地图术”转译为数字地图，利用所转译成的数字地图作为评价因子，构建景观资源评价地图。本研究选取城市建成景观环境作为载体进行研究，以南京古林公园作为实例，探讨所提出方法的可行性。希望通过该景观资源评价方法的构建，为规划设计提供参考，提升设计实践的科学性与合理性。

（原载《华中建筑》2020年第5期）

“解构—重构”美学语境下风貌杂乱旧村的营造策略研究

王仲伟　　郭　谦

揭示旧村杂乱表象下蕴含的活态特质以及其与美学的内在相通性，探索旧村风貌整治的新路径。借鉴解构—重构的美学理念及创作方法，运用“叠

合秩序”“片段式拼贴”“新信息嵌入”等方式引发原空间序列的解构与场境重构。在保留旧村活态特质同时，转低层级的杂乱、混乱态为高层级的支离美、杂糅美，实现场所杂乱风貌的蜕变和新生。突破传统“以简制繁”的营造思路和审美创作路径，探索在“以繁制繁”的新思路中重构整体关系，并生成反先验美学情境的策略方法。

（原载《南方建筑》2020年第3期）

赣州古城理水经验对“海绵城市”建设的启示

吴庆洲　　李　炎　　吴运江　　余长洪　　刘小刚

赣州古城选址于章、贡二江合流处，“凿址为隍，三面阻水”，凭借“江河为池”“龟背地形”等自然条件，因势利导，趋利避害，构建了“章、贡二江（环城段）—城壕—福寿沟—低洼水塘”的城市排蓄水体系统，代表了我国古代城市防洪御涝的一种传统模式。赣州古城水系的规划设计理念及营建经验，与当前我国“海绵城市”统筹建设的“源头控制系统、常规雨水径流蓄排系统以及超常规雨水径流蓄排系统”的系统组成，“灰绿互补”的雨水设施以及“蓄排结合”的雨洪控制理念高度吻合。剖析古代城市水系的营建智慧，总结值得当代人学习的思路和方法，对当前“海绵城市”的规划建设具有启示和借鉴意义。

（原载《城市规划》2020年第3期）

从古代都江堰灌区看本土人居生态实践思想——兼论对生态文明时代城乡规划的启发

袁　琳

当代生态文明的发展为数千年积累的中国本土人居生态实践思想的再认识与再利用带来了难得的外部条件，这些思想可以解释中国历史上人与自然和谐的人居环境实践模式，也可启发当代城乡规划的发展，促使人们沿着某些思路更好地应对当前的难题。本文结合都江堰灌区这一典型范例，从洪水灾害与区域格局、人工水系统与社会系统、山水环境与城乡人居等三对代表“天人关系”的实践范畴剖析了都江堰灌区人居生态实践特征与思想要旨，进一步阐释了中国本土人居生态实践的思想基础；认为生态文明时代城乡规划的作用和定位需要发展，要关注人与自然共同作用的生命共同体，要成为引导地区人与自然长期调适的有力工具，要能对多种关键生态问题提供综合的解决方案。

（原载《城市规划》2020年第1期）

城市营销带动城市更新——从“古根海姆效应”到“毕尔巴鄂效应”

王懿宁　　陈　天　　臧鑫宇

随着城镇化的不断发展，提升城市文化软实力逐渐成为城市更新中不可或缺的内容。城市营销作为城市发展的催化剂，可为城市更新规划提供新的思路和方法。以经典的古根海姆效应为例，分析古根海姆博物馆营销带动毕尔巴鄂长期更新的作用机制，评估近20余年其对毕尔巴鄂经济、社会、文化等方面起到的作用。研究表明，协调高效的组织管理、动态长效的更新机制、专业国际化的营销策略和根植本土的内生动力是毕尔巴鄂模式成功的关键，这为我国城市更新活动提供了借鉴。

（原载《国际城市规划》2020年第4期）

近20年国内外乡村聚落布局形态量化研究方法进展

杨　希

随着中国乡村建设实践的开展，规划行为开始深度介入村落空间，乡村聚落布局形态研究正在从描述性阶段向量化研究阶段迈进，以求空间规律的深度认知并借以辅助空间决策。本文基于近20年国内外村落空间形态量化研究，从静态研究方法和动态研究方法两个层面对诸研究思路和方法进行评述，判断各种方法的优势和局限，探讨研究中所遇到的关键问题、方法的适用范围、研究的不足和研究的发展趋势，以期为后续村落形态量化研究和实践提供有效的参考。

（原载《国际城市规划》2020年第4期）

新韵水岸，活力运河——杭州京杭运河东岸景观带总体规划设计

王伟嘉　　朱振通　　周　洲　　姚悦思

在国家建设大运河文化带及杭州市高品质推进大城北建设的战略背景下，围绕“保护好、传承好、利用好”的整体要求，针对现状及早期规划存在的问题，提出“城市拥河发展，空间沿河开放，文化依河生长”的规划理念。试图对景观带的整体布局、城河关系的梳理、景观风貌管控与引导、工业及文化遗产的利用等方面提出解决方案并形成建设导则，期望总结出适合文化遗产类滨河景观带的规划及管控方法。

（原载《中国园林》2020年第S2期）

城市雕塑规划的编制思路与实践——以无锡城市雕塑总体规划为例

叶麟珀　　余　伟　　陈漫华

从分析当前城市雕塑规划编制中存在的问题入手，梳理了其规划要点与内

容路径，并结合无锡城市雕塑总体规划的实践案例，从现状梳理、策略研判、体系构建、实施保障4个方面探讨了新时代城市雕塑规划的编制思路与方法，以期为类似的规划编制提供借鉴。

（原载《中国园林》2020年第S2期）

同构与异质：城市设计视角下巴黎布洛涅森林公园与纽约中央公园的两种设计策略

王志磊　刘　楠

城市公园作为城市设计非常重要的对象要素之一，呈现了在城市开发建设过程中，自然景观要素与人造城市环境之间的辩证关系。本文将对比分析纽约中央公园与巴黎布洛涅森林在不同的城市文脉下所运用的两种设计理念——“城市化自然”与“景观化自然”，以及其所导向的两种设计策略——同构与异质，从而理解城市超大绿色空间在不同理念和策略下所呈现出的系统设计和空间形态，对城市绿色开放空间的设计具有方法论上的意义。

（原载《装饰》2020年第3期）

如何实现桥梁建筑景观美学与使用功能的统一——以重庆市东水门长江大桥为例

孙玉莲　张玉平　汲生虎　张　刚

文章在桥梁建设快速发展的背景下，对桥梁的景观美学与使用功能的统一性进行了研究分析。以重庆市长江大桥为例进行分析，对桥梁的景观美学设计及建筑实用功能提出要求，并在此基础上针对如何实现二者价值统一进行了阐述总结，旨在全面提高桥梁的景观艺术价值和交通使用能力，让桥梁设计更具创造力与灵动性，营造传统与现代一体的桥梁文化。

（原载《建筑与文化》2020年第12期）

建筑题材油画的表现形式与审美价值

张达飞

20世纪的绘画艺术题材多种多样，有不同的表现形式与审美价值。以建筑题材为主的油画在绘画中很有特色，建筑题材油画探索空间比较广阔，绘画中的建筑与现实中的建筑有较大区别，以线条、色彩等艺术语言展现油画本身的魅力，具有很强的审美价值和当代性特点。在社会的快速发展中，画家要将绘画发展与艺术家使命相结合，不断探索，不断创新，创作出富有时代价值的作品。

（原载《工业建筑》2020年第11期）

西北地区乡土景观更新与活化研究——以西安市北院门高家大院为例

李中秋　刘丽丽

西安北院门历史街区的高家大院，是一座有着约400年历史的传统民居，其历经岁月沧桑，至今保存完好，集中展示了西安乃至关中地区的乡土文化，是西北地区重要的城市遗产和乡土景观。本文以乡土景观和城市遗产的综合视角，建立遗产本体、场所活力、景观与风貌保护、管理与养护、历史资料的保护、场所精神的保护六方面的综合价值评价指标，提出高家大院的保护与更新策略，为西北地区乡土景观的更新与活化提供一种新的思路。

（原载《城市建筑》2020年第23期）

基于德尔菲法和AHP的历史建筑评价模型的建立与分级标准研究——以江西省乐安县历史建筑为例

王必成　王炎松　潘楚良

文章依据江西省乐安县历史建筑田野调查成果及住房和城乡建设部于2016年印发的《历史建筑确定标准》，基于德尔菲法和层次分析法对乐安县历史建筑的评价与等级进行了实证分析，建立了乐安县历史建筑分类评价指标体系，构建了乐安县历史建筑评价与分级模型，有助于更加准确地认识到历史建筑的价值，进而区分历史建筑的等级。文章通过对历史建筑的评价和分级界定，引导政府更加准确地认识到不同等级的历史建筑，从而更加科学地制订保护模式，以便更好地实施保护方案。

（原载《城市建筑》2020年第7期）

植根文化厚土 守望千年奉国寺——写在2020年“文化和自然遗产日”到来之际

金　磊

在一年一度的“文化和自然遗产日”，辽宁省在锦州义县奉国寺举办纪念活动，并通过介绍“大书”《义县奉国寺》以及“小书”《慈润山河—义县奉国寺》两书的编撰过程，阐释奉国寺建筑、文化、艺术的珍贵内涵，解读其传承守望且必须普惠公众文旅的价值。

（原载《建筑》2020年第12期）

传统中国山水画与“水墨建筑画”的共同性探究

陈　衡

“水墨建筑画”，顾名思义，就是以建筑物体作为对象的中国传统山水画门类（也称为“界尺画”）。它是独立画种，“水墨建筑画”与中国传统山水画、花鸟画、人物画一样，是中国传统绘画的重要组成部分。相对于山水画，“水墨建筑画”有着极大的发掘潜能，可成为建筑绘画课程新领域的突破口。

在新技术、新影响、新创新更替变化的今天，建筑类的绘画慢慢发生了变化，研究出一种崭新的学习模式，不但具有传统授课优点，而且不同于电脑绘画技术的建筑表现练习模式，是建筑绘画类课程改革需要研究的问题。建筑与水墨两个相对独立的艺术种类，在今天多元化和以人文关怀的环境下，可以产生微妙的反应。本文通过对建筑绘画课程进行举例分析，以全新的视角，对“如何用水墨艺术描绘古典民居建筑”这个题目做出实验和研究。

（原载《居舍》2020年第14期）

误判下的融合共生 ——中国近代艺术类院校建筑教育发展研究

张骐跃

我国艺术类院校建筑办学诞生于民国早期，而学界对其特殊性与补充性的误判与偏见一直存在。文章以中国近代高等艺术类院校建筑教育产生与发展历程为基础，分析中国建筑学界长期对艺术类院校误判的历史原因，揭示工科类院校和综合大学建筑教学体系与艺术类院校体系的内在联系，强调艺术类院校在建筑教学中的重要性，从而提供一个讨论中国建筑教育的整体立场。

［原载《南京艺术学院学报（美术与设计）》2020年第3期］

晋城博物馆“晋城古代建筑艺术陈列”数字化展示构想

张晋锋

晋城地上文物众多，特别是古建筑类文物，时代延续性好，种类齐全，有的是法式孤例，有的是海内孤品，有的还有鲜明的地方特色。晋城博物馆在2014年改陈时依据本馆的特长和地方资源，全新推出“晋城古代建筑艺术”基本陈列，系统展示晋城古建筑的风貌，收获专家和普通观众的好评。但由于博物馆室内展览的局限性，部分内容展示效果不佳。随着时代的发展、技术的进步，数字化展示在一定程度上可以弥补展示内容和效果的不足，文章对此进行论述。

（原载《文物鉴定与鉴赏》2020年第9期）

符号学语义下的民居建筑装饰艺术研究 ——以俄罗斯传统民居为例

毕　昕　　李成翰　　李晓东

以传统民居建筑细部装饰艺术为研究对象，由点及面研究俄罗斯地区地域性建筑文化问题。采用符号学原理，提取俄罗斯民居建筑细部装饰的符号图形进行分类研究，以此探究俄罗斯传统民居建筑文化内涵和历史发展脉络，并为我国境内北方俄罗斯族民居建筑的传承与更新提供启示。

（原载《河南城建学院学报》2020年第2期）

一语双关的形式操作对建筑形式的复杂性与矛盾性的回应 ——从王澍重檐意象的遮阳构件说起

王新为　　马　晓

建筑具有复杂性与矛盾性，其在面对现代建筑形式和传统建筑形式的选择上会表现出很多问题。在空间体量方面，现代建筑有更大空间、更大体量的需求；在建构方面，钢和混凝土体系更是全面取代木构体系；在材料方面，工业材料的优越性能更符合坚固、实用的基本准则；在装饰的态度方面，现代建筑也与传统手工业时代雕梁画栋的装饰方式格格不入。人们不断地对传统与现代建筑形式的结合进行探索。文章探讨如何用较为凝练的形式操作获得现代主义形式逻辑和建构逻辑下的传统形式意象，并以王澍重檐意象的遮阳构件为例进行阐释。

（原载《艺术教育》2020年第5期）

建筑设计师罗尔夫·盖苓的北戴河别墅建筑艺术风格探析

解　丹　　陈怡如

北戴河海滨在中国历史上是首批由中央政府规定的允许中外杂、混居的避暑城市，留下许多著名历史人物的足迹。从整个中国近代建筑历史发展的角度来说，北戴河的别墅有着重要的历史和艺术价值，并且较好体现了中西方建筑文化的融合。罗尔夫·盖苓作为首批到达北戴河的别墅建筑设计师更具有研究价值。

［原载《艺术与设计（理论）》2020年第4期］

红砖建筑艺术之美

郭　凤

红砖是一种烧结型砖块，在中国传统建筑中，随处都可以见到它的影子。红砖之美，美在朴实无华、不加雕饰，外观质朴而粗糙，看起来似乎有种“廉价”的感觉，但是质地坚固耐用，又因其多孔而具有通风、散热的效果，在中国的老式建筑中得到普遍应用，在欧洲留存的很多古典主义建筑的屋顶和墙面上也融入了不少红砖元素，显得粗犷、神秘、独具特色，展现出一种古朴却又摩登的魅力。近两年粗犷工业风兴起，让复古红砖又一次重回大众视野，形成惊艳的视觉效果。

（原载《砖瓦》2020年第4期）

转译与更新：从《点石斋画报》中的折中思维观看江苏近代建筑本土化实践

张春霞　　过伟敏

从江苏近代建筑发展史来看，江苏近代建筑早在《点石斋画报》传入江苏初期就有了初步发展，无论是《点石斋画报》中的折中思维观念还是折中建筑图像，均对江苏近代建筑本土化实践具有重要借鉴意义。文章以《点石斋画报》中的折中思维观为切入点，采用史料挖掘与样本分析的研究方法，探究《点石斋画报》对江苏近代建筑本土化实践的影响，进而追本溯源，厘清江苏近代建筑本土化途径与生成机制。

（原载《艺术百家》2020年第2期）

反映俄罗斯建筑艺术的城市桥梁

穆祥纯

系统地介绍了笔者考察俄罗斯期间对莫斯科、圣彼得堡等城市桥梁建设的总体印象和分类考察情况，综合评述了反映俄罗斯建筑艺术理念的城市桥梁以及对我国桥梁建设的启示。

（原载《城市道桥与防洪》2020年第4期）

论高安市贾家古村人文建筑艺术特征

胡名芙

受独特的自然环境、人文环境的影响，历经数百年的贾家村建筑群形成了质朴的天然之美与繁复雕刻之美相融合的总体艺术特征。作为赣派建筑的代表，古村人文建筑兼具北方传统建筑的艺术特征，同时将儒、道、释之思想与精神共同注入其中，颇具独特的人文、历史、美学价值。

（原载《中外建筑》2020年第3期）

株洲市工业遗产的特征与构成研究

王一帆

工业遗产伴随现代产业的转型升级和城市结构的布局调整而出现，是工业文化的重要载体。株洲市是全国第一批重点建设的工业城市之一，工业遗产资源丰富，有很高的开发利用价值。后工业时代来临，城市产业结构需要转型，大量工业遗产闲置。在此背景下，通过对株洲工业化发展历程的梳理，调查株洲市工业遗产的保护利用现状，分析株洲市工业遗产的特征与构成并得出结论，为株洲工业遗产保护提供理论研究基础，以期能使株洲工业遗产得到有效保护及再利用。

（原载《北方建筑》2020年第1期）

鄂伦春族建筑艺术符号研究与应用

肖玮珊　　王丹苓

探索了鄂伦春族的建筑形式结构的形成原因以及建筑与鄂伦春族的生产与生活方式的相互作用关系。鄂伦春民族建筑文化不仅是鄂伦春族文化中的重要支撑部分，而且还是其典型标志。随着时代变迁，传统的民族建筑文化濒临灭亡，因此对于鄂伦春族传统民族建筑文化传承和保护的意义变得尤为重要。

（原载《居业》2020年第2期）

本体认知基础上的建筑遗产保护理论与实践——评过伟敏《建筑艺术遗产保护与利用》

刘　佳　　过麒天

关于建筑遗产保护与利用的相关研究经过百余年的发展，至今已经形成了较为完善的建筑遗产研究和保护体系。中国对于建筑遗产保护和再利用工作的研究起步较晚，进入21世纪后越来越多学者聚焦于历史建筑遗产上。过伟敏教授所著《建筑艺术遗产保护与利用》出版于2006年，该书对建筑遗产及其保护与应用的研究并不止于对建筑遗产本身艺术特性的研究，更是对地域文脉、城市历史文化及其地方风貌特色的深度挖掘，是对传统文化的现代传承和发展的一种积极探索。

（原载《学术评论》2020年第1期）

基于数字技术的南京民国建筑水泥装饰艺术的研究

张　晖

文章从“数字技术”的角度对民国建筑水泥装饰艺术进行挖掘、整理、研究，并记录下来。水泥装饰曾是民国建筑装饰艺术的代表，它兼容了中西方文化、海路文化和南北文化，承上启下，形成了独特的民国建筑装饰形式。把南京民国建筑水泥装饰艺术的各种相关信息转化为数字、编码完整地记录、存储在计算机中，形成一套完整的数据库，实现实物研究与重新创作的多重转换，解决文物遗迹的保护和开发之间的矛盾。

（原载《智能建筑与智慧城市》2020年第1期）

农耕文化视野下的浙西传统民居建筑装饰艺术

齐丰妍　　汪　洋

浙西地区传统民居建筑装饰因含有独特的农耕文化特色而具有很高的审美价值和研究价值。以农耕文化为新视角，基于浙西的龙游、建德、兰溪区域，采用文献资料与实地考察相结合的方法，通过研究传统民居建筑装饰的形成因素、类型、内容及寓意，探讨农耕文化与浙西传统民居建筑装饰的关联性，对建筑装饰中体现农耕文化的图景进行分类，提出对浙西传统民居建筑装饰的保护建议。

（原载《鞍山师范学院学报》2020年第2期）

论伊斯兰建筑艺术中的“尚蓝”观及其运用

王　豆

伊斯兰建筑艺术中呈现出大量的蓝色，这种艺术中的“尚蓝”观与伊斯兰民族的宗教信仰和审美情趣、伊斯兰民族所处的地形气候而引发对“蓝色”崇尚的心理因素、古代西亚地区对蓝色青金石热爱的传统以及古代波斯的“卡尚”地区盛产钴蓝釉料的地理因素有着密切关系。文章论述了伊斯兰建筑中的“尚蓝”观念以及对于蓝色在建筑中的运用，并以萨法维帝国时期的清真寺建筑具体举例说明蓝色在建筑中的表现。

（原载《中外建筑》2020年第1期）

《营造法式》建筑装饰艺术中的礼文化

刘思捷

对《营造法式》中的装饰纹样和彩绘用色进行了解读与分析，指出了《营造法式》的本质是中华民族的建筑精华与中国文化中礼制精神的统一，传统礼文化中交织着政治与伦理因素。阐释了《营造法式》彩画作中色彩代表的符号意蕴。解析了《营造法式》中龙、凤、麒麟、獬豸、象、熊、仙鹿、天马等纹饰代表的政治符号意蕴，以及海石榴华、化生、麒麟、鱼、鸳鸯、柿蒂纹、琐子、羊等纹饰代表的伦理符号意蕴。

［原载《沈阳建筑大学学报（社会科学版）》2020年第1期］

论明显陵规划布局特色及艺术审美价值

孙得东　　郑艺鸿

明显陵作为一座典型的明代帝陵在建造规制上具有承上启下的作用。显陵建造规模大，建设周期长，形成了壮观恢宏的建筑组群，规划形式具有布局自由、尺度合理和空间多样等鲜明特色；陵寝结构构思奇特，建筑布局因地制宜、巧妙自然，建筑景观比例均衡，建筑艺术精美绝伦；具有契合自然的风水美、富于变化的形式美以及寓意丰富的意蕴美等十分丰富的文化内涵和艺术美学价值。

［原载《长江大学学报（社会科学版）》2019年第3期］

基于地域文化的天津民居建筑传统装饰研究

李建华　　贾　瑞

作为地域辽阔、气候多样的多民族国家，中国在经济发展和文化传承上形成了各具特色的地域文化传统和风俗习惯。建筑和建筑装饰元素的发展也根源于地域。吉祥图案是民族文化的物质载体，记录和表现民族文化历史。在中国传统建筑和园林中吉祥图案装饰内容和形式丰富多彩，呈现出丰富民族文化审美观念，渗透着不同时期人们的思想和精神寄托。文章以天津传统民居石家大院为例，从地域文化的发展对民居建筑装饰艺术特色产生的影响的视角来进行研究，分析传统建筑装饰吉祥图案的应用及传统装饰吉祥图案的文化内涵。

［原载《艺术与设计（理论）》2019年第4期］

与自然融合，于历史重生——承德民族团结清文化展览馆暨承德市博物馆设计

周　恺　　吕俊杰

选址于避暑山庄东北侧的承德市博物馆体现了对历史与自然的充分尊重，将建筑以一种谦逊的态度融入环境之中，将观景平台借势藏于建筑之中，采用借景手法延续环境，创造体现考古意趣的园林式布局，散布展馆内的内庭院以小见大，得以近窥山林，就地取材实现文化与历史传承，采用新的设计手法实现传统建筑的现代转译，使建筑与自然融合，于历史重生。

（原载《建筑学报》2020年第Z1期）

如画美学观对建筑的影响和启示

张贤波　　倪　阳

文章通过分析如画美学的一些观点和主张对建筑审美产生影响的过程，探讨如画美为思考当今建筑带来的启示。如画美是一种新的美学范畴，一种主要是源于视觉感受和感官体验的审美品位。如画美学观改变了以往建筑主要以思想和观念决定的美学标准，它强调视觉和感官体验的重要性。分析如画美对建筑的影响，可以阐明如画美学观的美学价值，并从如画美的意识形态中探索更多的启示。

（原载《世界建筑》2020年第7期）

观念、模式、策略——体育建筑发展中的悄然转变

梅洪元

我国当前城市的发展进入了新的历史时期，城镇化正处于由粗放型扩张向精细化增长，由增量开发向存量更新转型的关键时期。体育建筑作为城市格局中重要的组成部分，体育产业作为城市社会经济发展的重要动力，实现了思想观念、建设模式、设计策略的深刻变化，已从规模迅速扩张的增量时代，迈向品质有机提升的存量时代。

（原载《当代建筑》2020年第6期）

清晰的迷宫——从阿尔斯牧师教堂看阿尔多·范·艾克的几何设计语言

刘琮晓　刘　潇

以荷兰建筑师阿尔多·范·艾克设计的阿尔斯牧师教堂为例，分析其几何设计语言，并引申讨论了教堂空间与“黄金分割”和“斐波那契数列”几何原理之间的契合关系。特殊的布局方式贯穿整个设计过程，这可能与范·艾克同教会建筑师汉斯·范·德·朗的合作、范·艾克早期的旅行以及他的人类学兴趣有关。通过对多条线索的解读，试图还原建筑设计中暗藏的逻辑——“清晰的迷宫”。

（原载《新建筑》2020年第4期）

实施导向下乡村风貌管理研究——以婺源县为例

陈宣名　王晓明　罗　奇

传统乡村风貌延续是我国乡村振兴战略的重要议题之一，由于我国长期的城乡二元结构，导致乡村本土文化失语以及风貌建设行为对城乡差异性思考的欠缺，致使部分乡村存在风貌管理实施困境。该文以江西婺源县为例，从管理支撑、管理实施以及监管监督三个层面对乡村风貌延续管理问题进行总结，并就婺源风貌管理发展脉络，分析婺源风貌管理实施性。最后，概括婺源乡村风貌管理实施要点，以期为传统乡村风貌延续提供思考借鉴。

（原载《华中建筑》2020年第7期）

美学、伦理与社区乌托邦——英国新粗野主义社会住宅

高　巍　赵　玫

本文从新粗野主义的基本情况入手，梳理二战后英国新粗野主义建筑思潮产生的社会背景、设计手法、美学特征、伦理思考和乌托邦的社会居住理想，重点分析新粗野主义社会住宅设计的代表人物、主要作品、发展历程和艺术特征，论述其重要的城市贡献和遭遇的社会问题，并总结了新粗野主义社会住宅的历史意义和社会价值。

（原载《建筑师》2019年第2期）

传统建筑装饰语言文化特质与文化传播解析

吕小勇　刘大平　徐　冉

中国传统建筑装饰是一个复杂系统，具有较强的文化属性，是中国传统建筑文化的重要载体之一。本文试图将文化地理学的研究方法引入传统建筑装饰的研究领域，侧重解读中国传统建筑装饰语言文化特质与文化载体，以及在其文化传播进程中所表现出的文化属性和文化特征等问题，从而基于文化地理学视角重新审视中国传统建筑装饰。

（原载《古建园林技术》2019年第2期）

从“社区营造”到“社区设计”　都市观视野下的日本社区设计发展观察

许懋彦　弋念祖

日本的社区研究一直伴随着都市发展而不断演化。从社区规划到社区营造，再到完善都市自治的社区设计，日本社区研究在社区资源体系重组、社区新关系构建、社区参与模式创新、社区可持续性支援等方面，探讨着社区建设的趋势与未来。

（原载《时代建筑》2019年第1期）

先锋派建筑审美变革背后的阶层诉求

张　希　洪　苗　饶晓晓　闫晓娜

在工业革命导致欧洲社会变革和阶层流动的社会背景下，以布尔迪厄关于阶层区分中审美配置的研究为理论基础，从20世纪初建筑先锋派运动宣言与实践的自我矛盾现象出发，阐释了建筑先锋派运动的首要目标是打破作为社会主流的传统建筑审美束缚；技术性、经济性、适用性等宣言在当时更多是为现代建筑审美提供合法性说辞。通过分析先锋派建筑师反传统审美背后对主流资产阶层审美品位的鄙视以及对获得资本权力认可的渴望，认为先锋派建筑师为现代建筑审美发声的一个非常重要的目的是：实现自我的阶层诉求，成为新的工业时代下资产阶层中牢固的一分子。

（原载《新建筑》2020年第2期）

山水人文智慧引领下的历史城市保护更新研究

杨保军　王　军

多山多水的自然地理环境孕育了灿烂的中华文明。中国先民在长期生产生活实践中形成了因形就势、趋利避害、寄情山水等独特的营城智慧。但在工业化时期，传统智慧被埋没，大多数古城特色消失殆尽。迈向生态文明的今天，需要重新认识传统营城中的山水人文智慧，道器合途、透物见人，促进中华城市文明薪火相传。以典型山水小城——江西永新为例，通过挖掘传统营城法则，以古鉴今、因地制宜地制定古城山水格局修复、空间网络修补与功能活力提升的系统策略。希望能为新时代中国历史城市的保护更新提供有益的借鉴。

（原载《城市规划学刊》2020年第2期）

让河流融于城市生活——圣安东尼奥滨河步道的发展历程及启示

陈　泳　吴　昊

河流往往是一个城市发展的起点，在居民与自然水系的长期磨合中，形成了地方性的空间形态、生活模式与文化品格。美国南部城市圣安东尼奥市

通过市中心区滨河步道的持续建设，充分发挥河流的生态、景观与休闲的综合价值，将原本解决城市防洪问题的普通河道转化成繁荣而又绿意盎然的公共活动场所，并带动城市复兴，成为当代中小尺度河道保护性利用的典范。本文追溯圣安东尼奥河及其滨河步道的历史演变过程，探讨河道功能转型、地方文化传承与自然生境修复等更新设计理念与策略，并从空间形态设计、功能活动组织、滨水场所塑造、城市联动发展和建设运作机制五个方面剖析其成功之因，为国内城市存量更新背景下的河道环境综合治理、活力复兴与转型发展提供借鉴与启发。

（原载《国际城市规划》2020年第5期）

文化语境下桥梁建筑创作中力与美的统一与表达——以长春空港经济开发区机场大路跨饮马河大桥方案设计为例

苏朝浩　　崔　洋

随着时代的发展，桥梁建筑的景观设计与艺术创作开始进入业界的视野，逐步成为城市文化景观设计的焦点命题。其中，从地域性与城市文脉的角度切入命题，进而进行桥梁建筑中特有的力与美的协同设计，是一个十分重要的创作思路。该文从地域、城市和区域三个视角，尝试从关东文化、长春文化和空港新城文化等方面对桥梁进行定位，采用了文脉挖掘、文化原型抽象以及力与形的协同设计等主要方法，实现了反馈于特定文化语境的力与美的形态相统一的创作目标。作为一个融合地域文化与桥梁美学的设计案例，其可以为桥梁建筑的文化意象表达以及美学形态的研究提供实证参考与理论线索。

（原载《华中建筑》2019年第11期）

基于文化传承的北京大运河景观规划研究

王　剑　　高大伟　　刘明星　　刘　华　　郝　硕

北京大运河纵贯千年，价值意义极其突出，是国脉肇始，是兴都之廊。新时代背景下，国家对于保护好、传承好、利用好这一伟大的世界文化遗产提出了更高的期望与要求，但是高水平、高标准的发展建设诉求与部分遗产资源被侵占破坏、滨河空间文化彰显不足等现状对比鲜明。从风景园林的专业视角提出“HSES”分析模式，基于历史文脉的总结梳理，通过历史演变的空间叠合、文化遗产的价值评估和沿线景点的调研分析的技术方法，在运河水系恢复、遗产保护利用、公园景点塑造、讲好运河故事等方面提出发展建议，在北京大运河的景观规划层面传承历史文化，弘扬运河文明。

（原载《中国园林》2019年第7期）

建筑艺术书目

意匠清华七十年——关肇邺院士校园营建哲思

作者：周榕、程晓喜、祝远
出版社：中国建筑工业出版社
出版时间：2020
【内容简介】
萃集了关肇邺院士数十年来参与清华校园营建工作的全部成果，充分体现出他尊重历史和环境、追求“和谐”及“得体”、反对“豪华”与“新奇”的建筑价值观。

江苏传统营造大师谈

作者：江苏省住房和城乡建设厅、江苏省城乡发展研究中心、江苏传统建筑研究中心
出版社：中国建筑工业出版社
出版时间：2019
【内容简介】
中国当代建筑近30年来的快速发展可以视作当代中国政治、社会和文化急速变迁的一种表征，而建筑师更像是在社会的河流中奋力挥臂向前的泳者，试图把握住河水急速翻滚涌动的脉络，并将其固化为可知可感的建筑和城市实体。本书通过访谈的形式记录江苏传统营造大师的技艺，为江苏传统建筑营造技艺的研究和传承奠定了基础。

上海近代建筑风格（新版）

作者：郑时龄
出版社：同济大学出版社
出版时间：2020
【内容简介】
全书系统阐述了上海近代建筑和城市的发展演变、中国和外国建筑师的作品、中国传统建筑的转型、东西方建筑文化在上海的融合，对于近代盛行于上海的西方古典主义建筑风格、现代主义建筑风格、装饰艺术派风格、中国传统建筑复兴风格、近代建筑中的地域风格及其源流做了全面的论述和考证。

数字建造导论

作者：丁烈云
出版社：中国建筑工业出版社
出版时间：2019
【内容简介】
数字建造不仅是新的建造方式，更是新的建造体系。《数字建造》丛书分为导论、设计卷、施工卷、运营维护卷和实践卷，系统阐述了数字建造框架体系、关键技术及实践应用等内容。本书作为数字建造丛书的导论，试图构建数字建造框架体系，即以现代通用的信息技术为基础，数字建造领域技术为支撑，实现建造过程一体化和协同化，并推动工程建造工业化、服务化和平台化变革，从而交付以人为本的绿色工程产品。

文化廊道视域下的西南建筑文脉研究

作者：陶雄军
出版社：中国建筑工业出版社
出版时间：2020
【内容简介】
通过借鉴社会学的研究方法，将西南地区建筑与文化的分析研究放在更宽阔的语境之中进行再解读。作者把西南地区建筑与文化的形成机制看成是“五大文化廊道”——藏羌彝文化廊道、壮傣文化廊道、南岭文化廊道、秦蜀文化廊道、外来文化廊道——彼此之间互相联系、互相影响、不断融合的结果，为读者提供了一个较为系统和深入认识西南地区建筑与文化的新视角。

明长城宣大山西三镇军事防御聚落体系宏观系统关系研究

作者：曹迎春、张玉坤
出版社：中国建筑工业出版社
出版时间：2020
【内容简介】
研究发现军事防御聚落和长城墙体通过分形自组织结构耦合形成复杂的协同系统，实现了资源的高效配置、军队的快速调动及系统的协同防御等功能。

乡愁和记忆视角下正定古城建筑色彩规划与设计研究

作者：刘瑞杰
出版社：中国建筑工业出版社
出版时间：2020
【内容简介】
以探索制定正定古城建筑色彩规划为目标，借鉴国内外色彩理论和实践成果，提出以基础理论研究、城市个性调查、色彩现状调研、色彩影响因素分析、色彩规划设计、色彩规划管理为主要内容的研究框架和基本方法，通过广泛开展城市个性分析和色彩调研，明确提出正定古城色彩形象定位和建筑色彩谱系，并对建筑色彩布局和典型案例详细设计，提出具体方案，填补正定古城建筑色彩规划的空白，确保古城色彩建设沿着正确的轨道推进。

中国建筑史论汇刊·第壹拾玖辑

作者：王贵祥
出版社：中国建筑工业出版社
出版时间：2020
【内容简介】
《中国建筑史论汇刊》由清华大学建筑学院主办，以荟萃发表国内外中国建

筑史研究论文为主旨。本辑为第壹拾玖辑，收录论文11篇，分为古代建筑制度研究、佛教建筑研究、古代园林研究、建筑文化研究及乡土建筑研究5个栏目。其中古代建筑制度研究成果包含4篇，分别为《土木、砖瓦、石铁、琉璃、彩画与中国建筑历史年轮》《佛光寺东大殿彩画制度探微》《基于整数尺法的万荣稷王庙正殿尺度分析》《平长还是实长——对〈营造法式〉"大木作功限"下昂身长的再讨论》；佛教建筑研究收录有《晋东南北朝石窟的建筑形制特点及其成因探析》《中日转轮藏建筑形制的考古学研究》；古代园林研究收录2篇，它们是《〈园冶〉列举的造园忌弊与俗套辨析》《绛州署园林初探》；建筑文化研究收录《德庆学宫大成殿建筑研究》和《重庆奉节白帝庙历史沿革与建筑特征分析》；乡土建筑研究收录《永顺县老司城土家族楼阁式建筑结构形式比较研究》。此外，还有清华大学新的测绘成果一份。

古刹美寺

作者：王贵祥

出版社：中国城市出版社

出版时间：2019

【内容简介】

作者以翔实的文字、大量的历史照片、建筑现状照片及线描图、轻松的笔触和深刻的视角，对自佛教传入我国2000年来，佛教建筑历经汉朝、南北朝、隋唐、五代与辽金、元代，及至明清的起源、分布、结构、造型与发展，进行了分析和阐述，使读者能够追寻着历史的踪迹与历代佛寺建筑遗存，去探求佛教寺塔中所蕴含的深沉、博大与优雅的文化、艺术与建筑之美。

中国传统建筑解析与传承：西藏卷

作者：《中国传统建筑解析与传承》编委会

出版社：中国建筑工业出版社

出版时间：2019

【内容简介】

中国传统建筑根植于深厚而久远的传统文化，在我国广博的历史和广袤的土地中形成了丰富而独特的建筑传统，展现了中华文明的博大精深。如何保护和延续传统建筑文化、如何实现传统建筑文化与现代建筑的融合，一直是我国建筑界关注的重要问题。本书讨论了西藏传统建筑的传承演化以及多元融合等问题。

建筑史（第45辑）

作者：贾珺

出版社：中国建筑工业出版社

出版时间：2020

【内容简介】

《建筑史》原名《建筑史论文集》，是我国第一部专门发表建筑史研究论文的学术丛书，由清华大学创办于1964年，本书为第45辑。本辑共收入论文16篇，内容涉及中国古代建筑营造技术、中国城市史、古典园林、乡土建筑、地域建筑文化、近代建筑、文物建筑保护、现代建筑理论等领域。

故宫营建六百年

作者：晋宏逵

出版社：中华书局

出版时间：2020

【内容简介】

从"营建"这一视角入手，主要讲述北京从元明两朝建城开始到故宫宫殿落成的漫长的营建历史，探讨了故宫的保护与传承。

解读《建筑与乌托邦》

作者：吴家琦

出版社：华中科技大学出版社

出版时间：2020

【内容简介】

《建筑与乌托邦》曾在20世纪80年代成为美国畅销书之一，但因为种种关系未能在国内出版。本书介绍了塔夫里教授的重要理论，从内容到方法，主要包括意识形态与乌托邦空想、先锋派自身的矛盾关系、激进的建筑艺术与城市、乌托邦空想的危机、建筑艺术的双重性特征等内容。

乌有园　第四辑

作者：王欣、金秋野

出版社：同济大学出版社

出版时间：2020

【内容简介】

本书是《乌有园》系列出版物的第四辑。该系列关注国内在传统设计语言之现代转化方面的积极探索，涵盖理论与实践（包括实验性作品）两个方面，内容以建筑为主，也涉及造型艺术、绘画、文学等相关领域的进展。由金秋野和王欣轮流担任学术主持，邀请国内外相关领域学者撰文。第四辑"袖峰与洞天"首次邀请普利兹克奖得主王澍撰文，讲述了他的太湖房和萦绕在设计前后的思考，王澍与园林之间的关系也由此浮现。为本辑供稿的还有艺术家隋建国、展望，以及建筑、园林、景观领域的设计师和学者，包括顾凯、吴洪德、覃池泉、葛明、李兴钢、钱晓冬、郑巧雁、张翼、柯云风、张逸凌、姜俊等11人。

建筑与艺术

作者：郑时龄

出版社：中国建筑工业出版社

出版时间：2020

【内容简介】

系统讨论建筑体系与艺术体系的关系，从建筑美学，建筑与艺术的关联入手，包括建筑与艺术流派、建筑与雕塑、建筑与绘画、建筑与摄影、建筑与电影、建筑与文学、建筑与音乐的关系等内容，颇具启发意义。

“营造”：从古代本土到近现代建筑学视野下的观念演变

作者：焦洋
出版社：中国建筑工业出版社
出版时间：2020
【内容简介】
着重讨论在不同历史时期，通过对“营造”内涵的解读而形成的各种关于古代“土木之功”传统价值的认知，以及对理论与工程实践所产生的影响。

数字建筑设计理论与方法

作者：徐卫国
出版社：中国建筑工业出版社
出版时间：2019
【内容简介】
工程建造正在迈进数字建造，乃至智能建造的新发展阶段。本书系统地阐述了数字建筑设计的理论和方法。

北京大兴国际机场数字设计

作者：王亦知、门小牛、田晶、秦凯、王斌
出版社：中国建筑工业出版社
出版时间：2019
【内容简介】
为推动工程建造技术与管理创新，总结与展示工程建造技术与管理创新成果，为工程建造行业各参与主体变革发展提供指导，中国建筑工业出版社与丁烈云院士及各位专家一起合力打造一套引领建筑业向数字化迈进的《数字建造》丛书。北京大兴国际机场是国内大型基础设施项目，采用数字建造技术及管理技术建造而成，本书将其在设计过程中采用的新型数字技术、新方法进行总结提炼，展现国内前沿的数字建造技术。

青山筑境：乡村文旅建筑设计

作者：何崴、孟娇
出版社：机械工业出版社
出版时间：2020
【内容简介】
本书汇集多家设计院所、设计师与设计团队的20余个具有代表性的案例，分为民宿酒店与餐饮空间、文化与服务空间两大类型。以设计一手资料作为出发点，而非停留在调研采风体验的表面阶段，深入解构这些“结庐在人境，而无车马喧”的山间庭院与居所隐庐，展示了文旅建筑在乡村振兴中的重要作用。

六合文集（精）

作者：张玉坤
出版社：中国建筑工业出版社
出版时间：2019
【内容简介】
为天津大学建筑学院六合工作室历年的成果合集，包含历年张玉坤教授发表过的相关文章，全书共分为建筑天文、长城、聚落三部分，对长城、聚落、建筑天文进行了系统而专业的解述。

苗族传统民居特征与文化探源

作者：汤诗旷
出版社：同济大学出版社
出版时间：2020
【内容简介】
本书建立在历史文献解读及田野调查工作基础上，以建筑学为主的多学科方法对苗族传统建筑特征的古今演进、空间分布进行分类梳理和研究，并对附着其上的文化因子进行源流考证。建构以“住居原型”为内核，在建筑学领域整合研究已割裂的苗族文化。本书建构了一个具民族识别性的苗族建筑谱系，并对谱系建构特点及其适应性传承提出了设想，对完善民族建筑学研究有所创新。

山西传统民居营造技艺

作者：薛林平 等
出版社：中国建筑工业出版社
出版时间：2020
【内容简介】
本书是对山西传统民居的全面调研，范围覆盖晋北、晋东、晋西、晋中、晋东南和晋南六个亚区域，内容包括对工匠进行的访谈和实地考察研究成果等，每个章节均以传统民居、营造技艺、工匠口述来分节，较为全面地展示了山西传统村落民居营造技艺，具有较为重要的参考价值。

中国传统民居纲要

作者：张泉、华晓宁、黄华青、尹航、周凌
出版社：中国建筑工业出版社
出版时间：2020
【内容简介】
本书分析总结了中国传统民居的总体特征、营造的影响要素、基本构成与类型，系统研究了中国传统民居营造理念与方法。

海绵城市建设的景观途径

作者：翟俊

出版社：中国建筑工业出版社

出版时间：2019

【内容简介】

本书围绕海绵城市这一中国城市建设中的热点话题，通过对当下海绵城市建设普遍采用的"硬"工程方法进行剖析，在指出其不足及存在问题的基础上，提出一种近自然、可持续和多功能的"软"工程的新途径，即景观途径。从生态及"软"工程的视角系统地介绍海绵城市建设的景观途径，提出更能够适应气候变化、更具弹性和更高效适应性的城市雨洪管理新模式，同时创造可持续的城市生态环境。

从"潜存"到"显现"——城市风貌特色的生成机制研究

作者：杨昌新

出版社：中国建筑工业出版社

出版时间：2020

【内容简介】

在全球化和信息化的背景下，城市风貌特色模糊、衰微的趋势，是因为"缘结"是以市场机制为主导，经济要素成为主要的有效因子，而城市风貌特色维育的途径是通过政治"缘结"的介入，对经济"缘结"进行干预和控制，并且利用宏观控制、中观分布和微观机制的融贯作用，才能实现地方性、地域性、特殊性的回归。本书试图在复杂思维范式下，采用跨学科的研究方法，通过理论嫁接、比较分析、实证考察获取以下结论：城市风貌是一个复杂适应系统，它的形成是一个生成的过程，即从"潜存"经"缘结"再到"显现"的过程，其中"潜存"与"显现"是一种间接的关系，需要通过随机影响因子——"缘结"的作用才能实现从"潜存"向"显现"的转化。

大都市区土地配置机制及转型路径研究——以珠三角地区为例

作者：雷诚

出版社：中国建筑工业出版社

出版时间：2020

【内容简介】

如何引导我国大都市区高效健康地发展，探索在有限的城乡土地资源基础上构建以都市区核心区为中心的网络型城市群空间格局，是我国国土空间规划领域的热点问题。本书在分析珠三角大都市区发展的基础上，引入结构化理论建立概念框架，围绕土地制度三个层次——作为基础的土地产权制度、作为资产和要素交换的土地市场制度、作为空间资源配置的土地使用管制制度，分别归纳了对应于"结构"的相应能动行为特点——"地方能动行为、市场运作行为、空间博弈行为"。书中辅以详细的案例调研资料，从"结构与能动"角度描述了珠三角大都市区土地配置演化的过程，探讨了大都市区发展的基本路径。本书深刻解析了大都市区土地配置问题的解决必须以"权力结构的调整、利益格局的重构和行为秩序的规范"为支撑，提出了我国大都市区空间规划发展的"第三条路"。本书从土地配置机制和演化路径探索角度，提出了我国大都市区发展的创新模式及路径，研究成果在相关领域具有领先性和前瞻性，为大都市区健康有序发展提供了新思路。

无废：城市可持续设计探索

作者：萧嘉欣

出版社：中国建筑工业出版社

出版时间：2019

【内容简介】

垃圾问题是一项关乎民生和社会可持续发展的社会问题。作者秉持着批判和反思的立场，重新审视城市中的垃圾问题以及可持续设计的方向。本书的目的是为研究者和设计师提供另一种视角，重新思考"人—垃圾—社区"的关系。作者希望通过对物理、社会和文化因素的分析，让人作为人，空间作为空间，深刻反省人与空间究竟是何种关系，人与垃圾之间的关系又是如何，什么才是适合现代人的居住环境，我们该如何构建可持续城市，等等问题。书中引用了前沿设计理论，深入不同语境下的行为模式，并结合丰富的实践经验，通过理论与实践的结合，提出一种行动研究方法来思考社会发展中的垃圾问题。

城镇微更新与乡村振兴的探索与实践

作者：杨景胜、王鲁峰、叶树澎、冷亮

出版社：中国城市出版社

出版时间：2020

【内容简介】

本书以有机更新为切入点，从理论—政策—实践路径出发，通过大量的理论分析与政策梳理、案例分析，重点探索了东莞市城镇微更新、乡村振兴的空间策略，在此基础上，分析了城镇微更新与乡村振兴的内在关联与互动机制，总结了二者有机融合的规划路径，具有一定的实践价值。

旅游型乡村聚落的演变与营建

作者：张宇、董丽

出版社：中国建筑工业出版社

出版时间：2020

【内容简介】

通过叠加地理学、社会学的分析统计方法，本书对非典型地区文化下的普通乡村受旅游开发的影响进行定量化研究，揭示出乡村旅游和乡村聚落演变之间的关联性；从规划和建筑角度分别提出旅游型乡村的营建策略，其中包括"有机介入，维护原型""低影响乡建与运营""非遗产旧宅保护"等针对性观点。

情理之间：小城镇更新的枫桥经验

作者：莫洲瑾、董丹申、曹震宇

出版社：中国建筑工业出版社

出版时间：2020

【内容简介】

本书总结了枫桥古镇更新机制的实践经验，记录了发展目标确定、项目策划、建设计划制定、各专项设计、施工服务、招商运营的古镇更新全过程，把感性的追求与循理的分析相互融合，为全国的小城镇更新机制探索提供新的思路。

历史城镇真实性感知与保护利用

作者：王婧

出版社：中国建筑工业出版社

出版时间：2020

【内容简介】

“活化”是历史城镇可持续利用的重要途径，如何把握利用的“度”是其焦点问题。本书以上海历史城镇南翔为研究样区，选取居民、游客两个互动共生群体为主体对象，借鉴隐喻抽取技术（ZMET）和结构方程模型（SEM）进行质性和量化的整合性研究。研究从心理层面探测主体真实性感知的共识地图及主客之间相互作用的中介沟通变量，构建主客互动真实性的关系模型以明晰其形成机制、影响因素和现实中的表现形态，从而对遗产保护利用中的策略提出衡量标准和操作尺度。研究揭示了历史城镇真实性感知的主体差异性、感知多元性及时空动态变化性，而不仅是单一的物质空间视觉认知模式，并把主体真实性感知的繁杂现象归类为4个象限，用“真实／虚假”矩阵来形象描述4个象限的内涵、特征、形成机制和呈现方式。从理论上解释遗产地旅游等利用行为对遗产地价值阐释的利弊，建议在遗产地不同保护分区中应采取不同的利用方式来展示遗产内涵和价值，在保护遗产的同时回应不同类型、层次的访问者需求。

历史性城镇景观（HUL）视角下的城市历史空间研究

作者：顾玄渊

出版社：中国建筑工业出版社

出版时间：2020

【内容简介】

本书首先对历史性城镇景观的产生背景、文件、概念、方法实践、思想理念进行了系统梳理与深入研究，提出历史性城镇景观对城市发展、城市特色与遗产保护三者融合的积极意义，以及对城市历史空间研究的三个切入点，即从历史层积的关系研究城市历史空间的构成、从发展资源的角度研究城市历史空间的价值、以管控空间变化为手段研究城市历史空间的保护与发展。最后，在上海总体城市设计研究中对前述理论及方法进行实际应用，其是城市历史空间保护与地区发展相融合的试点案例。

弘扬传承与超越——中国智慧生态城市规划建设的理论与实践（第二版）

作者：仇保兴

出版社：中国建筑工业出版社

出版时间：2020

【内容简介】

本课题成果第一章为“发展与转型——生态文明时代的绿色城镇化之路”，阐述了我国城镇化面临的机遇与问题，城镇化健康发展的五类底线、三大陷阱。第二章为“生态与智慧——生态文明时代城市发展的核心要素”，对现存的生态、智慧城市和智慧生态城市的概念进行了分析。第三章为“共生与永续——智慧生态城市的理论基础”，探讨了生态城市的基础——共生城市的主要协同集和自演化成长机制，以及共生理念在城市系统中的应用。第四章为“传承与超越——中西方传统生态文明观的比较与启示”，辨析了中西方古文化中的“自然”观、古建筑美学、古代城市空间结构、园林文化的差异及其文化成因。第五章为“复杂与细节——智慧生态城市的研究方法”，探讨了城市作为复杂自适应系统的特征、“他组织”与“自组织”的共存，以及对智慧生态城市的解读。第六章为“幸福与增长——智慧生态城市发展的目标与思路”，研究了生态城市的目标、类型、特点与发展思路，以及“幸福”与“增长”两者均衡的范例。

国家公园：从理念到实践

作者：陈曦

出版社：中国建筑工业出版社

出版时间：2020

【内容简介】

本书梳理了国家公园的中国特色及核心理念，探讨了中国国家公园的全球定位及实践路径等问题。以具有热带雨林、热带海洋特色资源的岛屿型省份海南省为例，提出了以国家公园为主体的自然保护地体系重构的设想，并就自然保护地面临的管理模式、经营模式、法律体系构建及空间布局等现状问题进行梳理并提出解决对策。

住区边界——城市空间与文化研究

作者：袁野

出版社：中国建筑工业出版社

出版时间：2020

【内容简介】

本书将城市住区的“边界问题”作为研究对象，并以北京为例进行案例研究，通过对“边界”概念及“边界问题”探索中国住区和城市空间的内在特征和发展规律，以及设计策略与方法。

传统村落生态治水智慧

作者：赵宏宇、车越

出版社：中国建筑工业出版社

出版时间：2020

【内容简介】

本书共分为五章，包括“认知转变·升维思考·概念生成——寒地生态治水智慧的理论框架”“村落分类·智慧图解·空间寻力——寒地传统村落生态治水智慧的图解与寻力”“现代转译·纲领响应·落地应用——寒地传统雨洪管理体系的现代城市实践”“价值解析·指标选定·绩效评价——生态治水智慧的多维绩效评价”和“语境重现·中国范式·终生教育——生态智慧语境重现与生态智慧终生教育”，可以为寒地生态治水智慧的空间建设模式提供借鉴。

江南古典私家园林

作者：阮仪三

出版社：译林出版社

出版时间：2020

【内容简介】

本书综述了江南古典私家园林的发展历史与艺术成就，细致赏析了大量园林实例，是中国古典园林艺术研究的经典著作。

中华宅园营构文化

作者：曹林娣

出版社：中国建筑工业出版社

出版时间：2020

【内容简介】

本书是在对中华园林创作思想的钩沉和文化探源，在中华优秀民族居住文化基础上，吸纳世界先进文化，在互相较量、互相克服、互相碰撞、互相融合的过程中，进行文化重构，把古人和今人的智慧合在一起，激发出一种新的智慧。

中国寺观园林

作者：乐卫忠、朱轶俊

出版社：中国建筑工业出版社

出版时间：2019

【内容简介】

自古以来，中国古代的园林景观尤以皇家庭院和寺院道观为佳，而其中寺院道观园林造景在选址策划和规划中显现出来的对自然各脉的总体把控和对水、山、筑、植等手法的运营，以及其飘逸出尘的韵味与不拘一格的布局，蕴含着自然和生命的哲理，这是我们现代景观设计中很难体会到的，而这种通过大景观营造寄情于山水进行的大场景全过程情绪控制，更是现在进行“公园城市”策划规划中首先需要进行参考的方式。《中国寺观园林》就是对中国寺院道观园林景观的全景式呈现。

中国古代书院园林

作者：王鹏、赵鸣

出版社：中国建筑工业出版社

出版时间：2020

【内容简介】

本书从风景园林的角度出发，对古代书院园林的历史变迁、选址特色、空间布局、建筑营建、造园意匠、园居活动展开研究，揭示中国古代书院的园林观及哲学思想。

乡村景观设计

作者：吕勤智、黄焱

出版社：中国建筑工业出版社

出版时间：2020

【内容简介】

本书基于乡村人居环境建设，立足于保护乡村生态环境、传承乡村传统文化、挖掘乡村景观资源，以乡村振兴发展建设为目标，在梳理国内外乡村景观设计与营造发展理论的基础上，系统分析了乡村景观建设中出现的问题和应对策略，着重阐述乡村景观设计原理、乡村景观专项设计方法和操作流程。通过乡村景观设计实践案例分析与研究，将乡村景观设计理论与实践相结合，系统研究和探索了美丽乡村建设中如何高水平、高质量、高品质地实施乡村景观设计与建设实践。

内蒙古传统建筑装饰

作者：李丽

出版社：中国建筑工业出版社

出版时间：2020

【内容简介】

本书从内蒙古传统建筑文化传承与发展的视角出发，对内蒙古地区不同区域传统建筑装饰形式进行整理分析。全书共分三部分。第一部分：内蒙古地区传统建筑装饰形式产生的背景分析，分别从地理环境、文化环境、内蒙古地区历史沿革、传统建筑装饰特征及影响因素等方面进行介绍。第二部分：对内蒙古东、中、西部地区宗教类建筑、衙署类建筑及民居类建筑装饰形式进行图示、解读。第三部分：分别从“艺术特征”“形式关联”“装饰本源”的角度对内蒙古地区传统建筑装饰进行阐释。

2019—2020年中国建筑艺术大事记

2019—2020年

2019年12月—2020年3月	"第八届深港城市/建筑双城双年展"召开。该展以"城市交互"为主题，把城市空间和技术创新结合起来，探讨城市化数字革命背后的问题。展览包含"城市之眼"和"城市升维"两个部分，分别从不同角度探讨城市空间与科技创新之间不断发展的关系，尤其是研究机器学习、人工智能和自动化等新技术对社区和城市空间产生的不可避免的影响，探索城市化和建筑的影响如何超越物质的边界。
1月23日	国家决定设计建造专门收治新冠肺炎病人的武汉火神山医院，5小时内出方案，24小时出施工图，10天投入使用，让世界惊叹于"中国速度"，显示出中国建筑设计和建造的实力。在这个过程中，BIM技术、模块化设计、装配式技术发挥了巨大的作用。
4月20日	国家发改委首次明确了新基建的范围，即信息基础设施、融合基础设施、创新基础设施三个方面，同时提出"研究出台推动新型基础设施发展的有关指导意见"。新基建涵盖范围较广，主要包含5G基建、特高压、城际高速铁路和城际轨道交通、新能源汽车充电桩、大数据中心、人工智能、工业互联网等七大领域，涉及通信、电力、交通、数字等多个社会民生重点行业。
5月11日	习近平总书记来到大同云冈石窟考察历史文化遗产保护工作，指出云冈石窟体现了中华文化的特色和中外文化交流的历史，是人类文明的瑰宝，要坚持保护第一，在保护的基础上研究利用好。
6月13日	2020年"文化和自然遗产日"活动举办，活动主题为"非遗传承　健康生活"，重点围绕传统体育、传统医药和餐饮非遗项目，开展非遗宣传传播等活动。
7月	住建部联合七部委印发《绿色建筑创建行动方案》，旨在全面推动绿色建筑高质量发展，提出2022年城镇新建建筑中绿色建筑面积占比达到70%，星级绿色建筑持续增加，既有建筑能效水平不断提高，对我国绿色建筑未来健康化、智慧化、工业化、双零化、规模化的发展趋势进行了总结和展望。
8月26—27日	第十六届国际绿色建筑与建筑节能大会暨新技术与产品博览会在苏州召开。会议主题为"促进绿色建筑创新，迎接住房消费升级"。
9月1—22日	"胜景几何——李兴钢工作室作品微展"建筑个展于北京方家胡同46号X-studio哥大北京建筑中心举办。展览主题"胜景几何"既是李兴钢工作室逐渐明晰的建筑实践内容和方向，也是对当下现实诗性缺失的深刻省问。
9月22日	习近平总书记在第七十五届联合国大会一般性辩论上发表重要讲话，表示我国"二氧化碳排放力争于2030年前达到峰值，努力争取2060年前实现碳中和"。建筑行业作为占全国能源消费总量约1/5的"能源大户"，低碳和节能已经成为未来建筑发展的必然趋势。
10月28—30日	主题为"好设计·好营造——推动城乡建设高质量发展"的中国建筑学会学术年会在深圳国际会展中心召开。此次学术年会首次采取线上线下相融合的新方式，聚焦建设领域的学术热点、政策焦点、行业难点，包括10场主旨报告、32场专题论坛及同期举办的展览等丰富的活动。丁烈云院士在会上发表"智能技术重塑建筑未来"的主题演讲，他认为智能技术与传统建造深度融合将催生新的建造模式——智能建造，推动建筑行业进行一系列深刻变革，具体表现为产品形态数字化、建造方式工业化、经营理念服务化、市场形态平台化，以及行业治理现代化。智能建造是促进建筑行业转型升级，实现高质量发展的重要支撑。
10月29日	中国共产党第十九届中央委员会第五次全体会议通过《中共中央关于制定国民经济和社会发展第十四个五年规划和二〇三五年远景目标的建议》，提出建设长城、大运河、长征、黄河等国家文化公园。
10月29日	第三届绿色建筑设计与绿色建材创新发展论坛在北京召开，主要讨论了新型建筑材料在绿色建筑中的应用等内容。

11月6日	第25届中国民居建筑学术年会开幕式在成都举行。此次中国民居建筑学术年会主题为“当代视野下的民居传承与聚落保护”，包括八个主题报告和传统民居与聚落、现代技术与民居营造、乡村规划与传统村落、民族地区传统民居与聚落四个分议题，是2020年民居建筑和聚落保护的重要总结和交流。
11月13日	习近平总书记在江苏古运河扬州段考察时指出，要把大运河文化遗产保护同生态环境保护提升、沿线名城名镇保护修复、文化旅游融合发展、运河航运转型提升统一起来，为大运河沿线区域经济社会发展、人民生活改善创造有利条件。
11月17—18日	第十届全球智慧城市大会运用线上+线下的形式，设立巴塞罗那、上海、纽约三地会场，通过数字化手段进行智慧城市领域交流。上海分会场召开了以“共筑城市智能体，提升综合竞争力”为主题的智慧城市峰会，上海获得“世界智慧城市大奖”，深圳获得“全球使能技术大奖”，佛山市南海区获得中国区“经济大奖”；天津泰达、郑州郑东新区、黄山市分别入围中国区“包容及共享城市大奖”“创新理念大奖”及“治理与服务大奖”。深圳通过建设公共服务、公共安全、城市治理、智慧产业、大数据服务及感知网络六大体系，初步构建从平台、应用到智慧大脑的新型智慧城市一体化建设新格局，全面提升了城市治理、公共服务、产业发展等领域的发展能级。
11月23日	由故宫博物院、中国文物保护技术协会、中国紫禁城学会、北京故宫文物保护基金会联合主办的2020年第一届文化遗产保护青年学者论坛在故宫博物院召开。论坛以“创新驱动下的文化遗产保护技术与实践”为主题，展示和发展青年科研力量。
11月23日	“2020 WAF世界建筑节”公布了建筑绘图奖的获奖名单，包含数码制图、手工制图和混合制图三个类别。2020年参赛作品的数量比以往各年都增添了不少，共计有来自30个国家的165件参赛作品。其中的35件作品还来自学生或30岁以下的建筑师。此外，2020年还额外增设了一项“疫情封锁奖”（Lockdown Prize），以此来关注以病毒和疫情为主题的制图创作，讨论疫情和病毒对建筑学带来的冲击和影响。
12月5日	首届“自然建造·Architecture China Award”在上海颁奖揭晓，王澍担任评委会主席。对于“自然建造”这一主题，王澎解释道：“通过寻找建造诗意重返自然之道，探寻中国本土当代建筑中的相似及相关理念。”刘家琨获实践成就奖，罗宇杰获技术探索奖，佚人营造王灏、旭可建筑（刘可南、张旭）和有声建筑（刘畅、高勤、孔德钟）获得青年探索奖。
12月7—8日	“2020非物质文化遗产整体性保护论坛”在广西桂林举办。
12月23日	由民间机构发起、大众投票参与、行业专家评审的2020年“第十一届中国十大丑陋建筑”评选结果揭晓。
12月29日	中国艺术研究院建筑与公共艺术研究所举办了“文旅融合背景下文化遗产保护与开放利用模式创新研讨会”，重新审视了文化遗产的管理机制、保护利用方式、开放程度评估、开放绩效分析等环节，讨论构建文旅融合背景下中国文化遗产保护利用方法论体系，推动社会效益与经济效益的协同发展。

编 后

《中国建筑艺术年鉴》是全面记载中国建筑艺术发展状况的综合性年刊，由中国艺术研究院建筑与公共艺术研究所主编，组织建筑界、城市规划界、艺术界、文化界等多方面专家共同编辑完成。

《2019—2020中国建筑艺术年鉴》客观记录了年度中国建筑艺术创作与研究的主要成果，系统反映了我国城市和建筑发展中的新成就、新问题、新趋势。主要栏目有：特载、优秀建筑作品、建筑焦点、建筑艺术论文、海外掠影、建筑艺术论文摘要、建筑艺术书目和建筑艺术大事记等，为全面了解建筑界年度情况提供全方位的信息。

《2019—2020中国建筑艺术年鉴》是我们编辑的第十三部《中国建筑艺术年鉴》。有了前几部的经验，这本年鉴在组稿、确定入选作品或稿件等项工作上，都在之前经验积累的基础上有了较大改进与提高。在编辑过程中，我们得到各位顾问和建筑学界的众多朋友给予的帮助和支持，这些都会推动我们努力将这本年鉴编成记录我国当代建筑艺术发展面貌的权威性年鉴。

《2019—2020中国建筑艺术年鉴》各有关栏目的编辑工作，由中国艺术研究院建筑与公共艺术研究所全体同仁与北京及国内外建筑界专家、学者共同完成。其中：优秀建筑作品栏目由程霏、黄续和赵玉春负责编辑；特载、建筑焦点、建筑艺术论文、海外掠影、建筑艺术论文摘要、建筑艺术书目、中国建筑艺术大事记栏目由黄续和程霏负责编辑。

我们希望《2019—2020中国建筑艺术年鉴》能反映出中国当代建筑艺术的发展历程，集学术性、史料性于一体，成为我国建筑艺术及建筑文化领域的权威性年度总结。由于时间、水平有限，又由于技术方面的原因，可能会出现一些有价值的图片未能全部刊登的情况，敬请作者谅解。

感谢曾学航、陈小虎、杜少丽、冯真欢、黄霈、黄元露、李辉琼、李玲、李清云、刘会容、刘录玉、龙倩、龙诗琪、穆桂彬、彭倩、田丽、吴迪、吴玲、吴帅、徐燕、杨丁继宇、杨再英、余欣芸、易溪、岑吉胜、陈丽丽、洪世雯、李京高、廖颖娣、龙文、龙小玲、罗超、莫莹婷、欧启雪、潘苗苗、宋利平、苏文梅、覃玲、谭盼、田红花、童孝涛、王贵云、王声盼、王贤、魏光凤、吴玉洪、杨小娟、张丹丹、张小欣、邹举荷、万英、杨娇、叶宇行、马瑜滢、赵高莉、段兴颖、郭显芳、姚春艳、李倩、王旭为本书提供资料。

本书的出版得到多方单位的帮助与协作，不一一列举，在此一并致谢。

《中国建筑艺术年鉴》编辑部

2021年12月

中国艺术研究院建筑与公共艺术研究所

中国艺术研究院是全国唯一一所集艺术科研、艺术教育和艺术创作为一体的国家级综合性学术机构。中国艺术研究院建筑与公共艺术研究所是从事建筑艺术与建筑文化理论研究的专门科研机构。建筑与公共艺术研究所原称“建筑艺术研究室”，组建于1988年7月；2001年8月机构调整改革改为“建筑艺术研究所”；2019年9月，机构调整改革改为现名。

建筑与公共艺术研究所侧重于以史论为主的基础理论建设工作，并关注创作现状，尤其侧重于从文化与艺术角度，研究中外建筑艺术创作的成就与规律；实行开门办所，从学术层面和设计实践两方面积极参与社会上建筑艺术、建筑规划等工作。建院以来，建筑与公共艺术研究所已完成多个建筑规划、设计项目，出版了多部重要著作。

近年来，建筑与公共艺术研究所完成和正在进行的集体项目主要有：承担国家科研项目“西部人文资源调查及数据库”“中国传统建筑营造技艺三维数据库”“中国建筑艺术年度发展研究报告”“中国传统建筑与中国文化大系”；编辑出版《中国建筑艺术年鉴》《中国世界文化遗产丛书》《中国传统营造技艺丛书》；由建筑与公共艺术研究所申报的“中国传统木结构建筑营造技艺”被成功列入联合国教科文组织人类非物质文化遗产代表作名录，由建筑与公共艺术研究所申报的“北京传统四合院营造技艺”被成功列入国家级非物质文化遗产代表作名录。2020年底至今，已举办六届“中国建筑艺术与遗产保护论坛”，产生了积极的影响。2021年由建筑与公共艺术研究所牵线，中国艺术研究院与北京市文物局达成战略合作，共建“大运河文化研究中心”。